实用热处理技术手册

第2版

杨　满　编著

机 械 工 业 出 版 社

本手册是一本热处理实用工具书。其主要内容包括：钢铁材料、热处理技术基础、钢的整体热处理、钢的表面热处理、钢的化学热处理、铸铁的热处理、有色金属及其合金的热处理、特殊合金的热处理、热处理质量检验与热处理设备。本手册采用了现行的热处理相关技术标准资料，内容系统，图表丰富，查阅方便，实用性和操作性强。本手册对正确地制订热处理工艺、规范热处理技术操作、做好热处理质量检验、提高热处理质量具有很好的指导作用。

本手册适于热处理工程技术人员和工人使用，也可供相关专业在校师生和科研人员参考。

图书在版编目（CIP）数据

实用热处理技术手册/杨满编著. —2版. —北京：机械工业出版社，2022.3（2024.6重印）

ISBN 978-7-111-69977-4

Ⅰ.①实…　Ⅱ.①杨…　Ⅲ.①热处理-技术手册　Ⅳ.①TG156-62

中国版本图书馆CIP数据核字（2021）第276611号

机械工业出版社（北京市百万庄大街22号　邮政编码100037）
策划编辑：陈保华　责任编辑：陈保华　王永新
责任校对：陈　越　封面设计：马精明
责任印制：邓　博
北京盛通数码印刷有限公司印刷
2024年6月第2版第3次印刷
148mm×210mm · 23.25印张 · 2插页 · 782千字
标准书号：ISBN 978-7-111-69977-4
定价：98.00元

电话服务
客服电话：010-88361066
　　　　　010-88379833
　　　　　010-68326294

网络服务
机　工　官　网：www.cmpbook.com
机　工　官　博：weibo.com/cmp1952
金　　书　　网：www.golden-book.com
机工教育服务网：www.cmpedu.com

前　言

《实用热处理技术手册》于2010年出版，10多年来，我国装备制造业发展迅速，热处理技术相关标准不断制定和修订，手册已经不能满足热处理工作者的需求。为适应热处理生产的需要，更好地指导热处理工作者正确制订热处理工艺、规范热处理技术操作、做好热处理质量检验、提高热处理质量，决定对《实用热处理技术手册》进行修订再版。在修订过程中增加了许多内容，由于篇幅的限制，删除了与生产没有直接联系的部分，对属于理论性方面的内容进行了删减，注重体现内容的先进性和实用性。

本次修订由原来的9章增加为10章。第7章“其他金属材料的热处理”改为“有色金属及其合金的热处理”，并将其中的“特殊合金的热处理”单列为第8章。第1章介绍了钢铁材料的分类、牌号表示方法、钢铁材料牌号统一数字代号体系，以及钢的化学成分。第2章主要介绍了热处理理论基础及工艺基础方面的内容。第3章介绍了钢的整体热处理，主要包括钢的正火、退火、淬火、回火、冷处理，各种钢的热处理工艺参数及力学性能。第4章介绍了钢的表面热处理，包括钢的感应淬火、火焰淬火、接触电阻加热淬火、激光淬火、电子束淬火和电解液淬火。第5章介绍了钢的化学热处理，主要包括在工件表面渗非金属（碳、氮、硼、硫、硅、二元共渗及三元共渗）和渗金属（铬、铝、锌、钛、钒 、铌及锰等）方面的内容。第6章介绍了铸铁的热处理，包括灰铸铁、球墨铸铁、可锻铸铁、蠕墨铸铁和白口铸铁的热处理。第7章介绍了有色金属及其合金的热处理，主要包括铜及铜合金、铝及铝合金、镁及镁合金、钛及钛合金的热处理。第8章介绍了特殊合金的热处理，包括高温合金、钢结硬质合金、磁性合金、膨胀合金和耐蚀合金的热处理。第9章介绍了各种热处理工序的质量要求与检验方法。第10章介绍了热处理设备，主要包括各种电阻炉、浴炉和流态粒子炉、真空热处理炉、感应加热装置、热处理炉常用材料、冷却设备、热工测量与控制仪表、可控气氛制备装置、热处理气氛检测与控制仪表。

修订时，全面贯彻了热处理技术相关现行标准，更新了相关内容；修订了第1版中的错误，调整了章节结构，更加方便读者阅读使用。其中，第2章充实了铁碳相图方面的内容，简化了与生产联系不密切的淬透性试验方法，增加了流态床加热和真空中的加热，以及热处理技术要求在图样中的标注等内容。第3章增加了加热淬火保温时间的“369法则”、真空热处理（真空退火、淬火与回火）及超高温淬火方面的内容，将感应穿透加热方面的内容从第4章移至第3章；在“钢的热处理工艺参数及力学性能”一节中，增加了冷镦和冷挤压用钢、汽轮机叶片用钢、高压锅炉用无缝钢管、高压化肥设备用无缝钢管、铸钢的热处理工艺参数，并增加了钢热处理后的力学性能数据。第4章增加了感应淬火对淬硬层的技术要求，充实了感应器部分的内容。第5章增加了QPQ处理、奥氏体氮碳共渗、电解气相氮碳共渗和低温化学热处理工艺方法选择，优化了真空渗碳工艺，删除了热浸镀锌部分。第6章增加了白口铸铁的热处理，优化了可锻铸铁的热处理。第7章增加了铜及铜合金的状态代号、铝及铝合金的状态代号和镁及镁合金的状态代号；因篇幅有限，省去了合金的化学成分部分，但提供了查阅的标准及新旧牌号对照表。第8章中磁性合金的热处理部分增加了铁钴合金、铁铬合金、高硬度高电阻铁镍软磁合金和耐蚀软磁合金的热处理，新增了膨胀合金的热处理和耐蚀合金的热处理，并提供了热处理后的性能；删除了永磁合金中的高碳钢和粉末材料的热处理。第9章删除了各种硬度的检测、金相检验、钢的化学成分检验、静拉伸试验和无损检测部分。第10章中浴炉部分增加了熔融金属浴炉，删除了落后的插入式电极盐浴炉和盐浴炉变压器的改造部分；充实了流态粒子炉；感应加热装置一节删除了真空管式高频、机式中频部分；热处理气氛检测与控制仪表部分增加了钢箔测定碳势法等。

在本书编写过程中得到了机械工业出版社的大力支持，在此表示感谢！

由于水平有限，不足和错误之处在所难免，欢迎广大读者批评指正。

作　者

目　录

第1章　钢铁材料

1.1　钢铁材料的分类

钢铁是以铁和碳为主要组成元素的合金。钢铁材料是工业中应用最广、用量最多的金属材料，其品种繁多，性能各异。

1. 钢的分类（见图 1-1）

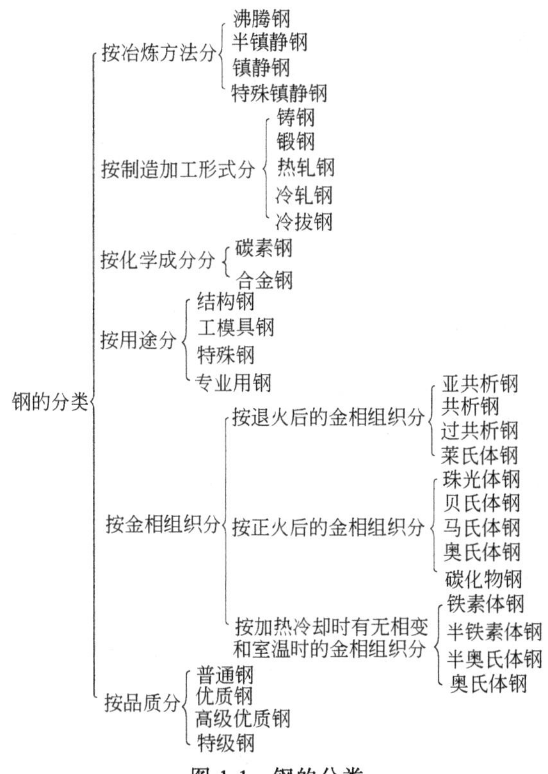

图 1-1　钢的分类

2. 铸铁的分类（见图 1-2）

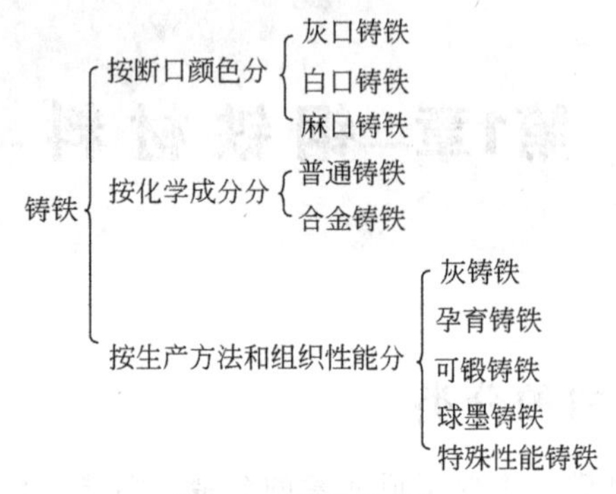

图 1-2　铸铁的分类

1.2　钢铁材料牌号的表示方法

钢铁材料牌号表示的基本原则：

1）钢铁产品牌号通常采用大写汉语拼音字母、化学元素符号和阿拉伯数字相结合的方法表示。

2）采用汉语拼音字母或英文字母表示产品名称、用途、特性和工艺方法时，一般从产品名称中选取有代表性的汉字的汉语拼音的首位字母或英文单词的首位字母。当和另一产品所取字母重复时，改取第二个字母或第三个字母，或同时选取两个（或多个）汉语拼音或英文单词的首位字母。

1.2.1　钢铁产品名称与表示符号（见表 1-1）

表 1-1　钢铁产品名称与表示符号（GB/T 221—2008）

名称	汉字	汉语拼音(或英文)	采用符号	位置
焊接气瓶用钢	焊瓶	HAN PING	HP	牌号头
管线用钢	—	Line(英)	L	牌号头
船用锚链钢	船锚	CHUAN MAO	CM	牌号头
煤机用钢	煤	MEI	M	牌号头
锅炉和压力容器用钢	容	RONG	R	牌号尾
锅炉用钢(管)	锅	GUO	G	牌号尾
低温压力容器用钢	低容	DI RONG	DR	牌号尾

（续）

名称	汉字	汉语拼音（或英文）	采用符号	位置
桥梁用钢	桥	QIAO	Q	牌号尾
耐候钢	耐候	NAI HOU	NH	牌号尾
高耐候钢	高耐候	GAO NAI HOU	GNH	牌号尾
汽车大梁用钢	梁	LIANG	L	牌号尾
保证淬透性钢	淬透性	Hardenability（英）	H	牌号尾
矿用钢	矿	KUANG	K	牌号尾
车辆车轴用钢	辆轴	LIANG ZHOU	LZ	牌号头
机车车辆用钢	机轴	JI ZHOU	JZ	牌号头
钢轨钢	轨	GUI	U	牌号头
焊接用钢	焊	HAN	H	牌号头
通用结构钢	屈	QU	Q	牌号头
刃具模具用非合金钢	碳	TAN	T	牌号头
高碳铬轴承钢	滚	GUN	G	牌号头
易切削钢	易	YI	Y	牌号头
非调质钢机械结构钢	非	FEI	F	牌号头
易切削非调质钢	易非	YI FEI	YF	牌号头
冷镦钢（铆螺钢）	铆螺	MAO LUO	ML	牌号头
电磁纯铁	电铁	DIAN TIE	DT	牌号头
原料纯铁	原铁	YUAN TIE	YT	牌号头
沸腾钢	沸	FEI	F	牌号尾
半镇静钢	半镇	BAN	b	牌号尾
镇静钢	镇	ZHEN	Z	牌号尾
特殊镇静钢	特镇	TE ZHEN	TZ	牌号尾
质量等级			A、B、C、D、E	牌号尾

1.2.2 钢铁材料牌号的组成（见表 1-2）

表 1-2 钢铁材料牌号的组成（GB/T 221—2008）

钢种	第一部分	第二部分	第三部分	第四部分	第五部分	示例
碳素结构钢和低合金结构钢	前缀符号“Q”+强度值(MPa)	钢的质量等级，用英文字母 A、B、C、D、E、F 等表示	脱氧方式表示符号：F、b、Z、TZ。镇静钢、特殊镇静钢表示符号通常可以省略	产品用途、特性和工艺方法表示符号	—	Q235AF
优质碳素结构钢和优质碳素弹簧钢	以两位阿拉伯数字表示平均碳含量（以万分之几计）	较高锰含量的优质碳素结构钢，加锰元素符号 Mn	钢材冶金质量，即高级优质钢、特级优质钢，分别以 A、E 表示，优质钢不用字母表示	脱氧方式表示符号，但镇静钢表示符号可以省略	产品用途、特性或工艺方法表示符号	50A 50MnE 65Mn
合金结构钢和合金弹簧钢	以两位阿拉伯数字表示平均碳含量（以万分之几计）	合金元素及其含量，平均质量分数小于 1.50%时，仅标明元素，一般不标明含量；平均质量分数为 1.50%～2.49%、2.50～3.49%、3.50%～4.49%、4.50%～5.49%等时，在相应合金元素后写 2、3、4、5 等	钢材冶金质量，即高级优质钢、特级优质钢分别以 A、E 表示，优质钢不用字母表示	产品用途、特性或工艺方法表示符号	—	25Cr2MoVA 60Si2Mn
非调质机械结构钢	非调质机械结构钢的表示符号“F”	以两位阿拉伯数字表示平均碳含量（以万分之几计）	合金元素及其含量的表示方法同合金结构钢第二部分	加硫元素符号 S	—	F35VS
易切削钢	易切削钢表示符号“Y”	以两位阿拉伯数字表示平均碳含量（以万分之几计）	易切削元素符号，以 Ca、Pb、Sn 表示。较高锰含量的加硫或加硫磷易切削钢，只写元素符号 Mn。对较高硫含量的易切削钢，在牌号尾部加元素符号 S	—	—	Y45Ca Y45Mn Y45MnS

车辆车轴用钢	车辆车轴用钢表示符号“LZ”	以两位阿拉伯数字表示平均碳含量（以万分之几计）	—	—	—	LZ45
机车车辆用钢	机车车辆用钢表示符号“JZ”	以两位阿拉伯数字表示平均碳含量（以万分之几计）	—	—	—	JZ45
刃具模具用非合金钢	刃具模具用非合金钢的表示符号“T”	阿拉伯数字表示平均碳含量（以千分之几计）	较高锰含量刃具模具用非合金钢，加锰元素符号 Mn	钢材冶金质量	—	T7 T8MnA
合金工具钢	平均碳的质量分数小于 1.00% 时，采用一位数字表示碳含量（以千分之几计）。平均碳的质量分数不小于 1.00% 时，不标明碳含量数字	合金元素含量，以化学元素符号及阿拉伯数字表示，表示方法同合金结构钢第二部分。低铬（平均铬的质量分数小于 1%）合金工具钢，在铬含量（以千分之几计）前加数字“0”	—	—	—	9SiCr
高速工具钢	高速工具钢牌号表示方法与合金结构钢相同，但在牌号头部一般不标明表示碳含量的阿拉伯数字。为了区别牌号，在牌号头部可以加“C”，表示高碳高速工具钢					W6Mo5Cr4V2 CW6Mo5Cr4V2
高碳铬轴承钢	（滚珠）轴承钢的表示符号“G”，但不标明碳含量	合金元素符号“Cr”及其含量（以千分之几计）。其他合金元素含量，以化学元素符号及数字表示，方法同合金结构钢第二部分	—	—	—	GCr15SiMn

（续）

钢种	第一部分	第二部分	第三部分	第四部分	第五部分	示例
渗碳轴承钢	在牌号头部加符号“G”，采用合金结构钢的牌号表示方法。高级优质渗碳轴承钢，在牌号尾部加“A”					G20CrNiMoA
高碳铬不锈轴承钢和高温轴承钢	在牌号头部加符号“G”，采用不锈钢和耐热钢的牌号表示方法					G95Cr18 G80Cr4Mo4V
不锈钢和耐热钢	牌号采用化学元素符号和表示各元素含量的阿拉伯数字表示。各元素含量的阿拉伯数字表示应符合以下规定 （1）碳含量　用两位或三位阿拉伯数字表示碳含量最佳控制值（以万分之几或十万分之几计） 1）只规定碳含量上限者，当碳的质量分数上限不大于0.10%时，以其上限的3/4表示碳含量；当碳含量上限大于0.10%时，以其上限的4/5表示碳含量。对超低碳不锈钢（即碳的质量分数不大于0.030%），用三位阿拉伯数字表示碳含量最佳控制值（以十万分之几计） 2）规定上下限者，以平均碳含量×100表示 （2）合金元素含量　合金元素含量以化学元素符号及阿拉伯数字表示，表示方法同合金结构钢第二部分。钢中有意加入的铌、钛、锆、氮等合金元素，虽然含量很低，也应在牌号中标出					06Cr19Ni10 022Cr18Ti 20Cr15Mn15Ni2N 20Cr25Ni20
钢轨钢	钢轨钢的表示符号“U”	以阿拉伯数字表示平均碳含量，它们的优质碳素结构钢同优质碳素结构钢第一部分，合金结构钢同合金结构钢第一部分	合金元素含量，以化学元素符号及阿拉伯数字表示，表示方法同合金结构钢第二部分	—	—	U70MnSi
冷镦钢	冷镦钢（铆螺钢的）表示符号“ML”			—	—	ML30CrMo
焊接用钢	焊接用钢的表示符号“H”	焊接用碳素结构钢、焊接用合金结构钢和焊接用不锈钢牌号表示方法分别符合对应钢种的规定	—	—	—	H08A H08CrMoA

冷轧电工钢	材料公称厚度(mm)100倍的数字	普通级取向电工钢表示符号“Q”、高磁导率级取向电工钢表示符号“QG”或无取向电工钢表示符号“W”	取向电工钢，磁极化强度在1.7T和频率在50Hz，以W/kg为单位及相应厚度产品的最大比总损耗值的100倍 无取向电工钢，磁极化强度在1.5T和频率在50Hz，以W/kg为单位及相应厚度产品的最大比总损耗值的100倍	—	—	30Q130 30QG110 50W400
电磁纯铁	电磁纯铁表示符号“DT”	以阿拉伯数字表示不同牌号的顺序号	根据电磁性能不同，尾部加质量等级表示符号A、C、E	—	—	DT4A
原料纯铁	原料纯铁表示符号“YT”	以阿拉伯数字表示不同牌号的顺序号	—	—	—	YT1
高电阻电热合金	牌号采用化学元素符号和阿拉伯数字表示。牌号表示方法与不锈钢和耐热钢的牌号表示方法相同（镍铬基合金不标出碳含量）					06Cr20Ni35

注：钢材冶金质量，即高级优质钢、特级优质钢分别以A、E表示，优质钢不用字母表示。

1.2.3 铸钢牌号表示方法（见表1-3）

表1-3 铸钢牌号表示方法（GB/T 5613—2014）

类别	铸钢名称	代号	牌号实例	备注
以力学性能表示的铸钢牌号	铸造碳钢	ZG	ZG270-500	第一组数字表示屈服强度最低值,第二组数字表示抗拉强度最低值,单位均为MPa
	焊接结构用铸钢	ZGH	ZGH230-450	
以化学成分表示的铸钢牌号	耐热铸钢	ZGR	ZGR40Cr25Ni20	代号后为碳含量(质量分数,以万分之几计),元素符号后用阿拉伯数字表示名义含量(质量分数,以百分之几计)
	耐蚀铸钢	ZGS	ZGS06Cr16Ni5Mo	
	耐磨铸钢	ZGM	ZGM30CrMnSiMo	

1.2.4 铸铁牌号表示方法（见表1-4）

表1-4 铸铁牌号表示方法（GB/T 5612—2008）

铸铁名称	代号	牌号表示方法实例
灰铸铁	HT	
灰铸铁	HT	HT250,HT Cr-300
奥氏体灰铸铁	HTA	HTA Ni20Cr2
冷硬灰铸铁	HTL	HTL Cr1Ni1Mo
耐磨灰铸铁	HTM	HTM Cu1CrMo
耐热灰铸铁	HTR	HTR Cr
耐蚀灰铸铁	HTS	HTS Ni2Cr
球墨铸铁	QT	
球墨铸铁	QT	QT400-18
奥氏体球墨铸铁	QTA	QTA Ni30Cr3
冷硬球墨铸铁	QTL	QTL Cr Mo
抗磨球墨铸铁	QTM	QTM Mn8-30
耐热球墨铸铁	QTR	QTR Si5
耐蚀球墨铸铁	QTS	QTS Ni20Cr2
蠕墨铸铁	RuT	RuT420
可锻铸铁	KT	
白心可锻铸铁	KTB	KTB350-04
黑心可锻铸铁	KTH	KTH350-10
珠光体可锻铸铁	KTZ	KTZ650-02
白口铸铁	BT	
抗磨白口铸铁	BTM	BTM Cr15Mo
耐热白口铸铁	BTR	BTR Cr16
耐蚀白口铸铁	BTS	BTS Cr28

注：以力学性能表示的铸铁牌号，第一组数字表示抗拉强度值（MPa），第二组数字表示断后伸长率（%）。

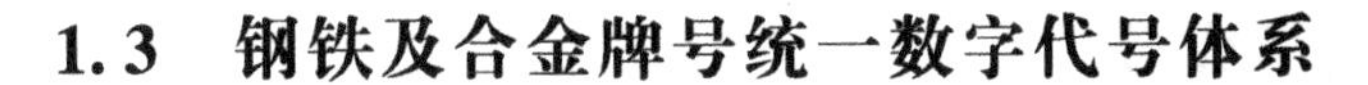

1.3 钢铁及合金牌号统一数字代号体系

1. 结构形式

钢铁及合金产品牌号统一数字代号由 6 位符号组成，以大写的拉丁字母作前缀，后接 5 位阿拉伯数字。其结构形式如下：

× × × × × ×

前缀字母：代表不同的钢铁及合金类型

第一位阿拉伯数字：代表各类型钢铁及合金细分类

第二、三、四、五位阿拉伯数字：代表不同分类内的编组和同一编组内的不同牌号的区别顺序号（各类型材料组不同）

2. 钢铁及合金的类型与统一数字代号（见表 1-5）

表 1-5 钢铁及合金的类型与统一数字代号（GB/T 17616—2013）

钢铁及合金的类型	英文名称	前缀字母	统一数字代号(ISC)
合金结构钢	Alloy structural steel	A	A×××××
轴承钢	Bearing steel	B	B×××××
铸铁、铸钢及铸造合金	Cast iron、cast steel and cast alloy	C	C×××××
电工用钢和纯铁	Electrical steel and iron	E	E×××××
铁合金和生铁	Ferro alloy and pig iron	F	F×××××
耐蚀合金和高温合金	Heat resisting and corrosion resisting alloy	H	H×××××
金属功能材料	Metallic functional materials	J	J×××××
低合金钢	Low alloy steel	L	L×××××
杂类材料	Miscellaneous materials	M	M×××××
粉末及粉末冶金材料	Powders and powder metallargy materials	P	P×××××
快淬金属及合金	Quick quench matels and alloys	Q	Q×××××
不锈钢和耐热钢	Stainless steel and heat resisting steel	S	S×××××
工模具钢	Tool and mould steel	T	T×××××
非合金钢	Unalloy steel	U	U×××××
焊接用钢及合金	Steel and alloy for welding	W	W×××××

1.4 钢的化学成分

1.4.1 优质碳素结构钢的化学成分（见表1-6）

表1-6 优质碳素结构钢的化学成分（GB/T 699—2015）

牌号	化学成分(质量分数,%)							
	C	Si	Mn	P	S	Cr	Ni	Cu
				≤				
08	0.05~0.11	0.17~0.37	0.35~0.65	0.035	0.035	0.10	0.30	0.25
10	0.07~0.13	0.17~0.37	0.35~0.65	0.035	0.035	0.15	0.30	0.25
15	0.12~0.18	0.17~0.37	0.35~0.65	0.035	0.035	0.25	0.30	0.25
20	0.17~0.23	0.17~0.37	0.35~0.65	0.035	0.035	0.25	0.30	0.25
25	0.22~0.29	0.17~0.37	0.50~0.80	0.035	0.035	0.25	0.30	0.25
30	0.27~0.34	0.17~0.37	0.50~0.80	0.035	0.035	0.25	0.30	0.25
35	0.32~0.39	0.17~0.37	0.50~0.80	0.035	0.035	0.25	0.30	0.25
40	0.37~0.44	0.17~0.37	0.50~0.80	0.035	0.035	0.25	0.30	0.25
45	0.42~0.50	0.17~0.37	0.50~0.80	0.035	0.035	0.25	0.30	0.25
50	0.47~0.55	0.17~0.37	0.50~0.80	0.035	0.035	0.25	0.30	0.25
55	0.52~0.60	0.17~0.37	0.50~0.80	0.035	0.035	0.25	0.30	0.25
60	0.57~0.65	0.17~0.37	0.50~0.80	0.035	0.035	0.25	0.30	0.25
65	0.62~0.70	0.17~0.37	0.50~0.80	0.035	0.035	0.25	0.30	0.25
70	0.67~0.75	0.17~0.37	0.50~0.80	0.035	0.035	0.25	0.30	0.25
75	0.72~0.80	0.17~0.37	0.50~0.80	0.035	0.035	0.25	0.30	0.25
80	0.77~0.85	0.17~0.37	0.50~0.80	0.035	0.035	0.25	0.30	0.25
85	0.82~0.90	0.17~0.37	0.50~0.80	0.035	0.035	0.25	0.30	0.25
15Mn	0.12~0.18	0.17~0.37	0.70~1.00	0.035	0.035	0.25	0.30	0.25
20Mn	0.17~0.23	0.17~0.37	0.70~1.00	0.035	0.035	0.25	0.30	0.25
25Mn	0.22~0.29	0.17~0.37	0.70~1.00	0.035	0.035	0.25	0.30	0.25
30Mn	0.27~0.34	0.17~0.37	0.70~1.00	0.035	0.035	0.25	0.30	0.25
35Mn	0.32~0.39	0.17~0.37	0.70~1.00	0.035	0.035	0.25	0.30	0.25
40Mn	0.37~0.44	0.17~0.37	0.70~1.00	0.035	0.035	0.25	0.30	0.25
45Mn	0.42~0.50	0.17~0.37	0.70~1.00	0.035	0.035	0.25	0.30	0.25
50Mn	0.48~0.56	0.17~0.37	0.70~1.00	0.035	0.035	0.25	0.30	0.25
60Mn	0.57~0.65	0.17~0.37	0.70~1.00	0.035	0.035	0.25	0.30	0.25
65Mn	0.62~0.70	0.17~0.37	0.90~1.20	0.035	0.035	0.25	0.30	0.25
70Mn	0.67~0.75	0.17~0.37	0.90~1.20	0.035	0.035	0.25	0.30	0.25

1.4.2 合金结构钢的化学成分（见表 1-7）

表 1-7 合金结构钢的化学成分（GB/T 3077—2015）

牌号	化学成分(质量分数,%)										
	C	Si	Mn	Cr	Mo	Ni	W	B	Al	Ti	V
20Mn2	0.17~0.24	0.17~0.37	1.40~1.80	—	—	—	—	—	—	—	—
30Mn2	0.27~0.34	0.17~0.37	1.40~1.80	—	—	—	—	—	—	—	—
35Mn2	0.32~0.39	0.17~0.37	1.40~1.80	—	—	—	—	—	—	—	—
40Mn2	0.37~0.44	0.17~0.37	1.40~1.80	—	—	—	—	—	—	—	—
45Mn2	0.42~0.49	0.17~0.37	1.40~1.80	—	—	—	—	—	—	—	—
50Mn2	0.47~0.55	0.17~0.37	1.40~1.80	—	—	—	—	—	—	—	—
20MnV	0.17~0.24	0.17~0.37	1.30~1.60	—	—	—	—	—	—	—	0.07~0.12
27SiMn	0.24~0.32	1.10~1.40	1.10~1.40	—	—	—	—	—	—	—	—
35SiMn	0.32~0.40	1.10~1.40	1.10~1.40	—	—	—	—	—	—	—	—
42SiMn	0.39~0.45	1.10~1.40	1.10~1.40	—	—	—	—	—	—	—	—
20SiMn2MoV	0.17~0.23	0.90~1.20	2.20~2.60	—	0.30~0.40	—	—	—	—	—	0.05~0.12

（续）

牌号	化学成分（质量分数，%）										
	C	Si	Mn	Cr	Mo	Ni	W	B	Al	Ti	V
25SiMn2MoV	0.22～0.28	0.90～1.20	2.20～2.60	—	0.30～0.40	—	—	—	—	—	0.05～0.12
37SiMn2MoV	0.33～0.39	0.60～0.90	1.60～1.90	—	0.40～0.50	—	—	—	—	—	0.05～0.12
40B	0.37～0.44	0.17～0.37	0.60～0.90	—	—	—	—	0.0008～0.0035	—	—	—
45B	0.42～0.49	0.17～0.37	0.60～0.90	—	—	—	—	0.0008～0.0035	—	—	—
50B	0.47～0.55	0.17～0.37	0.60～0.90	—	—	—	—	0.0008～0.0035	—	—	—
25MnB	0.23～0.28	0.17～0.37	1.00～1.40	—	—	—	—	0.0008～0.0035	—	—	—
35MnB	0.32～0.38	0.17～0.37	1.10～1.40	—	—	—	—	0.0008～0.0035	—	—	—
40MnB	0.37～0.44	0.17～0.37	1.10～1.40	—	—	—	—	0.0008～0.0035	—	—	—
45MnB	0.42～0.49	0.17～0.37	1.10～1.40	—	—	—	—	0.0008～0.0035	—	—	—
20MnMoB	0.16～0.22	0.17～0.37	0.90～1.20	—	0.20～0.30	—	—	0.0005～0.0035	—	—	—
15MnVB	0.12～0.18	0.17～0.37	1.20～1.60	—	—	—	—	0.0008～0.0035	—	—	0.07～0.12
20MnVB	0.17～0.23	0.17～0.37	1.20～1.60	—	—	—	—	0.0008～0.0035	—	—	0.07～0.12

40MnVB	0. 37~0. 44	0. 17~0. 37	1. 10~1. 40	—	—	—	—	0. 0008~0. 0035	—	—	0. 05~0. 10
20MnTiB	0. 17~0. 24	0. 17~0. 37	1. 30~1. 60	—	—	—	—	0. 0008~0. 0035	—	0. 04~0. 10	—
25MnTiBRE	0. 22~0. 28	0. 20~0. 45	1. 30~1. 60	—	—	—	—	0. 0008~0. 0035	—	0. 04~0. 10	—
15Cr	0. 12~0. 17	0. 17~0. 37	0. 40~0. 70	0. 70~1. 00	—	—	—	—	—	—	—
20Cr	0. 18~0. 24	0. 17~0. 37	0. 50~0. 80	0. 70~1. 00	—	—	—	—	—	—	—
30Cr	0. 27~0. 34	0. 17~0. 37	0. 50~0. 80	0. 80~1. 10	—	—	—	—	—	—	—
35Cr	0. 32~0. 39	0. 17~0. 37	0. 50~0. 80	0. 80~1. 10	—	—	—	—	—	—	—
40Cr	0. 37~0. 44	0. 17~0. 37	0. 50~0. 80	0. 80~1. 10	—	—	—	—	—	—	—
45Cr	0. 42~0. 49	0. 17~0. 37	0. 50~0. 80	0. 80~1. 10	—	—	—	—	—	—	—
50Cr	0. 47~0. 54	0. 17~0. 37	0. 50~0. 80	0. 80~1. 10	—	—	—	—	—	—	—
38CrSi	0. 35~0. 43	1. 00~1. 30	0. 30~0. 60	1. 30~1. 60	—	—	—	—	—	—	—
12CrMo	0. 08~0. 15	0. 17~0. 37	0. 40~0. 70	0. 40~0. 70	0. 40~0. 55	—	—	—	—	—	—

（续）

牌号	化学成分（质量分数，%）										
	C	Si	Mn	Cr	Mo	Ni	W	B	Al	Ti	V
15CrMo	0.12~0.18	0.17~0.37	0.40~0.70	0.80~1.10	0.40~0.55	—	—	—	—	—	—
20CrMo	0.17~0.24	0.17~0.37	0.40~0.70	0.80~0.10	0.15~0.25	—	—	—	—	—	—
25CrMo	0.22~0.29	0.17~0.37	0.60~0.90	0.90~1.20	0.15~0.30	—	—	—	—	—	—
30CrMo	0.26~0.33	0.17~0.37	0.40~0.70	0.80~1.10	0.15~0.25	—	—	—	—	—	—
35CrMo	0.32~0.40	0.17~0.37	0.40~0.70	0.80~1.10	0.15~0.25	—	—	—	—	—	—
42CrMo	0.38~0.45	0.17~0.37	0.50~0.80	0.90~1.20	0.15~0.25	—	—	—	—	—	—
50CrMo	0.46~0.54	0.17~0.37	0.50~0.80	0.90~1.20	0.15~0.30	—	—	—	—	—	—
12CrMoV	0.08~0.15	0.17~0.37	0.40~0.70	0.30~0.60	0.25~0.35	—	—	—	—	—	0.15~0.30
35CrMoV	0.30~0.38	0.17~0.37	0.40~0.70	1.00~1.30	0.20~0.30	—	—	—	—	—	0.10~0.20
12Cr1MoV	0.08~0.15	0.17~0.37	0.40~0.70	0.90~1.20	0.25~0.35	—	—	—	—	—	0.15~0.30
25Cr2MoV	0.22~0.29	0.17~0.37	0.40~0.70	1.50~1.80	0.25~0.35	—	—	—	—	—	0.15~0.30
25Cr2Mo1V	0.22~0.29	0.17~0.37	0.50~0.80	2.10~2.50	0.90~1.10	—	—	—	—	—	0.30~0.50

38CrMoAl	0.35~0.42	0.20~0.45	0.30~0.60	1.35~1.65	0.15~0.25	—	—	—	0.70~1.10	—	—
40CrV	0.37~0.44	0.17~0.37	0.50~0.80	0.80~1.10	—	—	—	—	—	—	0.10~0.20
50CrV	0.47~0.54	0.17~0.37	0.50~0.80	0.80~1.10	—	—	—	—	—	—	0.10~0.20
15CrMn	0.12~0.18	0.17~0.37	1.10~1.40	0.40~0.70	—	—	—	—	—	—	—
20CrMn	0.17~0.23	0.17~0.37	0.90~1.20	0.90~1.20	—	—	—	—	—	—	—
40CrMn	0.37~0.45	0.17~0.37	0.90~1.20	0.90~1.20	—	—	—	—	—	—	—
20CrMnSi	0.17~0.23	0.90~1.20	0.80~1.10	0.80~1.10	—	—	—	—	—	—	—
25CrMnSi	0.22~0.28	0.90~1.20	0.80~1.10	0.80~1.10	—	—	—	—	—	—	—
30CrMnSi	0.28~0.34	0.90~1.20	0.80~1.10	0.80~1.10	—	—	—	—	—	—	—
35CrMnSi	0.32~0.39	1.10~1.40	0.80~1.10	1.10~1.40	—	—	—	—	—	—	—
20CrMnMo	0.17~0.23	0.17~0.37	0.90~1.20	1.10~1.40	0.20~0.30	—	—	—	—	—	—
40CrMnMo	0.37~0.45	0.17~0.37	0.90~1.20	0.90~1.20	0.20~0.30	—	—	—	—	—	—

（续）

牌号	化学成分(质量分数,%)										
	C	Si	Mn	Cr	Mo	Ni	W	B	Al	Ti	V
20CrMnTi	0. 17~0. 23	0. 17~0. 37	0. 80~1. 10	1. 00~1. 30	—	—	—	—	—	0. 04~0. 10	—
30CrMnTi	0. 24~0. 32	0. 17~0. 37	0. 80~1. 10	1. 00~1. 30	—	—	—	—	—	0. 04~0. 10	—
20CrNi	0. 17~0. 23	0. 17~0. 37	0. 40~0. 70	0. 45~0. 75	—	1. 00~1. 40	—	—	—	—	—
40CrNi	0. 37~0. 44	0. 17~0. 37	0. 50~0. 80	0. 45~0. 75	—	1. 00~1. 40	—	—	—	—	—
45CrNi	0. 42~0. 49	0. 17~0. 37	0. 50~0. 80	0. 45~0. 75	—	1. 00~1. 40	—	—	—	—	—
50CrNi	0. 47~0. 54	0. 17~0. 37	0. 50~0. 80	0. 45~0. 75	—	1. 00~1. 40	—	—	—	—	—
12CrNi2	0. 10~0. 17	0. 17~0. 37	0. 30~0. 60	0. 60~0. 90	—	1. 50~1. 90	—	—	—	—	—
34CrNi2	0. 30~0. 37	0. 17~0. 37	0. 60~0. 90	0. 80~1. 10	—	1. 20~1. 60	—	—	—	—	—
12CrNi3	0. 10~0. 17	0. 17~0. 37	0. 30~0. 60	0. 60~0. 90	—	2. 75~3. 15	—	—	—	—	—
20CrNi3	0. 17~0. 24	0. 17~0. 37	0. 30~0. 60	0. 60~0. 90	—	2. 75~3. 15	—	—	—	—	—
30CrNi3	0. 27~0. 33	0. 17~0. 37	0. 30~0. 60	0. 60~0. 90	—	2. 75~3. 15	—	—	—	—	—
37CrNi3	0. 34~0. 41	0. 17~0. 37	0. 30~0. 60	1. 20~1. 60	—	3. 00~3. 50	—	—	—	—	—
12Cr2Ni4	0. 10~0. 16	0. 17~0. 37	0. 30~0. 60	1. 25~1. 65	—	3. 25~3. 65	—	—	—	—	—

20Cr2Ni4	0.17~0.23	0.17~0.37	0.30~0.60	1.25~1.65	—	3.25~3.65	—	—	—	—	—
15CrNiMo	0.13~0.18	0.17~0.37	0.70~0.90	0.45~0.65	0.45~0.60	0.70~1.00	—	—	—	—	—
20CrNiMo	0.17~0.23	0.17~0.37	0.60~0.95	0.40~0.70	0.20~0.30	0.35~0.75	—	—	—	—	—
30CrNiMo	0.28~0.33	0.17~0.37	0.70~0.90	0.70~1.00	0.25~0.45	0.60~0.80	—	—	—	—	—
30Cr2Ni2Mo	0.26~0.34	0.17~0.37	0.50~0.80	1.80~2.20	0.30~0.50	1.80~2.20	—	—	—	—	—
30Cr2Ni4Mo	0.26~0.33	0.17~0.37	0.50~0.80	1.20~1.50	0.30~0.60	3.30~4.30	—	—	—	—	—
34Cr2Ni2Mo	0.30~0.38	0.17~0.37	0.50~0.80	1.30~1.70	0.15~0.30	1.30~1.70	—	—	—	—	—
35Cr2Ni4Mo	0.32~0.39	0.17~0.37	0.50~0.80	1.60~2.00	0.25~0.45	3.60~4.10	—	—	—	—	—
40CrNiMo	0.37~0.44	0.17~0.37	0.50~0.80	0.60~0.90	0.15~0.25	1.25~1.65	—	—	—	—	—
40CrNi2Mo	0.38~0.43	0.17~0.37	0.60~0.80	0.70~0.90	0.20~0.30	1.65~2.00	—	—	—	—	—
18CrMnNiMo	0.15~0.21	0.17~0.37	1.10~1.40	1.00~1.30	0.20~0.30	1.00~1.30	—	—	—	—	—
45CrNiMoV	0.42~0.49	0.17~0.37	0.50~0.80	0.80~1.10	0.20~0.30	1.30~1.80	—	—	—	—	0.10~0.20
18Cr2Ni4W	0.13~0.19	0.17~0.37	0.30~0.60	1.35~1.65	—	4.00~4.50	0.80~1.20	—	—	—	—
25Cr2Ni4W	0.21~0.28	0.17~0.37	0.30~0.60	1.35~1.65	—	4.00~4.50	0.80~1.20	—	—	—	—

1.4.3 弹簧钢的化学成分（见表1-8）

表1-8 弹簧钢的化学成分（GB/T 1222—2016）

牌号	化学成分(质量分数,%)											
	C	Si	Mn	Cr	V	W	Mo	B	Ni	Cu	P	S
65	0.62~0.70	0.17~0.37	0.50~0.80	≤0.25	—	—	—	—	≤0.35	≤0.25	≤0.030	≤0.030
70	0.67~0.75	0.17~0.37	0.50~0.80	≤0.25	—	—	—	—	≤0.35	≤0.25	≤0.030	≤0.030
80	0.77~0.85	0.17~0.37	0.50~0.80	≤0.25	—	—	—	—	≤0.35	≤0.25	≤0.030	≤0.030
85	0.82~0.90	0.17~0.37	0.50~0.80	≤0.25	—	—	—	—	≤0.35	≤0.25	≤0.030	≤0.030
65Mn	0.62~0.70	0.17~0.37	0.90~1.20	≤0.25	—	—	—	—	≤0.35	≤0.25	≤0.030	≤0.030
70Mn	0.67~0.75	0.17~0.37	0.90~1.20	≤0.25	—	—	—	—	≤0.35	≤0.25	≤0.030	≤0.030
28SiMnB	0.24~0.32	0.60~1.00	1.20~1.60	≤0.25	—	—	—	0.0008~0.0035	≤0.35	≤0.25	≤0.025	≤0.020
40SiMnVBE	0.39~0.42	0.90~1.35	1.20~1.55	—	0.09~0.12	—	—	0.0008~0.0025	≤0.35	≤0.25	≤0.020	≤0.012
55SiMnVB	0.52~0.60	0.70~1.00	1.00~1.30	≤0.35	0.08~0.16	—	—	0.0008~0.0035	≤0.35	≤0.25	≤0.025	≤0.020
38Si2	0.35~0.42	1.50~1.80	0.50~0.80	≤0.25	—	—	—	—	≤0.35	≤0.25	≤0.025	≤0.020
60Si2Mn	0.56~0.64	1.50~2.00	0.70~1.00	≤0.35	—	—	—	—	≤0.35	≤0.25	≤0.025	≤0.020
55CrMn	0.52~0.60	0.17~0.37	0.65~0.95	0.65~0.95	—	—	—	—	≤0.35	≤0.25	≤0.025	≤0.020

60CrMn	0.56~0.64	0.17~0.37	0.70~1.00	0.70~1.00	—	—	—	—	≤0.35	≤0.25	≤0.025	≤0.020
60CrMnB	0.56~0.64	0.17~0.37	0.70~1.00	0.70~1.00	—	—	—	0.0008~0.0035	≤0.35	≤0.25	≤0.025	≤0.020
60CrMnMo	0.56~0.64	0.17~0.37	0.70~1.00	0.70~1.00	—	—	0.25~0.35	—	≤0.35	≤0.25	≤0.025	≤0.020
55SiCr	0.51~0.59	1.20~1.60	0.50~0.80	0.50~0.80	—	—	—	—	≤0.35	≤0.25	≤0.025	≤0.020
60Si2Cr	0.56~0.64	1.40~1.80	0.40~0.70	0.70~1.00	—	—	—	—	≤0.35	≤0.25	≤0.025	≤0.020
56Si2MnCr	0.52~0.60	1.60~2.00	0.70~1.00	0.20~0.45	—	—	—	—	≤0.35	≤0.25	≤0.025	≤0.020
52SiCrMnNi	0.49~0.56	1.20~1.50	0.70~1.00	0.70~1.00	—	—	—	—	0.50~0.70	≤0.25	≤0.025	≤0.020
55SiCrV	0.51~0.59	1.20~1.60	0.50~0.80	0.50~0.80	0.10~0.20	—	—	—	≤0.35	≤0.25	≤0.025	≤0.020
60Si2CrV	0.56~0.64	1.40~1.80	0.40~0.70	0.90~1.20	0.10~0.20	—	—	—	≤0.35	≤0.25	≤0.025	≤0.020
60Si2MnCrV	0.56~0.64	1.50~2.00	0.70~1.00	0.20~0.40	0.10~0.20	—	—	—	≤0.35	≤0.25	≤0.025	≤0.020
50CrV	0.46~0.54	0.17~0.37	0.50~0.80	0.80~1.10	0.10~0.20	—	—	—	≤0.35	≤0.25	≤0.025	≤0.020
51CrMnV	0.47~0.55	0.17~0.37	0.70~1.10	0.90~1.20	0.10~0.25	—	—	—	≤0.35	≤0.25	≤0.025	≤0.020
52CrMnMoV	0.48~0.56	0.17~0.37	0.70~1.10	0.90~1.20	0.10~0.20	—	0.15~0.30	—	≤0.35	≤0.25	≤0.025	≤0.020
30W4Cr2V	0.26~0.34	0.17~0.37	≤0.40	2.00~2.50	0.50~0.80	4.00~4.50	—	—	≤0.35	≤0.25	≤0.025	≤0.020

1.4.4　滚动轴承钢的化学成分（见表1-9）

表1-9　滚动轴承钢的化学成分

1. 高碳铬轴承钢(GB/T 18254—2016)

牌号	主要化学成分(质量分数,%)									
	C	Si	Mn	Cr	Mo	Ni	Cu	Al	As	As+Sn+Pb
G8Cr15	0.75~0.85	0.15~0.35	0.20~0.40	1.30~1.65	≤0.10	0.25	0.25	0.050	0.04	0.075
GCr15	0.95~1.05	0.15~0.35	0.25~0.45	1.40~1.65	≤0.10	0.25	0.25	0.050	0.04	0.075
GCr15SiMn	0.95~1.05	0.45~0.75	0.95~1.25	1.40~1.65	≤0.10	0.25	0.25	0.050	0.04	0.075
GCr15SiMo	0.95~1.05	0.65~0.85	0.20~0.40	1.40~1.70	0.30~0.40	0.25	0.25	0.050	0.04	0.075
GCr18Mo	0.95~1.05	0.20~0.40	0.25~0.40	1.65~1.95	0.15~0.25	0.25	0.25	0.050	0.04	0.075

2. 高碳铬不锈轴承钢(GB/T 3086—2019)

牌号	化学成分(质量分数,%)								
	C	Si	Mn	Cr	Mo	Ni	Cu	P	S
G95Cr18	0.90~1.00	≤0.80	≤0.80	17.0~19.0	—	≤0.25	≤0.25	≤0.035	≤0.020
G65Cr14Mo	0.60~0.70	≤0.80	≤0.80	13.0~15.0	0.50~0.80	≤0.25	≤0.25	≤0.035	≤0.020
G102Cr18Mo	0.95~1.10	≤0.80	≤0.80	16.0~18.0	0.40~0.70	≤0.25	≤0.25	≤0.035	≤0.020

3. 渗碳轴承钢(GB/T 3203—2016)

牌号	化学成分(质量分数,%)									
	C	Si	Mn	Cr	Ni	Mo	Cu	Al	P	S
G20CrMo	0.17~0.23	0.20~0.35	0.65~0.95	0.35~0.65	≤0.30	0.08~0.15	≤0.25	≤0.05	≤0.020	≤0.015
G20CrNiMo	0.17~0.23	0.15~0.40	0.60~0.90	0.35~0.65	0.40~0.70	0.15~0.30	≤0.25	≤0.05	≤0.020	≤0.015
G20CrNi2Mo	0.19~0.23	0.25~0.40	0.55~0.70	0.45~0.65	1.60~2.00	0.20~0.30	≤0.25	≤0.05	≤0.020	≤0.015
G20Cr2Ni4	0.17~0.23	0.15~0.40	0.30~0.60	1.25~1.75	3.25~3.75	≤0.08	≤0.25	≤0.05	≤0.020	≤0.015
G10CrNi3Mo	0.08~0.13	0.15~0.40	0.40~0.70	1.00~1.40	3.00~3.50	0.08~0.15	≤0.25	≤0.05	≤0.020	≤0.015
G20Cr2Mn2Mo	0.17~0.23	0.15~0.40	1.30~1.60	1.70~2.00	≤0.30	0.20~0.30	≤0.25	≤0.05	≤0.020	≤0.015
G23Cr2Ni2Si1Mo	0.20~0.25	1.20~1.50	0.20~0.40	1.35~1.75	2.20~2.60	0.25~0.35	≤0.25	≤0.05	≤0.020	≤0.015

1.4.5 工模具用钢的化学成分（见表1-10~表1-17）

表1-10 刃具模具用非合金钢的化学成分（GB/T 1299—2014）

牌号	化学成分(质量分数,%)		
	C	Si	Mn
T7	0.65~0.74	≤0.35	≤0.40
T8	0.75~0.84	≤0.35	≤0.40
T8Mn	0.80~0.90	≤0.35	0.40~0.60
T9	0.85~0.94	≤0.35	≤0.40
T10	0.95~1.04	≤0.35	≤0.40
T11	1.05~1.14	≤0.35	≤0.40
T12	1.15~1.24	≤0.35	≤0.40
T13	1.25~1.35	≤0.35	≤0.40

表1-11 量具刃具用钢的化学成分（GB/T 1299—2014）

牌号	化学成分(质量分数,%)				
	C	Si	Mn	Cr	W
9SiCr	0.85~0.95	1.20~1.60	0.30~0.60	0.95~1.25	—
8MnSi	0.75~0.85	0.30~0.60	0.80~1.10	—	—
Cr06	1.30~1.45	≤0.40	≤0.40	0.50~0.70	—
Cr2	0.95~1.10	≤0.40	≤0.40	1.30~1.65	—
9Cr2	0.80~0.95	≤0.40	≤0.40	1.30~1.70	—
W	1.05~1.25	≤0.40	≤0.40	0.10~0.30	0.80~1.20

表1-12 耐冲击工具用钢的化学成分（GB/T 1299—2014）

牌号	化学成分(质量分数,%)						
	C	Si	Mn	Cr	W	Mo	V
4CrW2Si	0.35~0.45	0.80~1.10	≤0.40	1.00~1.30	2.00~2.50	—	—
5CrW2Si	0.45~0.55	0.50~0.80	≤0.40	1.00~1.30	2.00~2.50	—	—
6CrW2Si	0.55~0.65	0.50~0.80	≤0.40	1.10~1.30	2.20~2.70	—	—
6CrMnSi2Mo1V	0.50~0.65	1.75~2.25	0.60~1.00	0.10~0.50	—	0.20~1.35	0.15~0.35
5Cr3MnSiMo1	0.45~0.55	0.20~1.00	0.20~0.90	3.00~3.50	—	1.30~1.80	≤0.35
6CrW2SiV	0.55~0.65	0.70~1.00	0.15~0.45	0.90~1.20	1.70~2.20	—	0.10~0.20

表 1-13　轧辊用钢的化学成分（GB/T 1299—2014）

牌号	化学成分(质量分数,%)						
	C	Si	Mn	Cr	Mo	Ni	V
9Cr2V	0.85~0.95	0.20~0.40	0.20~0.45	1.40~1.70	—	—	0.10~0.25
9Cr2Mo	0.85~0.95	0.25~0.45	0.20~0.35	1.70~2.10	0.20~0.40	—	—
9Cr2MoV	0.80~0.90	0.15~0.40	0.25~0.55	1.80~2.40	0.20~0.40	—	0.05~0.15
8Cr3NiMoV	0.82~0.90	0.30~0.50	0.20~0.45	2.80~3.20	0.20~0.40	0.60~0.80	0.05~0.15
9Cr5NiMoV	0.82~0.90	0.50~0.80	0.20~0.50	4.80~5.20	0.20~0.40	0.30~0.50	0.10~0.20

表 1-14　冷作模具用钢的化学成分（GB/T 1299—2014）

牌号	化学成分(质量分数,%)							
	C	Si	Mn	Cr	W	Mo	V	Nb
9Mn2V	0.85~0.95	≤0.40	1.70~2.00	—	—	—	0.10~0.25	—
9CrWMn	0.85~0.95	≤0.40	0.90~1.20	0.50~0.80	0.50~0.80	—	—	—
CrWMn	0.90~1.05	≤0.40	0.80~1.10	0.90~1.20	1.20~1.60	—	—	—
MnCrWV	0.90~1.05	0.10~0.40	1.05~1.35	0.50~0.70	0.50~0.70	—	0.05~0.15	—
7CrMn2Mo	0.65~0.75	0.10~0.50	1.80~2.50	0.90~1.20	—	0.90~1.40	—	—
5Cr8MoVSi	0.48~0.53	0.75~1.05	0.35~0.50	8.00~9.00	—	1.25~1.70	0.30~0.55	—
7CrSiMnMoV	0.65~0.75	0.85~1.15	0.65~1.05	0.90~1.20	—	0.20~0.50	0.15~0.30	—
Cr8Mo2SiV	0.95~1.03	0.80~1.20	0.20~0.50	7.80~8.30	—	2.00~2.80	0.25~0.40	—
Cr4W2MnV	1.12~1.25	0.40~0.70	≤0.40	3.50~4.00	1.90~2.60	0.80~1.20	0.80~1.10	—
6Cr4W3Mo2VNb	0.60~0.70	≤0.40	≤0.40	3.80~4.40	2.50~3.50	1.80~2.50	0.80~1.20	0.20~0.35
6W6Mo5Cr4V	0.55~0.65	≤0.40	≤0.60	3.70~4.30	6.00~7.00	4.50~5.50	0.70~1.10	—
W6Mo5Cr4V2	0.80~0.90	0.15~0.40	0.20~0.45	3.80~4.40	5.50~6.75	4.50~5.50	1.75~2.20	—

（续）

牌号	化学成分(质量分数,%)							
	C	Si	Mn	Cr	W	Mo	V	Nb
Cr8	1.60~1.90	0.20~0.60	0.20~0.60	7.50~8.50	—	—	—	—
Cr12	2.00~2.30	≤0.40	≤0.40	11.50~13.00	—	—	—	—
Cr12W	2.00~2.30	0.10~0.40	0.30~0.60	11.00~13.00	0.60~0.80	—	—	—
7Cr7Mo2V2Si	0.68~0.78	0.70~1.20	≤0.40	6.50~7.50	—	1.90~2.30	1.80~2.20	—
Cr5Mo1V	0.95~1.05	≤0.50	≤1.00	4.75~5.50	—	0.90~1.40	0.15~0.50	—
Cr12MoV	1.45~1.70	≤0.40	≤0.40	11.00~12.50	—	0.40~0.60	0.15~0.30	—
Cr12Mo1V1	1.40~1.60	≤0.60	≤0.60	11.00~13.00	—	0.70~1.20	0.50~1.10	Co≤1.00

表 1-15 热作模具用钢的化学成分（GB/T 1299—2014）

牌号	化学成分(质量分数,%)								
	C	Si	Mn	Cr	W	Mo	Ni	V	其他
5CrMnMo	0.50~0.60	0.25~0.60	1.20~1.60	0.60~0.90	—	0.15~0.30	—	—	—
5CrNiMo	0.50~0.60	≤0.40	0.50~0.80	0.50~0.80	—	0.15~0.30	1.40~1.80	—	—
4CrNi4Mo	0.40~0.50	0.10~0.40	0.20~0.50	1.20~1.50	—	0.15~0.35	3.80~4.30	—	—
4Cr2NiMoV	0.35~0.45	≤0.40	≤0.40	1.80~2.20	—	0.45~0.60	1.10~1.50	0.10~0.30	—
5CrNi2MoV	0.50~0.60	0.10~0.40	0.60~0.90	0.80~1.20	—	0.35~0.55	1.50~1.80	0.05~0.15	—
5Cr2NiMoVSi	0.46~0.54	0.60~0.90	0.40~0.60	1.50~2.00	—	0.80~1.20	0.80~1.20	0.30~0.50	—
8Cr3	0.75~0.85	≤0.40	≤0.40	3.20~3.80	—	—	—	—	—
4Cr5W2VSi	0.32~0.42	0.80~1.20	≤0.40	4.50~5.50	1.60~2.40	—	—	0.60~1.00	—
3Cr2W8V	0.30~0.40	≤0.40	≤0.40	2.20~2.70	7.50~9.00	—	—	0.20~0.50	—
4Cr5MnSiV	0.33~0.43	0.80~1.20	0.20~0.50	4.75~5.50	—	1.10~1.60	—	0.30~0.60	—

（续）

牌号	化学成分(质量分数,%)								
	C	Si	Mn	Cr	W	Mo	Ni	V	其他
4Cr5MoSiV1	0.32~0.45	0.80~1.20	0.20~0.50	4.75~5.50	—	1.10~1.75	—	0.80~1.20	—
4Cr3Mo3SiV	0.35~0.45	0.80~1.20	0.25~0.70	3.00~3.75	—	2.00~3.00	—	0.25~0.75	—
5Cr4Mo3SiMnVAl	0.47~0.57	0.80~1.10	0.80~1.10	3.80~4.30	—	2.80~3.40	—	0.80~1.20	Al:0.30~0.70
4CrMnSiMoV	0.35~0.45	0.80~1.10	0.80~1.10	1.30~1.50	—	0.40~0.60	—	0.20~0.40	—
5Cr5WMoSi	0.50~0.60	0.75~1.10	0.20~0.50	4.75~5.50	1.00~1.50	1.15~1.65	—	—	—
4Cr5MoWVSi	0.32~0.40	0.80~1.20	0.20~0.50	4.75~5.50	1.10~1.60	1.25~1.60	—	0.20~0.50	—
3Cr3Mo3W2V	0.32~0.42	0.60~0.90	≤0.65	2.80~3.30	1.20~1.80	2.50~3.00	—	0.80~1.20	—
5Cr4W5Mo2V	0.40~0.50	≤0.40	≤0.40	3.40~4.40	4.50~5.30	1.50~2.10	—	0.70~1.10	—
4Cr5Mo2V	0.35~0.42	0.25~0.50	0.40~0.60	5.00~5.50	—	2.30~2.60	—	0.60~0.80	—
3Cr3Mo3V	0.28~0.35	0.10~0.40	0.15~0.45	2.70~3.20	—	2.50~3.00	—	0.40~0.70	—
4Cr5Mo3V	0.35~0.40	0.30~0.50	0.30~0.50	4.80~5.20	—	2.70~3.20	—	0.40~0.60	—
3Cr3Mo3VCo3	0.28~0.35	0.10~0.40	0.15~0.45	2.70~3.20	—	2.60~3.00	—	0.40~0.70	Co:2.50~3.00

表 1-16　塑料模具用钢的化学成分（GB/T 1299—2014）

牌号	化学成分(质量分数,%)								
	C	Si	Mn	Cr	Mo	Ni	V	Al	其他
SM45	0.42~0.48	0.17~0.37	0.50~0.80	—	—	—	—	—	—
SM50	0.47~0.58	0.17~0.37	0.50~0.80	—	—	—	—	—	—
SM55	0.52~0.58	0.17~0.37	0.50~0.80	—	—	—	—	—	—
3Cr2Mo	0.28~0.40	0.20~0.80	0.60~1.00	1.40~2.00	0.30~0.55	—	—	—	—
3Cr2MnNiMo	0.32~0.40	0.20~0.40	1.10~1.50	1.70~2.00	0.25~0.40	0.85~1.15	—	—	—

（续）

牌号	化学成分(质量分数,%)								
	C	Si	Mn	Cr	Mo	Ni	V	Al	其他
4Cr2Mn1MoS	0.35~0.45	0.30~0.50	1.40~1.60	1.80~2.00	0.15~0.25	—	—	—	—
8Cr2MnWMoVS	0.75~0.85	≤0.40	1.30~1.70	2.30~2.60	0.50~0.80	—	0.10~0.25	—	W:0.70~1.10
5CrNiMn-MoVSCa	0.50~0.60	≤0.45	0.80~1.20	0.80~1.20	0.30~0.60	0.80~1.20	0.15~0.30	—	Cu:0.002~0.008
2CrNiMoMnV	0.24~0.30	≤0.30	1.40~1.60	1.25~1.45	0.45~0.60	0.80~1.20	0.10~0.20	—	—
2CrNi3MoAl	0.20~0.30	0.20~0.50	0.50~0.80	1.20~1.80	0.20~0.40	3.00~4.00	—	1.00~1.60	—
1Ni3Mn-CuMoAl	0.10~0.20	≤0.45	1.40~2.00	—	0.20~0.50	2.90~3.40	—	0.70~1.20	Cu:0.80~1.20
06Ni6Cr-MoVTiAl	≤0.06	≤0.50	≤0.50	1.30~1.60	0.90~1.20	5.50~6.50	0.08~0.16	0.50~0.90	Ti:0.90~1.30
00Ni18Co8-Mo5TiAl	≤0.03	≤0.10	≤0.15	≤0.60	4.50~5.00	17.5~18.5	Co:8.50~10.0	0.05~0.15	Ti:0.80~1.10
2Cr13	0.16~0.25	≤1.00	≤1.00	12.00~14.00	—	≤0.60	—	—	—
4Cr13	0.36~0.45	≤0.60	≤0.80	12.00~14.00	—	≤0.60	—	—	—
4Cr13NiVSi	0.36~0.45	0.90~1.20	0.40~0.70	13.00~14.00	—	0.15~0.30	0.25~0.35	—	—
2Cr17Ni2	0.12~0.22	≤1.00	≤1.50	15.00~17.00	—	1.50~2.50	—	—	—
3Cr17Mo	0.33~0.45	≤1.00	≤1.50	15.50~17.50	0.80~1.30	≤1.00	—	—	—
3Cr17NiMoV	0.32~0.40	0.30~0.60	0.60~0.80	16.00~18.00	1.00~1.30	0.60~1.00	0.15~0.35	—	—
9Cr18	0.90~1.00	≤0.80	≤0.80	17.00~19.00	—	≤0.60	—	—	—
9Cr18MoV	0.85~0.95	≤0.80	≤0.80	17.00~19.00	1.00~1.30	≤0.60	0.07~0.12	—	—

表 1-17　特殊用途模具用钢的化学成分（GB/T 1299—2014）

牌号	化学成分(质量分数,%)									
	C	Si	Mn	Cr	Mo	Ni	V	Al	Nb	其他
7Mn15Cr2Al3V2WMo	0.65~0.75	≤0.80	14.50~16.50	2.00~2.50	0.50~0.80	—	1.50~2.00	2.30~3.30	—	W:0.50~0.80
2Cr25Ni20Si2	≤0.25	1.50~2.50	≤1.50	24.00~27.00	—	18.00~21.00	—	—	—	—
0Cr17-Ni4Cu4Nb	≤0.07	≤1.00	≤1.00	15.00~17.00	—	3.00~5.00	—	—	Nb:0.15~0.45	Cu:3.00~5.00
Ni25Cr15-Ti2MoMn	≤0.08	≤1.00	≤2.00	13.50~17.00	1.00~1.50	22.00~25.00	0.10~0.50	≤0.40	—	Ti:1.80~2.50 B:0.001~0.010
Ni53Cr19-Mo3TiNb	≤0.08	≤0.35	≤0.35	17.00~21.00	2.80~3.30	50.00~55.00	Co≤1.00	0.20~0.80	Nb+Ta:4.75~5.50	Ti:0.65~1.15 B≤0.006

1.4.6　高速工具钢的化学成分（见表 1-18）

表 1-18　高速工具钢的化学成分（GB/T 9943—2008）

牌号	化学成分(质量分数,%)									
	C	Mn	Si	S	P	Cr	V	W	Mo	Co
W3Mo3Cr4V2	0.95~1.03	≤0.40	≤0.45	≤0.030	≤0.030	3.80~4.50	2.20~2.50	2.70~3.00	2.50~2.90	—
W4Mo3Cr4VSi	0.83~0.93	0.20~0.40	0.70~1.00	≤0.030	≤0.030	3.80~4.40	1.20~1.80	3.50~4.50	2.50~3.50	—
W18Cr4V	0.73~0.83	0.10~0.40	0.20~0.40	≤0.030	≤0.030	3.80~4.50	1.00~1.20	17.20~18.70	—	—
W2Mo8Cr4V	0.77~0.87	≤0.40	≤0.70	≤0.030	≤0.030	3.50~4.50	1.00~1.40	1.40~2.00	8.00~9.00	—
W2Mo9Cr4V2	0.95~1.05	0.15~0.40	≤0.70	≤0.030	≤0.030	3.50~4.50	1.75~2.20	1.50~2.10	8.20~9.20	—
W6Mo5Cr4V2	0.80~0.90	0.15~0.40	0.20~0.45	≤0.030	≤0.030	3.80~4.40	1.75~2.20	5.50~6.75	4.50~5.50	—

（续）

牌号	化学成分（质量分数，%）									
	C	Mn	Si	S	P	Cr	V	W	Mo	Co
CW6Mo5Cr4V2	0.86~0.94	0.15~0.40	0.20~0.45	≤0.030	≤0.030	3.80~4.50	1.75~2.10	5.90~6.70	4.70~5.20	—
W6Mo6Cr4V2	1.00~1.10	≤0.40	≤0.45	≤0.030	≤0.030	3.80~4.50	2.30~2.60	5.90~6.70	5.50~6.50	—
W9Mo3Cr4V	0.77~0.87	0.20~0.40	0.20~0.40	≤0.030	≤0.030	3.80~4.40	1.30~1.70	8.50~9.50	2.70~3.30	—
W6Mo5Cr4V3	1.15~1.25	0.15~0.40	0.20~0.45	≤0.030	≤0.030	3.80~4.50	2.70~3.20	5.90~6.70	4.70~5.20	—
CW6Mo5Cr4V3	1.25~1.32	0.15~0.40	≤0.70	≤0.030	≤0.030	3.75~4.50	2.70~3.20	5.90~6.70	4.70~5.20	—
W6Mo5Cr4V4	1.25~1.40	≤0.40	≤0.45	≤0.030	≤0.030	3.80~4.50	3.70~4.20	5.20~6.00	4.20~5.00	—
W6Mo5Cr4V2Al	1.05~1.15	0.15~0.40	0.20~0.60	≤0.030	≤0.030	3.80~4.40	1.75~2.20	5.50~6.75	4.50~5.50	Al：0.80~1.20
W12Cr4V5Co5	1.50~1.60	0.15~0.40	0.15~0.40	≤0.030	≤0.030	3.75~5.00	4.50~5.25	11.75~13.00	—	4.75~5.25
W6Mo5Cr4V2Co5	0.87~0.95	0.15~0.40	0.20~0.45	≤0.030	≤0.030	3.80~4.50	1.70~2.10	5.90~6.70	4.70~5.20	4.50~5.00
W6Mo5Cr4V3Co8	1.23~1.33	≤0.40	≤0.70	≤0.030	≤0.030	3.80~4.50	2.70~3.20	5.90~6.70	4.70~5.30	8.00~8.80
W7Mo4Cr4V2Co5	1.05~1.15	0.20~0.60	0.15~0.50	≤0.030	≤0.030	3.75~4.50	1.75~2.25	6.25~7.00	3.25~4.25	4.75~5.75
W2Mo9Cr4VCo8	1.05~1.15	0.15~0.40	0.15~0.65	≤0.030	≤0.030	3.50~4.25	0.95~1.35	1.15~1.85	9.00~10.00	7.75~8.75
W10Mo4Cr4V3Co10	1.20~1.35	≤0.40	≤0.45	≤0.030	≤0.030	3.80~4.50	3.00~3.50	9.00~10.00	3.20~3.90	9.50~10.50

1.4.7 不锈钢和耐热钢的化学成分（见表 1-19～表 1-23）

表 1-19 奥氏体型不锈钢和耐热钢的化学成分（GB/T 20878—2007）

新牌号	旧牌号	化学成分(质量分数,%)										
		C	Si	Mn	P	S	Ni	Cr	Mo	Cu	N	其他元素
12Cr17Mn6Ni5N	1Cr17Mn6Ni5N	0.15	1.00	5.50～7.50	0.050	0.030	3.50～5.50	16.00～18.00	—	—	0.05～0.25	—
10Cr17Mn9Ni4N	—	0.12	0.80	8.00～10.50	0.035	0.025	3.50～4.50	16.00～18.00	—	—	0.15～0.25	—
12Cr18Mn9Ni5N	1Cr18Mn8Ni5N	0.15	1.00	7.50～10.00	0.050	0.030	4.00～6.00	17.00～19.00	—	—	0.05～0.25	—
20Cr13Mn9Ni4	2Cr13Mn9Ni4	0.15～0.25	0.80	8.00～10.00	0.035	0.025	3.70～5.00	12.00～14.00	—	—	—	—
20Cr15Mn15Ni2N	2Cr15Mn15Ni2N	0.15～0.25	1.00	14.00～16.00	0.050	0.030	1.50～3.00	14.00～16.00	—	—	0.15～0.30	—
53Cr21Mn9Ni4N	5Cr21Mn9Ni4N	0.48～0.58	0.35	8.00～10.00	0.040	0.030	3.25～4.50	20.00～22.00	—	—	0.35～0.50	—
26Cr18Mn12Si2N	3Cr18Mn12Si2N	0.22～0.30	1.40～2.20	10.50～12.50	0.050	0.030	—	17.00～19.00	—	—	0.22～0.33	—
22Cr20Mn10Ni2Si2N	2Cr20Mn9Ni2Si2N	0.17～0.26	1.80～2.70	8.50～11.00	0.050	0.030	2.00～3.00	18.00～21.00	—	—	0.20～0.30	—
12Cr17Ni7	1Cr17Ni7	0.15	1.00	2.00	0.045	0.030	6.00～8.00	16.00～18.00	—	—	0.10	—
022Cr17Ni7	—	0.030	1.00	2.00	0.045	0.030	5.00～8.00	16.00～18.00	—	—	0.20	—
022Cr17Ni7N	—	0.030	1.00	2.00	0.045	0.030	5.00～8.00	16.00～18.00	—	—	0.07～0.20	—

17Cr18Ni9	2Cr18Ni9	0.13~0.21	1.00	2.00	0.035	0.025	8.00~10.50	17.00~19.00	—	—	—	—
12Cr18Ni9	1Cr18Ni9	0.15	1.00	2.00	0.045	0.030	8.00~10.00	17.00~19.00	—	—	0.10	—
2Cr18Ni9Si3	1Cr18Ni9Si3	0.15	2.00~3.00	2.00	0.045	0.030	8.00~10.00	17.00~19.00	—	—	0.10	—
Y12Cr18Ni9	Y1Cr18Ni9	0.15	1.00	2.00	0.20	≥0.15	8.00~10.00	17.00~19.00	(0.60)	—	—	—
Y12Cr18Ni9Se	Y1Cr18Ni9Se	0.15	1.00	2.00	0.20	0.060	8.00~10.00	17.00~19.00	—	—	—	Se≥0.15
06Cr19Ni10	0Cr18Ni9	0.08	1.00	2.00	0.045	0.030	8.00~11.00	18.00~20.00	—	—	—	—
022Cr19Ni10	00Cr19Ni10	0.030	1.00	2.00	0.045	0.030	8.00~12.00	18.00~20.00	—	—	—	—
07Cr19Ni10	—	0.04~0.10	1.00	2.00	0.045	0.030	8.00~11.00	18.00~20.00	—	—	—	—
05Cr19Ni10Si2CeN	—	0.04~0.06	1.00~2.00	0.80	0.045	0.030	9.00~10.00	18.00~19.00	—	—	0.12~0.18	Ce:0.03~0.08
06Cr18Ni9Cu2	0Cr18Ni9Cu2	0.08	1.00	2.00	0.045	0.030	8.00~10.50	17.00~19.00	—	1.00~3.00	—	—
06Cr18Ni9Cu3	0Cr18Ni9Cu3	0.08	1.00	2.00	0.045	0.030	8.50~10.50	17.00~19.00	—	3.00~4.00	—	—
06Cr19Ni10N	0Cr19Ni9N	0.08	1.00	2.00	0.045	0.030	8.00~11.00	18.00~20.00	—	—	0.10~0.16	—

（续）

新牌号	旧牌号	化学成分（质量分数，%）										
		C	Si	Mn	P	S	Ni	Cr	Mo	Cu	N	其他元素
06Cr19Ni9NbN	0Cr19Ni10NbN	0.08	1.00	2.50	0.045	0.030	7.50~10.50	18.00~20.00	—	—	0.15~0.30	Nb:0.15
022Cr19Ni10N	00Cr18Ni10N	0.030	1.00	2.00	0.045	0.030	8.00~11.00	18.00~20.00	—	—	0.10~0.16	—
10Cr18Ni12	1Cr18Ni12	0.12	1.00	2.00	0.045	0.030	10.50~13.00	17.00~19.00	—	—	—	—
06Cr18Ni12	0Cr18Ni12	0.08	1.00	2.00	0.045	0.030	11.00~13.50	16.50~19.00	—	—	—	—
06Cr16Ni18	0Cr16Ni18	0.08	1.00	2.00	0.045	0.030	17.00~19.00	15.00~17.00	—	—	—	—
06Cr20Ni11	—	0.08	1.00	2.00	0.045	0.030	10.00~12.00	19.00~21.00	—	—	—	—
22Cr21Ni12N	2Cr21Ni12N	0.15~0.28	0.75~1.25	1.00~1.60	0.040	0.030	10.50~12.50	20.00~22.00	—	—	0.15~0.30	—
16Cr23Ni13	2Cr23Ni13	0.20	1.00	2.00	0.040	0.030	12.00~15.00	22.00~24.00	—	—	—	—
06Cr23Ni13	0Cr23Ni13	0.08	1.00	2.00	0.045	0.030	12.00~15.00	22.00~24.00	—	—	—	—
11Cr23Ni18	1Cr23Ni18	0.18	1.00	2.00	0.035	0.025	17.00~20.00	22.00~25.00	—	—	—	—
20Cr25Ni20	2Cr25Ni20	0.25	1.50	2.00	0.040	0.030	19.00~22.00	24.00~26.00	—	—	—	—
06Cr25Ni20	0Cr25Ni20	0.08	1.50	2.00	0.045	0.030	19.00~22.00	24.00~26.00	—	—	—	—

022Cr25Ni22Mo2N	—	0.030	0.40	2.00	0.030	0.015	21.00~23.00	24.00~26.00	2.00~3.00	—	0.10~0.16	—
015Cr20Ni18Mo6CuN	—	0.020	0.80	1.00	0.030	0.010	17.50~18.50	19.50~20.50	6.00~6.50	0.50~1.00	0.18~0.22	—
06Cr17Ni12Mo2	0Cr17Ni12Mo2	0.08	1.00	2.00	0.045	0.030	10.00~14.00	16.00~18.00	2.00~3.00	—	—	—
022Cr17Ni12Mo2	00Cr17Ni14Mo2	0.030	1.00	2.00	0.045	0.030	10.00~14.00	16.00~18.00	2.00~3.00	—	—	—
07Cr17Ni12Mo2	1Cr17Ni12Mo2	0.04~0.10	1.00	2.00	0.045	0.030	10.00~14.00	16.00~18.00	2.00~3.00	—	—	—
06Cr17Ni12Mo2Ti	0Cr18Ni12Mo3Ti	0.08	1.00	2.00	0.045	0.030	10.00~14.00	16.00~18.00	2.00~3.00	—	—	Ti≥5C
06Cr17Ni12Mo2Nb	—	0.08	1.00	2.00	0.045	0.030	10.00~14.00	16.00~18.00	2.00~3.00	—	0.10	Nb:10C~1.10
06Cr17Ni12Mo2N	0Cr17Ni12Mo2N	0.08	1.00	2.00	0.045	0.030	10.00~13.00	16.00~18.00	2.00~3.00	—	0.10~0.16	—
022Cr17Ni12Mo2N	00Cr17Ni13Mo2N	0.030	1.00	2.00	0.045	0.030	10.00~13.00	16.00~18.00	2.00~3.00	—	0.10~0.16	—
06Cr18Ni12Mo2Cu2	0Cr18Ni12Mo2Cu2	0.08	1.00	2.00	0.045	0.030	10.00~14.00	17.00~19.00	1.20~2.75	1.00~2.50	—	—
022Cr18Ni14Mo2Cu2	00Cr18Ni14Mo2Cu2	0.030	1.00	2.00	0.045	0.030	12.00~16.00	17.00~19.00	1.20~2.75	1.00~2.50	—	—
022Cr18Ni15Mo3N	00Cr18Ni15Mo3N	0.030	1.00	2.00	0.025	0.010	14.00~16.00	17.00~19.00	2.35~4.20	0.50	0.10~0.20	—

（续）

新牌号	旧牌号	化学成分(质量分数,%)										
		C	Si	Mn	P	S	Ni	Cr	Mo	Cu	N	其他元素
015Cr21Ni26Mo5Cu2	—	0.020	1.00	2.00	0.045	0.035	23.00~28.00	19.00~23.00	4.00~5.00	1.00~2.00	0.10	—
06Cr19Ni13Mo3	0Cr19Ni13Mo3	0.08	1.00	2.00	0.045	0.030	11.00~15.00	18.00~20.00	3.00~4.00	—	—	—
022Cr19Ni13Mo3	00Cr19Ni13Mo3	0.030	1.00	2.00	0.045	0.030	11.00~15.00	18.00~20.00	3.00~4.00	—	—	—
022Cr18Ni14Mo3	00Cr18Ni14Mo3	0.030	1.00	2.00	0.025	0.010	13.00~15.00	17.00~19.00	2.25~3.50	0.50	0.10	—
03Cr18Ni16Mo5	0Cr18Ni16Mo5	0.04	1.00	2.50	0.045	0.030	15.00~17.00	16.00~19.00	4.00~6.00	—	—	—
022Cr19Ni16Mo5N	—	0.030	1.00	2.00	0.045	0.030	13.50~17.50	17.00~20.00	4.00~5.00	—	0.10~0.20	—
022Cr19Ni13Mo4N	—	0.030	1.00	2.00	0.045	0.030	11.00~15.00	18.00~20.00	3.00~4.00	—	0.10~0.22	—
06Cr18Ni11Ti	0Cr18Ni10Ti	0.08	1.00	2.00	0.045	0.030	9.00~12.00	17.00~19.00	—	—	—	Ti:5C~0.70
07Cr19Ni11Ti	1Cr18Ni11Ti	0.04~0.10	0.75	2.00	0.030	0.030	9.00~13.00	17.00~20.00	—	—	—	Ti:4C~0.60
45Cr14Ni14W2Mo	4Cr14Ni14W2Mo	0.40~0.50	0.80	0.70	0.040	0.030	13.00~15.00	13.00~15.00	0.25~0.40	—	—	W:2.00~2.75
015Cr24Ni22Mo8Mn3CuN	—	0.020	0.50	2.00~4.00	0.030	0.005	21.00~23.00	24.00~25.00	7.00~8.00	0.30~0.60	0.45~0.55	—
24Cr18Ni8W2	2Cr18Ni8W2	0.21~0.28	0.30~0.80	0.70	0.030	0.025	7.50~8.50	17.00~19.00	—	—	—	W:2.00~2.50

（续）

新牌号	旧牌号	化学成分(质量分数,%)										
		C	Si	Mn	P	S	Ni	Cr	Mo	Cu	N	其他元素
12Cr16Ni35	1Cr16Ni35	0.15	1.50	2.00	0.040	0.030	33.00~37.00	14.00~17.00	—	—	—	—
022Cr24Ni17Mo5Mn6NbN	—	0.030	1.00	5.00~7.00	0.030	0.010	16.00~18.00	23.00~25.00	4.00~5.00	—	0.40~0.60	Nb:0.10
06Cr18Ni11Nb	0Cr18Ni11Nb	0.08	1.00	2.00	0.045	0.030	9.00~12.00	17.00~19.00	—	—	—	Nb:10C~1.10
07Cr18Ni11Nb	1Cr19Ni11Nb	0.04~0.10	1.00	2.00	0.045	0.030	9.00~12.00	17.00~19.00	—	—	—	Nb:8C~1.10
06Cr18Ni13Si4	0Cr18Ni13Si4	0.08	3.00~5.00	2.00	0.045	0.030	11.50~15.00	15.00~20.00	—	—	—	—
16Cr20Ni14Si2	1Cr20Ni14Si2	0.20	1.50~2.50	1.50	0.040	0.030	12.00~15.00	19.00~22.00	—	—	—	—
16Cr25Ni20Si2	1Cr25Ni20Si2	0.20	1.50~2.50	1.50	0.040	0.030	18.00~21.00	24.00~27.00	—	—	—	—

注：表中所列成分除标明范围或最小值外，其余均为最大值。括号内值为允许添加的最大值。

表 1-20 奥氏体-铁素体型不锈钢和耐热钢的化学成分（GB/T 20878—2007）

新牌号	旧牌号	化学成分(质量分数,%)										
		C	Si	Mn	P	S	Ni	Cr	Mo	Cu	N	其他元素
14Cr18Ni11Si4AlTi	1Cr18Ni11Si4AlTi	0.10~0.18	3.10~4.00	0.80	0.035	0.030	10.00~12.00	17.50~19.50	—	—	—	Ti:0.40~0.70 Al:0.10~0.30
022Cr19Ni5Mo3Si2N	00Cr18Ni5Mo3Si2	0.030	1.30~2.00	1.00~2.00	0.035	0.030	4.50~5.50	18.00~19.50	2.50~3.00	—	0.05~0.12	—

（续）

新牌号	旧牌号	化学成分（质量分数，%）										
		C	Si	Mn	P	S	Ni	Cr	Mo	Cu	N	其他元素
12Cr21Ni5Ti	1Cr21Ni5Ti	0.09~0.14	0.80	0.80	0.035	0.030	4.80~5.80	20.00~22.00	—	—	—	Ti:5(C-0.02)~0.80
022Cr22Ni5Mo3N	—	0.030	1.00	2.00	0.030	0.020	4.50~6.50	21.00~23.00	2.50~3.50	—	0.08~0.20	—
022Cr23Ni5Mo3N	—	0.030	1.00	2.00	0.030	0.020	4.50~6.50	22.00~23.00	3.00~3.50	—	0.14~0.20	—
022Cr23Ni4MoCuN	—	0.030	1.00	2.50	0.035	0.030	3.00~5.50	21.50~24.50	0.05~0.60	0.05~0.60	0.05~0.20	—
022Cr25Ni6Mo2N	—	0.030	1.00	2.00	0.030	0.030	5.50~6.50	24.00~26.00	1.20~2.50	—	0.10~0.20	—
022Cr25Ni7Mo3WCuN	—	0.030	1.00	0.75	0.030	0.030	5.50~7.50	24.00~26.00	2.50~3.50	0.20~0.80	0.10~0.30	W:0.10~0.50
03Cr25Ni6Mo3Cu2N	—	0.04	1.00	1.50	0.035	0.030	4.50~6.50	24.00~27.00	2.90~3.90	1.50~2.50	0.10~0.25	—
022Cr25Ni7Mo4N	—	0.030	0.80	1.20	0.035	0.020	6.00~8.00	24.00~26.00	3.00~5.00	0.50	0.24~0.32	—
022Cr25Ni7Mo4WCuN	—	0.030	1.00	1.00	0.030	0.010	6.00~8.00	24.00~26.00	3.00~4.00	0.50~1.00	0.20~0.30	W:0.50~1.00 Cr+3.3Mo+16N≥40

注：表中所列成分除标明范围或最小值外，其余均为最大值。

表 1-21 铁素体型不锈钢和耐热钢的化学成分（GB/T 20878—2007）

新牌号	旧牌号	化学成分(质量分数,%)										
		C	Si	Mn	P	S	Ni	Cr	Mo	Cu	N	其他元素
06Cr13Al	0Cr13Al	0.08	1.00	1.00	0.040	0.030	(0.60)	11.50~14.50	—	—	—	Al:0.10~0.30
06Cr11Ti	0Cr11Ti	0.08	1.00	1.00	0.045	0.030	(0.60)	10.50~11.70	—	—	—	Ti:6C~0.75
022Cr11Ti	—	0.030	1.00	1.00	0.040	0.020	(0.60)	10.50~11.70	—	—	0.030	Ti≥8(C+N) Ti:0.15~0.50 Nb:0.10
022Cr11NbTi	—	0.030	1.00	1.00	0.040	0.020	(0.60)	10.50~11.70	—	—	0.030	Ti+Nb:8(C+N) +0.08~0.75 Ti≥0.05
022Cr12Ni	—	0.030	1.00	1.50	0.040	0.015	0.30~1.00	10.50~12.50	—	—	0.030	—
022Cr12	00Cr12	0.030	1.00	1.00	0.040	0.030	(0.60)	11.00~13.50	—	—	—	—
10Cr15	1Cr15	0.12	1.00	1.00	0.040	0.030	(0.60)	14.00~16.00	—	—	—	—
10Cr17	1Cr17	0.12	1.00	1.00	0.040	0.030	(0.60)	16.00~18.00	—	—	—	—
Y10Cr17	Y1Cr17	0.12	1.00	1.25	0.060	≥0.15	(0.60)	16.00~18.00	(0.60)	—	—	—
022Cr18Ti	00Cr17	0.030	0.75	1.00	0.040	0.030	(0.60)	16.00~19.00	—	—	—	Ti 或 Nb: 0.10~1.00

（续）

新牌号	旧牌号	化学成分(质量分数,%)										
		C	Si	Mn	P	S	Ni	Cr	Mo	Cu	N	其他元素
10Cr17Mo	1Cr17Mo	0.12	1.00	1.00	0.040	0.030	(0.60)	16.00~18.00	0.75~1.25	—	—	—
10Cr17MoNb	—	0.12	1.00	1.00	0.040	0.030	—	16.00~18.00	0.75~1.25	—	—	Nb:5C~0.80
019Cr18MoTi	—	0.025	1.00	1.00	0.040	0.030	(0.60)	16.00~19.00	0.75~1.50	—	0.025	Ti、Nb、Zr或其组合:8(C+N)~0.80
022Cr18NbTi	—	0.030	1.00	1.00	0.040	0.015	(0.60)	17.50~18.50	—	—	—	Ti:0.10~0.60 Nb≥0.30+3C
019Cr19Mo2NbTi	00Cr18Mo2	0.025	1.00	1.00	0.040	0.030	1.00	17.50~19.50	1.75~2.50	—	0.035	(Ti+Nb):[0.20+4(C+N)]~0.80
16Cr25N	2Cr25N	0.20	1.00	1.50	0.040	0.030	(0.60)	23.00~27.00	—	(0.30)	0.25	—
008Cr27Mo	00Cr27Mo	0.010	0.40	0.40	0.030	0.020	—	25.00~27.50	0.75~1.50	—	0.015	—
008Cr30Mo2	00Cr30Mo2	0.010	0.10	0.40	0.030	0.020	—	28.50~32.00	1.50~2.50	—	0.015	—

注：表中所列成分除标明范围或最小值外，其余均为最大值。括号内值为允许添加的最大值。

表 1-22 马氏体型不锈钢和耐热钢的化学成分（GB/T 20878—2007）

新牌号	旧牌号	化学成分(质量分数,%)										
		C	Si	Mn	P	S	Ni	Cr	Mo	Cu	N	其他元素
12Cr12	1Cr12	0.15	0.50	1.00	0.040	0.030	(0.60)	11.50~13.00	—	—	—	—
06Cr13	0Cr13	0.08	1.00	1.00	0.040	0.030	(0.60)	11.50~13.50	—	—	—	—
12Cr13	1Cr13	0.15	1.00	1.00	0.040	0.030	(0.60)	11.50~13.50	—	—	—	—
04Cr13Ni5Mo	—	0.05	0.60	0.50~1.00	0.030	0.030	3.50~5.50	11.50~14.00	0.50~1.00	—	—	—
Y12Cr13	Y1Cr13	0.15	1.00	1.25	0.060	≥0.15	(0.60)	12.00~14.00	(0.60)	—	—	—
20Cr13	2Cr13	0.16~0.25	1.00	1.00	0.040	0.030	(0.60)	12.00~14.00	—	—	—	—
30Cr13	3Cr13	0.26~0.35	1.00	1.00	0.040	0.030	(0.60)	12.00~14.00	—	—	—	—
Y30Cr13	Y3Cr13	0.26~0.35	1.00	1.25	0.060	≥0.15	(0.60)	12.00~14.00	(0.60)	—	—	—
40Cr13	4Cr13	0.36~0.45	0.60	0.80	0.040	0.030	(0.60)	12.00~14.00	—	—	—	—
Y25Cr13Ni2	Y2Cr13Ni2	0.20~0.30	0.50	0.80~1.20	0.08~0.12	0.15~0.25	1.50~2.00	12.00~14.00	(0.60)	—	—	—
14Cr17Ni2	1Cr17Ni2	0.11~0.17	0.80	0.80	0.040	0.030	1.50~2.50	16.00~18.00	—	—	—	—
17Cr16Ni2	—	0.12~0.22	1.00	1.50	0.040	0.030	1.50~2.50	15.00~17.00	—	—	—	—

（续）

新牌号	旧牌号	化学成分（质量分数，%）										
		C	Si	Mn	P	S	Ni	Cr	Mo	Cu	N	其他元素
68Cr17	7Cr17	0.60~0.75	1.00	1.00	0.040	0.030	(0.60)	16.00~18.00	(0.75)	—	—	—
85Cr17	8Cr17	0.75~0.95	1.00	1.00	0.040	0.030	(0.60)	16.00~18.00	(0.75)	—	—	—
108Cr17	11Cr17	0.95~1.20	1.00	1.00	0.040	0.030	(0.60)	16.00~18.00	(0.75)	—	—	—
Y108Cr17	Y11Cr17	0.95~1.20	1.00	1.25	0.060	≥0.15	(0.60)	16.00~18.00	(0.75)	—	—	—
95Cr18	9Cr18	0.90~1.00	0.80	0.80	0.040	0.030	(0.60)	17.00~19.00	—	—	—	—
12Cr5Mo	1Cr5Mo	0.15	0.50	0.60	0.040	0.030	(0.60)	4.00~6.00	0.40~0.60	—	—	—
12Cr12Mo	1Cr12Mo	0.10~0.15	0.50	0.30~0.50	0.040	0.030	0.30~0.60	11.50~13.00	0.30~0.60	(0.30)	—	—
13Cr13Mo	1Cr13Mo	0.08~0.18	0.60	1.00	0.040	0.030	(0.60)	11.50~14.00	0.30~0.60	(0.30)	—	—
32Cr13Mo	3Cr13Mo	0.28~0.35	0.80	1.00	0.040	0.030	(0.60)	12.00~14.00	0.50~1.00	—	—	—
102Cr17Mo	9Cr18Mo	0.95~1.10	0.80	0.80	0.040	0.030	(0.60)	16.00~18.00	0.40~0.70	—	—	—
90Cr18MoV	9Cr18MoV	0.85~0.95	0.80	0.80	0.040	0.030	(0.60)	17.00~19.00	1.00~1.30	—	—	V:0.07~0.12
14Cr11MoV	1Cr11MoV	0.11~0.18	0.50	0.60	0.035	0.030	0.60	10.00~11.50	0.50~0.70	—	—	V:0.25~0.40

158Cr12MoV	1Cr12MoV	1.45~1.70	0.10	0.35	0.030	0.025	—	11.00~12.50	0.40~0.60	—	—	V:0.15~0.30
21Cr12MoV	2Cr12MoV	0.18~0.24	0.10~0.50	0.30~0.80	0.030	0.025	0.30~0.60	11.00~12.50	0.80~1.20	0.30	—	V:0.25~0.35
18Cr12MoVNbN	2Cr12MoVNbN	0.15~0.20	0.50	0.50~1.00	0.035	0.030	(0.60)	10.00~13.00	0.30~0.90	—	0.05~0.10	V:0.10~0.40 Nb:0.20~0.60
15Cr12WMoV	1Cr12WMoV	0.12~0.18	0.50	0.50~0.90	0.035	0.030	0.40~0.80	11.00~13.00	0.50~0.70	—	—	W:0.70~1.10 V:0.15~0.30
22Cr12NiWMoV	2Cr12NiMoWV	0.20~0.25	0.50	0.50~1.00	0.040	0.030	0.50~1.00	11.00~13.00	0.75~1.25	—	—	W:0.75~1.25 V:0.20~0.40
13Cr11Ni2W2MoV	1Cr11Ni2W2MoV	0.10~0.16	0.60	0.60	0.035	0.030	1.40~1.80	10.50~12.00	0.35~0.50	—	—	W:1.50~2.00 V:0.18~0.30
14Cr12Ni2WMoVNb	1Cr12Ni2WMoVNb	0.11~0.17	0.60	0.60	0.030	0.025	1.80~2.20	11.00~12.00	0.80~1.20	—	—	W:0.70~1.00 V:0.20~0.30 Nb:0.15~0.30
10Cr12Ni3Mo2VN	—	0.08~0.13	0.40	0.50~0.90	0.030	0.025	2.00~3.00	11.00~12.50	1.50~2.00	—	0.020~0.04	V:0.25~0.40
18Cr11NiMoNbVN	2Cr11NiMoNbVN	0.15~0.20	0.50	0.50~0.80	0.020	0.015	0.30~0.60	10.00~12.00	0.60~0.90	0.10	0.04~0.09	V:0.20~0.30 Al:0.30 Nb:0.20~0.60
13Cr14Ni3W2VB	1Cr14Ni3W2VB	0.10~0.16	0.60	0.60	0.300	0.030	2.80~3.40	13.00~15.00	—	—	—	W:1.60~2.20 Ti:0.05 B:0.004 V:0.18~0.28

（续）

新牌号	旧牌号	化学成分(质量分数,%)										
		C	Si	Mn	P	S	Ni	Cr	Mo	Cu	N	其他元素
42Cr9Si2	4Cr9Si2	0.35~0.50	2.00~3.00	0.70	0.035	0.030	0.60	8.00~10.00	—	—	—	—
45Cr9Si3	—	0.40~0.50	3.00~3.50	0.60	0.030	0.030	0.60	7.50~9.50	—	—	—	—
40Cr10Si2Mo	4Cr10Si2Mo	0.35~0.45	1.90~2.60	0.70	0.035	0.030	0.60	9.00~10.50	0.70~0.90	—	—	—
80Cr20Si2Ni	8Cr20Si2Ni	0.75~0.85	1.75~2.25	0.20~0.60	0.030	0.030	1.15~1.65	19.00~20.50	—	—	—	—

注：表中所列成分除标明范围或最小值外，其余均为最大值。括号内值为允许添加的最大值。

表 1-23　沉淀硬化型不锈钢和耐热钢的化学成分（GB/T 20878—2007）

新牌号	旧牌号	化学成分(质量分数,%)										
		C	Si	Mn	P	S	Ni	Cr	Mo	Cu	N	其他元素
04Cr13Ni8Mo2Al	—	0.05	0.10	0.20	0.010	0.008	7.50~8.50	12.30~13.20	2.00~3.00	—	0.01	Al:0.90~1.35
022Cr12Ni9Cu2NbTi	—	0.030	0.50	0.50	0.040	0.030	7.50~9.50	11.00~12.50	0.50	1.50~2.50	—	Ti:0.80~1.40 Nb:0.10~0.50
05Cr15Ni5Cu4Nb	—	0.07	1.00	1.00	0.040	0.030	3.50~5.50	14.00~15.50	—	2.50~4.50	—	Nb:0.15~0.45

（续）

新牌号	旧牌号	化学成分(质量分数,%)										
		C	Si	Mn	P	S	Ni	Cr	Mo	Cu	N	其他元素
05Cr17Ni4Cu4Nb	0Cr17Ni4Cu4Nb	0.07	1.00	1.00	0.040	0.030	3.00~5.00	15.00~17.50	—	3.00~5.00	—	Nb:0.15~0.45
07Cr17Ni7Al	0Cr17Ni7Al	0.09	1.00	1.00	0.040	0.030	6.50~7.75	16.00~18.00	—	—	—	Al:0.75~1.50
07Cr15Ni7Mo2Al	0Cr15Ni7Mo2Al	0.09	1.00	1.00	0.040	0.030	6.50~7.75	14.00~16.00	2.00~3.00	—	—	Al:0.75~1.50
07Cr12Ni4Mn5Mo3Al	0Cr12Ni4Mn5Mo3Al	0.09	0.80	4.40~5.30	0.030	0.025	4.00~5.00	11.00~12.00	2.70~3.30	—	—	Al:0.50~1.00
09Cr17Ni5Mo3N	—	0.07~0.11	0.50	0.50~1.25	0.040	0.030	4.00~5.00	16.00~17.00	2.50~3.20	—	0.07~0.13	—
06Cr17Ni7AlTi	—	0.08	1.00	1.00	0.040	0.030	6.00~7.50	16.00~17.50	—	—	—	Al:0.40 Ti:0.40~1.20
06Cr15Ni25Ti2MoAlVB	0Cr15Ni25Ti2MoAlVB	0.08	1.00	2.00	0.040	0.030	24.00~27.00	13.50~16.00	1.00~1.50	—	—	Al:0.35 Ti:1.90~2.35 B:0.001~0.010 V:0.10~0.50

注：表中所列成分除标明范围或最小值外，其余均为最大值。

第2章 热处理技术基础

2.1 铁碳合金相图

铁碳合金相图是研究钢和铸铁组织与性能的基础，是制订钢铁热处理工艺的科学依据之一。

铁碳相图表示出了铁碳合金在极缓慢的加热和冷却过程中温度、成分与金相组织之间的相互关系，还表示出了合金中相的组成、相的相对数量和相变的极限温度等。

2.1.1 $Fe\text{-}Fe_3C$ 及 Fe-C 合金相图

铁碳合金相图有两个：一个是亚稳定的铁-渗碳体（$Fe\text{-}Fe_3C$）合金相图，它实际上是铁碳合金相图的铁端，即 $w(C)=0\sim6.69\%$ 的部分；另一个是稳定的铁-石墨（Fe-C）合金相图，它的 $w(C)=0\sim100\%$。一般把这两个相图中碳含量相同的部分画在一起，用实线表示 $Fe\text{-}Fe_3C$ 合金相图，用虚线表示 Fe-C 合金相图，无虚线部分（左端）是两个相图共有的，如图 2-1 所示。

1. $Fe\text{-}Fe_3C$ 及 Fe-C 合金相图中的相区、特性点和特性线

（1）$Fe\text{-}Fe_3C$ 合金相图中的相区（见表 2-1）

表 2-1 $Fe\text{-}Fe_3C$ 合金相图中的相区

图中的区域	说明	图中的区域	说明
ABCD 线以上的区域	液相	*NJESG* 区域	奥氏体
ABH 区域	液相+δ 铁	*EFKS* 区域	奥氏体+渗碳体
BCEJ 区域	液相+奥氏体	*GSP* 区域	奥氏体+铁素体
DCF 区域	液相+渗碳体	*GPQ* 区域	铁素体
AHN 区域	δ 铁	*QPK* 线以下区域	铁素体+渗碳体
HJN 区域	δ 铁+奥氏体		

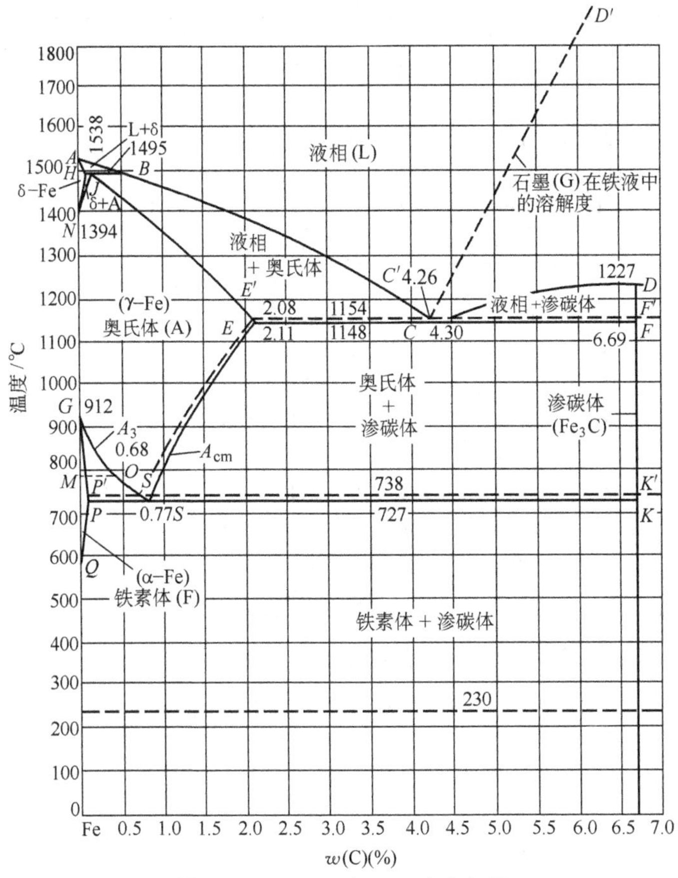

图 2-1 Fe-Fe_3C 及 Fe-C 合金相图

（2）Fe-Fe_3C 及 Fe-C 合金相图中特性点（见表 2-2）

表 2-2 Fe-Fe_3C 及 Fe-C 合金相图中的特性点

特性点	温度/℃	w(C)(%)	说明
A	1538	0	纯铁的熔点
B	1495	0.53	包晶线的端点，包晶反应时液态合金中碳的质量分数
J	1495	0.17	包晶点
H	1495	0.09	碳在 δ-Fe 中的最大溶解度
N	1394	0	γ-Fe $\rightleftharpoons$ δ-Fe 同素异构转变点
C	1148	4.3	共晶点（Fe-Fe_3C 系）

（续）

特性点	温度/℃	w(C)(%)	说明
C'	1154	4.26	共晶点(Fe-C 系)
D	1227	6.69	渗碳体的熔点
D'	3927	100	石墨的熔点(在图外)
E	1148	2.11	碳在 A 中的最大溶解度(Fe-Fe_3C 系)
E'	1154	2.08	碳在 A 中的最大溶解度(Fe-C 系)
F	1148	6.69	渗碳体,共晶线的端点
G	912	0	α-Fe⇌γ-Fe 同素异构转变点
S	727	0.77	共析点(Fe-Fe_3C 系)
S'	738	0.68	共析点(Fe-C 系)
P	727	0.0218	碳在 α-Fe 中的最大溶解度(Fe-Fe_3C 系)
P'	738	0.02	碳在 α-Fe 中的最大溶解度(Fe-C 系)
K	727	6.69	共析线的端点(Fe-Fe_3C 系)
K'	738		共析线的端点(Fe-C 系)
Q	0	0.008	碳在 α-Fe 中的常温溶解度
M	770	0	α-Fe 的磁性转变点
O	770	≈0.50	α-Fe 的磁性转变点

（3）Fe-Fe_3C 及 Fe-C 合金相图中的特性线（见表 2-3）

表 2-3　Fe-Fe_3C 及 Fe-C 合金相图中的特性线

特性线	说明
ABCD	液相线,在此线以上合金为液体
AB	δ 相的液相线
BC	A 的液相线
CD	Fe_3C 的液相线
C'D'	G 的液相线(Fe-C 系)
AHJECF	固相线,在此线以下合金为固体
AH	δ 相的固相线
JE	A 的固相线
JE'	A 的固相线(Fe-C 系)
HN	碳在 δ 相中的溶解度曲线,或冷却时 δ→A 开始温度线,加热时 A→δ 的终了线
JN	冷却时 δ→A 终了温度线(A_4),加热时 A→δ 的开始温度线
GS	冷却时 A→F 开始温度线(A_3),加热时 F→A 终了温度线
GS'	冷却时 A→F 开始温度线(A_3),加热时 F→A 终了温度线(Fe-C 系)
ES	Fe_3C 在 A 中的溶解度线,或 A→Fe_3C 开始温度线(A_{cm})

（续）

特性线	说明
$E'S'$	G在A中的溶解度线，或A→G开始温度线（A_{cm}）（Fe-C系）
GP	碳在α-Fe中的溶解度线，或冷却时A→F的终止温度线，加热时F→A的开始温度线
PQ	碳在F中的溶解度线
$P'Q$	碳在F中的溶解度线（Fe-C系）
MO	F的磁性转变线（A_2）
230℃水平线	Fe_3C的磁性转变线
HJB	包晶转变线，1495℃，$L_B+\delta_H \rightleftharpoons A_J$
ECF	共晶转变线，1148℃，$L_C \rightleftharpoons A_E+Fe_3C$
$E'C'F'$	共晶转变线，1154℃，$L_{C'} \rightleftharpoons A_{E'}+G$（Fe-C系）
PSK	共析转变线（A_1），727℃，$A_S \rightleftharpoons F_P+Fe_3C$
$P'S'K'$	共析转变线（A_1），738℃，$A_{S'} \rightleftharpoons F_{P'}+G$（Fe-C系）

2. 热处理常用的临界温度符号（见表2-4）

表2-4　热处理常用的临界温度符号及说明

符号	说明
A_0	渗碳体的磁性转变点
A_1	在平衡状态下，奥氏体、铁素体、渗碳体或碳化物共存的温度
A_3	亚共析钢在平衡状态下，奥氏体和铁素体共存的最高温度
A_{cm}	过共析钢在平衡状态下，奥氏体和渗碳体或碳化物共存的最高温度
A_4	在平衡状态下δ相和奥氏体共存的最低温度
Ac_1	钢加热时，珠光体转变为奥氏体的温度
Ac_3	亚共析钢加热时，铁素体全部转变为奥氏体的温度
Ac_{cm}	过共析加热时，渗碳体和碳化物全部溶入奥氏体的温度
Ac_4	低碳亚共析钢加热时，奥氏体开始转变为δ相的温度
Ar_1	高温奥氏体化的钢冷却时，奥氏体分解为铁素体和珠光体的温度
Ar_3	高温奥氏体化的亚共析钢冷却时，铁素体开始析出的温度
Ar_{cm}	高温奥氏体化的过共析钢冷却时，渗碳体或碳化物开始析出的温度
Ar_4	钢在高温形成的δ相冷却时，完全转变为奥氏体的温度
Bs	钢奥氏体化后冷却时，奥氏体开始分解为贝氏体的温度
Bf	奥氏体转变为贝氏体的终了温度
Ms	钢奥氏体化后冷却时，奥氏体开始转变为马氏体的温度
Mf	奥氏体转变为马氏体的终了温度

3. Fe-Fe_3C合金相图中各种组织

Fe-Fe_3C合金相图中的两个基本组元：纯铁和渗碳体。

$Fe\text{-}Fe_3C$ 合金相图中的五个基本相：液相、δ 铁（δ-Fe）、奥氏体（γ-Fe）、铁素体（α-Fe）和渗碳体。

（1）铁碳合金中各种组织的特性（见表 2-5）

表 2-5 铁碳合金中各种组织的特性

组织	代号	组织分类	w(C)(%)	晶格结构	特性	说明
液相	L	—	—	—	—	铁碳合金的液相
δ 铁(δ-Fe)	δ	单相	0~0.09	体心立方	—	碳在 δ-Fe 中的间隙固溶体
奥氏体(γ-Fe)	A	单相	0~2.11	面心立方	强度、硬度较低，塑性较好，无磁性	碳在 γ-Fe 中的间隙固溶体
铁素体(α-Fe)	F	单相	0~0.0218	体心立方	强度、硬度低，塑性好	碳在 α-Fe 中的间隙固溶体
渗碳体	Fe_3C	单相	6.7±0.2	正交晶系复杂结构	极硬，脆性大；形状对力学性能影响很大	碳和铁的金属化合物，形状有片状、条状、粒状、网状
莱氏体	Ld	两相	4.30	—	—	奥氏体与渗碳体的混合物
珠光体	P	两相	0.77	—	强度、硬度与片层的粗细有关	由铁素体和渗碳体组成的混合物
石墨	G	—	100	密排六方	—	游离的碳晶体

（2）铁碳合金中各种组织的力学性能（见表 2-6）

表 2-6 铁碳合金中各种组织的力学性能

组织		硬度 HBW	R_m/MPa	A(%)	比体积/(cm^2/g)
铁素体		≈80	245~291	30~50	0.1271
渗碳体		≈800	—	—	0.136±0.001
奥氏体		170~220	834~1030	20~25	0.1212+0.0033w(C)
珠光体	片状	190~250	804~863	10~20	0.1271+0.0005w(C)
	球状	160~190	618	20~25	
索氏体		250~320	883~1079	10~20	0.1271+0.0005w(C)
托氏体		330~400	1128~1373	5~10	0.1271+0.0005w(C)
贝氏体	上贝氏体	42~48HRC	—	—	0.1271+0.0015w(C)
	下贝氏体	60~55HRC	—	—	
马氏体	板条状(低碳)	600~700	1177~1569	—	0.1271+0.00265w(C)
	片状(高碳)			—	
莱氏体		>700	—	—	—

2.1.2　合金元素对 $Fe-Fe_3C$ 相图的影响

为了提高碳钢的力学性能和工艺性能，或使其具有某种特殊的物理性能或化学性能，在碳钢中加入一种或几种合金元素。合金元素的加入，会使 $Fe-Fe_3C$ 相图中特性点的温度和碳含量发生变化，还会使奥氏体相区的位置及大小发生变化。

不与钢中的碳形成任何碳化物的元素（如 Si、Ni、Cu 等）和弱碳化物形成元素（如 Mn 等），使共析点向左移。

与钢中的碳有强亲和力，形成它们各自特有碳化物的元素（如 Ti、V、Zr、Nb 等），使共析点向右移。

合金元素对 $Fe-Fe_3C$ 相图中特性点、特性线及奥氏体区的影响分别如图 2-2、图 2-3 和表 2-7、表 2-8 所示。

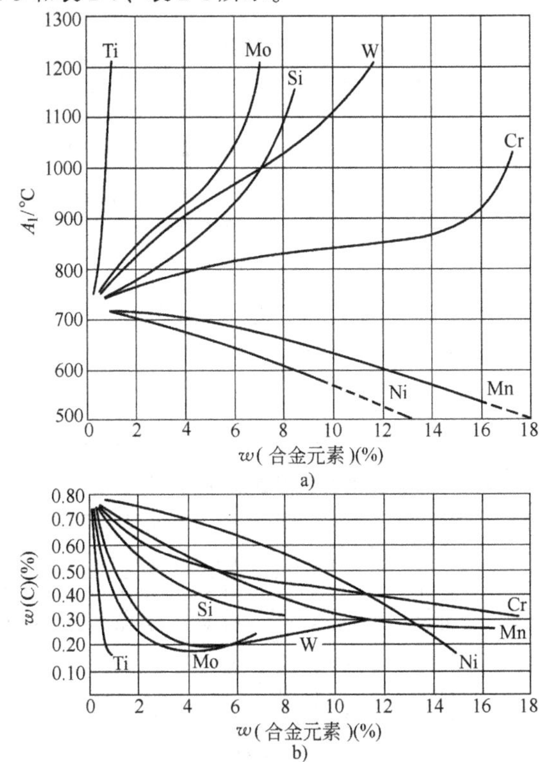

图 2-2　合金元素对共析温度（A_1）和共析点碳含量的影响

a）对共析温度（A_1）的影响　b）对共析点碳含量的影响

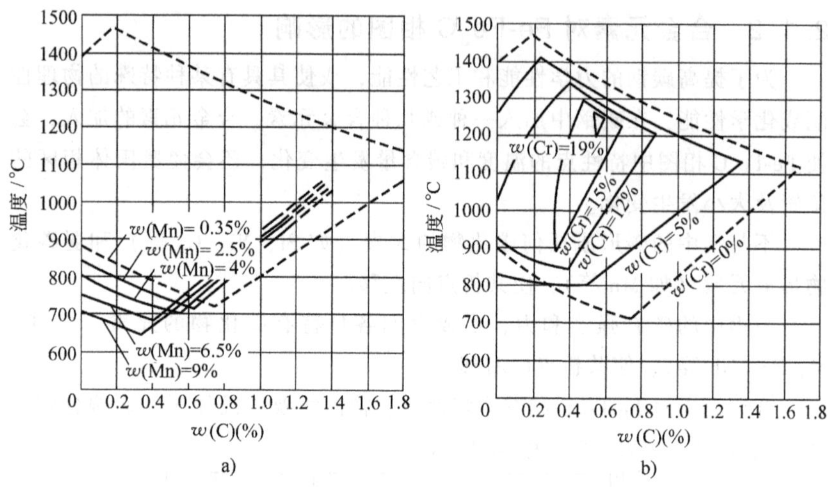

图 2-3　合金元素对奥氏体区位置的影响

a）Mn 对奥氏体区的影响　b）Cr 对奥氏体区的影响

表 2-7　Si、Mn、Ni、Cr 对 *C*、*S*、*E* 点温度和成分坐标的影响

合金元素	合金元素的质量分数每增加 1%，相应各点的温度变化 ΔT/℃			合金元素的质量分数每增加 1%，相应各点碳质量分数的变化 Δw(C)(%)		
	C 点	*S* 点	*E* 点	*C* 点	*S* 点	*E* 点
Si	-(15~20)	-8	-(10~15)	-0.3	-0.06	-0.11
Mn	+3	-9.5	+3.2	+0.03	-0.05	+0.04
Ni	-6	-20	+4.8	-0.07	-0.05	-0.09
Cr	+7	+15	+7.3	-0.05	-0.05	-0.07

表 2-8　合金元素对临界温度及奥氏体区的影响

临界温度及奥氏体区	影响	合金元素
A_4	升高	Mn、Ni、C、N、Cu、Zn、Au、Co
	降低	Al、Si、As、Zr、B、Sn、Be、P、Ti、V、Mo、W、Ta、Nb、Sb、Cr
A_3	升高	Al、Si、P、V、Mo、W、As、Zr、B、Sn、Be、Ti、Ta、Nb、Sb、Co
	降低	Mn、Ni、Cu、C、N、Zn、Au、Cr
A_1	升高	V、Al、Mo、W 等
	降低	Mn、Ni 等
奥氏体区	扩大	Mn、Ni、Cu、Zn、Au
	缩小	Si、Ti、Cr

注：当 w(Cr)<7%时，Cr 使 A_3 降低；而当 w(Cr)>7%时，Cr 使 A_3 提高。

2.2 钢在加热时的组织转变

1. 珠光体-奥氏体转变

钢的退火、正火、淬火等热处理，都是将其加热到奥氏体转变区的温度，然后以不同的冷却速度进行冷却而完成的。共析钢加热时，珠光体向奥氏体转变的过程分为四个阶段。奥氏体的形成过程见表 2-9。

表 2-9 奥氏体的形成过程

序号	阶段	示意图	说明
1	奥氏体的成核	F Fe_3C A	奥氏体的晶核首先在铁素体和渗碳体的相界面处形成，在这里碳浓度相差悬殊，使扩散容易进行。在727℃以上，面心立方晶格的奥氏体比体心立方晶格的珠光体具有较低的自由能，处于奥氏体状态更稳定
2	奥氏体晶核的长大	A	奥氏体晶核形成后，便在旧的相界面上产生了两个新的相界面。依靠这两个新的相界面，原子、晶核不断地向铁素体和渗碳体内部推移，一方面通过能量转换将铁素体的体心立方晶格重建为面心立方晶格。另一方面，通过原子扩散，将渗碳体的碳原子溶入已生成的奥氏体中，晶核不断长大，成为单一的奥氏体相
3	未溶渗碳体的溶解	A	在奥氏体形成的过程中，铁素体向奥氏体的转变优先于渗碳体碳原子向奥氏体扩散。在奥氏体完全形成的初期，仍有部分未完全溶解的渗碳体存在，这些残留的渗碳体还需要经过一段时间才能完全溶解
4	奥氏体的均匀化	A	残留渗碳体在奥氏体中完全溶解后，原来为铁素体的部分碳含量较低，原来为渗碳体的部分碳含量则较高，奥氏体的成分并不完全均匀。需要经过一段时间，使碳原子充分地扩散，达到奥氏体的均匀化

2. 奥氏体晶粒度与晶粒长大

从冶金学角度看，钢的晶粒长大倾向取决于钢的化学成分和脱氧条件。铝脱氧钢属本质细晶粒钢。本质晶粒度只表示在特定的温度范围内（930℃以下）奥氏体晶粒长大的倾向性。在这个温度以下，本质粗晶粒钢的奥氏体晶粒长大倾向大，而本质细晶粒钢的奥氏体晶粒长大倾向小。一旦温度高于930℃时，本质细晶粒钢的晶粒也会长大，甚至比本质粗晶粒钢长得更快。

（1）加热条件的影响　奥氏体的晶粒度与加热条件有直接的关系，晶粒尺寸随加热温度的升高或保温时间的延长不断长大。加热温度明显高于临界温度时，晶粒则较粗。在每一温度下均有一个晶粒加速长大的阶段，当达到一定尺寸后，长大趋向逐渐减弱。加热速度越快，奥氏体在高温下停留时间越短，晶粒越细。

（2）碳含量的影响　在亚共析钢中随碳含量增加，晶粒长大倾向增大；而在过共析钢中，由于受残留渗碳体的阻碍，晶粒长大倾向反而减小。

（3）合金元素的影响　合金元素，尤其是碳化物形成元素（Ti、V、Zr、Nb、W和Mo）会阻碍奥氏体晶粒长大，影响最大的是Ti和V；而Mn、P、S等元素则促使奥氏体晶粒长大。

（4）钢的原始组织的影响　片状珠光状的片间距越小，则起始晶粒越细。片状珠光体组织比球状组织形成的奥氏体起始晶粒粗。

钢的奥氏体晶粒度分为8级，1级最粗，8级最细。8级以上称为超细晶粒。

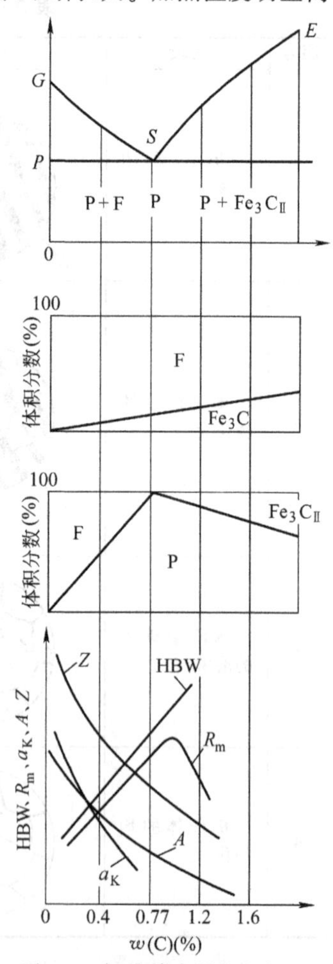

图2-4　钢的碳含量与组织、力学性能的关系

3. 碳含量对钢的组织和力学性能的影响

碳含量对钢的组织和性能的影响很大。各种钢的室温组织实际上都是由铁素体和渗碳体组成的。随着碳含量的增加，铁素体量相对减少，而渗碳体量相对增加。碳含量与组织、力学性能的关系如图2-4所示。

2.3 钢在奥氏体化后冷却时的转变

2.3.1 钢的奥氏体等温转变

1. 奥氏体等温转变图

奥氏体等温转变是将钢加热到奥氏体状态后，快速冷到 Ac_1 以下的某一温度，并在此温度下保持足够的时间，使过冷奥氏体完全转变的过程。奥氏体等温转变图表示在奥氏体等温转变过程中温度、时间和转变产物三者之间的关系。

共析钢的奥氏体等温转变如图 2-5 所示。

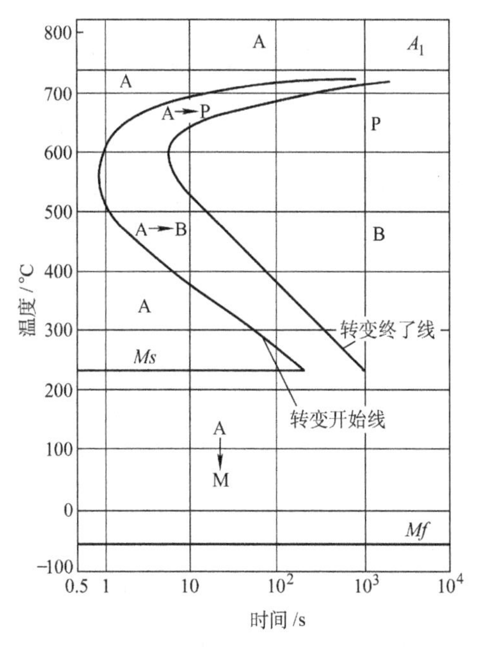

图 2-5 共析钢的奥氏体等温转变图

由图 2-5 可见：

1）共析碳素钢在高于 A_1 温度时，奥氏体是稳定的，不发生转变，因而奥氏体转变开始点或转变终了点总是在 A_1 温度以下。

2）奥氏体转变开始之前有一个孕育期，即转变开始线与纵坐标之间的区域。不同温度下，孕育期的长短也不同。

3）孕育期最短处（等温转变曲线的鼻子处）过冷奥氏体最不稳定，在此温度等温，一旦开始转变，其转变速度也最快。

4）根据转变温度和转变产物的不同，奥氏体等温转变曲线分为三个区域：高温区域的转变、中温区域的转变和低温区域的转变。①高温区域的转变，温度范围是 A_1 至 550℃左右之间，过冷奥氏体转变为珠光体，当转变温度接近上限时，转变产物为粗珠光体，接近下限时为细珠光体；②中温区域的转变，温度范围约为 550℃以下至 *Ms* 点之间，过冷奥氏体转变为贝氏体，其转变产物随着转变温度的不同又可分为上贝氏体和下贝氏体，两者的形成温度无明确的界限，但下贝氏体的形成温度总是较低些（约 350℃附近）；③低温区域的转变，即 *Ms* 点以下至 *Mf* 点区域，过冷奥氏体转变为马氏体。

亚共析钢和过共析钢奥氏体等温转变图分别如图 2-6 和图 2-7 所示。

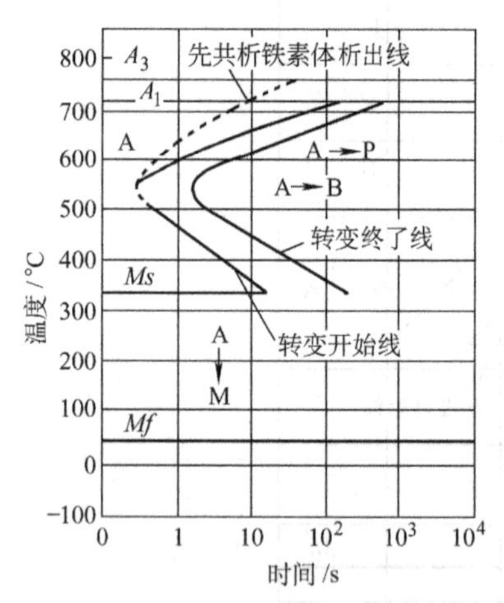

图 2-6 亚共析钢奥氏体等温转变图

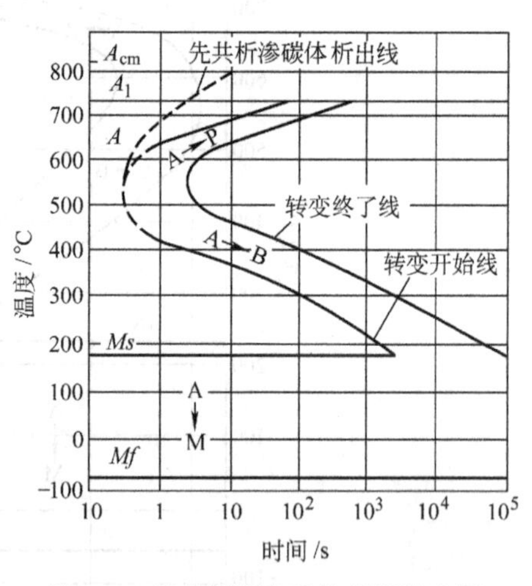

图 2-7 过共析钢奥氏体等温转变图

在亚共析钢珠光体等温转变曲线的左上方，有一条先共析铁素体析出线。随着碳含量增高，铁素体析出线逐渐向右下方移动（与珠光体转变开始曲线靠近），直至消失。过共析钢在奥氏体化温度高于 A_1 时，在其珠光体转变曲线的左上方有一条先共析渗碳体析出线。

过冷奥氏体只有在 *Bs* 点以下才出现贝氏体转变，随着转变温度降低，贝氏体转变速度先增后减，贝氏体的等温转变同样呈等温转变图状。许多合金钢的奥氏体等温转变为贝氏体的曲线与等温转变为珠光体的曲线相分

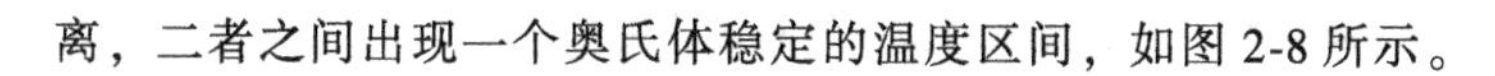

离，二者之间出现一个奥氏体稳定的温度区间，如图 2-8 所示。

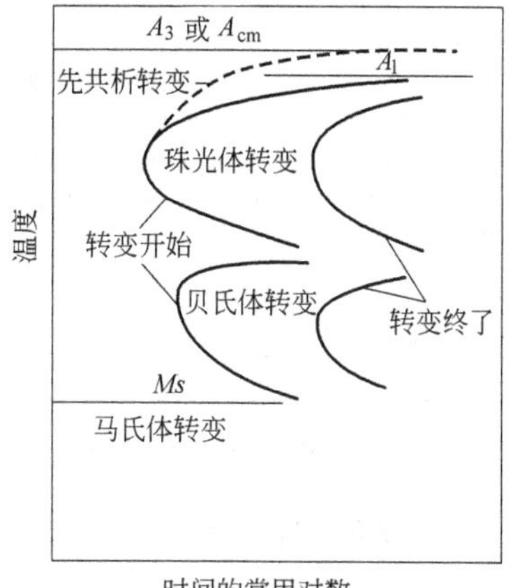

图 2-8　部分合金钢的奥氏体等温转变图

2. 合金元素对奥氏体等温转变曲线的影响

合金元素对奥氏体等温转变曲线的影响如表 2-10 和图 2-9 所示。

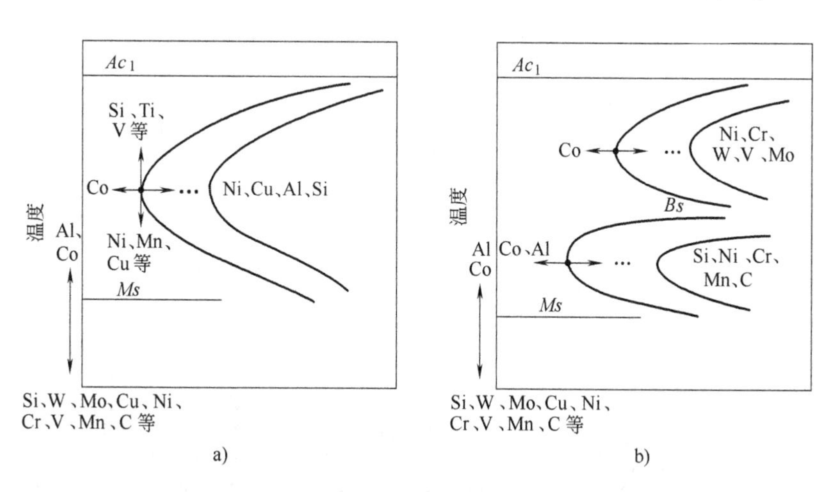

图 2-9　合金元素对奥氏体等温转变图的影响
a）含有非碳化物形成元素及少量碳化物形成元素的钢
b）含有较多碳化物形成元素的钢

表 2-10　合金元素对奥氏体等温转变曲线的影响

项目	说明
对等温转变曲线的影响	1) Si、P、Ni、Cu 和 Mn 等使整个曲线右移 2) Ti、V、Cr、Mo、W 等使珠光体转变曲线右移,但对珠光体转变和贝氏体转变的作用显著不同,两条 C 形曲线在不同程度上分开 3) Co 是不形成碳化物元素,但使等温转变曲线向左移 4) Al 有细化晶粒作用,使等温转变加速;若奥氏体化温度过高,则将推迟奥氏体转变
对 *Ms* 点的影响	C、Mn、V、Cr、Ni、Cu、Mo、W 降低 *Ms* 点
	Si、B 对降低 *Ms* 点不显著
	Co、Al 提高 *Ms* 点

3. 奥氏体等温转变图的主要类型（见表 2-11）

表 2-11　奥氏体等温转变图的主要类型

类型	化学成分及代表钢号	形成原因及特征
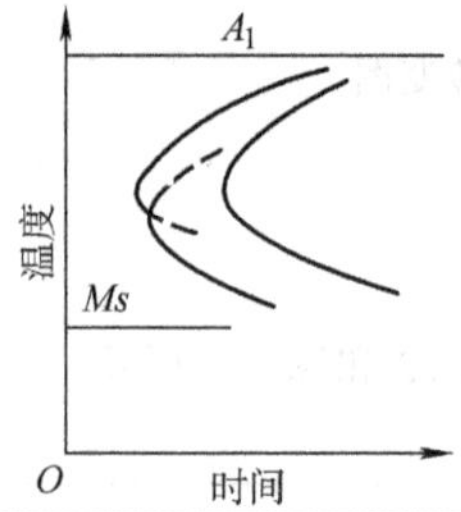 A_1 温度 *Ms* O 时间	碳素钢属于此类。含有非碳化物形成元素,如硅、镍、钼、硼等的低合金钢:65Mn、40Ni3、60Si	珠光体型和贝氏体型转变在相近的温区发生,*Ms* 点以上只出现一个转变速度的极大值。在亚(过)共析钢的奥氏体分解时转变图上有一条先共析铁素体(渗碳体)的析出线
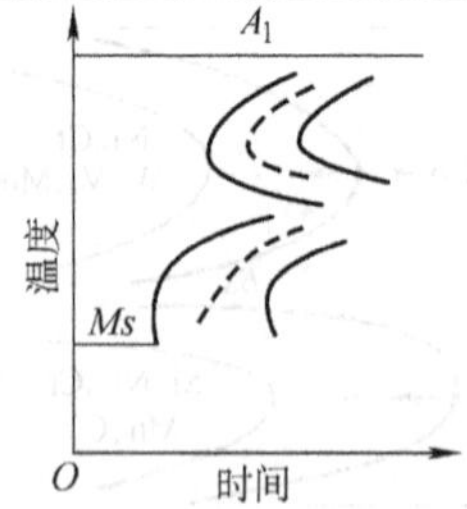 A_1 温度 *Ms* O 时间	含有碳化物形成元素铬、钼、钨、钒等合金结构钢: 18CrMn、20CrMo、35CrMo、35CrSi	由于钢中有形成碳化物的元素,一方面增加过冷奥氏体的稳定性,同时使转变曲线出现双 C 形特征 在含碳量较低,且含有形成碳化物合金元素的合金结构钢中出现
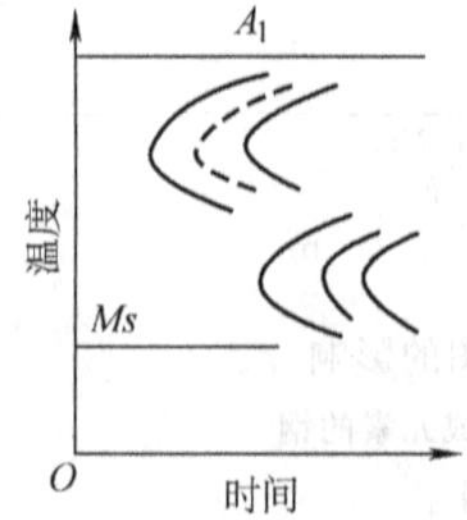 A_1 温度 *Ms* O 时间	含有碳化物形成元素铬、钼、钨、钒等的高碳合金钢:9SiCr、W18Cr4V	由于钢中有形成碳化物的元素,一方面增加过冷奥氏体的稳定性,同时使转变曲线出现双 C 形特征 在含碳量较高,且含有形成碳化物合金元素的钢中出现 奥氏体到贝氏体的转变时间较长

（续）

类型	化学成分及代表钢号	形成原因及特征
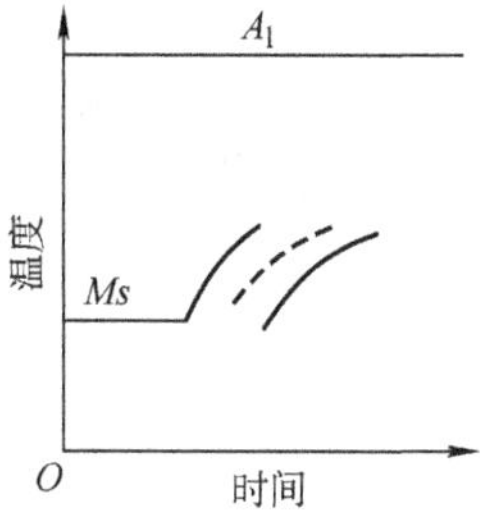 A_1 温度 Ms O 时间	低碳、中碳和高含量的钼、钨、铬、镍、锰钢，如18Cr2Ni4WA、18Cr2Ni4MoA、25Cr2Ni4WA、35Cr2Ni4MoA	由于含有钼、钨、铬、镍等元素，强烈地提高了过冷奥氏体的稳定性，使珠光体转变曲线显著地右移，又因碳含量较低，有利于生成贝氏体的α相晶核。因而，贝氏体的转变曲线相对地左移
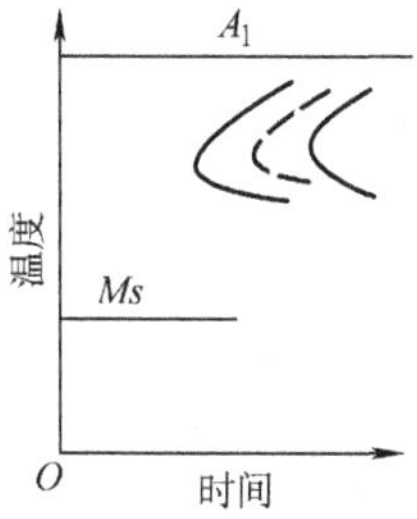 A_1 温度 Ms O 时间	中碳高铬钢及高碳高铬钢，如30Cr13、40Cr13	钢中碳含量和合金元素含量较高，使贝氏体的长大速度显著降低，推迟贝氏体的转变
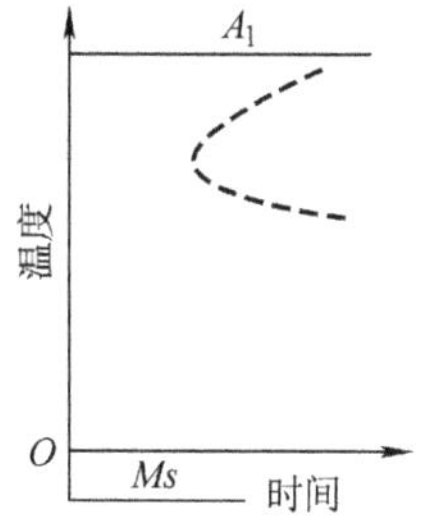 A_1 温度 O Ms 时间	有碳化物析出倾向的奥氏体钢，如4Cr14NiW2Mo	钢的 *Ms* 点低于室温，在马氏体点以上、A_1 之下不发生任何转变，仅在特殊试验测定时，才能发现过剩碳化物在高温析出

4. 共析钢奥氏体转变产物及其特性（见表2-12）

表2-12　共析钢奥氏体转变产物及其特性

转变类型	转变温度/℃	转变产物	代号	组织特征	比体积/(cm^3/g)	共格性	扩散性
珠光体型	A_1～670	珠光体	P	粗片层状	0.1271+0.0005*w*(C)	无	有铁、碳原子的扩散
	670～600	索氏体	S	细片层状	0.1271+0.0005*w*(C)		
	600～550	托氏体	T	极细片层状			

（续）

转变类型	转变温度/℃	转变产物	代号	组织特征	比体积/(cm^3/g)	共格性	扩散性
贝氏体型	550~350	上贝氏体	$B_上$	羽毛状	0.1271+0.0015w(C)	有，表面有浮凸	有碳原子扩散，无铁原子扩散
	350~240	下贝氏体	$B_下$	针状或竹叶状	0.1271+0.0015w(C)		
马氏体型	240~-50	马氏体	M	片状或板条状	0.1271±0.00265w(C)	有，表面有浮凸	无扩散性

5. 奥氏体等温转变图的应用

过冷奥氏体等温转变图对于正确地选择热处理冷却规范，估计热处理后转变产物的组织和性能，都具有重要的参考意义，见表2-13。

表2-13 过冷奥氏体等温转变图的应用

序号	应用	说明
1	正确选择热处理冷却规范	根据不同钢种的奥氏体等温转变图，可以确定该钢种在进行等温淬火、分级淬火和形变淬火等工艺的等温温度和等温时间等工艺参数
2	预测热处理所得到的组织	根据代表不同冷却速度的曲线与奥氏体等温转变开始线和终了线相交的位置，可以大致预测出在该冷却速度下转变产物的组织
3	预测临界冷却速度，估计淬透性	临界冷却速度的大小随奥氏体等温转变图与温度坐标轴的距离而变化。这个距离越大，v_0 就越小，说明奥氏体越稳定，越容易得到马氏体
4	合理选择钢种	根据工件的形状、尺寸及淬硬层深度要求，参考连续冷却转变图，合理选择钢种

2.3.2 奥氏体连续冷却转变图

将已经奥氏体化的共析钢以各种冷却速度连续冷却至室温，会得到不同的组织。如果以小于临界冷却速度进行连续冷却时，就将发生珠光体及贝氏体型的转变；如果以大于临界冷却速度进行连续冷却时，就可以防止珠光体及贝氏体的产生，发生马氏体转变。将其连续冷却转变曲线与等温转变曲线叠绘在一个图上（见图2-10），可以看到两者的主要区别在于：等温转变在整个转变温度范围内都可能发生转变，只是孕育期长短不同而已，但连续冷却转变却有所谓不发生转变的温度范围（图中 AB 线以下，即450~200℃）。其次，连续冷却转变曲线比等温转变曲线向右移和向下移，这表明前者的转变温度更低些，转变时间更长些；并且碳素钢在连续冷却时一般是得不到贝氏体组织的。

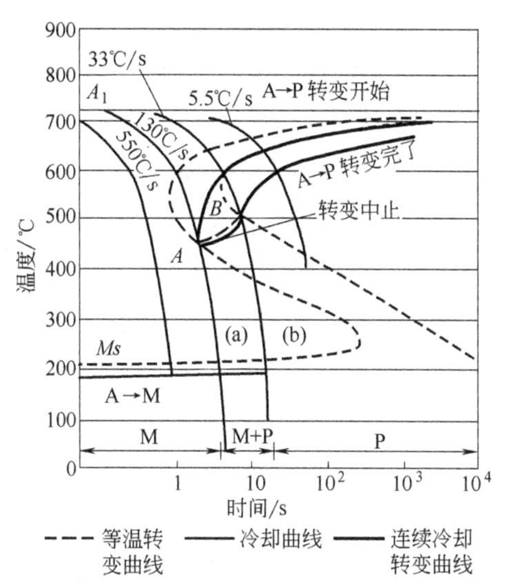

图 2-10　共析碳素钢的连续冷却转变曲线和等温转变曲线比较图

奥氏体连续冷却转变图的主要类型见表 2-14。

表 2-14　奥氏体连续冷却转变图的主要类型

类型	转变曲线特征	代表性的成分或钢号
	只有珠光体转变区	共析碳钢和过共析碳钢，当碳含量在中碳以下，可以存在贝氏体转变区
	有珠光体转变区，同时存在贝氏体转变区，两者相分离，贝氏体转变区超前（孕育期短些）于珠光体转变区	碳含量较低的合金结构钢，如 35CrMo、38CrSi、20CrMo 等

（续）

类型	转变曲线特征	代表性的成分或钢号
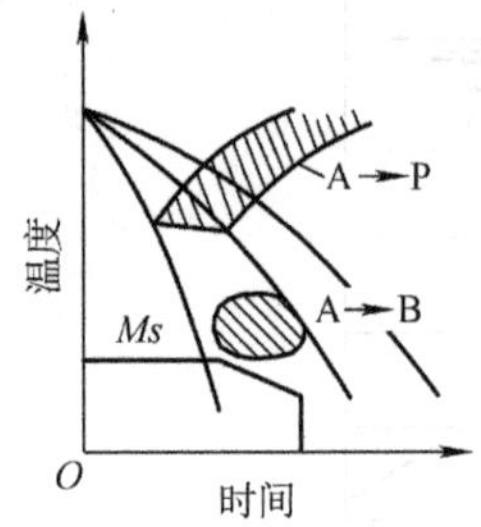	有珠光体转变区，同时存在贝氏体转变区，两者相分离，珠光体转变区超前（孕育期短些）于贝氏体转变区	高碳的合金工具钢，如Cr12、Cr12Mo、4Cr5MoVSi
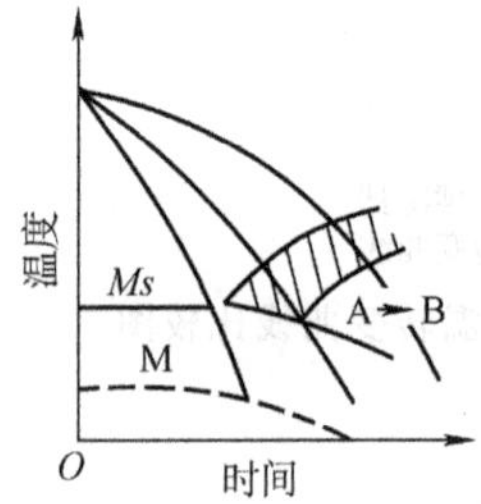	只有贝氏体转变区	含有较高的Cr、Ni元素，特别是含有Mo（或W）元素的低碳和中碳合金结构钢，如18Cr2Ni4W、35CrNi4Mo等
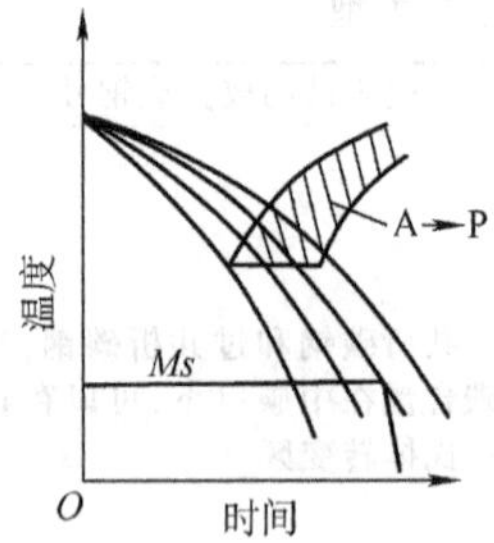	只有珠光体转变区	中碳高铬钢，如30Cr13、40Cr13（加热温度为1200℃）
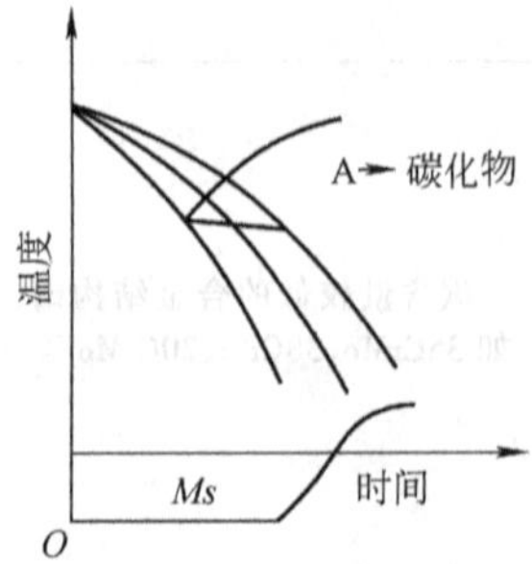	只有碳化物析出线，*Ms*点低于0℃	易形成碳化物的奥氏体钢，如4Cr14Ni14W2Mo钢

2.4 淬透性和淬硬性

2.4.1 淬透性

钢的淬透性是指钢接受淬火的能力，表征钢试样在规定条件下淬硬深度和硬度分布的材料特性。不同钢种或不同大小的工件淬火后，从表面到心部马氏体组织的深度不同，不同钢种同样大小的工件在相同热处理冷却条件下所得到的马氏体组织的深度也不相同。从表面到心部淬火马氏体组织的深度越深，钢的淬透性越好。

1. 影响钢淬透性的因素

钢的淬透性取决于过冷奥氏体的稳定性，过冷奥氏体越稳定，钢的淬透性就越好，临界冷却速度就越小。凡是能增加过冷奥氏体稳定性的因素，都可以影响钢的淬透性。化学成分中的合金元素是起决定性作用的因素，所以合金钢的淬透性比碳钢好。

C、Mn、P、Si、Ni、Cr、Mo、B、Cu、Sn、As、Sb、Be、N等使晶粒粗化的元素，提高钢的淬透性。S、V、Ti、Co、Nb、Ta、W、Te、Zr、Se等元素降低淬透性。V、Ti、Nb、Ta、W、Zr等强碳化物形成元素，形成碳化物时，固定了钢中的碳，降低淬透性；如溶入固溶体中则作用相反，提高淬透性。

从本质上讲，淬透性是奥氏体具有的一种属性。淬透性对钢材的合理使用及热处理工艺的制订都有重要意义。

2. 淬透性曲线

淬透性曲线能比较全面地反映钢的淬透性。淬透性可以通过末端淬火试验方法（Jominy试验）测定。将经过正火的ϕ25mm×100mm圆柱体试样在末端淬火试验装置上对试样末端喷射淬火，然后在平行于试样轴线方向上磨制出两个相互平行的平面，按规定点测量硬度值，即可得到淬透性曲线。

根据淬透性曲线可从获得淬火钢的以下信息：

1）水冷端处的硬度可代表钢的马氏体最高硬度，表征钢的淬硬性。

2）曲线上拐点处的硬度大致与50%马氏体硬度一致，可以用这点距水冷端的距离代表钢的淬透性。

3）淬透性曲线拐点处的斜率与钢的淬火内应力和变形的大小有关。

4）淬透性曲线下降末端，表征钢的铁素体、珠光体组织的硬度，即淬火钢的心部硬度。

5）根据淬透性曲线，可以估算钢的临界直径，求出不同直径棒材截面上的硬度分布；根据工件的工艺要求，选择适当钢种及其热处理规范，确定工件的淬硬层深度。

3. 淬火临界直径

在热处理生产中，大多采用整体淬火，因此常用淬火临界直径来衡量钢的淬透性。将末端淬火法获得的结果转换为临界直径（D_0），D_0 越大，钢的淬透性越高，如图 2-11 所示。同一钢种在不同淬火冷却介质中淬火后的临界直径不同。常用钢的淬火临界直径见表 2-15。

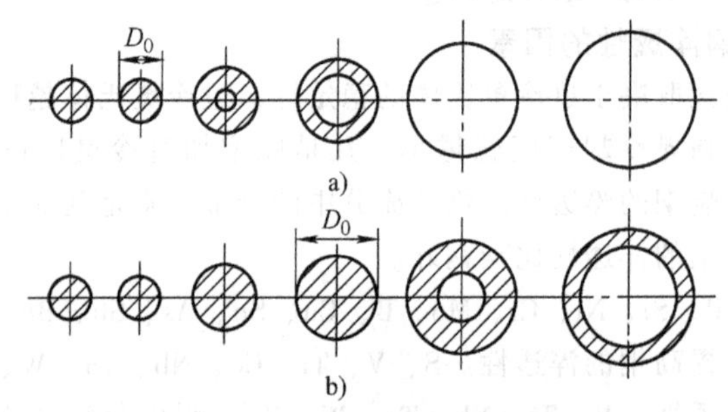

图 2-11　淬火临界直径示意图

a）油淬　b）水淬

注：剖面线部分表示淬硬区。

表 2-15　常用钢的淬火临界直径　　　（单位/mm）

牌号	淬火冷却介质			
	静油	20℃水	40℃水	20℃ w(NaCl) = 5%的水溶液
1. 结构钢				
15	2	7	5	7
20	3	8	6	8
25	6	13	10	13.5
30	7	15	12	16
35	9	18	15	19
40	9	18	15	19
45	10	20	16	21.5
50	10	20	16	21.5
55	10	20	16	21.5
20Mn	15	28	24	29
30Mn	15	28	24	29
40Mn	16	29	25	30

（续）

牌号	淬火冷却介质			
	静油	20℃水	40℃水	20℃ w(NaCl) = 5%的水溶液
1. 结构钢				
45Mn	17	31	26	32
50Mn	17	31	26	32
20Mn2	15	28	24	29
35Mn2	20	36	31.5	37
40Mn2	25	43		
45Mn2	25	42	38	43
50Mn2	28	45	41	46
35SiMn	25	42	38	43
42SiMn	25	42	38	43
25Mn2V	18	33	28	34
42Mn2V	25	42	38	43
40B	10	20	16	21.5
45B	10	20	16	21.5
40MnB	18	33	28	34
45MnB	18	33	28	34
20Mn2B	15	28	24	29
20MnVB	15	28	24	29
40MnVB	22	38	35	40
15Cr	8	17	14	18
20Cr	10	20	16	21.5
30Cr	15	28	24	29
35Cr	18	33	28	34
40Cr	22	38	35	40
45Cr	25	42	38	43
50Cr	28	45	41	46
20CrV	8	17	14	18
40CrV	17	31	26	32
20CrMo	8	17	14	18
30CrMo	15	28	24	29
35CrMo	25	42	38	43
42CrMo	40	58	54.5	59
25Cr2MoV	35	52	50	54
15CrMn	35	52	50	54
20CrMn	50	71	68	74
40CrMn	60	81	74	82
20CrMnSi	15	28	24	29
20CrMnMo	25	42	38	43
40CrMnMo	40	58	54.5	59
30CrMnTi	18	33	28	34
20CrNi	19	34	29	35

（续）

牌号	淬火冷却介质			
	静油	20℃水	40℃水	20℃ w(NaCl)=5%的水溶液
1. 结构钢				
40CrNi	24	41	37	42
45CrNi	85	>100	>100	>100
12CrNi2	11	22	18	24
12Cr2Ni4A	36	56	52	57
40CrNiMoA	22.5	39	35.5	41
38CrMoAlA	47	69	65	70
2. 弹簧钢				
60	12	24	19.5	25.5
65	12	24	19.5	26
75	13	25	20.5	27
85	14	26	22	28
60Mn	20	36	31.5	37
65Mn	20	36	31.5	37
50CrVA	32	51	47	52
60Si2Mn	22	38	35	40
3. 轴承钢				
GCr15	15	28	24	29
GCr15SiMn	29	46	42	47
4. 工模具钢				
T10	<8	26	22	28
9Mn2V	33	52	50	54
9SiCr	32	51	47	52
9CrWMn	75	95	96	

2.4.2 淬硬性

淬硬性指钢在理想条件下淬火所能达到的最高硬度。淬硬性主要取决于钢的碳含量，碳含量越高，淬火后的硬度的就越高；而合金元素对淬硬性的影响则不大。淬硬性和淬透性是两个不同的概念，淬硬性指的是钢淬火后的硬度，而淬透性指的是钢淬硬层的深度。钢整体淬火后表面硬度还与工件有效厚度有关，随工件有效厚度的增加，硬度逐渐降低。

2.5 热处理的加热

2.5.1 加热介质

1. 加热介质的分类

加热介质的分类方法有按介质物态分类、按介质和金属表面反应分类、按热处理工艺分类、按加热的可控性分类几种。按加热介质的物态分类如图 2-12 所示。

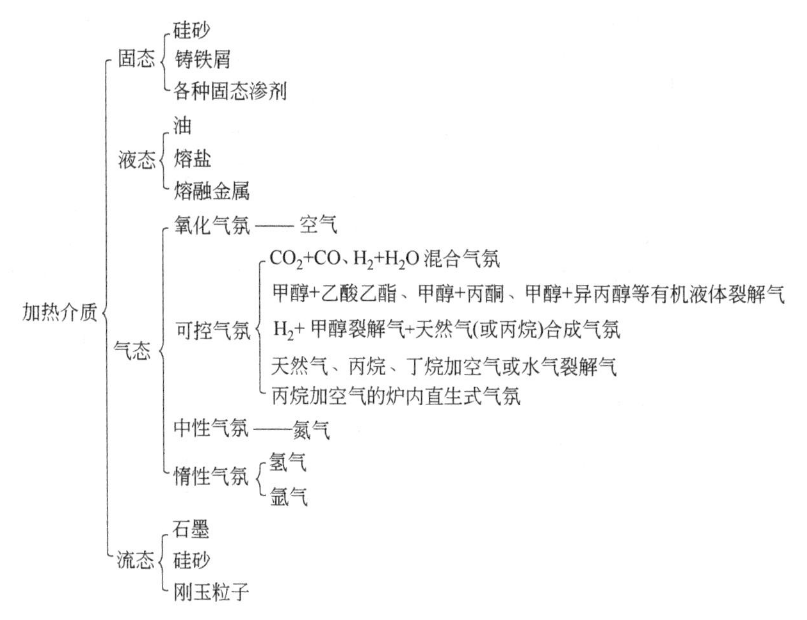

图 2-12　按加热介质的物态分类

2. 盐浴

常用盐浴成分、熔点及使用温度见表 2-16。常用盐浴校正剂的使用条件及效果见表 2-17。不脱氧长效盐的成分及其使用效果见表 2-18。

表 2-16　常用盐浴成分、熔点及使用温度

类别	盐浴成分(质量分数,%)	熔点/℃	使用温度/℃
高温盐浴	$70BaCl_2+30Na_2B_4O_7$	940	1050~1350
	$95\sim97BaCl_2+5\sim3MgF_2$	940~950	1050~1350
	$50BaCl_2+39NaCl+8Na_2B_4O_7+3MgO$		780~1350
中温盐浴	$50KCl+50Na_2CO_3$	560	590~820
	$45KCl+45Na_2CO_3+10NaCl$	590	630~850
	$50BaCl_2+50CaCl_2$	595	630~850
	$50KCl+20NaCl+30CaCl_2$	530	560~870
	$34NaCl+33BaCl_2+33CaCl_2$	570	600~870
	$73.5KCl+26.5CaCl_2$	600	630~870
	$40.6BaCl_2+59.4Na_2CO_3$	606	630~870

（续）

类别	盐浴成分(质量分数,%)	熔点/℃	使用温度/℃
中温盐浴	$50NaCl+50Na_2CO_3(K_2CO_3)$	560	590~900
	$35NaCl+65Na_2CO_3$	620	650~900
	$50BaCl_2+50KCl$	640	670~1000
	$100Na_2CO_3$	852	900~1000
	100KCl	772	800~1000
	100NaCl	810	850~1100
	$44NaCl+56MgCl_2$	430	480~780
	$21NaCl+31BaCl_2+48CaCl_2$	435	480~780
	$27.5NaCl+72.5CaCl_2$	500	550~800
	$5NaCl+9KCl+86Na_2B_4O_7$	640	900~1100
	$27.5KCl+72.5Na_2B_4O_7$	660	900~1100
	$14NaCl+86Na_2B_4O_7$	710	900~1100
低温盐浴	20NaOH+80KOH,另加 $6H_2O$	130	150~250
	35NaOH+65KOH	155	170~250
	$95NaNO_3+5Na_2CO_3$	304	380~520
	$25KNO_3+75NaNO_3$	240	380~540
	$75NaOH+25NaNO_3$	280	420~540
	$100NaNO_2$	317	325~550
	$25NaNO_2+25NaNO_3+50KNO_3$	175	205~600
	100KOH	360	400~650
	100NaOH	322	350~700
	60NaOH+40NaCl	450	500~700

表 2-17 常用盐浴校正剂的使用条件及效果

盐浴校正剂	使用条件	效果
木炭	用尺寸约为 15mm 的炭块,经清水冲洗干燥后插入盐浴中	可除去盐浴中的硫酸盐杂质
SiC	粒度为 100~120 目(124~150μm)	产生的 CO、C 可使氧化物还原,但脱氧效果不理想
硅胶(SiO_2)	与 TiO_2 配合使用	脱氧作用较弱,对电极有严重侵蚀
Ca-Si	Ca-Si 的成分(质量分数)为 Si60%~70%,Ca20%~30%,少量 Fe、Al。添加后具有迟效性,在高温保持 15~20min 后才能进行工件加热,在高温(>1200℃)不易捞渣	作用时间长,和 TiO_2 并用能弥补 TiO_2 的迟效性不佳
Mg-Al	粒度为 0.5~1mm,Mg 与 Al 的质量比为 1∶1,具有速效性	具有强烈脱氧、脱硫作用,适于中温盐浴脱氧
TiO_2	不易捞渣,最好与硅胶配合使用	脱氧作用强,速效性好,迟效性差,适用于 1000℃ 以上的高温浴,1000℃ 以下不宜单独使用

（续）

盐浴校正剂	使用条件	效果
$Na_2B_4O_7 \cdot 10H_2O$	使用前先脱去结晶水，加入量大（质量分数为 2%～5%）	不能完全防止脱碳，易侵蚀炉衬和电极
MgF_2	对工件、炉衬、电极有侵蚀，添加萤石可缓和	添加萤石，用于高温盐浴时脱氧效果好，腐蚀小

表 2-18 不脱氧长效盐的成分及其使用效果

使用温度/℃	盐浴成分（质量分数，%）	使用条件	使用效果
700～940	$67.9BaCl_2+30NaCl+2MgF_2+0.1B$	MgF_2 在 900℃、$BaCl_2$ 在 600℃、NaCl 在 400℃焙烧	用 w(C)为 1.4%、厚度为 0.08mm 的钢片在 900℃保持 10min，测定盐浴活性。经 30～40h 后，钢片的 w(C)为 1.3%～1.35%。用 9SiCr 钢检验无脱碳层
	$66.8BaCl_2+30NaCl+3Na_2B_4O_7+0.2B$	硼砂预先经 600℃焙烧，使用无晶形硼	用上述方法测试的钢片的 w(C)为 1.24%～1.30%。经 60 天使用，处理 40 万件各种钢件，脱碳质量合格
	$52.8KCl+44NaCl+3Na_2B_4O_7+0.2B$	硼砂经 500～600℃焙烧 3h	在 250kg 盐浴中，于 760～820℃进行了 T12 钢丝锥加热，然后在碱浴中淬火。使用两个月后试验钢片的 w(C)都保持在 1.28%～1.30%
950～1050	$87.9BaCl_2+10NaCl+2MgF_2+0.1B$	MgF_2 的质量分数为 1.5%时效果不良	钢片试验结果为 w(C)保持在 1.05%。但在 1050℃使用时，在前 20～30h 盐浴面有薄膜和熔渣，加热操作有困难
	$85.8BaCl_2+10NaCl+4Na_2B_4O_7+0.2B$	硼砂经焙烧后盐浴稳定性好	钢片试验，w(C)保持在 1.30%以上
	$94.8BaCl_2+5MgF_2+0.2B$		钢片试验，w(C)保持在 1.30%以上
	$96.9BaCl_2+3MgF_2+0.1B$		经 24h 后，钢片试验结果为 w(C)保持在 1.3%～1.4%，经 45h 可保持 1.1%
	$96.4BaCl_2+3Na_2B_4O_7+0.6B$	硼砂预先焙烧，盐浴稳定性好	

3. 可控气氛

（1）可控气氛分类　热处理用的可控气氛按其制备方式和气氛基本

组分分为 8 类，见表 2-19。

表 2-19 可控气氛分类

序号	气氛类型		定义
1	放热式气氛		将燃料气和空气以接近完全燃烧的比例($\alpha=0.55\sim0.95$)混合，通过燃烧、冷却、除水等过程而制备的气氛。根据 H_2、CO 的含量可分为浓型和淡型两种
2	吸热式气氛		将燃料气和空气以一定比例($\alpha=0.2\sim0.4$)混合，在一定的温度于催化剂作用下通过吸热反应裂解生成的气氛，可燃、易爆，具有还原性。一般用作工件的无脱碳加热介质或渗碳时的载气
3	放热-吸热式气氛		用吸热式气氛发生器制备，吸热式气氛的热源是放热式的燃烧。燃烧的产物添加燃料即可进行吸热式反应
4	有机液体裂解气氛		把含碳有机液体定量滴入到处于一定温度、密封封良好的炉内，在炉内直接裂解形成的气氛
5	氮基气氛		一般指氮的体积分数在 90% 以上的混合气体，净化放热式气氛、氨燃烧净化气氛、空气液化分馏氮气，用碳分子筛常温空气分离氮和薄膜空气制氮的气氛。氮基气氛可用作工件无氧化加热保护气氛，也可用作渗碳载气
6	氨制备气氛	氨分解气氛	液氨在一定温度于催化剂作用下裂解生成的氢的体积分数为 75%、氮的体积分数为 25% 的气氛
		氨燃烧气氛	氨气在催化剂作用下接近完全燃烧后除水，氮的体积分数为 98% 以上的气氛
7	木炭制备气氛		将一定量空气通过炽热的木炭制成的气氛
8	氢气		

（2）可控气氛代号　可控气氛代号由气氛类型基本代号、基本组分系列代号和气氛制备方式代号三部分组成：

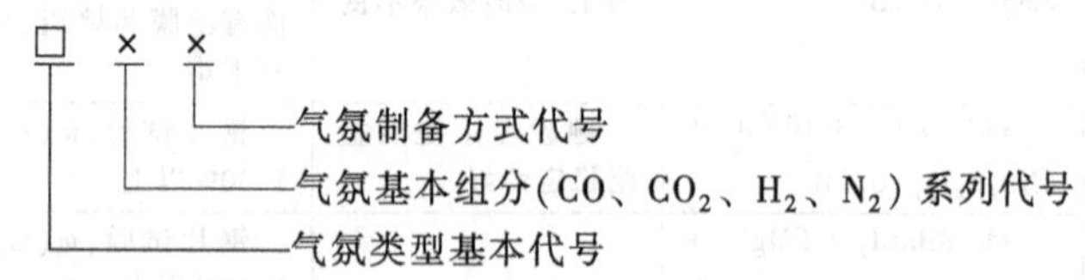

气氛类型基本代号见表 2-20。气氛基本组分系列代号见表 2-21。气氛制备方式代号见表 2-22。

表 2-20 气氛类型基本代号（JB/T 9208—2008）

气氛名称		基本代号	
放热式气氛	普通放热式气氛	FQ	PFQ
	净化放热式气氛		JFQ

（续）

气氛名称		基本代号	
吸热式气氛		XQ	
放热-吸热式气氛		FXQ	
有机液体裂解气氛		YLQ	
氮基气氛		DQ	
氨制备气氛	氨分解气氛	AQ	FAQ
	氨燃烧气氛		RAQ
木炭制备气氛		MQ	
氢气		QQ	

表 2-21 气氛基本组分系列代号（JB/T 9208—2008）

气氛基本组分	代号	气氛基本组分	代号
$CO-CO_2-H_2-N_2$	1	H_2-N_2	5
$CO-H_2-N_2$	2	H_2	6
$CO-H_2$	3	N_2	7
$CO-N_2$	4		

表 2-22 气氛制备方式代号（JB/T 9208—2008）

制备方式	代号	制备方式	代号
炉外制备	0	炉内直接生成	1

（3）可控气氛的基本组分和用途（见表 2-23）

表 2-23 可控气氛的基本组分和用途（JB/T 9208—2008）

气氛名称		代号		基本组分	一般用途
放热式气氛	普通放热式	FQ	PFQ10	$CO-CO_2-H_2-N_2$	铜光亮退火，粉末冶金烧结，低碳钢光亮退火、正火、回火
	净化放热式		JFQ20	$CO-H_2-N_2$	铜和低碳钢光亮退火，中碳和高碳钢洁净退火、淬火、回火
			JFQ60	H_2	
			JFQ50	H_2-N_2	不锈钢、高铬钢光亮淬火，粉末冶金烧结
吸热式气氛		XQ	XQ20	$CO-H_2-N_2$	渗碳、复碳、碳氮共渗、光亮淬火、钎焊、高速钢淬火
放热-吸热式气氛		FXQ	FXQ20	$CO-H_2-N_2$	渗碳、复碳、碳氮共渗、光亮淬火
有机液体裂解气氛		YLQ	YLQ30	$CO-H_2$	渗碳、碳氮共渗，一般保护加热
			YLQ31		

（续）

气氛名称		代号		基本组分	一般用途
氮基气氛	H_2-N_2 系列	DQ	DQ50	H_2-N_2	低碳钢光亮退火、淬火、回火，钎焊、烧结
	N_2-CH 系列		DQ71	N_2	中碳钢光亮退火、淬火
	N_2-CH-O 系列		DQ21	CO-H_2-N_2	渗碳
	N_2-CH_3OH 系列		DQ20		渗碳、碳氮共渗，一般保护加热
			DQ21		
氨制备气氛	氨分解气氛	AQ	FAQ50	H_2-N_2	钎焊、粉末冶金烧结、表面氧化物还原，不锈钢、硅钢光亮退火
	氨燃烧气氛		RAQ50		硅钢光亮退火，不锈钢热处理，钎焊，粉末冶金烧结
			RAQ70	N_2	铜、低碳钢、高硅钢光亮退火，中碳和高碳钢光亮退火、淬火、回火
木炭制备气氛		MQ	MQ10	CO-CO_2-H_2-N_2	可锻铸铁退火、渗碳
			MQ40	CO-N_2	高碳钢光亮淬火、退火
氢气		QQ	QQ60	H_2	不锈钢、低碳钢、电工钢、有色合金退火，粉末冶金烧结，硬质合金烧结，不锈钢钎焊

（4）可控气氛的成分（见表2-24）

表 2-24　可控气氛的成分

气氛名称			典型成分（体积分数，%）					露点/℃	备注
			CO	CO_2	H_2	CH_4	N_2		
放热式气氛	普通放热式	浓型	10.5	5.0	12.5	0.5	71.5	-4.5~4.5	α=0.63
		淡型	1.5	10.5	1.2	—	86.8	-4.5~4.5	α=0.95
	净化放热式		10.5	—	15.5	1.0	73.0	-40	
			0.7	0.7	—	—	98.6	-40	
			0.05	0.05	10.0	—	90.0	-40	
			0.05	0.05	3.0	—	97.0	-40	
吸热式气氛			23.0~25.0	0.2	32.0~33.0	0.4	余量	0	
放热-吸热式气氛			19.0	0.2	21.0	0.0	60.0	-46	制备 100m^3 气需天然气 12m^3
有机液体裂解气氛			33.0	0.38	64.8	0.77	0.0	0	甲醇裂解气氛

（续）

气氛名称		典型成分(体积分数,%)					露点/℃	备注
		CO	CO_2	H_2	CH_4	N_2		
氮基气氛	N_2-H_2 系列	—	—	5.0~10.0	—	90.0~95.0	—	
	N_2-CH 系列	—	—	—	1.0~2.0	98.0~99.0	—	
	N_2-CH-O_2 系列	4.3	—	18.3	2.0	75.4	—	$\varphi(CH_4)/\varphi(CO_2)=6.0$
		11.6	—	32.1	6.9	49.4	—	$\varphi(CH_4)$/φ(空气)=0.7
	N_2-CH_3OH 系列	15.0~20.0	0.4	35.0~40.0	0.3	40.0	—	
氨制备气氛	氨分解气氛	—	—	75.0	—	25.0	-40~-60	
	氨燃烧气氛	—	—	20.0	—	80.0	-40~-60	φ(空气)/φ(氨)=1.1/1.0
		—	—	1.0	—	99.0	-40~-60	φ(空气)/φ(氨)=15.0/4.0
木炭制备气氛		30.0~32.0	1.0~2.0	1.5~7.0	0.0~0.5	余量	-25~+20	燃烧
		32.0~34.0	0.5	—	—	余量	-25~+20	外部加热
氢气		—	—	≥99.99	—	≤0.006	-50	

注：α 为空气系数，$\alpha=0.5\sim0.8$ 时为浓型放热式气氛，$\alpha=0.9\sim0.98$ 时为淡型放热式气氛。

4. 流态床加热

流态床是利用流态化技术，使工件在由气流和悬浮其中的固体颗粒构成的流态层中进行加热的。选择流态床炉料的依据是热导率和流态化程度。

（1）炉床材料　流态床加热常用的炉床材料为石墨和氧化铝颗粒。颗粒的直径决定着热导率的大小。颗粒直径越小，传热效果越好。氧化铝颗粒直径在 20~30μm 时为最佳，加热时的热导率最大；小于 20μm 时，微粒易黏结，热导率会急剧减小。

（2）流态化　气体流态化速度是决定流态床稳定性的主要因素。一定密度的材料和一定直径的颗粒，为获得最好传热效果和避免微粒飞扬，存在一个最佳流速。此流速为最低流态化速度的 2~8 倍。

(3) 密度 密度是炉床材料的主要性能要求。高密度材料适用于高传热要求，低密度材料易实现流态化。合适的密度为1280~1600kg/m^3。

钢在流态床中的加热速度介于炉中加热和盐浴加热之间，非常接近于盐浴。在流态床中可实现少无氧化加热。

5. 真空中的加热

热处理中的真空是一种比大气压力小的空间，实际上也可视为一种气氛。

金属在一定的真空度下加热时，可避免氧化和脱碳，表面质量好，畸变小，还具有脱脂、除气及表面氧化物分解的作用。

真空加热时的热传导方式主要是辐射传导，加之工件间的遮蔽，因而加热速度较慢；而工件面对发热体的部分容易受热，升温速度相对快些。因此，真空加热时工件在料盘上要保持一定间隔，避免相互遮蔽。

真空中的加热速度比在盐浴和气氛中慢，仅为盐浴加热的1/6，且工件温度滞后于仪表指示温度的现象比普通周期式炉严重。为了提高生产率，缩短加热时间，通常是在真空炉抽真空后通入中性气体（N_2）或惰性气体（He、Ar)，在低真空或大气压下对工件施行对流加热。实施对流加热不但可以缩短一半以上的加热时间，而且还能减少工件表面合金元素(Mn、Cr) 的蒸发，维持热处理后的性能。

2.5.2 钢在空气介质中加热时的氧化和脱碳

空气的主要成分是N_2和O_2，还有少量水蒸气和CO_2，以及微量惰性气体。钢铁在空气中加热，表面会发生强烈氧化，并伴随着脱碳。钢铁在空气中加热时，铁与空气中的氧、二氧化碳和水蒸气的氧化反应如下：

$$2Fe+O_2 \rightarrow 2FeO$$

$$Fe+CO_2 \rightleftharpoons FeO+CO$$

$$Fe+H_2O \rightleftharpoons FeO+H_2$$

钢件表面的碳与氧、二氧化碳、水蒸气及氢发生的化学反应如下：

$$2C_{(\gamma\text{-}Fe)}+O_2 \rightleftharpoons 2CO$$

$$C_{(\gamma\text{-}Fe)}+CO_2 \rightleftharpoons 2CO$$

$$C_{(\gamma\text{-}Fe)}+H_2O \rightleftharpoons CO+H_2$$

$$C_{(\gamma\text{-}Fe)}+2H_2 \rightleftharpoons CH_4$$

加热介质中的氧、二氧化碳、水蒸气和氢，也可与钢表面的渗碳体发生反应，使钢脱碳。

$$2Fe_3C+O_2 \rightleftharpoons 6Fe+2CO$$

脱碳使工件表面的碳含量降低，导致淬火硬度不足，不但降低其耐磨性，而且在表面产生拉应力，使疲劳强度下降。

为防止工件在加热时发生氧化、脱碳现象，应采用保护气氛炉、脱氧的盐浴炉、流态炉或真空炉加热；在保证力学性能的前提下，也可进行感应淬火、激光淬火、电子束淬火、火焰淬火（有轻微氧化）等。

以空气为加热介质时，如需防止氧化和脱碳时，可采用防氧化涂料、装入硅砂加铸铁屑的箱中加热、用不锈钢箔密封加热等方法。

2.5.3　热处理加热设备

热处理加热设备的特点及其适用范围见表2-25。

表2-25　热处理加热设备的特点及其适用范围

加热方式	加热介质	加热时间比较	氧化与脱碳	变形	加热条件和适用范围
空气炉加热	空气	t	严重	大	毛坯的退火、正火
盐浴炉加热	熔盐	$0.3t$	少	较大	半成品或成品件的加热淬火
可控气氛炉加热	可控气氛	$1.2t$	少	较大	批量工件的渗碳淬火
真空炉加热	真空	$2t$	少	小	工模具的热处理，可取代盐浴炉
流态床加热	流态粒子	$0.5t$	少	较大	半成品或成品件的加热淬火；节能，启动快，可替代盐浴炉
感应加热	空气	$0.1t$	较少	小	钢件表面淬火
火焰加热	还原性焰	$0.5t$	较少	小	形状复杂工件表面淬火，基本无氧化脱碳
电阻加热	空气	$0.2t$	较少	较大	金属棒料、长管件的直接通电加热
激光加热	空气	$0.1t$	较少	小	高密度能量冲击表面淬火、表面合金化、熔化凝固
电子束加热	真空	$0.1t$	少	小	高密度能量冲击加热表面淬火、表面合金化，熔化凝固
离子束加热	真空	$0.2t$	少	小	离子轰击表面化学热处理

注：t 为采用空气炉加热所用时间。

2.6　热处理的冷却

2.6.1　热处理的冷却方式

热处理的冷却方式有缓冷、空冷、急冷以及深冷等。

1）缓慢冷却包括退火用热处理炉的缓慢冷却、化学热处理后的罐冷，以及专用的冷却室的缓慢冷却。

2）空冷主要用于工件正火加热后的冷却，包括自然冷却、风冷、雾冷。

3）急冷用于工件的淬火冷却。

4）深冷用于工件的冷处理。

2.6.2 淬火冷却介质

1. 淬火冷却介质的分类（见图 2-13）

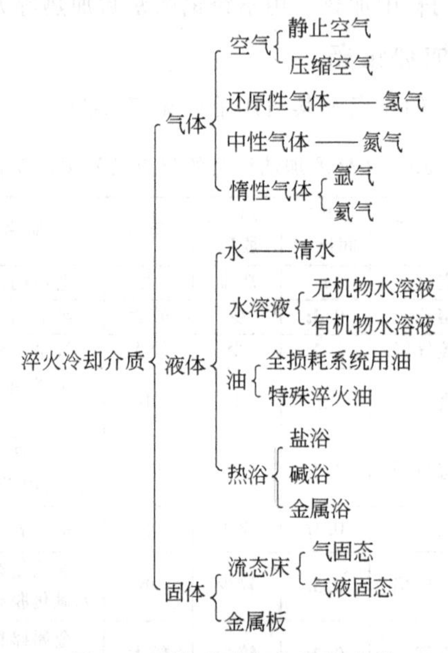

图 2-13　淬火冷却介质的分类

2. 水

（1）水的冷却过程　水是应用最普遍的淬火冷却介质。水的冷却过程分为三个阶段，见表 2-26。

表 2-26　水的冷却过程

冷却阶段	冷却过程	冷却速度
膜态沸腾阶段	当炽热的工件刚一入水，周围的水会立即被加热而汽化，在工件表面形成一层稳定的蒸汽膜，使工件与水隔开。由于蒸汽膜是热的不良导体，因而冷却缓慢。这一阶段大约持续到奥氏体最不稳定的温度区间	不超过 200℃/s

（续）

冷却阶段	冷却过程	冷却速度
泡状沸腾阶段	随着工件温度的降低，蒸汽膜厚度减小，以致破裂，水与工件直接接触，水在工件表面被汽化、沸腾。由于水的汽化热很大，可以吸收大量热量，使冷却速度迅速增大，这一区域在400℃至马氏体转变温度区之间	平均冷速为450℃/s，最高可达700℃/s
对流冷却阶段	当工件温度接近100℃时沸腾减弱。在冷却至100℃以下时，沸腾停止，依靠对流使工件继续冷却	减慢

（2）水的冷却特性　静态水在不同温度下的冷却特性见表2-27。水在不同温度下的冷却速度曲线如图2-14所示。

表2-27　静态水在不同温度下的冷却特性（GB/T 37435—2019）

温度/℃	23	30	40	50	60	70	80	90	100
最大冷却速度/(℃/s)	181.0	169.2	159.3	138.3	125.5	78.2	65.4	59.3	59.1
最大冷速下的温度/℃	584.3	532.1	508.7	494.3	477.3	372.7	369.0	354.4	330.3

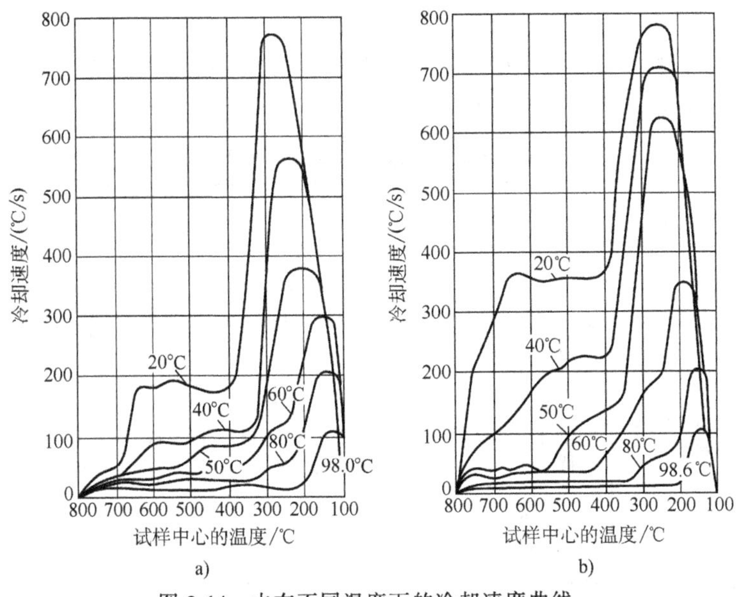

图2-14　水在不同温度下的冷却速度曲线

a）静态水　b）循环水

注：采用$S\phi20$mm银球试样。

温度对水的冷却能力有强烈的影响，水温应控制在40℃以下，在连续生产中水温一般不宜超过35℃。

淬火时使用循环水或采取搅动的方法，可显著提高水的冷却能力，有利于提高钢的奥氏体不稳定区的冷却速度，实现均匀冷却。进行喷射冷却可使蒸汽膜提早破裂，显著地提高在高温区间内的冷却能力，喷水的压力越高，流量越大，效果越显著。

水的冷却能力很大，但在马氏体开始转变点附近，冷速太快，容易造成工件变形、甚至开裂。这是水作为淬火冷却介质的最大弱点。

水作为淬火冷却介质，适用于碳素结构钢、刃具模具用非合金钢、低合金结构钢、铝合金、铜合金及钛合金淬火的冷却。

3. 无机物水溶液

无机物水溶液主要有氯化钠水溶液、氢氧化钠水溶液、氯化钙水溶液、碳酸钠水溶液等。淬火时，水溶液中的盐或碱会在炽热的工件表面析出并爆裂，不仅破坏了蒸汽膜，而且除掉了氧化皮，提前进入泡状沸腾阶段，极大地提高了工件在高温区的冷却速度，从而获得较厚的淬硬层深度。

无机物水溶液的冷却特性及应用范围见表2-28。30℃的无机物水溶液静止时的冷却特性见表2-29。

表2-28 无机物水溶液的冷却特性及应用范围

冷却介质（质量分数）	冷却特性	使用方法及特点	使用温度/℃	应用范围
5%～10%氯化钠水溶液	随氯化钠含量的增加，冷却速度迅速提高，最大冷却温度上移，如图2-15所示	淬火后的工件应及时清洗，以防生锈	≤50	非合金工具钢和部分结构钢的淬火冷却
3%～20%碳酸钠水溶液	与氯化钠水溶液相似，但其冷却性能略低	淬火的工件可得到光洁的表面，但易造成环境污染	≤60	非合金工具钢和部分结构钢的淬火冷却
5%～15%氢氧化钠水溶液	冷却能力比氯化钠水溶液大，在200℃以下的冷却速度却低于水。不仅易于得到高而均匀的硬度，而且发生畸变、开裂的倾向小	腐蚀性强，有刺激性气味，易飞溅伤人，易老化 淬火后的工件，要及时清洗，以防腐蚀	≤60	适于要求硬度较高的碳钢工件和形状复杂的轴承钢和低合金钢工件的淬火冷却

（续）

冷却介质（质量分数）	冷却特性	使用方法及特点	使用温度/℃	应用范围
密度为1.40～1.46g/cm³氯化钙水溶液	在600℃时冷却速度最快，在300℃以下冷却速度较慢，具有较好的冷却特性，可代替水淬油冷的冷却介质，如图2-16所示	水溶液的蒸汽易使工装夹具等生锈，影响仪表、电器的寿命		适用于碳钢和低合金结构钢工件的淬火冷却
过饱和硝盐水溶液（25% $NaNO_3$+20% $NaNO_2$+20% KNO_3+35% H_2O），密度为1.45～1.50g/cm³	在高温区具有很高的冷却速度，而在低温区的冷却速度间于水和油之间，可代替水-油双介质淬火，如图2-17所示	工件带出的废液和清洗的废水易造成环境污染	20～60	适用于碳钢和低合金钢工件的淬火

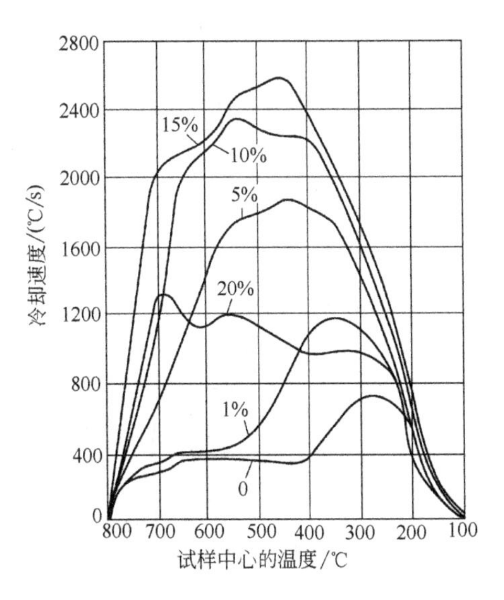

图2-15 不同含量（质量分数）氯化钠水溶液的冷却速度曲线

注：采用Sϕ20mm银球试样，液温为20℃，试样移动速度为0.25m/s。

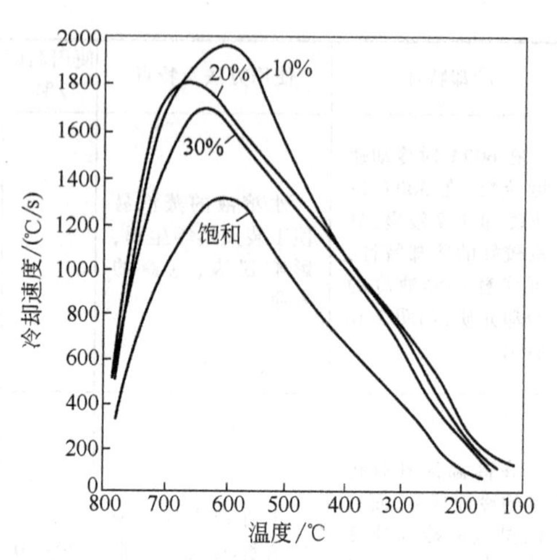

图 2-16 不同含量（质量分数）氯化钙水溶液的冷却速度曲线

注：采用 ϕ20mm×30mm 银棒试样。

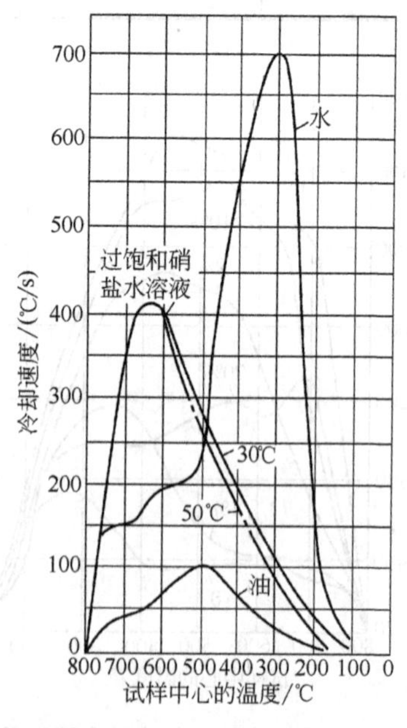

图 2-17 过饱和硝盐水溶液与水和油冷却速度曲线的对比

注：采用 $S\phi$20mm 银球试样。

表 2-29 30℃的无机物水溶液静止时的冷却特性（JB/T 6955—2008）

淬火介质	质量分数(%)	密度/(g/cm³)	冷却特性		
			最大冷速所在温度/℃	最大冷却速度/(℃/s)	300℃冷却速度/(℃/s)
氯化钠水溶液	5	1.0311	714	266	96.0
	10	1.0744	720	272	93.0
	20	1.1477	678	178	88.6
	30	1.1999	650	146	81.5
氯化钙水溶液	5	1.0399	692	247	90.2
	10	1.0818	691	243	88.1
	20	1.1838	671	241	84.2
	40	1.3299	661	233	78.3
碳酸钠水溶液	5	1.0232	699	262	86.5
	10	1.0421	699	245	87.2
	20	1.0818	664	210	85.3
氢氧化钠	5	1.0529	693	286	91.8
	10	1.1144	703	291	95.7
	15	1.2255	690	297	86.5
	20	1.3277	685	277	84.3
复合盐类淬火液	3	1.0261	638	239	94.2
	6	1.0502	660	260	96.3
	10	1.0853	669	264	95.3

4. 聚合物水溶液

聚合物水溶液是含有高分子聚合物的水溶液，其中又加入了适量的防腐剂和防锈剂，如聚乙烯醇、聚烷撑二醇（PAG）、聚丙烯酸钠（PAS）水溶液等。不同浓度聚合物水溶液的冷却能力在水、油之间，或比油还慢。其具有冷却性能可调、冷却均匀、不燃烧、不污染环境和工件防锈的优点，在一定程度上可代替油作为淬火剂。淬火时，在工件表面形成一层聚合物薄膜，使冷却速度降低。溶液浓度越高，膜层越厚，冷却速度越慢；溶液温度升高，冷却速度下降。提高溶液的流动速度或搅动，均可提高冷却能力。

（1）聚乙烯醇水溶液　聚乙烯醇水溶液由聚乙烯醇合成淬火剂按一定比例配制而成。

1）聚乙烯醇合成淬火剂（浓缩液）的基本组成见表 2-30。聚乙烯醇合成淬火剂的技术特性见表 2-31。

表 2-30 聚乙烯醇合成淬火剂（浓缩液）的基本组成（JB/T 4393—2011）

名称	聚乙烯醇	防锈剂	防腐剂	消泡剂	水
质量分数(%)	≥10	≥1	≥0.2	≥0.02	余量

表 2-31 聚乙烯醇合成淬火剂（浓缩液）的技术特性（JB/T 4393—2011）

项目	特性
外观(室温)	无色至浅黄色透明或半透明黏稠液体,无刺激性气味
固体含量(质量分数,%)	10~12
密度(20℃)/(g/cm³)	1.015~1.035
运动黏度(40℃)/(mm²/s)	200~500
pH 值(质量分数为 5%水溶液)	6~8
凝点/℃	≤5
折光率(20℃)	1.3470~1.3520

2）聚乙烯醇水溶液的冷却特性。聚乙烯醇水溶液静止时的冷却特性见表 2-32。图 2-18 所示为不同含量聚乙烯醇水溶液在 30℃时静止状态下的冷却过程曲线。图 2-19 所示为不同含量聚乙烯醇水溶液在 30℃静止状态下的冷却速度曲线。淬火液温度变化时，其冷却性能有明显的改变，液温升高，冷却速度减慢。当液温高于 50℃时，冷却速度大幅度地降低，往往会出现不完全淬火及硬度偏低的现象。因此，一般情况下，淬火液的使用温度不应超过 45℃。

表 2-32 30℃的聚乙烯醇水溶液静止时的冷却特性（JB/T 6955—2008）

质量分数(%)	冷却特性		
	最大冷速所在温度/℃	最大冷却速度/(℃/s)	300℃时冷却速度/(℃/s)
0.1	623	200	82.6
0.3	549	159	55.2
0.5	506	135	43.0
0.8	472	102	33.2

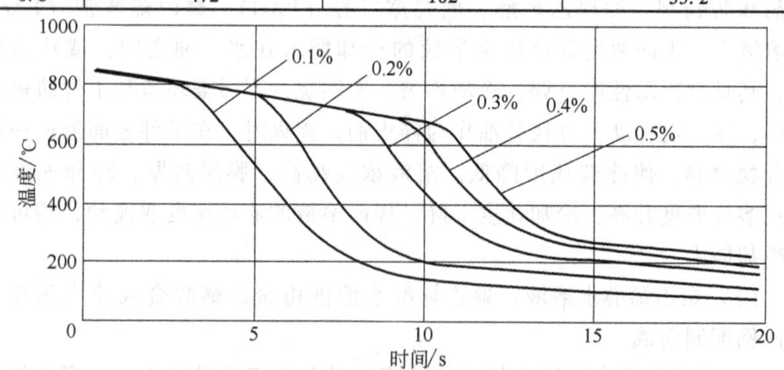

图 2-18 不同含量（质量分数）聚乙烯醇水溶液在 30℃时静止状态下的冷却过程曲线

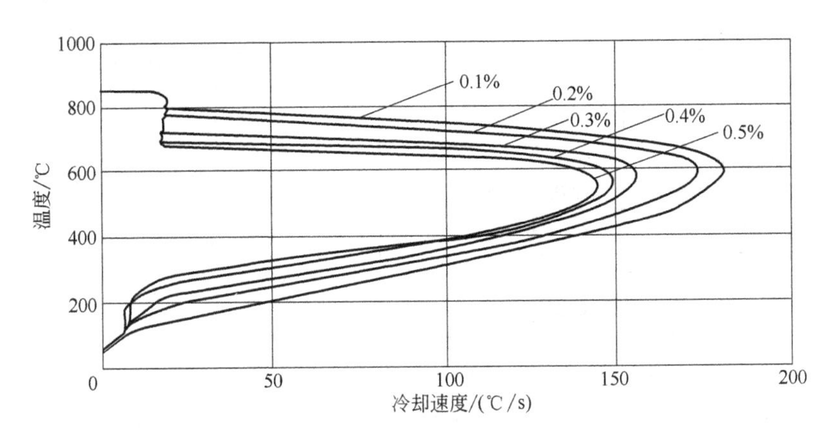

图 2-19 不同含量（质量分数）聚乙烯醇水溶液在 30℃ 静止状态下的冷却速度曲线

3）聚乙烯醇水溶液的配制方法。聚乙烯醇合成淬火剂浓缩液中含聚乙烯醇的质量分数为 10%～12%，使用时要加水稀释成不同浓度的水溶液，以供不同工件淬火冷却用。计算方法如下：

$$M=NW/P$$

式中 M——合成淬火剂浓缩液的质量（kg）；

N——所要配制淬火液的含量（质量分数,%）：

W——所需配制淬火液的质量（kg）；

P——合成淬火剂的实际含量（质量分数,%）。

4）聚乙烯醇水溶液的适用范围见表 2-33，主要用于中碳钢和低合金钢等制件的淬火冷却。所适用的钢种可根据工件的几何形状、尺寸大小以及技术条件等，结合淬火冷却介质在不同含量和温度下的冷却性能综合考虑，或进行试验来确定。

表 2-33 聚乙烯醇水溶液的适用范围（JB/T 4393—2011）

钢种	零件类别	热处理方法	淬火剂含量（质量分数,%）
15、20、35、45、40Cr、45Cr	花键轴、摇臂、螺钉上下端头、摇臂轴、齿轮、输出轴	感应淬火 渗碳后淬火 碳氮共渗后淬火	0.2～0.4
50Mn	轴承滚道、凸轮轴	火焰淬火	0.2～0.3

（续）

钢种	零件类别	热处理方法	淬火剂含量（质量分数,%）
20CrMo	销套	淬火 感应淬火	0.3~0.5
40CrMnMo	轴类		
35CrMo、42CrMo	曲轴、后半轴		
40MnB、45MnB	叉形凸缘轴		
40CrMnMo、40CrMo	钻头接头	淬火 调质	0.25~0.4
30CrMnSi、40Mn	钻探工具		
45MnB	管类零件		

（2）聚烷撑二醇（PAG）水溶性淬火冷却介质　PAG 具有逆溶性，即在水中的溶解度随温度升高而降低。一定浓度的 PAG 水溶液被加热到某一温度时，PAG 即从溶液中分离出来。在淬火过程中，PAG 的这一特性使其在工件表面形成一层热阻层，可使低温区的冷却速度下降。通过改变浓度、温度和搅拌速度可以对 PAG 水溶液的冷却能力进行调整。PAG 具有良好的浸润特性和冷却均匀性，且性能稳定。

PAG 浓缩液的物理化学特性见表 2-34。30℃（无搅拌）PAG 水溶液的冷却性能见表 2-35。不同含量（质量分数）PAG 水溶液在 30℃ 静止状态下的冷却曲线对比（参考曲线）如图 2-20 所示。

表 2-34　PAG 浓缩液的物理化学特性（JB/T 13025—2017）

项目	性能
外观(室温)	淡黄透明或半透明黏稠液体
气味	无刺激性气味
密度(20℃/(g/cm^3))	1.05~1.15
原液运动黏度(40℃)/(mm^2/s)	200~700
倾点/℃	≤-9
浊点(质量分数为 1%水溶液)/℃	70~85
pH 值(质量分数为 5%水溶液)	8~11
防锈性(质量分数为 5%水溶液)	≤1 级

表 2-35　30℃（无搅拌）PAG 水溶液的冷却性能（JB/T 13025—2017）

质量分数(%)	最大冷速/(℃/s)	最大冷速对应的温度/℃	300℃冷却速度/(℃/s)
5	170~200	≥600	60~85
10	150~180	≥650	50~70
15	130~170	≥650	25~60
20	110~150	≥650	20~45
30	80~110	≥550	10~30

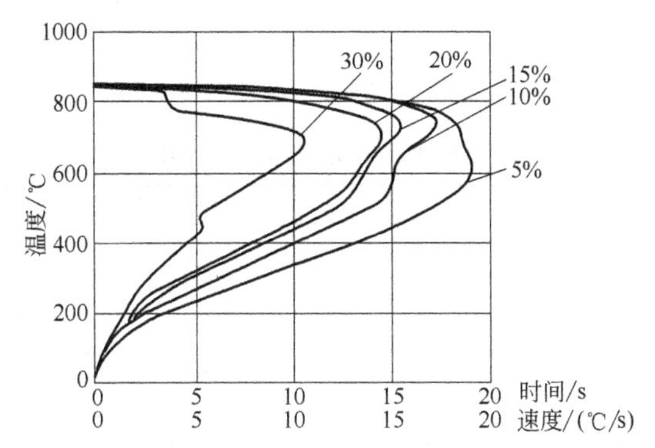

图 2-20 不同含量（质量分数）PAG 水溶液在 30℃ 静止状态下的冷却曲线对比（参考曲线）

PAG 水溶液主要适用于钢件（或铝合金）表面淬火的喷射冷却或浸入冷却，应避免用于盐浴炉加热工件的淬火冷却（由于淬火工件带入大量无机盐，会影响 PAG 水溶液的冷却性能）。表 2-36 中推荐了部分适合采用 PAG 水溶液淬火的材料及零件。

表 2-36 采用 PAG 水溶液淬火的材料及零件（JB/T 13025—2017）

适用材料及零件(典型)	热处理方法	水溶液质量分数(%)	推荐使用温度/℃	适用炉型
15、20、35、45、40Cr、35CrMo、40MnB 钢等(大中尺寸,中低淬透性;紧固件、轴件、锻件、齿轮等产品)	整体淬火、感应淬火、渗碳淬火等	3~10	10~45	网带式炉、链板式炉、推杆式炉、滚筒式炉、井式炉、转底式炉、感应加热炉
42CrMo、50CrV、60Si2Mn、65Mn、GCr15、20CrMnTi、20CrMo、40CrMnMo 钢等(中小尺寸,中高淬透性)	整体淬火、渗碳、碳氮共渗淬火、感应淬火等	8~20	10~45	
能够固溶时效强化的铝合金,如 2×××、6×××、7×××等	固溶时效处理	10~35	10~55	铝合金固溶炉

（3）聚丙烯酸钠（PAS）水溶液　PAS 水溶液的特点是加热时不易分解，在工件表面不生成聚合物皮膜。PAS 水溶液的冷却速度比其他几种聚合物慢。

PAS 聚合物浓缩液为浅黄色黏稠液体，密度为 1.05~1.15g/cm³，pH 为 6~8。

PAS 水溶液静止时的冷却特性见表 2-37。

表 2-37　PAS 水溶液静止时的冷却特性（JB/T 6955—2008）

质量分数(%)	液温/℃	冷却特性		
		最大冷速所在温度/℃	最大冷却速度/(℃/s)	300℃冷却速度/(℃/s)
5	30	343	93	84.0
10	30	291	66	64.6
15	30	257	56	41.4
20	30	271	52	48.1

调整 PAS 水溶液的浓度及温度，淬火工件可以得到贝氏体等非马氏体组织。质量分数为 30%~40%的 PAS 水溶液可作为锻后余热处理的冷却介质。

5. 淬火油

油作为淬火冷却介质，其冷却速度较低，在 550~650℃范围内冷却能力不足，平均冷却速度只有 60~100℃/s。但在 200~300℃范围内，缓慢的冷却速度对于淬火来说非常适宜，这是油的最大优点，因而油被广泛用于冷却速度较低的合金钢的淬火。

(1) 全损耗系统用油　全损耗系统用油（机械油），以“L-AN+数字”表示，数字表示油的黏度值。全损耗系统用油技术性能指标见表 2-38。

表 2-38　全损耗系统用油技术性能指标

<table>
<tr><th>油品</th><th>黏度等级</th><th>运动黏度(40℃)/(mm²/s)</th><th>闪点(开口)/℃</th><th>倾点℃</th><th>水分(质量分数,%)</th></tr>
<tr><td>L-AN5</td><td>5</td><td>4.14~5.06</td><td>≥80</td><td rowspan="10">≤-5</td><td rowspan="10">痕迹</td></tr>
<tr><td>L-AN7</td><td>7</td><td>6.12~7.48</td><td>≥110</td></tr>
<tr><td>L-AN10</td><td>10</td><td>9.00~11.0</td><td>≥130</td></tr>
<tr><td>L-AN15</td><td>15</td><td>13.5~16.5</td><td rowspan="3">≥150</td></tr>
<tr><td>L-AN22</td><td>22</td><td>19.8~24.2</td></tr>
<tr><td>L-AN32</td><td>32</td><td>28.8~35.2</td></tr>
<tr><td>L-AN46</td><td>46</td><td>41.4~50.6</td><td rowspan="2">≥160</td></tr>
<tr><td>L-AN68</td><td>68</td><td>61.2~74.8</td></tr>
<tr><td>L-AN100</td><td>100</td><td>90.0~110</td><td rowspan="2">≥180</td></tr>
<tr><td>L-AN150</td><td>150</td><td>135~165</td></tr>
</table>

全损耗系统用油存在冷却能力较低、易氧化和老化等缺点。在常温下使用时，应选用黏度较低的 L-AN10~L-AN22，使用温度应低于 80℃；用于分级淬火时，则应选用闪点较高的 L-AN100。

在 L-AN 全损耗系统用油中添加冷速调整剂，可提高油的冷却速度。L-AN 全损耗系统用油及添加冷速调整添加剂后静止时的冷却特性见表 2-39。

表 2-39　L-AN 全损耗系统用油及添加冷速调整添加剂后静止时的冷却特性（JB/T 6955—2008）

淬火冷却介质	油温/℃	冷却特性		
		最大冷速所在温度/℃	最大冷速/(℃/s)	特性温度/℃
L-AN32 全损耗系统用油	40	526	49	580
	60	535	53	590
	80	532	52	586
L-AN15 全损耗系统用油	40	510	57	576
	60	511	58	578
	80	518	56	570
L-AN15+8%冷速调整添加剂	80	597	99	695
L-AN15+10%冷速调整添加剂		605	101	702

全损耗系统用油与机械油名称和黏度等级对照如图 2-21 所示。

（2）普通淬火油　普通淬火油为中速淬火油，是在全损耗系统用油中加入抗氧化剂、催冷剂和表面活化剂等添加剂调制而成的，它克服了全损耗系统用油冷却能力较低、易氧化和老化的缺点。普通淬火油的闪点较低，使用温度一般在 20~80℃。普通淬火油可直接购买，也可购买添加剂后按要求现场调制。

普通淬火油的技术性能指标见表 2-40。

表 2-40　普通淬火油的技术性能指标

油品	1 号普通淬火油	2 号普通淬火油
40℃时的运动黏度/(mm²/s)	30	26
闪点(开口)/℃	170	170
倾点/℃	—	≤-10
水分	无	无
残碳(质量分数,%)	0.2	0.4
酸值/(mgKOH/g)	0.1	0.1

（续）

油品		1号普通淬火油	2号普通淬火油
热氧化安定性	黏度比	<1.5	<1.5
	残碳增值(质量分数,%)	1.5	1.5
冷却性能	特性温度/℃	≥480	≥580
	特性时间/s	≤4.7	≤3.8
	800℃→400℃冷却时间/s	≤5.0	≤4.5

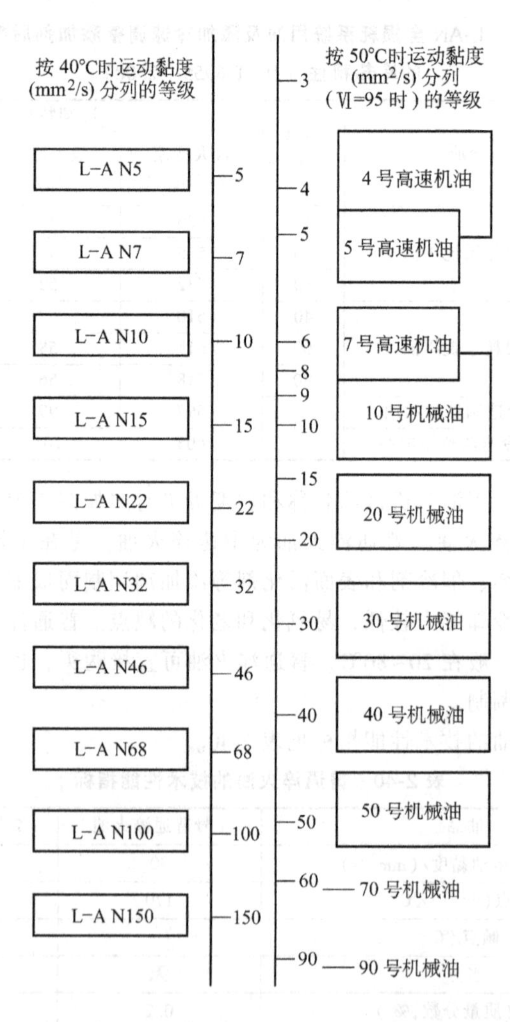

图 2-21 全损耗系统用油与机械油名称和黏度等级对照

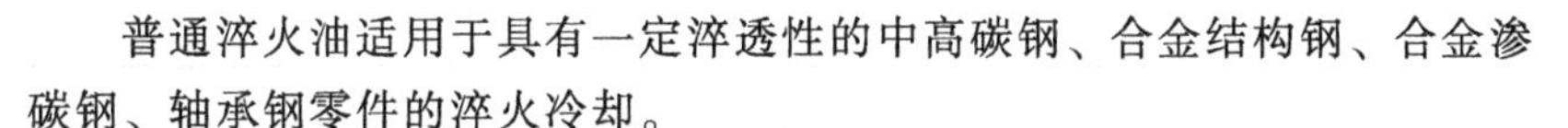

普通淬火油适用于具有一定淬透性的中高碳钢、合金结构钢、合金渗碳钢、轴承钢零件的淬火冷却。

（3）专用淬火油　专用淬火油包括真空淬火油、快速淬火油、分级淬火油和等温淬火油等。快速淬火油是在油中加入效果更高的催冷剂制成的，具有更快的冷却速度。分级淬火油和等温淬火油具有闪点高、挥发性小、氧化安定性好的特点，其使用温度在100~250℃。真空淬火油是在低于大气压的条件下使用的，具有饱和蒸气压低、冷却能力强和光亮性好等特点。

1）专用淬火油的物理化学性能见表2-41。

表2-41　专用淬火油的物理化学性能（JB/T 6955—2008）

油品	40℃时的运动黏度/(mm^2/s)	闪点/℃	倾点/℃	光亮性无标准/级	水分
快速光亮淬火油	≤38	≥170	≤-9	≤1	痕迹
快速淬火油	≤28	≥160	≤-9	≤2	痕迹
快速等温(分级)淬火油	≤70	≥210	≤-8	≤2	痕迹
等温(分级)淬火油	≤120	≥230	≤-5	≤2	痕迹
快速真空淬火油	≤35	≥190	≤-9	≤1	痕迹
真空淬火油	≤70	≥210	≤-8	≤1	痕迹
回火油	≤35(100℃时)	≥260	≤-5	—	痕迹

注：试样的水分少于0.03%（质量分数）时认为是痕迹。

2）专用淬火油静止时的冷却特性见表2-42。

表2-42　专用淬火油静止时的冷却特性（JB/T 6955—2008）

淬火冷却介质	油温/℃	冷却特性		
		最大冷速所在温度/℃	最大冷速/(℃/s)	特性温度/℃
快速光亮淬火油	40	606	99	702
	60	598	100	702
	80	591	99	702
快速淬火油	40	608	100	700
	60	610	103	702
	80	609	102	700
快速等温(分级)淬火油(1号)	80	613	90	705
	100	623	92	705
	120	609	89	705
	140	608	88	702
	160	610	88	700

（续）

淬火冷却介质	油温/℃	冷却特性		
		最大冷速所在温度/℃	最大冷速/(℃/s)	特性温度/℃
等温(分级)淬火油(2号)	100	656	78	710
	120	664	81	710
	140	658	80	710
快速真空淬火油(1号)	40	590	94	700
	60	595	96	700
	80	592	95	700
真空淬火油(2号)	40	554	76	660
	60	560	79	660
	80	562	78	660

3）ZZ系列真空淬火油的冷却特性见表2-43。

表2-43 ZZ系列真空淬火油的冷却特性

油品		ZZ-0	ZZ-1	ZZ-2
40℃时的运动黏度/(mm^2/s)		≤25	≤40	≤90
闪点(开口)/℃		≥160	≥170	≥190
燃点/℃		≥180	≥190	≥210
水分		无	无	无
饱和蒸汽压(20℃)/10^{-3}Pa		≤6.7	≤6.7	≤6.7
热氧化安定性	黏度比	<1.5	<1.5	<1.5
	残碳增值(质量分数,%)			
冷却性能	特性温度/℃	≥610	≥600	≥585
	800℃→400℃冷却时间/s	≤5.0	≤5.5	≤7.5

选择油作为淬火冷却介质的原则是：闪点高，黏度小，冷却速度满足使用要求，并考虑经济性和来源。

淬火油与水和空气平均换热系数对比见表2-44。

表2-44 淬火油与水和空气平均换热系数对比（GB/T 37435—2019）

淬火冷却介质	介质温度/℃	介质流速/(m/s)	平均换热系数/[W/(m^2·K)]
空气	27	0.00	35
		5.10	62
普通淬火油	65	0.51	3000
快速淬火油	60	0.00	2000
		0.25	4500
		0.51	5000
		0.76	6500

（续）

淬火冷却介质	介质温度/℃	介质流速/(m/s)	平均换热系数/[W/(m²·K)]
水	32	0.00	5000
		0.25	9000
		0.51	11000
		0.76	12000

（4）淬火油更换指标　淬火油经过一定时期的使用，会因冷却能力会降低并产生焦渣而老化。对于已经老化的淬火油，应及时更新或予以净化。淬火油更换指标见表2-45。

表2-45　淬火油更换指标（GB/T 37435—2019）

项目	更换指标
运动黏度(40℃)	比新油增加±50%
淬火油氧化特征	酸值(以KOH计)增加值：比冷淬火油新油增加1.5mg/g，比热淬火油新油增加2.0mg/g
	红外光谱吸收特征峰识别：与新油相比，红外光谱上1650~1820cm^{-1}的范围内出现明显的氧化产物吸收特征峰
最大冷速	补充复合添加剂也不能得以改善时，调整后仍低于新油15℃/s以上时
最大冷速对应温度	调整后仍低于550℃，或低于新油50℃以上时

6. 热浴

热浴分为盐浴和碱浴两类。常用热浴见表2-46。

表2-46　常用热浴（JB/T 6955—2008）

热浴	成分配方(质量分数,%)	熔点/℃	工作温度/℃
盐浴	$45NaNO_3+55KNO_3$	218	230~550
	$50NaNO_3+50KNO_3$	218	230~550
	$75NaNO_3+25KNO_3$	240	280~550
	$55NaNO_3+45KNO_2$	220	230~550
	$55KNO_3+45KNO_2$	218	230~550
	$50KNO_3+50NaNO_2$	140	150~550
	$55KNO_3+45NaNO_3$	137	150~550
	$46NaNO_3+27NaNO_2+27KNO_3$	120	140~260
	$75CaCl_2+25NaCl$	500	540~580
	$30KCl+20NaCl+50BaCl_2$	560	580~800
碱浴	$65KOH+35NaOH$	155	170~300
	$80KOH+20NaOH+10H_2O$	130	150~300
	$80NaOH+20NaNO_2$	250	280~550

热浴使用温度允许波动范围为±10℃，适用于 $w(C) \geq 0.45\%$ 的碳素结构钢、刃具模具用非合金钢、合金结构钢、合金工具钢及高速工具钢的淬火冷却。

7. 流态床淬火冷却介质

流态床由气流和悬浮的固体颗粒构成。在带有细孔格板的淬火冷却槽中，放入金属或非金属的细小颗粒（也可适量加入水），再通入压缩空气，吹动固态微粒使其呈悬浮状，形成流态，淬火工件可以随意淬入其中进行冷却。选用不同的固体微粒，调整压缩空气的流量和流速，控制流态床温度和深度等，可调节其冷却能力，且调节范围很宽。流态床的冷却能力介于空气和油之间，接近于油；具有冷却均匀、腐蚀性小、不会老化变质、无爆炸危险等优点；且工件淬火变形小、表面光洁；适用于淬透性好、形状复杂的小型合金钢件的淬火。

根据组成流态物质的不同，流态床可分为气固流态床和气液固流态床两种，见表 2-47。

表 2-47 流态床的组成及冷却能力

流态床	固体颗粒	冷却能力
气固流态床	0.20mm 的刚玉砂、石墨、氧化铝、渗硼颗粒、铝、氧化钛、锆砂或硅砂等	调整气流速度可以改变冷却能力，且气流速度与冷却能力有一定的对应关系
气液固流态床	液体与固体微粒的质量比应在 5 : 1～10 : 1 之间变化	通过改变气流速度的方法方便地调整冷速

常用流态床的冷却曲线如图 2-22 所示。流态床与常用淬火冷却介质

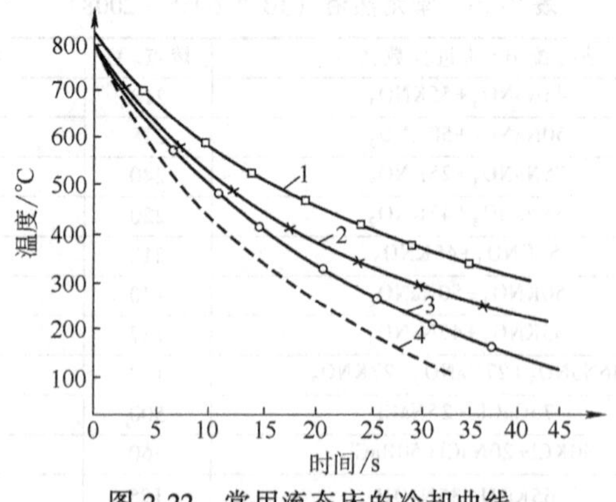

图 2-22 常用流态床的冷却曲线

1—渗硼颗粒 2—氧化铝 3—石墨 4—刚玉砂

注：粒径为 0.375mm，风量为 $0.5m^3/h$。

冷却曲线的比较如图 2-23 所示。

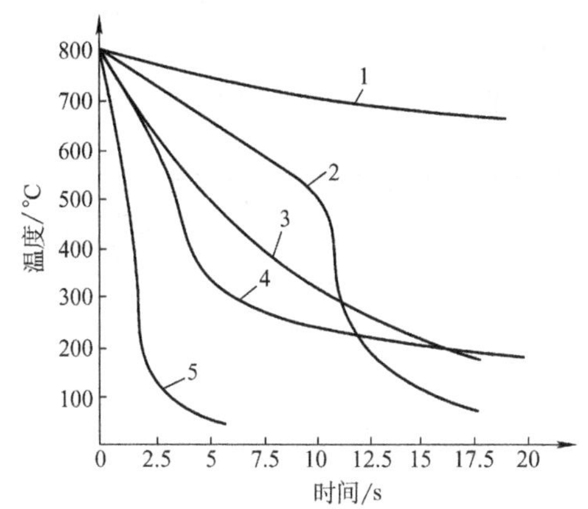

图 2-23 流态床与常用淬火冷却介质冷却曲线的比较

1—空气 2—质量分数为 40%的 903 聚醚 3—流态床（0.2mm，1.9m^3/h）

4—L-AN22 5—水

8. 气体冷却介质

气体的冷却能力与气体的种类、气体的压力和气体流动速度有关，见表 2-48。

表 2-48 不同冷却条件下气体的传热系数及其与水和油的比较

介质	冷却条件	传热系数/[W/(m^3·K)]
水	15~25℃,无搅拌	1800~2200
油	20~80℃,无搅拌	1000~1500
空气	自然对流	50~80
氮	0.6MPa,强制循环	300~350
	1MPa,强制循环	300~400
氦	0.6MPa,强制循环	400~500
	1MPa,强制循环	400~500
氢	0.6MPa,强制循环	550~650
	1MPa,强制循环	450~600

注：强制循环的风扇转速为 3000r/min。

9. 淬冷烈度

淬火烈度是表征淬火冷却介质从热工件中吸取热量能力的指标，以 H 表示。它与淬火冷却介质的浓度、使用温度、搅动情况等因素有关。淬火烈度以 18℃静止水的平均换热系数为基准，设定为 $H=1$。淬火烈度是指工件在某种介质的一定状态下的平均换热系数与18℃静止水的平均换热系数的比值。当 $H>1$ 时，说明该介质的冷却能力比18℃静止水的冷却能力大。搅动可以提高淬火冷却介质的冷却能力。

(1) 常用淬火冷却介质的淬冷烈度（见表2-49）

表2-49 常用淬火冷却介质的淬冷烈度 H 值（GB/T 37435—2019）

搅动情况	淬冷烈度 H		
	矿物油	水	盐水
静止	0.25~0.30	0.9~1.0	2.0
弱搅动	0.30~0.35	1.0~1.10	2.0~2.2
中等搅动	0.35~0.40	1.2~1.3	—
良好搅动	0.40~0.50	1.4~1.5	—
强搅动	0.50~0.80	1.6~2.0	—
猛烈搅动或高速喷射	0.80~1.10	4.0	5.0

(2) 常用淬火冷却介质在700℃时的平均传热系数与淬冷烈度（见表2-50）

表2-50 常用淬火冷却介质在700℃时的平均传热系数与淬冷烈度

类别	介质温度/℃	搅拌速度/(m/s)	平均传热系数/[W/(m^2·K)]	淬冷烈度 H
空气	27	0.0	35	0.05
		5.1	62	0.08
普通淬火油	65	0.51	3000	0.7
快速淬火油	60	0.00	200	0.5
		0.25	4500	1.0
		0.51	5000	1.1
		0.76	6500	1.5
水	32	0.00	5000	1.1
		0.25	9000	2.1
		0.51	11000	2.7
		0.76	12000	2.8
	55	0.00	1000	0.2
		0.25	2500	0.6
		0.51	6500	1.5
		0.76	10500	2.4

2.7 热处理工艺分类及代号

1. 基础分类

表2-51为按工艺类型、工艺名称和实现工艺的加热方法三个层次划分的热处理工艺分类及代号。

表2-51　热处理工艺分类及代号（GB/T 12603—2005）

工艺总称	代号	工艺类型	代号	工艺名称	代号
热处理	5	整体热处理	1	退火	1
				正火	2
				淬火	3
				淬火和回火	4
				调质	5
				稳定化处理	6
				固溶处理、水韧处理	7
				固溶处理+时效	8
		表面热处理	2	表面淬火和回火	1
				物理气相沉积	2
				化学气相沉积	3
				等离子体增强化学气相沉积	4
				离子注入	5
		化学热处理	3	渗碳	1
				碳氮共渗	2
				渗氮	3
				氮碳共渗	4
				渗其他非金属	5
				渗金属	6
				多元共渗	7

2. 附加分类

加热方式、退火工艺、淬火冷却介质和冷却方法的代号，分别见表2-52~表2-54。

表2-52　加热方式代号（GB/T 12603—2005）

加热方式	可控气氛（气体）	真空	盐浴（液体）	感应	火焰	激光	电子束	等离子体	固体装箱	流态床	电接触
代号	01	02	03	04	05	06	07	08	09	10	11

表 2-53　退火工艺代号（GB/T 12603—2005）

退火工艺	去应力退火	均匀化退火	再结晶退火	石墨化退火	脱氢处理	球化退火	等温退火	完全退火	不完全退火
代号	Sr	H	R	G	D	Sp	I	F	P

表 2-54　淬火冷却介质和冷却方法代号（GB/T 12603—2005）

冷却介质和冷却方法	空气	油	水	盐水	有机聚合物水溶液	热浴	加压淬火	双介质淬火	分级淬火	等温淬火	形变淬火	气冷淬火	冷处理
代号	A	O	W	B	Po	H	Pr	I	M	At	Af	G	C

3. 热处理工艺代号表示方法

热处理工艺代号由基础分类代号和附加分类代号组成，标记如下：

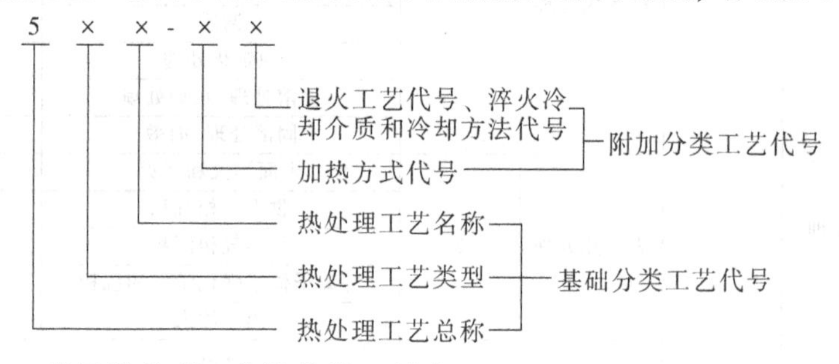

4. 常用热处理工艺及代号（见表 2-55）

表 2-55　常用热处理工艺及代号（GB/T 12603—2005）

工艺	代号	工艺	代号
热处理	500	均匀化退火	511-H
整体热处理	510	再结晶退火	511-R
可控气氛热处理	500-01	石墨化退火	511-G
真空热处理	500-02	脱氢处理	511-D
盐浴热处理	500-03	球化退火	511-Sp
感应热处理	500-04	等温退火	511-I
火焰热处理	500-05	完全退火	511-F
激光热处理	500-06	不完全退火	511-P
电子束热处理	500-07	正火	512
离子轰击热处理	500-08	淬火	513
流态床热处理	500-10	空冷淬火	513-A
退火	511	油冷淬火	513-O
去应力退火	511-St	水冷淬火	513-W

（续）

工艺	代号	工艺	代号
盐水淬火	513-B	真空渗碳	531-02
有机水溶液淬火	513-Po	盐浴渗碳	531-03
盐浴淬火	513-H	固体渗碳	531-09
加压淬火	513-Pr	流态床渗碳	531-10
双介质淬火	513-I	离子渗碳	531-08
分级淬火	513-M	碳氮共渗	532
等温淬火	513-At	渗氮	533
形变淬火	513-Af	气体渗氮	533-01
气冷淬火	513-G	液体渗氮	533-03
淬火及冷处理	513-C	离子渗氮	533-08
可控气氛加热淬火	513-01	流态床渗氮	533-10
真空加热淬火	513-02	氮碳共渗	534
盐浴加热淬火	513-03	渗其他非金属	535
感应加热淬火	513-04	渗硼	535(B)
流态床加热淬火	513-10	气体渗硼	535-01(B)
盐浴加热分级淬火	513-10M	液体渗硼	535-03(B)
盐浴加热盐浴分级淬火	513-10H+M	离子渗硼	535-08(B)
淬火和回火	514	固体渗硼	535-09(B)
调质	515	渗硅	535(Si)
稳定化处理	516	渗硫	535(S)
固溶处理,水韧化处理	517	渗金属	536
固溶处理+时效	518	渗铝	536(Al)
表面热处理	520	渗铬	536(Cr)
表面淬火和回火	521	渗锌	536(Zn)
感应淬火和回火	521-04	渗钒	536(V)
火焰淬火和回火	521-05	多元共渗	537
激光淬火和回火	521-06	硫氮共渗	537(S-N)
电子束淬火和回火	521-07	氧氮共渗	537(O-N)
电接触淬火和回火	521-11	铬硼共渗	537(Cr-B)
物理气相沉积	522	钒硼共渗	537(V-B)
化学气相沉积	523	铬硅共渗	537(Cr-Si)
等离子体增强化学气相沉积	524	铬铝共渗	537(Cr-Al)
离子注入	525	硫氮碳共渗	537(S-N-C)
化学热处理	530	氧氮碳共渗	537(O-N-C)
渗碳	531	铬铝硅共渗	537(Cr-Al-Si)
可控气氛渗碳	531-01		

2.8 热处理工艺材料分类及代号

热处理工艺材料代号标记如下：

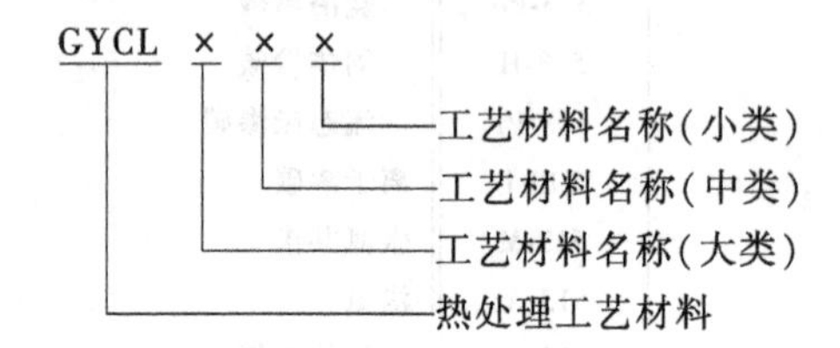

1. 热处理工艺材料分类及代号（见表 2-56）

表 2-56 热处理工艺材料分类及代号（JB/T 8419—2008）

总称	代号	大类名称	代号	中类名称	代号
热处理工艺材料	GYCL	加热介质	1	气态	1
				液态	2
				固态	3
		冷却介质	2	水及无机水溶液	1
				聚合物水溶液	2
				冷却油	3
				冷却用碱	4
				气体冷却介质	5
				流态床介质	6
				冷处理剂	7
		渗剂	3	渗碳与碳氮共渗剂	1
				渗氮与氮碳共渗剂	2
				渗非金属剂	3
				渗金属剂	4
				多元共渗剂	5
				其他	6
		涂料	4	涂料	0
		清洗剂	5	清洗剂	0
		防锈剂	6	防锈剂	0

2. 热处理工艺材料分类（小类）及代号（见表2-57）

表2-57 热处理工艺材料分类（小类）及代号（JB/T 8419—2008）

大、中类代号	中类名称	小类代号														
		01	05	10	15	20	25	30	35	40	45	50	55	60	65	70
		工艺材料名称														
11	气态介质	空气	氮气	氢气	丙烷	丁烷	氩气	天然气	液化石油气	瓶装可控气氛						
12	固态介质	低温盐	中温盐	高温盐	中温复合盐	高温复合盐	校正剂	煤		焦炭	木炭	氧化铝空心球	石墨			
13	液态介质	油														
21	水及无机水溶液	水	氯化钠水溶液	碳酸钠水溶液	氢氧化钠水溶液	氯化钙水溶液	硝盐水溶液	水玻璃水溶液								
22	聚合物水溶液	聚乙烯醇水溶液PVA	聚二醇水溶液PAG	聚乙二醇水溶液PEG	聚丙烯醇水溶液SPA	聚乙烯酰胺水溶液										
23	冷却油	L-AN全损耗系统用油	普通淬火油	光亮淬火油	快速淬火油	等温淬火油	真空淬火油	分级淬火油								
24	冷却用盐碱	硝盐	氯化盐	碱	盐碱混合											
25	气体冷却介质	空气	氮气	氩气	氢气	混合气										
26	液态床介质	流态床介质														

（续）

大、中类代号	中类名称	小类代号														
		01	05	10	15	20	25	30	35	40	45	50	55	60	65	70
		工艺材料名称														
27	冷处理剂	干冰	氟里昂	液氮												
31	渗碳与碳氮共渗剂	专用滴注渗碳剂	可控气氛渗碳剂	盐浴渗碳剂	固体渗碳剂	专用渗碳煤油	甲醇	乙醇	苯	丙酮	醋酸乙脂	气体碳氮共渗剂	液体碳氮共渗剂			
32	渗氮与氮碳共渗剂	专用滴注渗氮剂	气体渗氮剂	盐浴渗氮剂								专用滴注氮碳共渗剂	盐浴氮碳共渗剂			
33	渗非金属剂	固体渗硼剂	粒状渗硼剂	膏状渗硼剂	熔盐渗硼剂	固体渗硅剂	盐浴渗硫剂					电解渗硫盐浴				
34	渗金属剂	固体渗铝剂	热浸铝剂		熔盐渗铬剂	固体渗铬剂				热浸锌剂	固体渗锌剂	熔盐渗钒剂	熔盐渗铌剂	熔盐渗钛剂	固体渗钛剂	
35	多元共渗剂	固体铬铝共渗剂	固体铬铝硅共渗剂	固体硼铝共渗剂	固体铬硅共渗剂	固体铝稀土共渗剂	固体硼氮共渗剂	热浸铝锌合金剂	熔盐铬稀土共渗剂			气体硫氮共渗剂	气体硫氮碳共渗剂	熔盐硫氮碳共渗剂	硫氮碳共渗再生盐	气体氧氮共渗剂
36	其他	激光熔渗剂	激光黑化剂	电子束熔渗剂	气相沉积材料											
40	热处理涂料	防氧化脱碳涂料	防渗碳涂料	防渗氮涂料	防碳氮共渗涂料	防渗硼涂料	防渗铬、铝涂料	多用防护涂料	保护膜		合金抗氧化涂料					
50	清洗剂	碱液清洗剂	有机溶剂清洗剂	金属清洗剂	残盐清洗剂	气相清洗剂	超声波清洗液	电解清洗液	酸洗剂							
60	防锈剂	水剂防锈液	防锈油													

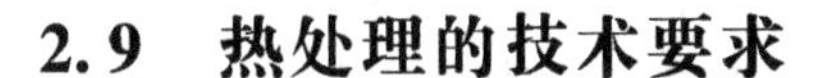

2.9 热处理的技术要求

2.9.1 热处理技术要求的表示方法

热处理的设计技术要求通常包括热处理工艺方法、有效硬化层深度和表面硬度三部分内容，但根据零件的具体情况不同可选定与其服役条件有关内容的全部或一部分。

表2-58为JB/T 6609—2008《机床零件用钢及热处理》中常用的热处理工艺方法及技术要求。

表2-58 常用的热处理工艺方法及技术要求（JB/T 6609—2008）

热处理工艺方法		热处理技术要求表示举例	
名称	字母	汉字表示	代号表示
退火	Th	退火	Th
正火	Z	正火	Z
固溶处理	R	固溶处理	R
调质	T	调质 200~230HBW	T215
淬火	C	淬火 42~47HRC	C42
感应淬火	G	感应淬火 48~52HRC	G48
		感应淬火深度 0.8~1.6mm,48~52HRC	G0.8-48
调质感应淬火	T-G	调质 220~250HBW 感应淬火 48~52HRC	T235-G48
火焰淬火	H	火焰淬火 42~48HRC	H42
		火焰淬火深度 1.6~3.6mm,42~48HRC	H1.6-42
渗碳、淬火	S-C	渗碳淬火深度 0.8~1.2mm,58~63HRC	S0.8-C58
渗碳、感应淬火	S-G	渗碳感应淬火深度 1.0~2.0mm,58~63HRC	S1.0-G58
碳氮共渗、淬火	Td-C	碳氮共渗淬火深度 0.5~0.8mm,58~63HRC	Td0.5-C58
渗氮	D	渗氮深度 0.25~0.4mm,≥850HV	D0.3-850
调质、渗氮	T-D	调质 250~280HBW 渗氮深度 0.25~0.4mm,≥850HV	T265-D0.3-850
氮碳共渗	Dt	氮碳共渗≥480HV	Dt480

注：冷卷弹簧的定形、消除应力处理可用“Hh”表示。

2.9.2 热处理技术要求在图样中的标注

1. 技术要求的指标值

技术要求的指标值一般采用范围表示法标出上下限，如60~65HRC，DC=0.8~1.2；也可用偏差表示法，以技术要求的下限名义值下偏差和上偏差表示，如 60^{+5}_{0}HRC，DC＝$0.8^{+0.4}_{0}$。特殊情况也可只标注下限值或上限值，如不小于 50HRC，不大于 302HBW。在同一产品的所有零件图样上，应采用统一的表达形式。

表面热处理零件有效硬化深度的代号 DS 用于表面淬火回火，DC 用于渗碳或碳氮共渗淬火回火，DN 用于渗氮。

2. 表面热处理零件技术要求的标注

1）局部热处理零件需将有硬化要求的部位在图形上用粗点画线框出。如果是轴对称零件或在不致引起误会的情况下，也可用一条粗点画线画在热处理部位外侧表示，其他部位即硬化与不硬化均可的过渡部位用虚线表示，不允许硬化或不要硬化的部位则不必标注。

2）要求零件硬度检测必须在指定点（部位）时，用图 2-24 所示符号表示。

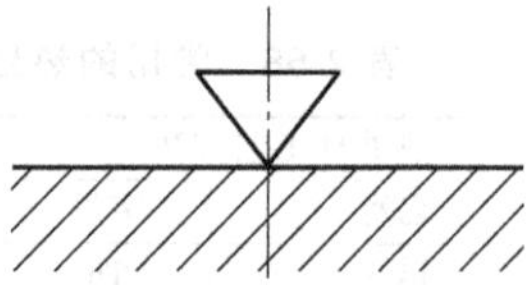

图 2-24　硬度测量点符号标注方法

3）如零件形状复杂或其他原因（如与其他工艺标注容易混淆）热处理技术要求难以标注，用文字说明又不易表达时，可另加附图表示，此时附图上与热处理无关的内容均可省略，如图 2-25 所示。

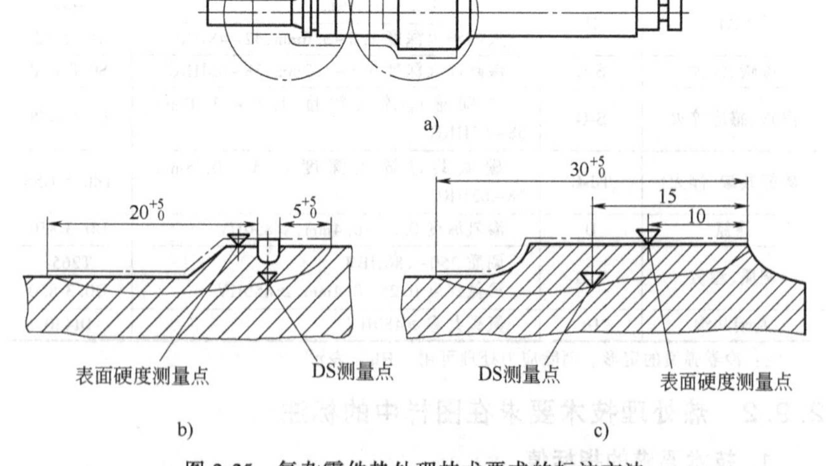

图 2-25　复杂零件热处理技术要求的标注方法

a）零件热处理标注图　b）Y 部热处理技术要求的标注图

c）Z 部热处理技术要求的标注图

4）标注除硬度以外的其他力学性能要求（如强度、冲击韧度等）时，应在零件图样上注明具体技术指标和取样方法。

3. 正火、退火及淬火回火（含调质）零件热处理技术要求的标注

1）以正火、退火或淬火回火（含调质）作为最终热处理状态的零件一般标注硬度要求，通常以布氏硬度或洛氏硬度表示，也可以用其他硬度表示。

2）同一零件的不同部位有不同热处理技术要求时，应在零件图样上分别注明。

3）局部热处理零件必须在技术要求的文字说明中写明局部热处理，并在图样上按规定标出需热处理的部位和技术要求，如图2-26所示。

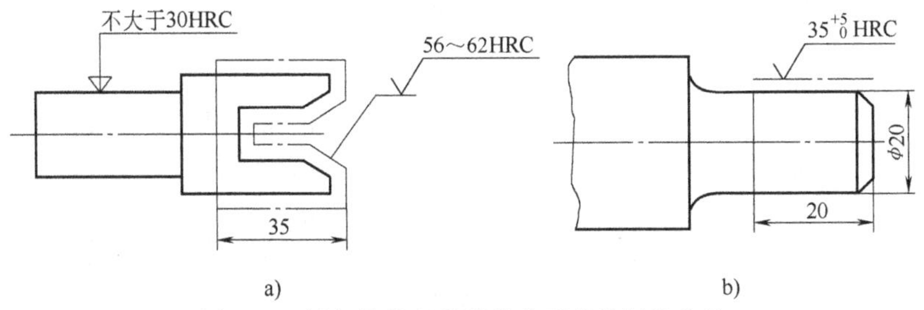

图2-26　局部热处理零件技术要求的标注方法

a）范围表示法　b）偏差表示法

4. 表面淬火、回火零件热处理技术要求的标注

感应淬火回火和火焰淬火回火零件标注的主要技术要求是表面硬度、心部硬度和有效硬化层深度。

（1）表面硬度　表面硬度的标注包括两部分，即要求硬度值和相应的试验力，而试验力的选取又与要求的最小有效硬化层深度有关。

1）以维氏硬度表示时，最低表面硬度、最小有效硬化层深度与硬度试验力之间的关系见表2-59。表内试验力为最大允许值，也可以用较低的试验力代替表中所列值，如用HV10代替HV30。

表2-59　以维氏硬度表示时最低表面硬度、最小有效硬化层深度与硬度试验力之间的关系（JB/T 8555—2008）

最小有效硬化层深度/mm	最低表面硬度 HV			
	400~500	>500~600	>600~700	>700
0.05	—	HV0.5	HV0.5	HV0.5
0.07	HV0.5	HV0.5	HV0.5	HV1

（续）

最小有效硬化层深度 /mm	最低表面硬度 HV			
	400~500	>500~600	>600~700	>700
0.08	HV0.5	HV0.5	HV1	HV1
0.09	HV0.5	HV1	HV1	HV1
0.10	HV1	HV1	HV1	HV1
0.15	HV3	HV3	HV3	HV3
0.20	HV5	HV5	HV5	HV5
0.25	HV5	HV5	HV10	HV10
0.30	HV10	HV10	HV10	HV10
0.40	HV10	HV10	HV10	HV30
0.45	HV10	HV10	HV30	HV30
0.50	HV10	HV30	HV30	HV50
0.55	HV30	HV30	HV50	HV50
0.60	HV30	HV30	HV50	HV50
0.65	HV30	HV50	HV50	HV50
0.70	HV50	HV50	HV50	HV50
0.75	HV50	HV50	HV50	HV100
0.80	HV50	HV100	HV100	HV100
0.90	HV50	HV100	HV100	HV100
1.00	HV100	HV100	HV100	HV100

2）以洛氏硬度表示时，最低表面硬度、最小有效硬化层深度与试验力之间的关系见表 2-60 和表 2-61。

表 2-60 以表面洛氏硬度表示时最低表面硬度、最小有效硬化层深度与试验力之间的关系（JB/T 8555—2008）

最小有效硬化层深度/mm	最低表面硬度(以 HR××N 表示)										
	82~85	>85~88	>88	60~68	>68~73	>73~78	>78	44~54	>54~61	>61~67	>67
0.10	—	—	HR15N	—	—	—	—	—	—	—	—
0.15	—	HR15N	HR15N	—	—	—	—	—	—	—	—
0.20	HR15N	HR15N	HR15N	—	—	—	NR30N	—	—	—	—
0.25	HR15N	HR15N	HR15N	—	—	NR30N	NR30N	—	—	—	—
0.35	HR15N	HR15N	HR15N	—	NR30N	NR30N	NR30N	—	—	—	HR45N
0.40	HR15N	HR15N	HR15N	NR30N	NR30N	NR30N	NR30N	—	—	HR45N	HR45N
0.50	HR15N	HR15N	HR15N	NR30N	NR30N	NR30N	NR30N	—	HR45N	HR45N	HR45N
≥0.55	HR15N	HR15N	HR15N	NR30N	NR30N	NR30N	NR30N	HR45N	HR45N	HR45N	HR45N

表 2-61　以洛氏硬度 A 标尺或 C 标尺表示时最低表面硬度、最小有效硬化层深度与试验力之间的关系（JB/T 8555—2008）

最小有效硬化层深度/mm	最低表面硬度							
	HRA				HRC			
	70~75	>75~78	>78~81	>81	40~49	>49~55	>55~60	>60
0.4	—	—	—	HRA	—	—	—	—
0.45	—	—	HRA	HRA	—	—	—	—
0.5	—	HRA	HRA	HRA	—	—	—	—
0.6	HRA	HRA	HRA	HRA	—	—	—	—
0.8	HRA	HRA	HRA	HRA	—	—	—	HRC
0.9	HRA	HRA	HRA	HRA	—	—	HRC	HRC
1.0	HRA	HRA	HRA	HRA	—	HRC	HRC	HRC
1.2	HRA	HRA	HRA	HRA	HRC	HRC	HRC	HRC

（2）心部硬度　对表面淬火零件的心部硬度有要求时，应予标注。一般以预备热处理后的硬度值为准。

（3）有效硬化层深度　表面淬火零件有效硬化层深度的标注包括三个部分，即硬化层深度代号、界限硬度值和要求的深度。

1）有效硬化层深度在图样上的标注方法如图 2-27 所示。

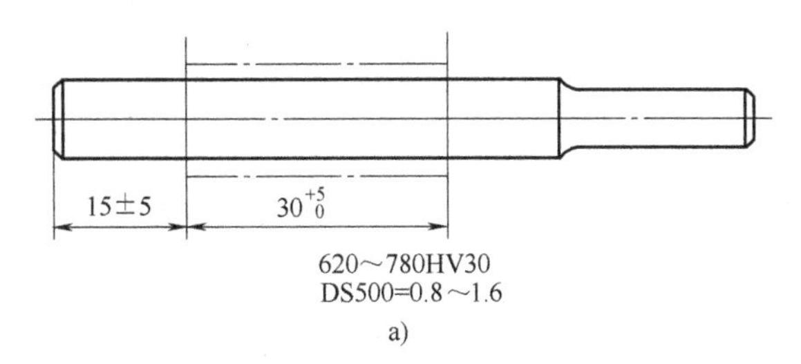

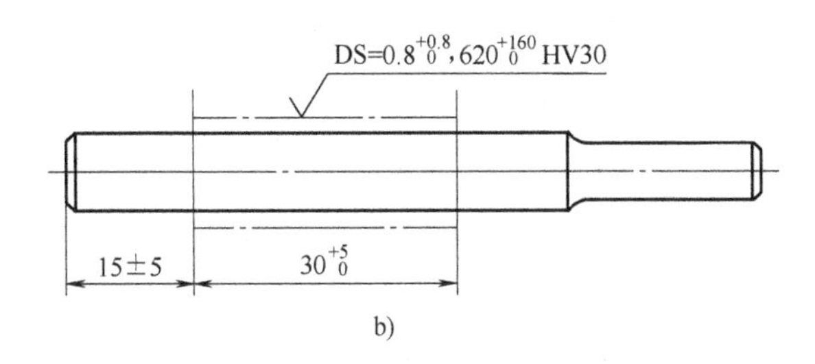

图 2-27　有效硬化层深度在图样上的标注方法

a）范围表示法　b）偏差表示法

2）界限硬度值可根据最低表面硬度按表2-62选取。特殊情况也可采用其他界限硬度值，但此时在DS后必须注明商定的界限硬度值。

表2-62 表面淬火界限硬度值（JB/T 8555—2008）

界限硬度值 HV	最低表面硬度					
	HRA	HR15N	HR30N	HR45N	HV	HRC
250	65~70	75~76	51~53	32~35	300~330	32~33
275	68	77~78	54~55	36~38	335~355	34~36
300	69~70	79	56~58	39~41	360~385	37~38
325	71	80~81	59~62	42~46	390~420	40~42
350	72~73	82~83	63~64	47~49	425~455	43~45
375	74	84	65~66	50~52	460~480	46~47
400	75	85	67~68	53~54	485~515	48~49
425	76	86	69~70	55~57	520~545	50~51
450	77	87	71	58~59	550~575	52~53
475	78	88	72~73	60~61	580~605	54
500	79	89	74	62~63	610~635	55~56
525	80	—	75~76	64~65	640~665	57
550	81	90	77	66~67	670~705	58~59
575	82	—	78	68	710~730	60
600	—	91	79	69	735~765	61~62
625	83	—	80	70	770~795	63
650	—	92	81	71~72	800~835	64
675	84	—	82	73	840~865	65

3）表面淬火有效硬化层深度分级和相应的上偏差见表2-63。火焰淬火的有效硬化层深度通常不应小于1.6mm。

表2-63 表面淬火有效硬化层深度分级和相应的上偏差（JB/T 8555—2008）

最小有效硬化层深度 DS/mm	上偏差/mm		最小有效硬化层深度 DS/mm	上偏差/mm	
	感应淬火	火焰淬火		感应淬火	火焰淬火
0.1	0.1	—	1.6	1.3	2.0
0.2	0.2	—	2.0	1.6	2.0
0.4	0.4	—	2.5	1.8	2.0
0.6	0.6	—	3.0	2.0	2.0
0.8	0.8	—	4.0	2.5	2.5
1.0	1.0	—	5.0	3.0	3.0
1.3	1.1	—			

5. 渗碳和碳氮共渗零件热处理技术要求的标注

渗碳后淬火回火和碳氮共渗后淬火回火零件标注的主要技术要求是表

面硬度、心部硬度和有效硬化层深度。

（1）表面硬度 渗碳后淬火回火和碳氮共渗后淬火回火零件的表面硬度，通常以维氏硬度或洛氏硬度表示，对应的最小有效硬化层深度和试验力与表面淬火零件相同。

（2）心部硬度 对渗碳后淬火回火或碳氮共渗后淬火回火零件的心部硬度有要求时，应予标注。

（3）渗层的有效硬化层深度 渗碳后淬火回火或碳氮共渗后淬火回火零件的有效硬化层深度（DC）在图样上的表示方法，与表面淬火有效硬化层深度DS基本相同。在图样上局部渗碳的标注方法如图2-28所示。对零件不同部位有不同的要求时，要求渗碳后淬火回火部位用粗点画线框出；有的部位允许同时渗碳淬硬也可以不渗碳淬硬，视工艺上是否有利而定，用虚线表示；未标出部位，既不允许渗氮也不允许淬硬。

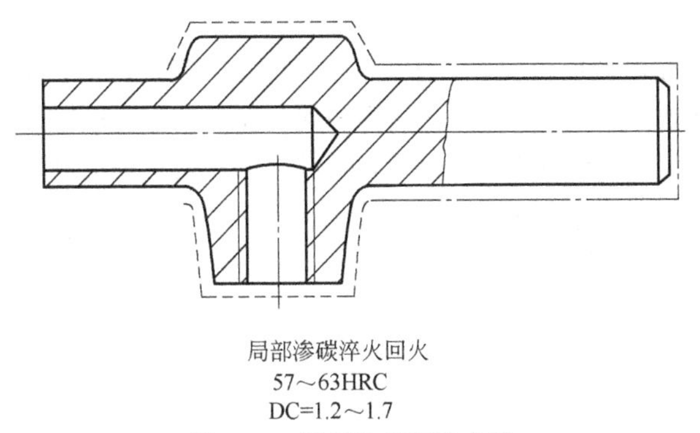

图2-28 局部渗碳标注方法

渗碳后淬火回火或碳氮共渗后淬火回火的界限硬度值是恒定的，通常取550HV1，标注时一般可省略。特殊情况下可以不采用550HV1作界限硬度值，此时DC后必须注明界限硬度值和试验力。

推荐的渗碳后淬火回火或碳氮共渗后淬火回火零件有效硬化层深度及上偏差见表2-64。

表2-64 推荐的渗碳后淬火回火或碳氮共渗后淬火回火零件有效硬化层深度及上偏差（JB/T 8555—2008）

有效硬化层深度 DC/mm	上偏差/mm	有效硬化层深度 DC/mm	上偏差/mm
0.05	0.030	0.10	0.100
0.07	0.055	0.30	0.200

（续）

有效硬化层深度 DC/mm	上偏差/mm	有效硬化层深度 DC/mm	上偏差/mm
0.50	0.300	2.00	0.800
0.80	0.400	2.50	1.000
1.20	0.500	3.00	1.200
1.60	0.600		

6. 渗氮零件热处理技术要求的标注

气体渗氮或离子渗氮零件的主要技术要求是表面硬度、心部硬度和有效渗氮层深度。某些零件还有渗氮层脆性要求或其他技术要求（如渗氮层金相、渗氮层硬度分布、心部力学性能等）。

（1）表面硬度　零件渗氮后的表面硬度与零件材质和预备热处理有密切关系。

（2）心部硬度　渗氮零件心部硬度通常允许以预备热处理后的检测结果为准。

（3）有效渗氮层深度　图样上标注的渗氮层深度一般均指有效渗氮层深度。其表示方式与 DS、DC 基本相同，在图样上的标注方式如图 2-29 所示。渗氮部位边缘以粗点画线予以标注，并规定了硬度测定点位置。虚线部位是否允许渗氮以对工艺是否有利而决定。未标注部位不允许渗氮，如需防渗，必须说明。

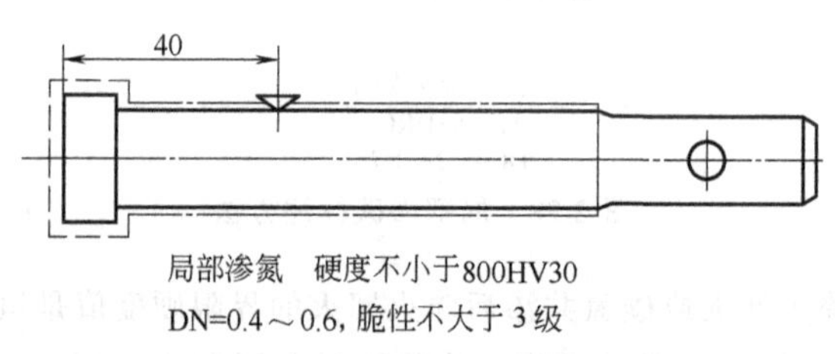

图 2-29　渗氮零件的标注方法

一般零件推荐的最小有效渗氮层深度及上偏差见表 2-65。

表 2-65　推荐的最小有效渗氮层深度及上偏差（JB/T 8555—2008）

有效渗氮层深度 DN/mm	上偏差/mm	有效渗氮层深度 DN/mm	上偏差/mm
0.05	0.02	0.35	0.15
0.10	0.05	0.40	0.20
0.15	0.05	0.50	0.25
0.20	0.10	0.60	0.30
0.25	0.10	0.75	0.30
0.30	0.10		

技术要求的最小有效渗氮层深度、最低表面硬度与试验力之间的关系见表 2-66。

表 2-66 技术要求的最小有效渗氮层深度、最低表面硬度与试验力之间的关系（JB/T 8555—2008）

最小有效渗氮层深度/mm	最低表面硬度 HV						
	200~300	>300~400	>400~500	>500~600	>600~700	>700~800	>800
0.05	—	—	—	HV0.5	HV0.5	HV0.5	HV0.5
0.07	—	HV0.5	HV0.5	HV0.5	HV0.5	HV1	HV1
0.08	HV0.5	HV0.5	HV0.5	HV0.5	HV1	HV1	HV1
0.09	HV0.5	HV0.5	HV0.5	HV1	HV1	HV1	HV1
0.1	HV0.5	HV1	HV1	HV1	HV1	HV1	HV3
0.15	HV1	HV1	HV3	HV3	HV3	HV3	HV5
0.2	HV1	HV3	HV5	HV5	HV5	HV5	HV5
0.25	HV3	HV5	HV5	HV5	HV10	HV10	HV10
0.3	HV3	HV5	HV10	HV10	HV10	HV10	HV10
0.4	HV5	HV10	HV10	HV10	HV10	HV30	HV30
0.45	HV5	HV10	HV10	HV10	HV30	HV30	HV30
0.5	HV10	HV10	HV10	HV30	HV30	HV30	HV30
0.55	HV10	HV10	HV30	HV30	HV30	HV50	HV50
0.6	HV10	HV10	HV30	HV30	HV50	HV50	HV50
0.65	HV10	HV30	HV30	HV50	HV50	HV50	HV50
0.7	HV10	HV30	HV50	HV50	HV50	HV50	HV50
0.75	HV20	HV30	HV50	HV50	HV50	HV100	HV100

（4）总渗氮层深度　总渗氮层深度一般指从表面测量到与基体的硬度或组织无差别处的垂直距离。总渗氮层深度包括化合物层和扩散层两部分。零件以化合物层深度代替 DN 要求时，应特别说明。一般零件推荐的化合物层厚度及偏差见表 2-67。

表 2-67 推荐的化合物层厚度及偏差（JB/T 8555—2008）

化合物层厚度/mm	上偏差/mm	化合物层厚度/mm	上偏差/mm
0.005	0.003	0.015	0.008
0.008	0.004	0.020	0.010
0.010	0.005	0.024	0.012
0.012	0.006		

第3章 钢的整体热处理

3.1 钢的退火与正火

3.1.1 退火与正火工艺分类

钢的退火分为完全退火、不完全退火、等温退火、球化退火、去应力退火、预防白点退火、均匀化退火、再结晶退火、光亮退火及稳定化退火等。

钢的正火包括普通正火、等温正火及二段正火等。

3.1.2 退火与正火工艺

1. 加热温度

钢的退火与正火加热温度见表3-1。

表3-1 钢的退火与正火加热温度（GB/T 16923—2008）

序号	工艺名称	加热温度/℃	允许温度偏差/℃
1	完全退火	Ac_3+(30~50)	±15
2	不完全退火	Ac_1+(30~50)	±15
3	等温退火	亚共析钢：Ac_3+(30~50) 共析钢和过共析钢：Ac_1+(20~40)	±10
4	球化退火	Ac_1+(10~20)	±10
5	去应力退火	Ac_1-(100~200)	±15
6	预防白点退火		±20
7	均匀化退火	Ac_3+(150~200)	±20
8	再结晶退火	Ac_1-(50~150)	±20
9	光亮退火		±15
10	稳定化退火		±20
11	正火	Ac_3(或Ac_{cm})+(30~80)	±15
12	等温正火	Ac_3(或Ac_{cm})+(30~50)	±10
13	二段正火		±15

2. 加热速度

根据工件的成分、尺寸和形状、装炉量等因素来确定加热速度。对高碳高合金钢及形状复杂的或截面大的工件，一般应进行预热或采用低温入炉后控制升温速度的加热方式；中小件可在工作温度装炉加热。

3. 加热时间

加热时间应根据工件的化学成分、形状和尺寸、加热温度、加热介质、加热方式、装炉量和堆放形式以及处理目的等因素确定，应保证工件在规定的加热温度范围内保持足够的时间。

4. 冷却速度

根据所需的组织和力学性能选择适当的冷却工艺。

退火件一般随炉冷却到550℃出炉空冷。对于要求内应力较小的工件应炉冷到350℃以下再出炉空冷。

正火一般在自然流通的空气中冷却。对于有特殊要求的某些渗碳钢、过共析钢工件和铸件，以及大件正火，也可以采用强制风冷或喷雾冷却，但应控制冷却速度。

5. 典型退火与正火工艺

典型退火与正火工艺见表3-2。

表3-2 典型退火与正火工艺

种类	工艺曲线	目的	应用范围
完全退火	Ac_3+(30～50) Ac_3 Ac_1 1.5～2min/mm 60～100°C/h 500 碳钢 100～150°C/h 低合金钢<100°C/h 高合金钢<80°C/h 空冷 温度/°C O 时间/h	细化晶粒 降低硬度 消除内应力 改善可加工性	中碳钢和中碳合金钢铸、焊、锻、轧制件等，也可用于高速钢、高合金钢淬火返修前的退火
不完全退火	Ac_{cm}，Ac_3 Ac_1+(40～60) Ac_1 80～150°C/h 1.5～2min/mm 500 60～100°C/h 空冷 温度/°C O 时间/h	细化组织 降低硬度 消除内应力 改善可加工性	晶粒未粗化的中、高碳钢和低合金钢锻、轧件等

（续）

种类	工艺曲线	目的	应用范围
等温退火	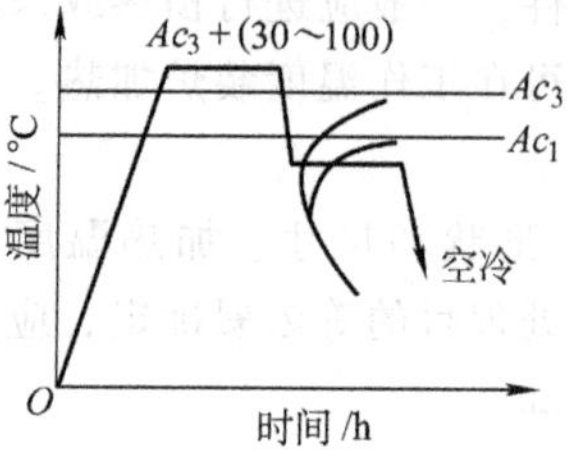 $Ac_3+(30\sim100)$；Ac_3；Ac_1；温度/℃；空冷；O；时间/h	细化组织 降低硬度 消除内应力 改善可加工性	中碳合金钢和高合金钢的大型铸、锻件及冲压件，也可作为低合金钢件在渗碳、碳氮共渗前的预处理
球化退火	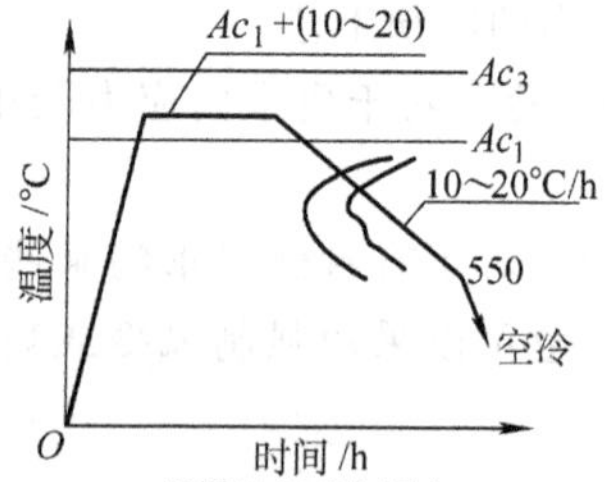 $Ac_1+(10\sim20)$；Ac_3；Ac_1；10～20℃/h；550；空冷；温度/℃；O；时间/h 缓慢冷却球化退火	使碳化物球状化 降低硬度 改善组织 提高塑性和改善可加工性等	共析钢或过共析钢件的锻、轧件 退火周期长，球化较充分
	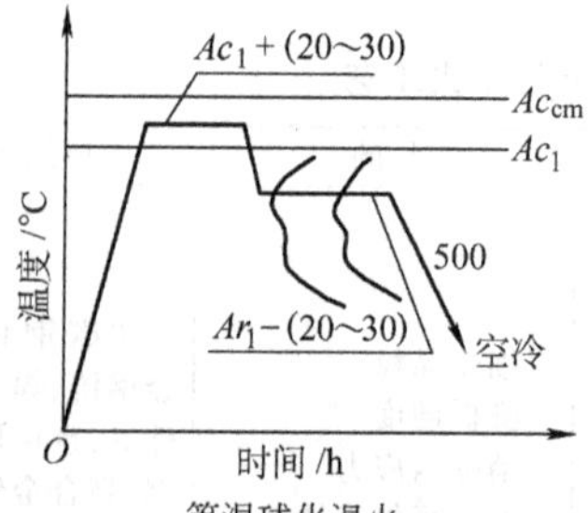 $Ac_1+(20\sim30)$；Ac_{cm}；Ac_1；500；$Ar_1-(20\sim30)$；空冷；温度/℃；O；时间/h 等温球化退火		用于过共析钢、合金工具钢的球化退火 适宜于大件退火 退火周期较短，球化较充分，易控制
	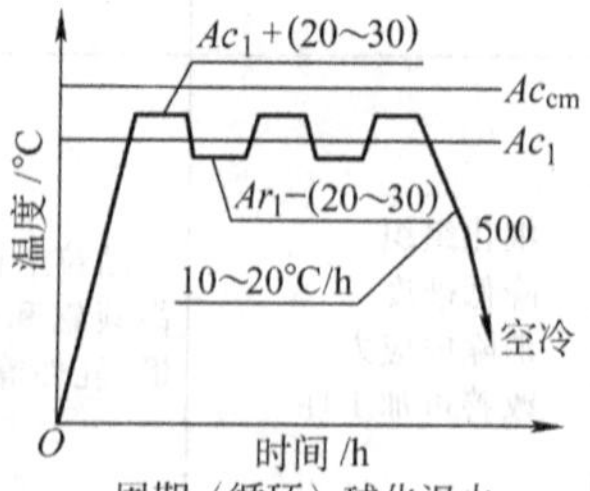 $Ac_1+(20\sim30)$；Ac_{cm}；Ac_1；$Ar_1-(20\sim30)$；500；10～20℃/h；空冷；温度/℃；O；时间/h 周期（循环）球化退火		过共析碳钢及合工具钢的球化退火 退火周期较短，球化较充分，但过程较繁，不宜大件退火

（续）

种类	工艺曲线	目的	应用范围
球化退火	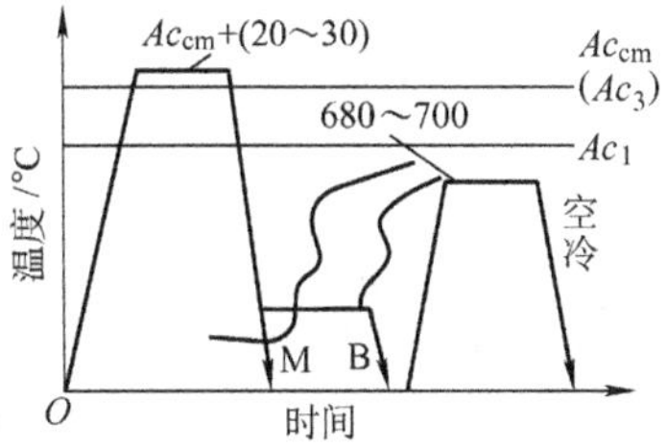 Ac_{cm}+(20～30)　Ac_{cm} (Ac_3)　680～700　Ac_1　温度/°C　空冷　M　B　O　时间 快速球化退火		用于共析钢、过共析碳钢及合金钢的锻件的快速球化退火或小型淬火工件重淬前的退火
去应力退火	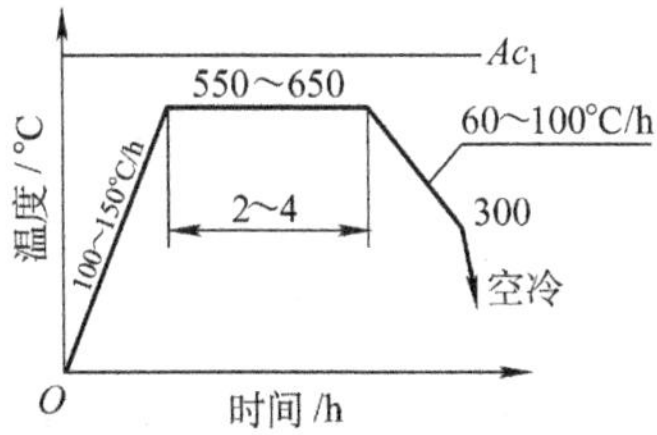 Ac_1　550～650　60～100°C/h　100～150°C/h　2～4　300　空冷　温度/°C　O　时间/h	消除残余应力	中碳钢和中碳合金钢铸件、锻件、焊接件、形变加工和机械加工后的工件
预防白点退火	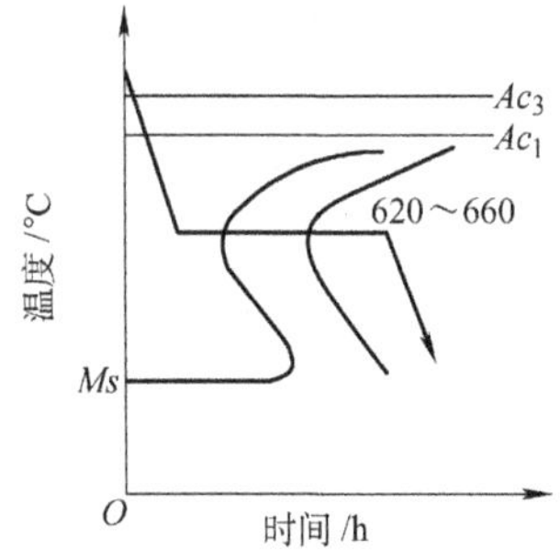 Ac_3　Ac_1　620～660　Ms　温度/°C　O　时间/h	对钢进行脱氢，使钢中的氢扩散析出于工件之外	用于碳钢、低合金钢大型锻件
预防白点退火	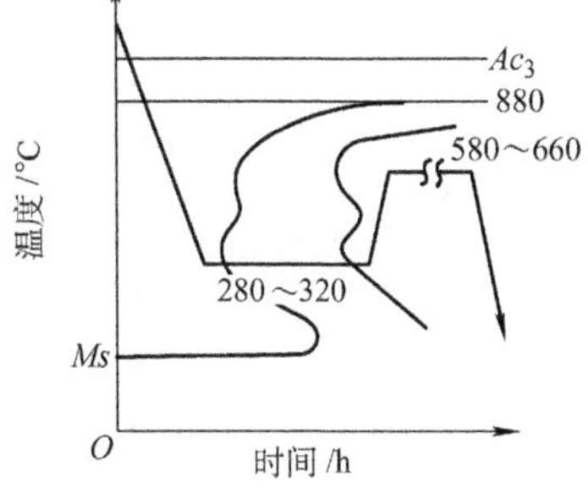 Ac_3　880　580～660　280～320　Ms　温度/°C　O　时间/h	对钢进行脱氢，使钢中的氢扩散析出于工件之外	用于中合金钢大型锻件

（续）

种类	工艺曲线	目的	应用范围
预防白点退火	细化A晶粒 扩氢 580～660 280～320 温度/°C O 锻后空冷 时间/h	对钢进行脱氢，使钢中的氢扩散析出于工件之外	用于高合金钢大型锻件
均匀化退火	Ac_3 Ac_1（Ac_{cm}） 100～150°C/h 几小时～几十小时 温度/°C O 时间/h	减少或消除铸钢件或锻、轧件的组织偏析等缺陷，达到均匀化 消除铸件内应力	中碳合金钢和高合金钢铸件或有成分偏析的锻、轧件
再结晶退火	Ac_1 600～700 T(再) 1～3 空冷 温度/°C O 时间/h	消除加工硬化，降低硬度 消除冷变形后的残余应力	冷变形后的碳钢和低合金钢工件
正火	Ac_3+(30～50) Ac_{cm}+(30～50) Ac_3 Ac_{cm} Ac_1 空冷 温度/°C O 时间/h	消除应力 细化组织 改善力学性能和可加工性 消除网状碳化物，为球化退火做准备	低中碳钢和低合金结构钢铸、锻件消除应力和淬火前的预备热处理，某些低温化学热处理件的预备热处理及某些结构钢的最终热处理

（续）

种类	工艺曲线	目的	应用范围
等温正火	$Ac_3+(30\sim50)$ $Ac_{cm}+(30\sim50)$ Ac_3,Ac_{cm} Ac_1 温度/℃ 空冷 O 时间/h	消除应力和细化组织 减少畸变和防止开裂	碳素钢、低合金钢工件在淬火返修或预备热处理时消除应力和细化组织，以便重新淬火时能减少畸变和防止开裂；也可用于某些结构件的最终热处理

3.1.3　真空退火

真空退火的主要目的是对高熔点的难熔金属及其合金进行回复再结晶，排除其中吸收的氢、氮和氧等气体，提高其延展性和恢复热加工前的力学性能，同时防止氧化。各种材料的真空退火要正确选择加热温度、保温时间、冷却速度和真空度。真空度的选择应依据金属或合金的氧化特性、去气要求和合金元素的蒸发情况等而定。其他工艺参数可按材料或零件的性能要求，参考大气下的常规工艺而定。

部分钢种的真空退火工艺见表3-3。

表3-3　部分钢种的真空退火工艺

钢种	退火温度/℃	真空度/Pa	冷却方式
45	850~870	$1.33\times(10^{-1}\sim1)$	炉冷或气冷至300℃出炉
40Cr	750~800	1.33×10^{-1}	炉冷或气冷至200℃出炉
Cr12MoV	890~910	1.33×10^{-1} 以上	缓冷至300℃出炉
W18Cr4V	870~890	1.33×10^{-1}	720~750℃等温4~5h，炉冷
铁素体不锈钢	630~680	1.33×10^{-1}	气冷或800~900℃缓冷
马氏体不锈钢	830~900	1.33×10^{-1}	气冷或缓冷
不锈钢(非稳定型)	1050~1150	$1.33\times(10^{-1}\sim1)$	快冷
不锈钢(Ti或Nb稳定型)	1050~1150	$1.33\times(10^{-3}\sim10^{-2})$	快冷
空冷低合金模具钢	730~870	1.33	缓冷
高碳铬冷作模具钢	870~900	1.33	缓冷
热作模具钢	815~900	1.33	缓冷

真空退火加热保温时间一般为空气加热炉保温时间的2倍。

真空除氢退火加热保温时间应根据工件截面厚度或直径而定，见表3-4。

表 3-4　除氢退火的保温时间（GB/T 22561—2008）

最大截面厚度或直径/mm	保温时间/h	最大截面厚度或直径/mm	保温时间/h
≤20	1~2	>50	>3
>20~50	>2~3		

3.1.4　退火与正火操作

1）退火与正火加热一般在箱式炉或井式炉中进行，大型工件可在台车炉内进行，精密零件及光亮退火件可在保护气氛炉或真空炉内退火。

2）形状接近的工件可以同炉处理。

3）均匀化退火时，应注意工件的摆放位置，保证均匀加热，防止过热。使用煤气炉或火焰反射炉时，注意不要使喷嘴或火焰直接对工件加热。

4）细长杆类及长轴类工件尽量采用吊装方式装炉，以防变形。若条件不具备时也可平放，但须垫平。

5）完全退火装炉时，一般中小型碳钢和低合金钢工件，可不控制加热速度，直接装入已升温至退火温度的炉内，也可低温装炉，随炉升温。对于中、高合金钢或形状复杂的大件，可低温装炉，分段升温，并控制升温速度不超过100℃/h。

6）大型工件的去应力退火，应低温装炉，缓慢升温，以防由于加热过快而产生热应力。

7）对表面要求较高的工件，在正火加热时应采取防止氧化和脱碳的保护措施。

8）细长杆类及长轴类工件正火，空冷时尽量放在平坦的地面上。

9）无论何种工件正火，在冷却时都要散开放置于干燥处空冷，不得堆放或重叠，不得置于潮湿处或有水的地方，以保证冷却速度均匀，硬度均匀。

10）真空退火按工艺规定随炉冷却时，冷却过程应保持真空压强，当炉温降至一定温度后方可停止抽真空。

11）工件真空退火时，应避免因真空压强过低而产生表面真空腐蚀，应根据不同金属材料调整真空工作压强。

3.1.5　常见退火与正火缺陷与对策

常见退火与正火缺陷的产生原因与对策见表3-5。

表 3-5　常见退火与正火缺陷的产生原因与对策

缺陷名称	产生原因	对策
过烧	加热温度过高使晶界局部熔化	报废
过热	加热温度高，使奥氏体晶粒长大，冷却后形成魏氏组织或粗晶组织	完全退火或正火
硬度过高	冷却太快，生成的珠光体片层太薄，使硬度升高	重新加热，按工艺规定冷却，冷却速度不应大于 120℃/h
出现粗大的块状铁素体	冷却速度太慢	冷却速度应控制在 30℃/h 以上
奥氏体晶界析出二次渗碳体	退火温度高，在缓慢冷却过程中，二次渗碳体会沿奥氏体晶界析出，并呈网状分布	过共析钢退火温度不可高于 Ac_{cm}
组织有中网状碳化物	在球化退火前组织中有网状碳化物	在球化退火前应通过正火将网状碳化物消除
球化不均匀	1）球化退火前未消除网状碳化物，形成大块的残留碳化物 2）正火或球化退火工艺控制不当出现片状碳化物	正火后重新球化退火
球化退火后硬度偏高	1）加热温度不当。加热温度太高，碳化物溶解太多或已全部溶解，在冷却过程中形成片状珠光体，使硬度偏高。如果加热温度过低，则碳化物溶解不够，得到的组织为点状珠光体或点状珠光体与片状珠光体的混合组织，也会使硬度偏高 2）冷却不当。冷却速度越大，碳化物颗粒越细小，弥散度越大，使硬度偏高 3）等温温度过低，从奥氏体中析出的细小碳化物颗粒弥散度很高，且聚集作用不够，使退火后的硬度偏高	正确调整球化退火的温度，严格控制工艺参数，重新退火
脱碳	工件表面脱碳层严重超过技术条件要求	在保护气氛中退火或复碳处理

3.2　钢的淬火

淬火是把钢加热到 Ac_3 或 Ac_1 以上温度，保温一定时间，然后以适当方式冷却，以获得马氏体或（和）贝氏体组织的热处理工艺。

淬火的目的：

1）提高工件的力学性能，如硬度、强度、耐磨性、弹性极限等。

2）改善某些特殊钢种的物理性能或化学性能，如耐蚀性、磁性、导电性等。

3.2.1 淬火工艺分类

淬火工艺分类如图 3-1 所示。

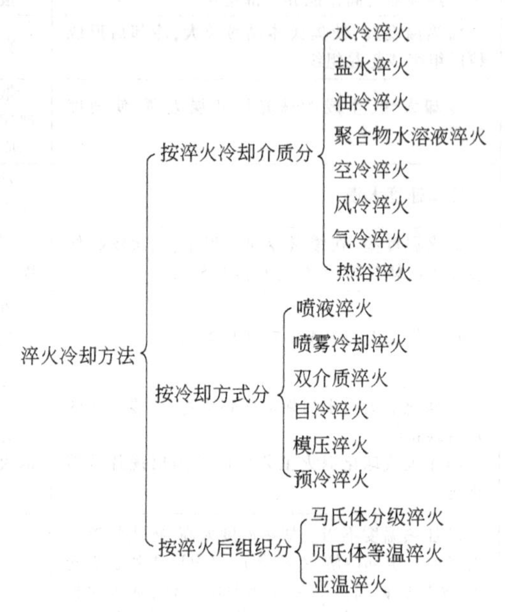

图 3-1 淬火工艺分类

3.2.2 淬火工艺

1. 淬火温度

淬火温度主要取决于钢的化学成分，再结合具体工艺因素综合考虑决定，如工件的尺寸、形状、钢的奥氏体晶粒长大倾向、加热方式及冷却介质等。淬火温度的选择见表 3-6。

表 3-6 淬火温度的选择

钢种	淬火温度/℃	淬火后的组织
亚共析钢	$Ac_3+(30\sim50)$	晶粒细小的马氏体
共析钢	$Ac_1+(30\sim50)$	马氏体
过共析钢	$Ac_1+(30\sim50)$	马氏体和渗碳体
合金钢	Ac_1 或 $Ac_3+(30\sim50)$	

注：1. 空气炉中加热比在盐浴炉中加热一般高 10~30℃。
2. 采用油、硝盐作为淬火冷却介质时，比水淬时提高 20℃左右。

2. 加热方式

加热方式与加热速度有关，加热方式见表 3-7。

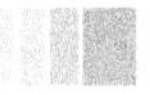

表 3-7 加热方式

加热方式	加热曲线	特点	适用工件材料	适用炉型
工件随炉升温	温度 淬火温度 炉温 表面 中心 ΔT O 时间	加热时间长,速度慢,在加热过程中工件的表面与心部的温度差小	大型铸件和高合金复杂零件,以及大型高合金钢工具模具钢的淬火加热	真空炉大多采用这种加热方式,对于盐浴炉不适用
到温入炉	温度 淬火温度 炉温 表面 中心 ΔT O 时间	加热时间相对较短,但加热过程中工件的表面与心部的温度差较大	形状不太复杂的中小件的退火、正火、淬火、回火、化学热处理	盐浴炉、流态炉
超温入炉到温出炉	炉温 温度 表面 淬火温度 中心 ΔT O 时间	炉温始终高于正常的加热温度,工件心部到温出炉 加热速度最快,工件表面内外温差最大	一般用于在 < ϕ700mm 的碳钢、低合金钢等,小零件和工具淬火也经常采用	盐浴炉、箱式炉、井式炉等
超温入炉	温度 炉温 淬火温度 表面 中心 ΔT O 时间	将炉子升到高于工艺要求的温度,装入工件,降温后再升温到要求的温度 加热速度较快,但工件内外表面的温差相对较大	锻件退火、正火,小件碳素钢淬火	箱式炉、井式炉

（续）

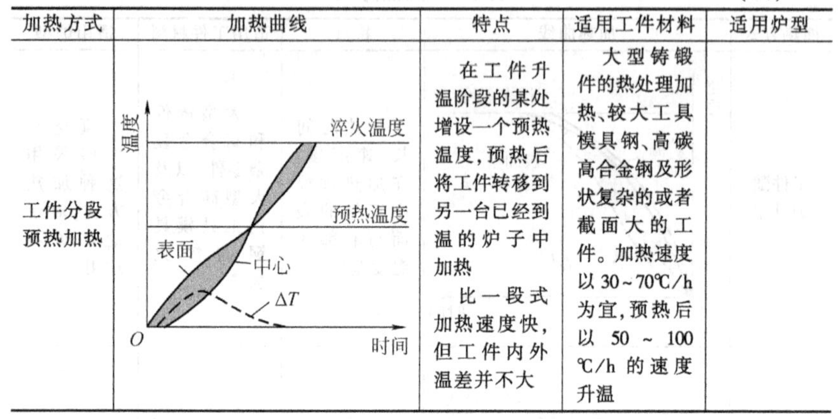

加热方式	加热曲线	特点	适用工件材料	适用炉型
工件分段预热加热	温度 淬火温度 预热温度 表面 中心 ΔT O 时间	在工件升温阶段的某处增设一个预热温度，预热后将工件转移到另一台已经到温的炉子中加热 比一段式加热速度快，但工件内外温差并不大	大型铸锻件的热处理加热、较大工具模具钢、高碳高合金钢及形状复杂的或者截面大的工件。加热速度以30~70℃/h为宜，预热后以 50 ~ 100℃/h 的速度升温	

3. 加热时间

加热时间指工件入炉到出炉所经过的时间。在工艺温度保持的时间称为保温时间。保温时间包括工件表面加热到工艺温度所需的时间、透热时间和完成组织转变所需的时间。加热时间与工件的材料牌号、形状和尺寸、加热温度、加热介质、加热方式、装炉方式、装炉量及设备功率等因素有关。

（1）传统保温时间计算公式［见式（3-1）］

$$\tau = k\alpha H \tag{3-1}$$

式中　τ——保温时间（min）；

α——保温时间系数（min/mm），参照表3-8选取；

k——工件装炉方式修正系数，根据表3-9选取，通常取1.0~1.5；

H——工件有效厚度（mm），参考图3-2。

表3-8　钢在各种介质中的保温时间系数　（单位：min/mm）

材料	直径/mm	<600℃气体介质炉中预热	800~900℃气体介质炉中预热	750~850℃盐浴炉中预热或加热	1100~1300℃盐浴炉中加热
碳素钢	≤50	—	1.0~1.2	0.3~0.4	—
	>50	—	1.2~1.5	0.4~0.5	—
低合金钢	≤50	—	1.2~1.5	0.45~0.5	—
	>50	—	1.5~1.8	0.5~0.55	—
高合金钢	—	0.35~0.4	—	0.3~0.35	0.17~0.2
高速钢	—	—	0.65~0.85	0.3~0.35	0.16~0.18

表 3-9　工件装炉方式修正系数

工件装炉方式	修正系数 k	工件装炉方式	修正系数 k
d	1.0	d	1.0
	1.0		1.4
	2.0		4.0
$0.5d$	1.4	$0.5d$	2.2
$2d$	1.3	d	2.0
	1.7	$2d$	1.8

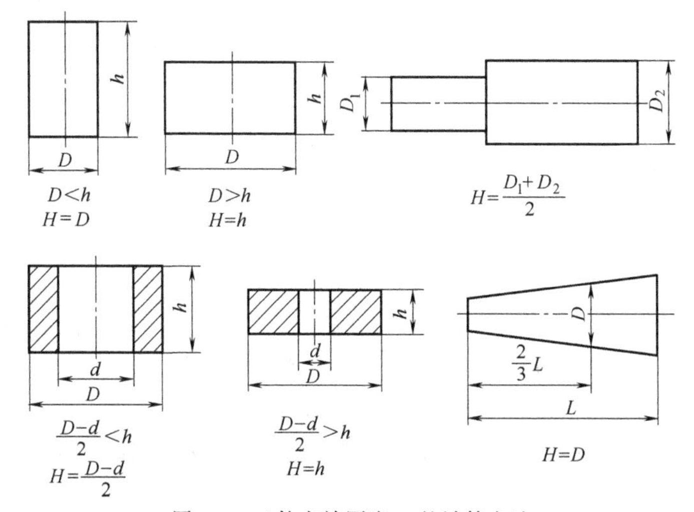

图 3-2　工件有效厚度 H 的计算方法

（2）从节能角度考虑的计算法 依据毕氏准数，将工件按截面大小分为厚件和薄件。薄件的厚度最大可达280mm。对钢而言，绝大部分钢材和制品为薄件，都可以认为表面到温后，表面和心部的温度基本一致，也就是说无须考虑均温时间。因此，总加热时间为

$$\tau_{加}=\tau_{升}+\tau_{保} \tag{3-2}$$

根据斯太尔基理论公式，工件升温时间 $\tau_{升}=KW$。故

$$\tau_{加}=KW+\tau_{保} \tag{3-3}$$

式中 K——加热系数，与工件的形状、表面状态、尺寸、加热介质、加热炉次等因素有关；

W——工件几何指数，$W=V/A$，V 为工件体积，A 为工件表面积。

与 $\tau_{升}$ 比较，$\tau_{保}$ 是一个较短的时间，它取决于钢的成分、组织状态和物理性质。对于碳素钢和一部分合金结构钢，$\tau_{保}$ 可以是零；对合金工具钢、高速钢、高铬模具钢和其他高合金钢，可根据碳化物溶解程度和固溶体的均匀化要求来具体考虑。为了简化计算，可适当增大 K 值，使 $\tau_{加}$ 的计算式简化为

$$\tau_{加}=KW \tag{3-4}$$

不同形状工件在空气炉和盐浴炉中加热时的 K、W 值和加热时间，见表3-10。

表3-10 钢件加热时间计算表

炉型	参数	工件形状			
		圆柱	板	薄管（$\delta/D<1/4$，$L/D<20$）	厚管（$\delta/D\geqslant1/4$）
盐浴炉	K/(min/mm)	0.7	0.7	0.7	1.0
	W/mm	$(0.167\sim0.25)D$	$(0.167\sim0.5)B$	$(0.25\sim0.5)\delta$	$(0.25\sim0.5)\delta$
	KW/min	$(0.117\sim0.175)D$	$(0.117\sim0.35)B$	$(0.175\sim0.35)\delta$	$(0.25\sim0.5)\delta$
空气炉	K/(min/mm)	3.5	4	4	5
	W/mm	$(0.167\sim0.25)D$	$(0.167\sim0.5)B$	$(0.25\sim0.5)\delta$	$(0.25\sim0.5)\delta$
	KW/min	$(0.6\sim0.9)D$	$(0.6\sim2)B$	$(1\sim2)\delta$	$(1.25\sim2.5)\delta$
备注		L/D值大取上限，否则取下限	L/B值大取上限，否则取下限	L/δ值大取上限，否则取下限	L/D值大取上限，否则取下限

注：D—工件外径（mm）；B—板厚（mm）；δ—管壁厚度（mm）；L—工件长度（mm）。

上述计算方法适用于单个工件或少量工件在炉内间隔排放（工件间距离$>D/2$）加热。堆放加热时，超过一定的堆放量，此法计算会产生较大出入。

（3）工模具钢在盐浴及气体介质炉中的加热时间（见表3-11）

表 3-11　工模具钢的淬火加热时间

钢　种	盐浴炉		空气炉、可控气氛炉
	有效厚度/mm	加热时间/min	加热时间系数
热锻模具钢	5	5~8	厚度<100mm,20~30min/25mm 厚度>100mm,10~20min/25mm (800~850℃预热)
	10	8~10(800~850℃预热)	
	20	10~15	
	30	15~20	
	50	20~25	
	100	30~40	
冷变形模具钢	5	5~8	厚度<100mm,20~30min/25mm 厚度>100mm,10~20min/25mm (800~850℃预热)
	10	8~10(800~850℃预热)	
	20	10~15	
	30	15~20	
	50	20~25	
	100	30~40	
刃具模具用非合金钢、合金工具钢	10	5~8	厚度<100mm,20~30min/25mm 厚度>100mm,10~20min/25mm (500~550℃预热)
	20	8~10(500~550℃预热)	
	30	10~15	
	50	20~25	
	100	30~40	

（4）不锈钢和耐热钢的保温时间（见表 3-12）

表 3-12　不锈钢和耐热钢的保温时间（GB/T 39191—2020）

加热设备	保温时间/min		
	正火、淬火或固溶处理		不完全退火、去应力退火或高温回火
	钣材、焊接件	棒材、锻件	钣材、焊接件、棒材、锻件
空气电炉(保护气氛炉)	(5~10)+(0.5~1)δ	(10~30)+(2~3)δ	>300℃,(60~80)+(1~3)δ
			≤750℃,120~180
真空炉	≤750℃,(10~15)+(3~4)δ		(60~80)+(3~4)δ
	>750℃,(10~15)+(1~2)δ		

注：1. 真空炉中保温时间计算公式适合于内热式真空炉，外热式真空炉保温时间可适当延长。
2. δ 为工件的有效厚度或条件厚度（mm）。条件厚度等于实际厚度乘以工件形状系数，形状系数见表 3-13。

表 3-13　工件的形状系数与装炉系数

工件形状系数		
形状	示意图	形状系数
球、正方体		0.75

（续）

工件形状系数		
形状	示意图	形状系数
圆棒、方棒		1.00
板	a b	$b \leqslant 2a$:1.50 $2a<b \leqslant 4a$:1.75 $b>4a$:2.00
管		两端开口短管:≤2.00 一端封闭管:2.00~4.00 长管或两端封闭管:>4.00
六角棒		1.25
具有加厚部分的吊耳形		1.5
复杂截面工件	S B	$B<2S$:1.50 $2S \leqslant B \leqslant 4S$:1.75 $B>4S$:2.00
工件装炉系数		
装炉情况	工件间相对位置	装炉系数
少量	S >2S S	1.0
有一定空隙	2S~0.5S S	1.3~1.4
密集放置	S <0.5S	2.0

注：S为工件条件厚度。

（5）加热时间的“369法则”　该法则由大连圣洁热处理技术研究所等单位通过研究、试验，总结出的热处理加热时间计算法则，是在传统保温时间计算方法［见式（3-1）］的基础上缩短至30%、60%和90%的方法——“369法则”。经生产实践表明，该法则节约能源，降低成本，提高了产品质量和生产率。淬火加热保温时间的“369法则”见表3-14。

表3-14　淬火加热保温时间的“369法则”

炉型	项目		保温时间	备注
空气炉	钢种	碳素钢和刃具模具用非合金钢(45、T7、T8等)	传统保温时间的30%	
		合金结构钢(40Cr、35CrMo、40MnB等)	传统保温时间的60%	
		高合金工具钢(9SiCr、CrWMn、Cr12MoV、W6Mo5Cr4V2等)	传统保温时间的90%	
		特殊性能钢(不锈钢、耐热钢、耐磨钢等)	合金工具钢传统保温时间的90%	
	工件类型	中小型工件(有效尺寸≤0.5m)预热和加热 大型工件(有效直径≥1m)调质处理	$t_1=3D$ $t_2=6D$ $t_3=9D$	t_1、t_2、t_3的单位为h D的单位为m
密封箱式多用炉	总质量G/kg	301~600	$t_1=t_2=t_3=30\text{min}+1\text{min/mm}\times D$	D的单位为mm
		601~900	$t_1=t_2=t_3=60\text{min}+1\text{min/mm}\times D$	
		901	$t_1=t_2=t_3=90\text{min}+1\text{min/mm}\times D$	

注：1. G为装炉总质量，包括工件、料筐、料架及料盘的所有质量。
2. t_1、t_2和t_3分别为第一次预热时间、第二次预热时间和最终保温时间。
3. D为工件有效厚度。

4. 淬火工艺装备

为保证淬火质量，工装夹具的设计和应用必不可少，应根据不同工件合理设计，正确使用。工装夹具的设计应以加热均匀、变形最小、装卸方便、结实耐用为原则。细长工件以吊挂为主，单件或小批生产的工件可根据工件特点，采用铁丝绑扎的方法，大批量生产的工件应设计多件同时加热用的吊架或吊筐，如图3-3和图3-4所示。

对工件易开裂的部位（不通孔、键槽、轴肩、尖角、薄壁部位）及不需要淬硬的部位，可用黏土或石棉堵塞，用薄铁皮包裹，或用铁丝、石棉绳和石棉布包扎，如图3-5所示。

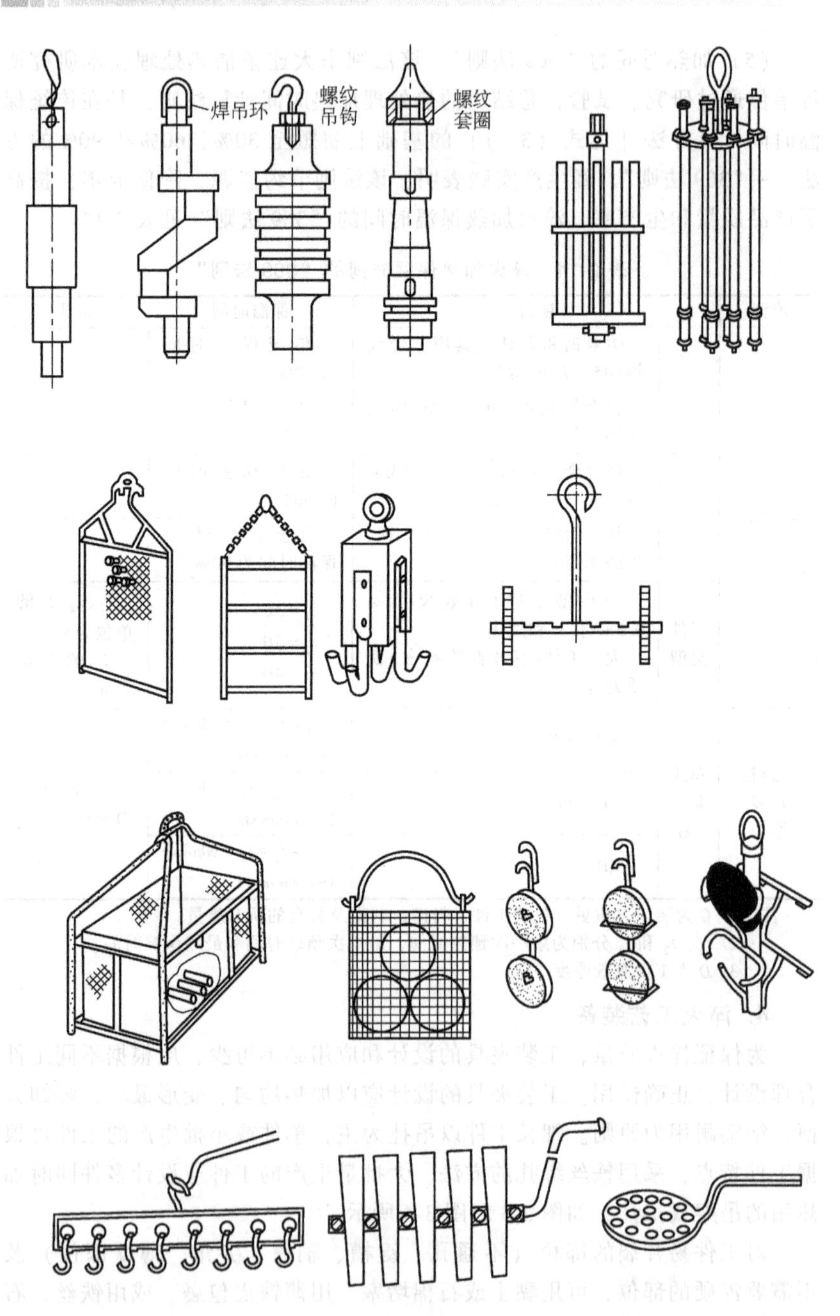

图 3-3　常用淬火夹具

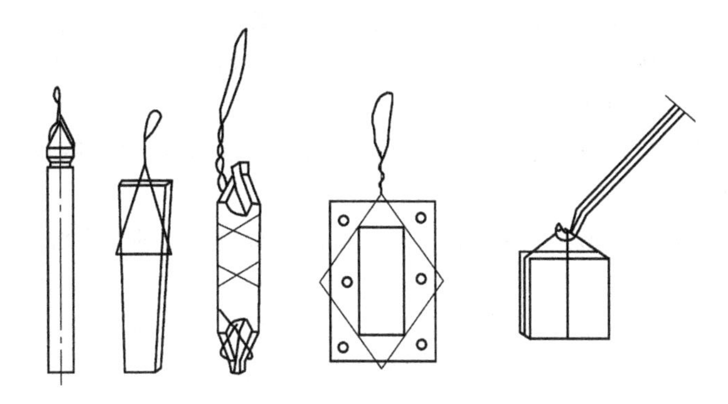

图 3-4　常见工件绑扎方法

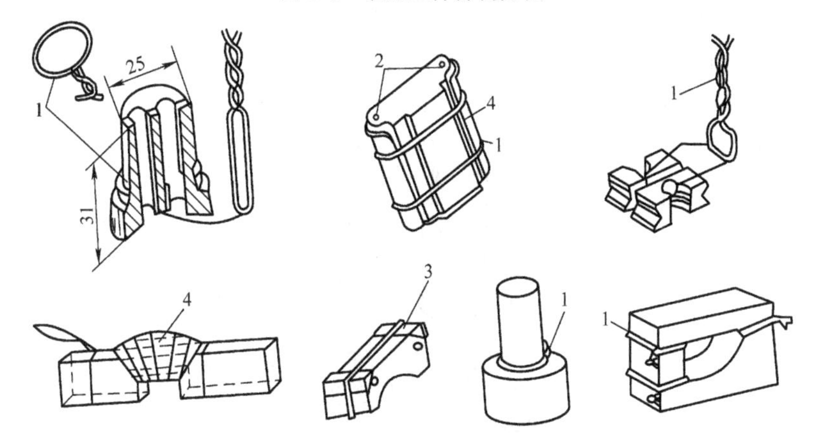

图 3-5　易开裂和不淬硬部位的保护

1—铁丝或石棉绳　2—黏土　3—薄铁皮　4—石棉布

5. 浸入淬火冷却介质的方式

工件浸入淬火冷却介质的方式与其形状有很大关系，可遵循以下几个原则：

1）轴类、杆类及筒状工件应轴向垂直浸入淬火冷却介质。

2）板状工件应垂直浸入淬火冷却介质。

3）圆盘状工件应使轴向保持水平浸入淬火冷却介质。

4）薄刃工件应使整个刃口先行同时浸入淬火冷却介质，薄片件垂直浸入淬火冷却介质，大型薄件应快速垂直浸入淬火冷却介质。浸入速度越快，畸变越小。

5）截面不同或厚薄不均的工件，应先淬较厚部分，以免开裂。

6）有凹槽或有不通孔的工件应将凹槽或不通孔朝上浸入淬火冷却介质，以利于蒸汽的排出。

7）截面为半圆形或梯形的工件应向截面上底边的一侧倾斜浸入淬火冷却介质。

8）截面为T形或十字形的工件，应沿与截面垂直的方向浸入淬火冷却介质。

9）尖角处带孔的工件，在不影响技术条件要求的前提下，可先将尖角处蘸一下水降温，然后整体浸入淬火冷却介质。

10）工件浸入淬火冷却介质，应以上下运动为主，再配合适当横向移动，以提高工件的冷却速度。

11）长方形带通孔的工件，应垂直斜向浸入淬火冷却介质，以利于孔附近部位的冷却。

工件浸入淬火冷却介质的方式如图3-6所示。

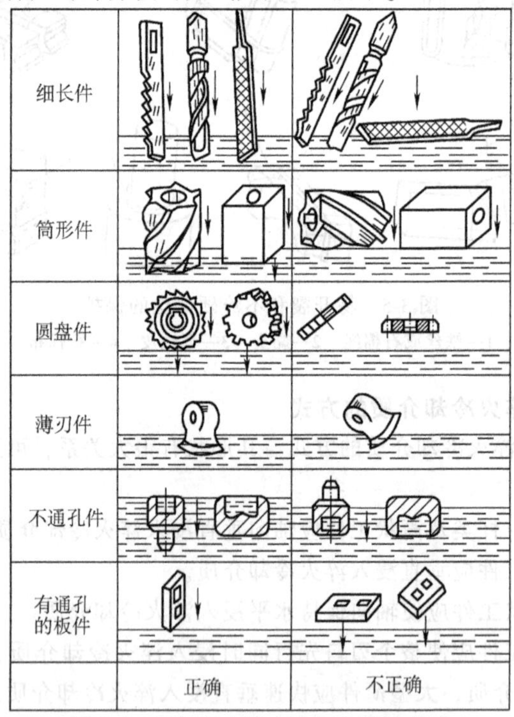

图3-6　工件浸入淬火冷却介质的方式

6. 典型淬火工艺

(1) 单介质淬火　单介质淬火是将加热至奥化体化的工件淬入单一冷却介质中冷却，完成马氏体转变，如图 3-7a 所示。

1) 常用淬火冷却介质有水、油、盐（碱）水、聚合物水溶液、热浴、流态床等，气态介质有空气、氮气、氢气、氩气等。

2) 单介质淬火的特点是淬火操作简便，有利于实现自动化；但水淬的工件容易引起畸变和开裂。

3) 单介质淬火适用于低中碳钢及低碳、低合金钢工件的淬火，各种结构钢的淬火，部分工模具钢的淬火，真空气冷淬火等。

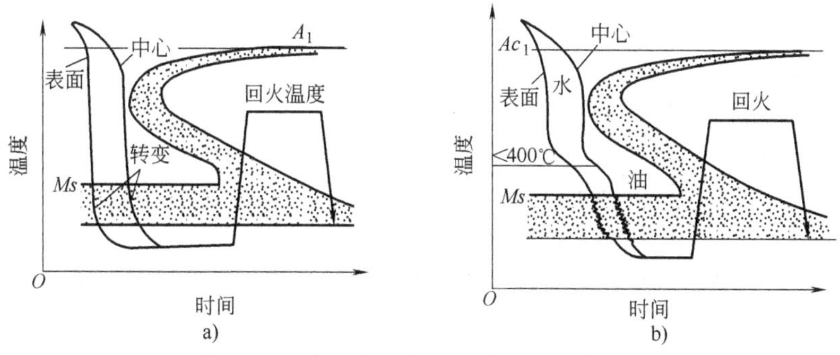

图 3-7　单介质淬火和双介质淬火工艺曲线

a）单介质淬火　b）双介质淬火

(2) 双介质淬火　双介质淬火是将工件加热至奥化体化后，先淬入冷却能力较强的介质中，在组织即将发生马氏体转变时立即转入冷却能力弱的介质中冷却，完成马氏体转变，如图 3-7b 所示。

1) 常用介质有水-油、水-空气、水-低温盐浴、油-空气等。

2) 水-油双介质淬火冷却时间的选择见表 3-15。

表 3-15　水-油双介质淬火冷却时间的选择

<table>
<tr><th>项目</th><th colspan="5">冷却时间的选择</th></tr>
<tr><td rowspan="4">水中停留时间</td><td rowspan="2">计算法</td><td>工件尺寸</td><td>ϕ5~ϕ30mm</td><td>>ϕ30mm</td><td>形状复杂、变形要求高的模具</td></tr>
<tr><td>水冷时间</td><td>2.5~3.3s/10mm</td><td>3.3~6.7s/10mm</td><td>1.25~2s/10mm</td></tr>
<tr><td>听觉法</td><td colspan="4">工件淬入水中后发出的“丝丝……”声由强变弱，在即将消失之前立即转入油中冷却</td></tr>
<tr><td>感觉法</td><td colspan="4">根据工件淬入水中时因沸腾而振动的程度来判断，当手上感到振动大为减弱时即出水入油。从水槽转移到油槽的时间，小件应该控制在 2s 之内</td></tr>
<tr><td>油中冷却时间</td><td colspan="5">$\tau=(0.05\sim0.10)D$
式中，τ 为油中冷却时间(min)；D 为工件有效厚度(mm)</td></tr>
</table>

3）双介质淬火适用于中高碳合金钢工件的淬火、尺寸较大或形状复杂工件的淬火。

（3）预冷淬火　将奥氏体化的工件先在空气中或其他缓冷介质中预冷到稍高于 Ar_1 或 Ar_3 温度，然后用冷却速度较快的淬火冷却介质冷却。

1）中低淬透性的碳钢、低合金钢预冷时间的计算式为

$$\tau=12\mathrm{s}+R\delta \tag{3-5}$$

式中　τ——工件预冷时间（s）；

δ——危险截面厚度（mm）；

R——与工件尺寸有关的系数，一般为 3~4s/mm。

2）高淬透性模具钢预冷时间的计算式为

$$\tau=\alpha D \tag{3-6}$$

式中　τ——工件预冷时间（s）；

α——预冷系数，D<200mm 时取值 1~1.5s/mm，$D\geqslant$200mm 时取值 1.5~2s/mm；

D——工件有效尺寸（mm）。

3）预冷淬火适用于截面变化较大或形状复杂、易淬裂的工件，以及合金钢模具的淬火。

（4）分级淬火　工件加热至奥氏体化后，浸入温度稍高于或稍低于 Ms 点的热浴中保持适当时间，待工件整体达到介质温度后取出，在空气中冷却，获得马氏体组织。分级淬火工艺曲线如图 3-8 所示。

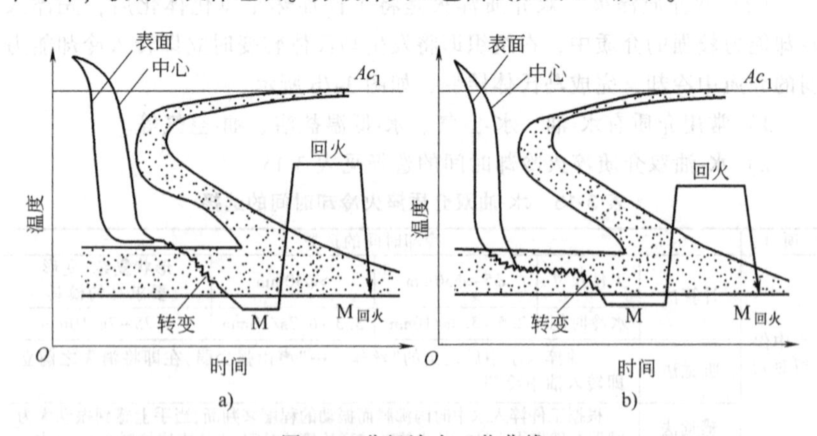

图 3-8　分级淬火工艺曲线

a）高于 Ms 点的分级淬火　b）低于 Ms 点的分级淬火

1）分级淬火的加热温度可比普通淬火提高10~20℃。

2）分级温度：对于淬透性较好的钢，分级温度大于 $Ms+(10\sim30)$℃；要求淬火后硬度较高、淬硬层较深时，分级温度为 $Ms-(20\sim50)$℃。

3）淬火冷却介质一般为硝盐浴或碱浴。

4）分级时间计算式为

$$\tau=30\mathrm{s}+5D \tag{3-7}$$

式中 τ——分级时间（s）；

D——工件有效厚度（mm）。截面较小工件的分级时间一般为1~5min。

分级时间也可以根据等温冷却曲线上等温转变时间确定，可忽略工件的均温时间。

常用钢材分级淬火工艺参数见表3-16。

表3-16 常用钢材分级淬火工艺参数

牌号	加热温度/℃	淬火冷却介质	硬度 HRC	备注
45	820~830	水	>45	<12mm 可淬硝盐
	860~870	160℃硝盐或碱浴	>45	<30mm 可淬碱浴
40Cr	850~870	油或160℃硝盐	>45	
65Mn	790~820	油或160℃硝盐	>55	
T7、T8	800~830	水	>60	<12mm 可淬硝盐
		160℃硝盐或碱浴		<25mm 可淬碱浴
T12A	770~790	水	>60	<12mm 可淬硝盐
	780~820	180℃硝盐或碱浴		<30mm 可淬碱浴
3Cr2W8	1070~1130	油或580~620℃分级	46~55	
W18Cr4V	1260~1280	油或600℃分级	>62	

5）分级淬火适用于形状复杂、畸变要求严格、截面较小的高碳工模具钢及合金工模具钢制造的工具及模具等，不适用于大截面碳钢和低合金钢工件的淬火。

（5）等温淬火 将奥氏体化后的工件淬入温度稍高于 Ms 点的热浴中，保持足够的时间，使奥氏体完全转变为下贝氏体，然后在空气中冷却。等温淬火工艺曲线如图3-9所示。

1）等温淬火的加热温度与普通淬火相同。

2）等温温度一般为 $Ms+(0\sim30)$℃。常用钢等温淬火的等温温度见表3-17。

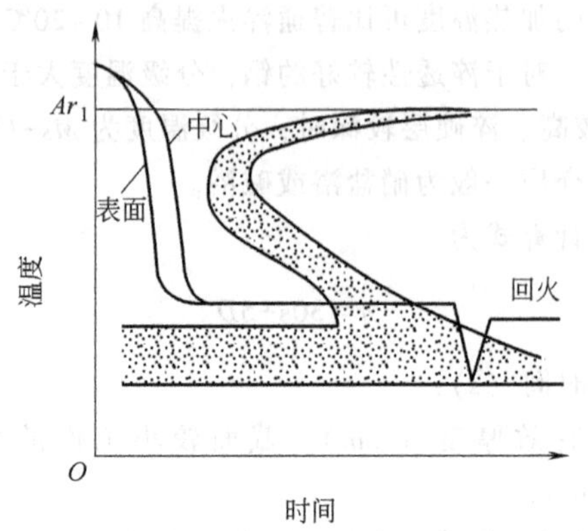

图 3-9　等温淬火工艺曲线

表 3-17　常用钢等温淬火的等温温度

牌号	等温温度/℃	牌号	等温温度/℃
65	280~350	T12	210~220
55Si2	330~360	9SiCr	260~280
65Si2	270~340	3Cr2W8	280~300
65Mn	270~350	Cr12MoV	260~280
30CrMnSi	320~400	W18Cr4V	260~280

3）等温时间包括工件从淬火温度冷却到盐浴温度所需时间、均温时间和从等温转变图上查出来的转变所需要的时间。计算公式为

$$\tau = aD \tag{3-8}$$

式中　τ——等温时间（min）；

a——系数（min/mm），一般为 0.5~0.8；

D——工件有效尺寸（mm）。

等温时间也可根据等温冷却曲线上等温转变时间确定，可以忽略工件的均温时间。

4）等温淬火适用于形状复杂、尺寸不大、硬高较高、变形很小的中高合金工具钢模具。

（6）快速加热淬火　将炉温升高到正常的淬火温度以上 100~200℃，工件入炉后，停止供热；当炉温下降到淬火温度时，继续加热，并在淬火温度下保温，待工件烧透后淬火。

炉温应根据工件的大小和装炉量合理选择。

严格控制加热时间，以防工件过热。当炉温为 950~1000℃ 时，工件在气体介质炉中的加热系数为0.5~0.6min/mm，在盐浴炉中的加热系数为0.18~0.20min/mm。

快速加热淬火可以缩短淬火加热时间，提高生产率，并能保证工件的淬火硬度，适用于中低碳钢及低合金钢的淬火。

（7）亚温淬火　亚温淬火是将亚共析钢制工件加热到Ac_1~Ac_3温度区间，淬火后获得马氏体和铁素体组织。铁素体的存在，可提高钢的高低温韧性，降低临界脆化温度，抑制高温可逆回火脆性。几种钢的亚温淬火温度见表3-18。亚温淬火对35CrMnSi钢室温冲击韧度a_K的影响见表3-19。

亚温淬火适用于低中碳钢及低合金结构钢的淬火。

表3-18　几种钢的亚温淬火温度

牌号	淬火温度/℃	牌号	淬火温度/℃
45	780	60Si2、60Si2Mn	$Ac_3-(5\sim10)$
40Cr	770	25CrNiMoV	$Ac_3\sim(Ac_3-50)$
35CrMo	785	20、40	$Ac_1\sim Ac_3$，越接近Ac_3越好
42CrMo	765	12Cr1MoV、15CrMo1V	
30CrMnSi	780~800	20Cr3MoWV	

表3-19　亚温淬火对35CrMnSi钢室温冲击韧度a_K的影响

工艺	抗拉强度R_m/MPa			
	1100~1200	1000~1100	950~1000	900
	冲击韧度a_K/(J/cm²)			
930℃淬火+高温回火(空冷)	35~45	35~45	50	75
930℃淬火+800℃淬火+高温回火(空冷)	50	80~90	100~110	120

（8）模压淬火　工件奥氏体化后，在特定夹具中紧压，靠夹具本身冷却淬火；或在夹具中紧压后，在某种淬火冷却介质中冷却淬火。

模压淬火可有效控制工件的畸变。

模压淬火适用于薄片、薄板等小型工件及盘形齿轮、细杆件的淬火。

（9）超高温淬火　合金结构钢超高温淬火的加热温度一般为1200℃（比常用的加热温度约高300℃）。为了使工件在冷却时不开裂，常预冷到870℃保温较短时间，再投入油中冷却。合金结构钢经过超高温淬火后，其常规力学性能（R_m、A）与常规淬火很相近，而断裂韧度K_{IC}却提高了60%，见表3-20。超高温淬火之所以具有很高的强韧性，其主要原因是：其组织为板条状马氏体，马氏体板条之间有韧性较高残留奥氏体；超高温加热时，合金碳化物可全部溶解，避免了第二相往晶界上形核，从而降低了脆性，提高了韧性。

表 3-20 超高温淬火和常规淬火的断裂韧度 K_{IC}

工艺	$K_{IC}/MPa \cdot m^{\frac{1}{2}}$		
	盐水冷	水冷	油冷
870℃淬火	开裂	开裂	142
1200℃直接淬火	开裂	开裂	240
1200℃预冷至870℃淬火	220	217	227

7. 淬火工艺的制订

根据淬透性制订淬火工艺的步骤见表 3-21。

表 3-21 根据淬透性制订淬火工艺的步骤

序号	步骤方法	示例
1	材料牌号、工件尺寸、力学性能检测部位、力学性能要求	42CrMo 钢，直径 ϕ90mm（无限长），力学性能检测部位：距离中心 1/2R 部位，抗拉强度 $R_m \geqslant$ 900MPa，屈服强度 $R_{eL} \geqslant$ 700MPa
2	化学成分（质量分数，%）	0.41C、0.30Si、0.70Mn、1.0Cr、0.20Mo
3	端淬数据获取：测量、计算、资料	计算的端淬数据
4	计算等效端淬距离	假设在中等搅动程度下水的淬冷烈度 H=1.3，计算距离中心 1/2R 部位的等效端淬距离 E=17mm，对应硬度为 48HRC
5	计算淬火不完全度 S	$S=H_Q/H_{max}$，其中，H_{max} 表示在该钢成分下可能达到的最大淬火硬度，H_Q 表示该钢实际淬火时所获得的淬火硬度。H_{max} = 57HRC，H_Q = 48HRC，S=48/57=0.842
6	计算 R_{eL} 值	计算回火后的 R_{eL}=739MPa，R_m=900MPa
7	换算达到 R_m 所对应的硬度	按照 GB/T 1172 换算，R_m=900MPa 的对应硬度为 29HRC
8	确定浸液时间	奥氏体化温度为 850℃，距离中心 1/2R 部位冷却到 270℃时的水淬浸液时间为 168s
9	给出淬火冷却工艺	奥氏体化温度为 850℃，中等搅动程度下浸水 168s 后出水空冷

3.2.3 真空淬火

真空淬火是在低真空下进行加热，然后在冷却介质中进行淬火，可实现无氧化、无脱碳、综合力学性能优异的光亮热处理。

1. **真空度**

真空度是真空热处理与大气下热处理的最大区别。真空度要根据所处理工件的材料和加热温度来选择，首先要满足无氧化加热所需的真空度，再综合考虑表面光亮度、除气和合金元素蒸发等因素。不同材料无氧化加热温度和真空度的关系曲线如图 3-10 所示。为达到金属的无氧化加热，得到光亮的金属表面，真空度应满足与加热温度相对应的要求；但真空度太高，会引起合金元素的蒸发。在高温（高于 1250℃）、高真空（1.3×10^{-2} Pa 以下）条件下加热时，某些材料的绝缘性能可能被破坏。各种材料在真空热处理时推荐的真空度见表 3-22。

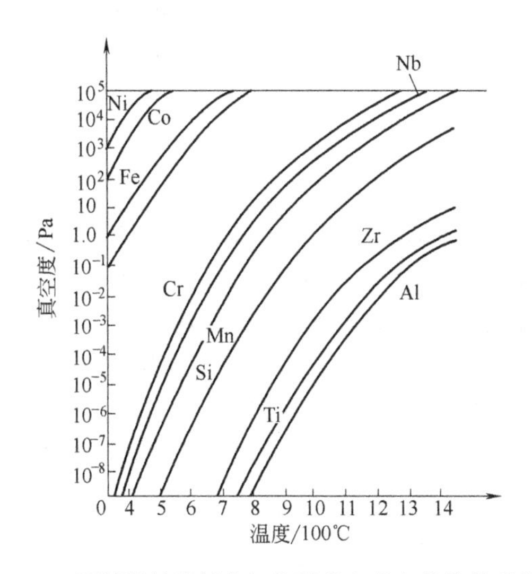

图 3-10 不同材料无氧化加热温度和真空度的关系曲线

表 3-22 各种材料在真空热处理时推荐的真空度

钢种	真空度/Pa
合金工具钢、合金结构钢、轴承钢(淬火温度在 900℃以下)	10^{-1}~1
含 Cr、Mn、Si 等合结钢(在 1000℃以上加热)	10(回填高纯氮)
不锈钢(析出硬化型合金)、Fe、Ni 基合金、Co 基合金	10^{-2}~10^{-1}
高速工具钢	1000℃以上充 N_2 至 13.3~666
高合金钢回火	10^{-2}~1.3

设备漏气会影响真空度，从而影响工件的光亮度，应控制热处理过程中的压升率。真空热处理时各种金属材料的最大允许压升率见表 3-23。

表 3-23 真空热处理时各种金属材料的最大允许压升率（GB/T 22561—2008）

材料	最大允许压升率/(Pa/h)	材料	最大允许压升率/(Pa/h)
合金结构钢	≤6.65	耐热模具钢	≤6.65
铁素体不锈钢[w(Cr)= 12%~17%]	≤6.65	Mo 系列高速钢	≤6.65
马氏体不锈钢	≤6.65	W 系列高速钢	≤6.65
奥氏体不锈钢	≤6.65	钨、钼	≤2.26
沉淀硬化不锈钢	≤6.65	铌	≤0.665
镍合金	≤2.66	钽	≤0.665
钴合金	≤2.66	钛及钛合金	≤1.33
冷作模具钢	≤6.65	铜合金	≤6.65

选用工作真空度时应注意以下几点：

1）加热温度≥1000℃的高合金工模具钢工件，在加热到 900℃以前，应先抽至高真空（0.1Pa 以下），以起到脱气作用，随后充入高纯氮气，在一定分压下继续升温至奥氏体化温度。

2）凡加热温度在 900℃以下的低合金工具钢，真空度越高，脱气效果越好，最好低于 0.1Pa。

3）真空度高低对钢的表面光亮度有直接的影响。在不引起起合金元素挥发的条件下，真空度越高，则炉气中残存的氧和水蒸气的含量越少，工件越不易产生氧化，表面光亮度也越好。

4）在低于 0.1Pa 时加热，一般钢铁材料不会氧化。

2. 真空淬火的加热

真空热处理加热的特点是空载时炉子的升温速度快，加热时工件的加热速度慢。因此，升温过程中需要预热。

（1）预热 真空加热是以辐射加热为主。在 700℃以下辐射效率很低，升温速度慢，工件的温度滞后于炉膛温度，工件尺寸越大，温度滞后就越显著。所以，真空加热时，工件的升温应分段进行，通过预热来减少工件温度滞后的程度，特别是对形状复杂的大尺寸工件，进行多段预热十分重要。分段预热工艺规范见表 3-24。

表 3-24 分段预热工艺规范（GB/T 22561—2008）

设定加热温度/℃	形状	分段预热温度/℃
<1000		500~600(一次)
1000~1100	简单	800~850(一次)
	复杂	600~650,800~850(各一次)
>1100~1300	简单	800~850(一次)
	复杂	500~650,800~850(各一次或多次)

(2) 加热温度 真空热处理的加热温度参照常规热处理工艺采用的加热温度，通常允许稍低些。

(3) 加热保温时间 在周期作业的真空炉中，影响真空淬火加热的因素比较多，如炉膛结构尺寸、装炉量、工件形状和尺寸、加热温度、加热速度以及预热方式等。确定工件的真空加热保温时间，应考虑工件真空加热时的滞后效应。真空加热时炉温与工件温度的关系如图 3-11 所示。

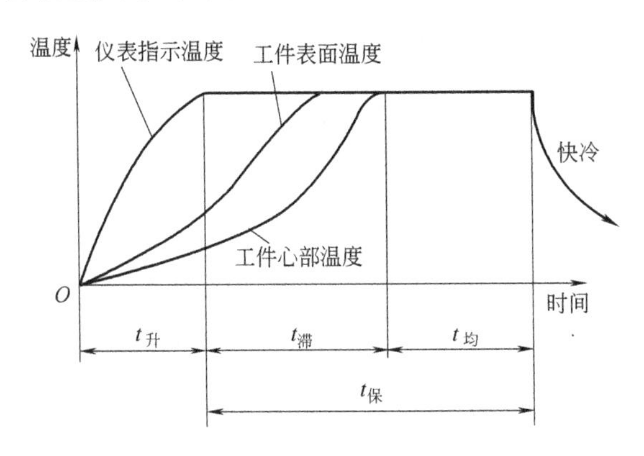

图 3-11 真空加热时炉温与工件温度的关系

真空淬火的保温时间应包括加热滞后时间及组织均匀化时间。

$$t_{保}=t_{滞}+t_{均} \tag{3-9}$$

$$t_{滞}=ah \tag{3-10}$$

式中 $t_{保}$——保温时间（min）；

$t_{滞}$——加热滞后时间（min）；

$t_{均}$——组织均匀化时间（min），见表 3-25；

a——透热系数（min/mm），见表 3-26；

h——工件有效厚度（mm）。

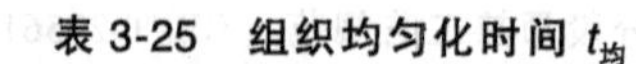

表 3-25 组织均匀化时间 $t_{均}$

钢种	刃具模具用非合金钢	低合金钢	高合金钢
$t_{均}$/min	5~10	10~20	20~40

表 3-26 透热系数 a

加热温度/℃	600	800	1000	1100~1200
a/(min/mm)	1.6~2.2	0.8~1.0	0.3~0.5	0.2~0.4
预热情况	—	600℃预热	600、800℃预热	600、800、1000℃预热

注：直接加热时，a 应增大 10%~20%。

（4）加热滞后时间的测定

1）试样材料和几何尺寸。选取典型工件尺寸的试样进行加热滞后时间的测定。试样的材料和表面状态应与实际工件相同。试样的形状、尺寸如图 3-12 所示。

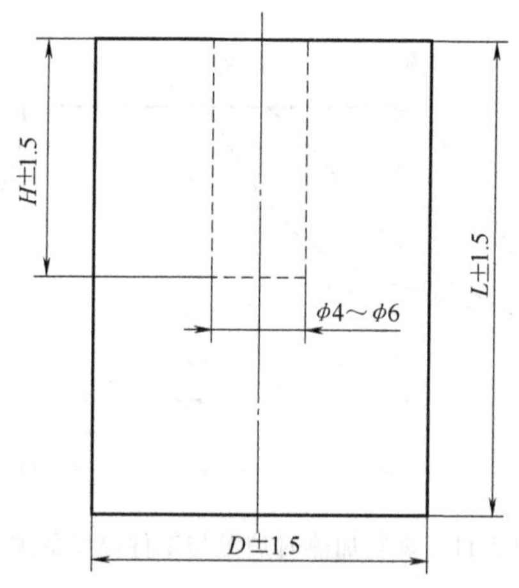

图 3-12 测定加热滞后时间的试样

注：1. 热电偶孔的直径应根据热电偶外径确定。

2. $L \geqslant 2D$，$H=D \sim 0.5L$，D 为圆形或方（矩）形试样的直径或厚度。

2）测试温度与真空工作压强。①加热滞后时间的测定至少应在 3 个温度下进行：即最高加热温度和两次预热温度，升温方式与加热功率等应与实际生产条件相同；②加热滞后时间的测定应在加热室的真空工作压强为 6.7×10^{-2}Pa 的条件下进行。

3）装炉量与装炉方式。测试时的装炉量与装炉方式应与生产中常用装载量及装炉方式相同或近似。

4）热电偶的布置与数量。将两支热电偶分别插入每个试样的表面和心部孔中，与试件孔底紧密接触，并以此为依据确定各尺寸工件的加热滞后时间。

5）测试程序与记录。用温度-时间记录仪记录各热电偶的温度与测试时间。测试记录上应注明材料牌号、试样尺寸、装炉量与装炉方式、试样在炉中的位置、试样的表面状态、设定温度、升温方式、加热功率及炉子型号等内容。

6）测试结果的应用。测试结果用于确定工件在真空炉中加热的保温时间。如果已有测试结果不能代表生产工件的厚度、加热温度、装炉量与装炉方式，则选用与其相近的较厚厚度、较高加热温度、较大装炉量与装炉方式的测试结果。

（5）真空加热保温时的“369 法则”（见表 3-27）

表 3-27　真空加热保温时的“369 法则”

装炉总质量 G/kg	t_1、t_2、t_3	备注
100～200	0.4min/kg×G+1min/mm×D	工件有效尺寸为 100mm 左右
201～300	30min+1min/mm×D	工件尺寸基本相同，摆放整齐，并留有一定空隙（摆放空隙<D）
301～600	(30～60)min+1min/mm×D	
601～900	(60～90)min+1min/mm×D	
≥901	90 min+1min/mm×D	

注：1. 装炉总质量 G 包括工件、料筐、料架及料盘的所有质量。
2. t_1、t_2 和 t_3 分别为第一次预热时间、第二次预热时间和最终保温时间，单位为 min。
3. D 为工件有效直径，单位为 mm。

1）对于变形要求严格的工模具，第一次预热时间应取上限值，第二次预热取中间值，最终热处理取下限值。

2）对于普通合金结构钢工件或变形要求不太严格的工件，第一次预热时间可以取下限值，而在最终加热时取上限值。

3）对于一次仅装一件的大型工件，第一次和第二次预热时可以取下限值，最终加热时根据实际要求取中间值或上限值。

3. 真空淬火的冷却

真空淬火的冷却方法主要有油冷、气冷、水冷、硝盐冷、炉冷等。冷却介质与冷却方法同样是按照淬火工件的材料、材质、形状尺寸、技术要求来确定的。

合金结构钢、超高强度钢真空淬火主要是在油中进行，只有当材料的淬透性很好、工件有效厚度较小时，方可采用真空气体淬火。真空油淬时采用真空淬火油作为冷却介质，同时回充惰性气体。

(1) 真空气冷　真空气冷时采用氩气、氮气、氢气和氦气作为淬火冷却介质。热处理用氩气、氮气和氢气的技术指标见表 3-28。氩气、氮气、氦气和氢气的相对冷却性能如图 3-13 所示。

表 3-28　热处理用氩气、氮气和氢气的技术指标（JB/T 7530—2007）

名称	技术指标(体积分数,%)					
	氩含量	氮含量	氢含量	氧含量	总碳含量(以甲烷计)	水含量
高纯氩气	≥99.999	≤0.0004	≤0.00005	≤0.00015	CH_4-CO+CO_2 ≤0.0001	≤0.00003
纯氩	≥99.99	≤0.005	≤0.0005	≤0.001	CH_4≤0.0005 CO≤0.0005 CO_2≤0.001	≤0.0015
高纯氮	—	≥99.999	≤0.0001	≤0.0003	≤0.0003	≤0.0005
纯氮	—	≥99.996	≤0.0005	≤0.001	CO≤0.0005 CO_2≤0.0005 CH_4≤0.0005	≤0.0005
工业氮 优等品	—	99.5	—	≤0.5	—	露点 ≤-43℃
工业氮 一等品	—	99.5	—	≤0.5	—	无
工业氮 合格品	—	98.5	—	≤1.5	—	游离水 ≤100mL/瓶
氢气	—	≤0.006	≥99.99	≤0.0005	CO≤0.0005 CO_2≤0.0005 CH_4≤0.001	≤0.003

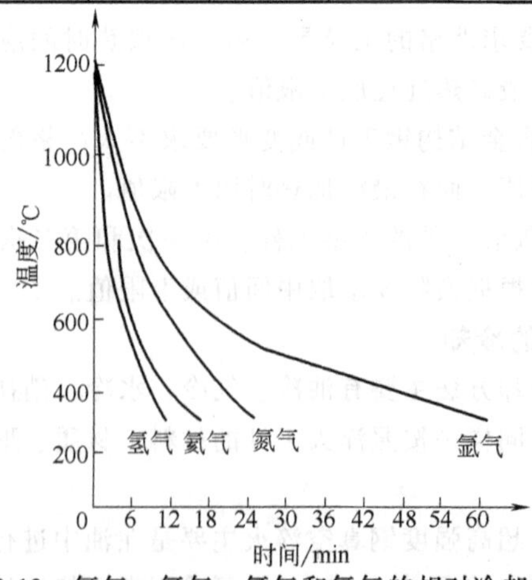

图 3-13　氩气、氮气、氦气和氢气的相对冷却特性

热处理用氩气、氮气和氢气的一般用途及不适用范围见表3-29。

表3-29　热处理用氩气、氮气和氢气的一般用途及不适用范围（JB/T 7530—2007）

名称	一般用途	不适用范围
高纯氩气	真空热处理回充气和冷却气	—
氩气	各类不锈钢、高温合金、钛合金、铜合金、精密合金、贵金属的热处理加热保护气	—
高纯氮	各类结构钢、工具钢真空热处理回充气和冷却气，离子渗氮气源	不适用于沉淀硬化不锈钢、马氏体时效钢、高温合金、钛合金等热处理加热保护或真空热处理回充气
纯氮	各类结构钢、工具钢热处理加热保护气，渗碳、碳氮共渗的载气、离子渗氮气源	
工业氮		
氢气	不锈钢、低碳钢、电工钢的退火保护气	不适用于高强度钢、钛合金、黄铜热处理保护气体

（2）油淬　淬火油必须是专用的真空淬火油，主要有快速真空淬火油（1号）、真空淬火油（2号）、ZZ系列真空淬火油等，其冷却特性详见第2章。真空淬火油的选择应注意以下几点：

1）淬火油应满足工件真空淬火后的硬度及光亮度的要求。

2）蒸汽压低，不易挥发。

3）真空淬火油在淬火前应充分脱气并排除水分，必要时适当加热，使油温控制在20~100℃范围内。

4）油量充足，工件与油的质量比为1∶（10~15）。油池容积应比油和工件及工装体积之和大15%~20%。

5）油温为40~80℃。油的温升控制在25℃以内。温度过低，油的黏度大，冷却速度低，淬火后工件硬度不均，表面不光；油温过高，油会迅速蒸发，并加速油的老化。

6）油应有搅动，以提高冷却速度和冷却的均匀性。

7）热稳定性好，即抗老化性能好，使用寿命长。

8）真空淬火时须充高纯氮气或氢气，使真空压强至50kPa左右。

（3）真空水淬　碳钢、耐热金属应在水中激冷。

（4）真空硝盐淬火　采用硝盐等温或分级淬火可以使工模具减少畸变和开裂，再加上真空脱气的效果，可以使工件的使用寿命得到提高。

4. 真空淬火与回火工艺

部分合金结构钢的真空淬火与回火工艺见表3-30。常用工模具钢的真空淬火与回火工艺见表3-31。

表3-30　部分合金结构钢的真空淬火与回火工艺

牌号	淬火			回火		
	温度/℃	真空度/Pa	冷却	温度/℃	真空度/Pa	冷却
45Mn2	840	1.3	油	550	$N_2(5.3\sim7.3)\times10^4$	油空冷 N_2 快冷
40CrMn	840	1.3		520	$N_2(5.3\sim7.3)\times10^4$	快冷
25CrMnSiA	880	1.3		450	$N_2 5.3\times10^4$	
30CrMnSiA	880	1.3		520	10^4 或 5.3×10^4	
50CrV	860	0.13~1.3		500		
35CrMo	850	0.13~1.3		550		
40CrMnMo	850	1.3		600		
20CrMnMo	850	1.3		200	空气炉	空冷
38CrMoAl	940	1.3		640	0.13	N_2 或 Ar 强制冷却
40Cr	850	0.13~1.3		500	$N_2 5.3\times10^4$	
40CrNi	820	0.13~1.3		500	$N_2 5.3\times10^4$	
12CrNi3	860	0.13~1.3	N_2 或油	200	—	空冷
37CrNi3	820	0.13~1.3		500	0.13, N_2 5.3×10^4	N_2 强制冷却
40CrNiMo	850	0.13~1.3		600		
45CrNiMoV	850	0.13~1.3		460	$N_2 5.3\times10^4$	
30CrNi13	820	0.13~1.3		500	—	
18CrNi4W	950	1.3		200	—	空冷

表3-31　常用工模具钢的真空淬火与回火工艺（GB/T 22561—2008）

牌号	预热			淬火			回火		
	一次预热温度/℃	二次预热温度/℃	真空度/Pa	加热温度/℃	真空度/Pa	冷却介质	加热温度/℃	气体压强/Pa	冷却介质
W6Mo5Cr4V2	600~650	850~900	$10^{-1}\sim1$	1200~1220	50~100（N_2分压）	惰性气体	540~580	$(1.2\sim2.0)\times10^5$	惰性气体
W6Mo5Cr4V2Al	600~650	850~900	$10^{-1}\sim1$	1200~1220			540~560		
W12Cr4V4Mo	600~650	850~900	$10^{-1}\sim1$	1220~1240			550~580		
W2Mo9Cr4V2Co8	600~650	850~900	$10^{-1}\sim1$	1180~1200			540~580		

（续）

<table>
<tr><th rowspan="2">牌号</th><th colspan="3">预热</th><th colspan="3">淬火</th><th colspan="3">回火</th></tr>
<tr><th>一次预热温度/℃</th><th>二次预热温度/℃</th><th>真空度/Pa</th><th>加热温度/℃</th><th>真空度/Pa</th><th>冷却介质</th><th>加热温度/℃</th><th>气体压强/Pa</th><th>冷却介质</th></tr>
<tr><td>Cr12MoV</td><td>500~550</td><td>800~850</td><td>10^{-1}~1</td><td>1000~1050</td><td rowspan="4">1~10</td><td rowspan="6">油或惰性气体</td><td>170~250</td><td rowspan="2">空气炉</td><td rowspan="2">空气</td></tr>
<tr><td>Cr12</td><td>500~550</td><td>800~850</td><td>10^{-1}~1</td><td>950~980</td><td>180~200</td></tr>
<tr><td rowspan="2">3Cr2W8V</td><td rowspan="2">480~520</td><td rowspan="2">800~850</td><td rowspan="2">10^{-1}~1</td><td rowspan="2">1050~1100</td><td>560~580</td><td rowspan="4">(1.2~2.0)×10^5</td><td rowspan="4">惰性气体</td></tr>
<tr><td>600~640</td></tr>
<tr><td>4Cr5MoSiV(H11)</td><td>600~650</td><td>800~850</td><td>10^{-1}~1</td><td>1000~1030</td><td rowspan="2">50~100（N_2分压）</td><td>530~560</td></tr>
<tr><td>4Cr5MoSiV1(H13)</td><td>600~650</td><td>800~850</td><td>10^{-1}~1</td><td>1020~1030</td><td>540~560</td></tr>
<tr><td>GCr15</td><td>520~580</td><td>—</td><td>10^{-1}</td><td>830~850</td><td>10^{-1}~1</td><td rowspan="5">油</td><td>150~160</td><td rowspan="2">空气炉</td><td rowspan="2">油</td></tr>
<tr><td>GCr15SiMn</td><td>520~580</td><td>—</td><td>10^{-1}~1</td><td>820~840</td><td rowspan="2">1~10</td><td>150~160</td></tr>
<tr><td>60Si2MnVA</td><td>500~550</td><td>—</td><td>10^{-1}~1</td><td>860~800</td><td>410~460</td><td rowspan="3">(1.2~2.0)×10^5</td><td rowspan="3">惰性气体</td></tr>
<tr><td>60Si2CrVA</td><td>500~550</td><td>—</td><td>10^{-1}~1</td><td>850~870</td><td>1</td><td>430~480</td></tr>
<tr><td>50CrVA</td><td>500~550</td><td>—</td><td>10^{-1}</td><td>850~870</td><td>10^{-1}~1</td><td>470~420</td></tr>
<tr><td>40Cr13</td><td>800~850</td><td>—</td><td>10^{-1}~1</td><td>1050~1100</td><td>1</td><td rowspan="3">油或惰性气体</td><td>200~300</td><td rowspan="2">空气炉</td><td rowspan="2">空气</td></tr>
<tr><td>95Cr18</td><td>800~850</td><td>—</td><td>10^{-1}~1</td><td>1010~1050</td><td>10^{-1}~1</td><td>200~300</td></tr>
<tr><td>05Cr17Ni4Cu4Nb</td><td>800~850</td><td>—</td><td>10^{-1}~1</td><td>1030~1050</td><td>1</td><td>480~630</td><td>(1.2×2.0)×10^5</td><td>惰性气体</td></tr>
</table>

注：高速钢和高合金模具钢用于冷作模具时淬火加热温度也可采用低于表中淬火加热温度的下限。

3.2.4 淬火操作

1. 准备

1）工件及工装夹具应进行清洗，不应有锈斑，不应有对工件、炉膛产生有害影响的污物、低熔点涂层及镀层等。

2）根据工件形状及淬火要求，选择合适的工装夹具或进行必要的绑扎。在装炉前应进行清洁和烘干。

3）对容易产生裂纹的部位采取适当的防护措施，如堵孔、用石棉绳包扎、捆绑铁皮等。

4）工件必须放在有效加热区内，装炉量、装炉方式及堆放形式均应确保加热温度均匀一致，且不致造成畸变和其他缺陷。

5）真空淬火时，夹具的选择应防止与工件在工艺过程中发生共晶反应或黏结。若发生反应，可采用 Al_2O_3 粉隔离。

2. 操作要点

（1）加热

1）工件应在经过校正的盐浴炉或保护气氛炉中加热，或在真空炉内进行加热。如果条件不具备，也可以在空气电阻炉中加热，但须采取防护措施。

2）细长工件应尽量在盐浴炉或井式炉中垂直吊挂加热，以减少由于自重而引起的变形。

3）材料不同，但加热温度相同的工件可以在同一炉中加热。

4）截面大小不同的工件在同一炉中加热时，小件应放在炉膛外端，大小件分别计时，小件先出炉。

5）工件的装炉量要与炉子的功率相适应，装炉量过大时易“压温”，加热时间须延长。

6）结构钢及非合金工具钢工件可以直接装入淬火温度或比淬火温度高 20～30℃的炉中加热。

7）高碳高合金钢或形状复杂的工件应在600℃左右预热后，再升至淬火温度。

8）真空淬火升温过程中必须进行分段预热，使工件温度均匀。

9）真空淬火时，加热室压强小于 6.67Pa 时才可加热升温。升温过程中应注意工件脱气，若因脱气使真空压强高于临界值时，应停止加热，并相应调节升温速度。

10）真空淬火时，真空压强的控制可通过回充氮气（或氢）分压调节而实施。

11）大型工件的淬火温度取上限，形状复杂的工件取下限。

12）淬水或盐水的工件淬火温度取下限，淬油或熔盐的工件淬火温度取上限。

13）要求淬硬层较深的工件，淬火温度可适当提高；要求淬硬层较浅的工件，可选取较低的淬火温度。

14）分级淬火时可适当提高淬火温度，以增加奥氏体的稳定性，防止其分解为珠光体。

15）在盐浴炉中加热时，工件不要靠电极太近，以防局部过热，距离应在30mm以上。工件与炉壁的距离以及浸入液面以下的深度，都应在30mm以上。

（2）冷却　冷却是淬火成败的关键，其操作要点如下：

1）根据工件形状及要求淬火的部位，选择适当的淬火方式。

2）形状复杂容易变形的工件，可在空气中预冷后浸入淬火冷却介质中。

3）细长杆工件垂直浸入淬火冷却介质后，不做摆动，只做上下移动，并停止对淬火冷却介质的搅动。

4）当工件硬度要求高的部位冷却能力不足时，可在工件整体浸入淬火冷却介质的同时，对该部位再实施喷液冷却，以提高其冷却速度。

5）进行双液淬火时，应控制工件在不同介质中停留的时间。

6）真空气淬时，根据工艺要求可采用正压气淬或负压气淬。正压气淬时，根据材料的淬透性通入 $(2\sim12)\times10^5$Pa 的高纯氮气（或氢）；负压气淬时通入 $(7.9\sim9.3)\times10^4$Pa 的高纯氮气（或氢）进行淬火。高速钢和高合金模具钢工件宜采用正压气淬方法。

（3）注意事项　淬火操作要严格按操作规程进行。

1）严禁潮湿或有水的工件在盐浴炉中加热，必须烘干，以免发生熔盐爆炸、飞溅、烫伤人的危险。

2）分级淬火时，碱浴和硝盐浴不得溅出，以免伤人。

3）严禁黏附硝盐的工件、工装进入盐浴炉内加热。

4）严禁木炭、油等可燃性物质和有机杂质混入硝盐炉内，否则可能引起爆炸。

5）硝盐的使用温度不得超过允许使用的最高温度（一般为550℃），以免引起火灾和爆炸。

3.2.5 淬火缺陷与对策

1. 常见淬火缺陷的产生原因与对策（见表3-32）

表3-32 常见淬火缺陷的产生原因与对策

缺陷	产生原因	对策
硬度不足	亚共析钢加热不足，有未溶铁素体	正确选择并严格控制加热温度、保温时间和炉温均匀性
	高碳高合金钢加热温度高，残留奥氏体量过多	1)对于高碳高合金钢应严格控制加热温度 2)采用冷处理
	控温仪表故障	定期检查控温仪表
	预冷时间过长	正确控制预冷时间
	冷却速度不够	1)合理选择淬火冷却介质 2)控制淬火冷却介质的温度不超过最高使用温度 3)定期检查或更换淬火冷却介质
	在淬火冷却介质中留停时间不够	正确控制在淬火冷却介质中停留的时间
	双介质淬火时水中停留时间太短或从水中转入油中的时间太长	1)正确控制水中停留的时间 2)缩短转移时间
	分级淬火时分级温度太高或停留时间太长	正确控制分级温度及分级停留时间
	钢的淬透性差	更换淬透性高的钢或提高冷却速度
	氧化和脱碳导致淬火后的硬度降低	1)采取防氧化脱碳措施 2)采用下限加热温度 3)在600℃左右预热，然后加热到淬火温度，缩短高温加热时间
软点	原材料中存在带状组织或大块铁素体组织	合理选择材料，对有缺陷的钢材进行预备热处理，以消除缺陷
	工件在淬火冷却介质中移动不充分	加强工件与介质的相对运动，或对介质进行搅拌
	工件上有氧化皮或污物，介质中有油污等	保持淬火冷却介质的清洁
	局部区域冷速过低，以致发生珠光体型转变	合理选择淬火冷却介质，碳钢在盐水中淬火能有效防止软点的产生
过热和过烧	加热温度过高	正确选择淬火加热温度；用盐浴炉加热时，防止工件距电极太近
	在高温下加热时间过长	正确控制保温时间
	仪表失控	定期检查仪表、热电偶

（续）

<table>
<tr><th>缺陷</th><th>产生原因</th><th>对策</th></tr>
<tr><td rowspan="17">畸变与开裂</td><td>冶金因素</td><td>在保证性能和表面硬度的情况下，选择合金元素和碳含量低的材料</td></tr>
<tr><td>工件结构不合理</td><td>在工件结构设计上，应尽量降低工件截面尺寸的不均匀性和减少应力集中部位。工件不同设计对比如图 3-14 所示。阶梯形轴淬火前粗加工时截面变化处的圆角半径见下表
<table><tr><td>$D-d$/mm</td><td>≤10</td><td>11～25</td><td>26～50</td></tr><tr><td>R/mm</td><td>2</td><td>5</td><td>10</td></tr><tr><td>$D-d$/mm</td><td>51～125</td><td>126～300</td><td>301～500</td></tr><tr><td>R/mm</td><td>15</td><td>20</td><td>30</td></tr></table>应进行合理支撑、悬挂、结构补偿、压淬，或避开材料的敏感尺寸</td></tr>
<tr><td>未进行预备热处理</td><td>正确选择和进行预备热处理，低中碳钢工件应进行退火或正火处理，中碳钢也可进行调质处理，高碳钢工件应进行球化退火</td></tr>
<tr><td>淬火冷却方法不合理，淬火工艺有待改进</td><td>可选择预冷淬火、双介质淬火、断续淬火（液空交替淬火）、分级淬火、等温淬火，采取加压淬火、预加变形和预加应力淬火等方法</td></tr>
<tr><td>工件装夹过密</td><td>加大工件之间的距离</td></tr>
<tr><td>工件转移过程中的相互碰撞或挤压</td><td>选择合理的淬火夹具</td></tr>
<tr><td>介质搅拌不均匀</td><td>提高有效淬火区内流体的均匀性</td></tr>
<tr><td>工艺因素</td><td>加热：工件完成奥氏体化的加热后，在低于奥氏体化温度和高于 Ac_1 或 Ac_3 某个温度区间进行等温后再进行淬火冷却
预冷：减小工件整体热量和减少其与冷却介质之间的温差
控制浸液时间：在获得要求的硬化层深度或某部位温度低于 Ms 点后，结束浸液过程</td></tr>
<tr><td>介质因素</td><td>提高有效淬火区内介质温度的均匀性，用热油淬火</td></tr>
<tr><td>冷却方式</td><td>有条件可以选择马氏体分级淬火或等温淬火</td></tr>
<tr><td>冷却时间过长</td><td>适当缩短冷却时间</td></tr>
<tr><td>入液方式不合理</td><td>选择合适的淬火入液方式</td></tr>
<tr><td>淬火冷却介质的选择不当</td><td>在保证组织和性能前提下，通过介质的选择或工艺措施降低淬火冷却过程中各个瞬间的应力</td></tr>
<tr><td>加工应力大</td><td>采用去应力退火工艺</td></tr>
<tr><td>回火不及时</td><td>工件淬火后应及时回火</td></tr>
</table>

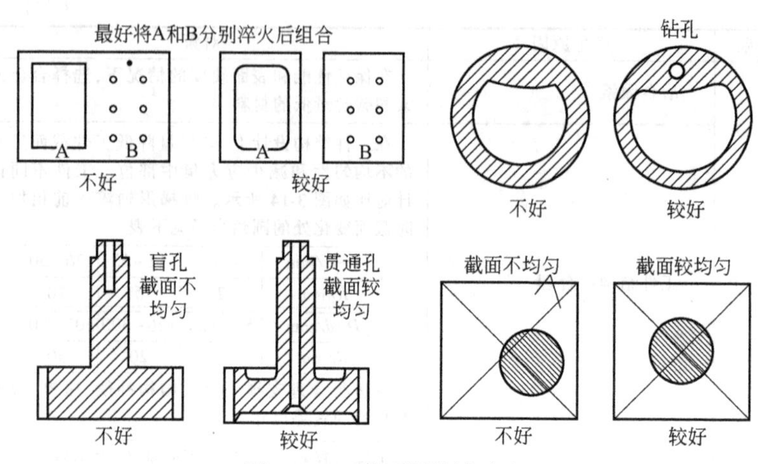

图 3-14　工件不同设计对比

2. 畸变的矫正

对已经畸变的工件可采用表 3-33 中的方法进行矫正。

表 3-33　畸变工件的矫正

矫正方法	操作方法	应用范围	备注
冷压矫正法	在常温下对弯曲工件凸面的最高点施加外力,使其承受压应力,凹面承受拉应力,产生塑性变形,如图 3-15a 所示	适用于碳素钢或合金钢制的硬度小于 40HRC 的轴类或薄片工件	对于 S 形弯曲的工件,应先矫正一段,将工件矫正成向一边弯曲后,再按一般方法矫正
热压矫正法	利用奥氏体高塑性的特点,使工件在机械压力作用下(单向加压或旋转加压)冷却,或使工件冷至接近 *Ms* 点时加压矫正	适用于高碳、高合金钢制的工件	
热点矫正法	用氧乙炔火焰将弯曲工件凸起面的一点或几点快速加热至 600~700℃,然后迅速冷却,利用局部加热和冷却的内应力实现矫正,如图 3-15b、c 所示 1)热点大小:$\phi4\sim\phi8$mm 2)热点温度:一般结构钢 750~800℃,工具钢可稍微降低 3)冷却:碳钢矫正后水冷,合金钢用压缩空气冷却 4)热点顺序:沿全长均匀弯曲时,先点最凸处,然后向两端对称地进行热点。工件局部急弯时,采用局部连续热点	硬度大于 40HRC 的中小型工件	热点矫正操作必须在回火后进行,热点的选择应在非工作面上,热点矫正可与冷压矫正配合使用

（续）

矫正方法	操作方法	应用范围	备注
回火矫正法	在回火过程中加压矫正 1）薄片工件放在两块压板之间，用螺杆压紧，然后回火；在回火过程中，每隔 20～30min 将螺母拧紧一次，拧 2～3 次，如图 3-15d、e 所示 2）径向变形的薄壁圆环类工件，可用螺杆将圆环顶成正圆或稍过一些，再行回火，回火后冷至室温，卸去螺杆，如图 3-15f 所示	适用于薄片、薄壁圆环类工件，如铣刀、摩擦片等	
反击矫正法	在变形工件下面垫以硬度为 40～45HRC 的垫铁，用硬度为 63HRC 以上的钢锤连续敲击工件的凹面，从凹处最低点开始，锤击面向两端对称地扩展延伸，使每个小面积产生塑性变形，从而使弯曲的工件得以矫正，如图 3-15g 所示 用力要均匀，不要过大。如工件经一遍敲击后，仍未矫正，可重复敲击	适用于硬度在 50HRC 以上、变形量较小的细长工件和板状工件	1）被矫正的工件必须在回火后进行 2）钢锤应用高速钢制成，锤头敲击部位为圆弧形，工件越硬，圆弧半径应越小

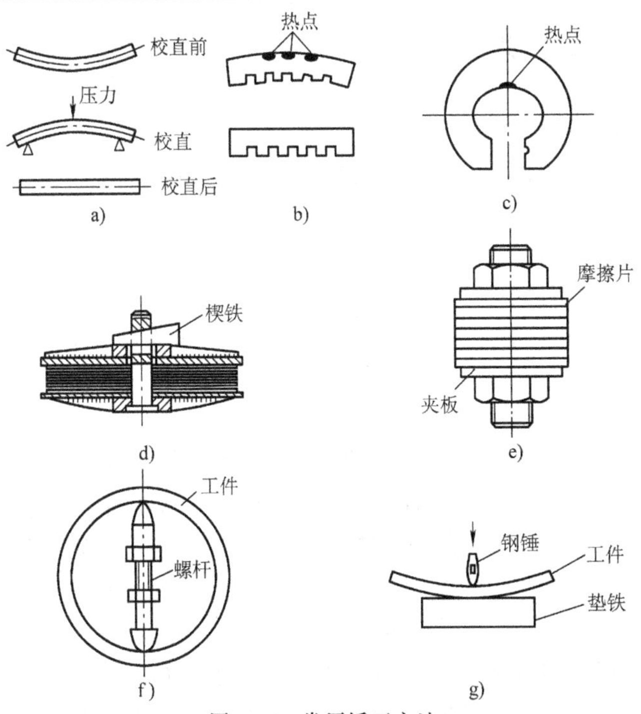

图 3-15 常用矫正方法

a) 冷压矫正法 b、c) 热点矫正法 d)、e)、f) 回火矫正法 g) 反击矫正法

3.3 钢的回火

3.3.1 回火工艺分类

回火工艺的分类、目的及应用见表 3-34。

表 3-34 回火工艺的分类、目的及应用

类别	加热温度/℃	组织	目的	应用
低温回火	150~250	回火马氏体	降低脆性,减少内应力;硬度不降低或降低 2~3HRC,保持高硬度和耐磨性	要求硬度高和耐磨性好的量具及刃具,冷作模具及渗碳件
中温回火	250~500	回火托氏体	提高工件弹性极限,并有一定的硬度和韧性	弹簧、发条、刀杆、轴套等
高温回火	500~700	回火索氏体	获得既具有一定硬度和强度,又具有良好塑性和韧性相配合的综合力学性能	需要进行调质的工件,如轴、齿轮、连杆、螺栓等

3.3.2 回火工艺

1. 回火温度

回火温度应根据工件要求的力学性能来确定，硬度是金属材料中最常用的力学性能指标之一，通常以硬度来决定回火加热温度。

45 钢回火温度 T（℃）计算公式：

$$T=200+11\times(60-H) \tag{3-11}$$

式中　H——工件回火后的洛氏硬度（HRC）。

用于其他碳素钢时，碳的质量分数每增加或减少 0.05%，回火温度相应提高或降低 10~15℃。

2. 回火时间

1）不同有效厚度工件在空气炉和盐浴炉中的回火时间见表 3-35。

表 3-35 不同有效厚度工件在空气炉和盐浴炉中的回火时间

有效厚度/mm		≤20	>20~40	>40~60	>60~80	>80~100
保温时间/min	空气炉	30~45	>45~60	>60~90	>90~120	>120~150
	盐浴炉	10~20	>20~30	>30~40	>40~50	>50~60

合金钢的保温时间按表 3-35 中所列时间增加 20%~30%。空气炉低温回火的保温时间不少于 120min。装炉量大时，保温时间应适当延长。

2）由经验公式确定的保温时间：

$$t_n = K_n + A_n D \quad (3\text{-}12)$$

式中　t_n——回火保温时间（min）；

D——工件有效厚度（mm）；

K_n——回火时间基数（min），见表3-36；

A_n——回火时间系数（min/mm），见表3-36。

表3-36　回火时间参数

回火温度/℃	<300		300~450		>450	
回火设备	箱式炉	盐浴炉	箱式炉	盐浴炉	箱式炉	盐浴炉
K_n/min	120	120	20	15	10	3
A_n/(min/mm)	1	0.4	1	0.4	1	0.4

3. 回火冷却

1）一般工件回火后出炉空冷，结构复杂的工件回火后出炉缓冷。

2）对具有第一类回火脆性的钢，必须避开回火脆性温度区间；对具有第二类回火脆性的钢，在回火脆性温度区间内加热后应采用油或水冷却。

4. 回火方法

各种回火方法的工艺特点及应用见表3-37。

表3-37　各种回火方法的工艺特点及应用

回火方法	工艺特点	应用
普通回火	确定回火温度后，工件整体加热保温，根据具体情况冷却	一般工件的回火
自热回火	利用工件淬火冷却后的余热进行回火，将工件整体加热到淬火温度，将要求淬硬的部位淬火（不冷透），待表面温度达到回火温度后，立即把工件整体放火淬火冷却介质中	用测温笔直接测定表面温度；用砂纸将淬硬部位快速打光，观察其回火色来判断回火温度的高低，回火温度与回火色的对应关系见附录
局部回火	先将要求硬度低的部位用盐浴或高频感应加热装置进行快速加热回火，然后在油中冷却，最后将工件放入温度较低的回火炉中，对要求硬度较高的部位回火	当工件的不同部位有不同硬度要求时
快速回火	采用较高回火温度，缩短加热时间，并获得与普通回火相同的效果。快速回火的温度比普通回火温度稍高些	W6Mo5Cr4V2常规回火工艺为560℃×60min×3次，可用600℃×15min×2次来代替
多次回火	采用多次较短时间的回火方法，每次都应将工件冷却至室温	适用于具有二次硬化的高速钢，Cr12型钢等

5. 真空回火

合金结构钢的回火温度为200~650℃，须考虑回火脆性的影响。

真空回火加热的保温时间略长于空气炉的加热保温时间。对高合金钢可按工件截面厚度计算回火时间，一般为每25mm有效厚度加热1h计，最少应不少于2h。

真空回火时考虑表面光亮度，可以在1.33Pa的真空度下进行，但最好是抽真空后再充入惰性气体，并进行强制循环。为提高真空回火工件光亮度，也可提高到1.3×10^{-2}Pa。

3.3.3 回火对力学性能的影响

回火是淬火后的伴随工序，通常是热处理的最后工序，因此决定了工件的最终力学性能。

1. 对硬度的影响

一般来说，淬火钢回火后的硬度随回火温度的升高而逐渐下降，高碳钢在低温区有ε碳化物析出，硬度略有上升；含有强碳化物形成元素的合金钢，在高温区形成特殊碳化物时出现二次硬化现象，硬度上升。图3-16所示为不同碳含量的碳钢的硬度与回火温度的关系。图3-17所示为几种合金钢的回火硬度曲线。

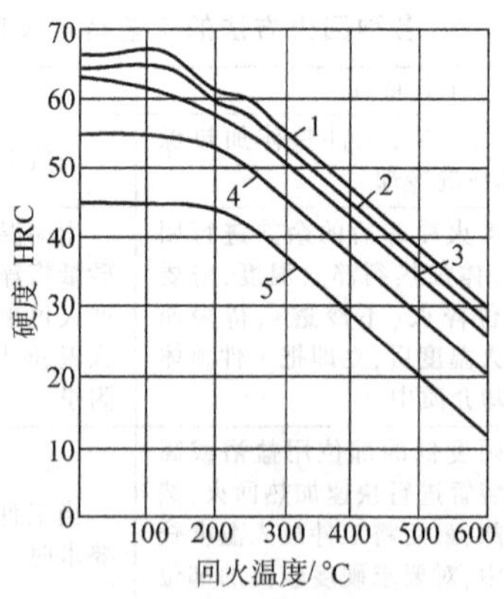

图3-16 不同碳含量的碳钢的硬度与回火温度的关系

1—$w(C)=1.2\%$ 2—$w(C)=0.8\%$ 3—$w(C)=0.6\%$

4—$w(C)=0.35\%$ 5—$w(C)=0.2\%$

2. 对强度和塑性的影响

钢的R_m、R_{eL}随回火温度的升高而下降，A、Z则随之上升。图3-18

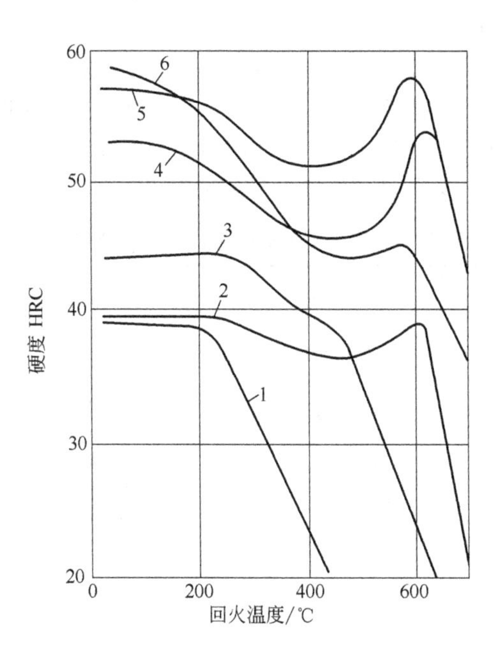

图 3-17　几种合金钢的回火硬度曲线

1—w(C)= 0.1%　2—w(C)= 0.11%，w(Mo)= 2.14%　3—w(C)= 0.19%，w(Cr)= 2.91%

4—w(C)= 0.32%，w(V)= 1.36%　5—w(C)= 0.43%，w(Mo)= 0.6%

6—w(C)= 0.5%，w(Ti)= 0.52%

所示为 40 钢的力学性能与回火温度的关系。

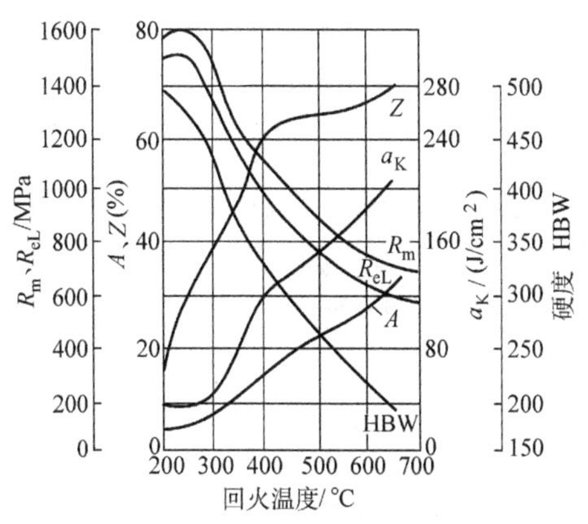

图 3-18　40 钢力学性能与回火温度的关系

3. 对冲击韧度的影响

冲击韧度随回火温度变化的规律与 A、Z 大致相同，但是有些合金钢在某些温度会产生回火脆性，冲击韧度反而降低。回火脆性的分类、特征及消除方法见表 3-38。图 3-19 所示为 Ni-Cr 钢的冲击韧度与回火温度的关系。常用钢产生回火脆性的温度范围见表 3-39。

表 3-38 回火脆性的分类、特征及消除方法

回火脆性种类	出现回火脆性的温度/℃	特征	消除方法	出现回火脆性的钢种
第一类回火脆性	碳钢:200～400 合金钢: 250～450	冲击韧度明显下降，甚至比 150～200℃ 回火时冲击韧度还要低	目前还没有消除的方法	几乎所有钢种都有
第二类回火脆性	480～680	回火后缓冷时，冲击韧度也会明显下降	可以通过回火后的快速冷却予以消除	Cr 钢、Cr-Mn 钢、Si-Mn 钢和 Cr-Ni 钢等合金结构钢

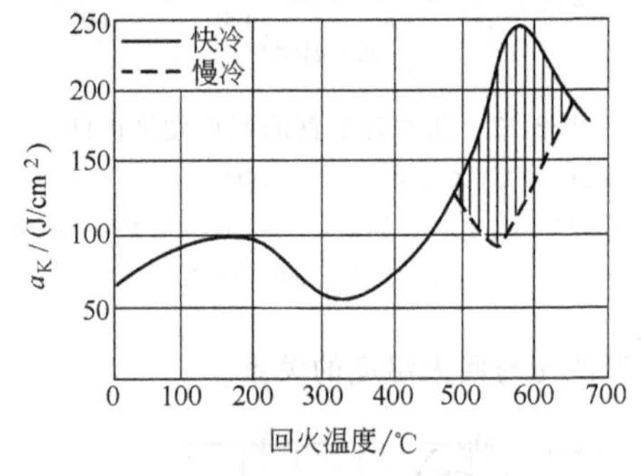

图 3-19 Ni-Cr 钢的冲击韧度与回火温度的关系

注：w(C)为 0.3%，w(Cr)为 1.47%，w(Ni)为 3.4%。

表 3-39 常用钢产生回火脆性的温度范围 （单位:℃）

牌号	第一类回火脆性	第二类回火脆性
30Mn2	250～350	500～550
20MnV	300～360	
35SiMn		500～650
15MnVB	250～350	
20MnVB	200～260	≈520
40MnVB	200～350	500～600
40Cr	300～370	450～650

（续）

牌号	第一类回火脆性	第二类回火脆性
38CrSi	250～350	450～550
35CrMo	250～400	无明显脆性
20CrMnMo	250～350	
30CrMnTi		400～450
30CrMnSi	250～380	460～650
20CrNi3A	250～350	450～550
12Cr2Ni4A	250～350	
37CrNi3	300～400	480～550
40CrNiMo	300～400	一般无脆性
38CrMoAlA	300～450	无脆性
50CrVA	200～300	
4CrW2Si	250～350	
5CrW2Si	300～400	
6CrW2Si	300～450	
3Cr2W8V		550～650
9SiCr	210～250	
CrWMn	250～300	
9Mn2V	190～230	
T8～T12	200～300	
GCr15	200～240	
12Cr13	520～560	
20Cr13	450～560	600～750
30Cr13	350～550	600～750
14Cr17Ni2	400～580	

3.3.4　回火操作

1）工件上不得黏附油、盐、污物等。

2）工件淬火后应及时回火，淬火和回火的间隔不要太长。有的工件甚至不冷至室温就应立即回火，以防止开裂。

3）钢的碳含量接近允许范围的上限时，回火温度应偏高些。

4）合金钢比碳钢的回火温度稍高些。

5）同一材料采用不同淬火冷却介质，淬水的工件应比淬油的回火温度高些。

6）同一材料、不同形状大小的工件，淬火后的硬度不同，淬火硬度较低的工件回火温度应稍低些。

7）在空气炉中回火应比在油炉或热浴炉中回火温度适当提高。

8）需多次回火的工件，每次回火后应冷至室温，再进行下一次回火。

9）在盐浴炉中回火时，工件与液面的距离应在20mm以上。

10）对于截面较大、形状复杂或高合金钢工件，应限制回火时的加热速度，以防内应力过大而导致工件开裂。

11）对于淬火后变形的工件，有些可用回火矫正法进行矫正的，应及时进行矫正。

3.3.5　常见回火缺陷与对策

常见回火缺陷的产生原因与对策见表3-40。

表3-40　常见回火缺陷的产生原因与对策

缺陷名称	产生原因	对策
回火硬度偏高	回火温度低	提高回火温度
	保温时间短	延长保温时间
回火硬度偏低	回火温度高	降低回火温度
	保温时间太短	按规定时间保温
	淬火组织中有非马氏体	改进淬火工艺,重新淬火
回火硬度不均	回火温度不均	采用有气流循环的设备回火
	装炉量太大	适当减小装炉量
回火畸变	由回火时消除内应力而引起	采用回火矫正法矫正
回火脆性	在回火脆性温度区间回火	避开第一类回火脆性区回火
	高温回火引起第二类回火脆性	高温回火后快速冷却
网状裂状	回火时加热速度太快,表面产生多向拉应力	采用较缓慢的加热速度
回火开裂	淬火后因未及时回火形成显微裂纹,在回火过程中发展为开裂	1)减小淬火应力 2)淬火后及时回火
表面腐蚀	工件淬火后表面附有残盐	淬火后及时清洗工件上的残盐

3.4　钢的感应穿透加热调质

利用感应加热对钢材棒料实行穿透加热淬火，并随之进行感应透热高温回火，即可在连续作业生产线上完成调质工艺。这种工艺方法对各类中碳钢（包括低合金钢）的中小截面尺寸的棒材、管材、轴类零件均适用，具有生产率高、畸变小、无氧化脱碳、不污染、生产过程易自动化等特点，特别适合于大批量生产。

1. 穿透加热频率的选择

根据电流透入深度与电流频率的关系式［见式（4-1）］，电流频率越低，电流透入深度越深。被加热圆棒直径 D 与电流透入深度 δ 的比值为 4 : 1 时，对应的电源电流频率称为临界频率。感应透热电源频率应尽量接近临界频率。电源频率低于临界频率时感应加热的效率太低，高于临界频率时电效率增加不大，但设备费用较高。

钢在不同温度有效加热的临界频率与工件尺寸的关系如图 3-20 所示。钢材透热时电流频率的选择见表 3-41。

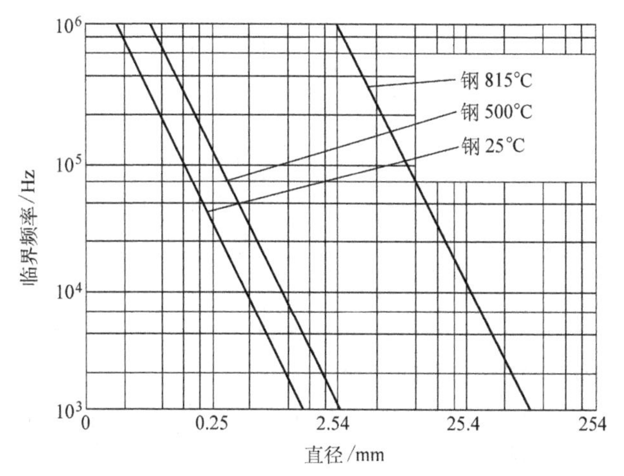

图 3-20 钢在不同温度有效加热的临界频率与工件尺寸的关系

表 3-41 钢材透热时电流频率的选择

直径/mm	频率/Hz	
	居里点以下温度时	居里点以上温度时
6~12	3000	450000
>12~25	960	10000
>25~38	960	3000~10000
>38~50	60	3000
>50~150	60	960
>150	60	≤60

由表 3-41 可见，钢件在居里点以下温度加热时，因电流透入深度浅，频率可以为居里点以上温度时的十几分之一。为提高加热效率，可采用双频加热，居里点以下温度采用频率低的电流加热，居里点以上温度时采用

频率高的电流。

钢管的穿透加热：钢管加热一般为透热，选择频率时，应使热态电流深度大于等于钢管壁厚。表3-42为不同频率下钢管加热到高于居里点时得到最高效率的最佳壁厚。

表3-42 不同频率下钢管加热到高于居里点时得到最高效率的最佳壁厚

频率/Hz	管径/mm									
	5	10	20	50	100	200	300	500	10000	20000
	最佳壁厚/mm									
50	—	—	—	—	—	—	25	15	7	3
150	—	—	—	—	—	25	10	5	2.1	1
500	—	—	—	—	20	5	2.5	1.5	0.75	0.3
1000	—	—	—	—	10	4	1.3	0.7	0.4	0.15
2400	—	—	—	10	3	1.5	0.6	0.3	0.13	—
4000	—	—	—	5	2	0.8	0.3	0.18	0.07	—
10000	—	—	5	1.8	0.7	0.35	0.13	0.08	—	—
70000	—	2	0.6	0.21	0.11	—	—	—	—	—
440000	0.6	0.2	0.09	—	—	—	—	—	—	—

2. 穿透加热设备功率的选择

在穿透加热时，工件的透热是在温度梯度的作用下，靠外层热量向截面中心的传导来实现的。由于工件表面温度太高，易使表面过热；温度太低，又会使加热效率显著下降；应选择适当的加热功率密度。表3-43列出了钢在不同频率和不同温度下穿透加热所需的功率密度。

表3-43 钢穿透加热所需的功率密度

频率/Hz	穿透加热温度/℃				
	150~425	>425~760	>760~980	>980~1095	>1095~1205
	功率密度/(W/cm^2)				
60	9	23	—	—	—
180	8	22	—	—	—
1000	6.2	18.6	77.5	155	217
3000	4.7	15.5	62.0	85.3	109
10000	3.1	12.4	46.5	69.8	85

注：此表是在设备频率合适、总工作效率正常情况下得出的数据，适用于截面尺寸为12~50mm工件的淬火和回火加热。

在感应加热调质处理生产线上，穿透加热电源的功率 P（kW）可用下式表示：

$$P = GQ/\eta \tag{3-13}$$

式中　G——每小时的生产能力（kg/h）；

Q——加热单位质量工件所需能量（kW·h/kg），如图 3-21 所示；

η——加热效率。

透热过程与钢的热导率［W/(mm·℃)］及感应热系数 K_T［W/(mm·℃)］有关。圆棒工件的 d/h 值与 K_T 及热导率的关系如图 3-22 所示。

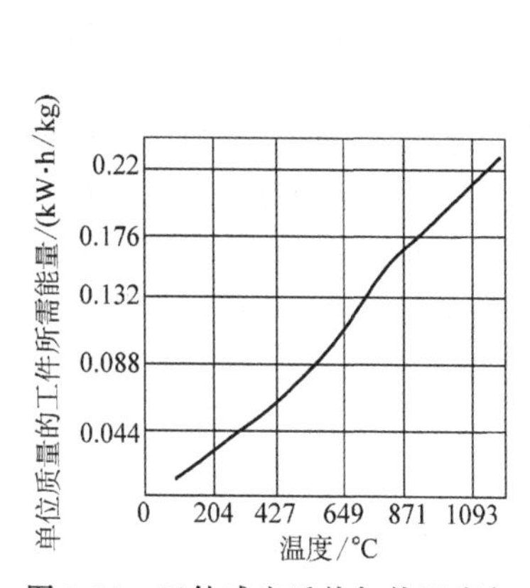

图 3-21　工件感应透热加热温度与单位质量工件所需能量的关系

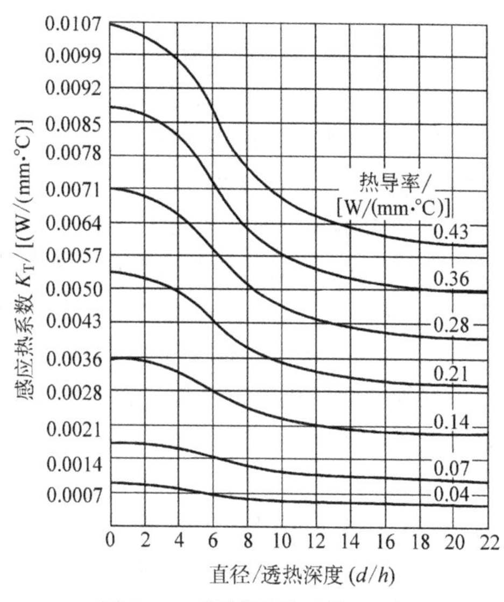

图 3-22　钢制圆棒工件 K_T 与 d/h 值及热导率的关系

利用图 3-22 求透热功率的步骤如下：

1）选择加热频率。

2）计算加热圆棒形工件 d/h 值，d/h 为 1～4。

3）求感应热系数 K_T。根据圆棒工件加热时的热导率及 d/h 值，在图 3-22 中查出对应的感应热系数 K_T。

4）计算单位长度工件所需功率 P_L：

$$P_L = K_T(t_s - t_c) \tag{3-14}$$

式中 P_L——单位长度工件所需功率（W/mm）；

t_s——表面温度（℃）；

t_c——中心温度（℃）。

5）考虑到设备及感应器的效率 η，加热单位长度工件所需功率等于 P_L/η。

6）加热单位长度工件所需功率乘以加热长度即为设备功率。

3. 应用实例

（1）地质钻杆中频感应加热调质处理

1）钻杆材质与规格。钢管为35CrMo钢，规格为 ϕ71mm×6500mm，壁厚为5.5mm。

2）技术要求。力学性能要求：回火后 $R_m \geqslant 950$MPa，$R_{eL} \geqslant 850$MPa，$A \geqslant 12\%$。热处理后直线度误差≤0.7mm/m。

3）中频感应加热调质工艺及设备。感应调质工艺为：淬火温度为850~950℃，回火温度为550~650℃。按2t/h处理产量设计，淬火加热中频功率为650kW，回火加热中频功率为350kW。

4）效果。钢管感应加热调质处理的力学性能明显优于普通电阻炉加热。R_m、R_{eL} 及 A 分别提高5.1%~29.1%、15.1%~19.7%和11.5%~22.2%。感应加热调质处理钢管表面硬度偏差值在2HRC以内。感应加热调质钢管表面氧化脱碳轻微，质量优良。能源消耗方面，电阻炉加热调质处理能源消耗高达750~850kW·h/t，而感应加热调质处理能源消耗为490~510kW·h/t，可节能40%左右。

（2）厚壁钢管感应加热调质处理

1）钢管材质与规格。42CrMnMo钢管，ϕ170mm×6100mm×47mm（壁厚）。

2）技术要求。感应加热调质处理。

3）感应设备与感应器。在1050kW/100~280V的卧式感应淬火机床上进行感应调质处理。感应圈为单层结构，采用偏心异形铜管，并采用由高硅冷轧有取向的优质硅钢片制成的Π形导磁体，以增加磁导率。

4）感应加热工艺。采取连续加热方式；感应淬火温度为890~930℃；淬火移动速度为190mm/min；感应回火温度为655~690℃，回火移动速度为165mm/min。

5）效果。调质后各项力学性能指标均满足标准要求。

3.5 冷处理

冷处理就是将淬火冷却到室温的工件继续冷却至0℃以下，使残留奥氏体转变为马氏体的处理方法，是工件淬火的后续处理。根据处理温度的不同，冷处理可分为冰冷处理（0~-80℃），中冷处理（-80~-150℃）和深冷处理（-150~-200℃）三种。

淬火钢通过冷处理来消除残留奥氏体，可以达到以下目的：①提高淬火钢的硬度；②稳定工件尺寸，防止在保管和使用中发生畸变；③提高钢的铁磁性；④提高渗碳工件的疲劳性能。

冷处理适用于要求硬度高、耐磨性好的精密工件。

3.5.1 冷处理工艺

钢的冷处理温度，一般选在该钢种的马氏体转变终了点 *Mf* 附近。温度过高，转变的马氏体量少，效果差；温度过低，不经济。

常用冷处理工艺见表3-44。

表3-44　常用冷处理工艺（GB/T 25743—2010）

性能要求	工件形状	降温速度/(℃/min)	温度/℃	时间/h
提高硬度、耐磨性（一般）	一般形状	2.5~6.0	-70~-100	1~2
	复杂形状	0.5~2.5		
提高硬度、耐磨性（特殊）	一般形状	2.5~6.0	-120~-190	1~4
	复杂形状	0.5~2.5		
提高尺寸稳定性（一般）	一般形状	2.5~6.0	-70~-100	1~2
	复杂形状	0.5~2.5		
提高尺寸稳定性（特殊）	一般形状	2.5~6.0	-120~-150	1~4
	复杂形状	0.5~2.5		

1. 冷处理温度

常用的冷处理温度一般在-20~-80℃之间，刃具模具用非合金钢为-20~-50℃，合金工具钢在-40~-80℃之间。对于一些特殊工件可采用更低的冷处理温度。表3-45中列出了常用钢种的 *Ms* 点和 *Mf* 点及冷处理后的效果。

2. 保温时间

一般在成批处理时，保温时间为0.5~2h。当工件与制冷剂直接接触时，保温时间为0.5~1h；非直接接触时，可保温1~2h。

表 3-45　常用钢种的 Ms 点和 Mf 点及冷处理效果

钢　号	转变温度/℃		淬火后残留奥氏体量[2]（体积分数,%）		冷到 Mf 温度后增加的硬度 HRC
	Ms[1]	Mf	+20℃	冷到 Mf	
T7	300~250	-50	3~5	1	0.5
T8	250~230	-55	3~8	1~6	<1.0
T9	225~210	-55	5~12	3~10	1~1.5
T10	210~175	-60	6~18	4~12	1.5~3.0
T12	175~160	-70	10~25	5~14	3~4
9SiCr	210~185	-60	6~17	4~12	1.5~2.5
GCr15	180~145	-90	9~28	4~14	3~6
CrWMn	150~120	-110	13~45	2~17	<10
CrMn	120~100	-120	22~60	≤20	<15
15Cr、20Cr	175~150	-85	10~25	5~12	3~5
20Cr3	140~120	-100	17~40	≤15	<10
60Mn、65Mn、70Mn	290~230	-55	≤8	≤6	<1.0
Cr09	175~150	-85	10~27	5~14	2~4
7Cr	280~230	-55	3~10	1~8	1.0
9Cr	220~180	-70	6~18	4~13	1.0~2.5
7Cr3	240~185	-60	4~17	2~12	1.0~2.5
15Ni2A[3]	160~140	-95	12~30	3~14	4~7

① Ms 点温度范围的变化是由于钢发生化学成分的波动而引起的。

② 在保证形成均匀奥氏体的淬火温度淬火后，得到的残留奥氏体量（淬火冷却介质为通常适合于该类钢的淬火冷却介质）。

③ 指该钢渗碳层。

对于圆截面工件，保温时间按下式计算：

$$\tau = DCT_{终}/(T_{冷}+30) \tag{3-15}$$

对于方截面工件，保温时间按下式计算：

$$\tau = 2DCT_{终}/(T_{冷}+30) \tag{3-16}$$

式中　τ——保温时间（min）；

D——工件有效厚度（mm）；

C——常数，工件与制冷剂直接交换热量时 $C=1$，通过空气交换热量时 $C=1.15\sim1.20$；

$T_{终}$——工件最终处理温度（℃）；

$T_{冷}$——制冷剂的温度（℃）。

工件的冷处理应在淬火后立即进行，时间间隔一般不得超过0.5~1h。对于形状复杂的高合金钢工件，为防止其冷处理时开裂，也可在回火后进行冷处理，然后再进行一次低温回火。

工件经冷处理后必须及时回火，以获得稳定的回火马氏体，并使残留奥氏体进一步转变。

3. 制冷剂

制冷剂是使淬火工件冷却至低于0℃或更低温度（如-78~-196℃）所使用的介质。部分制冷剂的物理化学特性见表3-46。

表3-46　部分制冷剂的物理化学特性

编号	化学名称	化学分子式	摩尔质量/(g/mol)	标准沸点/℃	沸点时的比能/(kJ/kg)	沸点时的比热容/[kJ/(kg·K)]
R11	三氯-氟甲烷	CCl_3F	137.4	24		
R12	二氯二氟甲烷	CCl_2F_2	120.9	-30	167.318	
R13	氯三氟甲烷	$CClF_3$	104.5	-81		
R14	四氟甲烷	CF_4	88.0	-128		
R21	二氯氟甲烷	$CHCl_2F$	102.9	9		
R22	氯二氟甲烷	$CHClF_2$	86.5	-41	233.676	
R23	三氟甲烷	CHF_3	70.0	-82	978.219	
R170	乙烷	CH_3CH_3	30.0	-89	485.344	2.998
R290	丙烷	$CH_3CH_2CH_3$	44.0	-42	426.768	2.223
R717	氨	NH_3	17.0	-33	1372.352	4.438
R728	氮	N_2	28.1	-196	199.075	2.009
R732	氧	O_2	32.0	-183	213.049	1.699
R744	二氧化碳	CO_2	44.0	-78	560.656	2.052

4. 回温

深冷件回温速度一般控制在2~10℃/min范围内。

深冷件一般回温至室温后移出冷处理设备，按工艺要求也可直接移出冷处理设备，在空气中自然回温。

冷处理次数一般为1次。

5. 深冷件的后处理

1）应去除深冷件表面的冷凝水分。

2）深冷件应及时回火，回火工艺及参数按工件性能要求而定。

3.5.2　冷处理后的性能

几种钢冷处理后的性能变化见表3-47。

表 3-47 几种钢冷处理后的性能变化

牌号	淬火温度/℃	冷处理温度/℃	马氏体增加量(体积分数,%)	硬度增量HRC	长度增量(%)
T8	780	0	1.2 0	0.6 0	— —
T10	780	0	1.6 0.4	1.5 0	— —
T12	780	-20	3.2 0.8	0.3 0.3	— —
CrMn	850	-50	11.7 10.6	2.0 1.5	0.299 0.231
CrWMn	820	-80	4.4 2.4	2.5 2.5	0.087 0.050
GCr15	850	-30	3.0 2.0	2.5 2.5	0.0499 0.0259
18Cr2Ni4WA	850	-85	24.0 22.0	3.8 3.8	0.211 0.161
	790	-50	4.0 1.0	1.3 1.2	0.0875 0.062
12Cr2Ni4A	850	-85	16.0 14.5	3.8 3.0	0.112 0.079
9SiCr	860~880	-70		0~1	
Cr06	780~800	-50		0~1	
Cr2	830~860	-70		1~2	

3.5.3 冷处理操作

1）认真清理工件，不得有水、油污、杂物等。

2）工件未冷至室温时，不得进行冷处理，以防工件开裂。

3）工件冷处理前，先用冷水冲洗数分钟，再放入冷冻室。

4）为减少冷却过程中的应力，对形状复杂及尺寸较大的工件，应在室温下装入冷却设备中，与设备一起冷至处理温度。

5）由于冷处理使工件的内应力增加，工件处理后应在空气中使其缓慢升温至室温后，再行回火。

6）操作中应穿戴劳动保护用品，用长柄工具取放工件，防止冻伤。

7）水、油与液态氧接触时会发生激烈反应而爆炸，应严格禁止。

8）必须防止制冷剂的泄漏。

3.6　钢的热处理工艺参数及力学性能

3.6.1　优质碳素结构钢的热处理工艺参数及力学性能

1. 优质碳素结构钢的临界温度、退火与正火工艺参数（见表 3-48）

表 3-48　优质碳素结构钢的临界温度、退火与正火工艺参数

牌号	临界温度/℃						退火		正火	
	Ac_1	Ar_1	Ac_3	Ar_3	Ms	Mf	温度/℃	硬度 HBW	温度/℃	硬度 HBW
08	732	680	874	854	480		900~930		920~940	≤137
10	724	682	876	850			900~930	≤137	900~950	≤143
15	735	685	863	840	450		880~960	≤143	900~950	≤143
20	735	680	855	835			800~900	≤156	920~950	≤156
25	735	680	840	824	380		860~880		870~910	≤170
30	732	677	813	796	380		850~900		850~900	≤179
35	724	680	802	774	350	190	850~880	≤187	850~870	≤187
40	724	680	790	760	310	65	840~870	≤187	840~860	≤207
45	724	682	780	751	330	50	800~840	≤197	850~870	≤217
50	725	690	760	720	300	50	820~840	≤229	820~870	≤229
55	727	690	774	755	290		770~810	≤229	810~860	≤255
60	727	690	766	743	265	-20	800~820	≤229	800~820	≤255
65	727	696	752	730	265		680~700	≤229	820~860	≤255
70	730	693	743	727	270	-40	780~820	≤229	800~840	≤269
75	725	690	745	727	230	-55	780~800	≤229	800~840	≤285
80	725	690	730	727	230	-55	780~800	≤229	800~840	≤285
85	723	690	737	695	220		780~800	≤255	800~840	≤302
15Mn	735	685	863	840					880~920	≤163
20Mn	735	682	854	835	420		900	≤179	900~950	≤197
25Mn	735	680	830	800					870~920	≤207
30Mn	734	675	812	796	345		890~900	≤187	900~950	≤217
35Mn	734	675	812	796	345		830~880	≤197	850~900	≤229
40Mn	726	689	790	768			820~860	≤207	850~900	≤229
45Mn	726	689	790	768			820~850	≤217	830~860	≤241
50Mn	720	660	760	754	304		800~840	≤217	840~870	≤255
60Mn	727	689	765	741	270	-55	820~840	≤229	820~840	≤269
65Mn	726	689	765	741	270		775~800	≤229	830~850	≤269
70Mn	721	670	740							

注：退火冷却方式为炉冷，正火冷却方式为空冷。

2. 优质碳素结构钢的淬火与回火工艺参数（见表3-49）

表3-49 优质碳素结构钢淬火与回火工艺参数

牌号	淬火			回火							
	温度/℃	冷却介质	硬度HRC	不同温度回火后的硬度HRC							
				150℃	200℃	300℃	400℃	500℃	550℃	600℃	650℃
20	870~900	水或盐水	≥140HBW	170HBW	165HBW	158HBW	152HBW	150HBW	147HBW	144HBW	
25	860	水或盐水	≥380HBW	380HBW	370HBW	310HBW	270HBW	235HBW	225HBW	<200HBW	
30	860	水或盐水	≥44	43	42	40	30	20	18		
35	860	水或盐水	≥50	49	48	43	35	26	22	20	
40	840	水	≥55	55	53	48	42	34	29	23	20
45	840	水或油	≥59	58	55	50	41	33	26	22	
50	830	水或油	≥59	58	55	50	41	33	26	22	
55	820	水或油	≥63	63	56	50	45	34	30	24	21
60	820	水或油	≥63	63	56	50	45	34	30	24	21
65	800	水或油	≥63	63	58	50	45	37	32	28	24
70	800	水或油	≥63	63	58	50	45	37	32	28	24
75	800	水或油	≥55	55	53	50	45	35			
80	800	水或油	≥63	63	61	52	47	39	32	28	24
85	780~820	油	≥63	63	61	52	47	39	32	28	24
30Mn	850~900	水	49~53								
35Mn	850~880	油或水	50~55								
40Mn	800~850	油或水	53~58								
45Mn	810~840	油或水	54~60								
50Mn	780~840	油或水	54~60								
60Mn	810	油	57~64	61	58	54	47	39	34	28	25
65Mn	810	油	57~64	61	58	54	47	39	34	28	25
70Mn	780~800	油	≥62	>62	62	55	46	37			

3. 优质碳素结构钢的力学性能（见表 3-50）

表 3-50　优质碳素结构钢的力学性能（GB/T 699—2015）

牌号	试样毛坯尺寸[1] /mm	推荐的热处理工艺[2]			力学性能					交货硬度 HBW	
		正火	淬火	回火	抗拉强度 R_m /MPa	下屈服强度 R_{eL}[3] /MPa	断后伸长率 A (%)	断面收缩率 Z (%)	冲击吸收能量 KU_2/J	未热处理钢	退火钢
		温度/℃			≥					≤	
08	25	930	—	—	325	195	33	60		131	
10	25	930	—	—	335	205	31	55		137	
15	25	920	—	—	375	225	27	55		143	
20	25	910	—	—	410	245	25	55		156	
25	25	900	870	600	450	275	23	50	71	170	
30	25	880	860	600	490	295	21	50	63	179	
35	25	870	850	600	530	315	20	45	55	197	
40	25	860	840	600	570	335	19	45	47	217	187
45	25	850	840	600	600	355	16	40	39	229	197
50	25	830	830	600	630	375	14	40	31	241	207
55	25	820	—	—	645	380	13	35		255	217
60	25	810	—	—	675	400	11	35		255	229
65	25	810	—	—	695	410	10	30		255	229
70	25	790	—	—	715	420	9	30		269	229
75	试样[4]	—	820	480	1080	880	7	30		285	241
80	试样[4]	—	820	480	1080	930	6	30		285	241
85	试样[4]	—	820	480	1130	980	6	30		302	255

（续）

牌号	试样毛坯尺寸[1] /mm	推荐的热处理工艺[2]			力学性能					交货硬度 HBW	
		正火	淬火	回火	抗拉强度 R_m /MPa	下屈服强度 R_{eL}[3] /MPa	断后伸长率 A（%）	断面收缩率 Z（%）	冲击吸收能量 KU_2/J	未热处理钢	退火钢
		温度/℃			≥					≤	
15Mn	25	920	—	—	410	245	26	55		163	
20Mn	25	910	—	—	450	275	24	50		197	
25Mn	25	900	870	600	490	295	22	50	71	207	
30Mn	25	880	860	600	540	315	20	45	63	217	187
35Mn	25	870	850	600	560	335	18	45	55	229	197
40Mn	25	860	840	600	590	355	17	45	47	229	207
45Mn	25	850	840	600	620	375	15	40	39	241	217
50Mn	25	830	830	600	645	390	13	40	31	255	217
60Mn	25	810	—	—	690	410	11	35		269	229
65Mn	25	830	—	—	735	430	9	30		285	229
70Mn	25	790	—	—	785	450	8	30		285	229

注：表中的力学性能适用于公称直径或厚度不大于 80mm 的钢棒。公称直径或厚度>80～250mm 的钢棒，允许其断后伸长率、断面收缩率比本表的规定分别降低 2%（绝对值）和 5%（绝对值）。公称直径或厚度>120～250mm 的钢棒允许改锻（轧）成 70～80mm 的试料取样检验，其结果应符合本表的规定。

① 钢棒尺寸小于试样毛坯尺寸时，用原尺寸钢棒进行热处理。

② 热处理温度允许调整范围：正火±30℃，淬火±20℃，回火±50℃；推荐保温时间，正火不少于 30min，空冷；淬火不少于 30min，75、80 和 85 钢油冷，其他钢棒水冷；600℃回火不少于 1h。

③ 当屈服现象不明显时，可用规定塑性延伸强度 $R_{p0.2}$ 代替。

④ 留有加工余量的试样，其性能为淬火+回火状态下的性能。

3.6.2　合金结构钢的热处理工艺参数及力学性能

1. 合金结构钢的临界温度、退火与正火工艺参数（见表 3-51）

表 3-51　合金结构钢的临界温度、退火及正火工艺参数

牌　　号	临界温度/℃						退火		正火	
	Ac_1	Ar_1	Ac_3	Ar_3	Ms	Mf	温度/℃	硬度 HBW	温度/℃	硬度 HBW
20Mn2	725	610	840	740	400		850～880	≤187	870～890	
30Mn2	718	627	804	727	360		830～860	≤207	840～880	
35Mn2	713	630	793	710	325		830～880	≤207	840～860	≤241
40Mn2	713	627	766	704	320		820～850	≤217	830～870	
45Mn2	711	640	765	704	320		810～840	≤217	820～860	187～241
50Mn2	710	596	760	680	320		810～840	≤229	820～860	206～241
20MnV	715	630	825	750	415		670～700	≤187	880～900	≤207
27SiMn	750		880	750	355		850～870	≤217	930	≤229
35SiMn	750	645	830		330		850～870	≤229	880～920	
42SiMn	765	645	820	715	330		830～850	≤229	860～890	≤244
20SiMn2MoV	830	740	877	816	312		710±2.0	≤269	920～950	
25SiMn2MoV	830	740	877	816	312		680～700	≤255	920～950	
37SiMn2MoV	729		823		314		870	269	880～900	
40B	730	690	790	727			840～870	≤207	850～900	
45B	725	690	770	720	280		780～800	≤217	840～890	
50B	725	690	755	719	253		800～820	≤207	880～950	≥20HRC
25MnB	725[1]		798[2]		385[3]					
35MnB	725[1]		780[2]		343[3]					
40MnB	730	650	780	700	325		820～860	≤207	860～920	≤229
45MnB	727		780				820～910	≤217	840～900	≤229
20MnMoB	740	690	850	750			680	≤207	900～950	≤217
15MnVB	730	645	850	765	430		780	≤207	920～970	149～179
20MnVB	720	635	840	770	435		700±10	≤207	880～900	≤207
40MnVB	740	645	786	720	300		830～900	≤207	860～900	≤229
20MnTiB	720	625	843	795	395				900～920	143～149
25MnTiBRE	708	605	810	705	391		670～690	≤229	920～960	≤217
15Cr	766	702	838	799			860～890	≤179	870～900	≤197
20Cr	766	702	838	799	390		860～890	≤179	870～900	≤197

（续）

牌　　号	临界温度/℃						退火		正火	
	Ac_1	Ar_1	Ac_3	Ar_3	Ms	Mf	温度/℃	硬度 HBW	温度/℃	硬度 HBW
30Cr	740	670	815		355		830~850	≤187	850~870	
35Cr	740	670	815		365		830~850	≤207	850~870	
40Cr	743	693	782	730	355		825~845	≤207	850~870	≤250
45Cr	721	660	771	693	355		840~850	≤217	830~850	≤320
50Cr	721	660	771	692	250		840~850	≤217	830~850	≤320
38CrSi	763	680	810	755	330		860~880	≤255	900~920	≤350
12CrMo	720	695	880	790					900~930	
15CrMo	745	695	845	790	435		600~650		910~940	
20CrMo	743		818	746	400		850~860	≤197	880~920	
25CrMo	750	665	830	745	365					
30CrMo	757	693	807	763	345		830~850	≤229	870~900	≤400
35CrMo	755	695	800	750	371		820~840	≤229	830~870	241~286
42CrMo	730	690	800		310		820~840	≤241	850~900	
50CrMo	725		760		290					
12CrMoV	820		945				960~980	≤156	960~980	
35CrMoV	755	600	835				870~900	≤229	880~920	
12Cr1MoV	774~803	761~787	882~914	830~895	400		960~980	≤156	910~960	
25Cr2MoV	760	680~690	840	760~780	340				980~1000	
25Cr2Mo1V	780	700	870	790					1030~1050	
38CrMoAl	760	675	885	740	360		840~870	≤229	930~970	
40CrV	755	700	790	745	281		830~850	≤241	850~880	
50CrV	752	688	788	746	270		810~870	≤254	850~880	≈288
15CrMn	750	690	845		400		850~870	≤179	870~900	
20CrMn	765	700	838	798	360		850~870	≤187	870~900	≤350
40CrMn	740	690	775		350	170	820~840	≤229	850~870	
20CrMnSi	755	690	840				860~870	≤207	880~920	
25CrMnSi	760	680	880		305		840~860	≤217	860~880	

（续）

牌　　号	临界温度/℃						退火		正火	
	Ac_1	Ar_1	Ac_3	Ar_3	Ms	Mf	温度/℃	硬度 HBW	温度/℃	硬度 HBW
30CrMnSi	760	670	830	705	360		840~860	≤217	880~900	
35CrMnSi	700	700	830	755	330		840~860	≤229	890~910	≤218
20CrMnMo	710	620	830	740	249		850~870	≤217	880~930	190~228
40CrMnMo	735	680	780		246		820~850	≤241	850~880	≤321
20CrMnTi	715	625	843	795	360		680~720	≤217	950~970	156~217
30CrMnTi	765	660	790	740					950~970	156~216
20CrNi	733	666	804	790	410		860~890	≤197	880~930	≤197
40CrNi	731	660	769	702	305		820~850	≤207	840~860	≤250
45CrNi	725	680	775		310		840~850	≤217	850~880	≤219
50CrNi	735	657	750	690	300		820~850	≤207	870~900	
12CrNi2	732	671	794	763	395		840~880	≤207	880~940	≤207
34CrNi2	738①		790②		338③					
12CrNi3	720	600	810	715	409		870~900	≤217	885~940	
20CrNi3	700	500	760	630	340		840~860	≤217	860~890	
30CrNi3	699	621	749	649	320		810~830	≤241	840~860	
37CrNi3	710	640	770		310		790~820	179~241	840~860	
12Cr2Ni4	720	605	800	660	390	245	650~680	≤269	890~940	187~255
20Cr2Ni4	705	580	765	640	395		650~670	≤229	860~900	
15CrNiMo	740①		812②		423③					
20CrNiMo	725		810		396		600	≤197	900	
30CrNiMo	730		775		340					
30Cr2Ni2Mo	740		780		350					
30Cr2Ni4Mo	706①		768④		307③					
34Cr2Ni2Mo	750		790		350					
35Cr2Ni4Mo	720		765		278③					
40CrNiMo	720		790	680	308		840~880	≤269	860~920	
40CrNi2Mo	680		775		300					
18CrMnNiMo	730	490	795	690	380					
45CrNiMoV	740	650	770		250		840~860	20~23HRC	870~890	23~33HRC
18Cr2Ni4W	700	350	810	400	310				900~980	≤415
25Cr2Ni4W	700	300	720		180~200				900~950	≤415

注：1. 退火冷却方式：25SiMn2MoV 为堆冷，20MnVB、20CrMnTi、50CrNi 为炉冷至600℃空冷，15CrMo 为空冷，其余为炉冷

2. 正火冷却方式均为空冷。

① $Ac_1=723+25w(\mathrm{Si})+15w(\mathrm{Cr})+30w(\mathrm{W})+40w(\mathrm{Mo})+50w(\mathrm{V})-7w(\mathrm{Mn})-15w(\mathrm{Ni})$。

② $Ac_3=852-180w(\mathrm{C})-14w(\mathrm{Mn})-18w(\mathrm{Ni})-2w(\mathrm{Cr})+45w(\mathrm{Si})$。

③ $Ms=539-423w(\mathrm{C})-30.4w(\mathrm{Mn})-17.7w(\mathrm{Ni})-12.1w(\mathrm{Cr})-7.5w(\mathrm{Mo})$。

④ $Ac_3=910-203\sqrt{w(\mathrm{C})}-15.2w(\mathrm{Ni})+44.7w(\mathrm{Si})+104w(\mathrm{V})+31.5w(\mathrm{Mo})+13.1w(\mathrm{W})$。

2. 合金结构钢的淬火与回火工艺参数（见表3-52）

表3-52　合金结构钢的淬火与回火工艺参数

牌号	淬火			回火							
	温度/℃	冷却介质	硬度HRC	不同温度回火后的硬度HRC							
				150℃	200℃	300℃	400℃	500℃	550℃	600℃	650℃
20Mn2	860~880	水	>40								
30Mn2	820~850	油	≥49	48	47	45	36	26	24	18	11
35Mn2	820~850	油	≥57	57	56	48	38	34	23	17	15
40Mn2	810~850	油	≥58	58	56	48	41	33	29	25	23
45Mn2	810~850	油	≥58	58	56	48	43	35	31	27	19
50Mn2	810~840	油	≥58	58	56	49	44	35	31	27	20
20MnV	880	油									
27SiMn	900~920	油	≥52	52	50	45	42	33	28	24	20
35SiMn	880~900	油	≥55	55	53	49	40	31	27	23	20
42SiMn	840~900	油	≥55	55	50	47	45	35	30	27	22
20SiMn2MoV	890~920	油或水	≥45								
25SiMn2MoV	880~910	油或水	≥46		200~250℃ ≥45						
37SiMn2MoV	850~870	油或水	56					44	40	33	24
40B	840~860	盐水或油				48	40	30	28	25	22
45B	840~870	盐水或油				50	42	37	34	31	29
50B	840~860	油	52~58	56	55	48	41	31	28	25	20
25MnB	850	油									
35MnB	850	油									
40MnB	820~860	油	≥55	55	54	48	38	31	29	28	27
45MnB	840~860	油	≥55	54	52	44	38	34	31	26	23
20MnMoB	860~880	油	≥46	46	45	41	40	38	35	31	22
15MnVB	860~880	油	38~42	38	36	34	30	27	25	24	
20MnVB	860~880	油									
40MnVB	840~880	油或水	>55	54	52	45	35	31	30	27	22
20MnTiB	860~890	油	≥47	47	47	46	42	40	39	38	
25MnTiBRE	840~870	油	≥43								

（续）

牌号	淬火			回火							
	温度/℃	冷却介质	硬度HRC	不同温度回火后的硬度 HRC							
				150℃	200℃	300℃	400℃	500℃	550℃	600℃	650℃
15Cr	870	水	>35	35	34	32	28	24	19	14	
20Cr	860~880	油或水	>28	28	26	25	24	22	20	18	15
30Cr	840~860	油	>50	50	48	45	35	25	21	14	
35Cr	860	油	48~56								
40Cr	830~860	油	>55	55	53	51	43	34	32	28	24
45Cr	820~850	油	>55	55	53	49	45	33	31	29	21
50Cr	820~840	油	>56	56	55	54	52	40	37	28	18
38CrSi	880~920	油或水	57~60	57	56	54	48	40	37	35	29
12CrMo	900~940	油									
15CrMo	910~940	油									
20CrMo	860~880	水或油	≥33	33	32	28	28	23	20	18	16
25CrMo	860~880	水或油									
30CrMo	850~880	水或油	>52	52	51	49	44	36	32	27	25
35CrMo	850	油	>55	55	53	51	43	34	32	28	24
42CrMo	840	油	>55	55	54	53	46	40	38	35	31
50CrMo	840	油									
12CrMoV	900~940	油									
35CrMoV	880	油	>50	50	49	47	43	39	37	33	25
12Cr1MoV	960~980	水冷后油冷	>47								
25Cr2MoV	910~930	油						41	40	37	32
25Cr2Mo1V	1040	空气									
38CrMoAl	940	油	>56	56	55	51	45	39	35	31	28
40CrV	850~880	油	≥56	56	54	50	45	35	30	28	25
50CrV	830~860	油	>58	57	56	54	46	40	35	33	29
15CrMn		油	44								

（续）

牌号	淬火			回火							
	温度/℃	冷却介质	硬度HRC	不同温度回火后的硬度HRC							
				150℃	200℃	300℃	400℃	500℃	550℃	600℃	650℃
20CrMn	850~920	油或水淬油冷	≥45								
40CrMn	820~840	油	52~60						34	28	
20CrMnSi	880~910	油或水	≥44	44	43	44	40	35	31	27	20
25CrMnSi	850~870	油									
30CrMnSi	860~880	油	≥55	55	54	49	44	38	34	30	27
35CrMnSi	860~890	油	≥55	54	53	45	42	40	35	32	28
20CrMnMo	850	油	>46	45	44	43	35				
40CrMnMo	840~860	油	>57	57	55	50	45	41	37	33	30
20CrMnTi	880	油	42~46	43	41	40	39	35	30	25	17
30CrMnTi	880	油	>50	49	48	46	44	37	32	26	23
20CrNi	855~885	油	>43	43	42	40	26	16	13	10	8
40CrNi	820~840	油	>53	53	50	47	42	33	29	26	23
45CrNi	820	油	>55	55	52	48	38	35	30	25	
50CrNi	820~840	油	57~59								
12CrNi2	850~870	油	>33	33	32	30	28	23	20	18	12
34CrNi2	840	油									
12CrNi3	860	油	>43	43	42	41	39	31	28	24	20
20CrNi3	820~860	油	>48	48	47	42	38	34	30	25	
30CrNi3	820~840	油	>52	52	50	45	42	35	29	26	22
37CrNi3	830~860	油	>53	53	51	47	42	36	33	30	25
12Cr2Ni4	760~800	油	>46	46	45	41	38	35	33	30	
20Cr2Ni4	840~860	油									
15CrNiMo	850	油									
20CrNiMo	850	油									
30CrNiMo	850	油									
30Cr2Ni2Mo	850	油									
30Cr2Ni4Mo	850	油									
34Cr2Ni2Mo	850	油									
35Cr2Ni4Mo	850	油									
40CrNiMo	840~860	油	>55	55	54	49	44	38	34	30	27
40CrNi2Mo	850	油						46	44	40	36
18CrMnNiMo	830	油									
45CrNiMoV	860~880	油	55~58		55	53	51	45	43	38	32
18Cr2Ni4W	850	油	>46	42	41	40	39	37	28	24	22
25Cr2Ni4W	850	油	>49	48	47	42	39	34	31	27	25

3. 合金结构钢的力学性能（见表 3-53）

表 3-53 合金结构钢的力学性能（GB/T 699—2015）

牌号	试样毛坯尺寸①/mm	推荐的热处理工艺					纵向力学性能					供货状态为退火或高温回火钢棒布氏硬度 HBW
		淬火			回火		抗拉强度 R_m/MPa	下屈服强度 R_{eL}②/MPa	断后伸长率 A（%）	断面收缩率 Z（%）	冲击吸收能量 $KU_2$③/J	
		温度/℃		冷却介质	温度/℃	冷却介质	≥					≤
		第1次淬火	第2次淬火									
20Mn2	15	850	—	水、油	200	水、空气	785	590	10	40	47	187
		880	—	水、油	440	水、空气						
30Mn2	25	840	—	水	500	水	785	635	12	45	63	207
35Mn2	25	840	—	水	500	水	835	685	12	45	55	207
40Mn2	25	840	—	水、油	540	水	885	735	12	45	55	217
45Mn2	25	840	—	油	550	水、油	885	735	10	45	47	217
50Mn2	25	820	—	油	550	水、油	930	785	9	40	39	229
20MnV	15	880	—	水、油	200	水、空气	785	590	10	40	55	187
27SiMn	25	920	—	水	450	水、油	980	835	12	40	39	217
35SiMn	25	900	—	水	570	水、油	885	735	15	45	47	229
42SiMn	25	880	—	水	590	水	885	735	15	40	47	229
20SiMn2MoV	试样	900	—	油	200	水、空气	1380		10	45	55	269
25SiMn2MoV	试样	900	—	油	200	水、空气	1470		10	40	47	269
37SiMn2MoV	25	870	—	水、油	650	水、空气	980	835	12	50	63	269
40B	25	840	—	水	550	水	785	635	12	45	55	207
45B	25	840	—	水	550	水	835	685	12	45	47	217
50B	20	840	—	油	600	空气	785	540	10	45	39	207
25MnB	25	850	—	油	500	水、油	835	635	10	45	47	207
35MnB	25	850	—	油	500	水、油	930	735	10	45	47	207

（续）

牌号	试样毛坯尺寸①/mm	推荐的热处理工艺					纵向力学性能					供货状态为退火或高温回火钢棒布氏硬度 HBW
		淬火			回火		抗拉强度 R_m/MPa	下屈服强度 R_{eL}②/MPa	断后伸长率 A(%)	断面收缩率 Z(%)	冲击吸收能量 $KU_2$③/J	
		温度/℃		冷却介质	温度/℃	冷却介质	≥					≤
		第1次淬火	第2次淬火									
40MnB	25	850	—	油	500	水、油	980	785	10	45	47	207
45MnB	25	840	—	油	500	水、油	1030	835	9	40	39	217
20MnMoB	15	880	—	油	200	油、空气	1080	885	10	50	55	207
15MnVB	15	860	—	油	200	水、空气	885	635	10	45	55	207
20MnVB	15	860	—	油	200	水、空气	1080	885	10	45	55	207
40MnVB	25	850	—	油	520	水、油	980	785	10	45	47	207
20MnTiB	15	860	—	油	200	水、空气	1130	930	10	45	55	187
25MnTiBRE	试样	860	—	油	200	水、空气	1380		10	40	47	229
15Cr	15	880	770~820	水、油	180	油、空气	685	490	12	45	55	179
20Cr	15	880	780~820	水、油	200	水、空气	835	540	10	40	47	179
30Cr	25	860	—	油	500	水、油	885	685	11	45	47	187
35Cr	25	860	—	油	500	水、油	930	735	11	45	47	207
40Cr	25	850	—	油	520	水、油	980	785	9	45	47	207
45Cr	25	840	—	油	520	水、油	1030	835	9	40	39	217
50Cr	25	830	—	油	520	水、油	1080	930	9	40	39	229
38CrSi	25	900	—	油	600	水、油	980	835	12	50	55	255
12CrMo	30	900	—	空气	650	空气	410	265	24	60	110	179

15CrMo	30	900	—	空气	650	空气	440	295	22	60	94	179
20CrMo	15	880	—	水、油	500	水、油	885	685	12	50	78	197
25CrMo	25	870	—	水、油	600	水、油	900	600	14	55	68	229
30CrMo	15	880	—	油	540	水、油	930	735	12	50	71	229
35CrMo	25	850	—	油	550	水、油	980	835	12	45	63	229
42CrMo	25	850	—	油	560	水、油	1080	930	12	45	63	229
50CrMo	25	840	—	油	560	水、油	1130	930	11	45	48	248
12CrMoV	30	970	—	空气	750	空气	440	225	22	50	78	241
35CrMoV	25	900	—	油	630	水、油	1080	930	10	50	71	241
12Cr1MoV	30	970	—	空气	750	空气	490	245	22	50	71	179
25Cr2MoV	25	900	—	油	640	空气	930	785	14	55	63	241
25Cr2Mo1V	25	1040	—	空气	700	空气	735	590	16	50	47	241
38CrMoAl	30	940	—	水、油	640	水、油	980	835	14	50	71	229
40CrV	25	880	—	油	650	水、油	885	735	10	50	71	241
50CrV	25	850	—	油	500	水、油	1280	1130	10	40		255
15CrMn	15	880	—	油	200	水、空气	785	590	12	50	47	179
20CrMn	15	850	—	油	200	水、空气	930	735	10	45	47	187
40CrMn	25	840	—	油	550	水、油	980	835	9	45	47	229
20CrMnSi	25	880	—	油	480	水、油	785	635	12	45	55	207
25CrMnSi	25	880	—	油	480	水、油	1080	885	10	40	39	217

（续）

牌号	试样毛坯尺寸①/mm	推荐的热处理工艺					纵向力学性能					供货状态为退火或高温回火钢棒布氏硬度 HBW
		淬火			回火		抗拉强度 R_m/MPa	下屈服强度 R_{eL}②/MPa	断后伸长率 A（%）	断面收缩率 Z（%）	冲击吸收能量 $KU_2$③/J	
		温度/℃		冷却介质	温度/℃	冷却介质	≥					≤
		第1次淬火	第2次淬火									
30CrMnSi	25	880	—	油	540	水、油	1080	835	10	45	39	229
35CrMnSi	试样	加热到880℃，于280~310℃等温淬火					1620	1280	9	40	31	241
	试样	950	890	油	230	空气、油						
20CrMnMo	15	850	—	油	200	水、空气	1180	885	10	45	55	217
40CrMnMo	25	850	—	油	600	水、油	980	785	10	45	63	217
20CrMnTi	15	880	870	油	200	水、空气	1080	850	10	45	55	217
30CrMnTi	试样	880	850	油	200	水、空气	1470		9	40	47	229
20CrNi	25	850	—	水、油	460	水、油	785	590	10	50	63	197
40CrNi	25	820	—	油	500	水、油	980	785	10	45	55	241
45CrNi	25	820	—	油	530	水、油	980	785	10	45	55	255
50CrNi	25	820	—	油	500	水、油	1080	835	8	40	39	255
12CrNi2	15	860	780	水、油	200	水、空气	785	590	12	50	63	207
34CrNi2	25	840	—	水、油	530	水、油	930	735	11	45	71	241
12CrNi3	15	860	780	油	200	水、空气	930	685	11	50	71	217
20CrNi3	25	830	—	水、油	480	水、油	930	735	11	55	78	241
30CrNi3	25	820	—	油	500	水、油	980	785	9	45	63	241
37CrNi3	25	820	—	油	500	水、油	1130	980	10	50	47	269
12Cr2Ni4	15	860	780	油	200	水、空气	1080	835	10	50	71	269
20Cr2Ni4	15	880	780	油	200	水、空气	1180	1080	10	45	63	269

15CrNiMo	15	850	—	油	200	空气	930	750	10	40	46	197
20CrNiMo	15	860	—	油	200	空气	980	785	9	40	47	197
30CrNiMo	25	850	—	油	500	水、油	980	785	10	50	63	269
40CrNiMo	25	850	—	油	600	水、油	980	835	12	55	78	269
40CrNi2Mo	25	正火 890	850	油	560~580	空气	1050	980	12	45	48	269
	试样	正火 890	850	油	220 两次回火	空气	1790	1500	6	25		
30Cr2Ni2Mo	25	850	—	油	520	水、油	980	835	10	50	71	269
34Cr2Ni2Mo	25	850	—	油	540	水、油	1080	930	10	50	71	269
30Cr2Ni4Mo	25	850	—	油	560	水、油	1080	930	10	50	71	269
35Cr2Ni4Mo	25	850	—	油	560	水、油	1130	980	10	50	71	269
18CrMnNiMo	15	830	—	油	200	空气	1180	885	10	45	71	269
45CrNiMoV	试样	860	—	油	460	油	1470	1330	7	35	31	269
18Cr2Ni4W	15	950	850	空气	200	水、空气	1180	835	10	45	78	269
25Cr2Ni4W	25	850	—	油	550	水、油	1080	930	11	45	71	269

注：1. 表中所列热处理温度允许调整范围：淬火温度±15℃，低温回火温度±20℃，高温回火温度±50℃。

2. 硼钢在淬火前可先经正火，正火温度应不高于其淬火温度，铬锰钛钢第一次淬火可用正火代替。

① 钢棒尺寸小于试样毛坯尺寸时，用原尺寸钢棒进行热处理。

② 当屈服现象不明显时，可用规定塑性延伸强度 $R_{p0.2}$ 代替。

③ 直径小于 16mm 的圆钢和厚度小于 12mm 的方钢、扁钢，不做冲击试验。

3.6.3 弹簧钢的热处理工艺参数及力学性能

1. 弹簧钢的临界温度、退火与正火工艺参数（见表 3-54）

表 3-54 弹簧钢的临界温度、退火与正火工艺参数

牌号	临界温度/℃						退火		正火	
	Ac_1	Ar_1	Ac_3	Ar_3	Ms	Mf	温度/℃	硬度HBW	温度/℃	硬度HBW
65	727	696	752	730	265		680~700	≤210	820~860	
70	730	693	743	727	270	-40	780~820	≤255	800~840	≤275
80	725	690			230	-55	780~800	≤229	800~840	≤285
85	723		737	695	220		780~800	≤229	800~840	
65Mn	726	689	765	741	270		780~840	≤229	820~860	≤269
70Mn	721	670	740						790±30	
28SiMnB	730		818		408	209			880~920	
40SiMnVBE	736①		838②		320③					
55SiMnVB	750	670	775	700			800~840		840~880	
38Si2	763①		853②		348③					
60Si2Mn	755	700	810	770	305		750	≤222	830~860	≤302
55CrMn	750	690	775		250		800~820	≤272	800~840	≤493
60CrMn	735①		765②		260③					
60CrMnB	735①		765②		260③					
60CrMnMo	700	655	805		255				900	
55SiCr	765①		825②		290③					
60Si2Cr	765	700	780						850~870	
56Si2MnCr	766①		834②		267③					
52SiCrMnNi	757①		814②		263③					
55SiCrV	763①		833②		273③					
60Si2CrV	770	710	780							
60Si2MnCrV	764①		841②		250③					
50CrV	752	688	788	746	300		810~870		850~880	≤288
51CrMn	734①		790②		278③					
52CrMnMoV	733①		793②		269③					
30W4Cr2V	820	690	840		400		740~780			

注：1. 退火冷却方式为炉冷。

2. 正火冷却方式为空冷。

① $Ac_1=723-10.7w(\mathrm{Mn})-16.9w(\mathrm{Ni})+29.1w(\mathrm{Si})+16.9w(\mathrm{Cr})+290w(\mathrm{As})+6.38w(\mathrm{W})$。

② $Ac_3=910-203\sqrt{w(\mathrm{C})}-15.2w(\mathrm{Ni})+44.7w(\mathrm{Si})+104w(\mathrm{V})+31.5w(\mathrm{Mo})+13.1w(\mathrm{W})$。

③ $Ms=539-423w(\mathrm{C})-30.4w(\mathrm{Mn})-17.7w(\mathrm{Ni})-12.1w(\mathrm{Cr})-7.5w(\mathrm{Mo})$。

2. 弹簧钢的淬火与回火工艺参数（见表 3-55）

表 3-55 弹簧钢的淬火与回火工艺参数

牌号	淬火			回火										
	温度/℃	冷却介质	硬度HRC	不同温度回火后的硬度值 HRC								常用回火温度/℃	冷却介质	硬度HRC
				150℃	200℃	300℃	400℃	500℃	550℃	600℃	650℃			
65	800	水	62~63	63	58	50	45	37	32	28	24	320~420	水	35~48
70	800	水	62~63	63	58	50	45	37	32	28	24	380~400	水	45~50
80	780~800	水~油	62~64	64	60	55	45	35	31	27				
85	780~820	油	62~63	63	61	52	47	39	32	28	24	375~400	水	40~49
65Mn	780~840	油	57~64	61	58	54	47	39	34	29	25	350~530	空气	36~50
70Mn	780~820	油	≥62	>62	55	46	37							
28SiMnB	900±20	水或油										320±30		
40SiMnVBE	880	油										320		
55SiMnVB	840~880	油	>60	30	59	55	47	40	34	30		400~500	水	40~50
38Si2	880	水												
60Si2Mn	870	油	>61	61	60	56	51	43	38	33	29	430~480	水、空气	40~50
55CrMn	840~860	油	63~66	60	58	55	50	42	31			400~500	水	42~50
60CrMn	830~860	油										460~520		
60CrMnB	830~860	油										460~520		
60CrMnMo	860	油										460~520		
55SiCr	840~860	油										450		
60Si2Cr	850~860	油	62~66									450~480	水	45~50
56Si2MnCr	860	油												
52SiCrMnNi	860	油												
55SiCrV	860	油										450		
60Si2CrV	850~860	油	62~66									450~480	水	45~50
60Si2MnCrV	860	油												
50CrV	860	油	56~62	56	55	51	45	39	35	31	28	370~400	水	45~50
												400~450	水	≤415HBW
51CrMnV	850	油												
52CrMnMoV	860	油												
30W4Cr2V	1050~1100	油	52~58									520~540	空气或水	43~47
												600~670		

3. 弹簧钢的力学性能（见表3-56）

表3-56 弹簧钢的力学性能（GB/T 1222—2016）

牌号	热处理工艺			纵向力学性能				
	淬火温度/℃	冷却介质	回火温度/℃	抗拉强度 R_m /MPa	下屈服强度 R_{eL} /MPa	断后伸长率 A（%）	断后伸长率 $A_{11.3}$（%）	断面收缩率 Z（%）
65	840	油	500	980	785		9.0	35
70	830	油	480	1030	835		8.0	30
80	820	油	480	1080	930		6.0	30
85	820	油	480	1130	980		6.0	30
65Mn	830	油	540	980	785		8.0	30
70Mn	①	—	—	785	450	8.0		30
28SiMnB	900	水或油	320	1275	1180		5.0	25
40SiMnVBE	880	油	320	1800	1680	9.0		40
55SiMnVB	860	油	460	1375	1225		5.0	30
38Si2	880	水	450	1300	1150	8.0		35
60Si2Mn	870	油	440	1570	1375		5.0	20
55CrMn	840	油	485	1225	1080	9.0		20
60CrMn	840	油	490	1225	1080	9.0		20
60CrMnB	840	油	490	1225	1080	9.0		20
60CrMnMo	860	油	450	1450	1300	6.0		30
55SiCr	860	油	450	1450	1300	6.0		25
60Si2Cr	870	油	420	1765	1570	6.0		20
56Si2MnCr	860	油	450	1500	1350	6.0		25
52SiCrMnNi	860	油	455	1450	1300	6.0		35
55SiCrV	860	油	400	1650	1600	5.0		35
60Si2CrV	850	油	410	1860	1665	6.0		20
60Si2MnCrV	860	油	400	1700	1650	5.0		30
50CrV	850	油	500	1275	1130	10.0		40
51CrMnV	850	油	450	1350	1200	6.0		30
52CrMnMoV	860	油	450	1450	1300	6.0		35
30W4Cr2V	1075	油	600	1470	1325	7.0		40

注：热处理试样由直径或边长不大于80mm的棒材以及厚度不大于40mm的扁钢毛坯制成。直径或边长大于80mm的棒材、厚度大于40mm的扁钢，允许其断后伸长率、断面收缩率比表中的规定值分别降低1%（绝对值）及5%（绝对值）。

① 70Mn的推荐热处理制度为正火790℃。

3.6.4 滚动轴承钢的热处理工艺参数及力学性能

1. 滚动轴承钢的临界温度、退火与正火工艺参数（见表3-57）

表3-57 滚动轴承钢的临界温度、退火与正火工艺参数

1. 高碳铬轴承钢

牌号	临界温度/℃						普通退火		等温退火		
	Ac_1	Ar_1	Ac_{cm}	Ar_3	Ms	Mf	温度/℃	硬度HBW	加热温度/℃	等温温度/℃	硬度HBW
G8Cr15	752	684	824	780	240		770~800				
GCr15	760	695	900	707	185	-90	790~810	179~207	790~810	710~720	270~390
GCr15SiMn	770	708	872		200		790~810	179~207	790~810	710~720	270~390
GCr15SiMo	750	695	785		210		790~810	179~217			
GCr18Mo	758~764	718	919~931		202		850~870	179~207			

2. 高碳铬不锈轴承钢

牌号	临界温度/℃						普通退火		等温退火		
	Ac_1	Ar_1	Ac_{cm}	Ar_3	Ms	Mf	温度/℃	硬度HBW	加热温度/℃	等温温度/℃	硬度HBW
G95Cr18	815~865	765~665			145	-90~-70	850~870	≤255	850~870	730~750	≤255
G65Cr14Mo	828[①]								870	720	180~240
G102Cr18Mo	815~865	765~665			145	-90~-70	850~870℃，4~6h，以30~40℃/h冷至600℃，空冷，硬度≤255HBW		再结晶退火：730~750℃，空冷		

3. 渗碳轴承钢

牌号	临界温度/℃						退火		正火	
	Ac_1	Ar_1	Ac_3	Ar_3	Ms	Mf	温度/℃	硬度HBW	温度/℃	硬度HBW
G20CrMo	743	504	818	746	380		850~860	≤197	880~900	167~215
G20CrNiMo	730	669	830	770	395		660	≤197	920~980	
G20CrNi2Mo	725	650	810	740	380				920±20	
G20Cr2Ni4	685	585	775	630	305		800~900	≤269	890~920	
G10CrNi3Mo	690[②]		811[③]		405[④]					

（续）

3. 渗碳轴承钢										
牌号	临界温度/℃						退火		正火	
	Ac_1	Ar_1	Ac_3	Ar_3	Ms	Mf	温度/℃	硬度HBW	温度/℃	硬度HBW
G20Cr2Mn2Mo	725	615	835	700	310		600℃，4~6h，空冷至280~300℃，再加热至640~660℃，2~6h空冷，硬度≤269HBW		900~930	
G23Cr2Ni2-Si1Mo	745②		847③		371④					

注：1. 退火冷却方式：普通退火为炉冷；等温退火为空冷。

2. 正火冷却方式为空冷。

① $Ac_1=820-25w(Mn)-30w(Ni)-11w(Co)-10w(Cu)+25w(Si)+7[w(Cr)-13]+30w(Al)+20w(Mo)+50w)(V)$。

② $Ac_1=723-10.7w(Mn)-16.9w(Ni)+29.1w(Si)+16.9w(Cr)+290w(As)+6.38w(W)$。

③ $Ac_3=910-203\sqrt{w(C)}-15.2w(Ni)+44.7w(Si)+104w(V)+31.5w(Mo)+13.1w(W)$。

④ $Ms=539-423w(C)-30.4w(Mn)-17.7w(Ni)-12.1w(Cr)-7.5w(Mo)$。

2. 滚动轴承钢的淬火与回火工艺参数（见表3-58）

表3-58　滚动轴承钢的淬火与回火工艺参数

1. 高碳铬轴承钢												
牌号	淬火			回火								
	温度/℃	冷却介质	硬度HRC	不同温度回火后的硬度HRC							常用回火温度/℃	硬度HRC
				150℃	200℃	300℃	400℃	500℃	550℃	600℃		
G8Cr15	840~860	油	≥63								150~170	61~64
GCr15	835~850	油	≥63	64	61	55	49	41	36	31	150~170	61~65
GCr15SiMn	820~840	油	≥64	64	61	58	50				150~180	≥62
GCr15SiMo	835~850	油	≥63								150~170	61~65
GCr18Mo	860~870	油	≥63								150~170	61~65

（续）

2. 高碳铬不锈轴承钢												
牌号	淬火			回火								
	温度/℃	冷却介质	硬度HRC	不同温度回火后的硬度HRC							常用回火温度/℃	硬度HRC
				150℃	200℃	300℃	400℃	500℃	550℃	600℃		
G95Cr18	1050~1100	油	≥59	60	58	57	55				150~160	58~62
G65Cr14Mo	1050										150~160	≥58
G102Cr18Mo	1050~1100	油	≥59	58	58	56	54				150~160	≥58

3. 渗碳轴承钢								
牌号	渗碳温度/℃	淬火				回火		
		一次淬火温度/℃	二次淬火温度/℃	直接淬火温度/℃	冷却介质	温度/℃	硬度HRC	
							表面	心部
G20CrMo	920~940			840	油	160~180	≥56	≥30
G20CrNiMo	930	880±20	790±20	820~840	油	150~180	≥56	≥30
G20CrNi2Mo	930	880±20	800±20		油	150~200	≥56	≥30
G20Cr2Ni4	930	880±20	790±20		油	150~200	≥56	≥30
G10CrNi3Mo	930~950	870~890	790~810		油	160~180	≥58	≥28
G20Cr2Mn2-Mo	920~950	870~890	810~930		油	160~180	≥58	≥30
G23Cr2Ni2-Si1Mo		860~900	790~830		油	150~200		

3. 渗碳轴承钢热处理后的力学性能（见表3-59）

表3-59　渗碳轴承钢热处理后的力学性能（GB/T 3203—2016）

牌号	毛坯直径/mm	淬火			回火		纵向力学性能			
		温度/℃		冷却介质	温度/℃	冷却介质	抗拉强度 R_m/MPa	断后伸长率 A(%)	断面收缩率 Z(%)	冲击吸收能量 KU_2/J
		一次	二次				≥			
G20CrMo	15	860~900	770~810	油	150~200	空气	880	12	45	63
G20CrNiMo	15	860~900	770~810		150~200		1180	9	45	63
G20CrNi2Mo	25	860~900	780~820		150~200		980	13	45	63
G20Cr2Ni4	15	850~890	770~810		150~200		1180	10	45	63
G10CrNi3Mo	15	860~900	770~810		180~200		1080	9	45	63
G20Cr2Mn2Mo	15	860~900	790~830		180~200		1280	9	40	55
G23Cr2Ni2-Si1Mo	15	860~900	790~830		150~200		1180	10	40	55

注：表中所列力学性能适用于公称直径≤80mm的钢材，公称直径为81~100mm的钢材，允许其断后伸长率、断面收缩率及冲击吸收能量比表中的规定值分别降低1%（绝对值）、5%（绝对值）及5%；公称直径为101~150mm的钢材，允许其断后伸长率、断面收缩率及冲击吸收能量较表中的规定分别降低3%（绝对值）、15%（绝对值）及15%；公称直径>150mm的钢材，其力学性能指标由供需双方协商。

3.6.5 工模具钢的热处理工艺参数及力学性能

1. 刃具模具用非合金钢的热处理工艺参数

（1）刃具模具用非合金钢的临界温度、退火与正火工艺参数（见表3-60）

表3-60 刃具模具用非合金钢的临界温度、退火与正火工艺参数

牌号	临界温度/℃						普通退火			等温退火				球化退火				正火		
	Ac_1	Ar_1	Ac_3 (Ac_{cm})	Ar_3	Ms	Mf	温度/℃	冷却方式	硬度HBW	加热温度/℃	等温温度/℃	冷却方式	硬度HBW	加热温度/℃	球化温度/℃	冷却方式	硬度HBW	温度/℃	冷却方式	硬度HBW
T7	730	700	770		240	-40	750~760	炉冷	≤187	760~780	660~680	空冷	≤187	730~750	600~700	空冷	≤187	800~820	空冷	229~280
T8	730	700	740		230	-55	750~760	炉冷	≤187	760~780	660~680	空冷	≤187	730~750	600~700	空冷	≤187	800~820	空冷	229~280
T8Mn	725	680					690~710	炉冷	≤187	760~780	660~680	空冷	≤187	730~750	600~700	空冷	≤187	800~820	空冷	229~280
T9	730	700	737	695	220	-55	750~760	炉冷	≤192	760~780	660~680	空冷	≤187	730~750	600~700	空冷	≤187	800~820	空冷	229~280
T10	730	700	(800)		210	-60	760~780	炉冷	≤197	750~770	620~660	空冷	≤197	730~750	600~700	空冷	≤197	820~840	空冷	225~310
T11	730	700	(810)		220		750~770	炉冷	≤207	740~760	640~680	空冷	≤207	730~750	680~700	空冷	≤207	820~840	空冷	225~310
T12	730	700	(820)		170	-60	760~780	炉冷	≤207	740~760	640~680	空冷	≤207	730~750	680~700	空冷	≤207	820~840	空冷	225~310
T13	730	700	(830)		130		760~780	炉冷	≤207	750~770	620~680	空冷	≤207	730~750	680~700	空冷	≤217	810~830	空冷	179~217

（2）刃具模具用非合金钢的淬火与回火工艺参数（见表 3-61）

表 3-61 刃具模具用非合金钢的淬火与回火工艺参数

牌号	淬火			回火								
	温度/℃	冷却介质	硬度HRC	不同温度回火后的硬度HRC							常用回火温度/℃	硬度HRC
				150℃	200℃	300℃	400℃	500℃	550℃	600℃		
T7	820	水→油	62~64	63	60	54	43	35	31	27	200~250	55~60
T8	800	水→油	62~64	64	60	55	45	35	31	27	150~240	55~60
T8Mn	800	水→油	62~64	64	60	55	45	35	31	27	180~270	55~60
T9	800	水→油	63~65	64	62	56	46	37	33	27	180~270	55~60
T10	790	水→油	62~64	64	62	56	46	37	33	27	200~250	62~64
T11	780	水→油	62~64	64	62	57	47	38	33	28	200~250	62~64
T12	780	水→油	62~64	64	62	57	47	38	33	28	200~250	58~62
T13	780	水→油	62~66	65	62	58	47	38	33	28	150~270	60~64

2. 量具刃具用钢的热处理工艺参数

(1) 量具刃具用钢的临界温度、退火与正火工艺参数（见表3-62）

表3-62 量具刃具用钢的临界温度、退火与正火工艺参数

牌号	临界温度/℃						退火							正火		
							普通退火			等温退火						
	Ac_1	Ar_1	Ac_{cm}	Ar_{cm}	Ms	Mf	加热温度/℃	冷却方式	硬度HBW	加热温度/℃	等温温度/℃	冷却方式	硬度HBW	温度/℃	冷却方式	硬度HBW
9SiCr	770	730	870		160	-30	790~810	炉冷	197~241	790~810	700~720	空冷	207~241	900~920	空冷	321~415
8MnSi	760	706	865		240		760~780	炉冷	≤229	760~780	680~700	炉冷	≤229			
Cr06	730	700	950	740	145	-95	750~770	炉冷	187~241	750~790	680~700	空冷	187~241	980~1000	空冷	
Cr2	745	700	900		240	-25	700~790	炉冷	187~229	770~790	680~700	空冷	187~229	930~950	空冷	302~388
9Cr2	730	700	860		270		800~820	炉冷	179~217	800~820	670~680	空冷	179~217			
W	740	710	820				750~770	炉冷	187~229	780~800	650~680	空冷	≤229			

(2) 量具刃具用钢的淬火与回火工艺参数（见表 3-63）

表 3-63　量具刃具用钢的淬火与回火工艺参数

牌号	淬火			回火									
	温度/℃	冷却介质	硬度 HRC	不同温度回火后的硬度 HRC								常用回火温度/℃	硬度 HRC
				150℃	200℃	300℃	400℃	500℃	550℃	600℃	650℃		
9SiCr	860~880	油	62~65	65	63	59	54	48	44	40	36	180~200	60~62
												200~220	58~62
8MnSi	800~820	油	>60		60~64	60~63						100~200	60~64
												200~300	60~63
Cr06	780~800	油	62~65	63	60	55	50	40				150~200	60~62
	800~820	水											
Cr2	830~850	油	62~65	61	60	55	50	41	36	31	28	150~170	60~62
												180~220	56~60
9Cr2	820~850	油	61~63	61	60	55	50	41	36	31	28	160~180	59~61
W	800~820	水	62~64	61	58	52	44					150~180	59~61

3. 耐冲击工具用钢的热处理工艺参数

(1) 耐冲击工具用钢的临界温度、退火与正火工艺参数（见表 3-64）

表 3-64 耐冲击工具用钢的临界温度、退火与正火工艺参数

牌号	临界温度/℃						普通退火			等温退火				正火		
	Ac_1	Ar_1	Ac_3	Ar_3	Ms	Mf	加热温度/℃	冷却方式	硬度HBW	加热温度/℃	等温温度/℃	冷却方式	硬度HBW	温度/℃	冷却方式	硬度HBW
4CrW2Si	780		840		315~335		800~820	炉冷	179~217							
5CrW2Si	775	725	860		295		800~820	炉冷	207~255	830~840	680~700	炉冷				
6CrW2Si	775	725	810		280		800~820	炉冷	229~285	830~840	680~700	炉冷	≤289			
6CrMnSi2Mo1V	773①		892				760~780	炉冷	≤229	760~780	680~700	炉冷	≤229			
5Cr3MnSiMo1V	792①		835②		254③		800~820	炉冷	≤235	800~820	700~720	炉冷				
6CrW2SiV	775①		832②		263③				≤225							

注：炉冷为炉冷至 500℃ 以下出炉空冷。

① $Ac_1 = 723 - 10.7w(\mathrm{Mn}) - 16.9w(\mathrm{Ni}) + 29.1w(\mathrm{Si}) + 16.9w(\mathrm{Cr}) + 290w(\mathrm{As}) + 6.38w(\mathrm{W})$。

② $Ac_3 = 910 - 203\sqrt{w(\mathrm{C})} - 15.2w(\mathrm{Ni}) + 44.7w(\mathrm{Si}) + 104w(\mathrm{V}) + 31.5w(\mathrm{Mo}) + 13.1w(\mathrm{W})$。

③ $Ms = 539 - 423w(\mathrm{C}) - 30.4w(\mathrm{Mn}) - 17.7w(\mathrm{Ni}) - 12.1w(\mathrm{Cr}) - 7.5w(\mathrm{Mo})$。

（2）耐冲击工具用钢的淬火与回火工艺参数（见表 3-65）

表 3-65 耐冲击工具用钢的淬火与回火工艺参数

牌号	淬火			回火									
	温度/℃	冷却介质	温度 HRC	不同温度回火后的硬度 HRC								常用回火温度/℃	硬度 HRC
				150℃	200℃	300℃	400℃	500℃	550℃	600℃	650℃		
4CrW2Si	860~900	油	≥53	55	53	51	49	42	38	33		200~250	53~58
												430~470	45~50
5CrW2Si	860~900	油	≥55	58	56	52	48	42	38	34		200~250	53~58
												430~470	45~50
6CrW2Si	860~900	油	≥57	59	58	53	48	42	38	35	31	200~250	53~58
												430~470	45~50
6CrMnSi2Mo1V	预热：667±15；加热：885（盐浴）或900±6（炉控气氛）	油	≥58									58~204	≥58
5Cr3MnSiMo1V	预热：667±15；加热：941（盐浴）或955±6（炉控气氛）	空气	≥56									56~204	≥56
6CrW2SiV	870~910	油	≥58										

4. 轧辊用钢的热处理工艺参数

（1）轧辊用钢的临界温度、退火与正火工艺参数（见表 3-66）

表 3-66 轧辊用钢的临界温度、退火与正火工艺参数

<table>
<tr><th rowspan="2">牌号</th><th colspan="6">临界温度/℃</th><th colspan="3">普通退火</th><th colspan="4">等温球化退火</th><th colspan="3">正火</th></tr>
<tr><th>Ac_1</th><th>Ar_1</th><th>Ac_{cm}</th><th>Ar_{cm}</th><th>Ms</th><th>Mf</th><th>加热温度/℃</th><th>冷却方式</th><th>硬度HBW</th><th>加热温度/℃</th><th>等温温度/℃</th><th>冷却方式</th><th>硬度HBW</th><th>温度/℃</th><th>冷却方式</th><th>硬度HBW</th></tr>
<tr><td>9Cr2V</td><td>770</td><td></td><td></td><td></td><td>215</td><td></td><td></td><td></td><td>≤229</td><td></td><td></td><td></td><td></td><td></td><td></td><td></td></tr>
<tr><td rowspan="2">9Cr2Mo</td><td rowspan="2">740</td><td rowspan="2">700</td><td rowspan="2">850</td><td rowspan="2"></td><td rowspan="2">190</td><td rowspan="2"></td><td rowspan="2">820±10，3~4h</td><td rowspan="2">以≤15℃/h缓冷至650℃以下空冷</td><td rowspan="2">≤229</td><td colspan="3">790~810加热，650~670等温，≤500出炉空冷</td><td></td><td rowspan="2">900~920</td><td rowspan="2"></td><td rowspan="2">302~388</td></tr>
<tr><td colspan="3">790~810，炉冷；700~720等温</td><td>≤217</td></tr>
<tr><td>9Cr2MoV</td><td>765[①]</td><td></td><td></td><td></td><td></td><td></td><td></td><td></td><td>≤229</td><td colspan="3">850~860，炉冷至500以下空冷</td><td></td><td></td><td></td><td></td></tr>
<tr><td>8Cr3NiMoV</td><td>763</td><td>690</td><td>805</td><td>650</td><td>210</td><td></td><td></td><td></td><td>≤229</td><td>730</td><td>640</td><td>炉冷</td><td>≤269</td><td>880</td><td></td><td></td></tr>
<tr><td>9Cr5NiMoV</td><td>780</td><td>730</td><td></td><td></td><td>210</td><td></td><td></td><td></td><td>≤229</td><td colspan="3">球化退火及扩氢处理：740保温，炉冷至650保温，再炉冷至200出炉</td><td>269</td><td>900</td><td></td><td></td></tr>
</table>

① $Ac_1=723-10.7w(Mn)-16.9w(Ni)+29.1w(Si)+16.9w(Cr)+290w(As)+6.38w(W)$。

(2) 轧辊用钢的淬火与回火工艺参数（见表 3-67）

表 3-67 轧辊用钢的淬火与回火工艺参数

牌号	淬火			回火									
	温度/℃	冷却介质	温度HRC	不同温度回火后的硬度 HRC								常用回火温度/℃	硬度HRC
				150℃	200℃	300℃	400℃	500℃	550℃	600℃	650℃		
9Cr2V	试样:830~900	空气	≥64										
	调质:870~890											700~720	≤45HS
	整体淬火:810~850 感应淬火:900~930											130~170,粗磨后再于120回火1次	90~100HS
9Cr2Mo	试样:830~900	空气	≥64										
	830~850		62~65									130~150	62~65
	840~860		61~63									150~170	60~62
9Cr2MoV	试样:880~900	空气	≥64										
	930~950	油										180~200,2次	58~62
8Cr3NiMoV	试样:900~920	空气	≥64									120~140	
9Cr5NiMoV	试样:930~950	空气	≥64										
	调质:930											690~720	40~50HS
	感应淬火:930~950											140~200	

5. 冷作模具用钢的热处理工艺参数

（1）冷作模具用钢的临界温度、退火与正火工艺参数（见表 3-68）

表 3-68　冷作模具用钢的临界温度、退火与正火工艺参数

牌号	临界温度/℃						普通退火			等温退火				正火		
	Ac_1	Ar_1	Ac_3 (Ac_{cm})	Ar_3 (Ar_{cm})	Ms	Mf	加热温度/℃	冷却方式	硬度HBW	加热温度/℃	等温温度/℃	冷却方式	硬度HBW	温度/℃	冷却方式	硬度HBW
9Mn2V	730	655	(760)	690	125		750～770	炉冷	≤229	760～780	680～700	空冷	≤229			
9CrWMn	750	700	(900)		205		760～790	炉冷	190～230	780～800	670～720	空冷	197～243	880～900	空冷	302～388
CrWMn	750	710	(940)		260	-50	770～790	炉冷	207～255	790±10	720±10	空冷	207～255	970～990	空冷	388～514
MnCrWV	750	655	(780)		190				≤255	820±10	720±10	缓冷至≤600℃，空冷	≤197			
7CrMn2Mo	738	690	768				720～750	缓冷至≤500℃，空冷	≤235							
5Cr8MoVSi	840		900				870～890	炉冷	≤229							
7CrSiMnMoV	776	694	834	732	211				≤235	820～840	680～700	空冷	≤255			

Cr8Mo2SiV	845	715	905	800	115		850±10	以≤30℃/h冷至550℃空冷	≤255							
Cr4W2MoV	795	760	(900)		142		860±10	炉冷	≤269	860±10	760±10	空冷	≤209			
6Cr4W3Mo2VNb	810~830	720~740			220				≤255	860±10	740±10	空冷	≤209			
6W6Mo5Cr4V	820	730			240		850~860	炉冷	≤269	850~860	740~750	空冷	197~229			
W6Mo5Cr4V2	835	736	(885)	(781)	131				≤255	840~860	740~760	空冷	≤229			
Cr8	810	755	(835)	(770)	180				≤255	880	740					
Cr12	710	755	(835)	770	180	-55	860±10	炉冷	217~269	830~850	720~740	空冷	≤269			
Cr12W	815	715	(865)		180				≤255							
7Cr7Mo2V2Si	856	720	915	806	105		860	炉冷	≤255	860	740	炉冷到550℃空冷	220~250			
Cr5Mo1V	785	705	(835)	(750)	180		840~870	炉冷	≤229	840~870	760	空冷				
Cr12MoV	830	750	(855)	785	230	0	850~870	炉冷	≤255	850~870	730±10	空冷	207~255			
Cr12Mo1V1	810	750	(875)	(695)	190		870~900	炉冷	207~255							

（2）冷作模具用钢的淬火与回火工艺参数（见表 3-69）

表 3-69　冷作模具用钢的淬火与回火工艺参数

牌号	淬火			回火									
	温度/℃	冷却介质	硬度 HRC	不同温度回火后的硬度 HRC								常用回火温度/℃	硬度 HRC
				150℃	200℃	300℃	400℃	500℃	550℃	600℃	650℃		
9Mn2V	780～820	油	≥62	60	59	55	48	40	36	32	27	150～200	60～62
9CrWMn	820～840	油	64～66	62	60	58	52	45	40	35		170～230	60～62
CrWMn	820～840	油	63～65	64	62	58	53	47	43	39	35	160～200	61～62
MnCrWV	840～860	油										660～680	207～229HBW
	840～860	油										160～180	60～62
7CrMn2Mo	820～870	油或空气	62～65									170～205，油冷或空冷	62～65
5Cr8MoVSi	980～1050	油或空气	60～61									480～510，2～3 次	58～60
7CrSiMnMoV	870～890	油或空气	≥60									150±10	≥60
Cr8Mo2SiV	550、850 两次预热，1020～1040	油或风冷	61～63									180～200，2h，2 次	62～63
												520～530，2h，2 次	62～64

Cr4W2MoV	960~980	油或空气	≥62	65	63	61	59	58	55			280~300	60~62
6Cr4W3Mo2VNb	1080~1180	油	≥61		61	58	59	60	61	56		540~580	≥56
6W6Mo5Cr4V	1180~1200	硝盐或油	60~63					61	62	59		500~580	58~63
W6Mo5Cr4V2	730~840 预热，1210~1230(盐浴或炉控气氛)	油										540~560，2h,2 次	≥64（盐浴）≥63（炉控气氛）
Cr8	1040~1060		≥64									520~540	
Cr12	950~980	油	61~64	63	61	57	55	53	49	44	39	180~200	60~62
												320~350	57~58
Cr12W	950~980	油	≥60									180±10	
7Cr7Mo2V2Si	1100~1150	热油或分级淬火	63~64									530~540，1~2h，2~3 次	57~63
	550、800 预热，1090~1100	预冷淬油										520~540，2 次	58~60

（续）

牌号	淬火			回火									
	温度/℃	冷却介质	硬度HRC	不同温度回火后的硬度 HRC								常用回火温度/℃	硬度HRC
				150℃	200℃	300℃	400℃	500℃	550℃	600℃	650℃		
7Cr7Mo2V2Si	1080	油冷至300~400℃，空冷	61.5~62.5									350~450，1h，硝盐回火，540，1h，2~3次	
	1120											630，3次	50~52
												610，3次	56~58
												590，3次	59~61
Cr5Mo1V	920~980	油或空气	>62	64	63	58	57	56	55	50		175~530	
	980~1010	油	≥62									510~520，2次	57~60
Cr12MoV	1020~1040	油	62~63	63	62	59	57	55	53	47	40	200~275	57~59
												400~425	55~57
Cr12Mo1V1	980~1020	油或空气	>62									200~530	

6. 热作模具用钢的热处理工艺参数

（1）热作模具用钢的临界温度、退火与正火工艺参数（见表 3-70）

表 3-70 热作模具用钢的临界温度、退火与正火工艺参数

牌号	临界温度/℃						普通退火			等温退火			
	Ac_1	Ar_1	Ac_3 (Ac_{cm})	Ac_3 (Ar_{cm})	Ms	Mf	加热温度/℃	冷却方式	硬度 HBW	加热温度/℃	等温温度/℃	冷却方式	硬度 HBW
5CrMnMo	710	650	760		220		760~780	炉冷	197~241	850~870	680	空冷	197~243
5CrNiMo	730	610	780	640	230		740~760	炉冷	197~241	760~780	680	空冷	197~243
4CrNi4Mo	660		780		260		610~650	≤10℃/h 慢冷到 500℃，空冷	≤285				
4Cr2NiMoV	716				331		780~800	以≤30℃/h 炉冷到 500℃，空冷	≤241				
5CrNi2MoV	710		770		250	10	650~700	以 30/h 慢冷到 500℃，空冷	≤255				
5Cr2NiMoVSi	750	625	784	751	243				≤255				
8Cr3	785	750	830	770	370	110	790~810	炉冷	207~255				
4Cr5W2VSi	875	730	915	840	275		860~880	炉冷	≤229	860~880	720~740	空冷	≤241
3Cr2W8V	800	690	(850)	750	380		840~860	炉冷	207~255	830~850	710~740	空冷	207~255
4Cr5MoSiV	853	735	912	810	310	103	860~890	炉冷	≤229	860~890	720~740	炉冷	≤229
4Cr5MoSiV1	860	775	915	815	340	215	860~890	炉冷	≤229	860~890	720~740	炉冷	≤229
4Cr3Mo3SiV	810	750	910		360				≤229				
5Cr4Mo3SiMnVAl	837		902		277				≤225	860	720	炉冷	≤229
4CrMnSiMoV	792	660	855	770	325	165			≤255	870~890	280~320 640~680	空冷	≤241

（续）

牌号	临界温度/℃						普通退火			等温退火			
	Ac_1	Ar_1	Ac_3 (Ac_{cm})	Ac_3 (Ar_{cm})	Ms	Mf	加热温度/℃	冷却方式	硬度HBW	加热温度/℃	等温温度/℃	冷却方式	硬度HBW
5Cr5WMoSi	840①						840~860	以≤10℃/h慢冷到500℃，空冷	≤248				
4Cr5MoWVSi	835	740	920	825	290				≤235	860±10	以≤30℃/h冷到500~600，再于740±10等温	以≤30℃/h冷到400℃，再以≤15℃/h冷到150℃，空冷	220~265
3Cr3Mo3W2V	850	735	930	825	400				≤255	870	730	空冷	≤253
5Cr4W5Mo2V	830	744	893	816	250				≤269	850~870	720~740	空冷	≤255
4Cr5Mo2V									≤220	880	以≤30℃/h冷到500，空冷	200	
3Cr3Mo3V	820		915		340		750~800	≤20℃/h慢冷到550℃，空冷	≤229				
4Cr5Mo3V	830		880		280		700~850	≤10℃/h慢冷到500℃，空冷	≤229				
3Cr3Mo3VCo3	777①							交货状态	≤229				

① $Ac_1 = 723 - 10.7w(Mn) - 16.9w(Ni) + 29.1w(Si) + 16.9w(Cr) + 290w(As) + 6.38w(W)$。

(2) 热作模具用钢的淬火与回火工艺参数（见表 3-71）

表 3-71 热作模具用钢的淬火与回火工艺参数

牌号	淬火			回火									
	温度/℃	冷却介质	硬度 HRC	不同温度回火后的硬度 HRC								常用回火温度/℃	硬度 HRC
				150℃	200℃	300℃	400℃	500℃	550℃	600℃	650℃		
5CrMnMo	830~860	油	53~58	58	57	52	47	41	37	34	30	490~50	41~47
												520~540	38~41
5CrNiMo	830~860	油	53~59	59	58	53	48	43	38	35	31	490~510	44~47
												520~540	38~42
												560~580	34~37
4CrNi4Mo	840~870	油或空气或盐浴										200~220	
												500~520	
4Cr2NiMoV	910~960	油冷到200℃，空冷	55~56									580~610	44~45
	880	油										380	44~46
5CrNi2MoV	850~880	油冷和气冷	58~60									550~630	35~42
5Cr2NiMoVSi	600~650 预热，970~980	油冷到650~700℃，在300~350℃等温										670~680、2次	40~44

（续）

牌号	淬火			回火									
	温度/℃	冷却介质	硬度HRC	不同温度回火后的硬度 HRC								常用回火温度/℃	硬度HRC
				150℃	200℃	300℃	400℃	500℃	550℃	600℃	650℃		
8Cr3	820~850	油	60~63	62	60	58	55	50	43	39		480~520	41~46
	850~880	油	≥55										
4Cr5W2VSi	1060~1080	空冷或油	56~58	57	56	56	56	57	55	52	43	580~620	48~53
3Cr2W8V	1050~1100	油或硝盐	49~52	52	51	50	49	47	48	45	40	600~620	40~48
4Cr5MoSiV	1000~1030	空气或油	>55		54	53	53	54	52	50	43	530~560	47~49
4Cr5MoSiV1	1020~1050	空气或油	50~58	55	52	51	51	52	53	45	35	560~580	47~49
4Cr3Mo3SiV	1010~1040	空气或油	52~59									540~650	
5Cr4Mo3-SiMnVAl	1090~1120	油	>60									580~620	50~54
4CrMnSiMoV	870±10	油	56~58				50	47	45	43	38	520~660	37~49
5Cr5WMoSi	990~1020	油冷	59~62									150~320	53~60
4Cr5MoWVSi	1000~1030	油或空气											
3Cr3Mo3W2V	1060~1130	油	52~56									680	39~41
												640	52~54
5Cr4W5Mo2V	1100~1150	油	57~62		58		57	58	58	58	52.5	450~670	50~62
4Cr5Mo2V	550 预热，1030	油冷	57.7									600,2 次	47.27
3Cr3Mo3V	1010~1050	油或盐浴、高压气体	52~56									530~560，至少 2 次	47~49
4Cr5Mo3V	1010~1050	油或空气或盐浴	52~56									600~650，2 次	44~50
3Cr3Mo3VCo3	1000~1050	油											

7. 塑料模具用钢的热处理工艺参数

(1) 塑料模具用钢的临界温度、退火与正火工艺参数(见表 3-72)

表 3-72 塑料模具用钢的临界温度、退火与正火工艺参数

牌号	临界温度/℃						交货状态		普通退火			等温退火				正火		
	Ac_1	Ar_1	Ac_3 (Ac_{cm})	Ar_3 (Ar_{cm})	Ms	Mf	退火硬度 HBW	预硬化硬度 HRC	加热温度/℃	冷却方式	硬度 HBW	加热温度/℃	等温温度/℃	冷却方式	硬度 HBW	温度/℃	冷却方式	硬度 HBW
SM45	724	751	780		340		热轧交货状态硬度 155~215		820~830	炉冷至550℃空冷								
SM50	725	720	760		335		热轧交货状态硬度 165~225		810~830									
SM55	727		774	755	325		热轧交货状态硬度 170~230		770~810							810~860	空冷	
3Cr2Mo	770	755	825	640	335	180	≤235	28~36				840~860	710~730	炉冷至500℃空冷	≤229			
3Cr2MnNiMo	715		770		280		≤235	30~36				840~860	690~710		≤229			
4Cr2Mn1MoS	750[①]						≤235	28~36										
8Cr2MnWMoVS	770	660	820	710	166		≤235	40~48	790~810	炉冷	255	790~810	700~720	炉冷至500℃空冷	≤229			
5CrNiMnMoVSCa	695		735		220		≤255	35~45	760~780	炉冷至500℃空冷	≤255	760~780	680~700	炉冷至500℃空冷	≤220			
2CrNiMoMnV	720[①]						≤235	30~38										
2CrNi3MoAl	≈730		≈780		≈290		—	38~43	680~700	炉冷	≤241					880~900	空冷	

（续）

牌号	临界温度/℃						交货状态		普通退火			等温退火				正火		
	Ac_1	Ar_1	Ac_3 (Ac_{cm})	Ar_3 (Ar_{cm})	Ms	Mf	退火硬度 HBW	预硬化硬度 HRC	加热温度/℃	冷却方式	硬度 HBW	加热温度/℃	等温温度/℃	冷却方式	硬度 HBW	温度/℃	冷却方式	硬度 HBW
1Ni3MnCuMoAl	663[①]						—	38~42										
06Ni6CrMoVTiAl	654[①]						≤255	43~48										
00Ni18Co8Mo5TiAl					155~100		协议	协议										
2Cr13	820				320		≤220	30~36										
4Cr13	820		1100		270		≤235	30~36	760~780	炉冷	≤217							
4Cr13NiVSi							≤235	30~36										
2Cr17Ni2	840	780			357		≤285	28~32	660~680	炉冷								
3Cr17Mo							≤285	33~38	850~860	炉冷	≤285							
3Cr17NiMoV							≤285	33~38	780~820	炉冷	≤230							
9Cr18	830	810			145		≤255	协议	880~920	炉冷	≤269							
9Cr18MoV							≤269	协议	880~920	炉冷	≤241	850~880	680~700	炉冷至500℃空冷				

① $Ac_1=723-10.7w(Mn)-16.9w(Ni)+29.1w(Si)+16.9w(Cr)+290w(As)+6.38w(W)$。

（2）塑料模具用钢的淬火与回火工艺参数（见表 3-73）

表 3-73　塑料模具用钢的淬火与回火工艺参数

牌号	淬火			回火									
	温度/℃	冷却介质	硬度 HRC	不同温度回火后的硬度　HRC								常用回火温度/℃	硬度 HRC
				150℃	200℃	300℃	400℃	500℃	550℃	600℃	650℃		
SM45	840	水-油	57~58	—	55	50	41	33	26	22			
SM50	830	水	57~58		56	51	42	33	27	23			
SM55	820	水	58~59	—	57	52	45	35	30	25	23		
3Cr2Mo	850~880	油	≥52	—	—	—		41	38	33	26	580~640	28~35
3Cr2MnNiMo	830~870	油或空气	≥48	—	—	—		42	38	36	32	550~650	30~38
4Cr2Mn1MoS	830~870	油	≥51	—	—	—							
8Cr2MnWMoVS	860~900	油或空气	≥62	62	60	57	55	53	51	47		160~200	60~64
												550~650	40~48
5CrNiMnMoVSCa	860~920	油	≥62		58	54	51	48	46	43	36	600~650	35~45
2CrNiMoMnV	850~930	油或空冷	≥48										
2CrNi3MoAl （参考 2CrNi3MoAlS）	880±20	水或空冷	48~50									680 （4~6h）	22~23
	渗碳 900~920 淬火： 820~840	油冷	≥60									160~180	≥58
	碳氮共渗： 840~860	油冷	≥60									160~ 180	≥58

（续）

牌号	淬火			回火									
	温度/℃	冷却介质	硬度 HRC	不同温度回火后的硬度　HRC								常用回火温度/℃	硬度 HRC
				150℃	200℃	300℃	400℃	500℃	550℃	600℃	650℃		
1Ni3MnCuMoAl	固溶 870											时效 500~540	37~43
06Ni6CrMoVTiAl	固溶 850~880，油冷或空冷											时效 500~540	
00Ni18Co8Mo5TiAl	固溶 805~825，空冷 时效 460~530，空冷											480，6h	≥48
2Cr13	1000~1050	油	≥45		48	45	43	40	38	33			
4Cr13	1000~1050	油	52~55		54	50	50	50	42	33	30	200~300	52~53
												500~600	32~50
4Cr13NiVSi	1000~1030	油	≥50										
2Cr17Ni2	1000~1050	油	≥49										
3Cr17Mo	1000~1040	油	≥46		47	47.5	47.5	47	38	34		160~180	47~48
3Cr17NiMoV	1030~1070	油	≥50	48	47	46	46	47		32			
9Cr18	1000~1050	油	≥55									200~300	56~60
												500~600	40~53
9Cr18MoV	1050~1075	油	≥55										

8. 特殊用途模具用钢的热处理工艺参数（见表 3-74）

表 3-74 特殊用途模具用钢的热处理工艺参数

牌号	退火硬度	固溶		时效		
		温度/℃	冷却方式	温度/℃	冷却方式	硬度 HRC
7Mn15Cr2Al3V2WMo	870~890℃，炉冷到 500℃以下空冷，28~30HRC	试样 1170~1190	水冷	650~700	空冷	≥45
		1150~1180	水冷	650(10h)		46
				700(4h)		48
2Cr25Ni20Si2		试样 1040~1150	水或空冷			
0Cr17Ni4Cu4Nb	协议	试样 1020~1060	空冷	470~630	空冷	
		1040	冷至 30℃（*Mf* 点）或 30℃以下	480~630	空冷	
				过时效处理 630~650	空冷	
Ni25Cr15Ti2MoMn	交货状态 ≤300HBW	试样 950~980	水或空冷	720+620	空冷	
		990±10	空冷、油或水冷	720+10	空冷	248~341HBW
Ni53Cr19Mo3TiNb	交货状态 ≤300HBW	试样 980~1000	水、油或空冷	710~730	空冷	
		950~980	空冷或水冷	720±10	以 50℃/h 冷至 620℃±10℃，保温 8h，空冷	

9. 其他工模具钢的热处理工艺参数

(1) 其他工模具钢的临界温度、退火与正火工艺参数（见表 3-75）

表 3-75 其他工模具钢的临界温度、退火与正火工艺参数

牌号	临界温度/℃						普通退火			等温退火				正火		
	Ac_1	Ar_1	Ac_3 (Ac_{cm})	Ar_3 (Ar_{cm})	Ms	Mf	加热温度/℃	冷却方式	硬度 HBW	加热温度/℃	等温温度/℃	冷却方式	硬度 HBW	温度/℃	冷却方式	硬度 HBW
5SiMnMoV	764		788				860~880	炉冷		860~880	700~720	空冷	≤241			
5CrMnSiMoV							850~870	炉冷	≤241	850~870	740~760	空冷	≤241			
30CrMnSiNi2A	705		815		314		840~860	炉冷	≤255					900~920	空冷	
														高温回火:650~680,空冷,≤255		
6CrMnNiMoSi	705	580	740		172					840~850	720~740	空冷	≤241			
Y55CrNiMnMoVS	712		772		290					810~820	680~700	空冷	≤255			
4CrNiMnMoVSCa	695		735		220					760~780	660~680	空冷	≤230			
5Mn15Cr8Ni5-Mo3V2							870~890	炉冷	≤283							
7Mn10Cr8Ni-10Mo3V2							870~890	炉冷	28~30 HRC							
3Cr2MoWVNi	816		833		268					810~830	700~720	空冷	≤255			
5Cr2NiMoVSi	750	623	874		243		800~820	炉冷		800~820	720~740	空冷	≤255			
3Cr3Mo3W2V	850	735	930		400					850~870	720~740	空冷	≤255			
3Cr3Mo3VNb	825	734	920		355		850~870	炉冷		850~870	700~720	空冷	≤255			
4Cr3Mo2MnVB	801	680	874		342		840~860	炉冷		840~860	720~740	空冷	≤225			
4Cr3Mo2Mn-VNbB	789		910		263					840~860	680~700	空冷	≤255			
4Cr3Mo2NiVNb	770				320		840~860	炉冷	≤255							
4Cr3Mo2WVMn	790		912							840~860	710~730	空冷	≤255			
4Cr3Mo3SiV	845		920							860~880	710~730	空冷	≤229			

（续）

牌号	临界温度/℃						普通退火			等温退火				正火		
	Ac_1	Ar_1	Ac_3 (Ac_{cm})	Ar_3 (Ar_{cm})	Ms	Mf	加热温度/℃	冷却方式	硬度 HBW	加热温度/℃	等温温度/℃	冷却方式	硬度 HBW	温度/℃	冷却方式	硬度 HBW
4Cr3Mo3W4VNb	821	752	880	850			840~860	炉冷	≤255	840~860	720~740	空冷				
4Cr4WMoSiV	840	775	880	845						860~890	720~740	空冷				
4Cr5Mo2MnVSi	815		893		271					840~860	680~700	空冷	170~187			
5Cr3Mn1SiMo1V							800~820	炉冷	≤229	800~820	700~720	空冷				
5Cr4Mo2W2VSi	810	700	885		290		860~880	炉冷	≤227	860~880	740~760	空冷	≤227			
5Cr4Mo3SiMnVAl	837		902		277					850~870	710~720	空冷	≤255			
5Cr4W5Mo2V	836	744	893		250					850~870	720~740	空冷	≤255			
6Cr4Mo3Ni2WV	737	650	822		180					800~820	650~670	空冷	≤255			
										反复等温退火：830℃保温，炉冷至680℃保温，再加热至830℃保温；炉冷至680℃保温，炉冷至500℃以下空冷			≤255			
6Cr4W3Mo2VNb	710~830	740~760			220					850~870	730~750	空冷	≤241			
Cr6WV	815	625	(845)		150		830~850	炉冷	≤229	830~850	700~720	空冷	≤229			
Cr12Mo	810	695	(875)		230		870~890	炉冷	≤229	870~890	720~740	空冷	≤225	高温回火：760~790		
Cr12V	810	760			180					850~870	720~740	空冷	≤255	高温回火：760~790		
Cr14Mo4V	856	722	(915)	722						880~1000	以15~30℃/h速度冷至720~740℃，保温1~2h，再以同样的冷速冷至600℃，再保温2~5h，炉冷至500℃出炉空冷	空冷	≤241			

（2）其他工模具钢的淬火及回火工艺参数（见表3-76）

表3-76　其他工模具钢的淬火及回火工艺参数

牌号	淬火			回火	
	温度/℃	冷却介质	硬度HRC	温度/℃	硬度HRC
5SiMnMoV	840~870	油	≥56		
	中型:840~870	水	≥60	490~510	40~46
5CrMnSiMoV	870~890	油		小型:520~580	44~49
				中型:580~630	41~44
				大型:610~630	38~42
30CrMnSiNi2A	880~900	油	≥50	240~330	≥45
	900	180~220℃硝盐等温	47~48	250~300	≥45
6CrMnNiMoSi	870~930	油	62~64	180~230	60~62
	870~890	250~270等温		190~210,2次	60~61
Y55CrNiMnMoVS	820~860	油	57~59	600~650	38~42
4CrNiMnMoVSCa	870~900	油	≥55	600~650 500~600	33~40 40~45
5Mn15Cr8Ni-5Mo3V2	固溶:1150~1180	水	18~25	时效:680~700	45~47
7Mn10Cr8Ni10Mo3V2	固溶:1150~1180	水	18~25	时效:700	46~47
	气体氮碳共渗:550~570,4~6h渗层深度为0.03~0.04mm	950~1100HV			
3Cr2MoWVNi	980~1020	油	50~52	610~660	41~43
5Cr2NiMoVSi	960~980	油	54~61	600~680	35~48
3Cr3Mo3W2V	1060~1130	油或熔盐	52~56	640~680	39~54
3Cr3Mo3VNb	1060~1090	油	47~49	570~600 600~630	47~49 42~47
4Cr3Mo2MnVB	1020~1040	油或溶盐	52~57	600~650	41~49
4Cr3Mo2MnNbB	1050~1100	油	56~60	600~630	44~52
4Cr3Mo2NiVNb	1130	油	≥50	650~700	40~47
4Cr3Mo2WVMn	1050~1100	油	≥50	570~650,2次	45~50
4Cr3Mo3SiV	1010~1040	油	50~55	600~620 620~640	50~55 40~50
4Cr3Mo3W4VNb	1160~1200	油	≥55	630+600	
4Cr4WMoSiV	1060~1080	油		610~640	48~51
4Cr5Mo2MnVSi	950~1050	油	50~56	550~620	42~51

（续）

牌号	淬火			回火	
	温度/℃	冷却介质	硬度 HRC	温度/℃	硬度 HRC
5Cr3Mn1SiMo1V	950~960	油	≥56	160~180	56~58
5Cr4Mo2W2VSi	1180~1120	油	61~63	540~560,3 次	58~60
5Cr4Mo3SiMnVAl	冷作模具 1090~1120	油	61~62	510	60~62
	热作模具 1090~1120	油	61~62	580~600,2 次	52~54
	压铸模具 1120~1140	油	62	620~630,2 次	42~44
5Cr4W5Mo2V	1130~1140	油	58~60	600~630,2 次	50~56
6Cr4Mo3Ni2WV	冷作模具 1100~1140	油		550~560,2 次	60~61
	热作模具 1120~1180	油		620~630,2 次	51~53
6Cr4W3Mo2VNb	1120~1160	油冷、油淬空冷	≥62	540~560	≥58
	1160	硝盐分级淬火			
	超细化处理 1200	油		700	
Cr6WV	950~970	油	62~64	150~170	62~63
				190~210	58~60
	990~1010	400~450℃硝盐,空冷	62~64	500+（190~200）	57~58
Cr12Mo	980~1050	油	62~64	160~180,2 次	60~62
				400~450,2 次	50~60
	1100~1120	油		500~520,2 次	58~60
Cr12V	1060~1080	油冷或经350~400℃硝盐淬火	62~64	150~170(油) 190~210(硝盐) 400~425(硝盐)	62~64 58~60 55~57
Cr14Mo4V	1100~1120	油	≥58	500~525,4 次	61~63

10. 工模具钢的力学性能（见表 3-77）

表 3-77　工模具钢的力学性能

牌号	热处理工艺		硬度 HRC	抗拉强度 R_{0m}/MPa	断后伸长率 A(%)	断面收缩率 Z(%)	冲击韧度 a_K /(J/cm²)
	淬火温度/℃	回火温度/℃					
5CrNiMo	840	450					35
		500					45
		550					56
7CrSiMnMoV	880	180	62				105
		200	62				102
		250	61				116
Cr5Mo1V		530	54.1	1849			
		593	46.7	1596	5.0	13.9	
8Cr3	870	400	48.5	1750	7	10.2	23
		500	44.5	1360	9	26	33
		520	43.5	1380	9.5	30	39
4Cr5W2VSi	1040，油冷	550		1800	11	40	12
		600		1690	47	44	47
3Cr2W8V	1100，油冷	580	49	1650	9	37	28
4Cr5MoSiV	1000，油冷	550	54.5				45
		600	46.5				60
	1000，空冷	580	51	1680	11	50	52
SM45	840，盐水冷却	500	255①	920	21.5	57.5	110
		575	229①	835	23.5	61.0	167
SM50		250	505①	1650	6	22	30
		300	495①	1400	7	30	48
		400	390①	1100	6.5	33.6	105

SM55	850，淬 w(NaCl) 10%水溶液	300	50~52	1564			
		350	47~48	1528		41.6	
		400	43~45	1373		51.2	
3Cr2Mo	850，油冷	550	38	1250	14	58	80
		600	33	1010	17	65	115
		650	26	900	20	67	150
5CrNiMnMoVSCa	880	575		1495	8.1	37.3	38
		625		1300	8.8	42.1	47
		650		1067	9.0	45.3	58
7Mn15Cr2A13V2WMo	1150，固溶	700℃×2h 时效	48.5	1380	16.5	35.5	45
	1180，固溶	650℃×2h 时效		1510	4.5	8.5	15
				1490	4.5	9.5	13
5SiMnMoV	860	400	46	1740			
		450	45	1600			
		500	44	1450			
		550	39.5	1350			
		600	38				
3Cr2MoWVNi	1000	600	40~42	1390		65	105
5Cr2NiMoVSi	985	550	52	1800			40
		600	49	1640			48
		650	42	1300			56
3Cr3Mo3VNb	1060	600+570	48.1	1535	11	59.8	26.3
	1120		49.7	1646	13	60.9	19

（续）

牌号	热处理工艺		硬度	抗拉强度	断后伸长	断面收缩	冲击韧度 a_K
	淬火温度/℃	回火温度/℃	HRC	R_{0m}/MPa	率 A(%)	率 Z(%)	/(J/cm²)
4Cr3Mo2MnVB	1030，油冷	600+610	48	1534	11.6	40.8	13.6
4Cr3Mo3W4VNb			52	1880	6.7	20	16
4Cr3Mo2MnVNbB	1100，油冷	640		1455	12.5	42.2	5.9
4Cr3Mo2NiVNb	1130	650	47			32.4	38.8
		700	41			45.7	48.8
4Cr5Mo2MnVSi	1020，油冷	595		1724	5.4	20.9	15.6
6CrMnNiMoSi	870，油冷	200	61				131
		230	60				138
	900，油冷	175	62				96
		200	61				148
		230	60				152
	930，油冷	200	61				160
7Cr7Mo3V2Si(LD)	1100	530，3 次		2611			72.5
		550，3 次		2540			122.5
		570，3 次		2407			104
	1150	530，3 次		2600			44
		550，3 次		2757			94
		570，3 次		2618			70
4CrNiMnMoVSCa	880，油冷	500~650	35~45	967~1513	7.4~12.5	41.0~53.5	
5Mn15Cr8Ni5Mo3V2	1180，固溶	700℃×4h 时效	45.6	1384	15.3	32.8	35
7Mn10Cr8Ni10Mo3V2	1150，固溶	700℃×6h 时效	44.5	1310	8.8	27.3	20

① 硬度为 HBW。

3.6.6 高速工具钢的热处理工艺参数及力学性能

1. 高速工具钢的临界温度与退火工艺参数（见表 3-78、表 3-79）

表 3-78 高速工具钢的临界温度与退火工艺参数（1）

牌号	临界温度/℃				交货状态（退火态）HBW	软化退火			等温退火		
	Ac_1	Ar_1	Ac_3	Ms		加热温度/℃	冷却方式	硬度HBW	加热温度/℃	冷却方式	硬度HBW
W3Mo3Cr4V2					≤255						
W4Mo3Cr4VSi	815~855			170	≤255				840~860	②	≤255
W18Cr4V	820	760	860	210	≤255	860~880	①	≤277	860~880	②	≤255
W2Mo8Cr4V	825~857				≤255						
W2Mo9Cu4V2	835~860			140	≤255	800~850	①	≤277	800~850	②	≤255
W6Mo5Cr4V2	835	770	885	225	≤255	840~860	①	≤255	840~860	②	≤255
CW6Mo5Cr4V2					≤255	830~850	①		830~850	②	
W6Mo6Cr4V2					≤262						
W9Mo3Cr4V	835			200	≤255	830~850	①		830~850	②	
W6Mo5Cr4V3	835~860			140	≤262	850~870	①	≤277	850~870	②	≤255
CW6Mo5Cr4V3	835~860			140	≤262						
W6Mo5Cr4V4					≤269						
W6Mo5Cr4V2Al	835	770	885	120	≤269	850~870	①	≤285	850~870	②	≤269
W12Cr4V5Co5	841~873	740		220	≤277						
W6Mo5Cr4V2Co5	825~851			220	≤269	840~860	①	≤285	840~860	②	≤269
W6Mo5Cr4V3Co8					≤285						
W7Mo4Cr4V2Co5					≤269				850~870	②	≤269
W2Mo9Cr4VCo8	841~873	740		210	≤269	870~880	①	≤269	870~880	②	≤269
W10Mo4Cr4V3Co10	830	765	870	175	≤285	850~870	①	≤311	850~870	②	≤302

① 以 20~30℃/h 冷却至 500~600℃，炉冷或空冷。

② 炉冷至 740~750℃，保温 2~4h，再炉冷至 500~600℃，出炉空冷。

表 3-79 高速工具钢的临界温度与退火工艺参数（2）

牌号	临界温度/℃				软化退火			等温退火		
	Ac_1	Ar_1	Ac_3（Ac_{cm}）	Ms	加热温度/℃	冷却方式	硬度HBW	加热温度/℃	冷却方式	硬度HBW
W3Mo2Cr4VSi								870~880	②	
6W6Mo5Cr4V2	820	730		180	850~860	①	197~207	850~860	②	197~207
W6Mo5Cr4V2Si					850~870	①	≤269	850~870	②	≤269
W6Mo3Cr4V5Co5	825~851			220	850~870	①	≤285	850~870	②	≤277
W6Mo5Cr4V5SiNbAl	835	770	885		850~870	①	≤285	850~870	②	≤269
W7Mo3Cr5VNb	835~900			180	840~860	①	≤255			
W10Mo4Cr4V3Al	835	770	885	115	840~860	①	≤285	840~860	②	≤269
W12Cr4V4Mo	835	770	885	225	840~860	①	≤285	840~860	②	≤262
W12Mo3Cr4V3N	830	763	870	175	840~860	①	≤293	840~860	②	≤285
W12Mo3Cr4V3Co5Si					860~880	①	≤285	860~880	②	≤269
9W18Cr4V	835	770	885	225	850~870	①	≤285	850~870	②	≤262
W18Cr4V4SiNbAl	830	765	870	175	870~890	①	≤352	870~890	②	≤341

① 以 20~30℃/h 冷却至 500~600℃，炉冷或空冷。

② 炉冷至 740~750℃，保温 2~4h，再炉冷至 500~600℃，出炉空冷。

2. 高速工具钢的淬火与回火工艺参数（见表3-80、表3-81）

表3-80　高速工具钢的淬火与回火工艺参数（1）

牌　号	预热		淬火加热			冷却介质	回火工艺	回火后硬度HRC
	温度/℃	时间/(s/mm)	加热介质	温度/℃	时间/(s/mm)			
W3Mo3Cr4V2	800~850	24	中性盐浴	1120~1180	12~15	油	540~560℃×2h,2次	≥63
W4Mo3Cr4VSi	800~850			1170~1190			540~560℃×2h,2次	≥63
W18Cr4V	850			1260~1280			560℃×1h,3次	≥62
				1200~1240				
W2Mo8Cr4V	800~850			1120~1180			550~570℃×1h,2次	≥63
W2Mo9Cr4V2	800~850			1180~1210			550~580℃×1h,3次	≥65
				1210~1230				
W6Mo5Cr4V2	850			1200~1220①			560℃×1h,3次	≥62
				1230②				≥63
				1240③				≥64
				1150~1200④				≥60
CW6Mo5Cr4V2	850			1190~1210			560℃×1h,3次	≥65
W6Mo6Cr4V2	850			1190~1210			550~570℃×1h,2次	≥64
W9Mo3Cr4V	850			1200~1220			540~560℃×2h,2次	≥64
W6Mo5Cr4V3	850			1200~1230			550~570℃×1h,3次	≥64
CW6Mo5Cr4V3	800~850			1180~1200			540~560℃×2h,2次	≥64
W6Mo5Cr4V4	850			1200~1220			550~570℃×1h,2次	≥64
W6Mo5Cr4V2Al	850			1220~1240			550~570℃×1h,4次	≥65
W12Cr4V5Co5	800~850			1210~1230			530~550℃×1h,3次	≥65
W6Mo5Cr4V2Co5	800~850			1210~1230			550~580℃×1h,3次	≥64
W6Mo5Cr4V3Co8	800~850			1170~1190			550~570℃×1h,2次	≥65
W7Mo4Cr4V2Co5	800~850			1180~1200			550~580℃×1h,3次	≥66
W2Mo9Cr4VCo8	850			1180~1220			550~570℃×1h,4次	≥66
				1200~1220				
W10Mo4Cr4V3Co10	800~850			1200~1230			550~570℃×1h,3次	≥66
				1230~1250				

① 高强薄刃刀具淬火温度。
② 复杂刀具淬火温度。
③ 简单刀具淬火温度。
④ 冷作模具淬火温度。

表 3-81 高速工具钢的淬火与回火工艺参数（2）

牌号	预热		淬火				回火	
	温度/℃	时间/(s/mm)	加热温度/℃	加热时间/(s/mm)	冷却介质	硬度HRC	回火工艺	硬度HRC
W3Mo2Cr4VSi	800~850	24	刀具：1175~1210	12~15	油	>65	540~560℃×1h,3 次	≥64
			模具：1150~1160	12~15	油	>65	580~590℃×1h,1 次+540~560℃×1h,2 次	59~63
6W6Mo5Cr4V2	850		1180~1200	12~15	一般工件：500~600℃中性盐浴或油 复杂工件:550℃、250℃两次分级后再入 240℃硝盐等温	≥62	550℃×1h,3 次	63
W6Mo5Cr4V2Si	880		1180~1210	12~15	600℃、280℃两次分级	61~64	560℃×1.5h,3 次	≥67
W6Mo3Cr4V5Co5	800~850		1210~1230	12~15	油		540~560℃×1h,3 次	≥64
W6Mo5Cr4V5SiNbAl	850		1220~1240	12~15	油	>66	500~530℃×1h,3 次或 560℃×1h,3 次	≥65
W7Mo3Cr5VNb	800~850		1180~1220			61.5~63	550℃×1h,3 次	64~66
W10Mo4Cr4V3Al	860~880		1230~1250	20	油		540~560℃×1h,4 次	≥66
W12Cr4V4Mo	850		1240~1250[①] 1260[②] 1270~1280[③]	12~15	油	≥64	550~570℃×1h,3 次	≥62

W12Mo3Cr4V3N	850	24	1220～1280(常用1260～1280)	15～20	油	>66	550～570℃×1h,4次	≥65
W12Mo3Cr4V3Co5Si	850		1210～1240	12～15	油	≥65	560℃×1h,4次	≥66
9W18Cr4V	850		1260～1280	12～15	油		570～590℃×1h,4次	≥63
W18Cr4V4SiNbAl	850		1230～1250	12～15	油	≥64	530～560℃×1h,4次	≥65

注：加热介质为中性盐浴。

① 适用于高强薄刃刀具。

② 适用于复杂刀具。

③ 适用于简单刀具。

3. 高速工具钢的力学性能（见表3-82）

表3-82　高速工具钢的力学性能

牌号	热处理工艺		硬度HRC	抗弯强度 σ_{bb}/MPa	冲击韧度 a_K/(J/cm^2)
	淬火	回火			
W18Cr4V	1270℃	560℃×1h×3次	65.0	3530	31
		-80℃×2h+560℃×3h×2次	64.9	3470	33
		600℃×10min×2次	64.6	3270	28
W3Mo2Cr4VSi	1160℃	540℃×1h×3次	65.5	3600	
	1200℃	540℃×1h×3次	66.0	3270	
W7Mo3Cr5VNb	1210℃	550℃×1h×3次		4490	54
	1220℃			4480	50

3.6.7　不锈钢和耐热钢的热处理工艺参数及力学性能

1. 常用不锈钢和耐热钢的热处理工艺参数

（1）常用不锈钢和耐热钢的退火、正火及高温回火工艺参数（见表 3-83）

表 3-83　常用不锈钢和耐热钢的退火、正火及高温回火工艺参数（GB/T 39191—2020）

序号	组织类型	牌号	不完全退火			正火			去应力退火①或高温回火		
			加热温度/℃	冷却方式	硬度HBW	加热温度/℃	冷却方式	硬度HBW	加热温度/℃	冷却方式	硬度HBW
1	铁素体型	10Cr17	780~850	空冷或缓冷	≤183						
2		06Cr13	800~900	缓冷	≤183						
3		12Cr13	730~780	空冷	≤229						
			850~900		≤170						
4		20Cr13			≤187						
5		30Cr13	870~900	炉冷②	≤206				730~780		≤229
6		40Cr13			≤229						
7		Y25Cr13Ni2	840~860	炉冷②	206~285				730~780		≤254
8		14Cr17Ni2							670~690		≤285
9		13Cr11Ni2W2MoV				900~1010	空冷		730~750		197~269
10	马氏	14Cr12Ni2WMoVNb③				1140~1160	空冷		680~720	空冷	229~320

11	体型	13Cr14Ni3W2VB④				930~950	空冷		670~690		197~285
12		95Cr18	880~920	炉冷②	≤269				730~790		≤269
13		90Cr18MoV	880~920	炉冷②	≤241				730~790		≤254
14		40Cr10Si2Mo	等温退火:1000~1040℃,保温 1h,随炉冷却至 750℃,保温 3~4h,空冷								197~269
15		13Cr13Mo	820~920	缓冷或约750℃快冷	≤200				650~750	快冷	192
16		32Cr13Mo	870~900	炉冷②	≤229				730~780	空冷	≤229
17		158Cr12MoV	840~880	炉冷②	206~254						
18		68Cr17	820~920	缓冷	≤225						
19		85Cr17	820~920	缓冷	≤225						
20		108Cr17	800~920	缓冷	≤269						

① 去应力退火的加热温度可以适当降低。

② 炉冷至 600℃ 以下空冷。

③ 允许不经正火只进行回火。

④ 正火并回火。

（2）常用不锈钢和耐热钢的淬火、固溶和回火、时效处理工艺参数（见表 3-84）

表 3-84　常用不锈钢和耐热钢的淬火、固溶和回火、时效处理工艺参数（GB/T 39191—2020）

序号	组织类型	牌号	淬火或固溶处理		按强度选择的回火或时效			按硬度选择的回火或时效		
			加热温度/℃	冷却方式	抗拉强度/MPa	回火或时效温度①/℃	冷却方式	硬度HBW	回火或时效温度①/℃	冷却方式
1	马氏	12Cr13	1000~1050	油冷或空冷	780~980	580~650	油冷或水冷	254~302	580~650	油冷或水冷
					880~1080	560~620		285~341	560~620	
					980~1180	550~580		254~362	550~580	
					1080~1270	520~560		341~388	520~560	
					>1270	<300	空冷	>388	<300	空冷
2		20Cr13	980~1050	油冷或空冷	690~880	640~690	油冷或空冷	229~269	650~690	油或空冷
					880~1080	560~640		254~285	600~650	
					980~1180	540~590		285~341	570~600	
					1080~1270	520~560		341~388	540~570	
					1180~1370	500~540		388~445	510~540	
					>1370	<350	空冷	>445	<350	空冷
3		30Cr13	980~1050	油冷或空冷	880~1080	580~620	油冷或水冷	254~285	620~680	油冷或水冷
					980~1180	560~610		285~341	580~610	
					1080~1270	550~600		341~388	550~600	
					1180~1370	540~590		388~445	520~570	
					1270~1470	530~570		445~514	500~530	
					>1470	<350	空冷	>514	<350	空冷
4		40Cr13	1000~1050	油冷或空冷	980~1180	590~640	油冷或水冷	285~341	600~650	油冷空冷
					1080~1270	570~620		341~388	570~610	
					1180~1370	550~600		388~445	530~580	
					1270~1470	540~580		—	—	
					1370~1570	300~357		445~514	300~370	
					>1570	<350	空冷	>514	<350	空冷

5	体型	Y25Cr13Ni2	1000~1020	油冷或空冷	880~1080	580~680	油冷或水冷	269~302	580~680	油冷或水冷
					980~1180	540~630		285~362	540~630	
					1080~1270	520~580		302~388	520~580	
					1180~1370	500~540		362~445	500~540	
			900~930		1370~1570	<300		≥44HRC	<300	
6		14Cr17Ni2	950~1040	油冷	690~880	580~680	空冷	229~269	580~700	空冷
					780~980	590~650	油冷或水冷	254~302	600~680	油或空冷
					880~1080	540~600		285~341	520~580	
					980~1180	500~560		320~375	480~540	
					1080~1270	480~547				
					>1270	300~360	空冷	>375	<350	空冷
7		13Cr11Ni2W2MoV	990~1010	油冷或空冷	<880	680~740	空冷	241~258	680~740	空冷
					880~1080	640~680		269~320	650~710	
					>1080	550~590		311~388	550~590	
8		14Cr12Ni2WMoVN②	1140~1160	油冷或空冷	<880	680~740	空冷	241~258	680~740	空冷
					880~1080	640~680		269~320	650~710	
					>1080	570~600		320~401	570~600	
9		13Cr14Ni3W2VB	1040~1060	油冷或空冷	>930	600~680	空冷	285~341	600~680	空冷
					>1130	500~600		330~388	550~600	
10		95Cr18②	1010~1070	油冷				50~55HRC	250~380	空冷
								>55HRC	160~250	
11		90Cr18MoV②	1050~1070	油冷				50~55HRC	260~320	空冷
								>55HRC	160~250	
12		4Cr10Si2Mo	1010~1050	油冷或空冷				302~341	700~760	空冷

（续）

序号	组织类型	牌号	淬火或固溶处理		按强度选择的回火或时效			按硬度选择的回火或时效		
			加热温度/℃	冷却方式	抗拉强度/MPa	回火或时效温度①/℃	冷却方式	硬度HBW	回火或时效温度①/℃	冷却方式
13	奥氏体型	06Cr19Ni10	1050～1100	空冷或水冷						
14		12Cr17Ni7	1010～1150	水冷						
15		12Cr18Ni9	1050～1150	空冷或水冷						
16		17Cr18Ni9	1100～1150	空冷或水冷						
17		20Cr13Mn9Ni4	1120～1150	空冷或水冷						
18		45Cr14Ni14W2Mo	1040～1060	水冷				197～285	620～680	空冷
								179～285	810～830	
19		24Cr18Ni8W2	1020～1060	水冷				≤276	640～660	空冷
								234～276	810～830	
20		06Cr18Ni11Ti	920～1150	空冷、油冷、水冷						
21		06Cr18Ni11Nb	980～1150	空冷、油冷、水冷						
22		12Cr18Mn8Ni5N	1010～1120	空冷或水冷						
23		14Cr23Ni18	1050～1150	空冷或水冷						
24	奥氏体-铁素体型	12Cr21Ni5Ti	950～1050	空冷或水冷						

① 在保证强度和硬度的前提下，回火温度可适当调整。

② 当采用上限淬火温度时，可进行冷处理，并低温回火。

（3）常用沉淀硬化不锈钢和耐热钢的热处理工艺参数（见表3-85）

表3-85　常用沉淀硬化不锈钢和耐热钢的热处理工艺参数（GB/T 39191—2020）

序号	牌号	固溶处理	按强度选择		按硬度选择	
			抗拉强度/MPa	回火或时效	硬度 HBW	回火或时效
1	05Cr17Ni4Cu4Nb①	1030~1050℃，空冷或水冷	>930	580~620℃，空冷	30~35HRC	600~620℃，空冷
			>980	550~580℃，空冷	35~40HRC	550~580℃，空冷
			>1080	500~550℃，空冷	38~43HRC	500~550℃，空冷
			>1180	480~500℃，空冷	41~45HRC	460~500℃，空冷
2	07Cr17Ni7Al②	1050~1070℃，空冷或水冷				
		1050~1070℃，空冷或水冷+760℃×1.5h，空冷+565℃×1.5h，空冷	>1140		≥39HRC	
		1050~1070℃，空冷或水冷+950℃×10min，空冷+冷处理（−70℃×8h），恢复至室温后再加热510℃×（30~60min），空冷	>1250		≥41HRC	
3	07Cr15Ni7Mo2Al	1050~1070℃，空冷或水冷				
		1050~1070℃，空冷或水冷+760℃×1.5h，空冷+565℃×1.5h，空冷	>1210		≥40HRC	
		1050~1070℃，空冷或水冷+950℃×10min，空冷+冷处理（−70℃×8h），恢复至室温后再加热510℃×（0.5~1h），空冷	>1250		≥41HRC	

① 如工件需冷变形时，应适当提高固溶温度，进行调整热处理，然后再进行回火处理。

② 经1050~1070℃加热后可进行冷变形。

2. 不锈钢棒的热处理工艺参数及力学性能

(1) 奥氏体型不锈钢棒的热处理工艺参数及力学性能

1) 奥氏体型不锈钢棒的热处理工艺参数见表3-86。

表3-86 奥氏体型不锈钢棒的热处理工艺参数（GB/T 1220—2007）

牌号	固溶处理
12Cr17Mo6Ni5N	1010~1120℃，快冷
12Cr18Mn9Ni5N	1010~1120℃，快冷
12Cr17Ni7	1010~1150℃，快冷
12Cr18Ni9	1010~1150℃，快冷
Y12Cr18Ni9	1010~1120℃，快冷
Y12Cr18Ni9Se	1010~1150℃，快冷
06Cr19Ni10	1010~1150℃，快冷
022Cr19Ni10	1010~1150℃，快冷
06Cr18Ni9Cu3	1010~1150℃，快冷
06Cr19Ni10N	1010~1150℃，快冷
06Cr19Ni9NbN	1010~1150℃，快冷
022Cr19Ni10N	1010~1150℃，快冷
10Cr18Ni12	1010~1150℃，快冷
06Cr23Ni13	1030~1150℃，快冷
06Cr25Ni20	1030~1180℃，快冷
06Cr17Ni12Mo2	1010~1150℃，快冷
022Cr17Ni12Mo2	1010~1150℃，快冷
06Cr17Ni12Mo2Ti①	1000~1100℃，快冷
06Cr17Ni12Mn2N	1010~1150℃，快冷
022Cr17Ni12Mo2N	1010~1150℃，快冷
06Cr18Ni12Mo2Cu2	1010~1150℃，快冷
022Cr18Ni14Mo2Cu2	1010~1150℃，快冷
06Cr19Ni13Mo3	1010~1150℃，快冷
022Cr19Ni13Mo3	1010~1150℃，快冷
03Cr18Ni16Mo5	1030~1180℃，快冷
06Cr18Ni11Ti①	920~1150℃，快冷
06Cr18Ni11Nb①	980~1150℃，快冷
06Cr18Ni13Si4	1010~1150℃，快冷

① 可进行稳定化处理，加热温度为850~930℃。

2）奥氏体型不锈钢棒固溶处理后的力学性能见表3-87。

表3-87 奥氏体型不锈钢棒固溶处理后的力学性能（GB/T 1220—2007）

牌号	规定塑性延伸强度 $R_{p0.2}$/MPa	抗拉强度 R_m /MPa	断后伸长率 A(%)	断面收缩率 Z(%)	硬度		
					HBW	HRB	HV
	≥				≤		
12Cr17Mo6Ni5N	275	520	40	45	241	100	253
12Cr18Mn9Ni5N	275	520	40	45	207	95	218
12Cr17Ni7	205	520	40	60	187	90	200
12Cr18Ni9	205	520	40	60	187	90	200
Y12Cr18Ni9	205	520	40	50	187	90	200
Y12Cr18Ni9Se	205	520	40	50	187	90	200
06Cr19Ni10	205	520	40	60	187	90	200
022Cr19Ni10	175	480	40	60	187	90	200
06Cr18Ni9Cu3	175	480	40	60	187	90	200
06Cr19Ni10N	275	550	35	50	217	95	220
06Cr19Ni9NbN	345	685	35	50	250	100	260
022Cr19Ni10N	245	550	40	50	217	95	220
10Cr18Ni12	175	480	40	60	187	90	200
06Cr23Ni13	205	520	40	60	187	90	200
06Cr25Ni20	205	520	40	50	187	90	200
05Cr17Ni12Mo2	205	520	40	60	187	90	200
022Cr17Ni12Mo2	175	480	40	60	187	90	200
05Cr17Ni12Mo2Ti	205	530	40	55	187	90	200
05Cr17Ni12Mo2N	275	550	35	50	217	95	220
022Cr17Ni12Mo2N	245	550	40	50	217	95	220
06Cr18Ni12Mo2Cu2	205	520	40	60	187	90	200
022Cr18Ni14Mo2Cu2	175	480	40	60	187	90	200
06Cr19Ni13Mo3	205	520	40	60	187	90	200
022Cr19Ni13Mo3	175	480	40	60	187	90	200
03Cr18Ni16Mo5	175	480	40	45	187	90	200
06Cr18Ni11Ti	205	520	40	50	187	90	200
06Cr18Ni11Nb	205	520	40	50	187	90	200
06Cr18Ni13Si4	205	520	40	60	207	95	218

注：本表仅适用于直径、边长、厚度或对边距离小于或等于180mm的钢棒。大于180mm的钢棒，可改锻成180mm的样坯检验，或由供需双方协商，规定允许降低其力学性能的数值。

（2）奥氏体-铁素体型不锈钢棒的热处理工艺参数及力学性能

1）奥氏体-铁素体型不锈钢棒的热处理工艺参数见表3-88。

表 3-88　奥氏体-铁素体型不锈钢棒的热处理工艺参数（GB/T 1220—2007）

牌号	固溶处理
14Cr18Ni11Si4AlTi	930～1050℃，快冷
022Cr19Ni5Mo3Si2N	920～1150℃，快冷
022Cr22Ni5Mo3N	950～1200℃，快冷
022Cr23Ni5Mo3N	950～1200℃，快冷
022Cr25Ni6Mo2N	950～1200℃，快冷
03Cr25Ni6Mo3Cu2N	1000～1200℃，快冷

2）奥氏体-铁素体型不锈钢棒固溶处理后的力学性能见表 3-89。

表 3-89　奥氏体-铁素体型不锈钢棒固溶处理后的力学性能（GB/T 1220—2007）

牌号	规定塑性延伸强度 $R_{p0.2}$/MPa	抗拉强度 R_m/MPa	断后伸长率 A(%)	断面收缩率 Z(%)	冲击吸收能量 KU/J	硬度		
						HBW	HBR	HV
	≥					≤		
14Cr18Ni11Si4AlTi	440	715	25	40	63			
022Cr19Ni5Mo3Si2N	390	590	20	40		290	30	300
022Cr22Ni5Mo3N	450	620	25			290		
022Cr23Ni5Mo3N	450	655	25			290		
022Cr25Ni6Mo2N	450	620	20			260		
03Cr25Ni6Mo3Cu2N	550	750	25			290		

注：1. 本表仅适用于直径、边长、厚度或对边距离小于或等于 75mm 的钢棒。大于 75mm 的钢棒，可改锻成 75mm 的样坯检验或由供需双方协商，规定允许降低其力学性能的数值。

2. 直径或对边距离小于等于 16mm 的圆钢、六角钢、八角钢和边长或厚度小于等于 12mm 的方钢、扁钢不做冲击试验。

（3）铁素体型不锈钢棒的热处理工艺参数及力学性能

1）铁素体型不锈钢棒的热处理工艺参数见表 3-90。

表 3-90　铁素体型不锈钢棒的热处理工艺参数（GB/T 1220—2007）

牌号	退火
06Cr13Al	780～830℃，空冷或缓冷
022Cr12	700～820℃，空冷或缓冷
10Cr17	780～850℃，空冷或缓冷
Y10Cr17	680～820℃，空冷或缓冷
10Cr17Mo	780～850℃，空冷或缓冷
008Cr27Mo	900～1050℃，快冷
008Cr30Mo2	900～1050℃，快冷

2）铁素体型不锈钢棒退火后的力学性能见表 3-91。

表 3-91　铁素体型不锈钢棒退火后的力学性能（GB/T 1220—2007）

牌号	规定塑性延伸强度 $R_{p0.2}$/MPa	抗拉强度 R_m /MPa	断后伸长率 A(%)	断面收缩率 Z(%)	冲击吸收能量 KU/J	硬度 HBW
	≥					≤
06Cr13Al	175	410	20	60	78	183
022Cr12	195	360	22	60		183
10Cr17	205	450	22	50		183
Y10Cr17	205	450	22	50		183
10Cr17Mo	205	450	22	60		183
008Cr27Mo	245	410	20	45		219
008Cr30Mo2	295	450	20	45		228

注：1. 本表仅适用于直径、边长、厚度或对边距离小于或等于 75mm 的钢棒。大于 75mm 的钢棒，可改锻成 75mm 的样坯检验或由供需双方协商，规定允许降低其力学性能的数值。

2. 直径或对边距离小于等于 16mm 的圆钢、六角钢、八角钢和边长或厚度小于等于 12mm 的方钢、扁钢不做冲击试验。

(4) 马氏体型不锈钢棒的热处理工艺参数及力学性能

1) 马氏体型不锈钢棒的热处理工艺参数见表 3-92。

表 3-92　马氏体型不锈钢棒的热处理工艺参数（GB/T 1220—2007）

牌号	钢棒的热处理制度	试样的热处理制度	
	退火	淬火	回火
12Cr12	800~900℃，缓冷或约750℃，快冷	950~1000℃，油冷	700~750℃，快冷
06Cr13	800~900℃，缓冷或约750℃，快冷	950~1000℃，油冷	700~750℃，快冷
12Cr13	800~900℃，缓冷或约750℃，快冷	950~1000℃，油冷	700~750℃，快冷
Y12Cr13	800~900℃，缓冷或约750℃，快冷	950~1000℃，油冷	700~750℃，快冷
20Cr13	800~900℃，缓冷或约750℃，快冷	920~980℃，油冷	600~750℃，快冷
30Cr13	800~900℃，缓冷或约750℃，快冷	920~980℃，油冷	600~750℃，快冷
Y30Cr13	800~900℃，缓冷或约750℃，快冷	920~980℃，油冷	600~750℃，快冷
40Cr13	800~900℃，缓冷或约750℃，快冷	1050~1100℃，油冷	200~300℃，空冷
14Cr17Ni2	680~700℃，高温回火，空冷	950~1050℃，油冷	275~350℃，空冷

（续）

牌号	钢棒的热处理制度	试样的热处理制度	
	退火	淬火	回火
17Cr16Ni2	680～800℃，炉冷或空冷	950～1050℃，油冷或空冷	600～650℃，空冷 750～800℃+650～700[①]℃，空冷
68Cr17	800～920℃，缓冷	1010～1070℃，油冷	100～180℃，快冷
85Cr17	800～920℃，缓冷	1010～1070℃，油冷	100～180℃，快冷
108Cr17	800～920℃，缓冷	1010～1070℃，油冷	100～180℃，快冷
Y108Cr17	800～920℃，缓冷	1010～1070℃，油冷	100～180℃，快冷
95Cr18	800～920℃，缓冷	1000～1050℃，油冷	200～300℃，油，空冷
13Cr13Mo	830～900℃，缓冷或约750℃，快冷	970～1020℃，油冷	650～750℃，快冷
32Cr13Mo	800～900℃，缓冷或约750℃，快冷	1025～1075℃，油冷	200～300℃，油、水、空冷
102Cr17Mo	830～900℃，缓冷	1000～1050℃，油冷	200～300℃，空冷
90Cr18MoV	800～920℃，缓冷	1050～1075℃，油冷	100～200℃，空冷

① 当镍含量在规定值的下限时，允许采用620～720℃单回火制度。

2）马氏体型不锈钢棒热处理后的力学性能见表3-93。

表3-93 马氏体型不锈钢棒热处理后的力学性能（GB/T 1220—2007）

牌号	组别	经淬火回火后试样的力学性能和硬度							退火后的硬度HBW
		规定塑性延伸强度 $R_{p0.2}$/MPa	抗拉强度 R_m/MPa	断后伸长率 A(%)	断面收缩率 Z(%)	冲击吸收能量 KU/J	HBW	HRC	
		≥							≤
12Cr12		390	590	25	55	118	170		200
06Cr13		345	490	24	60				183
12Cr13		345	540	22	55	78	159		200
Y12Cr13		345	540	17	45	55	159		200
20Cr13		440	640	20	50	63	192		223
30Cr13		540	735	12	40	24	217		235
Y30Cr13		540	735	8	35	24	217		235
40Cr13								50	235
14Cr17Ni2			1080	10		39			285
17Cr16Ni2	1	700	900～1050	12	45	25(KV)			295
	2	600	800～950	14					
68Cr17								54	255
85Cr17								56	255

（续）

牌号	组别	经淬火回火后试样的力学性能和硬度							退火后的硬度HBW
		规定塑性延伸强度 $R_{p0.2}$/MPa	抗拉强度 R_m/MPa	断后伸长率 A(%)	断面收缩率 Z(%)	冲击吸收能量 KU/J	HBW	HRC	
		≥							≤
108Cr17								58	269
Y108Cr7								58	269
95Cr18								55	255
13Cr13Mo		490	690	20	60	78	192		200
32Cr13Mo								50	207
102Cr17Mo								55	269
90Cr18MoV								55	269

注：1. 本表仅适用于直径、边长、厚度或对边距离小于或等于75mm的钢棒。大于75mm的钢棒，可改锻成75mm的样坯检验或由供需双方协商，规定允许降低其力学性能的数值。

2. 采用750℃退火时，其硬度由供需双方协商。

3. 直径或对边距离小于等于16mm的圆钢、六角钢、八角钢和边长或厚度小于等于12mm的方钢、扁钢不做冲击试验。

（5）沉淀硬化型不锈钢棒的热处理工艺参数及力学性能

1）沉淀硬化型不锈钢棒的热处理工艺参数见表3-94。

表3-94　沉淀硬化型不锈钢棒的热处理工艺参数（GB/T 1220—2007）

牌号	热处理			
	种类		组别	条件
05Cr15Ni5Cu4Nb	固溶处理		0	1020～1060℃，快冷
	沉淀硬化	480℃时效	1	经固溶处理后，470～490℃，空冷
		550℃时效	2	经固溶处理后，540～560℃，空冷
		580℃时效	3	经固溶处理后，570～590℃，空冷
		620℃时效	4	经固溶处理后，610～630℃，空冷

（续）

牌号	热处理			
	种类		组别	条件
05Cr17Ni4Cu4Nb	固溶处理		0	1020~1060℃，快冷
	沉淀硬化	480℃时效	1	经固溶处理后，470~490℃，空冷
		550℃时效	2	经固溶处理后，540~560℃，空冷
		580℃时效	3	经固溶处理后，570~590℃，空冷
		620℃时效	4	经固溶处理后，610~630℃，空冷
07Cr17Ni7Al	固溶处理		0	1000~1100℃，快冷
	沉淀硬化	510℃时效	1	经固溶处理后，955℃±10℃保持10min，空冷到室温，在24h内冷却到-73℃±6℃，保持8h，再加热到510℃±10℃，保持1h后，空冷
		565℃时效	2	经固溶处理后，于760℃±15℃保持90min，在1h内冷却到15℃以下，保持30min，再加热到565℃±10℃保持90min，空冷
07Cr15Ni7Mo2Al	固溶处理		0	1000~1100℃，快冷
	沉淀硬化	510℃时效	1	经固溶处理后，955℃±10℃保持10min，空冷到室温，在24h内冷却到-73℃±6℃，保持8h，再加热到510℃±10℃，保持1h后，空冷
		565℃时效	2	经固溶处理后，于760℃±15℃保持90min，在1h内冷却到15℃以下，保持30min，再加热到565℃±10℃保持90min，空冷

2）沉淀硬化型不锈钢棒的力学性能见表 3-95。

表 3-95 沉淀硬化型不锈钢棒的力学性能（GB/T 1220—2007）

牌号	热处理			规定塑性延伸强度 $R_{p0.2}$/MPa	抗拉强度 R_m/MPa	断后伸长率 A(%)	断面收缩率 Z(%)	硬度	
	类型		组别	≥				HBW	HRC
05Cr15Ni5Cu4Nb	固溶处理		0	—	—	—	—	≤363	≤38
	沉淀硬化	480℃时效	1	1180	1310	10	35	≥375	≥40
		550℃时效	2	1000	1070	12	45	≥331	≥35
		580℃时效	3	865	1000	13	45	≥302	≥31
		620℃时效	4	725	930	16	50	≥277	≥28
05Cr17Ni4Cu4Nb	固溶处理		0	—	—	—	—	≤363	≤38
	沉淀硬化	480℃时效	1	1180	1310	10	40	≥375	≥40
		550℃时效	2	1000	1070	12	45	≥331	≥35
		580℃时效	3	865	1000	13	45	≥302	≥31
		620℃时效	4	725	930	16	50	≥277	≥28
07Cr17Ni7Al	固溶处理		0	≤380	≤1030	20	—	≤229	—
	沉淀硬化	510℃时效	1	1030	1230	4	10	≥388	—
		565℃时效	2	960	1140	5	25	≥363	—
07Cr15Ni7Mo2Al	固溶处理		0	—	—	—	—	≤269	—
	沉淀硬化	510℃时效	1	1210	1320	6	20	≥388	—
		565℃时效	2	1100	1210	7	25	≥375	—

注：表中数值仅适用于直径、边长、厚度或对边距离小于或等于 75mm 的钢棒；大于 75mm 的钢棒，可改锻成 75mm 的样坯检验，或由供需双方协商，规定允许降低其力学性能的数据。

3. 不锈钢钢板和钢带的热处理工艺参数及力学性能

（1）奥氏体型不锈钢钢板和钢带的热处理工艺参数及力学性能

1）奥氏体型不锈钢钢板和钢带的热处理工艺参数见表3-96。

表3-96 奥氏体型不锈钢钢板和钢带的热处理工艺参数

（GB/T 4237—2015、GB/T 3280—2015）

牌号	热处理温度及冷却方式
12Cr17Ni7	≥1040℃，水冷或其他方式快冷
022Cr17Ni7	≥1040℃，水冷或其他方式快冷
022Cr17Ni7N	≥1040℃，水冷或其他方式快冷
12Cr18Ni9	≥1040℃，水冷或其他方式快冷
12Cr18Ni9Si3	≥1040℃，水冷或其他方式快冷
06Cr19Ni10	≥1040℃，水冷或其他方式快冷
022Cr19Ni10	≥1040℃，水冷或其他方式快冷
07Cr19Ni10	≥1095℃，水冷或其他方式快冷
05Cr19Ni10Si2CeN	≥1040℃，水冷或其他方式快冷
06Cr19Ni10N	≥1040℃，水冷或其他方式快冷
06Cr19Ni9NbN	≥1040℃，水冷或其他方式快冷
022Cr19Ni10N	≥1040℃，水冷或其他方式快冷
10Cr18Ni12	≥1040℃，水冷或其他方式快冷
06Cr23Ni13	≥1040℃，水冷或其他方式快冷
06Cr25Ni20	≥1040℃，水冷或其他方式快冷
022Cr25Ni22Mo2N	≥1040℃，水冷或其他方式快冷
015Cr20Ni18Mo6CuN	≥1150℃，水冷或其他方式快冷
06Cr17Ni12Mo2	≥1040℃，水冷或其他方式快冷
022Cr17Ni12Mo2	≥1040℃，水冷或其他方式快冷
07Cr17Ni12Mo2	≥1040℃，水冷或其他方式快冷
06Cr17Ni12Mo2Ti	≥1040℃，水冷或其他方式快冷
06Cr17Ni12Mo2Nb	≥1040℃，水冷或其他方式快冷
06Cr17Ni12Mo2N	≥1040℃，水冷或其他方式快冷
022Cr17Ni12Mo2N	≥1040℃，水冷或其他方式快冷
06Cr18Ni12Mo2Cu2	1010~1150℃，水冷或其他方式快冷
015Cr21Ni26Mo5Cu2	1030~1180℃，水冷或其他方式快冷
06Cr19Ni13Mo3	≥1040℃，水冷或其他方式快冷
022Cr19Ni13Mo3	≥1040℃，水冷或其他方式快冷
022Cr19Ni16Mo5N	≥1040℃，水冷或其他方式快冷
022Cr19Ni13Mo4N	≥1040℃，水冷或其他方式快冷
06Cr18Ni11Ti	≥1040℃，水冷或其他方式快冷
07Cr19Ni11Ti	≥1095℃，水冷或其他方式快冷
015Cr24Ni22Mo8Mn3CuN	≥1150℃，水冷或其他方式快冷
022Cr24Ni17Mo5Mn6NbN	1120~1170℃，水冷或其他方式快冷
06Cr18Ni11Nb	≥1040℃，水冷或其他方式快冷
07Cr18Ni11Nb	≥1095℃，水冷或其他方式快冷
08Cr21Ni11Si2CeN	≥1040℃，水冷或其他方式快冷
015Cr20Ni25Mo7CuN	≥1100℃，水冷或其他方式快冷
022Cr21Ni25Mo7N	≥1105℃，水冷或其他方式快冷

2）奥氏体型不锈钢钢板和钢带固溶处理后的力学性能见表3-97。

表3-97　奥氏体型不锈钢钢板和钢带固溶处理后的力学性能

（GB/T 4237—2015、GB/T 3280—2015）

牌　　号		规定塑性延伸强度 $R_{p0.2}$/MPa	抗拉强度 R_m/MPa	断后伸长率 A(%)	硬度		
					HBW	HRB	HV
		≥			≤		
022Cr17Ni7		220	550	45	241	100	242
12Cr17Ni7		205	515	40	217	95	220
022Cr17Ni7N		240	550	45	241	100	242
12Cr18Ni9		205	515	40	201	92	210
12Cr18Ni9Si3		205	515	40	217	95	220
022Cr19Ni10		180	485	40	201	92	210
06Cr19Ni10		205	515	40	201	92	210
07Cr19Ni10		205	515	40	201	92	210
05Cr19Ni10Si2CeN		290	600	40	217	95	220
022Cr19Ni10N		205	515	40	217	95	220
06Cr19Ni10N		240	550	30	217	95	200
06Cr19Ni9NbN	热轧	275	585	30	241	100	242
	冷轧	345	620	30	241	100	242
10Cr18Ni12		170	485	40	183	88	200
08Cr21Ni11Si2CeN		310	600	40	217	95	220
06Cr23Ni13		205	515	40	217	95	220
06Cr25Ni20		205	515	40	217	95	220
022Cr25Ni22Mo2N		270	580	25	217	95	220
015Cr20Ni18Mo6CuN	热轧	310	655	35	223	95	225
	冷轧	310	690	35	223	95	225
022Cr17Ni12Mo2		180	485	40	217	95	220
06Cr17Ni12Mo2		205	515	40	217	95	220
07Cr17Ni12Mo2		205	515	40	217	95	220
022Cr17Ni12Mo2N		205	515	40	217	95	220
06Cr17Ni12Mo2N		240	550	35	217	95	220
06Cr17Ni12Mo2Ti		205	515	40	217	95	220
06Cr17Ni12Mo2Nb		205	515	30	217	95	220
06Cr18Ni12Mo2Cu2		205	520	40	187	90	200
022Cr19Ni13Mo3		205	515	40	217	95	220
06Cr19Ni13Mo3		205	515	35	217	95	220
022Cr19Ni16Mo5N		240	550	40	223	96	225
022Cr19Ni13Mo4N		240	550	40	217	95	220
015Cr21Ni26Mo5Cu2		220	490	35		90	200

（续）

牌　　号		规定塑性延伸强度 $R_{p0.2}$/MPa	抗拉强度 R_m/MPa	断后伸长率 A(%)	硬度		
					HBW	HRB	HV
		≥			≤		
06Cr18Ni11Ti		205	515	40	217	95	220
07Cr19Ni11Ti		205	515	40	217	95	220
015Cr24Ni22Mo8Mn3CuN		430	750	40	250		252
022Cr24Ni7Mo5Mn6NbN		415	795	35	241	100	242
06Cr18Ni11Nb		205	515	40	201	92	210
07Cr18Ni11Nb		205	515	40	201	92	210
022Cr21Ni25Mo7N	热轧	310	655	30	241		
	冷轧	310	690	30		100	258
015Cr20Ni25Mo7CuN		295	650	35			

（2）奥氏体-铁素体型不锈钢钢板或钢带的热处理工艺参数及力学性能

1）奥氏体-铁素体型不锈钢钢板和钢带的热处理工艺参数见表3-98。

表3-98　奥氏体-铁素体型不锈钢钢板和钢带的热处理工艺参数

（GB/T 4237—2015、GB/T 3280—2015）

牌号	热处理温度及冷却方式
14Cr18Ni11Szi4AlTi	1000~1050℃，水冷或其他方式快冷
022Cr19Ni5Mo3Si2N	950~1050℃，水冷
12Cr21Ni5Ti	950~1050℃，水冷或其他方式快冷
022Cr22Ni5Mo3N	1040~1100℃，水冷或其他方式快冷
022Cr23Ni5Mo3N	1040~1100℃，水冷，除钢卷在连续退火线水冷或类似方式快冷
022Cr23Ni4MoCuN	950~1050℃，水冷或其他方式快冷
022Cr25Ni6Mo2N	1025~1225℃，水冷或其他方式快冷
03Cr25Ni6Mo3Cu2N	1050~1100℃，水冷或其他方式快冷
022Cr25Ni7Mo4N	1050~1100℃，水冷
022Cr25Ni7Mo4WCuN	1050~1125℃，水冷或其他方式快冷
022Cr21Ni3Mo2N	≥1010℃，水冷或其他方式快冷
03Cr22Mn5Ni2MoCuN	≥1020℃，水冷或其他方式快冷
022Cr21Mn5Ni2N	≥1040℃，水冷或其他方式快冷
022Cr21Mn3Ni3Mo2N	≥1020℃，水冷或其他方式快冷
022Cr22Mn3Ni2N	≥1020℃，水冷或其他方式快冷
022Cr23Ni2N	≥1020℃，水冷或其他方式快冷
022Cr24Ni4Mn3Mo2CuN	≥1040℃，水冷或其他方式快冷

2）奥氏体-铁素体型不锈钢钢板和钢带固溶处理后的力学性能见表 3-99。

表 3-99 奥氏体-铁素体型不锈钢钢板和钢带固溶处理后的力学性能

（GB/T 4237—2015、GB/T 3280—2015）

牌号		规定塑性延伸强度 $R_{p0.2}$/MPa	抗拉强度 R_m/MPa	断后伸长率 A(%)	硬度	
					HBW	HRC
		≥			≤	
14Cr18Ni11Si4AlTi			715	25		
022Cr19Ni5Mo3Si2N		440	630	25	290	31
022Cr23Ni5Mo3N		450	655	25	293	31
022Cr21Mn5Ni2N		450	620	25		25
022Cr21Ni3Mo2N		450	655	25	293	31
12Cr21Ni5Ti			635	20		
022Cr21Mn3Ni3Mo2N		450	620	25	293	31
022Cr22Mn3Ni2MoN		450	655	30	293	31
022Cr22Ni5Mo3N		450	620	25	293	31
03Cr22Mn5Ni2MoCuN		450	650	30	290	
022Cr23Ni2N		450	650	30	290	
022Cr24Ni4Mn3Mo2CuN	热轧	480	680	25	290	
	冷轧	540	740	25	290	
022Cr25Ni6Mo2N		450	640	25	295	31
022Cr23Ni4MoCuN		400	600	25	290	31
022Cr25Ni7Mo4N		550	795	15	310	32
03Cr25Ni6Mo3Cu2N		550	760	15	302	32
022Cr25Ni7Mo4WCuN		550	750	25	270	

（3）铁素体型不锈钢钢板和钢带的热处理工艺参数及力学性能

1）铁素体型不锈钢钢板和钢带的热处理工艺参数见表 3-100。

表 3-100 铁素体型不锈钢钢板和钢带的热处理工艺参数

（GB/T 4237—2015、GB/T 3280—2015）

牌号	热处理温度及冷却方式
06Cr13Al	780~830℃，快冷或缓冷
022Cr11Ti	800~900℃，快冷或缓冷
022Cr11NbTi	800~900℃，快冷或缓冷
022Cr12Ni	700~820℃，快冷或缓冷
022Cr12	700~820℃，快冷或缓冷
10Cr15	780~850℃，快冷或缓冷
10Cr17	780~800℃，空冷

（续）

牌号	热处理温度及冷却方式
022Cr17NbTi	780~950℃，快冷或缓冷
10Cr17Mo	780~850℃，快冷或缓冷
019Cr18MoTi	800~1050℃，快冷
022Cr18Nb	800~1050℃，快冷
019Cr19Mo2NbTi	800~1050℃，快冷
008Cr27Mo	900~1050℃，快冷
008Cr30Mo2	800~1050℃，快冷
019Cr21CuTi	800~1050℃，快冷
022Cr18MbTi	780~950℃，快冷或缓冷
022Cr18Ni	780~950℃，快冷或缓冷
019Cr23MoTi	850~1050℃，快冷
019Cr23Mo2Ti	850~1050℃，快冷
022Cr27Ni2Mo4NbTi	950~1150℃，快冷
022Cr29Mo4NbTi	950~1050℃，快冷
022Cr15NbTi	780~1050℃，快冷或缓冷
019Cr18CuNb	800~1050℃，快冷

2）铁素体型不锈钢钢板和钢带退火后的力学性能见表3-101。

表3-101　铁素体型不锈钢钢板和钢带退火后的力学性能

（GB/T 4237—2015、GB/T 3280—2015）

牌号	规定塑性延伸强度 $R_{p0.2}$/MPa	抗拉强度 R_m/MPa	断后伸长率 A(%)	180°弯曲试验弯曲压头直径 D	硬度		
					HBW	HRB	HV
	≥				≤		
022Cr11Ti	170	380	20	$D=2a$	179	88	200
022Cr11NbTi	170	380	20	$D=2a$	179	88	200
022Cr12	195	360	22	$D=2a$	183	88	200
022Cr12Ni	280	450	18		180	88	200
06Cr13Al	170	415	20	$D=2a$	179	88	200
10Cr15	205	450	22	$D=2a$	183	89	200
022Cr15NbTi	205	450	22	$D=2a$	183	89	200
10Cr17	205	420	22	$D=2a$	183	89	200
022Cr17Ti	175	360	22	$D=2a$	183	88	200
10Cr17Mo	240	450	22	$D=2a$	183	89	200
019Cr18MoTi	245	410	20	$D=2a$	217	96	230
022Cr18Ti	205	415	22	$D=2a$	183	89	200
022Cr18Nb	250	430	18		180	88	200
019Cr18CuNb	205	390	22	$D=2a$	192	90	200

（续）

牌号	规定塑性延伸强度 $R_{p0.2}$/MPa	抗拉强度 R_m/MPa	断后伸长率 A(%)	180°弯曲试验弯曲压头直径 D	硬度		
					HBW	HRB	HV
	≥				≤		
019Cr19Mo2NbTi	275	415	20	$D=2a$	217	96	230
022Cr18NbTi	205	415	22	$D=2a$	183	89	200
019Cr21CuTi	205	390	22	$D=2a$	192	90	200
019Cr23Mo2Ti	245	410	20	$D=2a$	217	96	230
019Cr23MoTi	245	410	20	$D=2a$	217	96	230
022Cr27Ni2Mo4NbTi	450	585	18	$D=2a$	241	100	242
008Cr27Mo	275	450	22	$D=2a$	187	90	200
022Cr29Mo4NbTi	415	550	18	$D=2a$	255	25①	257
008Cr30Mo2	295	450	22	$D=2a$	207	95	220

注：a 为弯曲试样厚度。

① HRC 硬度值。

（4）马氏体型不锈钢钢板和钢带的热处理工艺参数及力学性能

1）马氏体型不锈钢钢板和钢带的热处理工艺参数见表 3-102。

表 3-102 马氏体型不锈钢钢板和钢带的热处理工艺参数

（GB/T 4237—2015、GB/T 3280—2015）

牌号	退火	淬火	回火
12Cr12	约 750℃，快冷或 800~900℃，缓冷		
06Cr13	约 750℃，快冷或 800~900℃，缓冷		
12Cr13	约 750℃，快冷或 800~900℃，缓冷		
04Cr13Ni5Mo			
20Cr13	约 750℃，快冷或 800~900℃，缓冷		
30Cr13	约 750℃，快冷或 800~900℃，缓冷	980~1040℃，快冷	150~400℃，空冷
40Cr13	约 750℃，快冷或 800~900℃，缓冷	1050~1100℃，油冷	200~300℃，空冷
17Cr16Ni2		1010℃±10℃，油冷	605℃±5℃，空冷
		1000~1030℃，油冷	300~380℃，空冷
68Cr17	约 750℃，快冷或 800~900℃，缓冷	1010~1070℃，快冷	150~400℃，空冷
50Cr15MoV	770~830℃缓冷		

2）马氏体型不锈钢钢板和钢带退火后的力学性能见表 3-103。

表 3-103 马氏体型不锈钢钢板和钢带退火后的力学性能

（GB/T 3280—2015、GB/T 4237—2015）

牌号	规定塑性延伸强度 $R_{p0.2}$/MPa	抗拉强度 R_m/MPa	断后伸长率 A(%)	180°弯曲试验弯曲压头直径 D	硬度 HBW	硬度 HRB	硬度 HV
	≥				≤		
12Cr12	205	485	20	$D=2a$	217	96	210
06Cr13	205	415	22	$D=2a$	183	89	200
12Cr13	205	450	20	$D=2a$	217	96	210
04Cr13Ni5Mo	620	795	15		302	32①	308
20Cr13	225	520	18		223	97	234
30Cr13	225	540	18		235	99	247
40Cr13	225	590	15				
17Cr16Ni2	690	880~1080	12		262~326		
	1050	1350	10		388		
68Cr17	245	590	15		255	25①	269
50Cr15MoV		≤850	12		280	100	280

注：1. 17Cr16Ni2 为淬火、回火后的力学性能。

2. a 为弯曲试样厚度。

① HRC 硬度值。

（5）沉淀硬化型不锈钢钢板和钢带的热处理工艺参数及力学性能

1）沉淀硬化型不锈钢钢板和钢带的热处理工艺参数见表 3-104。

表 3-104 沉淀硬化型不锈钢钢板和钢带的热处理工艺参数

（GB/T 4237—2015、GB/T 3280—2015）

牌号	固溶处理	沉淀硬化处理
04Cr13Ni8Mo2Al	927℃±15℃，按要求冷却至 60℃以下	510℃±6℃，保温 4h，空冷
		538℃±6℃，保温 4h，空冷
022Cr12Ni9Cu2NbTi	829℃±15℃，水冷	480℃±6℃，保温 4h，空冷
		510℃±6℃，保温 4h，空冷
07Cr17Ni7Al	1065℃±15℃，水冷	954℃±8℃，保温 10min，快冷至室温，24h 内冷至-73℃±6℃，保温 8h，在空气中升至室温，再加热到 510℃±6℃，保温 1h 后空冷
		760℃±15℃，保温 90min，1h 内冷却至 15℃±3℃，保温 30min，再加热至 566℃±6℃，保温 90min 后空冷

（续）

牌号	固溶处理	沉淀硬化处理
07Cr15Ni7Mo2Al	1040℃±15℃，水冷	954℃±8℃，保温10min，快冷至室温，24h内冷至-73℃±6℃，保温8h，在空气中升至室温，再加热到510℃±6℃，保温1h后空冷
		760℃±15℃，保温90min，1h内冷却至15℃±3℃，保温30min，再加热至566℃±6℃，保温90min后空冷
09Cr17Ni5Mo3N	930℃±15℃，水冷，在-75℃以下保持3h	455℃±8℃，保温3h，空冷
		540℃±8℃，保温3h，空冷
06Cr17Ni7AlTi	1038℃±15℃，空冷	510℃±8℃，保温30min，空冷
		538℃±8℃，保温30min，空冷
		566℃±8℃，保温30min，空冷

2）沉淀硬化型不锈钢钢板和钢带固溶处理后的力学性能见表3-105、表3-106。

表3-105　沉淀硬化型不锈钢热轧钢板和钢带固溶处理后的力学性能

（GB/T 4237—2015）

牌号	钢材厚度/mm	规定塑性延伸强度 $R_{p0.2}$/MPa	抗拉强度 R_m/MPa	断后伸长率 A(%)	硬度	
					HRC	HBW
		≤		≥	≤	
04Cr13Ni8Mo2Al	2.0~102				38	363
022Cr12Ni9Cu2NbTi	2.0~102	1105	1205	3	36	331
07Cr17Ni7Al	2.0~102	380	1035	20	92①	
07Cr15Ni7Mo2Al	2.0~102	450	1035	25	100①	
09Cr17Ni5Mo3N	2.0~102	585	1380	12	30	
06Cr17Ni7AlTi	2.0~102	515	825	5	32	

① HRB硬度值。

表 3-106　沉淀硬化型不锈钢冷轧钢板和钢带固溶处理后的力学性能（GB/T 3280—2015）

牌号	钢材厚度/mm	规定塑性延伸强度 $R_{p0.2}$/MPa	抗拉强度 R_m/MPa	断后伸长率 A(%)	硬度	
					HRC	HBW
		≤		≥	≤	
04Cr13Ni8Mo2Al	0.10~<8.0				38	363
022Cr12Ni9Cu2NbTi	0.30~8.0	1105	1205	3	36	331
07Cr17Ni7Al	0.10~<0.30	450	1035			
	0.30~8.0	380	1035	20	92①	
07Cr15Ni7Mo2Al	0.10~<8.0	450	1035	25	100①	
09Cr17Ni5Mo3N	0.10~<0.30	585	1380	8	30	
	0.30~8.0	585	1380	12	30	
06Cr17Ni7AlTi	0.10~<1.50	515	825	4	32	
	1.50~8.0	515	825	5	32	

① HRB 硬度值。

3）沉淀硬化型不锈钢钢板和钢带时效处理后的力学性能见表 3-107、表 3-108。

表 3-107　沉淀硬化型不锈钢热轧钢板和钢带时效处理后的力学性能（GB/T 4237—2015）

牌号	钢材厚度/mm	处理温度/℃	规定塑性延伸强度 $R_{p0.2}$/MPa	抗拉强度 R_m/MPa	断后伸长率 A(%)	硬度	
						HRC	HBW
			≥				
04Cr13Ni8Mo2Al	2~<5	510±5	1410	1515	8	45	
	5~<16		1410	1515	10	45	
	16~100		1410	1515	10	45	429
	2~<5	540±5	1310	1380	8	43	
	5~<16		1310	1380	10	43	
	16~100		1310	1380	10	43	401
022Cr12Ni9Cu2-NbTi	≥2	480±6 或 510±5	1410	1525	4	44	
07Cr17Ni7Al	2~<5	760±15 15±3 566±6	1035	1240	6	38	
	5~16		965	1170	7	38	352
	2~<5	954±8 -73±6 510±6	1310	1450	4	44	
	5~16		1240	1380	6	43	401

（续）

牌号	钢材厚度/mm	处理温度/℃	规定塑性延伸强度 $R_{p0.2}$/MPa	抗拉强度 R_m/MPa	断后伸长率 A(%)	硬度	
			≥			HRC	HBW
07Cr15Ni7Mo2Al	2~<5	760±15 15±3 566±6	1170	1310	5	40	
	5~16		1170	1310	4	40	375
	2~<5	954±8 -73±6 510±6	1380	1550	4	46	
	5~16		1380	1550	4	45	429
09Cr17Ni5Mo3N	2~5	455±10	1035	1275	8	42	
	2~5	540±10	1000	1140	8	36	
06Cr17Ni7AlTi	2~<3	510±10	1170	1310	5	39	
	≥3		1170	1310	8	39	363
	2~<3	540±10	1105	1240	5	37	
	≥3		1105	1240	8	38	352
	2~<3	565±10	1035	1170	5	35	
	≥3		1035	1170	8	36	331

表 3-108　沉淀硬化型不锈钢冷轧钢板和钢带时效处理后的力学性能

（GB/T 3280—2015）

牌号	钢材厚度/mm	处理温度/℃	规定塑性延伸强度 $R_{p0.2}$/MPa	抗拉强度 R_m/MPa	断后伸长率 A(%)	硬度	
			≥			HRC	HBW
04Cr13Ni8Mo2Al	0.10~<0.50	510±6	1410	1515	6	45	
	0.50~<5.0		1410	1515	8	45	
	5.0~8.0		1410	1515	10	45	
	0.10~<0.50	538±6	1310	1380	6	43	
	0.50~<5.0		1310	1380	8	43	
	5.0~8.0		1310	1380	10	43	
022Cr12Ni9Cu2-NbTi	0.10~<0.50	510±6 或 482±6	1410	1525		44	
	0.50~<1.50		1410	1525	3	44	
	1.50~8.0		1410	1525	4	44	
07Cr17Ni7Al	0.10~<0.30	760±15 15±3 566±6	1035	1240	3	38	
	0.30~<5.0		1035	1240	5	38	
	5.0~8.0		965	1170	7	38	352

（续）

牌号	钢材厚度/mm	处理温度/℃	规定塑性延伸强度 $R_{p0.2}$/MPa	抗拉强度 R_m/MPa	断后伸长率 A(%)	硬度	
						HRC	HBW
			≥				
07Cr17Ni7Al	0.10~<0.30	954±8 -73±6 510±6	1310	1450	1	44	
	0.30~<5.0		1310	1450	3	44	
	5.0~8.0		1240	1380	6	43	401
07Cr15Ni7Mo2Al	0.10~<0.30	760±15 15±3 566±6	1170	1310	3	40	
	0.30~<5.0		1170	1310	5	40	
	5.0~8.0		1170	1310	4	40	375
	0.10~<0.30	954±8 -73±6 510±6	1380	1550	2	46	
	0.30~<5.0		1380	1550	4	46	
	5.0~8.0		1380	1550	4	45	429
	0.10~1.2	冷轧	1205	1380	1	41	
	0.10~1.2	冷轧+482	1580	1655	1	46	
09Cr17Ni5Mo3N	0.10~<0.30	455±8	1035	1275	6	42	
	0.30~5.0		1035	1275	8	42	
	0.10~<0.30	540±8	1000	1140	6	36	
	0.30~5.0		1000	1140	8	36	
06Cr17Ni7AlTi	0.10~<0.80	510±8	1170	1310	3	39	
	0.80~<1.50		1170	1310	4	39	
	1.50~8.0		1170	1310	5	39	
	0.10~<0.80	538±8	1105	1240	3	37	
	0.80~<1.50		1105	1240	4	37	
	1.50~8.0		1105	1240	5	37	
	0.10~<0.80	566±8	1035	1170	3	35	
	0.80~<1.50		1035	1170	4	35	
	1.50~8.0		1035	1170	5	35	

4. 耐热钢棒的热处理工艺参数及力学性能

（1）奥氏体型耐热钢棒的热处理工艺参数及力学性能

1）奥氏体型耐热钢棒的热处理工艺参数见表3-109。

表3-109 奥氏体型耐热钢棒的热处理工艺参数（GB/T 1221—2007）

牌号	典型的热处理制度
53Cr21Mn9Ni4N	固溶：1100~1200℃，快冷 时效：730~780℃，空冷
26Cr18Mn12Si2N	固溶：1100~1150℃，快冷
22Cr20Mn10Ni2Si2N	固溶：1100~1150℃，快冷

（续）

牌号	典型的热处理制度
06Cr19Ni10	固溶:1100~1150℃,快冷
22Cr21Ni12N	固溶:1050~1150℃,快冷 时效:750~800℃,空冷
16Cr23Ni13	固溶:1030~1150℃,快冷
06Cr23Ni13	固溶:1030~1150℃,快冷
20Cr25Ni20	固溶:1030~1180℃,快冷
06Cr25Ni20	固溶:1030~1180℃,快冷
06Cr17Ni12Mo2	固溶:1010~1150℃,快冷
06Cr19Ni13Mo3	固溶:1010~1150℃,快冷
06Cr18Ni11Ti①	固溶:920~1150℃,快冷
45Cr14Ni14W2Mo	退火:820~850℃,快冷
12Cr16Ni35	固溶:1030~1180℃,快冷
06Cr18Ni11Nb①	固溶:980~1150℃,快冷
06Cr18Ni13Si4	固溶:1010~1150℃,快冷
16Cr20Ni14Si2	固溶:1080~1130℃,快冷
16Cr25Ni20Si2	固溶:1080~1130℃,快冷

① 可进行稳定化处理，加热温度为850~930℃。

2）奥氏体型耐热钢棒热处理后的力学性能见表3-110。

表3-110　奥氏体型耐热钢棒热处理后的力学性能

（GB/T 1221—2007）

牌号	热处理状态	规定塑性延伸强度 $R_{p0.2}$ /MPa	抗拉强度 R_m/MPa	断后伸长率 A(%)	断面收缩率 Z(%)	硬度HBW
		≥				≤
53Cr21Mn9Ni4N	固溶+时效	560	885	8		≥302
26Cr18Mn12Si2N	固溶处理	390	685	35	45	248
22Cr20Mn10Ni2Si2N		390	635	35	45	248
06Cr19Ni10		205	520	40	60	187
22Cr21Ni12N	固溶+时效	430	820	26	20	269
16Cr23Ni13	固溶处理	205	560	45	50	201
06Cr23Ni13		205	520	40	60	187
20Cr25Ni20		205	590	40	50	201
06Cr25Ni20		205	520	40	50	187
06Cr17Ni12Mo2		205	520	40	60	187
06Cr19Ni13Mo3		205	520	40	60	187
06Cr18Ni11Ti		205	520	40	50	187
45Cr14Ni14W2Mo	退火	315	705	20	35	248

（续）

牌号	热处理状态	规定塑性延伸强度 $R_{p0.2}$/MPa	抗拉强度 R_m/MPa	断后伸长率 A(%)	断面收缩率 Z(%)	硬度 HBW
		≥				≤
12Cr16Ni35	固溶处理	205	560	40	50	201
06Cr18Ni11Nb		205	520	40	50	187
06Cr18Ni13Si4		205	520	40	60	207
16Cr20Ni14Si2		295	590	35	50	187
16Cr25Ni20Si2		295	590	35	50	187

注：53Cr21Mn9Ni4N 和 22Cr21Ni12N 仅适用于直径、边长及对边距离或厚度小于或等于 25mm 的钢棒，大于 25mm 的钢棒，可改锻成 25mm 的样坯检验或由供需双方协商确定允许降低其力学性能的数值。其余牌号仅适用于直径、边长及对边距离或厚度小于或等于 180mm 的钢棒。大于 180mm 的钢棒，可改锻成 180mm 的样坯检验或由供需双方协商确定，允许降低其力学性能数值。

(2) 铁素体型耐热钢的热处理工艺参数及力学性能

1) 铁素体型耐热钢棒的热处理工艺参数见表 3-111。

表 3-111 铁素体型耐热钢棒的热处理工艺参数（GB/T 1221—2007）

牌号	退火
06Cr13Al	780~830℃,空冷或缓冷
022Cr12	700~820℃,空冷或缓冷
10Cr17	780~850℃,空冷或缓冷
16Cr25N	780~880℃,快冷

2) 铁素体型耐热钢棒退火后的力学性能见表 3-112。

表 3-112 铁素体型耐热钢棒退火后的力学性能

（GB/T 1221—2007）

牌号	规定塑性延伸强度 $R_{p0.2}$/MPa	抗拉强度 R_m/MPa	断后伸长率 A(%)	断面收缩率 Z(%)	硬度 HBW
	≥				≤
06Cr13Al	175	410	20	60	183
022Cr12	195	360	22	60	183
10Cr17	205	450	22	50	183
16Cr25N	275	510	20	40	201

注：本表仅适用于直径、边长及对边距离或厚度小于或等于 75mm 的钢棒。大于 75mm 的钢棒，可改锻成 75mm 的样坯检验或由供需双方协商确定允许降低其力学性能的数值。

(3) 马氏体型耐热钢棒的热处理工艺参数及力学性能

1) 马氏体型耐热钢棒的热处理工艺参数见表3-113。

表3-113　马氏体型耐热钢棒的热处理工艺参数

(GB/T 1221—2007)

牌号	钢棒	试样	
	退火	淬火	回火
12Cr13	800~900℃,缓冷或约750℃快冷	950~1000℃,油冷	700~750℃,快冷
20Cr13	800~900℃,缓冷或约750℃快冷	920~980℃,油冷	600~750℃,快冷
14Cr17Ni2	680~700℃,高温回火,空冷	950~1050℃,油冷	275~350℃,空冷
17Cr14Ni2	680~800℃,炉冷或空冷	950~1050℃,油冷或空冷	600~650℃,空冷
			750~800℃+650~700℃[①],空冷
12Cr5Mo	—	900~950℃,油冷	600~700℃,空冷
12Cr12Mo	800~900℃,缓冷或约750℃快冷	950~1000℃,油冷	700~750℃,快冷
13Cr13Mo	830~900℃,缓冷或约750℃快冷	970~1020℃,油冷	650~750℃,快冷
14Cr11MoV	—	1050~1100℃,空冷	720~740℃,空冷
18Cr12MoVNbN	850~950℃,缓冷	1100~1170℃,油冷或空冷	≥600℃,空冷
15Cr12WMoV	—	1000~1050℃,油冷	680~700℃,空冷
22Cr12NiWMoV	830~900℃,缓冷	1020~1070℃,油冷或空冷	≥600℃,空冷
13Cr11Ni2W2-MoV	—	1000~1020℃正火 1000~1020℃,油冷或空冷	660~710℃,油冷或空冷
			540~600℃,油冷或空冷
18Cr11NiMo-NbVN	880~900℃,缓冷或700~770℃快冷	≥1090℃,油冷	≥640℃,空冷
42Cr9Si2	—	1020~1040℃,油冷	700~780℃,油冷
45Cr9Si3	800~900℃,缓冷	900~1080℃,油冷	700~850℃,快冷
40Cr10Si2Mo	—	1010~1040℃,油冷	720~760℃,空冷
80Cr20Si2Ni	800~900℃,缓冷或约720℃空冷	1030~1080℃,油冷	700~800℃,快冷

① 当镍含量在规定的下限时,允许采用620~720℃单回火制度。

2）马氏体型耐热钢棒淬火回火后的力学性能见表3-114。

表3-114 马氏体型耐热钢棒淬火回火后的力学性能

（GB/T 1221—2007）

牌号		规定塑性延伸强度 $R_{p0.2}$/MPa	抗拉强度 R_m/MPa	断后伸长率 A（%）	断面收缩率 Z（%）	冲击吸收能量 KU/J	经淬火回火后的硬度HBW	退火后的硬度HBW
		≥						≤
12Cr13		345	540	22	55	78	159	200
20Cr13		440	640	20	50	63	192	223
14Cr17Ni2			1080	10		39		
17Cr16Ni2		700	900~1050	12	45	25（KV）		295
		600	800~950	14				
12Cr5Mo		390	590	18				200
12Cr12Mo		550	685	18	60	78	217~248	255
13Cr13Mo		490	690	20	60	78	192	200
14Cr11MoV		490	685	16	55	47		200
18Cr12MoVNbN		685	835	15	30		≤321	269
15Cr12WMoV		585	735	15	45	47		
22Cr12NiWMoV		735	885	10	25		≤341	269
13Cr11Ni2W2MoV	1	735	885	15	55	71	269~321	269
	2	885	1080	12	50	55	311~388	
18Cr11NiMoNbVN		760	930	12	32	20（KV）	277~331	255
42Cr9Si2		590	885	19	50			269
45Cr9Si3		685	930	15	35		≥269	
40Cr10Si2Mo		685	885	10	35			269
80Cr20Si2Ni		685	885	10	15	8	≥262	321

注：1. 本表仅适用于直径、边长及对边距离或厚度小于或等于75mm的钢棒。大于75mm的钢棒，可改锻成75mm的样坯检验或由供需双方协商确定允许降低其力学性能的数值。

2. 采用750℃退火时，其硬度由供需双方协商。

3. 直径或对边距离小于或等于16mm的圆钢、六角钢的边长或厚度小于或等于12mm的方钢、扁钢不做冲击试验。

（4）沉淀硬化型耐热钢棒的热处理工艺参数及力学性能

1）沉淀硬化型耐热钢棒的热处理工艺参数见表3-115。

2）沉淀硬化型耐热钢棒热处理后的力学性能见表3-116。

表 3-115　沉淀硬化型耐热钢棒的热处理工艺参数（GB/T 1221—2007）

牌号	热处理			
	种类		组别	条件
05Cr17Ni4Cu4Nb	固溶处理		0	1020~1060℃，快冷
	沉淀硬化	480℃时效	1	经固溶处理后，470~490℃空冷
		550℃时效	2	经固溶处理后，540~560℃空冷
		580℃时效	3	经固溶处理后，570~590℃空冷
		620℃时效	4	经固溶处理后，610~630℃空冷
07Cr17Ni7Al	固溶处理		0	1000~1100℃，快冷
	沉淀硬化	510℃时效	1	经固溶处理后，955℃±10℃保持 10min，空冷到室温，在 24h 内冷却到-73℃±6℃，保持 8h，再加热到 510℃±10℃，保持 1h 后，空冷
		565℃时效	2	经固溶处理后，于 760℃±15℃保持 90min，在 1h 内冷却到 15℃以下，保持 30min，再加热到 565℃±10℃保持 90min，空冷
06Cr15Ni25Ti2-MoAlVB	固溶+时效			固溶 885~915℃或 965~995℃，快冷，时效 700~760℃，16h，空冷或缓冷

表 3-116　沉淀硬化型耐热钢棒热处理后的力学性能（GB/T 1221—2007）

牌号	热处理			规定塑性延伸强度 $R_{p0.2}$/MPa	抗拉强度 R_m/MPa	断后伸长率 A(%)	断面收缩率 Z(%)	硬度	
	类别		组别	≥				HBW	HRC
05Cr17Ni4Cu4Nb	固溶处理		0					≤363	≤38
	沉淀硬化	480℃时效	1	1180	1310	10	40	≥375	≥40
		550℃时效	2	1000	1070	12	45	≥331	≥35
		580℃时效	3	865	1000	13	45	≥302	≥31
		620℃时效	4	725	930	16	50	≥277	≥28
07Cr17Ni7Al	固溶处理		0	≤380	≤1030	20		≤229	
	沉淀硬化	510℃时效	1	1030	1230	4	10	≥388	
		565℃时效	2	960	1140	5	25	≥363	
06Cr15Ni25Ti2Mo-AlVB	固溶+时效			590	900	15	18	≥248	

注：表中数值仅适用于直径、边长、厚度或对边距离小于或等于 75mm 的钢棒；大于 75mm 的钢棒，可改锻成 75mm 的样坯检验，或由供需双方协商，规定允许降低其力学性能的数据。

5. 耐热钢钢板和钢带的热处理工艺参数及力学性能

(1) 奥氏体型耐热钢钢板和钢带的热处理工艺参数及力学性能

1) 奥氏体型耐热钢钢板和钢带的热处理工艺参数见表3-117。

表3-117 奥氏体型耐热钢钢板和钢带的热处理工艺参数

(GB/T 4238—2015)

牌号	固溶处理
12Cr18Ni9	≥1040℃,水冷或其他方式快冷
12Cr18Ni9Si3	≥1040℃,水冷或其他方式快冷
06Cr19Ni10	≥1040℃,水冷或其他方式快冷
07Cr19Ni10	≥1040℃,水冷或其他方式快冷
05Cr19Ni10Si2CeN	1050~1100℃,水冷或其他方式快冷
06Cr20Ni11	≥1040℃,水冷或其他方式快冷
16Cr23Ni13	≥1040℃,水冷或其他方式快冷
06Cr23Ni13	≥1040℃,水冷或其他方式快冷
20Cr25Ni20	≥1040℃,水冷或其他方式快冷
06Cr25Ni20	≥1040℃,水冷或其他方式快冷
06Cr17Ni12Mo2	≥1040℃,水冷或其他方式快冷
07Cr17Ni12Mo2	≥1040℃,水冷或其他方式快冷
06Cr18Ni13Mo3	≥1040℃,水冷或其他方式快冷
06Cr18Ni11Ti	≥1095℃,水冷或其他方式快冷
07Cr19Ni11Ti	≥1040℃,水冷或其他方式快冷
12Cr16Ni35	1030~1180℃,快冷
06Cr18Ni11Nb	≥1040℃,水冷或其他方式快冷
07Cr18Ni11Nb	≥1040℃,水冷或其他方式快冷
16Cr20Ni14Si2	1060~1130℃,水冷或其他方式快冷
16Cr25Ni20Si2	1060~1130℃,水冷或其他方式快冷
08Cr21Ni11Si2CeN	1050~1100℃,水冷或其他方式快冷

2) 奥氏体型耐热钢钢板和钢带固溶处理后的力学性能见表3-118。

表3-118 奥氏体型耐热钢钢板和钢带固溶处理后的力学性能

(GB/T 4238—2015)

牌号	规定塑性延伸强度 $R_{p0.2}$/MPa	抗拉强度 R_m/MPa	断后伸长率 A(%)	硬度 HBW	硬度 HRB	硬度 HV
	≥			≤		
12Cr18Ni9	205	515	40	201	92	210
12Cr18Ni9Si3	205	515	40	217	95	220
06Cr19Ni10	205	515	40	201	92	210
07Cr19Ni10	205	515	40	201	92	210
05Cr19Ni10Si2CeN	290	600	40	217	95	220

（续）

牌号	规定塑性延伸强度 $R_{p0.2}$/MPa	抗拉强度 R_m/MPa	断后伸长率 A(%)	硬度		
				HBW	HRB	HV
	≥			≤		
06Cr20Ni11	205	515	40	183	88	200
08Cr21Ni11Si2CeN	310	600	40	217	95	220
16Cr23Ni13	205	515	40	217	95	220
06Cr23Ni13	205	515	40	217	95	220
20Cr25Ni20	205	515	40	217	95	220
06Cr25Ni20	205	515	40	217	95	220
06Cr17Ni12Mo2	205	515	40	217	95	220
07Cr17Ni12Mo2	205	515	40	217	95	220
06Cr19Ni13Mo3	205	515	35	217	95	220
06Cr18Ni11Ti	205	515	40	217	95	220
07Cr19Ni11Ti	205	515	40	217	95	220
12Cr16Ni35	205	560		201	92	210
06Cr18Ni11Nb	205	515	40	201	92	210
07Cr18Ni11Nb	205	515	40	201	92	210
16Cr20Ni14Si2	220	540	40	217	95	220
16Cr25Ni20Si2	220	540	35	217	95	220

(2) 铁素体型耐热钢钢板和钢带的热处理工艺参数及力学性能

1) 铁素体型耐热钢钢板和钢带的热处理工艺参数见表3-119。

表3-119 铁素体型耐热钢钢板和钢带的热处理工艺参数

(GB/T 4238—2015)

牌号	退火
06Cr13Al	780~830℃，快冷或缓冷
022Cr11Ti	800~900℃，快冷或缓冷
022Cr11NbTi	800~900℃，快冷或缓冷
10Cr17	780~850℃，快冷或缓冷
16Cr25N	780~880℃，快冷

2) 铁素体型耐热钢钢板和钢带退火后的力学性能见表3-120。

(3) 马氏体型耐热钢钢板和钢带的热处理工艺参数及力学性能

1) 马氏体型耐热钢钢板和钢带的热处理工艺参数见表3-121。

表 3-120 铁素体型耐热钢钢板和钢带退火后的力学性能

(GB/T 4238—2015)

牌号	规定塑性延伸强度 $R_{p0.2}$/MPa	抗拉强度 R_m/MPa	断后伸长率 A(%)	硬度			180°弯曲试验弯曲压头直径 D
				HBW	HRB	HV	
	≥			≤			
06Cr13Al	170	415	20	179	88	200	$D=2a$
022Cr11Ti	170	380	20	179	88	200	$D=2a$
022Cr11NbTi	170	380	20	179	88	200	$D=2a$
10Cr17	205	420	22	183	89	200	$D=2a$
16Cr25N	275	510	20	201	95	210	

注：a 为弯曲试样厚度。

表 3-121 马氏体型耐热钢钢板和钢带的热处理工艺参数（GB/T 4238—2015）

牌号	退火
12Cr12	约 750℃快冷或 800~900℃缓冷
12Cr13	约 750℃快冷或 800~900℃缓冷
22Cr12NiMoWV	

2）马氏体型耐热钢钢板和钢带退火后的力学性能见表 3-122。

表 3-122 马氏体型耐热钢钢板和钢带退火后的力学性能

(GB/T 4238—2015)

牌号	规定塑性延伸强度 $R_{p0.2}$/MPa	抗拉强度 R_m/MPa	断后伸长率 A(%)	硬度			180°弯曲试验弯曲压头直径 D
				HBW	HRB	HV	
	≥			≤			
12Cr12	205	485	25	217	88	210	$D=2a$
12Cr13	205	450	20	217	96	210	$D=2a$
22Cr12NiMoWV	275	510	20	200	95	210	$a\geq3$mm, $D=a$

注：a 为弯曲试样厚度。

(4) 沉淀硬化型耐热钢钢板和钢带的热处理工艺参数及力学性能

1）沉淀硬化型耐热钢钢板和钢带的热处理工艺参数见表 3-123。

表 3-123 沉淀硬化型耐热钢钢板和钢带的热处理工艺参数

(GB/T 4238—2015)

牌号	固溶处理	沉淀硬化处理
022Cr12Ni9-Cu2NbTi	829℃±15℃,水冷	480℃±6℃,保温 4h,空冷,或 510℃±6℃,保温 4h,空冷

（续）

牌号	固溶处理	沉淀硬化处理
05Cr17Ni4Cu4Nb	1050℃±25℃，水冷	482℃±10℃，保温 1h，空冷 496℃±10℃，保温 4h，空冷 552℃±10℃，保温 4h，空冷 579℃±10℃，保温 4h，空冷 593℃±10℃，保温 4h，空冷 621℃±10℃，保温 4h，空冷 760℃±10℃，保温 2h，空冷 621℃±10℃，保温 4h 空冷
07Cr17Ni7Al	1065℃±15℃，水冷	954℃±8℃保温 10min，快冷至室温，24h 内冷至-73℃±6℃，保温不小于 8h。在空气中加热至室温。加热到 510℃±6℃，保温 1h，空冷
		760℃±15℃保温 90min，1h 内冷却至 15℃±3℃，保温≥30min，加热至 566℃±6℃，保温 90min 空冷
07Cr15Ni7Mo2Al	1040℃±15℃，水冷	954℃±8℃保温 10min，快冷至室温，24h 内冷至-73℃±6℃，保温不小于 8h。在空气中加热至室温，加热到 510℃±6℃，保温 1h，空冷
		760℃±15℃保温 90min，1h 内冷却至 15℃±3℃，保温≥30min，加热至 566℃±6℃，保温 90min 空冷
06Cr17Ni7AlTi	1038℃±15℃，空冷	510℃±8℃，保温 30min，空冷 538℃±8℃，保温 30min，空冷 566℃±8℃，保温 30min，空冷
06Cr15Ni25-Ti2MoAlVB	885~915℃，快冷或 965~995℃，快冷	700~760℃保温 16h，空冷或缓冷

2）沉淀硬化型耐热钢钢板和钢带试样固溶处理及时效处理后的力学性能见表 3-124~表 3-126。

表 3-124　沉淀硬化型耐热钢钢板和钢带试样固溶处理后的力学性能

（GB/T 4238—2015）

牌号	钢材厚度/mm	规定塑性延伸强度 $R_{p0.2}$/MPa	抗拉强度 R_m/MPa	断后伸长率 A(%)	硬度	
					HRC	HBW
022Cr12Ni9Cu2NbTi	0.30～100	≤1105	≤1205	≥3	≤36	≤331
05Cr17Ni4Cu4Nb	0.4～100	≤1105	≤1255	≥3	≤38	≤363
07Cr17Ni7Al	0.1～<0.3	≤450	≤1035			
	0.3～100	≤380	≤1035	≥20	≤92①	
07Cr15Ni7Mo2Al	0.10～100	≤450	≤1035	≥25	≤100①	
06Cr17Ni7AlTi	0.10～<0.80	≤515	≤825	≥3	≤32	
	0.80～<1.50	≤515	≤825	≥4	≤32	
	1.50～100	≤515	≤825	≥5	≤32	
06Cr15Ni25Ti2MoAlVB	<2		≥725	≥25	≤91①	≤192
	≥2	≥590	≥900	≥15	≤101①	≤248

注：06Cr15Ni25Ti2MoAlVB 为时效后的力学性能。

① HRB 硬度值。

表 3-125　沉淀硬化型耐热钢钢板和钢带时效处理后的力学性能

（GB/T 4238—2015）

牌号	钢材厚度/mm	处理温度/℃	规定塑性延伸强度 $R_{p0.2}$/MPa	抗拉强度 R_m/MPa	断后伸长率 A(%)	硬度	
			≥			HRC	HBW
022Cr12Ni9-Cu2NbTi	0.10～<0.75	510±10 或 480±6	1410	1525		≥44	
	0.75～<1.50		1410	1525	3	≥44	
	1.50～16		1410	1525	4	≥44	
05Cr17Ni4-Cu4Nb	0.1～<5.0	480±10	1170	1310	5	40～48	
	5.0～<16		1170	1310	8	40～48	388～477
	16～100		1170	1310	10	40～48	388～477
	0.1～<5.0	496±10	1070	1170	5	38～46	
	5.0～<16		1070	1170	8	38～47	375～477
	16～100		1070	1170	10	38～47	375～477
	0.1～<5.0	552±10	1000	1070	5	35～43	
	5.0～<16		1000	1070	8	33～42	321～415
	16～100		1000	1070	12	33～42	321～415
	0.1～<5.0	579±10	860	1000	5	31～40	
	5.0～<16		860	1000	9	29～38	293～375

（续）

牌号	钢材厚度/mm	处理温度/℃	规定塑性延伸强度 $R_{p0.2}$/MPa	抗拉强度 R_m/MPa	断后伸长率 A(%)	硬度	
			≥			HRC	HBW
05Cr17Ni4-Cu4Nb	16~100	579±10	860	1000	13	29~38	293~375
	0.1~<5.0	593±10	790	965	5	31~40	
	5.0~<16		790	965	10	29~38	293~375
	16~100		790	965	14	29~38	293~375
	0.1~<5.0	621±10	725	930	8	28~38	
	5.0~<16		725	930	10	26~36	269~352
	16~100		725	930	16	26~36	269~352
	0.1~<5.0	760±10 621±10	515	790	9	26~36	255~331
	5.0~<16		515	790	11	24~34	248~321
	16~100		515	790	18	24~34	248~321
07Cr17Ni7Al	0.5~<0.30	760±15 15±3 566±6	1035	1240	3	≥38	
	0.30~<5.0		1035	1240	5	≥38	
	5.0~16		965	1170	7	≥38	≥352
	0.5~<0.30	954±8 -73±6 510±6	1310	1450	1	≥44	
	0.30~<5.0		1310	1450	3	≥44	
	5.0~16		1240	1380	6	≥43	≥401
07Cr15Ni7-Mo2Al	0.05~<0.30	760±15 15±3 566±6	1170	1310	3	≥40	
	0.30~<5.0		1170	1310	5	≥40	
	5.0~16		1170	1310	4	≥40	≥375
	0.05~<0.30	954±8 -73±6 510±6	1380	1550	2	≥46	
	0.30~<5.0		1380	1550	4	≥46	
	5.0~16		1380	1550	4	≥45	≥429
06Cr17Ni7AlTi	0.10~<0.80	510±8	1170	1310	3	≥39	
	0.80~<1.50		1170	1310	4	≥39	
	1.50~16		1170	1310	5	≥39	
	0.10~<0.75	538±8	1105	1240	3	≥37	
	0.75~<1.50		1105	1240	4	≥37	
	1.50~16		1105	1240	5	≥37	
	0.10~<0.75	566±8	1035	1170	3	≥35	
	0.75~<1.50		1035	1170	4	≥35	
	1.50~16		1035	1170	5	≥35	
06Cr15Ni25Ti2-MoAlVB	2.0~<8.0	700~760	590	900	15	≥101	≥248

表 3-126 沉淀硬化型耐热钢钢板和钢带固溶处理后的弯曲性能

(GB/T 4238—2015)

牌号	厚度/mm	180°弯曲试验弯曲压头直径 D
022Cr12Ni9Cu2NbTi	2.0~5.0	$D=6a$
07Cr17Ni7Al	2.0~<5.0	$D=a$
	5.0~7.0	$D=3a$
07Cr15Ni7Mo2Al	2.0~<5.0	$D=a$
	5.0~7.0	$D=3a$

注：a 为弯曲试样厚度。

3.6.8 冷镦和冷挤压用钢的热处理工艺参数及力学性能

1. 表面硬化型冷镦和冷挤压用钢的热处理工艺参数及力学性能

（1）表面硬化型冷镦和冷挤压用钢的热处理工艺参数（见表 3-127）

表 3-127 表面硬化型冷镦和冷挤压用钢的热处理工艺参数

(GB/T 6478—2015)

牌号	渗碳温度/℃	直接淬火温度/℃	双重淬火温度/℃		回火温度/℃
			心部淬硬	表面淬硬	
ML10Al	880~980	830~870	880~920	780~820	150~200
ML15Al	880~980	830~870	880~920	780~820	150~200
ML15	880~980	830~870	880~920	780~820	150~200
ML20Al	880~980	830~870	880~920	780~820	150~200
ML20	880~980	830~870	880~920	780~820	150~200
ML20Cr	880~980	820~860	860~900	780~820	150~200

注：1. 表中给出的温度只是推荐值。实际选择的温度应以性能达到要求为准。

2. 渗碳温度取决于钢的化学成分和渗碳介质。一般情况下，如果钢直接淬火，不宜超过 950℃。

3. 回火时间，推荐为最少 1h。

（2）表面硬化型冷镦和冷挤压用钢热处理后的力学性能（见表 3-128）

表 3-128 表面硬化型冷镦和冷挤压用钢热处理后的力学性能

(GB/T 6478—2015)

牌号	规定塑性延伸强度 $R_{p0.2}$/MPa ≥	抗拉强度 R_m/MPa	断后伸长率 A (%) ≥	热轧状态硬度 HBW ≤
ML10Al	250	400~700	15	137
ML15Al	260	450~750	14	143
ML15	260	450~750	14	
ML20Al	320	520~820	11	156
ML20	320	520~820	11	
ML20Cr	490	750~1100	9	

注：试样毛坯直径为 25mm；公称直径小于 25mm 的钢材，按钢材实际尺寸。

2. 调质型钢（包括含硼钢）的热处理工艺参数及力学性能

（1）调质型钢（包括含硼钢）推荐的热处理工艺参数（见表 3-129）

表 3-129　调质型钢（包括含硼钢）推荐的热处理工艺参数

（GB/T 6478—2015）

牌号	正火温度/℃	淬火		回火温度/℃
		温度/℃	冷却介质	
ML25	Ac_3+(30~50)			
ML30	Ac_3+(30~50)			
ML35	Ac_3+(30~50)			
ML40	Ac_3+(30~50)			
ML45	Ac_3+(30~50)			
ML15Mn		880~900	水	180~220
ML25Mn	Ac_3+(30~50)			
ML35Cr		830~870	水或油	540~680
ML40Cr		820~860	油或水	540~680
ML30CrMo		860~890	水或油	490~590
ML35CrMo		830~870	油	500~600
ML40CrMo		830~870	油	500~600
ML20B	880~910	860~890	水或油	550~660
ML30B	870~900	850~890	水或油	550~660
ML35B	860~890	840~880	水或油	550~660
ML15MnB		860~890	水	200~240
ML20MnB	880~910	860~890	水或油	550~660
ML35MnB	860~890	840~880	油	550~660
ML15MnVB		860~900	油	340~380
ML20MnVB		860~900	油	370~410
ML20MnTiB		840~880	油	180~220
ML37CrB	855~885	835~875	水或油	550~660

注：1. 奥氏体化时间不少于 0.5h，回火时间不少于 1h。
2. 选择淬火冷却介质时，应考虑其他参数（工作形状、尺寸和淬火温度等）对性能和裂纹敏感性的影响，其他的淬火冷却介质（如合成淬火冷却介质）也可以使用。
3. 标准件行业按 GB/T 3098.1—2010 的规定，回火温度为 380~425℃。在这种条件下的力学性能值与表 3-130 的数值有较大的差异。

（2）调质型钢（包括含硼钢）经热处理后的力学性能（见表 3-130）

表 3-130　调质型钢（包括含硼钢）经热处理后的力学性能（GB/T 6478—2015）

牌号	规定塑性延伸强度 $R_{p0.2}$/MPa	抗拉强度 R_m/MPa	断后伸长率 A（%）	断面收缩率 Z（%）	热轧状态硬度 HBW
	≥				≤
ML25	275	450	23	50	170
ML30	295	490	21	50	179
ML35	430	630	17		187
ML40	335	570	19	45	217
ML45	355	600	16	40	229
ML15Mn	705	880	9	40	
ML25Mn	275	450	23	50	170
ML35Cr	630	850	14		
ML40Cr	660	900	11		
ML30CrMo	785	930	12	50	
ML35CrMo	835	980	12	45	
ML40CrMo	930	1080	12	45	
ML20B	400	550	16		
ML30B	480	630	14		
ML35B	500	650	14		
ML15MnB	930	1130	9	45	
ML20MnB	500	650	14		
ML35MnB	650	800	12		
ML15MnVB	720	900	10	45	207
ML20MnVB	940	1040	9	45	
ML20MnTiB	930	1130	10	45	
ML37CrB	600	750	12		

注：试样的热处理毛坯直径为25mm。公称直径<25mm的钢材按实际尺寸计算。

3.6.9　汽轮机叶片用钢的热处理工艺参数及力学性能

1. 汽轮机叶片用钢的退火及高温回火工艺参数（见表3-131）

表 3-131　汽轮机叶片用钢的退火及高温回火工艺参数（GB/T 8732—2014）

牌号	退火	高温回火	硬度 HBW
12Cr13	800~900℃，缓冷	700~770℃，快冷	≤200
20Cr13	800~900℃，缓冷	700~770℃，快冷	≤223
12Cr12Mo	800~900℃，缓冷	700~770℃，快冷	≤255
14Cr11MoV	800~900℃，缓冷	700~770℃，快冷	≤200
15Cr12WMoV	800~900℃，缓冷	700~770℃，快冷	≤223
21Cr12MoV	880~930℃，缓冷	750~770℃，快冷	≤255
18Cr11NiMoNbVN	800~900℃，缓冷	700~770℃，快冷	≤255
22Cr12NiWMoV	860~930℃，缓冷	750~770℃，快冷	≤255
05Cr17Ni4Cu4Nb	740~850℃，缓冷	660~680℃，快冷	≤361
14Cr12Ni2WMoV	860~930℃，缓冷	650~750℃，快冷	≤287
14Cr12Ni3Mo2VN	860~930℃，缓冷	650~750℃，快冷	≤287
14Cr11W2MoNiVNbN	860~930℃，缓冷	650~750℃，快冷	≤287

2. 汽轮机叶片用钢的淬火与回火工艺参数及力学性能（见表 3-132）

表 3-132 汽轮机叶片用钢的淬火与回火工艺参数及力学性能（GB/T 8732—2014）

牌号	组别	淬火	回火	规定塑性延伸强度 $R_{p0.2}$/MPa	抗拉强度 R_m/MPa	断后伸长率 A(%)	断面收缩率 Z(%)	冲击吸收能量 KV_2/J	试样硬度 HBW
12Cr13	—	980~1040℃，油	660~770℃，空气	≥440	≥620	≥20	≥60	≥35	192~241
20Cr13	Ⅰ	950~1020℃，空气，油	660~770℃，油，空气，水	≥490	≥665	≥16	≥50	≥27	212~262
	Ⅱ	980~1030℃，油	640~720℃，空气	≥590	≥735	≥15	≥50	≥27	229~277
12Cr12Mo	—	950~1000℃，油	650~710℃，空气	≥550	≥685	≥18	≥60	≥78	217~255
14Cr11MoV	Ⅰ	1000~1050℃，空气，油	700~750℃，空气	≥490	≥685	≥16	≥56	≥27	212~262
	Ⅱ	1000~1030℃，油	660~700℃，空气	≥590	≥735	≥15	≥50	≥27	229~277
15Cr12WMoV	Ⅰ	1000~1050℃，油	680~740℃，空气	≥590	≥735	≥15	≥45	≥27	229~277
	Ⅱ	1000~1050℃，油	660~700℃，空气	≥635	≥785	≥15	≥45	≥27	248~293
18Cr11NiMoNbVN	—	≥1090℃，油	≥640℃，空气	≥760	≥930	≥12	≥32	≥20	277~331
22Cr12NiWMoV	—	980~1040℃，油	650~750℃，空气	≥760	≥930	≥12	≥32	≥11	277~311

（续）

牌号	组别	淬火	回火	规定塑性延伸强度 $R_{p0.2}$/MPa	抗拉强度 R_m/MPa	断后伸长率 A(%)	断面收缩率 Z(%)	冲击吸收能量 KV_2/J	试样硬度 HBW
21Cr12MoV	Ⅰ	1020~1070℃，油	≥650℃，空气	≥700	900~1050	≥13	≥35	≥20	265~310
	Ⅱ	1020~1050℃，油	700~750℃，空气	590~735	≤930	≥15	≥50	≥27	241~285
14Cr12Ni2WMoV	—	1000~1050℃，油	≥640℃，空气，二次	≥735	≥920	≥13	≥40	≥48	277~331
14Cr12Ni3Mo2VN	—	990~1030℃，油	≥560℃，空气，二次	≥860	≥1100	≥13	≥40	≥54	331~363
14Cr11W2MoNiVNbN		≥1100℃，油	≥620℃，空气	≥760	≥930	≥14	≥32	≥20	277~331
05Cr17Ni4Cu4Nb	Ⅰ	1025~1055℃，油、空冷（≥14℃/min冷却到室温）	—；645~655℃，4h，空冷	590~800	≥900	≥16	≥55		262~302
	Ⅱ		810~820℃，0.5h，空冷（≥14℃/min冷却到室温）；565~575℃，3h，空冷	890~980	950~1020	≥16	≥55		293~341
	Ⅲ		600~610℃，5h，空冷	755~890	890~1030	≥16	≥55		277~321

3.6.10　高压锅炉用无缝钢管的热处理工艺参数及力学性能

1. 高压锅炉用无缝钢管交货前的热处理工艺参数（表 3-133）

表 3-133　高压锅炉用无缝钢管交货前的热处理工艺参数

（GB 5310—2017）

牌号	热处理工艺参数
20G[①]	正火：正火温度为 880～940℃
20MnG[①]	正火：正火温度为 880～940℃
25MnG[①]	正火：正火温度为 880～940℃
15MoG[②]	正火：正火温度为 890～950℃
20MoG[②]	正火：正火温度为 890～950℃
12CrMoG[②]	正火+回火：正火温度为 900～960℃，回火温度为 670～730℃
15CrMoG[②]	壁厚 $\delta \leq 30$mm 的钢管正火+回火：正火温度为 900～960℃；回火温度为 680～730℃ 壁厚 $\delta > 30$mm 的钢管淬火+回火或正火+回火：淬火温度不低于 900℃，回火温度为 680～750℃；正火温度为 900～960℃，回火温度为 680～730℃，但正火后应进行快速冷却
12Cr2MoG[②]	壁厚 $\delta \leq 30$mm 的钢管淬火+回火：正火温度为 900～960℃；回火温度为 700～750℃ 壁厚 $\delta > 30$mm 的钢管淬火+回火或正火+回火：淬火温度不低于 900℃，回火温度为 700～750℃；正火温度为 900～960℃，回火温度为 700～750℃，但正火后应进行快速冷却
12Cr1MoVG[②]	壁厚 $\delta \leq 30$mm 的钢管正火+回火：正火温度为 980～1020℃；回火温度为 720～760℃ 壁厚 $\delta > 30$mm 的钢管淬火+回火或正火+回火：淬火温度为 950～990℃，回火温度为 720～760℃；正火温度为 980～1020℃，回火温度为 720～760℃，但正火后应进行快速冷却
12Cr2MoWVTiB	正火+回火：正火温度为 1020～1060℃；回火温度为 760～790℃
07Cr2MoW2VNbB	正火+回火：正火温度为 1040～1080℃；回火温度为 750～780℃
12Cr3MoVSiTiB	正火+回火：正火温度为 1040～1090℃；回火温度为 720～770℃
15Ni1MnMoNbCu	壁厚 $\delta \leq 30$mm 的钢管正火+回火：正火温度为 880～980℃，回火温度为 610～680℃ 壁厚 $\delta > 30$mm 的钢管淬火+回火或正火+回火：淬火温度不低于 900℃，回火温度为 610～680℃；正火温度为 880～980℃，回火温度为 610～680℃，但正火后应进行快速冷却
10Cr9Mo1VNbN	正火+回火：正火温度为 1040～1080℃；回火温度为 750～780℃。壁厚 $\delta > 70$mm 的钢管可淬火+回火，淬火温度不低于 1040℃，回火温度为 750～780℃

（续）

牌号	热处理工艺参数
10Cr9MoW2VNbBN	正火+回火：正火温度为1040～1080℃；回火温度为760～790℃。壁厚δ>70mm的钢管可淬火+回火，淬火温度不低于1040℃，回火温度为760～790℃
10Cr11MoW2VNb-Cu1BN	正火+回火：正火温度为1040～1080℃；回火温度为760～790℃。壁厚δ>70mm的钢管可淬火+回火，淬火温度不低于1040℃，回火温度为760～790℃
11Cr9Mo1W1VNbBN	正火+回火：正火温度为1040～1080℃；回火温度为750～780℃。壁厚δ>70mm的钢管可淬火+回火，淬火温度不低于1040℃，回火温度为750～780℃
07Cr19Ni10	固溶处理：固溶温度≥1040℃，急冷
10Cr18Ni9NbCu3BN	固溶处理：固溶温度≥1100℃，急冷
07Cr25Ni21	固溶处理：固溶温度≥1040℃
07Cr25Ni21NbN③	固溶处理：固溶温度≥1100℃，急冷
07Cr19Ni11Ti③	固溶处理：热轧（挤压、扩）钢管固溶温度≥1050℃，冷拔（轧）钢管固溶温度≥1100℃，急冷
07Cr18Ni11Nb③	固溶处理：热轧（挤压、扩）钢管固溶温度≥1050℃，冷拔（轧）钢管固溶温度≥1100℃，急冷
08Cr18Ni11NbFG	冷加工之前软化热处理：软化热处理温度应至少比固溶处理温度高50℃；最终冷加工之后固溶处理：固溶温度≥1180℃，急冷

① 热轧（挤压、扩）钢管终轧温度在相变临界温度 Ar_3 至表中规定温度上限的范围内，且钢管是经过空冷时，则应认为钢管是经过正火的。

② $D \geqslant 457$mm 的热扩钢管，当钢管终轧温度在相变临界温度 Ar_3 至表中规定温度上限的范围内，且钢管是经过空冷时，则应认为钢管是经过正火的；其余钢管在需方同意的情况下，并在合同中注明，可采用符合前述规定的在线正火。

③ 根据需方要求，牌号为07Cr25Ni21NbN、07Cr19Ni11Ti和07Cr18Ni11Nb的钢管在固溶处理后可接着进行低于初始固溶处理温度的稳定化热处理，稳定化热处理的温度由供需双方协商。

2. 高压锅炉用无缝钢管热处理后的室温力学性能（见表3-134）

表3-134　高压锅炉用无缝钢管热处理后的室温力学性能

（GB 5310—2017）

牌号	抗拉强度 R_m/MPa	下屈服强度 R_{eL} 或规定塑性延伸强度 $R_{p0.2}$/MPa	断后伸长率 A(%)		冲击吸收能量 KV_2/J		硬度		
			纵向	横向	纵向	横向	HBW	HV	HRC或HRB
		≥							
20G	410～550	245	24	22	40	27	120～160	120～160	

（续）

牌号	抗拉强度 R_m/MPa	下屈服强度 R_{eL} 或规定塑性延伸强度 $R_{p0.2}$/MPa	断后伸长率 A(%)		冲击吸收能量 KV_2/J		硬度		
			纵向	横向	纵向	横向	HBW	HV	HRC 或 HRB
		≥							
20MnG	415~560	240	22	20	40	27	125~170	125~170	
25MnG	485~640	275	20	18	40	27	130~180	130~180	
15MoG	450~600	270	22	20	40	27	125~180	125~180	
20MoG	415~665	220	22	20	40	27	125~180	125~180	
12CrMoG	410~560	205	21	19	40	27	125~170	125~170	
15CrMoG	440~640	295	21	19	40	27	125~170	125~170	
12Cr2MoG	450~600	280	22	20	40	27	125~180	125~180	
12Cr1MoVG	470~640	255	21	19	40	27	135~195	135~195	
12Cr2MoWVTiB	540~735	345	18		40		160~220	160~230	85~97HRB
07Cr2Mo-W2VNbB	≥510	400	22	18	40	27	150~220	150~230	80~97HRB
12Cr3MoVSiTiB	610~805	440	16		40		180~250	180~265	≤25HRC
15Ni1Mn-MoNbCu	620~780	440	19	17	40	27	185~255	185~270	≤25HRC
10Cr9Mo-1VNbN	≥585	415	20	16	40	27	185~250	185~265	≤25HRC
10Cr9Mo-W2VNbBN	≥620	440	20	16	40	27	185~250	185~265	≤25HRC
10Cr11Mo-W2VNbCu1BN	≥620	400	20	16	40	27	185~250	185~265	≤25HRC
11Cr9Mo1W1-VNbBN	≥620	440	20	16	40	27	185~250	185~265	≤25HRC

（续）

牌号	抗拉强度 R_m/MPa	下屈服强度 R_{eL} 或规定塑性延伸强度 $R_{p0.2}$/MPa	断后伸长率 A(%)		冲击吸收能量 KV_2/J		硬度		
			纵向	横向	纵向	横向	HBW	HV	HRC或HRB
		≥							
07Cr19Ni10	≥515	205	35				140~192	150~200	75~90HRB
10Cr18Ni9Nb-Cu3BN	≥590	235	35				150~219	160~230	80~95HRB
07Cr25Ni21	≥515	205	35				140~192	150~200	75~90HRB
07Cr25Ni21-NbN	≥655	295	30				175~256		85~100HRB
07Cr19Ni11Ti	≥515	205	35				140~192	150~200	75~90HRB
07Cr18Ni11Nb	≥520	205	35				140~192	150~200	75~90HRB
08Cr18Ni11-NbFG	≥550	205	35				140~192	150~200	75~90HRB

3.6.11 高压化肥设备用无缝钢管的热处理工艺参数及力学性能

1. 高压化肥设备用无缝钢管交货前的热处理工艺参数（见表3-135）

表3-135 高压化肥设备用无缝钢管交货前的热处理工艺参数（GB 6479—2013）

牌号	热处理工艺参数
10①	正火：880~940℃
20①②③	正火：880~940℃
Q345B①②	正火：880~940℃
Q345C①②	正火：880~940℃
Q345D①②	正火：880~940℃
Q345E②③	正火：880~940℃
12CrMo	正火：900~960℃；回火：670~730℃
15CrMo	正火：900~960℃；回火：680~730℃

（续）

牌号	热处理工艺参数
12Cr2Mo	壁厚 $\delta \leq 30$mm 的钢管正火+回火：正火温度为 900～960℃；回火温度为 700～750℃ 壁厚 $\delta > 30$mm 的钢管淬火+回火或正火+回火：淬火温度不低于 900℃，回火温度为 700～750℃；正火温度为 900～960℃，回火温度为 700～750℃，但正火后应进行快速冷却
12Cr5Mo	完全退火或等温退火
10MoWVNb	正火：970～990℃；回火：730～750℃，或 800～820℃高温退火
12SiMoVNb	正火：980～1020℃；回火：710～750℃

① 热轧钢管终轧温度在 Ar_3 至表中规定温度上限的范围内，且钢管经过空冷时，则认为钢管是经过正火的。

② 壁厚 $\delta > 14$mm 的钢管还可以正火+回火：正火温度为 880～940℃，正火后允许快速冷却，回火温度应>600℃。

③ 壁厚 $\delta \leq 30$mm 的热轧钢管终轧温度在 Ar_3 至表中规定温度上限的范围内，且钢管经过空冷时，则认为钢管是经过正火的。

2. 高压化肥设备用无缝钢管热处理后的力学性能（见表 3-136）

表 3-136　高压化肥设备用无缝钢管热处理后的力学性能

（GB 6479—2013）

牌号	抗拉强度 R_m/MPa	下屈服强度 R_{eL} 或规定塑性延伸强度 $R_{p0.2}$/MPa			断后伸长率 A(%)		断面收缩率 Z(%)	冲击吸收能量 KV_2/J		
		钢管壁厚/mm			纵向	横向		试验温度/℃	纵向	横向
		≤16	>16～40	>40						
		≥							≥	
10	335～490	205	195	185	24	22				
20	410～550	245	235	225	24	22		0	40	27
Q345B	490～670	345	335	325	21	19		20	40	27
Q345C	490～670	345	335	325	21	19		0	40	27
Q345D	490～670	345	335	325	21	19		−20	40	27
Q345E	490～670	345	335	325	21	19		−40	40	27
12CrMo	410～560	205	195	185	21	19		20	40	27
15CrMo	440～640	295	285	275	21	19		20	40	27
12Cr2Mo①	450～600	280			20	18		20	40	27
12Cr5Mo	390～590	195	185	175	22	20		20	40	27
10MoWVNb	470～670	295	285	275	19	17		20	40	27
12SiMoVNb	≥470	315	305	295	19	17	50	20	40	27

① 对于 12Cr2Mo 钢管，当外径 $D \leq 30$mm 且壁厚 $\delta \leq 3$mm 时，其下屈服强度或规定塑性延伸强度允许降低 10MPa。

3.6.12　铸钢的热处理工艺参数及力学性能

1. 一般工程用铸造碳钢件的热处理工艺参数及力学性能

（1）一般工程用铸造碳钢件的热处理工艺参数（见表3-137）

表3-137　一般工程用铸造碳钢件的热处理工艺参数

牌号	$w(C)$（%）	奥氏体化温度/℃	正火或退火温度/℃	回火温度/℃	退火后硬度HBW	备注
ZG200-400	0.2	860~900	910~930	—	111~149	有特殊要求时可在600~620℃回火
ZG230-450	0.3	840~880	880~900	—	126~197	
ZG270-500	0.4	840~880	860~880	600~620	137~207	小件不回火
ZG310-570	0.5	790~870	840~860	600~620	156~217	
ZG340-640	0.6	790~870	830~850	—	156~217	

（2）一般工程用铸造碳钢件的力学性能（见表3-138）

表3-138　一般工程用铸造碳钢件的力学性能（GB/T 11352—2009）

牌号	上屈服强度 R_{eH}（或 $R_{p0.2}$）/MPa	抗拉强度 R_m/MPa	断后伸长率 A（%）	根据合同选择		
				断面收缩率 Z（%）	冲击吸收能量 KV/J	冲击吸收能量 KU/J
ZG200-400	200	400	25	40	30	47
ZG230-450	230	450	22	32	25	35
ZG270-500	270	500	18	25	22	27
ZG310-570	310	570	15	21	15	24
ZG340-640	340	640	10	18	10	16

注：1. 表中所列的各牌号性能，适应于厚度为100mm以下的铸件。当铸件厚度超过100mm时，表中规定的 R_{eH}（$R_{p0.2}$）屈服强度仅供设计使用。

2. 表中冲击吸收能量 KU 的试样缺口为2mm。

2. 大型低合金钢铸件的热处理工艺及力学性能（见表 3-139）

表 3-139 大型低合金钢铸件的热处理及力学性能（GB/T 6402—2018）

牌号	热处理工艺	上屈服强度 R_{eH} /MPa ≥	抗拉强度 R_m /MPa	断后伸长率 A (%) ≥	断面收缩率 Z (%) ≥	冲击吸收能量 KU_2 或 KU_8 /J ≥	冲击吸收能量 KV_2 或 KV_8 /J ≥	硬度 HBW	备注
ZG20Mn	正火+回火	285	≥495	18	30	39	—	≥145	焊接及流动性良好，用于水压机缸、叶片、喷嘴体、阀、弯头等
	调质	300	500~650	22	—	—	45	150~190	
ZG25Mn	正火+回火	295	≥490	20	35	47	—	156~197	
ZG30Mn	正火+回火	300	≥550	18	30	—	—	≥163	
ZG35Mn	正火+回火	345	≥570	12	20	24	—	—	用于承受摩擦的零件
	调质	415	≥640	12	25	27	—	200~260	
ZG40Mn	正火+回火	350	≥640	12	30	—	—	≥163	用于承受摩擦和冲击的零件，如齿轮等
ZG65Mn	正火+回火	—	—	—	—	—	—	187~241	用于球磨机衬板等
ZG40Mn2	正火+回火	395	≥590	20	35	30	—	≥179	用于承受摩擦的零件，如齿轮等
	调质	635	≥790	13	40	35	—	220~270	
ZG45Mn2	正火+回火	392	≥637	15	30	—	—	≥179	用于模块、齿轮等
ZG50Mn2	正火+回火	445	≥785	18	37	—	—	—	用于高强度零件，如齿轮、齿轮缘等

（续）

牌号	热处理工艺	上屈服强度 R_{eH} /MPa ≥	抗拉强度 R_m /MPa	断后伸长率 A（%）≥	断面收缩率 Z（%）≥	冲击吸收能量 KU_2 或 KU_8 /J ≥	冲击吸收能量 KV_2 或 KV_8 /J ≥	硬度 HBW	备注
ZG35SiMnMo	正火+回火	395	≥640	12	20	24	—	—	用于承受负荷较大的零件
	调质	490	≥690	12	25	27	—	—	
ZG35CrMnSi	正火+回火	345	≥690	14	30	—	—	≥217	用于承受冲击、摩擦的零件，如齿轮、滚轮等
ZG20MnMo	正火+回火	295	≥490	16	—	39	—	≥156	用于受压容器，如泵壳等
ZG30Cr1MnMo	正火+回火	392	≥686	15	30	—	—	—	用于拉坯和立柱
ZG55CrMnMo	正火+回火	—	—	—	—	—	—	197~241	用于热模具钢，如锻模等
ZG40Cr1	正火+回火	345	≥630	18	26	—	—	≥212	用于高强度齿轮
ZG34Cr2Ni2Mo	调质	700	950~1000	12	—	—	32	240~290	用于特别要求的零件，如锥齿轮、小齿轮、吊车行走轮、轴等
ZG15Cr1Mo	正火+回火	275	≥490	20	35	24	—	140~220	用于汽轮机
ZG15Cr1Mo1V	正火+回火	345	≥590	17	30	24	—	140~220	用于汽轮机蒸汽室、汽缸等

ZG20CrMo	正火+回火	245	≥460	18	30	30	—	135~180	用于齿轮、锥齿轮及高压缸零件等
	调质	245	≥460	18	30	24	—	—	
ZG20CrMoV	正火+回火	315	≥590	17	30	24	—	140~220	用于570℃下工作的高压阀门
ZG35Cr1Mo	正火+回火	392	≥588	12	20	23.5	—	—	用于齿轮、电炉支承轮轴套、齿圈等
	调质	490	≥686	12	25	31	—	≥201	
ZG42Cr1Mo	正火+回火	410	≥569	12	20	—	12	—	用于承受高负荷零件、齿轮、锥齿轮等
	调质	510	690~830	11	—	—	15	200~250	
ZG50Cr1Mo	调质	520	740~880	11	—	—	—	200~260	用于减速器零件、齿轮、小齿轮等
ZG28NiCrMo	—	420	≥630	20	40	—	—	—	适用于直径大于300mm的齿轮铸件
ZG30NiCrMo	—	590	≥730	17	35	—	—	—	适用于直径大于300mm的齿轮铸件
ZG35NiCrMo	—	660	≥830	14	30	—	—	—	适用于直径大于300mm的齿轮铸件

3. 承压钢铸件的热处理工艺参数及力学性能

(1) 承压钢铸件的热处理工艺参数（见表 3-140）

表 3-140 承压钢铸件的热处理工艺参数（GB/T 16253—2019）

序号	牌号	热处理方式[1]	热处理温度[2]	
			正火温度或淬火温度或固溶温度/℃	回火温度/℃
1	ZGR240-420[3]	+N[4]	900～980	—
		+QT	900～980	600～700
2	ZGR280-480[3]	+N[4]	900～980	—
		+QT	900～980	600～700
3	ZG18	+QT	890～980	600～700
4	ZG20[3]	+N[4]	900～980	—
		+QT	900～980	610～660
5	ZG18Mo	+QT	900～980	600～700
6	ZG19Mo	+QT	920～980	650～730
7	ZG18CrMo	+QT	920～960	680～730
8	ZG17Cr2Mo	+QT	930～970	680～740
9	ZG13MoCrV	+QT	950～1000	680～720
10	ZG18CrMoV	+QT	920～960	680～740
11	ZG26CrNiMo[3]	+QT1	970～960	600～700
		+QT2	870～960	600～680
12	ZG26Ni2CrMo[3]	+QT1	850～920	600～650
		+QT2	850～920	600～650
13	ZG17Ni3Cr2Mo	+QT	890～930	600～640
14	ZG012Ni3	+QT	830～890	600～650
15	ZG012Ni4	+QT	820～900	590～640
16	ZG16Cr5Mo	+QT	930～990	680～730

17	ZG10Cr9MoV	+NT	1040~1080	730~800
18	ZG16Cr9Mo	+QT	960~1020	680~730
19	ZG12Cr9Mo2CoNiVNbNB③	+QT	1040~1130	700~750+700~750
20	ZG010Cr12Ni③	+QT1	1000~1060	680~730
		+QT2	1000~1060	600~680
21	ZG23Cr12MoV	+QT	1030~1080	700~750
22	ZG05Cr13Ni4⑤	+QT	1000~1050	670~690+590~620
23	ZG06Cr13Ni4	+QT	1000~1050	590~620
24	ZG06Cr16Ni5Mo	+QT	1020~1070	580~630
25	ZG03Cr19Ni11N	+AT	1050~1150	—
26	ZG07Cr19Ni10	+AT	1050~1150	—
27	ZG07Cr19Ni11Nb⑥	+AT	1050~1150	—
28	ZG03Cr19Ni11Mo2N	+AT	1080~1150	—
29	ZG07Cr19Ni11Mo2	+AT	1080~1150	—
30	ZG07Cr19Ni11Mo2Nb⑥	+AT	1080~1150	—
31	ZG03Cr22Ni5Mo3N⑦	+AT	1120~1150	—
32	ZG03Cr26Ni6Mo3Cu3N⑦	+AT	1120~1150	—
33	ZG03Cr26Ni7Mo4N⑦	+AT	1140~1180	—
34	ZG03Ni28Cr21Mo2	+AT	1100~1180	—

① 热处理方式为强制性，热处理方式代号的含义：+N：正火；+QT：淬火加回火；+AT：固溶处理。

② 热处理温度仅供参考。

③ 应根据拉伸性能要求在钢牌号中增加热处理方式的代号。

④ 允许回火处理。

⑤ 铸件应进行二次回火，且第二次回火温度不得高于第一次回火。

⑥ 为提高材料的抗腐蚀能力，ZG07Cr19Ni11Nb 可在 600~650℃下进行稳定化处理，而 ZG07Cr19Ni11Mo2Nb 可在 550~600℃下进行稳定化处理。

⑦ 铸件固溶处理时可降温至 1010~1040℃后再进行快速冷却。

（2）承压钢铸件热处理后的拉伸性能（见表 3-141）

表 3-141 承压钢铸件热处理后的拉伸性能（GB/T 16253—2019）

序号	牌号	热处理方式[1]	室温拉伸性能			
			规定塑性延伸强度 $R_{p0.2}$/MPa	规定塑性延伸强度 $P_{p1.0}$/MPa	抗拉强度 R_m/MPa	断伸伸长率 A(%)
1	ZGR240-420	+N[2]	≥240	—	420~600	≥22
		+QT	≥240	—	420~600	≥22
2	ZGR280-480	+N[2]	≥280	—	480~640	≥22
		+QT	≥280	—	480~640	≥22
3	ZG18	+QT	≥240	—	450~600	≥24
4	ZG20	+N[2]	≥300	—	480~620	≥20
		+QT	≥300	—	500~650	≥22
5	ZG18Mo	+QT	≥240	—	440~590	≥23
6	ZG19Mo	+QT	≥245	—	440~690	≥22
7	ZG18CrMo	+QT	≥315	—	490~690	≥20
8	ZG17Cr2Mo	+QT	≥400	—	590~740	≥18
9	ZG13MoCrV	+QT	≥295	—	510~660	≥17
10	ZG18CrMoV	+QT	≥440	—	590~780	≥15
11	ZG26CrNiMo	+QT1	≥415	—	620~795	≥18
		+QT2	≥585	—	725~865	≥17
12	ZG26Ni2CrMo	+QT1	≥485	—	690~860	≥18
		+QT2	≥690	—	860~1000	≥15
13	ZG17Ni3Cr2Mo	+QT	≥600	—	750~900	≥15
14	ZG012Ni3	+QT	≥280	—	480~630	≥24
15	ZG012Ni4	+QT	≥360	—	500~650	≥20
16	ZG16Cr5Mo	+QT	≥420	—	630~760	≥16

17	ZG10Cr9MoV	+NT	≥415	—	585～760	≥16
18	ZG16Cr9Mo	+QT	≥415	—	620～795	≥18
19	ZG12Cr9Mo2CoNiVNbNB	+QT	≥500	—	630～750	≥15
20	ZG010Cr12Ni	+QT1	≥355	—	540～690	≥18
		+QT2	≥500	—	600～800	≥16
21	ZG23Cr12MoV	+QT	≥540	—	740～880	≥15
22	ZG05Cr13Ni4	+QT	≥500	—	700～900	≥15
23	ZG06Cr13Ni4	+QT	≥550	—	760～960	≥15
24	ZG06Cr16Ni5Mo	+QT	≥540	—	760～960	≥15
25	ZG03Cr19Ni11N	+AT	—	≥230	440～640	≥30
26	ZG07Cr19Ni10	+AT	—	≥200	440～640	≥30
27	ZG07Cr19Ni11Nb	+AT	—	≥200	440～640	≥25
28	ZG03Cr19Ni11Mo2N	+AT	—	≥230	440～640	≥30
29	ZG07Cr19Ni11Mo2	+AT	—	≥210	440～640	≥30
30	ZG07Cr19Ni11Mo2Nb	+AT	—	≥210	440～640	≥25
31	ZG03Cr22Ni5Mo3N	+AT	≥420	—	600～800	≥20
32	ZG03Cr26Ni6Mo3Cu3N	+AT	≥480	—	650～850	≥22
33	ZG03Cr26Ni7Mo4N	+AT	≥480	—	650～850	≥22
34	ZG03Ni28Cr21Mo2	+AT	—	≥190	430～630	≥30

① 热处理方式为强制性，热处理方式代号的含义：+N：正火；+QT：淬火加回火；+AT：固溶处理。

② 允许回火处理。

4. 通用耐蚀钢铸件的热处理工艺参数及力学性能

(1) 通用耐蚀钢铸件的热处理工艺参数（见表3-142）

表3-142　通用耐蚀钢铸件的热处理工艺参数（GB/T 2100—2017）

序号	牌号	热处理工艺
1	ZG15Cr13	加热到950~1050℃，保温，空冷；并在650~750℃，回火，空冷
2	ZG20Cr13	加热到950~1050℃，保温，空冷或油冷；并在680~740℃，回火，空冷
3	ZG10Cr13Ni2Mo	加热到1000~1050℃，保温，空冷；并在620~720℃，回火，空冷或炉冷
4	ZG06Cr13Ni4Mo	加热到1000~1050℃，保温，空冷；并在570~620℃，回火，空冷或炉冷
5	ZG06Cr13Ni4	加热到1000~1050℃，保温，空冷；并在570~620℃，回火，空冷或炉冷
6	ZG06Cr16Ni5Mo	加热到1020~1070℃，保温，空冷；并在580~630℃，回火，空冷或炉冷
7	ZG10Cr12Ni1	加热到1020~1060℃，保温，空冷；并在680~730℃，回火，空冷或炉冷
8	ZG03Cr19Ni11	加热到1050~1150℃，保温，固溶处理，水淬。也可根据铸件厚度空冷或其他快冷方法
9	ZG03Cr19Ni11N	加热到1050~1150℃，保温，固溶处理，水淬。也可根据铸件厚度空冷或其他快冷方法
10	ZG07Cr19Ni10	加热到1050~1150℃，保温，固溶处理，水淬。也可根据铸件厚度空冷或其他快冷方法
11	ZG07Cr19Ni11Nb	加热到1050~1150℃，保温，固溶处理，水淬。也可根据铸件厚度空冷或其他快冷方法
12	ZG03Cr19Ni11Mo2	加热到1080~1150℃，保温，固溶处理，水淬。也可根据铸件厚度空冷或其他快冷方法
13	ZG03Cr19Ni11Mo2N	加热到1080~1150℃，保温，固溶处理，水淬。也可根据铸件厚度空冷或其他快冷方法
14	ZG05Cr26Ni6Mo2N	加热到1120~1150℃，保温，固溶处理，水淬。也可为防止形状复杂的铸件开裂，可随炉冷却至1010~1040℃时再固溶处理，水淬
15	ZG07Cr19Ni11Mo2	加热到1080~1150℃，保温，固溶处理，水淬。也可根据铸件厚度空冷或其他快冷方法
16	ZG07Cr19Ni11Mo2Nb	加热到1080~1150℃，保温，固溶处理，水淬。也可根据铸件厚度空冷或其他快冷方法

17	ZG03Cr19Ni11Mo3	加热到≥1120℃，保温，固溶处理，水淬。也可根据铸件厚度空冷或其他快冷方法
18	ZG03Cr19Ni11Mo3N	加热到≥1120℃，保温，固溶处理，水淬。也可根据铸件厚度空冷或其他快冷方法
19	ZG03Cr22Ni6Mo3N	加热到1120~1150℃，保温，固溶处理，水淬。也可为防止形状复杂的铸件开裂，可随炉冷却至1010~1040℃时再固溶处理，水淬
20	ZG03Cr25Ni7Mo4WCuN	加热到1120~1150℃，保温，固溶处理，水淬。也可为防止形状复杂的铸件开裂，可随炉冷却至1010~1040℃时再固溶处理，水淬
21	ZG03Cr26Ni7Mo4CuN	加热到1120~1150℃，保温，固溶处理，水淬。也可为防止形状复杂的铸件开裂，可随炉冷却至1010~1040℃时再固溶处理，水淬
22	ZG07Cr19Ni12Mo3	加热到1120~1180℃，保温，固溶处理，水淬。也可根据铸件厚度空冷或其他快冷方法
23	ZG025Cr20Ni25Mo7Cu1N	加热到1200~1240℃，保温，固溶处理，水淬
24	ZG025Cr20Ni19Mo7CuN	加热到1080~1150℃，保温，固溶处理，水淬。也可根据铸件厚度空冷或其他快冷方法
25	ZG03Cr26Ni6Mo3Cu3N	加热到1120~1150℃，保温，固溶处理，水淬。为防止形状复杂的铸件开裂，也可随炉冷却至1010~1040℃时再固溶处理，水淬
26	ZG03Cr26Ni6Mo3Cu1N	加热到1120~1150℃，保温，固溶处理，水淬。为防止形状复杂的铸件开裂，也可随炉冷却至1010~1040℃时再固溶处理，水淬
27	ZG03Cr26Ni6Mo3N	加热到1120~1150℃，保温，固溶处理，水淬。为防止形状复杂的铸件开裂，也可随炉冷却至1010~1040℃时再固溶处理，水淬

（2）通用耐蚀钢铸件的室温力学性能（见表 3-143）

表 3-143　通用耐蚀钢铸件的室温力学性能（GB/T 2100—2017）

序号	牌号	厚度 t/mm ≤	规定塑性延伸强度 $R_{p0.2}$ /MPa ≥	抗拉强度 R_m/MPa ≥	断后伸长率 A(%) ≥	冲击吸收能量 KV_2/J ≥
1	ZG15Cr13	150	450	620	15	20
2	ZG20Cr13	150	390	590	15	20
3	ZG10Cr13Ni2Mo	300	440	590	15	27
4	ZG06Cr13Ni4Mo	300	550	760	15	50
5	ZG06Cr13Ni4	300	550	750	15	50
6	ZG06Cr16Ni5Mo	300	540	760	15	60
7	ZG10Cr12Ni1	150	355	540	18	45
8	ZG03Cr19Ni11	150	185	440	30	80
9	ZG03Cr19Ni11N	150	230	510	30	80
10	ZG07Cr19Ni10	150	175	440	30	60
11	ZG07Cr19Ni11Nb	150	175	440	25	40
12	ZG03Cr19Ni11Mo2	150	195	440	30	80
13	ZG03Cr19Ni11Mo2N	150	230	510	30	80
14	ZG05Cr26Ni6Mo2N	150	420	600	20	30
15	ZG07Cr19Ni11Mo2	150	185	440	30	60
16	ZG07Cr19Ni11Mo2Nb	150	185	440	25	40
17	ZG03Cr19Ni11Mo3	150	180	440	30	80
18	ZG03Cr19Ni11Mo3N	150	230	510	30	80
19	ZG03Cr22Ni6Mo3N	150	420	600	20	30
20	ZG03Cr25Ni7Mo4WCuN	150	480	650	22	50
21	ZG03Cr26Ni7Mo4CuN	150	480	650	22	50
22	ZG07Cr19Ni12Mo3	150	205	440	30	60
23	ZG025Cr20Ni25Mo7Cu1N	50	210	480	30	60
24	ZG025Cr20Ni19Mo7CuN	50	260	500	35	50
25	ZG03Cr26Ni6Mo3Cu3N	150	480	650	22	50
26	ZG03Cr26Ni6Mo3Cu1N	200	480	650	22	60
27	ZG03Cr26Ni6Mo3N	150	480	650	22	50

3.6.13　钢的回火经验方程

常用钢的回火经验方程见表3-144。

表3-144　常用钢的回火经验方程

序号	牌号	淬火温度/℃	淬火冷却介质	回火经验方程	
				H_i	T
1	30	855	水	$H_1=42.5-\frac{1}{20}T$	$T=850-20H_1$
2	40	835	水	$H_1=65-\frac{1}{15}T$	$T=950-15H_1$
3	45	840	水	$H_1=62-\frac{1}{9000}T^2$	$T=\sqrt{558000-9000H_1}$
4	50	825	水	$H_1=70.5-\frac{1}{13}T$	$T=916.5-13H_1$
5	60	815	水	$H_1=74-\frac{2}{25}T$	$T=925-12.5H_1$
6	65	810	水	$H_1=78.3-\frac{1}{12}T$	$T=942-12H_1$
7	20Mn	900	水	$H_4=85-\frac{1}{20}T$	$T=1700-20H_4$
8	20Cr	890	油	$H_1=50-\frac{2}{45}T$	$T=1125-22.5H_1$
9	12Cr2Ni4	865	油	$H_1=72.5-\frac{3}{40}T(T\leqslant400)$ $H_1=67.5-\frac{1}{16}T(T>400)$	$T=966.7-13.3H_1(H_1\geqslant42.5)$ $T=1080-16H_1(H_1<42.5)$
10	18Cr2Ni4W	850	油	$H_1=48-\frac{1}{24000}T^2$	$T=\sqrt{1.15\times10^6-2.4\times10^4H_1}$
11	20CrMnTiA	870	油	$H_1=48-\frac{1}{16000}T^2$	$T=\sqrt{7.68\times10^5-1.6\times10^4H_1}$
12	30CrMo	880	油	$H_1=62.5-\frac{1}{16}T$	$T=1000-16H_1$
13	30CrNi3	830	油	$H_1=600-\frac{1}{2}T$	$T=1200-2H_3(H_3\leqslant475)$

（续）

序号	牌号	淬火温度/℃	淬火冷却介质	回火经验方程	
				H_i	T
14	30CrMnSi	880	油	$H_1=62-\frac{2}{45}T$	$T=1395-22.5H_1$
15	35SiMn	850	油	$H_2=637.5-\frac{5}{8}T$	$T=1020-1.6H_2$
16	35CrMoV	850	水	$H_2=540-\frac{2}{5}T$	$T=1350-2.5H_2$
17	38CrMoAl	930	油	$H_1=64-\frac{1}{25}T(T\leqslant550)$ $H_1=95-\frac{1}{10}T(T>550)$	$T=1600-25H_1(H_1\geqslant45)$ $T=950-10H_1(H_1<45)$
18	40Cr	850	油	$H_1=75-\frac{3}{40}T$	$T=1000-13.3H_1$
19	40CrNi	850	油	$H_1=63-\frac{3}{50}T$	$T=1050-16.7H_1$
20	40CrNiMo	850	油	$H_1=62.5-\frac{1}{20}T$	$T=1250-20H_1$
21	50Cr	835	油	$H_1=63.5-\frac{3}{55}T$	$T=1164.2-18.3H_1$
22	50CrVA	850	油	$H_1=73-\frac{1}{14}T$	$T=1022-14H_1$
23	60Si2Mn	860	油	$H_1=68-\frac{1}{11250}T^2$	$T=\sqrt{765000-11250H_1}$
24	65Mn	820	油	$H_1=74-\frac{3}{40}T$	$T=986.7-13.3H_1$
25	T7	810	水	$H_1=77.5-\frac{1}{12}T$	$T=930-12H_1$
26	T8	800	水	$H_1=78-\frac{1}{80}T$	$T=891.4-11.4H_1$
27	T10	780	水	$H_1=82.7-\frac{1}{11}T$	$T=930.3-11H_1$
28	T12	780	水	$H_1=72.5-\frac{1}{16}T$	$T=1160-16H_1$
29	CrWMn	830	油	$H_1=69-\frac{1}{25}T$	$T=1725-25H_1$
30	Cr12	980	油	$H_1=64-\frac{1}{80}T(T\leqslant500)$ $H_1=107.5-\frac{1}{10}T(T>500)$	$T=5120-80H_1(H_1\geqslant57.75)$ $T=1075-10H_1(H_1<57.75)$

（续）

序号	牌号	淬火温度/℃	淬火冷却介质	回火经验方程	
				H_i	T
31	Cr12MoV	1000	油	$H_1=65-\frac{1}{100}T(T\leqslant500)$	$T=6500-100H_1(H_1\geqslant60)$
32	3Cr2W8V	1150	油	$H_3=1750-2T(T\geqslant600)$	$T=875-0.5H_3(H_3\leqslant550)$
33	8Cr3	870	油	$H_1=68-\frac{7}{150}T(T\leqslant520)$ $H_1=148-\frac{1}{5}T(T>520)$	$T=1457-21.4H_1(H_1<44)$ $T=740-5H_1(H_1>44)$
34	9SiCr	865	油	$H_1=69-\frac{1}{30}T$	$T=2070-30H_1$
35	5CrNiMo	855	油	$H_1=72.5-\frac{1}{16}T$	$T=1160-16H_1$
36	5CrMnMo	855	油	$H_1=69-\frac{3}{50}T$	$T=1150-16.7H_1$
37	W18Cr4V	1280	油	$H_1=93-\frac{3}{31250}T^2$	$T=\sqrt{968750-104167H_1}$
38	GCr15	850	油	$H_2=733-\frac{2}{3}T$	$T=1099.5-1.5H_2$
39	12Cr13	1040	油	$H_1=41-\frac{1}{100}T(T\leqslant450)$ $H_1=1150-\frac{3}{20}T(450<T\leqslant620)$	$T=4100-100H_1(H_1\geqslant36.5)$ $T=7666.7-6.7H_1$ $(22\leqslant H_1<47.5)$
40	20Cr13	1020	油	$H_1=150-\frac{1}{5}T(T\geqslant550)$	$T=750-5H_1(H_1\leqslant40)$
41	30Cr13	1020	油	$H_1=62-\frac{5}{6}10^{-4}T^2(T\geqslant350)$	$T=\sqrt{7.4\times10^5-1.2\times10^4}$ $(H_1\leqslant47)$
42	40Cr13	1020	油	$H_1=68.5-\frac{20}{21}10^{-4}T^2(T\geqslant400)$	$T=\sqrt{719250-10500H_1}$ $(H_1\leqslant52)$
43	14Cr17Ni2	1060	油	$H_1=60-\frac{1}{20}T(T\geqslant400)$	$T=1200-20H_1(H_1\leqslant40)$

（续）

序号	牌号	淬火温度/℃	淬火冷却介质	回火经验方程	
				H_i	T
44	95Cr18	1060	油	$H_1=62-\frac{1}{50}T(T\leqslant 450)$ $H_1=83-\frac{1}{15}T(T>450)$	$T=3100-50H_1(H_1\geqslant 53)$ $T=1245-15H_1(H_1<53)$

注：1. 表中符号 H_i 为硬度；H_1 表示 HRC，H_2 表示 HBW，H_3 表示 HV，H_4 表示 HRA；T 为回火温度（℃）。

2. 本表方程取自经验数据，使用时化学成分应符合相关标准规定；最大直径或厚度≤临界直径；限于常规淬火、回火工艺。

第4章 钢的表面热处理

根据工件的使用条件和使用性能，通过把工件表面加热和冷却，来改变工件表面力学性能的热处理方法，称为表面热处理。通过表面热处理，可使工件得到表面具有高硬度和耐磨性的硬化层，而心部仍可保持原来的组织和性能不变，从而使工件具有优良的综合力学性能。若在工件表面预先涂覆含渗入元素的膏剂或合金粉末，还可实现表面化学热处理或表面合金化。

根据加热方式的不同，表面热处理可分为感应淬火、火焰淬火、接触电阻加热淬火、激光淬火、电子束淬火和电解液淬火等。

4.1 感应淬火

4.1.1 感应淬火的基本原理

感应淬火是利用工件在交流电流产生的交变磁场中产生的感应电流，将工件表面加热到淬火温度，然后快速冷却的淬火方法，如图 4-1 所示。

交流电流对工件表面实现感应加热，与交流电流的以下几种物理特性有着密切的关系。

1. 趋肤效应

感应加热过程中，感应电流在工件截面上的电流密度分布是不均匀的，愈接近表面，电流密度愈大，这种电流密度倾向于表面增大的现象称为电流的趋肤效应。感应电流在工件截面上的分布情况如图 4-2 所示。

在工程上，规定感应电流降至表面电流的 $1/e$（$1/e \approx 1/2.718 \approx 0.368$）处的深度，为电流透入深度 δ（见图 4-2）。

电流透入深度与电流频率有如下关系：

$$\delta = 5.03 \times 10^4 \sqrt{\frac{\rho}{\mu f}} \tag{4-1}$$

式中 δ——电流透入深度（mm）；

μ——工件材料的磁导率（Gs/Oe，1Gs/Oe = 1.26×10^{-6}H/m）；

ρ——工件材料的电阻率（Ω·cm）；

f——电流频率（Hz）。

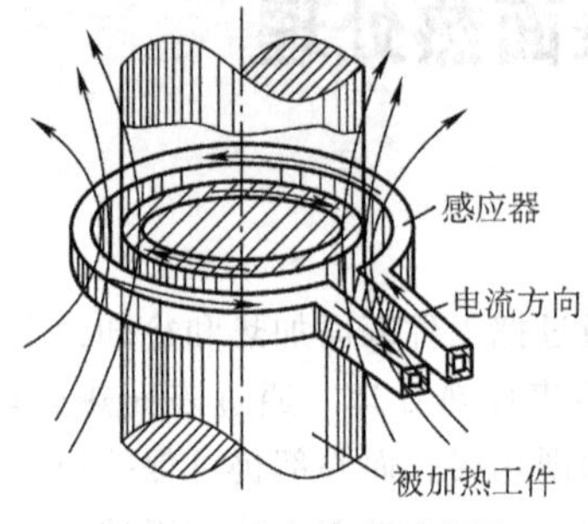

图 4-1　感应淬火示意图

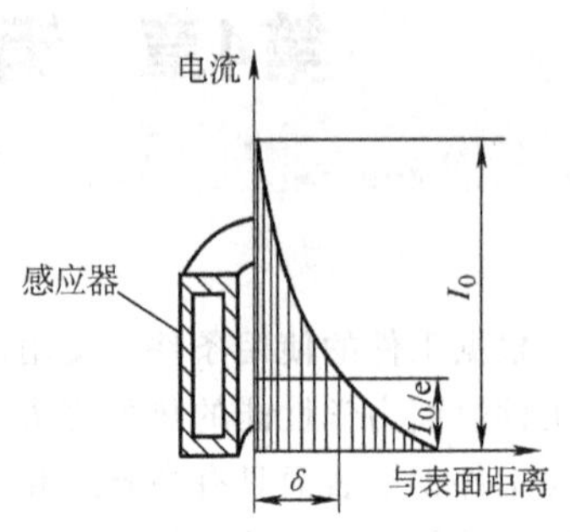

图 4-2　感应电流在工件截面上的分布情况

由式（4-1）可知，电流透入深度 δ 与 ρ、μ、f 有关。电流频率 f 越高，电流透入深度 δ 越小。对于铁磁性材料，在加热过程中，ρ 值随着温度的升高而增大，而 μ 值在 770℃ 居里点急剧降低到 1，从而使电流透入深度大大增加，如图 4-3 所示。

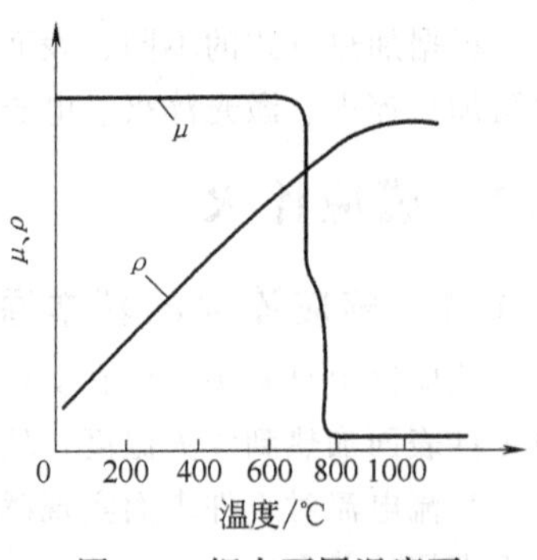

图 4-3　钢在不同温度下的电阻率和磁导率

钢在居里点以下的电流透入深度 δ(mm) 可按式（4-2）计算，在居里点以上的电流透入深度可按式（4-3）计算。

$$\delta=\frac{20}{\sqrt{f}} \tag{4-2}$$

$$\delta=\frac{500}{\sqrt{f}} \tag{4-3}$$

在不同频率下，800℃ 时 45 钢中的电流透入深度见表 4-1。

2. 邻近效应

当高频电流通过两个相邻的导体时，由于磁场的作用，导致电流的分布发生变化。当两相邻导体的电流方向相反时，电流从两导体的内侧流

表 4-1 800℃时 45 钢中的电流透入深度

频率/kHz	电流透入深度 δ/mm	频率/kHz	电流透入深度 δ/mm
0.05	70.8	8	5.6
0.5	22.4	10	5.0
1	15.8	70	1.9
2.5	10.0	250	1.0
4	7.9	450	0.75

过；当两相邻导体的电流方向相同时，电流从两导体相邻的外侧通过。高频电流的邻近效应如图 4-4 所示。根据邻近效应，当感应器与工件的间隙各处都相等时，涡流在工件表面的分布是均匀的，因而工件的加热温度也一致；否则，感应电流的分布将不均匀，工件的加热温度也不一致，间隙小的地方温度高于间隙大的地方。

3. 环流效应

当高频电流通过环状导体时，最大电流密度集中在环状导体的内侧，这种现象称为环流效应，如图 4-5 所示。

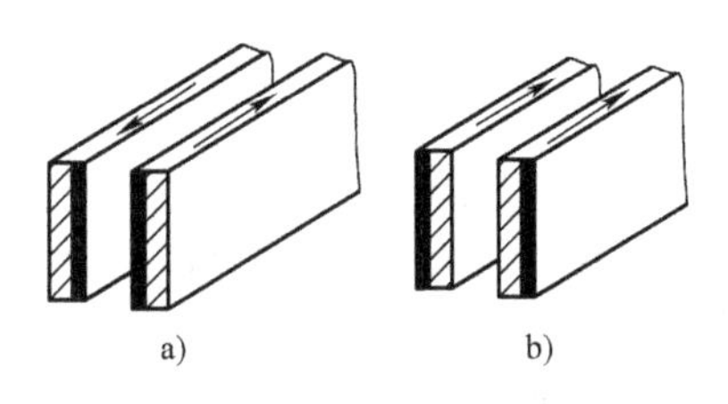

图 4-4 交流电流的邻近效应

a）电流方向相反，电流沿内侧分布

b）电流方向相同，电流沿外侧分布

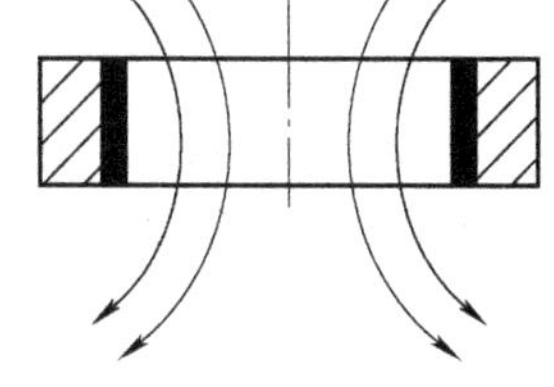

图 4-5 高频电流的环流效应

高频电流的环流效应对于加热工件的外表面十分有利。在环流效应和邻近效应的共同作用下，加热速度很快，热效率高，可达 85%；但在加热孔的内表面和平面时，则加热速度很慢，热效率最低，仅为 40%。

4. 尖角效应

把外形带有尖角、棱边或突起的工件在各处间隙相等的感应器中加热时，工件的尖角或突起处感应电流密度太大、加热速度太快的现象，称为尖角效应。尖角效应容易使工件的尖角或突起处过热，甚至熔化，必须避免发生。方法是在工件尖角或突起处的部分，增大感应器与工件的间隙，将工件尖角处的感应器做成圆弧状，以保持整个加热表面温度的均匀性，如图 4-6 所示。

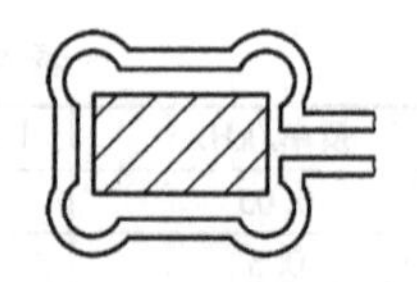

图 4-6 避免尖角效应的感应器

5. 导磁体的槽口效应

当交流电流通过嵌有导磁体的矩形导体时，电流只在导磁体开口处的导体表面通过，这种现象称为导磁体的槽口效应，如图 4-7 所示。利用导磁体槽口效应，可把通过感应器的交变电流驱赶到感应器的任何所需表面，以提高该处的加热效率。

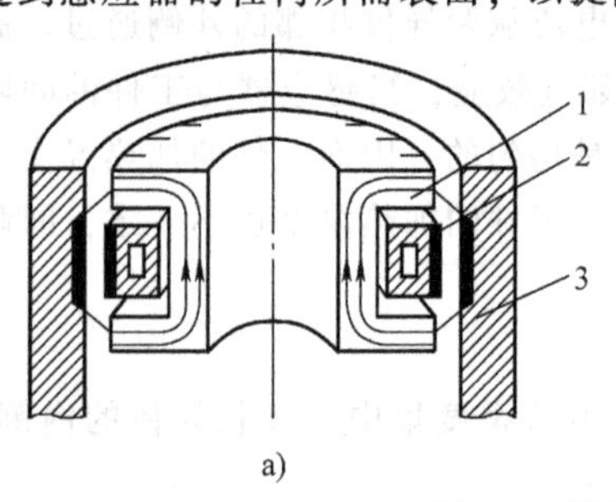

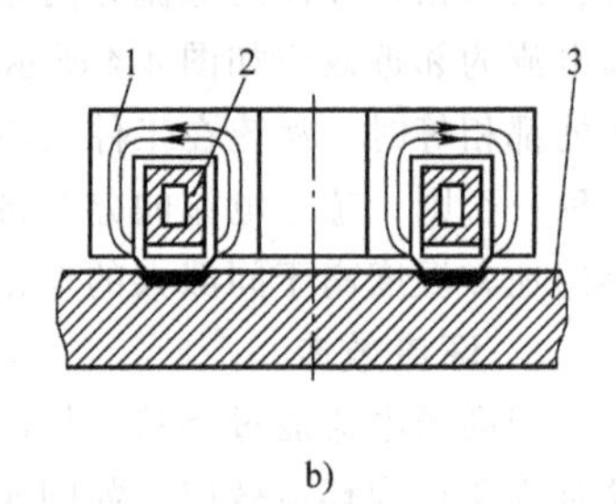

图 4-7 导磁体的槽口效应

a）导磁体槽口向外的内孔加热感应器 b）导磁体槽口向下的平面加热感应器

1—导磁体 2—导体 3—工件

趋肤效应、邻近效应、环流效应和尖角效应均随交流电流频率的增大而加剧，其中的邻近效应和环流效应还随导体截面的增大、导体间距的减小和圆环曲率的增大而加剧。这些物理现象对于制造设备、选择设备、制订工艺、设计感应器及实际操作都是十分重要的。

4.1.2 感应淬火方法

感应淬火方法主要有两种：同时加热淬火法和连续加热淬火法。淬火方法的选择主要与工件的形状、尺寸、设备功率及生产方式等有关，见表 4-2。

图 4-11 所示为感应淬火的几种典型加热和冷却方式。

4.1.3 感应淬火工艺

感应淬火的工艺参数较为复杂，不但有热参数，如感应加热温度、加热时间和加热速度等，还有电参数，如阳极电压、阳极电流、槽路电压和栅极电流等。此外，影响工艺参数的还有设备的性能，如设备频率、设备及感应器的质量、工件的形状与材料、冷却方式、淬火冷却介质等。在诸多工艺参数中，应该把加热温度和加热速度作为最基本的工艺参数。

表 4-2 感应淬火方法

淬火方法	冷却方式		操作方法	适用范围
同时加热淬火法	浸液冷却		将表面加热到淬火温度的工件从感应器中迅速移入淬火槽中冷却	适用于小型工件，淬火面积小于设备允许的最大加热面积，或工件较大而淬火面积较小的工件，如小轴、齿轮、曲轴等
	喷射冷却	感应器自喷	工件在感应器中同时加热后，由感应器立即喷液冷却，如图 4-8a 所示	
		喷液圈喷射	将专用的喷液圈设于感应器下方，感应器对工件加热后，将工件下降到喷液圈中喷射冷却，如图 4-8b 所示	
	埋油冷却		将感应器和工件置于油面以下，在油中将工件同时加热到淬火温度，停止加热后利用油箱中的油进行冷却	适用于需要油冷的合金钢工件淬火
	纵向加热淬火法	喷液或浸液冷却	半环型感应器的感应圈与工件轴向中心线平行，工件旋转加热，加热后脱离感应器进入喷液器或水中，如图 4-9 所示	适用于处理直径相差较大的变截面工件如阶梯轴、球头销、半轴等
连续加热淬火法	感应器喷液连续冷却		在感应器内侧下边沿圆周方向钻有喷液孔，如图 4-10a 所示	用于轴类、杆类、导轨类、较大平面的工件的表面淬火及单件、小批量生产中
	喷液圈喷液连续冷却		用专用喷液圈喷液冷却，如图 4-10b 所示	

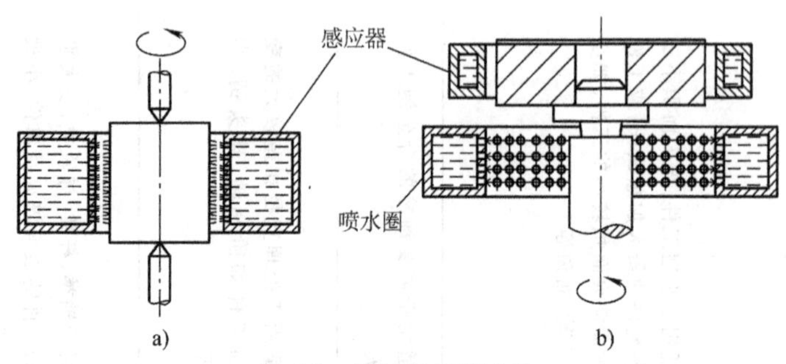

图 4-8　同时加热淬火法

a）感应器喷液冷却　b）喷液圈中喷射冷却

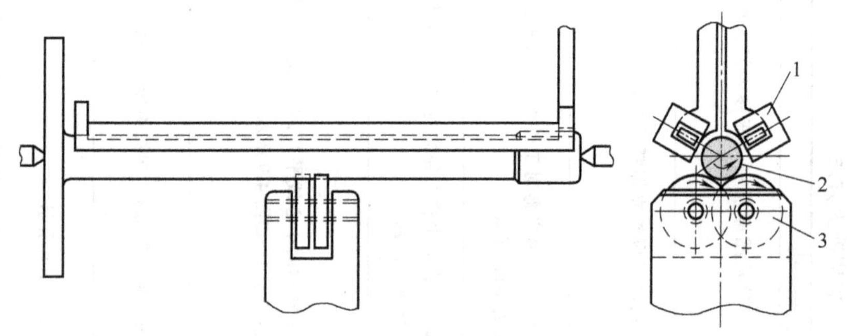

图 4-9　纵向加热淬火法

1—矩形感应器　2—工件　3—矫正辊

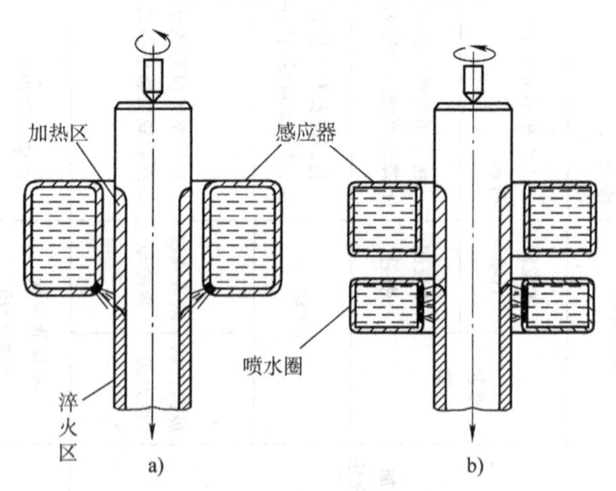

图 4-10　连续加热淬火法

a）感应器喷液连续冷却淬火　b）喷液圈喷液连续冷却淬火

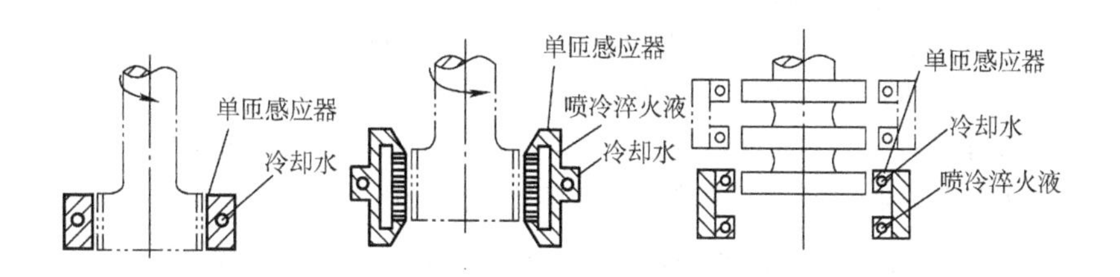

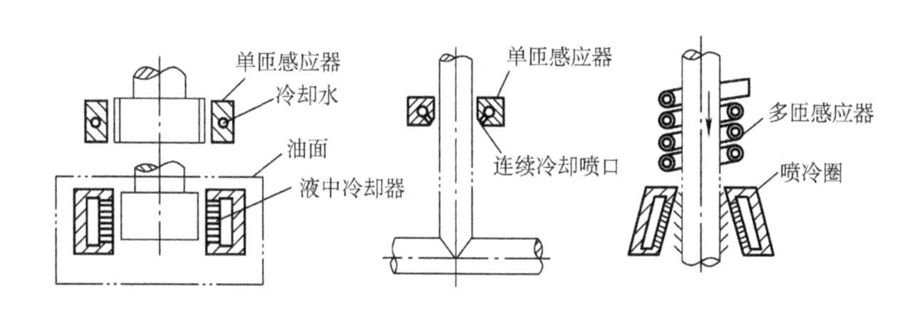

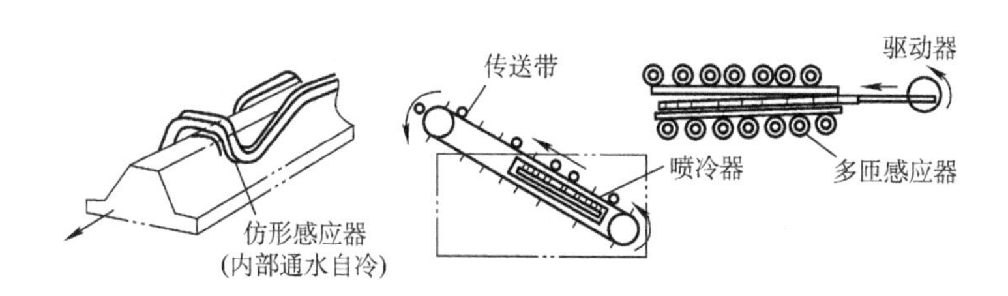

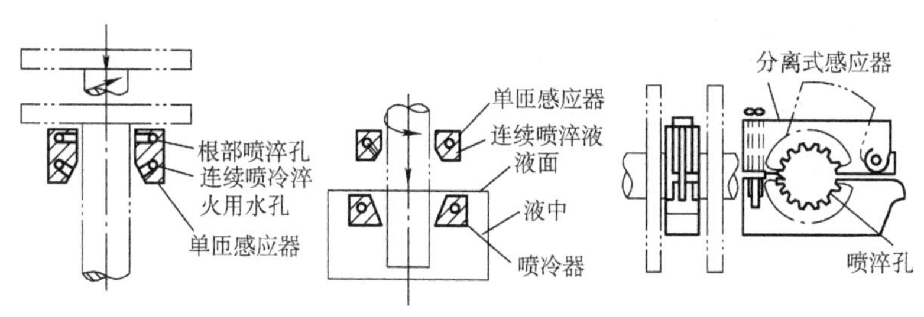

图 4-11　感应淬火的几种典型加热和冷却方式

1. 加热温度的选择

感应淬火温度与钢的化学成分、原始组织和相变区间的加热速度有关。亚共析钢的淬火温度一般为 Ac_3+(80~150)℃。

表 4-3 列出了不同材料推荐的感应淬火温度及通常希望的表面硬度，表 4-4 列出了常用钢种表面淬火时推荐的加热温度。

表 4-3　不同材料推荐的感应淬火温度及通常希望的表面硬度[①]

<table>
<tr><th colspan="2">材料</th><th>淬火温度/℃</th><th>淬火冷却介质[②]</th><th>最低硬度　HRC</th></tr>
<tr><td rowspan="9">碳素钢
及合金钢[③]</td><td>w(C)= 0.3%</td><td>900~925</td><td>水</td><td>≥50</td></tr>
<tr><td>w(C)= 0.35%</td><td>900</td><td>水</td><td>≥52</td></tr>
<tr><td>w(C)= 0.40%</td><td>870~900</td><td>水</td><td>≥55</td></tr>
<tr><td>w(C)= 0.45%</td><td>870~900</td><td>水</td><td>≥58</td></tr>
<tr><td>w(C)= 0.50%</td><td>870</td><td>水</td><td>≥60</td></tr>
<tr><td rowspan="2">w(C)= 0.60%</td><td rowspan="2">840~870</td><td>水</td><td>≥64</td></tr>
<tr><td>油</td><td>≥62</td></tr>
<tr><td rowspan="2">w(C)>0.60%</td><td rowspan="2">815~845</td><td>水</td><td>≥64</td></tr>
<tr><td>油</td><td>≥62</td></tr>
<tr><td rowspan="3">铸铁[④]</td><td>灰铸铁</td><td>870~925</td><td>水</td><td>≥45</td></tr>
<tr><td>珠光体可锻铸铁</td><td>870~925</td><td>水</td><td>≥48</td></tr>
<tr><td>球墨铸铁</td><td>900~925</td><td>水</td><td>≥50</td></tr>
<tr><td>马氏体型
不锈钢</td><td>420 型[⑤]</td><td>1095~1150</td><td>油或空气</td><td>≥50</td></tr>
</table>

① 表中所列金属是成功应用于感应淬火的典型材料，不包括所有的材料。
② 淬火冷却介质的选择取决于所用钢的淬透性、加热区的直径或截面、淬硬层深度及要求的硬度、要求最小畸变以及淬火裂纹的倾向。
③ 相同碳含量的易切削钢和合金钢可以进行感应淬火。含有碳化物形成元素（Cr、Mo、V 或 W）的合金钢的加热温度比表中数值高 55~110℃。
④ 铸铁中化合碳量 w(C) 至少为 0.4%~0.5%，硬度随化合碳含量改变。
⑤ 其他马氏体型不锈钢如 410、416 及 440 型也可以进行感应淬火。

2. 加热时间的选择

感应加热的时间主要与功率密度有关，也与加热温度、加热速度、硬化层深度、原始组织等因素有一定关系。

加热时间可按如下经验公式计算：

$$t \approx \frac{4.9}{P_0} \tag{4-4}$$

式中　t——加热时间（s）；

P_0——功率密度（kW/cm^2）。

表 4-4 常用钢种表面淬火时推荐的加热温度（喷水冷却）

牌号	原始组织	预备热处理	下列情况下的加热温度/℃			
			炉中加热	Ac_1 以上的加热速度/(℃/s) Ac_1 以上的加热持续时间/s		
				30~60 2~4	100~200 1.0~1.5	400~500 0.5~0.8
35	细片状珠光体+细粒状铁素体	正火	840~860	880~920	910~950	970~1050
	片状珠光体+铁素体	退火或没有处理	840~860	910~950	930~970	980~1070
	索氏体	调质	840~860	860~900	890~930	930~1020
40	细片状珠光体+细粒状铁素体	正火	820~850	860~910	890~940	950~1020
	片状珠光体+铁素体	退火或没有处理	810~830	890~940	940~960	960~1040
	索氏体	调质	820~850	840~890	870~920	920~1000
45、50	细片状珠光体+细粒状铁素体	正火	810~830	850~890	880~920	930~1000
	片状珠光体+铁素体	退火或没有处理	810~830	880~920	900~940	950~1020
	索氏体	调质	810~830	830~870	860~900	920~980
45Mn2 50Mn	细片状珠光体+细粒状铁素体	正火	790~810	830~870	860~900	920~980
	片状珠光体+铁素体	退火或没有处理	790~810	860~900	880~920	930~1000
	索氏体	调质	790~810	810~850	840~880	900~960
65Mn	细片状珠光体+细粒状铁素体	正火	760~780	810~850	840~880	900~960
	片状珠光体+铁素体	退火或没有处理	770~790	840~880	860~900	920~980
	索氏体	调质	770~790	790~830	820~860	860~920
35Cr	索氏体	调质	850~870	880~920	900~940	950~1020
	珠光体+铁素体	退火	850~870	940~980	960~1000	1000~1060
40Cr 45Cr 40CrNiMo	索氏体	调质	830~850	860~900	880~920	940~1000
	珠光体+铁素体	退火	830~850	920~960	940~980	980~1050
40CrNi	索氏体	调质	810~830	840~880	860~900	920~980
	珠光体+铁素体	退火	810~830	900~940	920~960	960~1020

（续）

牌号	原始组织	预备热处理	下列情况下的加热温度/℃			
			炉中加热	Ac_1 以上的加热速度/(℃/s) / Ac_1 以上的加热持续时间/s		
				30~60 / 2~4	100~200 / 1.0~1.5	400~500 / 0.5~0.8
T8A	粒状珠光体	退火	760~780	820~860	840~880	900~960
T10A	片状珠光体或索氏体(+渗碳体)	正火或调质	760~780	780~820	800~860	820~900
CrWMn	粒状珠光体或粗片状珠光体	退火	800~830	740~880	860~900	900~950
	细片状珠光体或索氏体	正火或调质	800~830	820~860	840~880	870~920

同时加热的时间也可采用图标法确定，图4-12所示为轴类工件同时加热淬火时的 P_0-D_S-t 关系图（D_S 为淬硬层深度）。该图使用条件是环形感应器，间隙为2~3mm，中频发电机频率为8kHz。

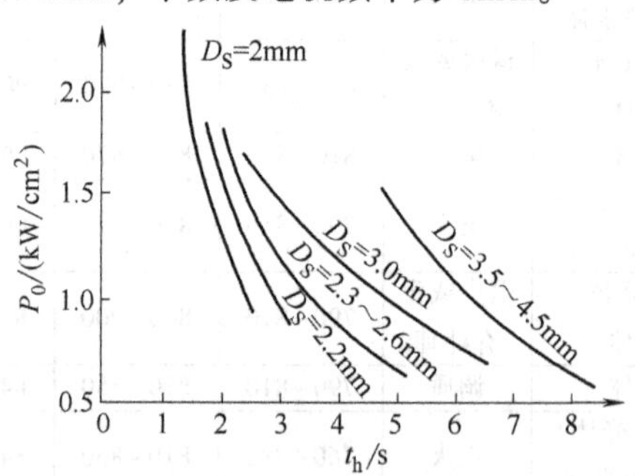

图4-12　轴类工件同时加热淬火时的 P_0-D_S-t 关系图

连续淬火时的加热时间按下式计算：

$$\tau = h/v \quad (4\text{-}5)$$

式中　τ——连续淬火时的加热时间（s）；

h——感应器高度（mm）；

v——感应器与工件的相对移动速度（mm/s）。

3. 淬火冷却介质的选择

淬火冷却介质应根据工件材料、形状和大小、淬硬层深度以及采用的加热方式等因素综合考虑确定。

常用的淬火冷却方法和冷却介质如图 4-13 所示。常用淬火冷却介质的性能见表 4-5。

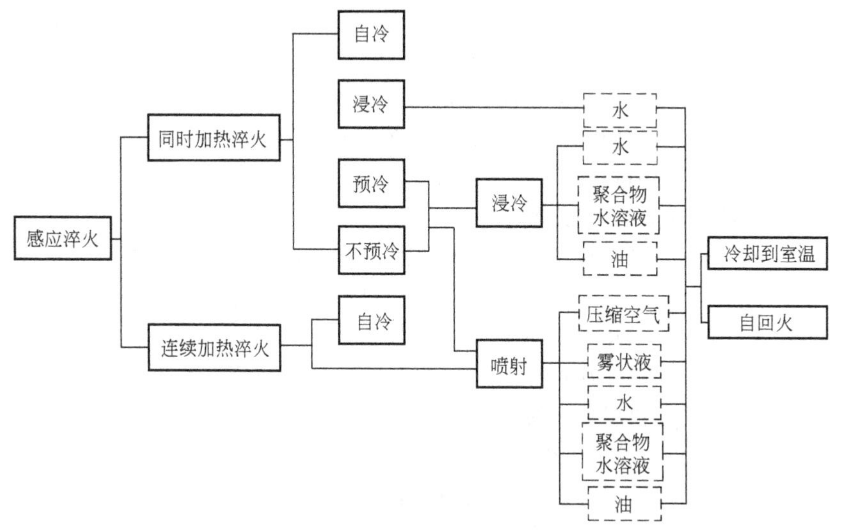

图 4-13 常用的淬火冷却方法和冷却介质

表 4-5 几种常用淬火冷却介质的冷却性能

冷却介质及冷却方式			冷却条件		冷却速度/(℃/s)	
			压力/MPa	温度/℃	600℃	250℃
喷水	喷水圈与工件的间隙/mm	10	0.4	15	1450	1900
			0.3	15	1250	1750
			0.2	15	610	860
		40	0.4	20	1100	400
			0.4	30	890	330
			0.4	40	650	270
			0.4	60	500	200
浸水			—	15	180	560
喷油(L-AN10)			0.2	20	190	190
			0.3	20	210	210
			0.4	20	230	210
			0.6	20	260	320
浸油			—	50	65	10
喷聚乙烯醇水溶液(质量分数)	0.025%		0.4	15	1250	1000
	0.05%		0.4	15	730	550
	0.10%		0.4	15	860	240
	0.30%		0.4	15	900	320

4. 感应淬火件的硬度

钢件感应淬火后，所达到的表面硬度值与钢的碳含量关系最大，当钢中碳的质量分数在 0.15%~0.75%时，其淬火后的硬度可用以下经验公式表示。

$$H=20+60[2w(\mathrm{C})-1.3w(\mathrm{C})^2] \tag{4-6}$$

式中　H——马氏体硬化层硬度的平均值（HRC）；

$w(\mathrm{C})$——钢中碳的质量分数（%）。

5. 感应淬火件的硬化层

（1）有效硬化层深度　有效硬化层深度由产品设计师根据零件的使用条件来确定，在图样的技术要求中已标明。有效硬化层深度的下限一般应大于 0.5mm，使用较多的为 1mm、2mm、3mm 或≥1.2mm、≥1.5mm、≥3.0mm，有的要求为 1~2mm、1~2.5mm、2~4mm、3~5mm 等。

确定有效硬化层深度的一般原则如下：

1）在摩擦条件下工作的零件，一般有效硬化层深度为 1.5~2mm；磨损后可修磨的零件，有效硬化层深度为 3~5mm。

2）零件轴肩或圆角处的有效硬化层深度一般应大于 1.5mm。

3）受挤压及压力载荷零件的有效硬化层深度为 4~5mm。

4）冷轧辊的有效硬化层深度在 10mm 以上。

5）受交变载荷的零件，其应力不太高时，有效硬化层深度可为零件直径的 10%~15%；在高应力时，为提高零件的疲劳强度，此值可大于零件直径的 20%。

6）受扭力的台阶轴，其有效硬化层在全长上必须连续，特别是台阶处不可中断。

（2）有效硬化层的图形　有些零件对有效硬化层的图形也有要求，例如：

1）凸轮感应淬火后，桃尖的有效硬化层深度比基圆处为深。当凸轮要求圆柱部分有效硬化层深度为 2.0~5.0mm 时，桃尖部允许为 2.0~8.0mm。

2）曲轴轴颈的有效硬化层深度一般为 2.0~3.5mm；而轴颈圆角处的有效硬化层深度一般大于 1.5mm，硬化区应延伸到圆角圆心上方大于 5mm 处。

6. 淬硬区、软带或未淬区的部位与尺寸

JB/T 8491.3—2008《机床零件热处理技术条件　第 3 部分：感应淬

火、回火》对“淬硬区、软带或未淬区的部位与尺寸”的规定如下：

（1）淬硬区　淬硬区的部位应符合图样和工艺文件的规定，淬硬区范围的尺寸极限偏差一般为：中频感应淬火时为±5mm，超音频及高频感应淬火时为±4mm。

（2）软带或未淬区的尺寸

1）淬硬层表面有槽、孔时，在槽、孔附近和零件端部的软带或未淬区的宽度 A（见图4-14）为：中频感应淬火时 $A \leqslant 12$mm，超音频或高频感应淬火时 $A \leqslant 8$mm。

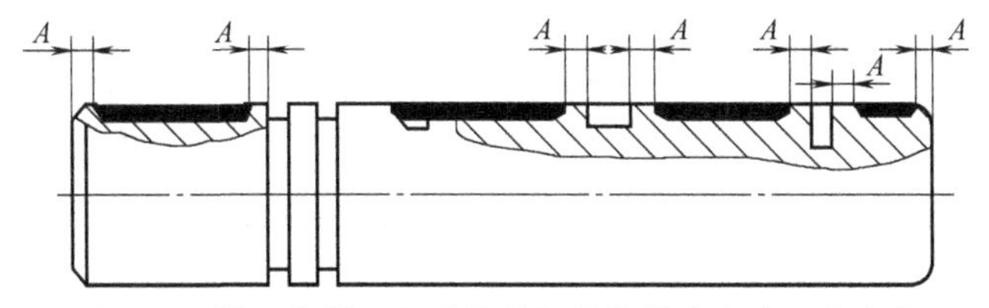

图4-14　槽、孔附近和零件端部的软带或未淬区的宽度

2）阶梯轴小圆外径淬硬时，在阶梯处的环形软带或未淬区宽度 A（见图4-15）应符合表4-6的规定。

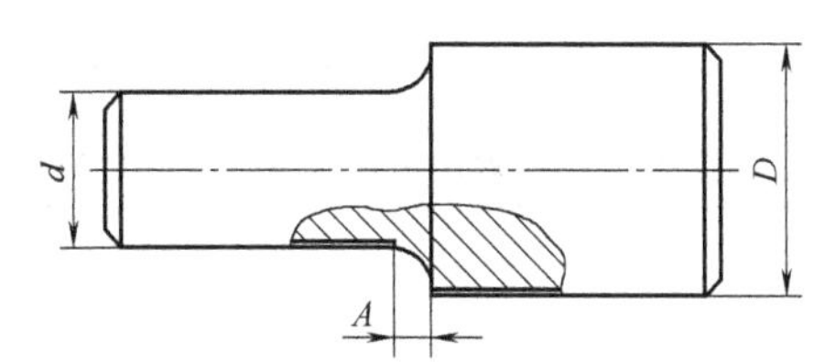

图4-15　阶梯处的环形软带或未淬区宽度

表4-6　阶梯轴阶梯处的软带宽度（JB/T 8491.3—2008）

（单位：mm）

加热设备	阶梯轴大、小圆直径差 $D-d$	
	≤20	>20
	软带或未淬区宽度 A	
中频感应加热设备	≤10	≤15
超音频、高频感应加热设备	≤8	≤12

3）淬硬层下部有孔，且最小壁厚 b 小于有效硬化层深度5倍时，其淬硬区的软带或未淬区宽度 A（见图4-16）应不大于孔的深度。

4）淬硬区不能一次连续淬火时，在接头处的软带或未淬区宽度 A、B

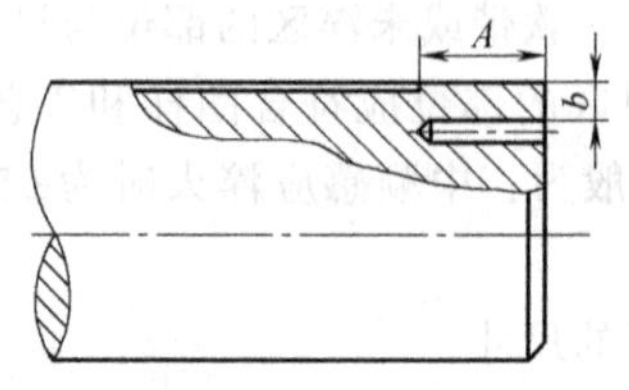

图 4-16　淬硬层下部有孔时淬硬区的软带或未淬区宽度

（见图 4-17）应符合表 4-7 的规定。

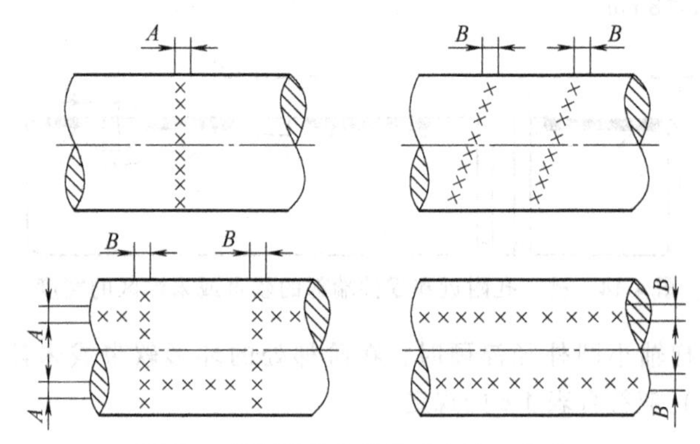

图 4-17　接头处的软带或未淬区宽度

表 4-7　淬硬区接头处软带宽度（JB/T 8491.3—2008）

加热设备	软带或未淬区宽度/mm	
	A	*B*
中频、感应加热设备	≤25	≤15
超音频、高频感应加热设备	≤12	≤10

5）法兰盘内端面淬硬时，在相邻轴颈周围的环形软带或未淬区宽度 *A*（见图 4-18）为：中频感应淬火时 $A \leqslant 12$mm，超音频或高频感应淬火时 $A \leqslant 8$mm。

6）两相交面均淬硬时，在相交面的软带或未淬区宽度 *A*（见图 4-19）为：中频感应淬火时 $A \leqslant 15$mm，超音频或高频感应淬火时 $A \leqslant 8$mm。

7）深孔表面淬硬且淬硬处距端面≥20mm，或锥孔的大小圆内径差 $D-d \geqslant 10$mm 时，其接头处的环形软带或未淬区宽度 *A*（见图 4-20）为：中频感应淬火时 $A \leqslant 25$mm，超音频或高频感应淬火时 $A \leqslant 12$mm。

8）孔径大于 200mm 的内孔表面淬硬时，轴向的软带或未淬区宽度 *A*（见图 4-21）为：中频感应淬火时 $A \leqslant 25$mm，超音频或高频感应淬火时 $A \leqslant 12$mm。

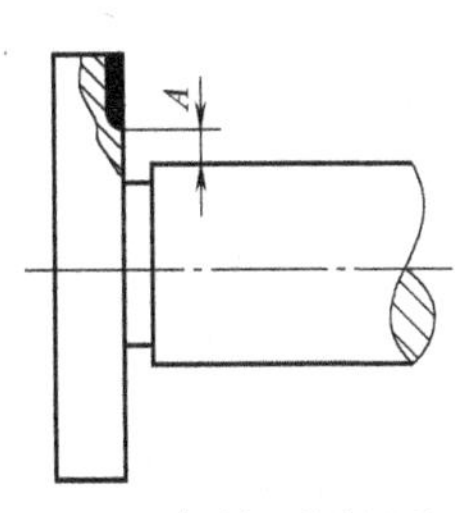

图 4-18　相邻轴颈周围的环形软带或未淬区宽度

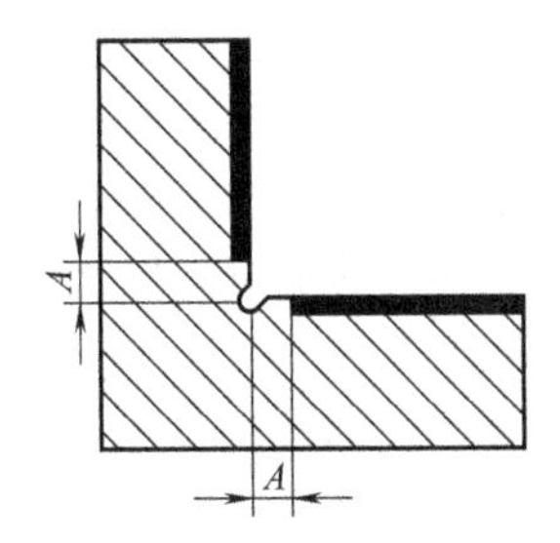

图 4-19　在相交面的软带或未淬区宽度

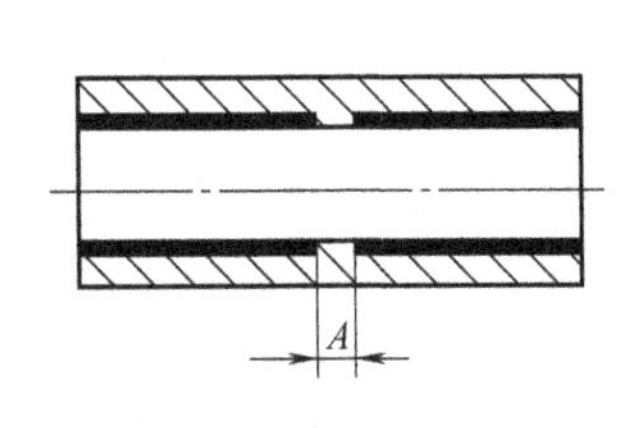

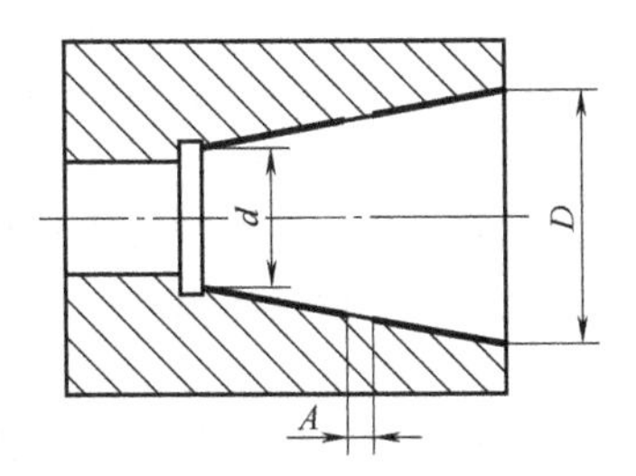

图 4-20　深孔与锥孔接头处的环形软带或未淬区宽度

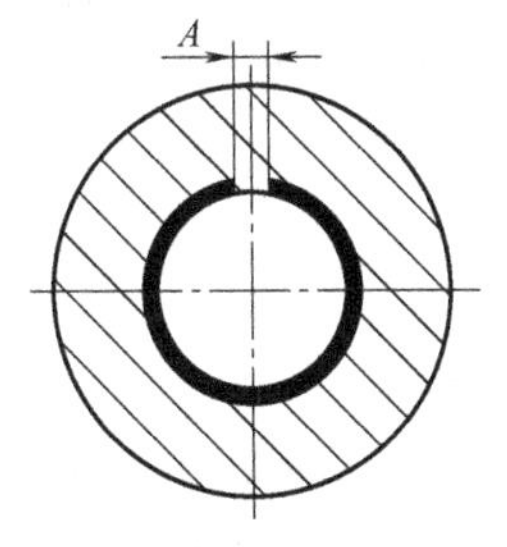

图 4-21　轴向的软带或未淬区宽度

4.1.4　感应淬火后的组织与性能

1. 感应淬火后的组织

(1) 亚共析钢　亚共析钢工件在加热过程中，可以把加热层分为三个区域，如图 4-22 所示。

第Ⅰ区：加热温度高于 Ac_3（快速加热时的 Ac_3），淬火后得到的组织是马氏体。

第Ⅱ区：加热温度在 $Ac_1 \sim Ac_3$ 之间。高温下的组织为奥氏体和铁素体，淬火后得到的组织是马氏体加铁素体。亚共析结构钢淬透性不良，冷却不足时，也容易产生托氏体组织。过渡层是未完全淬火的组织，与加热及冷却条件有关。

第Ⅲ区：加热温度低于 Ac_1，加热中没有奥氏体化，一般保持原始组织。

亚共析钢随碳含量的增加，Ac_1 ~ Ac_3 的区间减小，相应地使第Ⅱ区缩小。

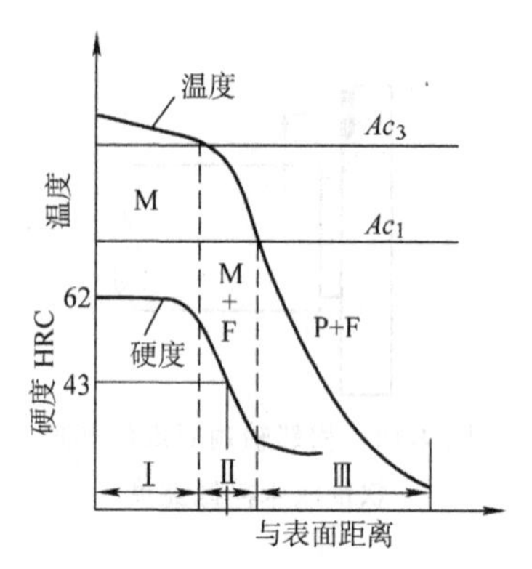

图 4-22　亚共析钢高频感应淬火后的组织和硬度变化

（2）共析钢　共析钢淬火后很容易得到隐针马氏体。这是由于共析钢的淬火温度仅稍高于临界温度 Ac_1，而且没有自由铁素体存在，因此在较低的温度下就可以进行奥氏体的均匀化。原始组织为粒状珠光体的共析钢淬火后，可以在马氏体的基体上出现剩余的碳化物。

共析钢的临界温度区间很窄，第Ⅱ区由隐针马氏体和珠光体组成。

（3）过共析钢　淬火层的组织是隐针马氏体，此外还有以网状或粒状存在的碳化物。如果为消除网状碳化物而提高淬火温度，容易使奥氏体饱和，淬火后会有较多的残留奥氏体，对提高硬度不利，故网状碳化物应预先消除。

过共析钢过渡层组织为托氏体—马氏体或托氏体—索氏体，且过渡层较宽。

2. 感应淬火后的力学性能

感应淬火主要改变工件表面层的组织，使表层的硬度显著增加，心部则保留原有的组织，从而使工件具有外坚而内韧的特点。

图 4-23 所示为钢的表面硬度与碳含量的关系曲线，这些曲线也适用于合金钢。由图 4-23 可见，钢经高频感应淬火后的硬度值比普通淬火高 2~3HRC。感应淬火不仅提高了工件表面的硬度，提高了耐磨性，而且提高了工件的抗疲劳性能。高频感应淬火一般可使小件的疲劳强度提高 2~3 倍，一般工件也可提高 20%~30%。这是由于表层中的压应力及晶粒较细造成的。

4.1.5　感应加热的电参数

感应加热的电参数是感应淬火的重要参数，直接影响工件的加热速

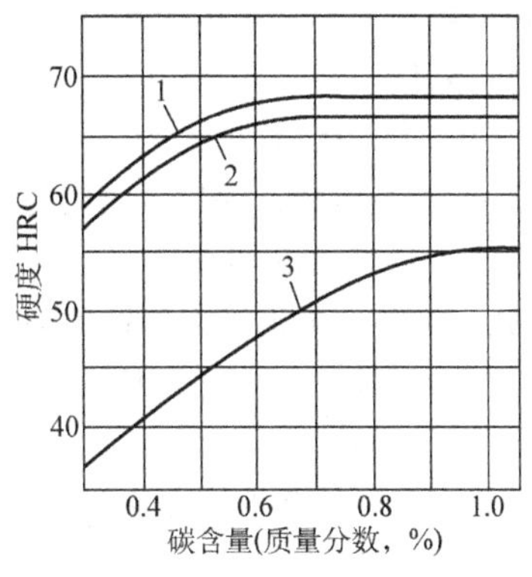

图 4-23 钢的表面硬度与碳含量的关系曲线

1—高频感应淬火 2—普通淬火 3—不完全淬火

度、加热温度和淬硬层深度。合理地选择电参数，不仅能使电源处于高效率的工作状态，输出所需要的功率，还能保证热处理的质量。

感应加热的电参数主要是电流频率、功率密度及功率，据此选择感应加热电源。

1. 电流频率的选择

感应加热的电流频率分为工频、中频、超音频、高频和超高频五个频带，见表 4-8。

表 4-8 感应加热的电流频率

频带	工频	中频	超音频	高频	超高频
主要频率/kHz	0.05	2.5、8	30、70	250	27120

(1) 圆柱零件加热时电流频率的选择 选择电流频率时应遵循以下原则：

1) 首要原则是采用透入式加热。感应加热有透入式加热和传导式加热两种，从淬火质量、节能、劳动生产率、过热度等几个方面比较，应选择透入式加热，即电流透入深度 δ 应大于工件要求的淬硬层深度 D_S，即

$$\delta > D_S \tag{4-7}$$

当电流频率太低时，δ 值增大；如果要求 D_S 很浅时，就要求电源功率很大，而感应器上的功率损失亦相应增大。经验证明，当感应器上的功率损失大于 $0.4kW/cm^2$ 时，感应器即使通水冷却，仍将强烈发热而影响正常工作。因此，电流透入深度超过要求的淬硬层深度过多，也是不允许

的。感应器上的功率损失数值又决定了电流频率的下限。根据经验，δ 值和 D_S 的关系应符合以下条件：

$$D_S > 0.25\delta \tag{4-8}$$

这样，淬硬层深度 D_S 与电流透入深度 δ 之间的关系为

$$0.25\delta < D_S < \delta \tag{4-9}$$

将式（4-3）代入式（4-9），电流频率的范围为

$$\frac{15625}{D_S^2} < f < \frac{250000}{D_S^2} \tag{4-10}$$

实际使用时，一般认为淬硬层深度为电流透入深度的50%时，即

$$D_S = 0.5\delta \tag{4-11}$$

加热的总效率最高。将式（4-3）代入式（4-11），电流频率的最佳值 f_W 为

$$f_W = \frac{62500}{D_S^2} \tag{4-12}$$

根据式（4-10）和式（4-12）求得的淬硬层深度与电流频率的对应值见表4-9。标准频率值的淬硬层深度见表4-10。

表4-9　淬硬层深度与电流频率的关系

淬硬层深度/mm	频率/kHz		
	最高	最佳	最低
1	250	60	15
1.5	100	25	7
2	60	15	4
3	30	7	1.5
4	15	4	1
6	8	1.5	0.5
10	2.5	0.5	0.15

表4-10　标准频率值的淬硬层深度

频率/kHz	淬硬层深度/mm		
	最小	最佳	最大
250	0.3	0.5	1
70	0.5	1	1.9
35	0.7	1.3	2.6
8	1.3	2.7	5.5

（续）

频率/kHz	淬硬层深度/mm		
	最小	最佳	最大
2.5	2.4	5	10
1	3.6	8	15
0.5	5.5	11	22

2）感应器电效率要高。感应器的电效率应不低于80%。感应器的电效率取决于被加热工件的直径（或厚度）D与电流透入深度δ的比值D/δ，此值称为电尺寸。电尺寸同电效率的关系见表4-11。

表4-11　电尺寸同电效率的关系

电尺寸D/δ	8	6	4	2	1	0.6	0.4
电效率(%)	94	85	65	30	10	4	1

注：电流透入深度δ指钢件850℃时的电流透入深度。当f = 250kHz、10kHz、8kHz、2.5kHz时，电流透入深度相应为1mm、5mm、5.6mm、10mm。

图4-24所示为电尺寸对圆钢与扁钢加热效率的影响。

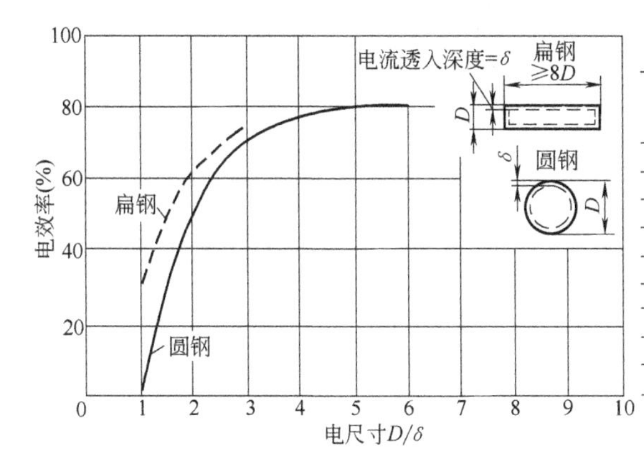

频率f/Hz	900℃时，钢中电流透入深度δ/mm
60	70
180	40
540	23
1000	17
3000	9.8
10000	5.6
50000	2.4
100000	1.7
450000	0.8

图4-24　电尺寸对圆钢与扁钢加热效率的影响

注：材料为中碳钢，温度为900℃，感应器为圆筒式，内径=1.3D。

由图4-24可见，为使$\eta_{感}=80\%$，则$6<D/\delta<10$。

设$D/\delta<10$，将式（4-3）代入$D/\delta<10$，得

$$f<\frac{25000000}{D^2} \tag{4-13}$$

式（4-13）规定了电流频率的上限。

当$D/\delta>3.5$时，$\eta_{感}>70\%$。将式（4-3）代入$D/\delta>3.5$，得

$$f>\frac{3062500}{D^2} \tag{4-14}$$

式（4-14）规定了电流频率的下限，故

$$\frac{3062500}{D^2}<f<\frac{25000000}{D^2} \tag{4-15}$$

生产中，一般设 $D/\delta>4$。此时的电流频率为该工件的临界频率。图 4-25 所示为不同直径圆钢棒的临界频率。

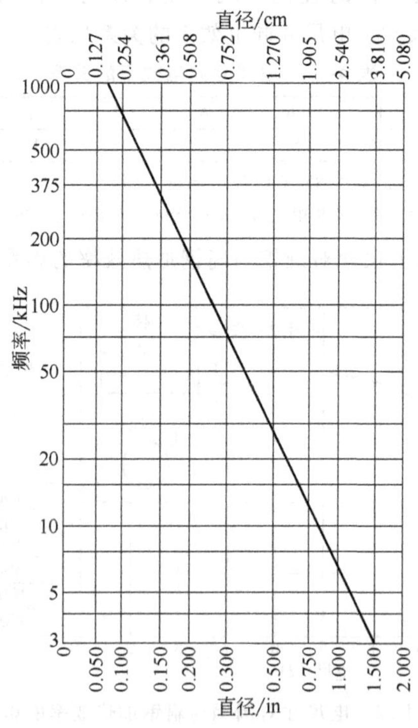

图 4-25　不同直径圆钢棒的临界频率

圆柱工件在不同频率感应淬火时的直径见表 4-12。根据淬硬层深度和工件直径选择频率的依据见表 4-13。

表 4-12　圆柱工件在不同频率感应淬火时的直径

频率/kHz	250	70	35	8	2.5	1
允许的最小直径/mm	3.5	6	9	19	35	55
推荐直径/mm	10	18	26	55	100	160

表 4-13　根据淬硬层深度和工件直径选择频率的依据

淬硬层深度/mm	工件直径/mm	频率/kHz			
		1	3	10	20~600
0.4~1.3	ϕ6~ϕ25	—	—	—	好
1.3~2.5	ϕ11~ϕ16	—	—	中	好
	ϕ16~ϕ25	—	—	好	好
	ϕ25~ϕ50	—	中	好	中
	>ϕ50	中	好	好	差
2.5~5.0	ϕ25~ϕ50	—	好	好	差
	ϕ50~ϕ100	好	好	中	—
	>ϕ100	好	中	差	—

注：“好”表示加热效率高。
“中”有两种情况：①比“好”的频率低，尚可用来将所需淬硬层深度加热到淬火温度，但效率低；②比“好”的频率高，功率密度大时，易造成表面过热，加热效率亦低。
“差”表示频率过高，只有用很低的功率才能保证表面不过热。

在实际应用中，选择电流频率时不一定都进行计算，主要是选择频率范围，即选择频带。应该说，8kHz与10kHz在一个频带，2.5kHz与3kHz也属一个频带，可通用；但8kHz与30kHz，30kHz与250kHz则不可通用，因为它们不在一个频带。

(2) 齿轮感应加热时电流频率的选择　齿轮加热的最佳频率是使齿顶和齿根得到均匀的加热。当电流频率过高时，齿顶温度偏高；当电流频率过低时，齿根温度会偏高。齿轮加热电流频率的选择，与齿轮的模数有直接关系。此外，齿顶、齿根温度的均匀性也与功率密度的大小有很大关系。要达到沿齿廓淬火，加热时间一定要短，且电流频率选择得恰好使齿沟处产生的热能比齿部要大一些，以补偿齿沟部传走的热量。

对于中小模数齿轮采用全齿同时加热淬火或全齿连续淬火时，早期选用频率的经验公式为

$$f=\frac{600000}{m^2} \tag{4-16}$$

式中　f——电流频率（Hz）；
m——齿轮模数（mm）。

通过系列试验，修正后的经验公式为

$$f=\frac{250000}{m^2} \tag{4-17}$$

由式（4-17）可得，不同模数齿轮全齿同时加热淬火时的最佳频率见表4-14。

表4-14 不同模数齿轮全齿同时加热淬火时的最佳频率

齿轮模数/mm	1	2	3	4	5	6	7	8	9	10
频率/kHz	250	62.5	28	16	10	7	5	4	3	2.5

必须指出，采用表4-14中的电流频率时，加热时间与齿轮模数也有密切关系。加热时间应尽可能接近式（4-18）：

$$\tau \approx 0.05m^2 \tag{4-18}$$

式中 τ——加热时间（s）；

m——齿轮模数（mm）。

根据式（4-18）计算出的加热时间非常短，即要求很大的功率密度或很大功率的电源，实际生产中一般不易具备此条件。这就要考虑选用双频淬火法，即先用中频电流将齿根加热到700℃左右，切断电源，立即用高频电流加热，在不到1s之内，沿齿廓加热到淬火温度，随后淬火冷却，这样就得到理想的沿齿廓分布的淬硬层。另一个方法就是采用低淬透性钢制造齿轮，淬火时不受设备功率的限制。

根据JB/T 9171—1999《齿轮火焰及感应淬火工艺及其质量控制》，齿轮模数、淬硬层深度选择电流频率的一般依据为：

1）高频电流适用于处理模数4mm以下、淬硬层深度为1.0~1.5mm的齿轮。模数6mm以上的齿轮可用高频感应单齿淬火。

2）超音频电流适用于处理模数为2~5mm、淬硬层深度为2~5mm的齿轮。

3）中频电流适用于处理模数为6mm以上、淬硬层深度为3~8mm的齿轮。

德国一家感应加热公司提出的齿轮在高功率密度下快速加热的选频公式为

$$f=\frac{300000}{m^2} \tag{4-19}$$

式中 f——电流频率（Hz）；

m——齿轮模数（mm）。

表4-15为按式（4-19）得出的齿轮在高功率密度下快速加热的工艺参数。

表 4-15 齿轮在高功率密度下快速加热的工艺参数

齿轮模数/mm	2	3	4	6	8	10
频率/kHz	75	30	20	10	5	3
功率密度/(kW/cm^2)	6	4	3.5	2.2	1.6	1.3
加热时间/s	<1	<1	<1	1.5	2.5	4.0

最先进的选择电流频率方法是采用计算机模拟软件选频。只要对计算机输入工件尺寸、材料名称、淬硬层深度等数据，不但可以选择频率范围及最佳频率，而且可以求得所需设备的功率。例如：45 钢的轴，直径为 ϕ40mm，淬硬层深度为 5mm，推荐频率范围为 1.2~10kHz，最佳频率大致为 2.5kHz。

2. 加热功率的选择

加热功率应满足一定的加热速度，才能实现快速加热，达到表面淬火的目的。加热速度取决于功率密度的大小和一次加热表面积的大小。功率密度越大，加热速度越快。一次加热表面积越大，加热速度越慢。通常，功率密度的大小与淬硬层深度、加热面积的大小以及原始组织等有关。电流频率越低，零件直径越小，所要求的淬硬层深度越小，则所选择的功率密度值应越大。

当使用高频及超音频电源加热时，功率密度一般为 0.2~0.5kW/cm^2；当使用中频电源时，功率密度常用 0.5~2.5kW/cm^2。

(1) 根据淬硬层深度选择功率密度　选择功率密度要根据工件尺寸及其淬火技术条件而定。轴类工件表面加热时功率密度的选择见表 4-16。表 4-17 为根据淬硬层深度选择加热时间与功率密度的参照表。图 4-26 所示为一次加热淬火时，根据淬硬层深度与所需最高表面温度求功率密度与加热时间的关系曲线。图 4-27 所示为根据淬硬层深度和所需最高表面温度求功率密度和感应器移动速度的关系曲线。

表 4-16 轴类工件表面加热时功率密度的选择

频率/kHz	淬硬层深度/mm	功率密度/(kW/cm^2)		
		低值	最佳值	高值
500	0.4~1.1	1.1	1.6	1.9
	1.1~2.3	0.5	0.8	1.2
10	1.5~2.3	1.2	1.6	2.5
	2.3~3.0	0.8	1.6	2.3
	3.0~4.0	0.8	1.6	2.1
8	1.0~3.0	1.2	2.3	4.0
	2.0~4.0	0.8	2.0	3.5
	3.0~6.0	0.4	1.7	2.8

（续）

频率/kHz	淬硬层深度/mm	功率密度/(kW/cm²)		
		低值	最佳值	高值
3	2.3~3.0	1.6	2.3	2.6
	3.0~4.0	0.8	1.6	2.1
	4.0~5.0	0.8	1.6	2.1
1	5.0~7.0	0.8	1.6	1.9
	7.0~9.0	0.8	1.6	1.9

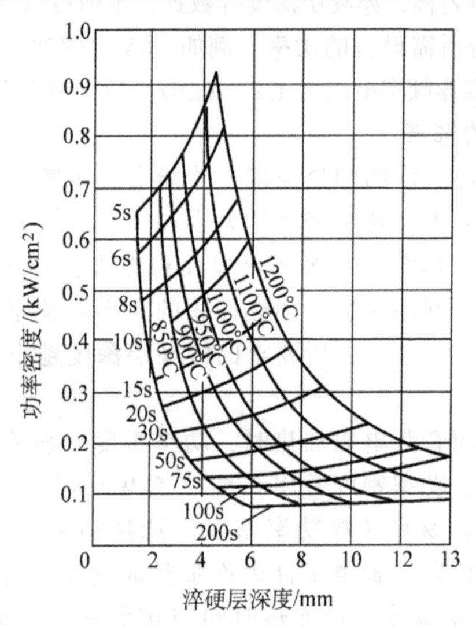

图 4-26 根据淬硬层深度与所需最高表面温度求功率密度与加热时间的关系曲线

注：电源频率 f= 10kHz。

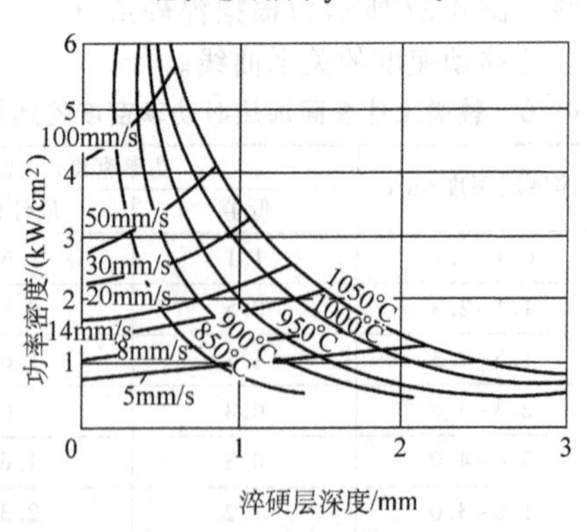

图 4-27 根据淬硬层深度和所需最高表面温度求功率密度和感应器移动速度的关系曲线

注：电源频率 f= 10kHz。

表 4-17 根据淬硬层深度选择加热时间与功率密度的参照表

项目	淬硬层深度/mm	加热时间/s	功率密度/(kW/cm²)	淬硬层深度/mm	加热时间/s	功率密度/(kW/cm²)	淬硬层深度/mm	加热时间/s	功率密度/(kW/cm²)	淬硬层深度/mm	加热时间/s	功率密度/(kW/cm²)	淬硬层深度/mm	加热时间/s	功率密度/(kW/cm²)	淬硬层深度/mm	加热时间/s	功率密度/(kW/cm²)
直径/mm	f=2.5kHz 圆柱外表面加热																	
20	2	0.8	2.65	3	1.5	1.5	4	2	1.18	5	—	—	6	—	—	7	—	—
30	2	1	2.62	3	2	1.35	4	3.1	1.0	5	5.5	0.65	6	—	—	7	—	—
40	2	1	2.6	3	2.3	1.28	4	4	0.88	5	7.1	0.58	6	10	0.45	7	13.3	0.38
50	2	1	2.6	3	2.7	1.24	4	4.8	0.81	5	8.5	0.54	6	13	0.41	7	17.8	0.34
60	2	1	2.6	3	3.0	1.21	4	5.2	0.79	5	9.5	0.51	6	15	0.39	7	20.5	0.31
70	2	1	2.6	3	3.2	1.2	4	5.6	0.78	5	10.1	0.5	6	16.1	0.38	7	22.8	0.3
80	2	1	2.6	3	3.1	1.2	4	5.7	0.76	5	10.8	0.49	6	17.2	0.37	7	25	0.29
90	2	1	2.6	3	3.1	1.2	4	6	0.75	5	11.3	0.49	6	18	0.30	7	26.2	0.28
100	2	1	2.6	3	3.1	1.2	4	6	0.75	5	11.7	0.49	6	18.7	0.35	7	27.8	0.28
110	2	1	2.6	3	3.1	1.2	4	6	0.75	5	11.9	0.49	6	19.2	0.35	7	28.5	0.28
厚度/mm	f=2.5kHz 平面零件单面加热																	
10	2	0.7	3.7	3	3	1.8	4	5.9	1.0	5	8.8	0.8	6	11	0.66	7	—	—
15	2	0.7	3.55	3	3.6	1.62	4	7.9	0.88	5	11.9	0.68	6	16.5	0.54	7	—	—
20	2	0.7	3.52	3	4.0	1.54	4	8.7	0.78	5	14.2	0.6	6	22	0.46	7	29	0.4
25	2	0.7	3.52	3	4.0	1.54	4	8.7	0.78	5	16.5	0.52	6	27.5	0.4	7	38	0.38
30	2	0.7	3.52	3	4.0	1.54	4	8.7	0.78	5	17.5	0.52	6	29.8	0.4	7	41.5	0.35
35	2	0.7	3.52	3	4.0	1.54	4	8.7	0.78	5	18	0.52	6	30.7	0.4	7	42.7	0.35
40	2	0.7	3.52	3	4.0	1.54	4	8.7	0.78	5	18	0.52	6	31	0.4	7	43.5	0.35
45	2	0.7	3.52	3	4.0	1.54	4	8.7	0.78	5	18	0.52	6	31	0.4	7	44	0.35
50	2	0.7	3.52	3	4.0	1.54	4	8.7	0.78	5	18	0.52	6	31	0.4	7	44.2	0.35

（续）

项目	淬硬层深度/mm	加热时间/s	功率密度/(kW/cm²)	淬硬层深度/mm	加热时间/s	功率密度/(kW/cm²)	淬硬层深度/mm	加热时间/s	功率密度/(kW/cm²)	淬硬层深度/mm	加热时间/s	功率密度/(kW/cm²)	淬硬层深度/mm	加热时间/s	功率密度/(kW/cm²)	淬硬层深度/mm	加热时间/s	功率密度/(kW/cm²)
直径/mm	f=4kHz 圆柱外表面加热																	
20	2	1.0	2.20	3	1.88	1.25	4	2.5	0.98	5	—	—	6	—	—	7	—	—
30	2	1.25	2.17	3	2.50	1.12	4	3.88	0.83	5	6.88	0.54	6	—	—	7	—	—
40	2	1.25	2.17	3	2.88	1.06	4	5.00	0.73	5	8.88	0.48	6	12.5	0.37	7	16.63	0.32
50	2	1.25	2.17	3	3.38	1.03	4	6.00	0.67	5	10.63	0.45	6	16.25	0.33	7	22.25	0.28
60	2	1.25	2.17	3	3.75	1.00	4	6.50	0.66	5	11.88	0.42	6	18.75	0.32	7	25.63	0.26
70	2	1.25	2.17	3	3.75	1.00	4	7.00	0.65	5	12.63	0.41	6	20.13	0.32	7	28.5	0.25
80	2	1.25	2.17	3	3.88	1.00	4	7.13	0.63	5	13.50	0.40	6	21.5	0.31	7	31.25	0.24
90	2	1.25	2.17	3	3.88	1.00	4	7.50	0.62	5	14.13	0.40	6	27.0	0.30	7	32.75	0.23
100	2	1.25	2.17	3	3.88	1.00	4	7.50	0.62	5	14.63	0.40	6	23.38	0.30	7	34.75	0.23
110	2	1.25	2.17	3	3.88	1.00	4	7.50	0.62	5	14.88	0.40	6	24.01	0.30	7	35.63	0.23
厚度/mm	f=4kHz 平面零件单面加热																	
10	2	0.88	3.10	3	3.75	1.49	4	7.38	0.83	5	11	0.66	6	13.75	0.55	7	—	—
15	2	0.88	2.95	3	4.50	1.34	4	9.88	0.73	5	14.88	0.56	6	20.63	0.45	7	—	—
20	2	0.88	2.92	3	5.00	1.28	4	10.88	0.65	5	17.75	0.50	6	27.50	0.38	7	36.25	0.33
25	2	0.88	2.92	3	5.00	1.28	4	10.88	0.65	5	20.63	0.43	6	34.38	0.33	7	47.5	0.32
30	2	0.88	2.92	3	5.00	1.28	4	10.88	0.65	5	21.88	0.43	6	37.25	0.33	7	51.88	0.29
35	2	0.88	2.92	3	5.00	1.28	4	10.88	0.65	5	22.50	0.43	6	38.75	0.33	7	53.38	0.29
40	2	0.88	2.92	3	5.00	1.28	4	10.88	0.65	5	22.50	0.43	6	38.75	0.33	7	54.38	0.28
45	2	0.88	2.92	3	5.00	1.28	4	10.88	0.65	5	22.50	0.43	6	38.75	0.33	7	55.0	0.29
50	2	0.88	2.92	3	5.00	1.28	4	10.88	0.65	5	22.50	0.43	6	38.75	0.33	7	55.25	0.29

直径/mm																	
							f=8kHz 圆柱外表面加热										
20	2	1.2	1.7	3	3	0.83	4	4.5	0.58	5			6			7		
30	2	1.5	1.58	3	3.8	0.78	4	7.0	0.51	5	10	0.38	6	14	0.3	7	18	0.25
40	2	1.8	1.52	3	4.1	0.74	4	8.5	0.48	5	13.7	0.34	6	20	0.26	7	24.5	0.21
50	2	1.8	1.5	3	4.3	0.72	4	9.5	0.46	5	16	0.315	6	24	0.24	7	32	0.19
60	2	1.8	1.5	3	5	0.71	4	10	0.45	5	18	0.31	6	27	0.22	7	38	0.18
70	2	1.8	1.5	3	5.5	0.7	4	10.8	0.44	5	19.3	0.3	6	30	0.21	7	43	0.17
80	2	1.8	1.5	3	5.8	0.7	4	11.5	0.44	5	20.2	0.3	6	32	0.21	7	47	0.17
90	2	1.8	1.5	3	5.8	0.7	4	12	0.44	5	21	0.3	6	34	0.21	7	50	0.17
100	2	1.8	1.5	3	5.8	0.7	4	12.2	0.44	5	22	0.3	6	35.5	0.21	7	52.5	0.17
110	2	1.8	1.5	3	5.8	0.7	4	12.5	0.44	5	22.5	0.29	6	36.5	0.21	7	54.5	0.17
厚度/mm							*f*=8kHz 平面零件单面加热										
10	2	1.5	1.77	3	4	1.1	4	8.0	0.7	5	10	0.5	6	13	—	7	17	—
15	2	2	1.73	3	5.5	1.0	4	11.5	0.59	5	17.5	0.45	6	24.5	0.38	7	30	0.3
20	2	2	1.72	3	6	0.97	4	13	0.58	5	22	0.41	6	30.5	0.32	7	41	0.26
25	2	2	1.72	3	6	0.97	4	13.5	0.56	5	24.5	0.4	6	35	0.3	7	52	0.22
30	2	2	1.72	3	6	0.97	4	13.5	0.56	5	25	0.4	6	38	0.29	7	62	0.21
35	2	2	1.72	3	6	0.97	4	13.5	0.56	5	25	0.4	6	40	0.29	7	64	0.21
40	2	2	1.72	3	6	0.97	4	13.5	0.56	5	25	0.4	6	42	0.29	7	70	0.21
45	2	2	1.72	3	6	0.97	4	13.5	0.56	5	25	0.4	6	42	0.29	7	71	0.21
50	2	2	1.72	3	6	0.97	4	13.5	0.56	5	25	0.4	6	42	0.29	7	71.5	0.21

（续）

项目	淬硬层深度/mm	加热时间/s	功率密度/(kW/cm²)	淬硬层深度/mm	加热时间/s	功率密度/(kW/cm²)	淬硬层深度/mm	加热时间/s	功率密度/(kW/cm²)	淬硬层深度/mm	加热时间/s	功率密度/(kW/cm²)	淬硬层深度/mm	加热时间/s	功率密度/(kW/cm²)	淬硬层深度/mm	加热时间/s	功率密度/(kW/cm²)
直径/mm	f=250kHz 圆柱外表面加热																	
10	2	2.5	0.5	3	—	—	4	—	—	5	—	—	6	—	—	7	—	—
20	2	4.0	0.44	3	9.0	0.28	4	11.5	0.22	5	—	—	6	—	—	7	—	—
30	2	7.0	0.43	3	12.5	0.27	4	19	0.205	5	23	0.165	6	29	0.145	7	34	0.125
40	2	8.0	0.425	3	16.5	0.265	4	23	0.195	5	31	0.16	6	39	0.135	7	45	0.115
50	2	9.0	0.422	3	18	0.26	4	28	0.19	5	39	0.155	6	48	0.13	7	56	0.11
60	2	9.3	0.42	3	20	0.255	4	31	0.188	5	43	0.15	6	56	0.125	7	68	0.108
70	2	9.5	0.42	3	20.5	0.255	4	34	0.187	5	49	0.148	6	62	0.12	7	78	0.105
80	2	9.7	0.42	3	21	0.255	4	37	0.187	5	52	0.148	6	69	0.12	7	86	0.103
90	2	9.8	0.42	3	22	0.255	4	38.5	0.187	5	56	0.148	6	73	0.12	7	92	0.102
100	2	10	0.42	3	23	0.255	4	40	0.187	5	59	0.148	6	79	0.118	7	99	0.101
厚度/mm	f=250kHz 平面零件单面加热																	
10	2	11	0.42	3	19	0.29	4	26	0.24	5	30	0.205	6	37	0.18	7	40	0.165
15	2	14	0.413	3	26	0.273	4	38	0.22	5	49	0.185	6	58	0.16	7	65	0.14
20	2	17	0.41	3	30	0.26	4	49	0.21	5	62	0.172	6	78	0.15	7	90	0.13
25	2	17	0.41	3	35	0.255	4	56	0.209	5	73	0.165	6	91	0.142	7	112	0.22
30	2	17	0.41	3	37	0.25	4	60	0.20	5	83	0.162	6	107	0.14	7	130	0.12
35	2	17	0.41	3	37.5	0.25	4	64	0.197	5	90	0.162	6	118	0.14	7	148	0.118
40	2	17	0.41	3	38	0.25	4	65	0.195	5	96	0.162	6	127	0.14	7	160	0.118
45	2	17	0.41	3	38	0.25	4	65	0.195	5	98	0.162	6	132	0.14	7	169	0.118
50	2	17	0.41	3	38	0.25	4	65	0.195	5	100	0.162	6	139	0.14	7	178	0.118

（2）根据齿轮模数选择功率密度　根据齿轮模数选择功率密度时，齿轮模数越小，功率密度越大。齿轮全齿同时加热时的功率密度见表4-18。

表4-18　齿轮全齿同时加热时的功率密度（f=200~300kHz）

模数/mm	1~2	2.5~3.5	3.75~4	5~6
功率密度/(kW/cm²)	2~4	1~2	0.5~1	0.3~0.6

（3）根据淬火加热面积选择加热功率　圆柱形工件表面淬火时，工件的加热面积A(cm²)由下式计算：

$$A=\pi DH \tag{4-20}$$

式中　D——工件加热部分直径（cm）；

H——工件加热部分长度（cm）。

齿轮的加热面积A(cm²)由下式计算：

$$A=1.2\pi D_{节} B \tag{4-21}$$

式中　$D_{节}$——节圆直径（cm）；

B——齿宽（cm）。

所需电源的输出功率P(kW)为

$$P=\frac{AP_0}{\eta} \tag{4-22}$$

式中　P_0——功率密度（kW/cm²）；

η——总效率。

中频发电机的效率η=64%，电子管式高频电源（额定功率）的效率一般为70%~75%，固态电源的效率可达90%。

根据加热频率和电源功率在表4-19中选择所需要的感应加热电源。

表4-19　常用感应加热电源技术参数

电源型号	功率/kW	频率/kHz	适合模数/mm		同时一次加热最大尺寸(直径×长度)/mm
			最佳	一般	
GP100-C3	100	200~250	2.5	≤4	ϕ300×40
CYP100-C2	≥75	30~40	3~4	3~7	ϕ300×40
CYP200-C4	≥150	30~40	3~4	3~7	ϕ400×60
BPS100/8000	100	8	5~6	4~8	ϕ350×40
BPS250/2500	250	2.5	9~11	6~12	ϕ400×80

（续）

电源型号	功率/kW	频率/kHz	适合模数/mm		同时一次加热最大尺寸（直径×长度）/mm
			最佳	一般	
KGPS100/2.5	100	2.5	9~11	6~12	ϕ350×40
KGPS100/8	100	8	5~6	4~8	ϕ350×40
KGPS250/2.5	250	2.5	9~11	6~12	ϕ400×80

当所需的电源输出功率稍大于现有电源的额定功率时，可使工件在感应器内上下往复移动，使整个表面一次加热，同时淬火。

根据式（4-20）或式（4-21）计算的加热面积直接与电源允许的最大加热面积进行比较，核实电源功率是否满足要求。常用感应加热电源的最大加热面积见表4-20。

表4-20 常用感应加热电源的最大加热面积

电源		功率/kW	频率/kHz	同时加热法		连续加热法	
种类	型号			功率密度/(kW/cm^2)	最大加热面积/cm^2	功率密度/(kW/cm^2)	最大加热面积/cm^2
高频	GP60-CR	60	200~300	1.1	55	2.2	28
	GP100-C2 GP100-C3	100	200~300	1.1	90	2.2	45
中频	BPS100/8000	100	8	0.8	125	1.25	80
	BPSD100/2500	100	2.5	0.8	125	1.25	80
	BPS200/8000	200	8	0.8	250	2	100
	BPSD200/2500	200	2.5	0.8	250	2	100

当所需的感应加热电源功率大于现有电源的功率较多时，应改用连续淬火法。采用连续淬火法时，由于感应器的感应圈高度大大减小，使加热面积也大大减小，因此可用较小功率的电源对较大的工件进行加热。

对于现有的电源，可根据式（4-23）来计算该电源加热的表面积 A（cm^2）。

$$A=\frac{P\eta}{P_0} \tag{4-23}$$

根据所得表面积 A（cm^2），计算感应器的高度 h（cm）。

$$h=\frac{A}{\pi d} \tag{4-24}$$

式中　d——感应器的直径（cm）。

如果从表4-17中已查到功率密度 P_0 与加热时间 t 值，则可以在已确定 h 值的基础上，计算工件或感应器的移动速度 v(mm/s)。

$$v=\frac{h}{\tau} \tag{4-25}$$

式中　h——感应器的感应圈高度（mm）；

τ——加热时间（s）。

3. 电源电参数的调整

确定了电源的频率和功率之后，就需要对电源的各项电气指标进行选择。

（1）高频电源的电参数　电子管式高频电源的主要电参数是阳极电压、阳极电流、槽路电压和栅极电压流。阳极电压和阳极电流反映了振荡管的输入功率，栅极电流反映了振荡管的工作特性，槽路电压反映的是电源是否处于最佳工作状态。

在实际生产中，由于电源的输出功率、感应器的效率、工件形状等因素是不稳定的，所以电参数的确定比较复杂，一般是对这些参数先估算，然后在生产中进行验证，对误差较大的进行修改。

选择电参数的步骤如下：

1）计算工件的加热面积。

2）选择功率密度。

3）计算电源功率，选择电源。计算的电源功率应不大于现有电源的额定功率。

4）确定阳极电压和阳极电流。阳极电压一般取上限，小件可适当降低。

5）由阳极电流 I_a 求得栅极电流 $I_栅$：$I_栅=I_a/(5\sim10)$。

6）计算加热时间。

（2）发电机式中频电源的电参数　发电机式中频电源的有效输出功率 $P_{有效}$（W）按下式计算：

$$P_{有效}=U_负\ I_负\ \cos\varphi \tag{4-26}$$

式中　$U_负$——负载电压（V）；

$I_负$——负载电流（A）；

$\cos\varphi$——功率因数。

发电机式中频电源最大输出功率的调谐，应保证感应淬火质量的稳定并使电源运转处于最佳状态。在选定电参数时，应通过改变发电机的励磁电流、淬火变压器的匝比（初级的匝数/次级的匝数）及附加电容器的电容量，来获得最大输出功率。励磁电压增加，励磁电流增大，则输出功率增大。匝比可根据感应器的直径和高度进行选择，电容的选配应保证 $\cos\varphi$ 值为-0.95~0.9。

中频电热电容器在有淬火变压器与无淬火变压器情况下配置的容量是不同的，前者功率因数较高，电容器容量 $P_{容}$（kvar）一般按下式计算：

$$P_{容}=P_{发}\left(\frac{1}{\cos\varphi}+0.5\right) \tag{4-27}$$

式中 $P_{发}$——发电机功率（kW）；

$\cos\varphi$——功率因数，$\cos\varphi$ 值可按表 4-21 选取。

表 4-21 有降压变压器感应加热时的 cosφ

频率/kHz	1	2.5	8	100	300
$\cos\varphi$	0.4~0.6	0.36~0.5	0.2~0.3	0.03~0.08	0.02~0.05

注：在感应熔炼与锻件透热时，无降压变压器，此时 $\cos\varphi$ 为 0.07~0.15。

淬火变压器的匝比和接入的电容量取决于感应器的直径或高度。8kHz 中频同时加热时的匝比可参考表 4-22。2.5kHz 和 8kHz 中频连续淬火时的变压器匝比和电容量见表 4-23。

表 4-22 8kHz 中频同时加热时的匝比

感应器高度/mm	感应器内径/mm					
	20~30	40~50	60~70	90~100	110~120	140~150
	匝比					
15	15	11	10	9	8	6
30	16	12	11	10	9	7
45	17	13	12	11	10	8
60	19	15	14	13	12	10
75	20	16	15	14	13	11
90	21	17	16	15	14	12
105	22	18	17	16	15	13
120	23	19	18	17	16	14
130	24	20	19	18	17	15

注：淬火变压器为 DSZ-1，初级电压为 375V；如果为 750V 时，表中匝比须乘以 2。

感应淬火时，当要求的淬硬层深度超过现有电源的透热深度时，可以采用以下类似传导式加热的方法，来获得所需的淬硬层深度。

表 4-23　中频连续淬火时的变压器匝比和电容量

感应器内径/mm	2.5kHz		8kHz	
	匝比	电容量/μF	匝比	电容量/μF
40	18		11	45
60	17	108	10	40
80	16	100	9	37
100	15	99	8	34
120	14	105	7	38
140	13	110	6	42
170	12	117	5	49

注：1. 淬火变压器为 DSZ-1，初级电压为 375V；如果为 750V，表中匝比须乘以 2，电容量须除以 4。
2. 感应器高度为 15～20mm。

1）降低功率密度，延长加热时间，使淬硬层深度加深。

2）同时加热时采用间断加热法，通过热传导增加透热深度。不同频率靠热传导可达到的淬硬层深度见表 4-24。

表 4-24　不同频率靠热传导可达到的淬硬层深度

频率/kHz	一般达到的淬硬层深度/mm	靠热传导可达到的淬硬层深度/mm
250	0.8～1.5	3
60	1.5～2.5	4
8	1.7～3.5	5
2.5	2.0～4.0	7

3）增大工件和感应器间的间隙，延长加热时间，使淬硬层加深。

4）在炉中预热或感应预热，然后再进行感应淬火。

5）连续加热淬火时可降低移动速度，也可使工件自下而上移动进行预热，然后自上而下移动进行连续加热淬火。

6）对于一些淬火面积稍大于电源允许值时，可使工件在感应器内上下移动加热，然后再淬火。

以上这些方法加热时间长，生产率低，热效率低，只适用于单件、急件或小批试制时使用。

4.1.6　工频感应淬火

工频感应加热包括用 50Hz 的工业频率感应加热和将 50Hz 工频通过三倍频率供电线路转变为 150Hz 频率的感应加热。

1. 工频感应加热的特点

1）频率低，电流穿透层较深，可透入 70mm，获得 15mm 以上的淬硬层深度。

2）设备简单，直接使用工业电源。

3）加热速度较低，不易过热，易于控制。

其缺点是功率因数低（$\cos\varphi = 0.2 \sim 0.4$），需用大量补偿电容器。

2. 工频感应加热电源

工频感应加热装置的供电可直接取自专用的电源变压器，电源变压器可采用三相动力变压器、三相或单相电炉变压器。加热时的输出功率取决于变压器的容量、电压及感应器的效率。单相电炉变压器供电，容易造成电网电压不平衡，需进行平衡补偿。对于大型工件，应采用三相变压器供电，并采用大功率的三相工频感应器。当所需功率很大时，可用两台或多台变压器并联供电，并联台数根据功率需要确定。多台并联的好处是在应用中比较灵活，并可减少变压器的空载损耗。工频感应加热供电线路如图 4-28 所示。电源变压器的工作特性见表 4-25。

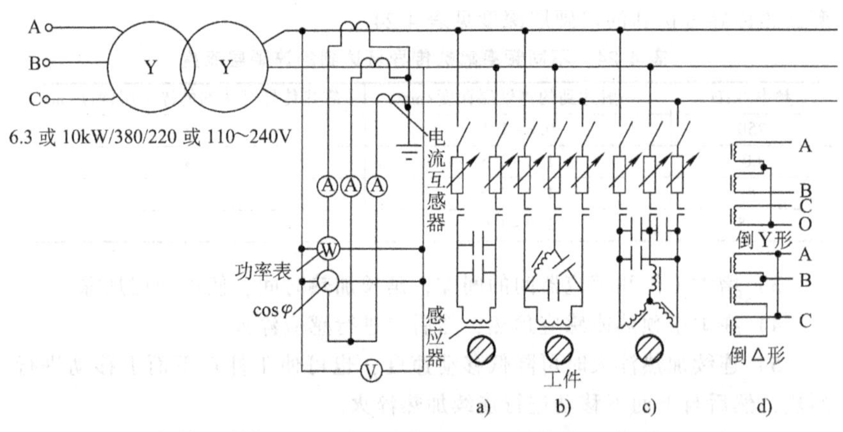

图 4-28 工频感应加热供电线路

a）单相感应加热线路 b）带平衡补偿电抗和电容器的单相感应加热线路 c）三相感应加热线路 d）三相感应器的倒 Y 形或倒三角形接法

表 4-25 电源变压器的工作特性

变压器	二次侧电压/V	工作特性	配用感应器
三相动力变压器	380/220	二次侧电压高，不可调，所用感应器匝数多，二次侧有电容补偿	三相感应器

（续）

变压器	二次侧电压/V	工作特性	配用感应器
三相或单相电炉变压器	110~240，可调节	二次侧电压低，所用感应器匝数少，制造简单 电流较大，匝间振动大，应注意加固，二次侧有电容补偿 单相电炉变压器供电功率较大时，容易造成电网电压不平衡，需进行平衡补偿	三相或单相感应器

4.1.7 感应器

感应器的功能是把感应加热装置的能量，通过电磁感应原理传输给工件。其设计的合理性对工件的淬火质量和设备的热效率有直接的影响。

1. 感应器的分类

感应器按电流频率，分为高频、超音频、中频感应器及工频感应器；按加热工件表面的特点，分为外表面加热感应器、内孔加热感应器、平面加热感应器及特殊感应器；按加热方法，可分为同时加热感应器和连续加热感应器；按感应器自身冷却方式又可分为加热时通水冷却感应器和不通水冷却（自冷式）感应器。

2. 感应器的设计原则

1）由电磁感应产生的磁力线应尽可能均匀地分布在工件被加热的表面，使其形成的涡流能均匀地加热表面，保持加热温度均匀。

2）遵守感应加热的基本原理，应尽可能提高感应加热的效率。

3）感应器与淬火变压器之间的连接部分应尽可能短，以减小电能损耗。

4）感应器的冷却良好。

5）制造简单，有一定强度，装卸方便。

3. 高频、超音频、中频感应器的设计

（1）感应器的结构　感应器都用纯铜制造，虽然形状、大小各不相同，但基本结构相同，一般都由四部分组成，如图 4-29 所示。

1）感应圈是感应器的主要部分。交流电流通过感应圈时产生交变磁场，使工件产生涡流而被加热。

2）汇流排（或汇流条、板）将交流电流传输给感应圈。

3）连接板用于连接淬火变压器的输出端和汇流排。

4）供水管用于感应器的冷却或连续淬火时兼供淬火冷却介质用。

此外，在某些情况下，感应器还装有导磁体、磁屏蔽及定位卡具等。

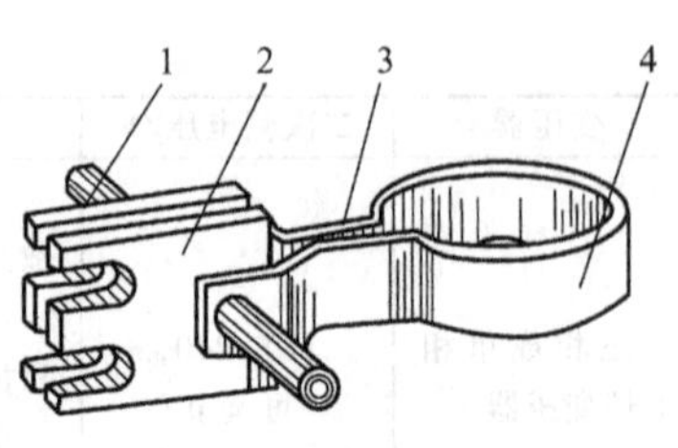

图 4-29　感应器的结构
1—供水管　2—连接板
3—汇流排　4—感应圈

（2）感应器的设计

1）感应圈的形状应根据工件被加热面的形状、尺寸和所选定的淬火方式确定。常用感应器几何形状与工件硬化部位的对应关系如图 4-30 所示。

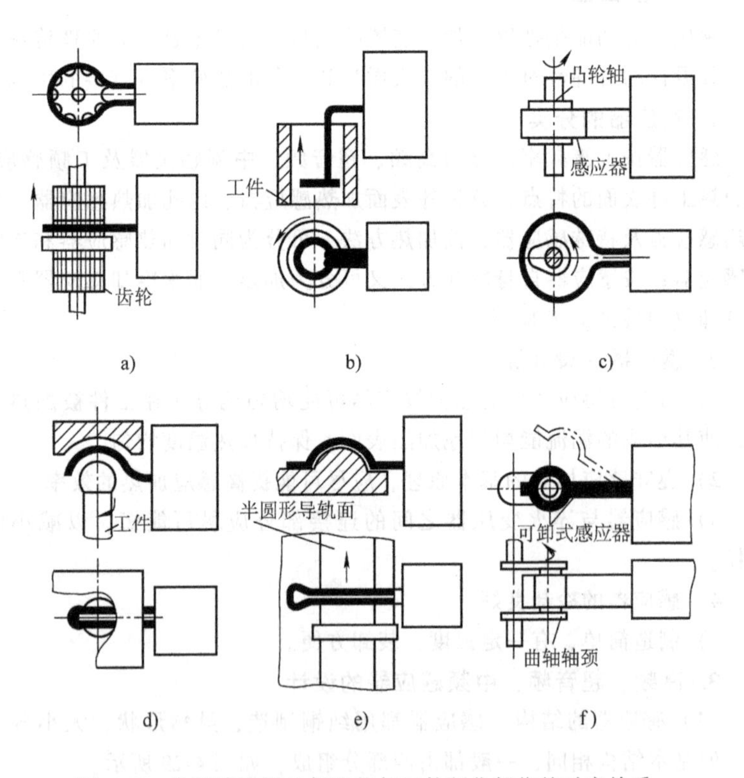

图 4-30　常用感应器几何形状与工件硬化部位的对应关系
a）小模数齿轮表面淬火　b）内孔表面淬火　c）凸轮表面淬火
d）万向节球接头表面淬火　e）圆弧面导轨表面淬火
f）曲轴轴颈表面淬火

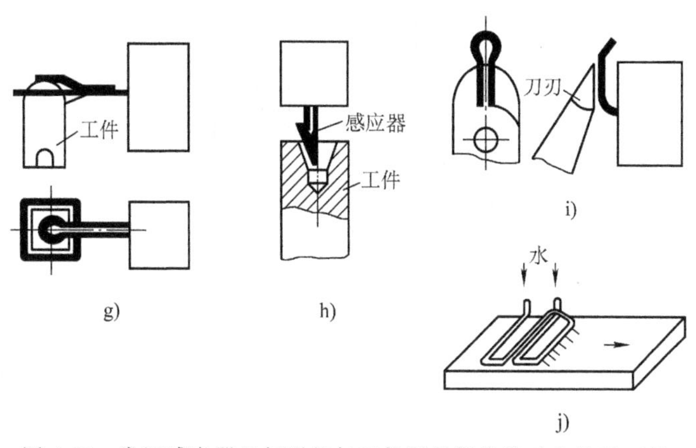

图 4-30　常用感应器几何形状与工件硬化部位的对应关系（续）

g）锻锤锤头表面淬火　h）锥孔内表面淬火

i）刀刃表面淬火　j）平面表面淬火

2）感应圈的尺寸。

① 外圆加热时感应圈的内径 d_1（mm）按下式确定：

$$d_1 = D_1 + 2a_1 \tag{4-28}$$

式中　D_1——工件直径（mm）；

a_1——感应圈与工件的间隙（mm），见表 4-26。

表 4-26　外圆加热时感应圈内壁与工件的间隙

频率/kHz	工件直径/mm	同时加热时的间隙/mm	连续加热时的间隙/mm
2.5~10	30~100	2.5~5.0	3.0~5.5
	>100~200	3.0~6.0	3.5~6.5
	>200~400	3.5~8.0	4.0~9.0
	>400	4.0~10.0	4.0~12.0
20~400	10~30	1.5~4.0	2.5~4.0
	>30~60	2.0~5.0	2.5~4.5
	>60~100	2.5~5.5	3.0~5.0
	>100	2.5~5.5	3.5~5.5

为避免淬硬层在工件截面上呈月牙形，感应圈两端可设计成凸台式，凸起高度为 0.5~1.5mm，宽度为 3~8mm，如图 4-31 所示。

当细长轴类（杆）外圆连续淬火时，感应圈与工件的间隙应考虑工件加热时的弯曲。

② 内孔加热时感应圈的外径 d_2（mm）按下式确定：

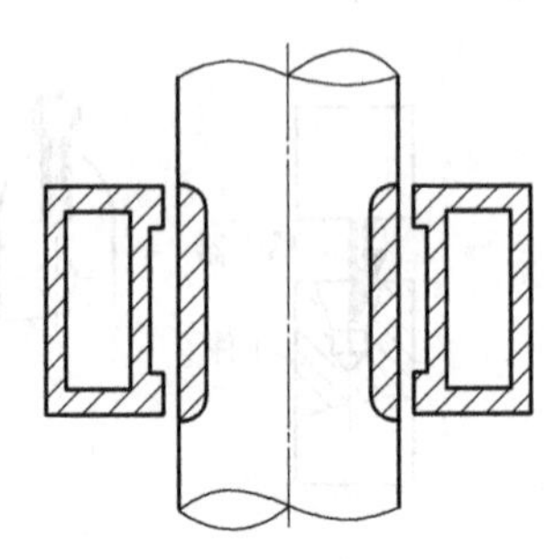

图 4-31　感应圈两端的凸台

$$d_2 = D_2 - 2a_2 \tag{4-29}$$

式中　D_2——工件内孔直径（mm）；

a_2——感应圈与工件的间隙（mm），见表 4-27。

表 4-27　内孔加热时感应圈外圆与工件的间隙

频率/kHz	同时加热时的间隙/mm	连续加热时的间隙/mm
2.5~10	2.0~5.0	2.0~2.5
20~400	1.5~3.5	1.5~2.5

③ 平面连续淬火时，感应圈与工件的间隙见表 4-28。

表 4-28　平面连续淬火时感应圈与工件的间隙

频率/kHz	间隙/mm	频率/kHz	间隙/mm
2.5~10	2.0~3.5	20~400	1.5~2.0

3）感应圈的高度 h。

① 同时加热淬火用的高频单圈感应器感应圈的高度不宜过高，一般情况下感应圈高度 $h \leqslant 15$mm；内侧附铜板的单圈感应器感应圈的高度 h = 15~30mm。

② 感应圈高度 $h>30$mm 时，可选用多匝感应器。多匝感应器高度与直径之比 h/D 应为 3~5；否则，温度不均匀，中间温度偏高。

③ 连续加热时，一般取 h = 10~15mm；淬硬区有台阶或圆角时，h = 5~8mm。

④ 当长轴的中间一段中频感应淬火加热时，要考虑淬硬区两端的吸热因素，感应圈高度应比加热区宽度大 10%~20%，功率密度小时取上限；采用具有台阶的感应圈加热时，h 等于工件淬硬区长度。

同时加热淬火用的高频单圈感应器感应圈的高度见表 4-29。不同频率下感应圈的高度见表 4-30。

表 4-29 同时加热淬火用的高频单圈感应器感应圈的高度

工件直径 D/mm	≤25	>25~50	>50~100	>100~200	>200
感应圈高度 h/mm	≤D/2	14~20	>20~25	>25~30	<30

表 4-30 不同频率下感应圈的高度

感应器类型	频率/kHz	图示	感应圈高度 h/mm	b/mm	
				间隙<2.5mm	间隙≥2.5mm
外圆同时加热感应器	2.5~10	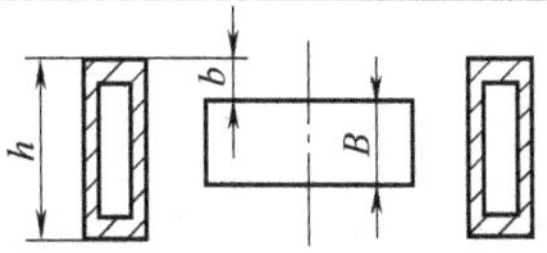	$h=B+2b$	0~3	0~3
	20~400	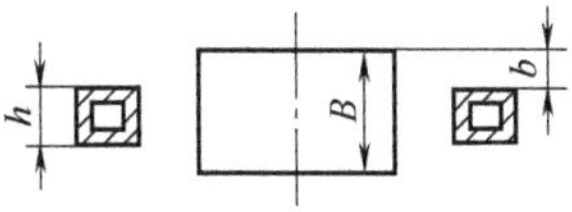	$h=B-2b$	1~3	0~2
内孔同时加热感应器	2.5~10	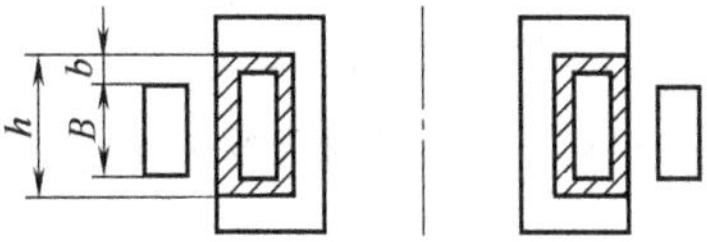	$h=B+2b$	2~5	
	20~400	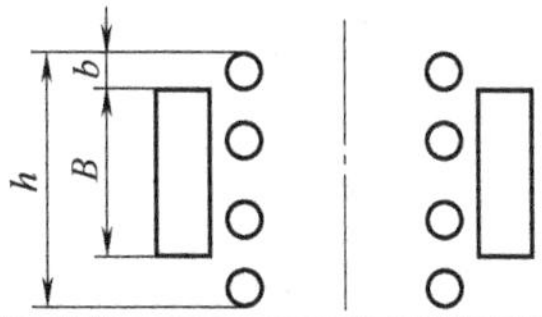	$h=B+2b$	3~7	

4）感应器的壁厚。感应圈壁厚及板的厚度应大于该频率电流在铜中的电流透入深度的 1.57 倍。40℃时铜中的电流透入深度 δ_{Cu}(mm) 为

$$\delta_{Cu}=\frac{70}{\sqrt{f}} \tag{4-30}$$

在不同频率下，40℃时铜中的电流透入深度见表 4-31。

表 4-31 40℃时铜中的电流透入深度

频率/kHz	电流透入深度/mm	频率/kHz	电流透入深度/mm
0.05	9.9	10	0.7
1	2.2	50	0.3
2.5	1.4	70	0.27
4	1.1	250	0.14
8	0.78	450	0.1

不同电流频率时感应圈壁厚及板的厚度见表4-32。

表4-32　不同电流频率时感应圈壁厚及板的厚度

频率/kHz	$1.57\delta_{Cu}$/mm	选用厚度/mm	频率/kHz	$1.57\delta_{Cu}$/mm	选用厚度/mm
1	3.5	3.0~4.0	10	1.1	1.5
2.5	2.2	2.0	250	0.22	1.0
8	1.2	1.5	450	0.16	1.0

根据感应器的工作条件，分为加热时通水和短时加热不通水两种。后者的壁厚要比前者厚一些，且加热时间不得过长，否则容易引起感应器升温太高。不同冷却条件下的感应圈壁厚见表4-33。

表4-33　不同冷却条件下的感应圈壁厚

频率/kHz	感应圈壁厚/mm	
	加热时通水冷却	短时加热不通水冷却
200~300	0.5~1.5	1.5~2.5
8	1.0~2.0	6~8
2.5	2.0~3.0	6~12

水压为0.1 ~0.2MPa时感应器所用铜管的最小尺寸见表4-34。

表4-34　水压为0.1~0.2MPa时感应器所用铜管的最小尺寸

频率/kHz	200~300	8	2.5
铜管最小尺寸(直径×壁厚)/mm	ϕ5×0.5	ϕ8×1	ϕ10×1

注：若用更小规格的铜管，则须加大水压，以保证充分冷却。

5）感应圈的截面。感应圈的截面形状根据工件形状选取，常见感应器的截面形状如图4-32所示。截面形状对淬硬层的分布有一定的影响，比较圆截面、正方形截面和矩形截面三种情况，在与工件的间隙相同的条件下，假如三者截面积相同，则矩形截面的高度比正方形及圆截面的大，其截面周边较长，冷却条件较好，且节约铜材。从感应电流在工件表面的热型分布来看，矩形截面最好，圆形截面最差，如图4-33所示。

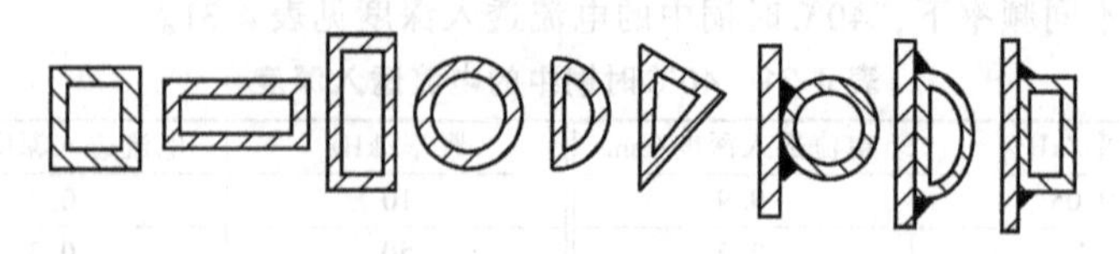

图4-32　常见感应器的截面形状

各种截面铜管可由圆形铜管拉制或轧制而成。

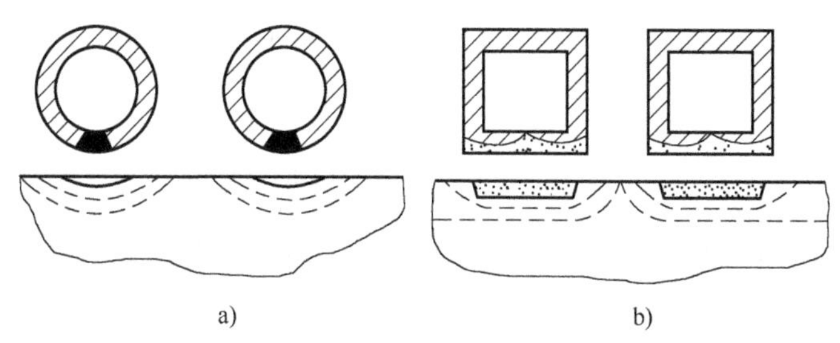

图 4-33　截面上的电流分布与工件上的热型

a）圆形管　b）矩形管

① 拉制：将圆形铜管在定型拉模中冷拉成形是最常用的方法。为拉出较为理想的截面形状，有些矩形要通过多次拉制才能完成。多次拉制时可对加工硬化的铜管进行 550℃ 的中间退火。拉管模具如图 4-34 所示。

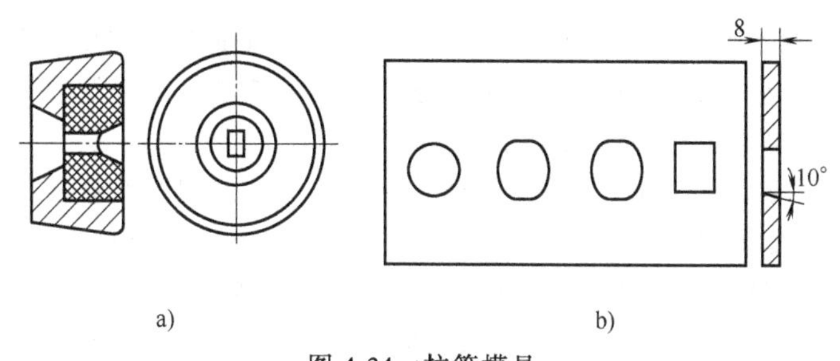

图 4-34　拉管模具

a）圆形拉模　b）多次成形拉模板

② 轧制：在车床用单动卡盘的四个卡爪上各装一个滚轮，变换宽度不同的滚轮，调整滚轮之间的距离，即可轧制出不同尺寸矩形截面的铜管。

6）感应圈的匝数。一般情况下感应器均为单匝，特别是工件直径较大时更是如此。当工件直径较小，而淬硬区轴向长度较长时，可做成双匝或多匝，但应注意加热面积不大于电源允许的加热面积。

感应圈的匝数对效率有一定影响。图 4-35 所示为轴类、套类及平面类工件加热感应器的感应圈匝数与工件尺寸的关系。

7）感应器的冷却及喷液装置。

① 感应器汇流排与感应圈除特别加厚者外，一般均需通水冷却。感应器出水温度应低于 66℃。感应器冷却水的压力为 0.10～0.2MPa。当感

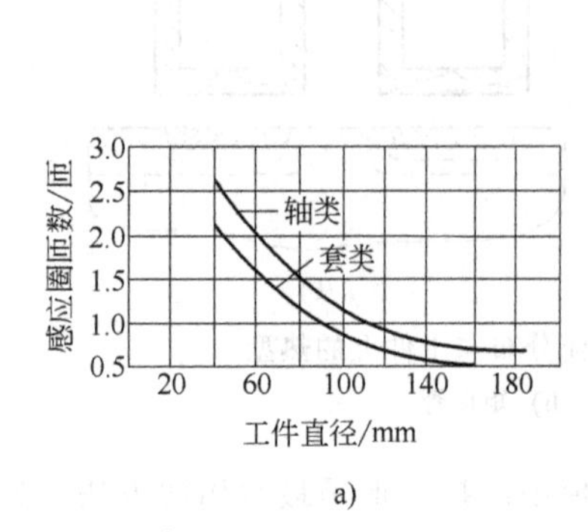

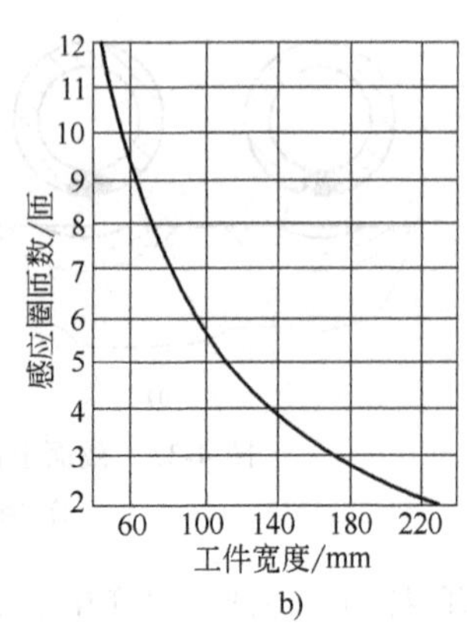

图 4-35　感应圈匝数与工件尺寸的关系

a）轴类及套类工件　b）平面类工件

应圈截面较小而出水温度太高时，可提高水压，如曲轴环线型感应器采用 0.6MPa 的高压水来冷却。不需要通水冷却的感应器一般壁厚较厚，主要用于加热时间较短的淬火工件。

② 喷液装置有两种形式：一种是感应器的感应圈兼作喷液器，另一种是附加喷液器。不同淬火冷却介质自喷式感应器的喷液孔直径见表 4-35。连续加热淬火自喷式感应器的喷液孔数据见表 4-36。同一感应器上各喷液孔中心线与工件轴线的夹角应保持一致，以保证冷却均匀。高中频感应器喷液孔的尺寸及排列方式如图 4-36 所示。对于壁厚大于 6mm 的纯铜，喷液孔可加工成阶梯式。

表 4-35　不同淬火冷却介质自喷式感应器的喷液孔直径

淬火冷却介质	喷液孔直径/mm		备注
	200～300kHz	2.5～8kHz	
水	0.8～1.2	1.0～1.8	
聚乙烯醇水溶液	1.0～1.5	1.5～2.0	
乳化液	1.0～1.2	1.5～2.0	
油	1.2～1.5	1.5～2.5	常用附加喷头

表 4-36　连续加热淬火自喷式感应器的喷液孔数据

频率/kHz	喷液孔间距/ mm	喷液孔中心线与工件轴线夹角/(°)	喷液孔列数
200～300	1.5～3.5	25～45	1
2.5～8	2.0～4.0	25～45	1～4

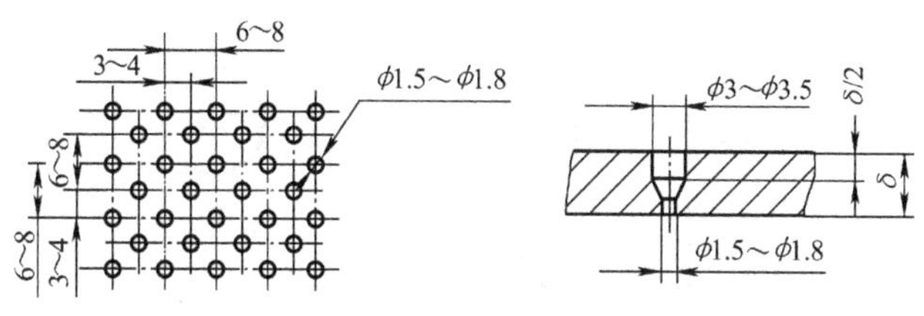

图 4-36　高中频感应器喷液孔的尺寸及排列方式

喷液器有喷孔形和水幕式两种。喷孔形喷液器的结构形式如图 4-37 所示。水幕式喷液器如图 4-38 所示。它喷出的液体是一个面，呈水幕状，调节上盖与环体之间的间隙即可改变喷液量的大小。

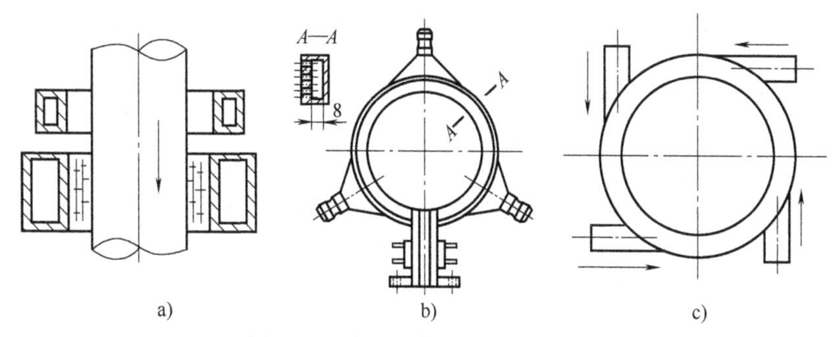

图 4-37　喷孔形喷液器的结构形式

a）小型喷液器　b）漏斗进液喷液器　c）切向进液式喷液器

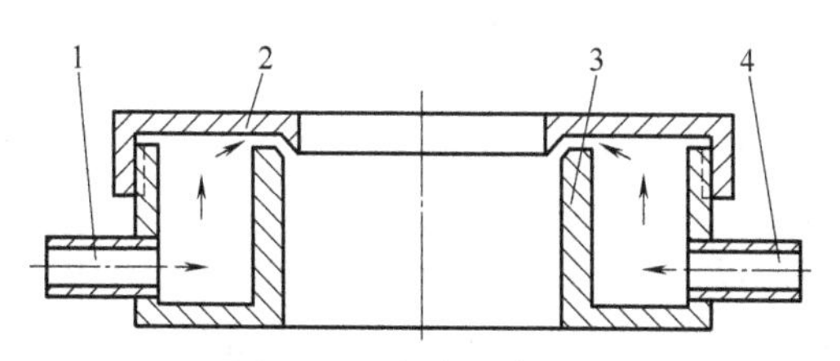

图 4-38　水幕式喷液器

1、4—进水管　2—上盖　3—环体

图 4-39 所示的高低压组合喷液器，由高压和低压两种喷液器组合而成，可实现快冷与缓冷的组合。高压快冷喷液器为多个高压小流量喷嘴，喷嘴的窄缝为 0.5mm×15mm。高压可以破坏工件表面的蒸汽膜，使工件表面快冷到 500℃左右，小流量能防止冷却液影响加热区。低压缓冷、大流量喷液器为数个块状喷头，喷头上布有许多喷液孔，可使工件缓慢冷却

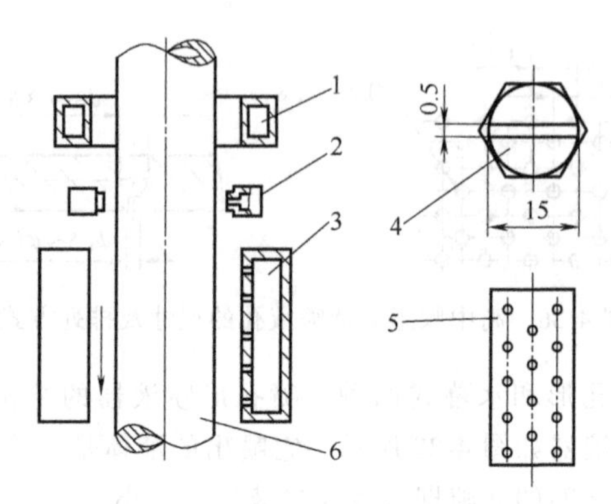

图 4-39　高低压组合喷液器

1—感应器　2、4—高压、小流量喷液器　3、5—低压、大流量喷液器　6—工件

至200℃左右，防止淬裂。这种喷液器能避免托氏体产生并能得到高硬度，还可加深有效淬硬层深度。

8）汇流条。感应器上的功率是按导体的电阻分配的，为使感应圈得到较多的功率，应减小汇流条的电阻。由于电阻与长度成正比，与导电截面积大小成反比，因此汇流条宜短不宜长，宜宽不宜窄。此外，为降低汇流条的感抗，应尽可能减小间距。汇流条的间距一般为1~3mm。

在深孔连续淬火时，为提高加热速度和减少能量损耗，最好采用同心式汇流条，如图4-40所示。

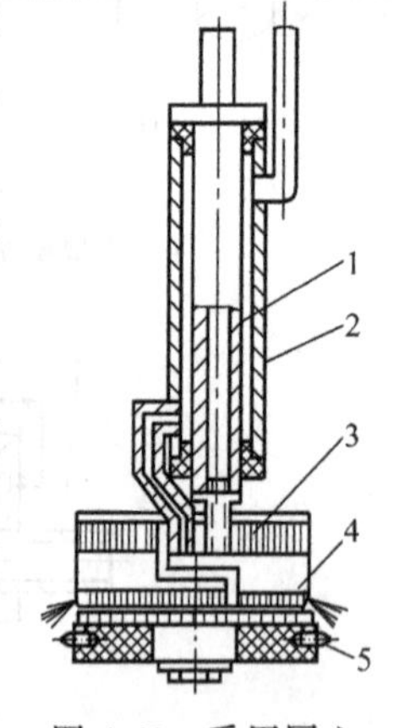

图 4-40　采用同心式汇流条的连续淬火感应器

1—内导电管　2—外导电管　3—导磁体　4—感应圈　5—黄铜定位螺钉

9）连接板。连接板表面粗糙度 *Ra* 应小于1.6μm，贴合面应平直，以保证能与淬火变压器紧密贴合，连接可靠，并有一定的接触应力。

10）感应器的焊接。一般采用铜焊，焊接时注意不要将铜液吹入铜管中，以免水流不畅或堵塞。焊后应试水，再用锉刀修理、打磨，并整形。最后，有条件的话，可以搪瓷或涂绝缘漆（连接板接触面除外），以防使用中触碰工件引起短路而击穿感应器或烧坏工件。

11）感应器的力学强度。感应器在通电时有电磁力的作用而且使用中也可能磕碰，容易引起变形。因此，感应器应有足够的力学强度。中频及超

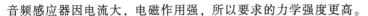

音频感应器因电流大，电磁作用强，所以要求的力学强度更高。

（3）导磁体　在生产中，在加热内孔或平面时，由于环流效应和邻近效应的作用，加热效率很低。在感应器上安装导磁体后，利用其槽口效应将电流“驱赶”到导磁体开口部位的感应器表面，使环流效应与邻近效应相一致。同时，磁力线通过磁阻很小的导磁体形成闭合回路，可大大减少磁力线的逸散，从而使内孔与平面感应加热的效率大大提高。外圆感应加热时，为提高加热效率，有时也在感应器上安装导磁体。导磁体一般由磁导率高、磁阻小的材料制成。导磁体主要有铁氧体、硅钢片，以及近年来发展起来的可加工导磁体和泥糊状导磁体。

1）铁氧体。铁氧体导磁体由极细粉末颗粒压制后经烧结而成。其特点是磁导率高（弱磁场下），磁通密度低（<0.5T），居里点温度一般低于200℃，使用温度一般低于200℃，适宜频率≤300kHz，主要用于高频感应器。其主要缺点是难以加工，热震性差，易脆断，使用寿命低。这种导磁体有成品可购买。高频导磁体的类型及尺寸见表4-37。

表4-37　高频导磁体的类型及尺寸

感应器类型		简　图	尺寸（$a×b$）			
内孔	连续淬火	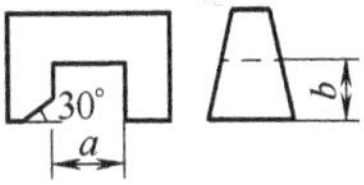 30° a b	8×5.5	8×7	9.2×8	10.1×10
			10.2×8.5	10.3×5	10.5×10	11×8
			12.5×8.5	12.5×10	14×8	15×10
			16×8	17×8	18×8	19.5×8.5
	加热	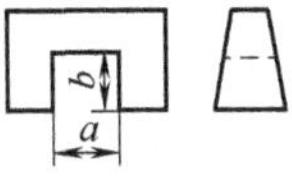 a b	8.5×6.5	12×8	22×10	
外圆	连续淬火	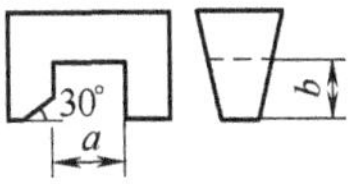 30° a b	8×5.5	8×7	9.2×8	10.1×10
			10.2×8.5	10.3×5	10.5×10	11×8
			12.5×8.5	12.5×10	13×12	14×8
			15×10	16×8	18×8	19.5×8.5
	加热	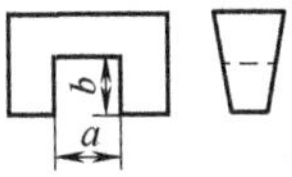 a b	8.5×6.5	12×8	22×10	
平面	连续淬火	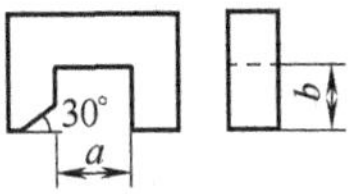 30° a b	8×5.5	8×7	9.2×8	10.1×10
			10.2×8.5	10.5×6	10.5×10	11×8
			12.5×8.5	12.5×10	13×12	14×8
			15×10	16×8	17×8	19.5×8.5
	加热	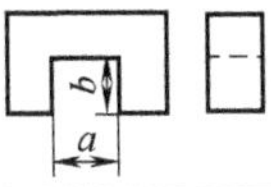 a b	8.5×6.5	9.3×10	11×10	12×8
			21.5×8	22×8	22×10	26×15
			26.5×10	31.5×8		

（续）

感应器类型		简　图	尺寸（a×b）			
圆平面	连续淬火		8×5.5	8×7	9.2×8	10.1×10
			10.2×8.5	10.3×5	10.5×10	11×8
			12.5×8.5	12.5×10	13×12	14×8
			15×10	16×8	18×8	19.5×8.5
	加热		6.5×5.5	8.5×6.5	12×8	22×8
			22×10			

注：表中所列为江苏徐州导磁体厂产品。

2）硅钢片。硅钢片的特点是磁导率高，磁通密度为1.8~2.0T，居里点温度约为700℃，抗热震性优良，使用温度低于700℃，适宜频率≤10kHz，主要用于工频及中频感应器。其主要缺点是薄片加工困难，耐蚀性差。近年来，由于冷轧技术的进步，可轧制厚度为0.05~0.10mm的薄硅钢片，所以现在高频、超音频感应器上也开始使用硅钢片制作导磁体了。

硅钢片的厚度与电流频率有一定关系，必须小于电流透入深度，否则会严重发热，增加额外的功率损耗。硅钢片的厚度 t（mm）可用下式计算。

$$t=\frac{20}{\sqrt{f}} \tag{4-31}$$

不同电流频率时所采用的硅钢片厚度见表4-38。

表4-38　不同电流频率时采用的硅钢片厚度

电流频率/kHz	0.05	1.0	2.5	4.0	8.0	10	50	100	200
硅钢片厚度/mm	0.5	0.5	<0.4	<0.3	<0.22	<0.2	<0.08	<0.06	<0.044

导磁体的尺寸如图4-41所示。其尺寸关系为：b=(0.2~0.75) a，一般 b≥3mm。

3）可加工导磁体。可加工导磁体又称磁电介质，由极细的铁粉与绝缘的黏结材料经混合压制、烧结而成。其特点是可根据工件的形状进行车、铣、刨、磨等切削加工；组片之间不需要绝缘；具有低的导电率、高的磁导率和低的磁力线散失；水激冷不裂，耐疲劳性能好，使用寿命较长；不需要水冷可连续工作。可加工导磁体原材料以圆柱体、板块、

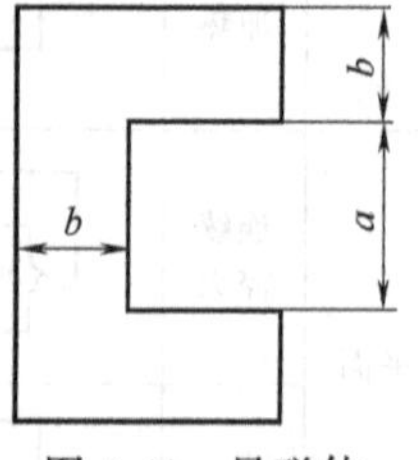

图4-41　导磁体的尺寸

长条等不同规格供应。国内外可加工导磁体的主要性能见表 4-39。

表 4-39　国内外可加工导磁体的主要性能

牌号	使用频率/kHz	相对磁导率/(H/m)		密度/(g/cm³)	电阻率/Ω·m	使用温度/℃
		初始	最高			
Fluxtrol A(美国)	1~50	63	120	6.6	5	250~300
Fluxtrol 25(美国)	10~3000	23	28	5.5	>1000	250~300
Fluxtrol 50(美国)	10~1000	36	55	6.1	5	250~300
Ferrotron 559 H(美国)	10~3000	16	18	5.9	>150	250~300
Ferrotron 119(美国)	10~5000	7	8	4.8	>1000	250~300
中频导磁体(中国)	1~10	≥500		4.5~4.9	≥100	≤350
高频导磁体(中国)	10~100	300~500		4.7~4.9	≤500	≤350

4）泥糊状导磁体。泥糊状导磁体也称可成形导磁体，是将磁介质或铁氧体粉与黏结剂混合后的一种胶状混合物。由于它含胶更多，故密度更低，相应的磁导率也低一些。泥糊状导磁体一般应用于不易安装束状或块状导磁体的感应器上，涂覆于感应圈上即可，使用方便。泥糊状导磁体的使用方法如下：首先，将感应圈喷砂或用钢丝刷除去表面污物，用薄铝板做成模壳并用胶带将其固定到感应圈上；然后将泥糊状导磁体放入容器中加热到 55℃，使其成橡胶泥状，制成厚度为 6mm 左右的条状，放到感应圈的模壳中，用压棒压实，并用加热机（热吹风机）加热，使泥糊状导磁体黏结到感应圈上，再用小刀修剪整形，去掉多余的部分，用胶带缠紧模壳；在烘箱中于 120℃ 烘烤 1h，再升温到 190℃ 烘烤 1h，然后趁热用刀解掉胶带，在平的台面上使其冷透，去除铝制模壳。

（4）屏蔽　在感应淬火时，为防止漏磁场对淬火部位的邻近部分加热，可在感应器上设置屏蔽。

1）设置屏蔽环。轴类工件的屏蔽体通常为圆环状，屏蔽环为铜质或钢质，如图 4-42 所示。铜屏蔽环厚度：高频感应加热时为 1mm，中频感应加热时为 3~8mm。采用钢屏蔽环时，应在环上每隔 15°开一个槽，以切断涡流的通路，不致使屏蔽环被加热。槽宽为 1.5mm，深为 12mm。以上两种方法可以单独使用，也可同时使用，同时使用时效果更佳。

2）用导磁体屏蔽。导磁体除用于提高加热效率外，还具有屏蔽作用，可防止加热区邻近部位因受磁力线影响而被加热，如图 4-43 所示。

（5）常用感应器

1）常用的高频感应加热感应器见表 4-40。

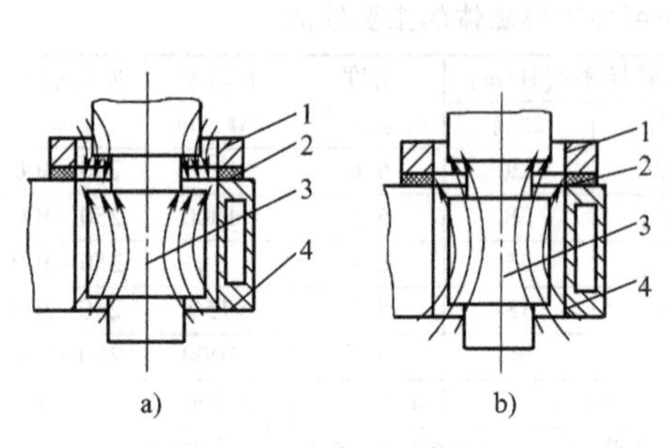

图 4-42　屏蔽环工作原理

a）铜环屏蔽　b）钢环屏蔽

1—环　2—绝缘体　3—轴　4—感应器

防止此部加热

图 4-43　导磁体的屏蔽作用

表 4-40　常用的高频感应加热感应器

<table>
<tr><th>名称</th><th>结构图</th><th>主要参数</th><th>适宜工件</th><th>备注</th></tr>
<tr><td>外圆表面同时加热感应器</td><td> 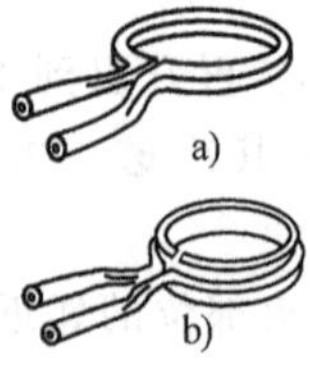a)
b)</td><td>1)感应圈与工件的间隙 a：对于简单圆柱体，a 为 1～3mm；对于特殊工件，$a \leqslant 5$mm
2)感应圈高度 h：对于图 a，$h \leqslant 15$mm；对于图 b，h 为 15～30mm。无倒角工件，h 比工件高度低 10%～20%；有倒角工件，h 等于或稍高于工件高度。感应圈最大高度 h_{max} 与工件直径 d 的关系<table><tr><th>d/mm</th><th>h_{max}/mm</th></tr><tr><td>14</td><td>14</td></tr><tr><td>50</td><td>20</td></tr><tr><td>100</td><td>25</td></tr><tr><td>100～400</td><td>25～30</td></tr></table>3)感应圈宽度以纯铜管能保证冷却水流量为准，纯铜板厚度为 1～2mm</td><td>齿轮、圆盘、短柱或节圆锥角小于 20°的锥齿轮</td><td>1）工件的淬火冷却可在附加喷液器中进行，或采用浸液冷却
2）当所需感应圈的高度大于 h_{max} 时应采用多匝感应圈</td></tr>
<tr><td></td><td></td><td>1)为使温度均匀，3 匝以上感应器中间匝与工件的间隙可适当加大，感应器成鼓形
2)通常感应器匝数 $n \leqslant 5$，$h \leqslant 10$mm，应使感应圈总长度 l 与感应圈高度 h 之比 l/h = 5～10，此时感应器效率较高</td><td>圆柱表面或柱状齿轮</td><td>根据温度均匀情况调整匝间距，一般两端的匝间距较中间的稍小</td></tr>
</table>

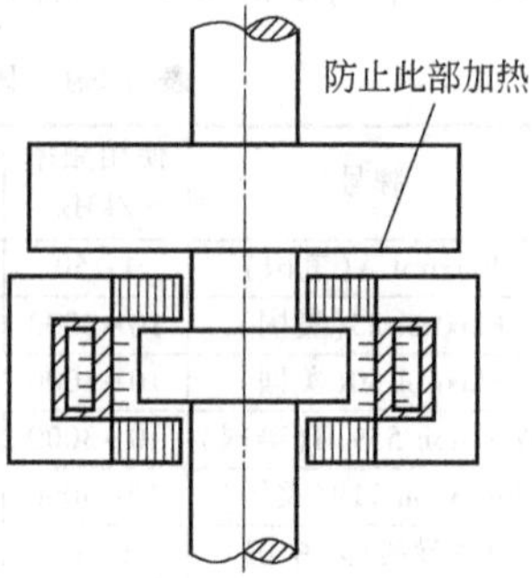

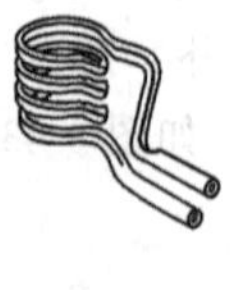

（续）

名称	结构图	主要参数	适宜工件	备注
蜗杆加热感应器		1）感应圈与工件间隙为3~5mm 2）感应圈波数为3~5个，波峰、波谷均向外略翘	蜗杆	工件必须旋转
	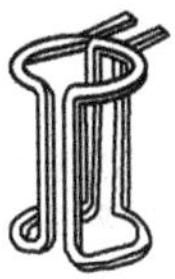	感应圈与工件间隙为3~5mm	蜗杆	1）工件必须旋转 2）感应圈两相邻导线电流方向相同，热效率较高
外圆表面连续淬火感应器		1）感应圈与工件的间隙为1.5~3.5mm 2）感应器高度为10~15mm，若工件的台阶或过渡处圆角须淬火时，高度为6~10mm 3）下端内侧有喷水孔，参数见表4-35和表4-36	轴类	
	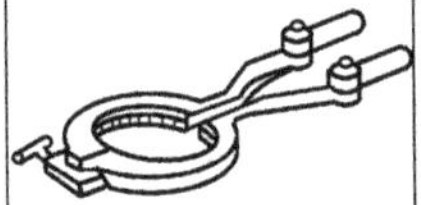	1）感应圈与工件的间隙为1~3mm 2）感应圈的高度为5~8mm 3）感应圈的宽度比一般感应圈更宽一些；要保证足够的水流量，为防止曲轴扇板面被加热，铜管截面外半部可稍薄些	曲轴	1）淬火时必须拧紧夹头 2）两汇流条同时进水自喷冷却
内孔表面同时加热感应器	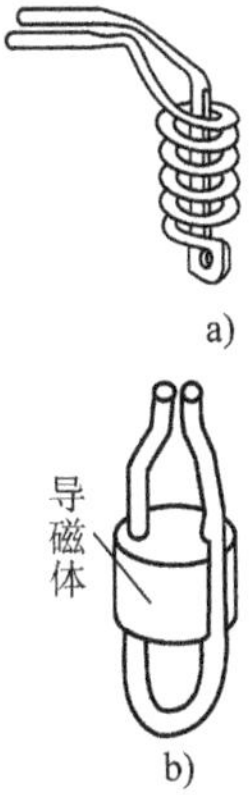 a) 导磁体 b)	1）匝数 n 为2~5匝，两端的圈距较中间的稍小 2）匝间距为2~4mm 3）感应圈与工件间隙为1~2mm 4）加热直径为12~20mm小孔时，采用回线式感应器（见图b），应加导磁体，并使工件旋转	ϕ20~ϕ40mm内孔	用 ϕ4~ϕ6mm铜管绕制

（续）

名称	结构图	主要参数	适宜工件	备注
内孔表面同时加热感应器	导磁体	1）感应圈与工件间隙为1~2mm 2）感应圈高度为6~12mm 3）感应圈宽度为4~8mm 4）喷水孔参数参考表4-35和表4-36	套筒、环类工件 ϕ40mm以上内表面	当内孔深度很大时，为减少汇流条感抗，可采用同心汇流条
内孔同时加热感应器		感应圈与工件的间隙为1~3mm	深度较浅的内孔或内齿轮	感应圈上放置导磁体，以提高加热效率 浸液或喷水圈冷却
平面连续淬火感应器		感应器与工件间隙为1~2mm	较长平面	需安装导磁体
外表面平面连续淬火感应器		间隙为1~2mm 喷水孔参数参考表4-35和表4-36 可制成双匝和多匝	钳口铁、方锉或其他方截面工件	淬火时可采用自喷或在附加喷水圈中喷水冷却
平面同时加热感应器		螺旋圈数为2~5圈 螺旋线间距为3~6mm	圆形平端面	工件中心区温度较低，可通过偏心放置、旋转工件的加热方法，提高中心区的温度 感应器上放置导磁体 冷却方式为浸液或喷头喷液

2）常用的中频感应加热感应器见表4-41。

3）齿轮全齿加热淬火感应器见表4-42。

4）齿轮单齿加热淬火感应器见表4-43。

表 4-41 常用的中频感应加热感应器

名称	结构图	主要参数	适宜加热的工件	备注
外圆表面同时加热感应器		1)感应圈与工件间隙为 2~5mm 2)感应圈高度等于或稍大于工件高度,一般应小于 150mm 3)感应圈铜板厚度一般为 3~4mm 4)感应圈外焊接半圆形冷却铜管,高度<65mm 时焊接一条,高度>70mm 时应焊接两条	齿轮、圆盘或锥角小于 20°的锥齿轮	工件高度小于 25mm 时,可直接用方截面纯铜管弯制
外圆表面同时加热自喷式感应器		1)感应圈与工件间隙 a:加热圆柱体及齿轮时 a 为 2~5mm;加热凸轮时,凸尖处 a 为 2.5~4mm 2)感应圈高度 h:加热圆柱体及齿轮时,h 等于或稍大于工件高度;加热凸轮时,h 比凸轮高度大 3~6mm 3)为加强工件两端的加热,感应圈内孔两端可设计成宽为 2~4mm、高为 2~4mm 的台阶,台阶处与工件的间隙为 2~4mm 4)喷水孔参数参考表 4-35 和表 4-36 5)感应圈壁厚见表 4-33	齿轮、短柱、圆盘、凸轮轴等	用于小轴或凸轮轴淬火的感应器可制成双联式,同时加热两件
开启式外圆表面同时加热自喷式感应器		1)感应器内孔两端设计有宽为 2~3mm、高为 2~6mm 的台阶 2)台阶与工件的间隙为 2~3.5mm 3)感应器高度 h=曲轴颈长-曲轴圆角半径×2 4)感应圈壁厚见表 4-33	曲轴	连接板和铰链都不通水

（续）

名称	结构图	主要参数	适宜加热的工件	备注
外圆表面连续加热感应器		1)感应圈与工件间隙为2.5~5mm 2)方铜管高度为14~20mm，宽度为9~15mm 3)匝间距为8~12mm	轴、花键轴、齿轮	1)双圈感应器下部设有喷水圈 2)也可不加喷水圈，在下一圈钻喷水孔 3)也可制成单圈自喷式感应器，参数为：间隙 a 为2.5~3.5mm，高度 h 为14~30mm，宽度 b 为9~20mm 4)选用油、聚乙烯醇水溶液作为淬火冷却介质时必须使用附加喷液圈
内孔连续淬火感应器		1)感应圈与工件间隙为2~3mm 2)感应圈截面高度为12~16mm 3)匝间距离为8~12mm 4)喷水孔参数见表4-35和表4-36	直径>ϕ70mm的深孔淬火	1)喷水孔根据要求可钻成一排或两排 2)感应器也可制成单匝的，感应圈高度为14~20mm，宽度为9~14mm，间隙为2~3mm 3)为减少汇流条的能量损耗，可制成同心式汇流条 4)安装硅钢片导磁体，以提高感应器的电效率
平面同时加热淬火感应器	导磁体 工件 感应圈	1)矩形感应圈的有效部分为中间三根导线，应略大于被加热平面，每边大3~6mm 2)感应圈高度为6~12mm 3)中间三根导线间距为2~4mm 4)最外侧两根导线与相邻导线间距均应大于15mm	淬火面积较小的平面	1)要点是中间三根导线电流方向相同，便于安装硅钢片导磁体，电效率较高 2)为提高设备利用率，可将几个相同的感应器串联起来使用；串联数目合适时，可省去淬火变压器，直接与设备匹配

（续）

名称	结构图	主要参数	适宜加热的工件	备注
平面连续淬火感应器		1）感应圈截面的宽度 b 为 8～18mm 2）感应圈高度为 4～10mm 3）矩形感应圈的长度应大于被加热平面的宽度，每边伸出（1/3～1/2）b；若受工件形状限制不能向前伸出时，可将前端铜管宽度减少 1/2 4）感应圈两回线的间距为 12～20mm 5）感应器与工件间隙应尽量小，一般为 1～3mm	淬火面较长的平面	感应器两进水管同时进水，自喷冷却，前端竖管为放水管，以加强感应器自身冷却

表 4-42　齿轮全齿加热淬火感应器

<table>
<tr><th>名称</th><th>结　构</th><th>主要参数</th></tr>
<tr><td>高频圆柱外齿感应器</td><td></td><td>
1）d_1 与 d_2 见下表
<table>
<tr><th>D/mm</th><th>dd_1/mm</th><th>d_2/mm</th></tr>
<tr><td>≤150</td><td>$D+2a$</td><td>d_1+16</td></tr>
<tr><td>>150</td><td>$D+2a$</td><td>d_1+20</td></tr>
</table>
2）a 的大小与模数 m 有关，见下表，D≤250mm 时选下限，D>250mm 时选上限
<table>
<tr><td>m/mm</td><td>1～2.5</td><td>3</td><td>3.5</td><td>4</td><td>4.5</td><td>5</td><td>6</td></tr>
<tr><td>a/mm</td><td>2～2.5</td><td>2.5～3</td><td>3～3.5</td><td>3～4</td><td>3.5～4</td><td>3.5～4.5</td><td>4.5～5.5</td></tr>
</table>
3）感应器高度 H 见下表
<table>
<tr><th rowspan="2">D/mm</th><th colspan="2">H</th></tr>
<tr><th>滑移齿轮</th><th>常啮合齿轮</th></tr>
<tr><td>≤150</td><td>B</td><td rowspan="2">$B-(1\sim2)a$</td></tr>
<tr><td>>150</td><td>$B+(1\sim2)a$</td></tr>
</table>
</td></tr>
</table>

（续）

<table>
<tr><th>名称</th><th>结　构</th><th>主要参数</th></tr>
<tr><td>中频圆柱外齿感应器</td><td> 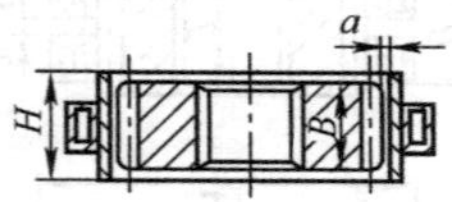</td><td>4）齿宽 B 与感应器匝数见下表
<table>
<tr><td>齿宽 B/ mm</td><td><25</td><td>25～35</td><td>≥70</td></tr>
<tr><td>匝数</td><td>单匝</td><td>双匝，$h=10\sim15$，$e=a$</td><td></td></tr>
<tr><td>加热方式</td><td>同时</td><td>同时</td><td>连续加热淬火</td></tr>
</table>
5）中频感应器纯铜板厚 2mm，$H=B+(6\sim10\text{mm})$，$a=3\sim4\text{mm}$。冷却水管圈数见下表
<table>
<tr><td>H/mm</td><td><40</td><td>40～80</td><td>>80～120</td></tr>
<tr><td>水管圈数</td><td>单圈</td><td>双圈</td><td>三圈</td></tr>
</table></td></tr>
<tr><td>高频双联及多联齿轮感应器</td><td> 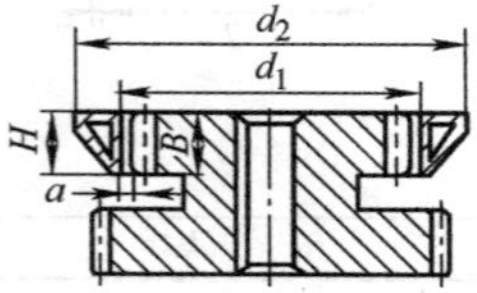</td><td rowspan="2">1）当大小齿轮的间距≤15mm 时，若大小齿轮直径相差较大，先淬小齿轮，后淬大齿轮；若大小齿轮直径相差较小，先淬大齿轮，后淬小齿轮。加热小齿轮时，为减小邻近效应，采用三角形截面感应器。a 参照圆柱外齿感应器选择，$d_2=d_1+2\times(10\sim15\text{mm})$，$H\approx B$
2）加热小齿轮若仍用圆柱外齿感应器，应用 1mm 厚的铜板或低碳钢板对大齿轮进行屏蔽保护</td></tr>
<tr><td>中频双联及多联齿轮感应器</td><td> 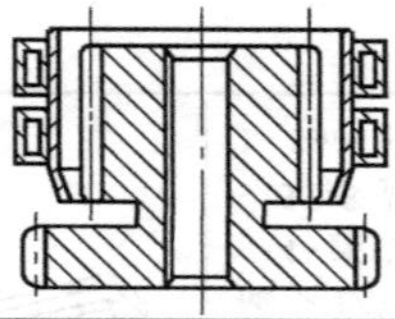</td></tr>
<tr><td>高频圆柱内齿感应器</td><td> 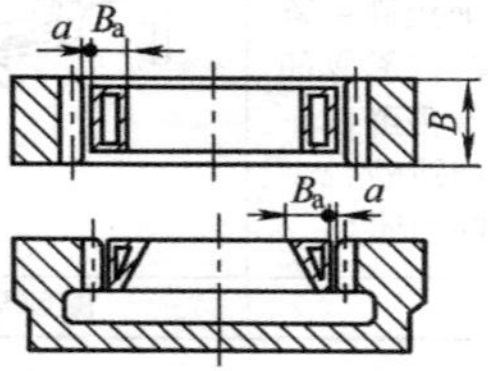</td><td>1）在感应圈充分冷却的条件下（出口处水温小于 60℃），可选用较小 B_a，B_a 为 6～8mm，以提高热效率
2）B<25 时，$d=1\sim1.5$mm
3）$B=15\sim35$mm 时，采用双匝感应器
4）$B\geq40$mm 时，采用连续加热淬火
5）模数<3mm 的齿轮，应安装导磁体
6）内齿面有退刀槽的齿轮，应采用三角形截面感应器，B_a 为 10～15mm，d 为 1.5～2mm</td></tr>
</table>

（续）

<table>
<tr><th>名称</th><th>结　　构</th><th>主要参数</th></tr>
<tr><td>高频加热锥齿轮感应器</td><td>a)
b)</td><td rowspan="2">1）高频用锥齿轮感应器
<table>
<tr><td>$2\theta_{节}$</td><td>≤20°</td><td>>20°～90°</td><td>>90°～130°</td><td>>130°</td></tr>
<tr><td>感应器形状</td><td>可用圆柱外齿感应器</td><td>锥形</td><td>锥形</td><td>如图 b 所示，$a=2\sim4$mm</td></tr>
<tr><td>θ_i</td><td>—</td><td>$\approx\theta_{节}$</td><td>$\approx\theta_{根}$</td><td></td></tr>
<tr><td>δ/mm</td><td colspan="3">2～2.5</td><td></td></tr>
<tr><td>H/mm</td><td colspan="3">$h+(1\sim1.5)\delta$</td><td></td></tr>
</table>
2）中频用锥齿轮感应器的设计可参考上述各量的值</td></tr>
<tr><td>中频加热锥齿轮感应器</td><td></td></tr>
</table>

表 4-43　齿轮单齿加热淬火感应器

名称	结构图	主要参数	适宜加热的工件	备注
单齿同时加热感应器		1）感应器内壁与齿面间隙：节圆部位 1.5～2.5mm，节圆以上部位 2.5～4mm 2）齿端面间隙大于 10mm	适用于模数>15mm 的直齿轮	1）为避免邻齿被加热，用料管径不易过大，否则邻齿应屏蔽 2）附加喷水头冷却 3）齿根不能得到淬硬

（续）

名称	结构图	主要参数	适宜加热的工件	备注
高频单齿同时加热感应器	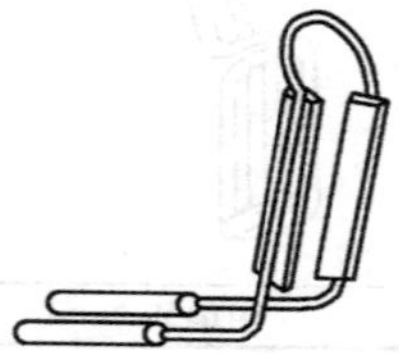 	1）铜板与齿形仿形，厚为1mm，长度应比齿宽短2~3mm 2）节圆处间隙为1~2mm	上图用于大模数直齿轮，下图用于锥齿轮	1）为了防止已淬火相邻齿被回火，应采用0.5~1.0mm厚的纯铜板作屏蔽，或用压缩空气、水雾冷保护 2）齿根不能得到淬硬
高频单齿连续加热淬火感应器	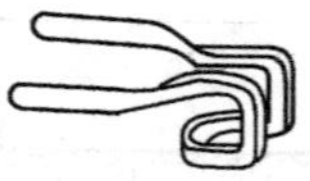	1）感应圈内壁与齿面间隙：节圆以上部位为3~5mm；齿根部位为1~2mm 2）感应圈与齿底间隙为1~2mm 3）感应圈与齿顶面间隙为8~25mm	适用于模数为5~14mm的齿轮	齿根不能得到淬硬
高频沿齿沟淬火感应器	 导磁体	1）感应圈高度为6~8mm 2）感应圈与齿沟轮廓仿形，与齿面的间隙为1mm，与齿沟的间隙可小于1mm 3）导磁体高度为10~12mm	适用于模数为6~14mm的齿轮	加热时冷却水管喷冷导磁体，汇流条方管出水口喷冷齿间及两齿侧，在加热淬火过程中感应圈与工件间始终充满流水；也可将工件埋入水中进行水下加热，此时仍需喷水

高频单齿沿齿沟淬火感应器		1)感应圈菱形的端部仿齿形设计 2)感应圈与齿面的间隙为2~3mm,与齿根的间隙为0.5~1mm 3)竖直导线截面形状为圆形或半圆形,感应圈总高度为8~20mm	适用于模数为5~12mm的齿轮,常用于大模数齿轮埋油淬火	齿根淬硬有所改进
中频单齿连续加热淬火感应器		1)感应圈与齿部间隙:节圆处为3~6mm,齿根部为1.5~2.5mm 2)感应圈高度一般为30~45mm	适用于模数>8mm的齿轮	沿齿面连续加热,齿根部分得不到硬化
中频单齿沿齿沟淬火感应器		1)感应圈和硅钢片导磁体与齿沟仿形 2)感应圈高度为10~14mm 3)感应圈宽度为4~6mm 4)喷水孔大小与分布,参见表4-35和表4-36	适用于模数>7mm的齿轮	1)导磁体兼有靠模作用 2)固定夹内通水冷却硅钢片

（续）

名称	结构图	主要参数	适宜加热的工件	备注
中频单齿沿齿沟淬火感应器		1）感应圈与齿部各面间隙：节圆部位为 1.5～2.5mm，齿根部为 0.5～1.5mm 2）感应圈总高度为 20～30mm	适用于模数>8mm 的齿轮	1）这类感应器常用于埋油淬火 2）采用双回路双三角形感应器可以加强齿根的加热
		1）感应圈两回线施感部分与齿沟或滚槽仿形，间距为 12～20mm 2）感应圈与零件间隙。齿轮：齿根部位为 1～2mm，节圆部位为 1.5～2.5mm；滚道：槽底部为 1～2mm，两侧上部为 2～4mm 3）感应圈两回线截面宽度为 5～7mm	适用于模数>12mm 的齿轮	1）淬火时由附加喷水头冷却 2）必须安装硅钢片导磁体 3）常用于埋油淬火

4. 工频感应器的设计

工频感应器的分类及应用见表 4-44。感应器的工作特性见表 4-45。

表 4-44　工频感应器的分类及应用

分类方法	类别	应　　用	备　　注
按电源分	单相感应器	加热功率较小时采用	功率较大时电网负荷严重不平衡，可用附加三相平衡装置来解决
	三相感应器	加热功率较大时采用	采用三角形或星形连接
按加热方法分	同时加热感应器	用于轴向高度小、加热面积小的工件	合理分布线圈，以获得均匀的加热
	连续加热感应器	用于轴向高度大、加热面积大的工件	使用时应注意起步和终止时机，以获得均匀加热

表 4-45　工频感应器的工作特性

感应器	电流 I/A	电压 U/V	$\cos\varphi$	功率 P/kW	工作特性
单相感应器	$I=\dfrac{1000P}{U\cos\varphi}$	变压器二次侧电压	0.35~0.45	按经验选取 车轮同时加热感应器：$P=(0.3\sim0.5)d$ 冷轧辊连续加热感应器：$P=(0.6\sim1.0)d$ d—工件外径(mm)	1)加热均匀 2)功率大时，会造成电网负荷的不平衡，须接入补偿电抗和电容器
三相感应器	$I=\dfrac{1000P}{\sqrt{3}U\cos\varphi}$	三相变压器二次侧相电压	0.35~0.45		1)功率大 2)不会造成电网负荷的不平衡

工频感应器主要由感应圈、导磁体、绝缘体和水冷系统等组成，其结构如图 4-44 所示。

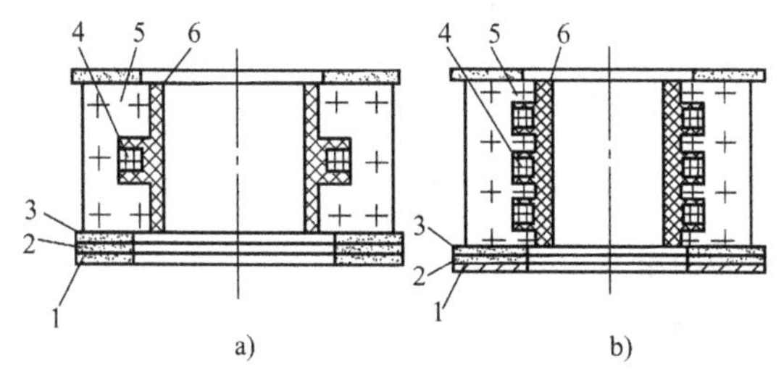

图 4-44　工频感应器的结构

a）单相工频感应器　b）三相工频感应器

1—钢板　2—石棉板　3—胶木板　4—感应圈　5—导磁体　6—绝缘体

（1）感应圈　加热部分为圆柱体时，感应圈内径 D（mm）按下式计算：

$$D=d+2a \tag{4-32}$$

式中 d——工件直径（mm）；

a——感应圈与工件之间的间隙（mm），a 一般取 10~50mm。

感应圈匝数 W 可按下式计算：

$$W=K/I \tag{4-33}$$

式中 K——常数，32000~60000，一般为 45000；

I——感应器电流（A），参考表 4-45。

线圈匝数也可用类比法按下式计算：

$$W_2=\sqrt{\frac{U_2^2h_2P_1D_1}{P_2D_2U_1^2h_1}}W_1 \tag{4-34}$$

式中的 P_1、U_1、D_1、h_1、W_1 与 P_2、U_2、D_2、h_2、W_2 分别为已经使用成功的感应器和新设计感应器的功率、电压、内径、高度、匝数。

感应圈用纯铜管制造，管径和壁厚根据允许通过的最大电流密度计算，一般为 20~40A/mm^2。感应圈出水温度应低于 70℃。为保证充分的冷却，应有足够的冷却水量，可将线圈的 3~5 匝分为一组，再将各组并联起来，构成水冷回路。

（2）导磁体　导磁体为硅钢片。硅钢片数 N 按下式计算：

$$N=K\frac{D}{b} \tag{4-35}$$

式中 K——硅钢片的安装紧密度系数，一般为 0.85；

D——感应圈内径（mm）；

b——硅钢片厚度（mm），一般小于或等于 0.5 mm。

所需硅钢片总有效导磁面积 A（mm^2）按下式计算：

$$A=\frac{U\times10^6}{4.44fW} \tag{4-36}$$

式中 U——感应器电压（V）；

W——感应圈匝数；

f——频率（Hz）。

当 $U=380$V，$f=50$Hz 时，

$$A=\frac{1.71\times10^6}{W} \tag{4-37}$$

通常，将硅钢片分为 8~12 组，每组分别用螺钉紧固，构成块体，再

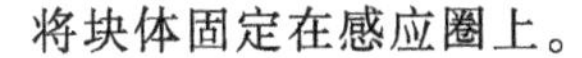

将块体固定在感应圈上。

(3) 电绝缘 线圈的匝间电绝缘方法有以下几种：

1) 包扎多层玻璃布带。

2) 包扎细布带后浸绝缘漆。

3) 包扎云母带，外扎白布带，铜管间用云母片隔开。

4) 包扎一层塑料布，两层玻璃布，一层白布带。

(4) 热绝缘 为了防止工件的热辐射，感应圈与工件之间的热绝缘方法可采取以下方法：

1) 用三层厚度为5mm的石棉板隔开，总厚度约为15mm。

2) 用耐火陶瓷异形砖隔开。

3) 在感应圈上抹涂料，涂料成分（质量分数,%）为：隔热砖粉50，石棉粉20，耐火泥15，水泥耐火涂料15，或MgO、锯末、石棉粉各1质量份，用适量液体和氧化镁调成糊状即可。

4.1.8 感应淬火后的回火

工件经感应淬火后，应及时回火，以降低淬火过渡区的残余应力，稳定组织，达到所要求的力学性能。工件感应淬火后的硬度比普通淬火的高，但它在回火时硬度也容易下降。通常采用的回火方法有炉中回火、自回火和感应加热回火。

1. 炉中回火

这种回火方法最为常用，适用于各种中小工件，一般在带有风扇的井式炉中回火。回火温度应根据工件的材质、淬火后的硬度和要求的硬度来确定。通常，合金钢的回火温度比碳钢高；淬火后的硬度较低时，回火温度也应适当降低。回火时间一般为1~2h。常用钢高频感应淬火后炉中回火规范见表4-46。

表4-46 常用钢高频感应淬火后炉中回火规范

牌号	要求硬度HRC	淬火后硬度HRC	回火规范	
			温度/℃	时间/min
45	40~45	≥50	280~320	45~60
		≥55	300~320	45~60
	45~50	≥50	200~220	45~60
		≥55	220~250	45~60
	50~55	≥55	180~200	45~60
50	55~60	55~60	180~200	60

（续）

牌号	要求硬度 HRC	淬火后硬度 HRC	回火规范	
			温度/℃	时间/min
40Cr	45~50	≥50	240~260	45~60
		≥55	260~280	45~60
42SiMn	45~50		220~250	45~60
	50~55		180~220	45~60
15、20Cr、20CrMnTi、20CrMnMoV 等(渗碳后)	56~62	56~62	180~200	90~120

2. 自回火

所谓自回火就是控制感应淬火的冷却时间，使工件表面淬火但不冷透，利用淬火区内部的余热迅速传导到工件的淬火表面，并达到一定的温度，使表面淬火层回火。由于自回火的时间很短，所以要达到同样的硬度，自回火的温度要比炉中回火要高得多，见表 4-47。

表 4-47 自回火温度与炉中回火温度的比较

平均硬度 HRC		62	60	55	50	45	40
回火温度/℃	炉中回火	130	150	235	305	365	425
	自回火	185	230	310	390	465	550

自回火温度的控制比较困难，容易出现硬度不匀的现象。自回火温度的测定方法，有观察回火色法和测温笔测定法。对于大批量生产的工件，可按工件大小、淬火冷却时间与自回火温度进行试验，以确定工艺参数。

由于自回火的工件淬火时并不冷透，可防止工件淬火变形和开裂，且节约能源，生产率高。

自回火适用于同时加热淬火及形状简单的工件。

3. 感应加热回火

长轴、套筒类工件经感应淬火后，有时采用感应加热回火。

感应加热回火通常与感应淬火配套，形成感应加热的热处理流水线，工件在通过淬火感应器加热和喷水圈冷却后，继续通过回火感应器加热进行回火。为了消除过渡层的残余拉应力，感应加热回火的加热层要比淬硬层深，可采用较淬火加热频率低的频率进行感应加热回火；也可以采用较小的功率密度，延长加热时间，利用热传导使加热层增厚。表 4-48 列出了采用不同频率感应加热回火时的功率密度。加热速度一般为 15~25℃/s。

表 4-48 采用不同频率感应加热回火时的功率密度

频率/kHz	功率密度/(kW/cm²)	
	150~425℃	425~705℃
0.06	0.9	2.3
0.18	0.8	2.2
1	0.6	1.9
3	0.5	1.6
10	0.3	1.2

注：1. 此表是在合适的频率及设备正常的总工作效率下得出的。
2. 表中数据适用于截面尺寸为 12~50mm 的工件。尺寸较小的工件采用较高的功率密度，尺寸较大的工件可以适当降低功率密度。

在热处理流水线上，工件感应淬火和感应回火时的移动速度是一致的，回火温度通过电参数及工件移动速度来控制，回火时间由感应器的长度和工件移动速度来控制。

由于感应加热回火的时间短，要达到与炉中回火相同的硬度时，感应加热回火的温度比炉中回火温度要高，见表 4-49。

表 4-49 45 钢感应加热回火和炉中回火温度比较

回火后的硬度 HRC	回火温度/℃	
	炉中回火	感应加热回火
60	150~160	200
55	180~200	300

此外，感应加热回火时，回火温度、加热频率与工件尺寸也有一定的关系，见表 4-50。

表 4-50 感应加热回火温度、加热频率与工件尺寸的关系

工件尺寸/mm	最高回火温度/℃	频率/kHz					
		0.05 或 0.06	0.18	1	3	10	≥200
3.2~6.4	705	—	—	—	—	—	良好
>6.4~12.7	705	—	—	—	—	良好	良好
>12.7~25	425	—	较好	良好	良好	良好	较好
	705	—	差	良好	良好	良好	较好
>25~50	425	较好	较好	较好	良好	较好	差
	705	—	较好	良好	良好	较好	差
>50~152	425	良好	良好	良好	较好	—	—
	705	良好	良好	良好	较好	—	—
>152	705	良好	良好	良好	较好	—	—

4.1.9　感应淬火操作

感应加热设备较其他热处理设备复杂，电参数和热参数较多，所以其操作也较复杂。

1. 高频感应淬火操作

（1）准备

1）清洗工件上的油污及其他污物，以防加热时产生烟雾。

2）清除铁屑及毛刺，以防发生起弧，烧伤感应器及工件。

3）检查工件有无裂纹。

4）选择设备及淬火方法，根据工件要求的淬硬层深度及淬火部位，选择感应淬火设备的频率及功率，从而确定所用的设备。

5）根据工件的淬火部位及淬火方法选择感应器。

6）装卡工件及感应器，为感应器通水，并调节水压至所需压力。起动淬火机床，使工件旋转并观察工件和感应器之间的间隙是否均匀，轴向相对位置是否合适。

（2）操作

1）起动设备，按设备操作规程进行。

2）调整电参数，使高频电源的工作处于谐振状态，使设备发挥出最高的效率。对于电子管式高频感应加热装置，先将偶合手轮和反馈手轮放在中间位置，送高压。先半波整流，调整到全波整流，阳极电压 $V_{阳}$ 的数值一般为 11~13kV，最高可达 13.5kV。阳极电流 $I_{阳}$ 由偶合手轮来调节，栅极电流 $I_{栅}$ 由反馈手轮来调节，其最大允许值见表 4-51。同时，使 $I_{阳}$ 与 $I_{栅}$ 的比值保持规定的数值，若比值不对，可反复调节偶合手轮和反馈手轮，使 $V_{槽}$ 保持最大值，这时 $I_{阳}$ 与 $I_{栅}$ 的比值已调好，设备已处于最佳工作状态，获得最大输出功率。

以上操作方法也适用于超音频感应加热。

表 4-51　高频振荡器电参数的允许值

型号	GP100-C3	GP60-CR11	GP30-CR11
最高阳极电压/kV	13.5	13.5	13.5
最大阳极电流/A	12	3.5	3.5
最大栅极电流/A	2.5	0.75	0.75
最高槽路电压/kV	10	9	9
$I_{阳}/I_{栅}$	5~10	5~6	5~6

3）用仪表测温或用时间继电器控温，也可目测。

4）根据需要冷却。

2. 中频感应淬火电参数的调整

中频感应淬火时，感应器的直径越大或匝数越多，有效长度越长，则变压器初级匝数越少，即匝比越小。这时，接入的电容量要适当多些。功率因数的大小是通过接入的电容来调节的，一般在-0.95~0.9之间变化。为使发电机输出电压的降低最少，从而能输出最大的功率，$\cos\varphi$ 应调整到0.9。这样，负载的变化范围也比较大。

负载电压的大小取决于淬火变压器的匝比，匝比合适，负载电压增大，则输出功率最大，可达到发电机的额定输出功率。若匝比不当，则输出功率也不大。匝比的调整应根据电压表和电流表的读数来进行：若负载电压达到额定值而电流很小时，应减少匝比；若电流达到额定值而电压很低时，则应增大匝比。

在不需要设备输出最大功率时，淬火变压器的匝比可不必严格选择，但电容量的选择仍须严格进行，以保证功率因数 $\cos\varphi=0.9$。

3. 操作要点

1）为使工件加热均匀，尽可能使工件旋转。轴类工件采用同时加热淬火法时，一般采用的转速为60~360r/min。工件直径大时，线速度大，转速可低些；反之，转速可高些。轴类工件采用连续淬火时，应使工件的旋转速度和下移速度成一定比例。一般工件移动速度为1~24mm/s。

2）带孔的轴类工件淬火时，孔周围感应电流分布不均匀，从而引起加热不均匀，往往出现过热或加热过深，淬火冷却时孔的边缘容易引起开裂。可将孔镶铜或塞铜销子，使感应电流在孔的周围分布均匀，可防止开裂。

3）花键轴和齿轮淬火冷却时，转速不可过快，外圆线速度应小于500mm/s。否则，太快的转速容易使与旋转方向相反的一侧齿面和键槽产生冷却不足的现象。

4）连续加热淬火时，若轴类工件直径较大或设备功率不足时，可采用预热连续加热淬火法，即利用感应器（或工件）反向移动预热，然后立即正向移动连续加热淬火。

6）阶梯轴应先淬直径小的部分，后淬直径大的部分。

7）轴类工件淬火时一般采用顶尖定位，但顶尖力量应适当。否则，较细的工件易产生弯曲变形。无法用顶尖定位的工件可以采用定位套或轴向定位卡套。

8）作为正式产品的锥齿轮一般都有固定的感应器，对于单件、少量锥齿轮淬火也可用单匝圆柱形感应器。此时，应将感应圈倾斜一定角度，对旋转着的锥齿轮进行加热，然后使齿轮落入喷水圈中冷却，或浸液冷却。

9）加热时，不得触碰工件和感应器，以免灼伤。

10）加热时，工件和感应器不得触碰，以免击穿感应器或烧坏工件。

11）不得空载加热。

12）各电参数不得超过允许的最大值。

4.1.10 常见感应淬火缺陷与对策

常见感应淬火缺陷的产生原因与对策见表4-52。

表4-52 常见感应淬火缺陷的产生原因与对策

缺陷名称	产生原因	对策
加热不均匀	1)感应器与工件间间隙不均匀 2)淬火机床心轴旋转时径向圆跳动超差	1)调整间隙,四周应均匀 2)矫直或更换新的心轴,使其径向圆跳动在0.2mm以内
硬度不足	1)加热温度低 2)原始组织粗大 3)冷却速度低,水量不足,感应器与喷水器的距离太大 4)冷却操作慢,加热后未及时冷却	1)按正常温度加热 2)增加预备热处理,细化组织 3)增大水量,提高冷却速度,调整感应器与喷水器的距离 4)提高操作速度
淬裂	1)材料碳含量过高 2)加热温度过高 3)材料含有连续分布的夹杂物(如氧化物) 4)加热造成内应力大,多产生于尖角、键槽、圆孔边缘 5)冷却速度过大 6)二次淬火	1)45钢要用精选钢,高碳钢采用球化退火 2)按正常加热温度淬火 3)高温正火或换材料 4)保留2~8mm非淬硬区 5)降低水压,提高水温,缩短喷水时间;合金钢可改用喷乳化液、聚乙烯醇、903或油冷却 6)二次淬火前,将返修件经感应加热到700~750℃,空冷后再按淬火规范淬火;或经炉内加热到550~600℃,保温60~90min后在水(或空气)中冷却,再按原淬火规范进行第二次淬火
畸变	1)轴类工件硬化层分布不均匀 2)齿轮工件齿形变化及内孔缩胀	1)加热时转动工件,且确保淬火机床心轴径向圆跳动≤0.2mm 2)采用较大的功率密度,缩短加热时间,选择适当的冷却方式和冷却介质及合理的工件设计和加工工艺路线

（续）

缺陷名称	产生原因	对　策
表面熔化	1)感应器结构不合理 2)零件有尖角、孔、槽等 3)加热时间过长 4)材料表面有裂纹缺陷	1)改进感应器 2)尖角在允许的情况下可倒角,孔、槽用铜销、铜块堵塞 3)合理控制加热时间 4)换材料,有裂纹的只能报废

4.2　火焰淬火

4.2.1　常用火焰淬火用燃料

火焰淬火加热用气体燃料有煤气、甲烷、丙烷、乙炔、氢气等，其中以乙炔最为常用。火焰淬火加热用气体燃料见表4-53。常用火焰淬火用气体燃料的特性见表4-54。

表4-53　火焰淬火加热用气体燃料

项　　目	乙炔	甲烷	丙烷	煤气
密度/(kg/m³)	1.1709	0.714	2.019	0.646
火焰最高温度/℃	3100	2930	2750	2800
燃烧热值/(kJ/m³)	58896	39823	101658	17974~19228
热容/(kJ/m³)	577	1129	941	640
最大火焰速度/(cm/s)	1350	330	370	705
最大火焰烈度/[kJ/(cm²/s)]	44.73	8.40	10.70	12.67
理论需氧量/(m³/m³)	2.5	2	5	0.795~0.890
实际需氧量/理论需氧量(%)	40~70	100	70~80	75
要求气体压力/10^5Pa	0.8	0.5	1.0	0.3

表4-54　常用火焰淬火用气体燃料的特性

项　　目		乙炔	甲烷	丙烷	煤气
发热值/(MJ/m³)		53.4	37.3	93.9	11.2~33.5
火焰温度/℃	氧气助燃	3105	2705	2540	2635
	空气助燃	2325	1875	1985	1925
氧与燃料气体积比		1.0	1.75	4.0	①
空气与燃料气体积比		—	9	25	①
正常燃烧速率/(mm³/s)		535	280	305	①
燃烧强度/(MJ/m³)·(mm³/s)		14284	3808	5734	①
氧气与燃料气混合气比热值/(MJ/m³)		26.7	13.6	18.8	①

① 随煤气成分和发热值而定。

由氧乙炔组成的火焰，其结构可分为焰心、还原区和全燃区三部分，如图4-45所示。还原区火焰长2~3mm，最高温度可达3200℃。火焰加热用的是还原区产生的高温。

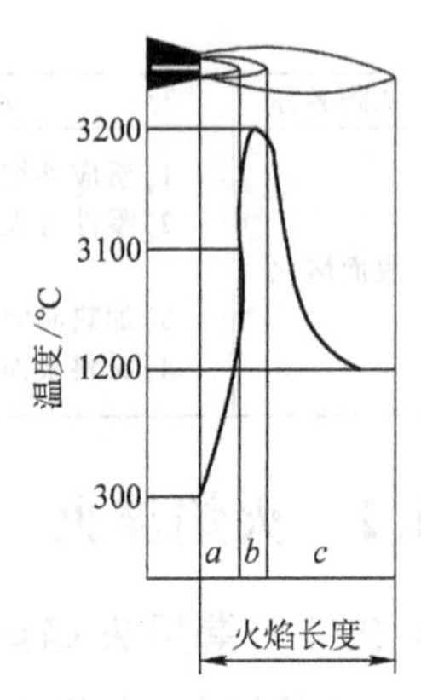

图4-45　火焰的结构及温度分布图
a—焰心　b—还原区　c—全燃区

根据燃烧时氧与乙炔体积比的不同，氧乙炔火焰可分为还原焰、中性焰和氧化焰。其特性见表4-55。

4.2.2　火焰淬火方法

根据表面加热和冷却方式的不同，火焰淬火分为同时加热淬火法和连续加热淬火法两大类，每类又分为若干种。应根据工件的形状和技术要求，来选择淬火方法。小件及大件局部淬火常采用同时加热法，大型轮形及长轴类工件选择连续淬火法。火焰淬火方法见表4-56。

表4-55　氧乙炔火焰的特性

火焰	氧与乙炔体积比	过剩气体	温度	对工件的作用	火焰特点
还原焰	<1	乙炔	低	渗碳作用，有炭黑	焰心和整个焰较长，无力、呈红色，并有微量炭黑
中性焰	1~1.2	无	高、稳定	最佳	火焰稳定有力，焰心呈蓝色，三区明显
氧化焰	>1.2	氧气	高	氧化，脱碳，过热	焰心短，火焰光亮耀眼，带有噪声

表4-56　火焰淬火方法

淬火方法		图示	说明	应用范围
同时加热淬火法	固定法	气 水	工件和火焰喷嘴都不动，当工件加热到淬火温度后，立即喷水冷却或将工件投入淬火冷却介质中冷却	适用于形状简单、局部淬火的工件

（续）

淬火方法		图示	说明	应用范围
同时加热淬火法	快速旋转法	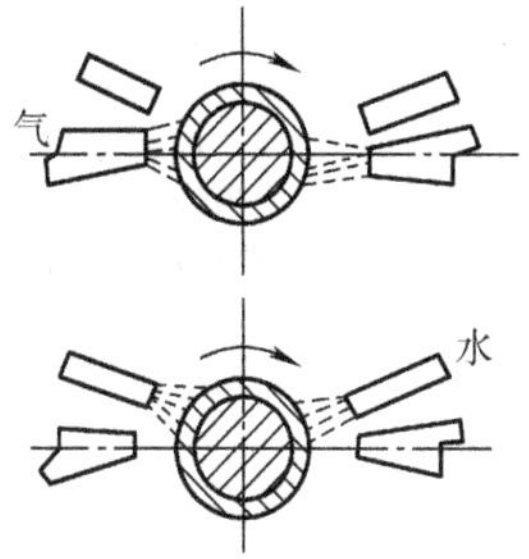 气 水	用一个或几个固定的火焰喷嘴，对快速旋转工件的表面进行一定时间的加热，然后喷水冷却或投入淬火槽中冷却淬火。工件转速一般为75～150r/min	适用于淬火区宽度小，直径也不大的轴类工件
连续加热淬火法	平面前进法	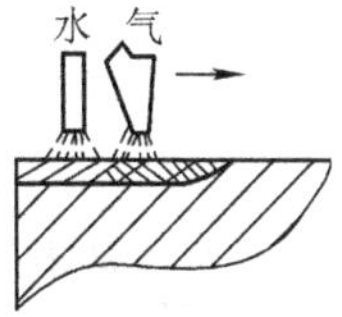 水 气	淬火工件表面为一平面，火焰喷嘴和淬火嘴一前一后沿平面做直线移动，移动速度为50～300mm/min，火焰喷嘴和淬火嘴之间距离为10～30mm	主要用于机床导轨、大模数齿轮的单齿淬火
	旋转前进法	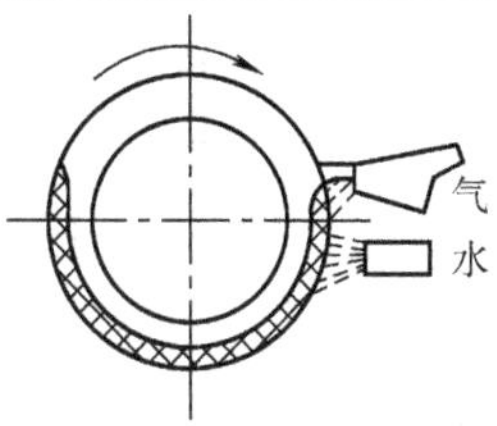 气 水	工件以50～300mm/min的速度缓慢旋转，火焰喷嘴和淬火嘴在轴侧同一位置一前一后固定，对工件进行连续地加热和冷却，旋转一周，完成淬火 缺点是在淬硬带接头处必然造成轴向回火软带	多用于制动轮、滚轮、特大型轴承圈、大型旋转支承等工件的火焰淬火
	快速旋转推进法	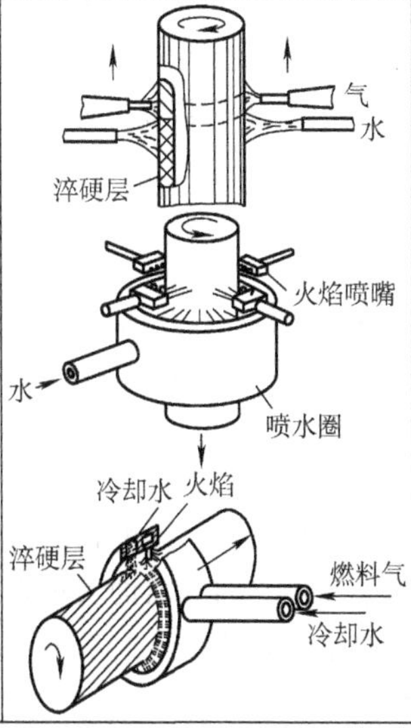 气 水 淬硬层 火焰喷嘴 水 喷水圈 冷却水 火焰 淬硬层 燃料气 冷却水	将火焰喷嘴和喷水装置置于轴的外圆周围，轴在高速旋转（75～150r/min）的同时，以一定的速度相对喷嘴做轴向移动，使工件的加热和冷却在轴表面相随而行，实现连续淬火 这种淬火方法无软带，质量较均匀	适用于长轴类工件的表面淬火，如长轴、锤杆、小型轧辊等

（续）

淬火方法		图示	说明	应用范围
连续加热淬火法	螺旋推进法	火焰 淬硬层 回火带 联合喷嘴 冷却水	轴类工件以低速旋转，火焰喷嘴和淬火嘴沿轴向前进，工件每转一周，喷嘴前进的距离等于喷嘴宽度加3~6mm，从而得到螺旋形淬硬表面 缺点是形成螺旋状回火带	主要用于大型轴件的表面淬火，如大型柱塞、大型轧辊等

4.2.3 火焰淬火工艺

1. 加热温度

各种钢铁材料火焰淬火的加热温度见表4-57。

表4-57 各种钢铁材料火焰淬火的加热温度

材料	加热温度/℃	材料	加热温度/℃
35、40	900~1020	9CrSi、GCr15、9Cr	900~1020
45、50	880~1000	20Cr13、30Cr13、40Cr13	1100~1200
50Mn、65Mn	860~980	ZG270-500	900~1020
40Cr、35CrMo、42CrMo、35CrMnSi、40CrMnMo	900~1020	ZG310-570、ZG340-640	880~1000
T8A、T10A	860~980	灰铸铁、球墨铸铁	900~1000

对于同时加热淬火法，工件表面的温度主要取决于加热时间，加热时间越长，表面温度越高；其次是喷嘴与工件之间的距离。对于其他几种火焰淬火方法，工件表面的温度取决于工件旋转速度及工件相对于喷嘴的移动速度。加热温度可用光电高温计或便携式辐射温度计进行测量。

2. 火焰喷嘴与加热面的距离

火焰喷嘴与加热面的距离应根据工件直径大小及钢的化学成分来选择，一般为6~15mm，使焰心距表面2~3mm为好。这样可以得到较高的热效率。

3. 移动速度

在淬火加热温度一定的条件下，火焰喷嘴相对工件的移动速度由淬硬层深度、钢的化学成分及工件表面与火焰喷嘴之间距离的大小来决定。移动速度的选择范围为50~300mm/min，通常多选用50~150mm/min。喷嘴移动速度与淬硬层深度的关系见表4-58。

表 4-58　喷嘴移动速度与淬硬层深度的关系

移动速度/(mm/min)	50	70	100	125	140	150	175
淬硬层深度/mm	8.0	6.5	4.8	3.0	2.6	1.6	0.6

4. 淬火冷却介质

火焰淬火的冷却介质主要有水、油和聚合物水溶性淬火剂，要根据工件材料种类、形状、尺寸适当选用。水是最常用的淬火冷却介质，适合于碳的质量分数小于0.6%的碳钢淬火。对于碳的质量分数为大于0.6%的碳钢和低合金钢，可以使用乳化液或其他水溶性淬火冷却介质。使用时要求淬火冷却介质的冷却能力可以通过介质温度、压力及流量进行调节，并保持稳定，以保证冷却均匀。淬火冷却介质的常用温度范围见表4-59。

表 4-59　淬火冷却介质的常用温度范围（JB/T 9200—2008）

淬火冷却介质	水	油	聚合物水溶性淬火剂
温度范围/℃	15~35	40~80	20~40

5. 淬火后的硬度

表4-60列出了钢与铸铁经火焰淬火后的硬度。

表 4-60　钢与铸铁经火焰淬火后的硬度（AISI）

材料		硬度 HRC		
		空气①	油②	水②
碳钢	1025~1035	—	—	33~50
	1040~1050	—	52~58	55~60
	1055~1075	50~60	58~62	60~63
	1080~1095	55~62	58~62	62~65
	1125~1137	—	—	45~55
	1138~1144	45~55	52~57③	55~62
	1146~1151	50~55	55~60	58~64
渗碳碳钢	1010~1020	50~60	58~62	62~65
	1108~1120	50~60	60~63	62~65
合金钢	1340~1345	45~55	52~57③	55~62
	3140~3145	50~60	55~60	60~64
	3350	55~60	58~62	63~65
	4063	55~60	61~63	63~65
	4130~4135	—	50~55	55~60
	4140~4145	52~56	52~56	55~60
	4147~4150	58~62	58~62	62~65
	4337~4340	53~57	53~57	60~63

（续）

材 料		硬度 HRC		
		空气①	油②	水②
合金钢	4347	56~60	56~60	62~65
	4640	52~56	52~56	60~63
	52100	55~60	55~60	62~64
	6150	—	52~60	55~60
	8630~8640	48~53	52~57	58~62
	8642~8660	55~63	55~63	62~64
渗碳合金钢④	3310	55~60	58~62	63~65
	4615~4620	58~62	62~65	64~66
	8615~8620	—	58~62	62~65
马氏体不锈钢	410和416	41~44	41~44	—
	414和431	42~47	42~47	—
	420	49~56	49~56	—
	440(典型的)	55~59	55~59	—
铸铁(ASTM)	30	—	43~48	43~48
	40	—	48~52	48~52
	45010	—	35~43	35~45
	50007、53004、60003	—	52~56	55~60
	80002	52~56	56~59	56~61
	60-45-15	—	—	35~45
	80-60-03	—	52~56	55~60

注：1. AISI—美国钢铁协会标准。

2. ASTM—美国材料与试验协会标准。

① 为了获得表中的硬度值，在加热过程中，那些未直接加热区域必须保持相对冷态。

② 薄的部位在淬油或淬水时易于开裂。

③ 经旋转和旋转—连续复合加热，材料的硬度比经连续式、定点式加热材料的硬度稍低。

④ w(C)为0.90%~1.10%渗层表面的硬度值。

4.2.4 常用火焰喷射工具

火焰喷射工具是火焰淬火的主要工具，其结构是否合理，工作是否正常，对淬火质量有直接的影响。

1. 喷射器（喷枪）

喷射器（喷枪）根据原理的不同，分为射吸式和等压式两种，主要由氧气接头、氧气调节阀、乙炔接头、乙炔调节阀、混合室、喷射器等部件组成。常用火焰喷枪的结构如图4-46所示。图4-47所示为专用火焰加热器的结构。

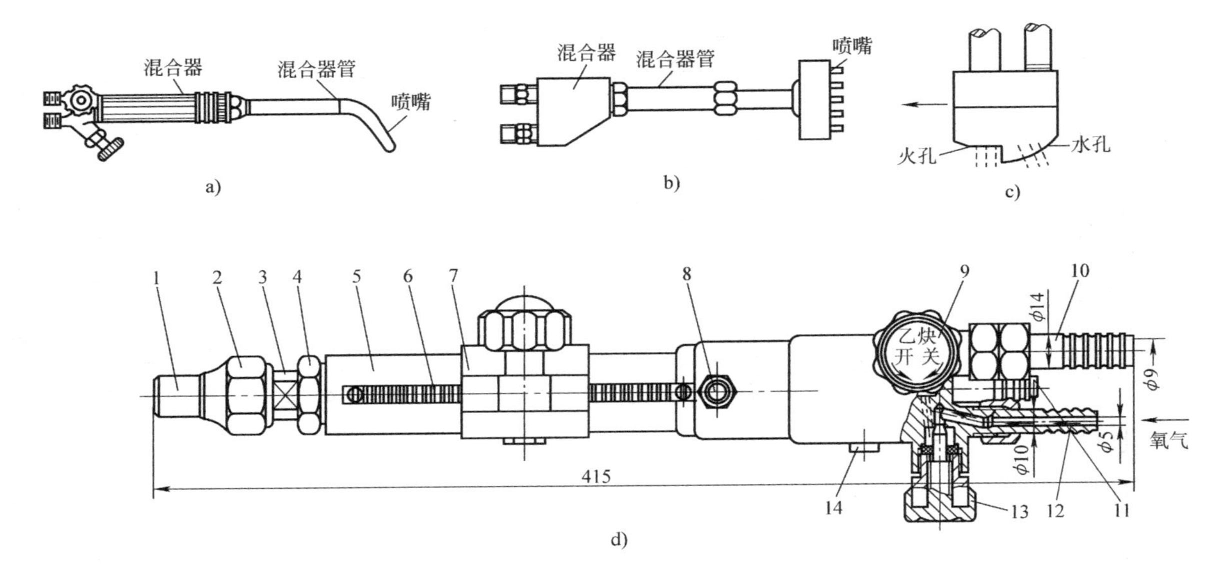

图 4-46 常用火焰喷枪的结构

a）单头火焰喷枪 b）多头火焰喷枪 c）连续淬火喷枪 d）HY3 型火焰加热器

1—连接管 2—连接螺母 3—混合室 4—密封螺母 5—水冷却套管 6—齿条及齿轮 7—调位夹具 8—出水接头 9—乙炔调节阀 10—乙炔接头 11—进水接头 12—氧气接头 13—氧气调节阀 14—进水调节阀

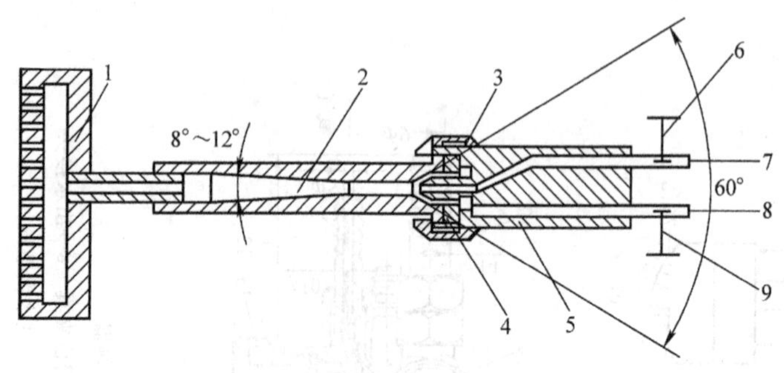

图 4-47　专用火焰加热器的结构

1—喷火嘴　2—混合室　3—喷嘴　4—螺母　5—炬体　6—氧气调节阀　7—氧气导管　8—燃气导管　9—燃气调节阀

2. 火焰喷嘴

火焰喷嘴多采用直径为 ϕ10～ϕ16mm，壁厚 2～3mm 的纯铜管制造。火孔的直径一般为 ϕ0.6～ϕ1.7mm，间距为火孔直径的 4～6 倍。火孔可以是一排或多排，也可以是一条缝。火焰加热喷嘴大部分为多焰喷嘴，以提高加热速度。火焰喷嘴分为同时加热喷嘴和连续淬火喷嘴等。

（1）同时加热喷嘴　通常为一字形，按其火孔形式分为多嘴式、缝隙式和筛孔式三种，如图 4-48 所示。图 4-49 所示为典型的用空气-燃气的喷嘴。

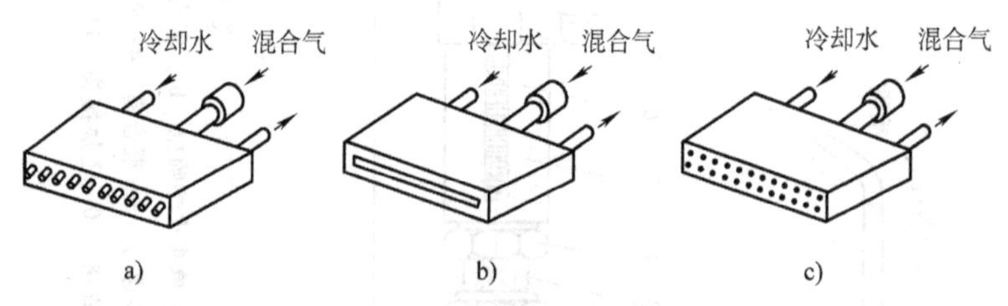

图 4-48　同时加热喷嘴的结构

a）多嘴式　b）缝隙式　c）筛孔式

（2）连续淬火喷嘴　为保证工件表面加热均匀，喷嘴的形状和尺寸应与工件淬火表面的形状相似，且喷嘴与工件的距离应适当。距离太近时，淬火温度过高，变形大，温度不均，硬度不一，且水花的飞溅会使火焰熄灭或产生回击现象。距离太远时，则热量会传得深，使淬硬层太深，或因表面温度降低太多，引起硬度不足。喷水孔与火孔的距离一般为 10～

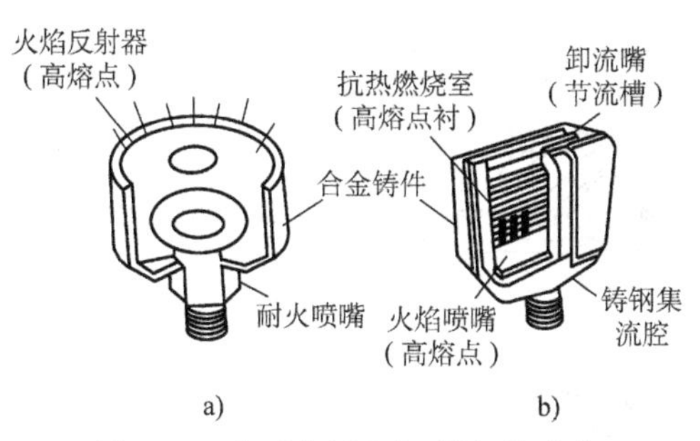

图 4-49　典型的用空气-燃气的喷嘴
a）辐射型　b）高速对流型（不用水冷）

25mm，见表 4-61。为防止水花溅到焰心处，喷水孔与轴线呈向外 10°～30°的倾角，或在喷嘴孔与喷水孔之间设置挡板。根据需要，喷水孔可以是一排或多排的。

表 4-61　喷嘴孔和喷水孔的距离

工件用钢的牌号	喷嘴孔和喷水孔的行间距离/mm
35、40、45	10
35Cr、40Cr、ZG40Mn	15
55、50Mn、ZG340-640	20
35CrMnSi、40CrMnMo	25

几种常用的、适应不同形状工件连续淬火的火焰加热喷嘴结构见表 4-62。

表 4-62　常用连续淬火喷嘴的结构及用途

名称	喷嘴结构	用　　途
平面喷嘴		平面表面淬火
撬形喷嘴		凹槽表面淬火

（续）

名称	喷嘴结构	用　　途
角形喷嘴	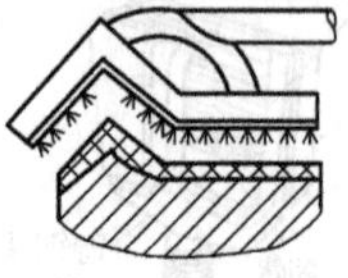	机床导轨，压弯模上模表面淬火
环形喷嘴		滚轮、轴类等外圆表面淬火
圆形喷嘴		内孔表面淬火
夹形喷嘴	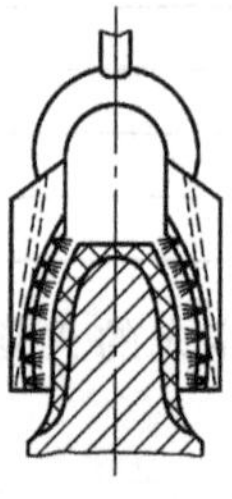	齿轮及类似工件的表面淬火

4.2.5　火焰淬火操作

1. 准备

1）清理工件上的污物，将工件装卡在淬火机床上。

2）淬火部位不得有气孔、裂纹、脱碳等缺陷。

3）氧气瓶和乙炔发生器应保持足够的流量和稳定的压力，导管要连接良好。

2. 操作要点

1）根据工件淬火部位和技术要求，选择合适的淬火方法和喷嘴，喷嘴的水孔、火孔要畅通。

2）按规定制取乙炔气体，控制压力为0.05~0.12MPa之间。

3）打开氧气阀门，吹出管路中的不纯气体，把压力控制在0.2～0.6MPa之间。

4）点火。先开少量乙炔气，点燃后再逐渐加大流量；再开氧气，将火焰调为中性焰，并检查各喷火孔的火焰强度是否均匀一致。

5）使用推进法淬火时，应根据要求的淬硬层深度选择移动速度，并保证移动速度均匀，火焰均匀。试淬后再确定淬火工艺。

6）工作结束后，先关氧气，再关乙炔气，待熄火后，再用少量氧气吹出喷嘴中剩余的气体。关闭氧气瓶阀门，最后关闭喷水器。

7）工件淬火后及时回火，间隔时间一般不超过4h。

3. 操作安全技术

1）火焰淬火采用的氧气、乙炔气及其发生器、储存装置，具有易燃等特性。为了生产和人身安全，要求有关人员必须按照使用说明书的要求执行。

2）气氛瓶应垂直安装在支固定架上，禁止靠近明火、热源或曝晒，搬运时应轻放，不得剧烈振动、冲击或倒置，不准将油污涂在瓶体、阀门、管路或其他工件上，以免爆炸。

3）氧气瓶的压力表、调节器、安全阀必须可靠，否则不得使用，瓶装氧气不准全部用完，压力表残压应不小于0.1MPa。

4）乙炔发生器不得置于主厂房内，应离开淬火场地10m以远，与氧气瓶的距离不小于5m。室内严禁烟火，并装有通风设备。

5）乙炔发生器的压力不得超过额定值，气体温度不得超过100℃，水温不得超过60℃，周围环境温度不得超过40℃。若压力超过额定值，必须立即放气减压。

6）只允许用肥皂水检查系统的漏气情况，不得用明火检查。如发现管道泄漏或有火焰出现时，应立即用湿布扑灭，关闭气阀，及时修理。

7）桶装电石应单独存放，取用时严禁使用铁器敲打桶盖，捣碎电石时应使用青铜锤子。

8）点火前，应先检查回火防爆器中的水位是否正常，天冷时应防冻。

9）点火、熄火时，必须严格按顺序进行，不得变动。

10）发生回火时，可将附近的乙炔管折弯，并迅速关闭前一级阀门。

11）由于喷嘴温度过高而引起的回火，应暂时停止操作或关闭乙炔气门，但不得关闭氧气，并用水将喷嘴冷透，再行使用。

12）操作人员在工作时，必须戴好防护眼镜及其他劳保用品。

4.2.6 常见火焰淬火缺陷与对策

常见火焰淬火缺陷的产生原因与对策见表4-63。

表4-63 常见火焰淬火缺陷的产生原因与对策

缺陷名称	产生原因	对策
硬度不足	钢材碳含量低，淬硬性差	采用碳的质量分数大于0.3%的钢
	加热温度低	提高到正常加热温度
	冷却不及时，温度下降	加快操作速度，及时冷却
	冷却不足，水量少或水压低	加大冷却水量或提高水压
开裂	温度过高，冷却太激烈	适当降低加热温度和冷却速度，工件不冷透或采用自回火
	重复淬火，如环状工件沿圆周连续淬火时的交接处，推进法淬火的交接处，易出现重复淬火现象，产生淬火裂纹	淬火开始时，降低加热温度，使其成为一个低硬度区，当淬火快要结束时，喷嘴一旦进入该区，应立即关闭火焰，并加大冷却水量
	淬火后与回火间隔太长	淬火后及时回火
畸变	加热或冷却不均匀	改进喷嘴的加热和冷却条件，使工件旋转，实现均匀加热和冷却
烧伤	加热温度过高，由供氧量太大、喷嘴变形、淬火机床停转等引起	检查氧气阀、喷嘴及淬火机床，并采取措施修整

4.3 接触电阻加热淬火

接触电阻加热淬火的原理是：低压电流通过电极与工件间的接触电阻，使工件表面快速加热，并借助其自身热传导实现快速冷却而淬火。接触电阻加热的原理如图4-50所示。

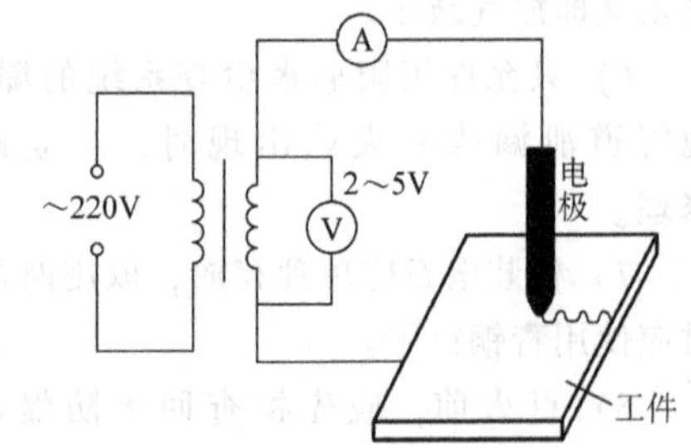

图4-50 接触电阻加热的原理图

接触电阻加热表面淬火主要用于机床导轨的表面淬火，以提高其耐磨性及抗擦伤能力。

1. 淬火机

接触电阻加热淬火设备是淬火机，其结构形式有行星差动式、可移自动往复式、传动电极式及多轮式等。其结构主要由变压器、电动机、减速机构与铜滚轮淬火头等组成。电源为单相交流工频电源，二次侧具有多组抽头，电压在 2~5V 之间可调，电流可在 400~750A 之间变化。行星差动式淬火机的结构如图 4-51 所示。

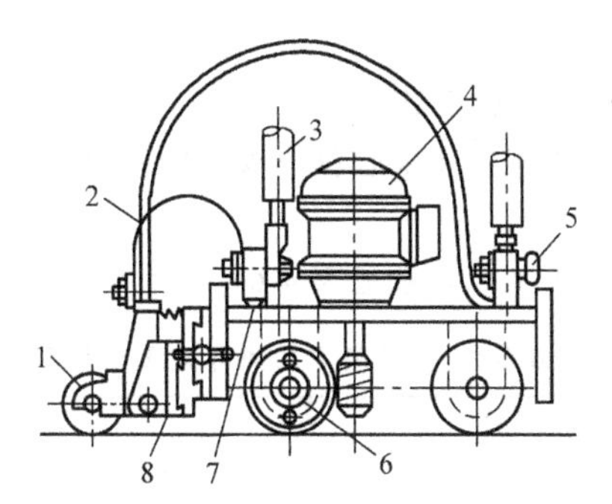

图 4-51　行星差动式淬火机的结构

1—铜滚轮　2—柔性导线　3—接变压器的导线　4—电动机
5—风门　6—行星减速器　7—绝缘垫　8—电木座

淬火机的电极为一用纯铜或黄铜制造的滚轮，如图 4-52 所示。在滚轮的边缘刻有波浪形、鱼鳞形或锯齿形等花纹。手工操作时，电极材料多用碳棒。

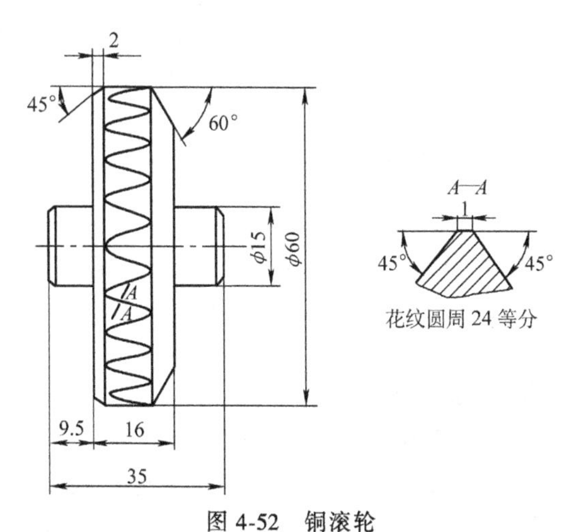

图 4-52　铜滚轮

2. 工件淬火前的技术要求

1）工件需淬火表面的表面粗糙度 *Ra* 为 1.6~3.2μm。

2）需淬火的表面硬度：当工件质量小于 3t 时不低于 190HBW，工件质量大于 3t 时不低于 180HBW。

3）工件显微组织基体中珠光体的体积分数应不小于 90%，片间距离不大于 2μm。

3. 接触电阻加热淬火工艺

接触电阻加热淬火工艺主要包括电参数的调整、淬火机的移动速度和滚轮的接触压力等。

接触电阻加热淬火工艺参数见表 4-64。

表 4-64　接触电阻加热淬火工艺参数

工艺参数	数　值	说　　明
变压器的容量/kW	1~3	
一次侧电压/V	220	接工频电源
变压器二次侧电压/V	开路电压<5，负载电压 0.5~0.6	过高的电压会使电极和工件表面之间产生很大的电火花,将工件表面烧出麻点,影响表面粗糙度。过小则加热不足,淬不硬
变压器二次侧电流/A	400~600（≤750）	增大次级电流,可使加热速度加快,淬硬层加深;但过大的电流会使工件表面局部熔化,也会使表面变粗糙
移动速度/(m/min)	2~3	移动速度过慢,则加热时间长,会增加莱氏体及残留奥氏体量;过快则加热时间短,淬硬层浅,甚至出现淬火条纹断续现象,以致降低耐磨性
接触压力/N	40~60	压力太小,则电阻大,易过热;压力太大,则电阻小,加热不足,甚至淬不硬
冷却方式		压缩空气吹冷

接触电阻加热淬火后的花纹如图 4-53 所示。接触电阻加热淬火可使淬硬层深度达到 0.2~0.25mm，硬度在 54HRC 以上，组织为隐针状马氏体和少量莱氏体及残留奥氏体。

4. 淬火缺陷产生原因与对策

接触电阻加热淬火缺陷产生原因与对策见表 4-65。

表 4-65　接触电阻加热淬火缺陷产生原因与对策

缺陷名称	伴随现象	产生原因	对策
条纹断续	宽度比电极轮缘的宽度窄 条纹颜色浅	加热不足	1)提高变压器二次侧电压,增大电流 2)降低移动速度 3)减小接触压力

（续）

缺陷名称	伴随现象	产生原因	对策
有较多烧伤凹坑	宽度略大于电极轮缘的宽度 条纹颜色较深 条纹两侧热影响区加宽	过热	1)降低变压器二次侧电压,减小电流 2)提高移动速度 3)增大接触压力
烧伤凹坑很多	条纹常有断续 宽度明显大于电极轮缘的宽度 条纹呈灰黑色 条纹两侧热影响区很宽	过烧	

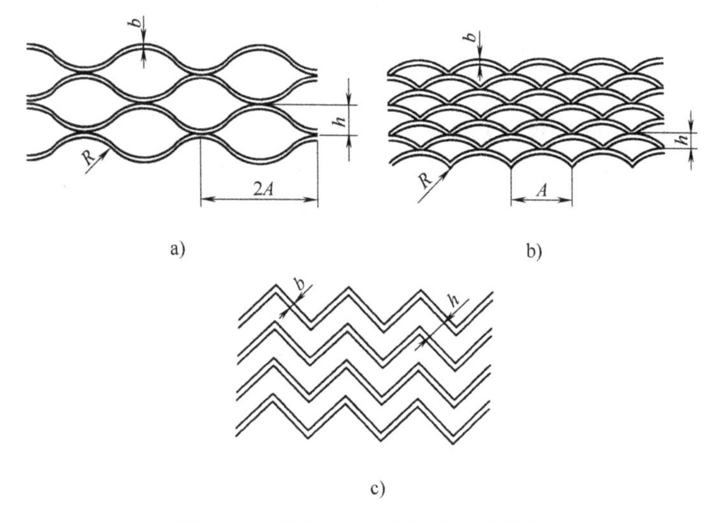

图 4-53　接触电阻加热淬火后的花纹
a）波浪形　b）鱼鳞形　c）锯齿形

注：b 和 h 分别为淬硬条纹的宽度和间距，A 和 R 分别为一个圆弧花纹的弦长和半径。

4.4　激光淬火

1. 激光淬火的工艺特点

1）与传统工艺相比，工件变形微小或不变形，后续加工余量小，有些工件处理后可直接使用。

2）可处理工件的特定部位以及其他方法难以处理的部位，如沟、槽等。

3）淬火硬度比传统方法高，淬火层组织细密、韧性好，使金属材料具有更高的耐疲劳性。

4）配有计算机控制的大功率激光器，工作台可作多维空间运动，非常适于机械化、自动化生产。

5）生产率高，质量稳定可靠。

6）成本低，淬火清洁、高效，不需要水或油等冷却介质。

2. 激光淬火原理

激光具有单色性好、相干性好、方向性极好、亮度极高的特点，且功率密度高，易于控制。激光淬火是应用高能量、高密度的激光束，以极快的速度（高达10^{10}℃/s）加热金属表面，使激光作用区温度急剧上升，形成奥氏体，并依靠金属本身自冷而淬火的表面热处理技术。激光还可进行表面合金化处理等。

3. 体积效应与表面效应

（1）体积效应　由于激光表面淬火是依靠自激冷却实现材料硬化的，因此作为需快速吸收淬火加热热量的基体，必须有足够大的体积。特别是大面积淬火件，若基体温升过高，温度梯度下降，势必影响淬火效果。在这种情况下，就需要考虑对工件进行冷却，或是进行间隔淬火。

（2）表面效应　表面状态对激光表面淬火影响很大。表面越光洁，激光的反射率越高，工件吸收的激光能量越低，淬火效果越差。金属对激光能量的吸收率与激光束的波长成反比。此外，随着温度的升高，材料对激光的吸收能力会不同程度地提高。对波长较长的CO_2激光（波长10.6μm）和YAG激光（波长1.06μm），光束与金属材料的耦合性能较差，表面的激光反射率很高，一般不能直接进行激光表面淬火，必须先进行表面预处理，以提高材料对激光能量的吸收能力。

4. 激光器

激光由激光器产生，根据工作物质物态的不同，激光器分为固体激光器、气体激光器、液体激光器、半导体激光器和自由电子激光器。热处理常用的激光器主要是CO_2气体激光器和YAG激光器，以CO_2气体激光器为多。CO_2气体激光器具有输出功率大（20~100kW）、效率高（可达20%~40%）、持续工作时间长等优点。其激光波长为10.6μm。

激光器由激励系统、激光物质和光学谐振腔组成。激励系统是产生

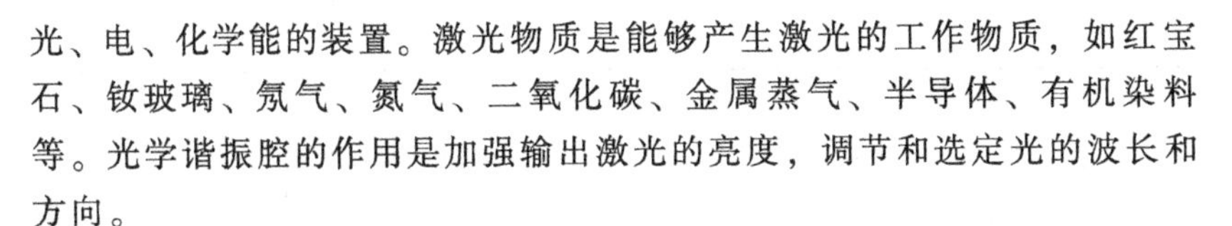

光、电、化学能的装置。激光物质是能够产生激光的工作物质，如红宝石、钕玻璃、氖气、氮气、二氧化碳、金属蒸气、半导体、有机染料等。光学谐振腔的作用是加强输出激光的亮度，调节和选定光的波长和方向。

5. 工件的材质及原始状态

(1) 工件的材质　凡能发生马氏体相变的材质均适合激光淬火。

(2) 工件激光淬火前的原始状态

1) 工件激光淬火前的原始表面应无油污、无锈蚀、无毛刺、无氧化皮，能直接进行预处理及激光表面淬火。

2) 工件的原始组织应均匀、细小。应根据材料的种类、成分、用途和性能要求，选择退火、正火及淬火+回火等预备热处理。在相同的激光表面淬火工艺参数下，原始组织为淬火态时可获得最大的硬化层深度，其硬度也较高；退火态时硬化层深度最浅，硬度也较低。

6. 表面预处理方法

由于精加工后的工件对激光的反射率高达70%~80%，激光能量不能被充分利用。为增强对激光辐射能量的吸收，工件在激光淬火前需进行预处理，以在表面形成一层对激光有较强吸收能力的覆层。工件经预处理后，可使激光吸收率提高到70%~85%。常用预处理的方法有磷化和氧化等化学方法，以及在表面涂覆一层可大量吸收激光的涂料的物理方法。采用物理方法时所用的涂料主要有碳素墨汁、胶体石墨、粉状金属氧化物、黑色丙烯酸和氨基屏光漆等。通常采用磷化处理或涂覆含有各种吸光物质的涂料。常用的预处理方法见表4-66。

表4-66　常用的预处理方法

名称		主要原料	处理方法	效果	特点	应用
磷化法	磷酸锰法	马日夫盐 $Mn(H_2PO_4)_2$	质量分数为15%马日夫盐水溶液，加热至80~98℃，浸渍15~40min	深灰色的绒状磷化膜，由 $Fe(H_2PO_4)_2$ 和 $Mn_3(PO_4)_2$ 组成	操作简单，效果较好，适于大批量生产，磷化膜具有防腐蚀和减摩作用，激光淬火后无须清理，即使清理也很简便	适用于中碳、低碳钢和铸铁 对于高合金钢，磷化膜很薄，效果不好
	磷酸锌法	$Zn(H_2PO_4)_2$	可在室温下浸渍，加热后效果更好	深褐色绒状磷化膜，膜厚约10μm，单位面积上的膜质量约为0.1g/m²		

（续）

名称	主要原料	处理方法	效果	特点	应用
碳素法	碳素墨汁、普通墨汁或胶体石墨溶液	用涂刷或喷涂的方法使其附着在清洁工件的表面上	吸收激光的效果较好	适应性强 缺点是涂层不够均匀，淬火时碳燃烧易产生烟雾及亮光，有时对工件表面有增碳作用	适于任何材料及大型工件的局部涂覆
油漆法	黑色油漆	将油漆喷涂或涂刷于工件表面	对 10.6μm 的激光有较强的吸收能力，且较稳定	适应性强 附着力较强，且便于均匀涂覆 缺点是淬火时产生难闻的气味和烟雾，且不易清除	可适用于任何材料，特别是难以采用磷化法的高合金钢和不锈钢制造的工件

45 钢经不同方法预处理并进行相同参数激光淬火后的效果比较见表 4-67。

表 4-67 45 钢经不同方法预处理并进行相同参数激光淬火后的效果比较

预处理方法	淬硬层深度/mm	淬硬带宽度/mm	硬度 HV	硬化层组织
氧化	0.19~0.20	1.08~1.10	542	细针马氏体
磷化	0.22~0.27	1.10~1.23	542	
涂磷酸盐	0.25~0.31	1.18~1.35	585	

7. 激光淬火工艺

激光淬火时，主要是控制工件的表面温度和淬硬层深度。在实际操作中，通过调节激光器的输出功率、光斑面积和扫描速度等，即可达到控制工件的表面温度和淬硬层深度的目的。淬硬层深度 H 与主要工艺参数的关系如下：

$$H \propto \frac{P}{Sv} \tag{4-38}$$

式中 P——激光器输出功率；

S——作用于工件表面的光斑面积；

v——扫描速度。

此外，还要考虑基体的大小（决定散热状况）和搭接率等。

激光淬火的淬硬层深度一般均小于 2mm。

(1) 功率密度与作用时间　激光淬火时，为避免材料表面发生熔化，功率密度一般$<10^4$ W/cm^2，通常采用1000~6000W/cm^2，作用时间在0.1~10s之间。碳钢合适的功率密度为1000~1500W/cm^2，时间为1~2s。功率密度高，作用时间短，得到的淬硬层浅；反之，得到的淬硬层就深。对于原始组织好的高淬透性材料，可采用低功率密度并适当延长加热时间的方法来处理，即采用低的扫描速度；而对于原始组织不好的低淬透性材料，可在高功率密度和短时间作用下处理。对于尺寸较小工件的淬火，由于自身冷却能力的不足，应使用较高的功率密度和较短的作用时间，必要时可采用外部淬火冷却介质进行冷却。

(2) 光斑　激光束光斑有圆形、线形和矩形三种。光斑宽度一般为2~10mm。光斑的宽度直接影响着激光硬化层的带宽。光斑宽度不能太大，以免冷却速度过低，不能实现马氏体转变。

(3) 扫描速度　扫描速度通常为5~50mm/s。扫描速度过小，冷却速度太低，也会影响马氏体转变。不同功率和不同扫描速度对淬硬层的影响见表4-68。由表4-68可以看出，扫描速度越快，马氏体晶粒越细；当扫描速度为10mm/s时，晶粒度达到最细（1级）。随着激光扫描速度的增加，马氏体晶粒得到细化，有效提高了材料表面强韧性和耐磨性，但伴随着的是淬硬层深度的减少，应根据具体工件的使用工况，选取合理的激光扫描速度。

表4-68　不同功率和不同扫描速度对淬硬层的影响

功率/W	扫描速度/(mm/s)	淬硬层深度/mm	表面状况	马氏体晶粒度/级
2500	2	1.35	未熔	4
2700			微熔	
4100	6	1.05	未熔	3
4300			微熔	
5100	10	0.7	未熔	1
5300			微熔	

(4) 扫描方式　光束与工件之间的相对运动可以是平移或以轴线为中心旋转，速度可调。硬化带为平面形或螺纹形。根据搭接量的不同，激光束的扫描方式分为重叠、相接和分离三种，如图4-54所示。激光淬火时的表面硬度分布如图4-55所示。如果硬化区是一个封闭的环带，则会在硬化环带的起始硬化部分造成回火软化区。回火软化区的宽度与光斑特性有关，照射强度均匀的矩形光斑因具有明确的分界线，所产生的回火软

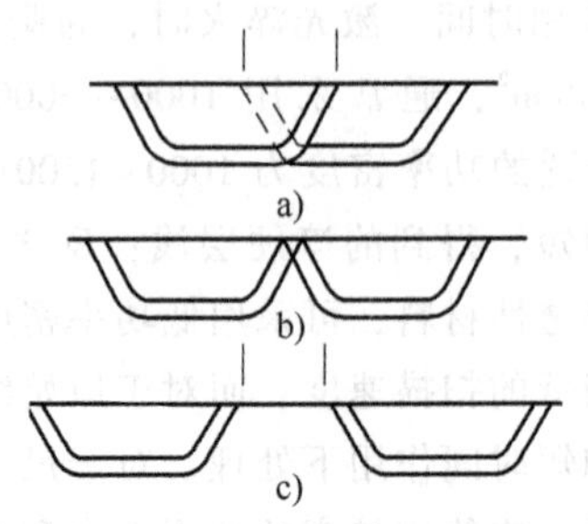

图 4-54　激光淬火扫描方式

a）重叠　b）相接　c）分离

化区比高斯光斑的小。

（5）搭接系数　当激光表面淬火面积较宽时，应采用扫描带搭接方式处理。搭接系数一般为 5%～20%。其计算公式如下：

$$搭接系数=\frac{搭接量}{光斑宽度}\times 100\% \tag{4-39}$$

在条件许可的情况下，应尽可能采用宽光束淬火，以减少搭接次数。

影响激光淬火质量的因素很多，应根据设备的激光功率、扫描速度、工件材料、技术要求、涂料的种类、光斑及镜头的选择、淬火部位的形状及运行方式等，反复进行试验，找出合适的工艺参数。

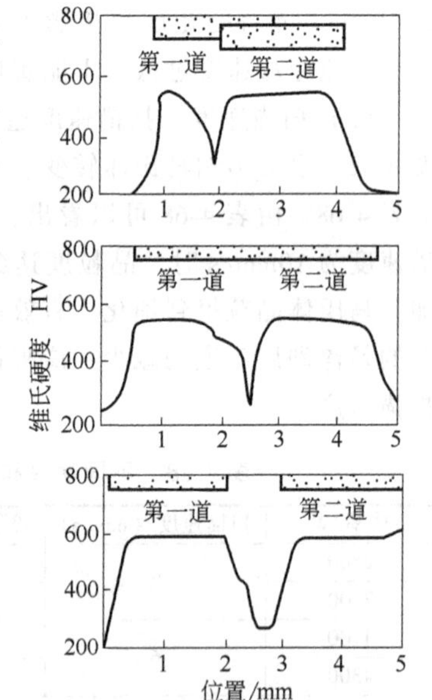

图 4-55　激光淬火时的表面硬度分布

几种钢激光淬火工艺参数及效果见表 4-69。

表 4-69　几种钢激光淬火工艺参数及效果

牌号	功率密度 /(kW/cm²)	激光功率 /W	扫描速度 /(mm/s)	硬化层深度 /mm	硬度 HV
20	4.4	700	19	0.3	476.8
45	2	1000	14.7	0.45	770.8
T10	10	500	35	0.65	841

（续）

牌号	功率密度/(kW/cm^2)	激光功率/W	扫描速度/(mm/s)	硬化层深度/mm	硬度HV
T10A	3.4	1200	10.9	0.38	926
T12	8	1200	10.9		1221
40Cr	3.2	1000	18	0.28~0.6	770~776
40CrNiMoA	2	1000	14.7	0.29	617.5
20CrMnTi	4.5	1000	25	0.32~0.39	462~535
GCr15	3.4	1200	19	0.45	941
	4.6	1600	14.7	0.53	877
9SiCr	2.3	1000	15	0.23~0.52	577~915
W18Cr4V	3.2	1000	15	0.52	927~1000

4.5　电子束淬火

电子束淬火是指在电子束加热装置上，利用能量高度集中的高能电子束对工件表面进行加热，并自行冷却硬化的热处理工艺。

电子束加热与激光加热一样，具有很高的加热速度，可在极短的时间内将金属表面加热至高温或熔化，可进行电子束淬火，也可进行表面合金化或熔覆。电子束加热与激光加热的区别在于它是在真空（<0.666Pa）下进行的。电子束淬火后可获得超细晶粒组织。电子束淬火时，一般都将功率密度控制在$10^4\sim10^5$ W/cm^2，加热速度在$10^3\sim10^5$℃/s。

几种钢电子束淬火后淬硬层的硬度见表4-70。表4-71为45钢和20Cr13钢典型电子束淬火工艺参数，表4-72为42CrMo钢电子束淬火工艺参数。

表4-70　几种钢电子束淬火后淬硬层的硬度

牌号	硬度　HRC	最高硬度　HRC
45	62.5	65
T7	66	68
20Cr13	46~51	57
GCr15	66	

表4-71　45钢和20Cr13钢典型电子束淬火工艺参数

牌号	束斑尺寸/mm	加速电压/kV	束电流/mA				试样移动速度/(mm/s)
			1	2	3	4	
45	8×6	50	35	37	33	40	5
45	8×6	50	45	47	43	41	10

(续)

牌号	束斑尺寸/mm	加速电压/kV	束电流/mA				试样移动速度/(mm/s)
			1	2	3	4	
45	8×6	50	55	57	53	51	20
45	8×6	50	65	67	63	61	30
45	8×6	50	70	70			40
20Cr13	8×6	50	35	37	45		5
20Cr13	8×6	50	45	49	47		10
20Cr13	8×6	50	55	57	59		20
20Cr13	8×6	50	65	63	61		30
20Cr13	8×6	50	69	69			40

表 4-72 42CrMo 钢电子束淬火工艺参数

序号	加速电压/kV	束电流/mA	聚焦电流/mA	电子束功率/kW	淬火带宽度/mm	淬火层深度/mm	硬度HV	表层金相组织
1	60	15	500	0.90	2.4	0.35	627	细针马氏体 5~6 级
2	60	16	500	0.96	2.5	0.35	690	隐针马氏体
3	60	18	500	1.08	2.9	0.45	657	隐针马氏体
4	60	20	500	1.20	3.0	0.48	690	针状马氏体 4~5 级
5	60	25	500	1.50	3.6	0.80	642	针状马氏体 4 级
6	60	30	500	1.80	5.0	1.55	606	针状马氏体 2 级

注：试样尺寸为 10mm×10mm×50mm；表面粗糙度 *Ra* 为 0.4μm；所用设备为 30kW 电子束焊机；加速电压为 60kV，聚焦电流为 500mA，扫描速度为 10.47mm/s，电子枪真空度为 4×10^{-2}Pa，真空室真空度为 0.133Pa。

4.6 电解液淬火

1. 电解液淬火原理

电解液淬火就是将具有一定电压的直流电流通入电解液，利用阴极效应来使电解液中的工件加热到奥氏体化，断电后在电解液中快速冷却的热处理方法。电解液淬火可以是整体淬火，也可以进行局部淬火，其原理如图 4-56 所示。

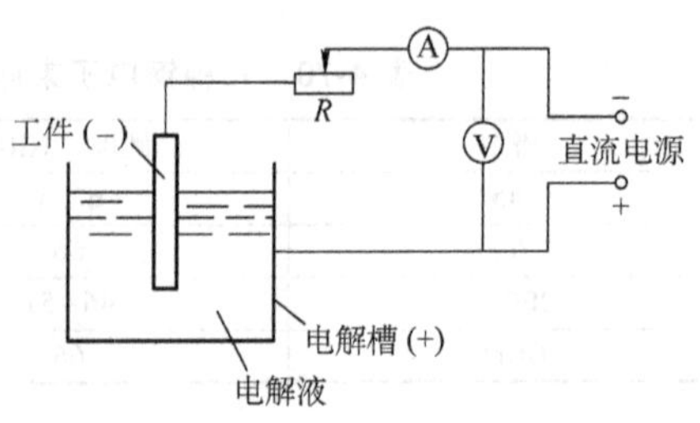

图 4-56 电解液淬火的原理

电解液淬火具有生产率高、淬火畸变小、成本比较低、易于实现自动化、保证产品质量等优点。其缺点是加热不够均匀，且需要一套大功率的

直流电发生装置。电解液淬火适用于形状简单的棒状工件和板状工件的批量生产。

2. 电解液

所用电解液为酸、碱或盐类的水溶液，最适宜的电解液是质量分数为5%~10%的碳酸钠水溶液，也可用质量分数为5%~10%的碳酸钾、氢氧化钠、氢氧化钾、硫酸钠、氯化钙、氯化钡以及硝酸钙等水溶液代替。

3. 电解液淬火工艺

电解液淬火工艺参数见表4-73。表4-74为电解液加热规范与硬化层深度的关系。

表4-73　电解液淬火工艺参数

电解液	使用温度/℃	直流电压/V	电流密度/(A/cm^2)	加热时间/s
$w(Na_2CO_3)$为5%~10%的水溶液	20~40,最高为60	200~300	3~10	5~10

表4-74　电解液加热规范与硬化层深度的关系

<table>
<tr><th>$w(Na_2CO_3)$(%)</th><th>工件浸入深度/mm</th><th>电压/V</th><th>电流/A</th><th>加热时间/s</th><th>马氏体区深度/mm</th></tr>
<tr><td>5</td><td>2</td><td>220</td><td>6</td><td>8</td><td>2.3</td></tr>
<tr><td rowspan="2">10</td><td rowspan="2">2</td><td>220</td><td>8</td><td>4</td><td>2.3</td></tr>
<tr><td>80</td><td>6</td><td>8</td><td>2.6</td></tr>
<tr><td>5</td><td>5</td><td>220</td><td>12</td><td>5</td><td>6.4</td></tr>
<tr><td rowspan="2">10</td><td rowspan="2">5</td><td>220</td><td>14</td><td>4</td><td>5.8</td></tr>
<tr><td>180</td><td>12</td><td>7</td><td>5.2</td></tr>
</table>

工件在电解液中可采用端部自由加热、端面绝缘加热、回转加热和连续加热等方式，因而可以实现局部淬火或全部淬火。

第5章　钢的化学热处理

化学热处理是表面合金化与热处理相结合的技术。钢的化学热处理就是在一定温度下，在特定的活性介质中，向钢的表面渗入一种或几种元素，使其表面的化学成分发生预期的变化，再配以不同的后续热处理，从而改变钢的表层组织和性能的热处理方法。

1. 化学热处理的分类（见表5-1）

表5-1　化学热处理的分类

类别		作用
渗非金属	渗碳及碳氮共渗	提高工件的耐磨性、硬度及疲劳极限
	渗氮及氮碳共渗	提高工件的表面硬度、耐磨性、抗咬合能力及耐蚀性
	渗硫	提高工件的减摩性和抗咬合性
	硫氮共渗及硫氮碳共渗	提高工件的耐磨性、减摩性及抗疲劳、抗咬合能力
	渗硼	提高工件的表面硬度、耐磨性、耐蚀性及热硬性
	渗硅	提高工件的表面硬度、耐蚀性及抗氧化能力
渗金属	渗锌	提高工件的抗大气腐蚀能力
	渗铝	提高工件的抗高温氧化及含硫介质腐蚀能力
	渗铬	提高工件的抗高温氧化、耐蚀性及耐磨性
	渗钛	提高工件的表面硬度及耐蚀性
	渗铌	提高工件的表面耐磨性及耐蚀性
	渗钒	提高工件的表面硬度、耐磨性及抗咬合能力
	渗锰	提高工件的表面耐磨性及耐蚀性
	铬铝共渗	具有比单独渗铬或渗铝更优的耐热性能
渗金属及非金属	硼铝共渗	提高工件的耐磨性、耐蚀性及抗高温氧化能力，表面脆性及抗剥落能优于渗硼
	铬铝硅共渗	提高工件的高温性能

2. 化学热处理的基本过程

任何一种化学热处理都是由分解、吸收和扩散三个基本过程组成的。

这三个过程又是同时发生而且密切相关的。化学热处理的三个基本过程见表 5-2。

表 5-2 化学热处理的三个基本过程

基本过程	说明
分解	含有渗入元素的渗剂，在一定温度下进行分解反应，产生活性原子 渗剂分解的速度取决于它的性质、数量、分解温度、压力以及催化剂等因素
吸收	吸收是活性原子(或离子)被钢的表面吸附并渗入表面层的过程。吸收的方式既可以是活性原子溶入钢的固溶体中，也可以是活性原子与铁或合金元素形成化合物 吸收过程的强弱，与活性介质的分解速度、渗入元素的性质、扩散速度，钢的成分及其表面状态等因素有关
扩散	渗入元素的活性原子被工件的表面吸收和溶解后，提高了渗入元素在表面层的浓度，形成心部与表面的浓度梯度。在浓度梯度和温度的作用下，原子会自发地沿着浓度梯度下降的方向做定向移动，形成一定厚度的扩散层

5.1 渗碳

将钢件在富碳介质中加热到高温（一般为 900~950℃），保温一定的时间，使活性碳原子渗入钢件表层，以提高表层碳浓度的热处理方法称为渗碳。

对渗碳层的要求见表 5-3。

5.1.1 气体渗碳

1. 渗碳剂

(1) 常用的渗碳剂　气体渗碳所用的渗碳剂按原料的物理状态可分为液态气体渗碳剂和气态气体渗碳剂。

1）常用液态气体渗碳剂的特性见表 5-4。

2）常用气态气体渗碳剂由载气和富化气组成。载气有吸热式气氛、净化放热式气氛或氮基气氛等，富化气有天然气、液化石油气、丙烷或丁烷等，载气与富化气的比例一般在 8∶1~30∶1 范围内。通过调节载气与富化气的比例可以控制炉内气氛的碳势。

(2) 渗碳剂的选择　选择渗碳剂时应考虑以下特性：

1）碳当量越小，有机液体的供碳能力越强。

2）碳氧比越大，有机液体的渗碳能力越强。

表 5-3 对渗碳层的要求

<table>
<tr><th>项目</th><th>说　明</th></tr>
<tr><td>表面碳浓度</td><td>w(C)应控制在 0.85%～1.05%之间,一般要求在 0.9%左右</td></tr>
<tr><td>碳浓度梯度</td><td>碳浓度梯度的下降应平缓,以利于渗碳层与心部的结合;否则,在使用中容易产生剥落现象</td></tr>
<tr><td>渗碳层组织</td><td>表面层的碳浓度最高,为过共析层,组织为珠光体和碳化物;次层为共析层,组织为珠光体;再次层为亚共析层,即过渡层,组织为珠光体和铁素体</td></tr>
<tr><td>渗碳层深度</td><td>渗碳层深度一般为工件半径的 10%～20%
齿轮渗碳时有效硬化层深度与模数有关,推荐值如下(有效硬化层深度界限值为 550HV)
渗碳齿轮有效硬化层深度推荐值　　(单位:mm)
<table>
<tr><th>模数 m</th><th>有效硬化层深度</th><th>模数 m</th><th>有效硬化层深度</th><th>模数 m</th><th>有效硬化层深度</th></tr>
<tr><td>1.5</td><td>0.25～0.50</td><td>6</td><td>1.30～1.80</td><td>16</td><td>3.00～3.90</td></tr>
<tr><td>1.75</td><td>0.25～0.50</td><td>7</td><td>1.50～2.00</td><td>18</td><td>3.00～3.90</td></tr>
<tr><td>2</td><td>0.40～0.65</td><td>8</td><td>1.80～2.30</td><td>20</td><td>3.60～4.50</td></tr>
<tr><td>2.5</td><td>0.50～0.75</td><td>9</td><td>1.80～2.30</td><td>22</td><td>3.70～4.80</td></tr>
<tr><td>3</td><td>0.65～1.00</td><td>10</td><td>2.00～2.60</td><td>25</td><td>4.00～5.00</td></tr>
<tr><td>3.5</td><td>0.65～1.00</td><td>11</td><td>2.00～2.60</td><td>28</td><td>4.00～5.00</td></tr>
<tr><td>4</td><td>0.75～1.30</td><td>12</td><td>2.30～3.20</td><td>32</td><td>4.00～5.00</td></tr>
<tr><td>5</td><td>1.00～1.50</td><td>14</td><td>2.60～3.50</td><td></td><td></td></tr>
</table></td></tr>
<tr><td>渗碳层硬度</td><td>渗碳淬火后,表面硬度一般为 58～63HRC;受力较大的工件,心部硬度应为 29～43HRC</td></tr>
</table>

表 5-4 常用液态气体渗碳剂的特性

名称	分子式	相对分子质量	碳当量/(g/mol)	碳氧比	产气量/(L/mL)	渗碳反应式	用途
甲醇	CH_3OH	32	—	1	1.66	$CH_3OH \rightarrow CO+2H_2$	稀释剂
乙醇	C_2H_5OH	46	46	2	1.55	$C_2H_5OH \rightarrow [C]+CO+3H_2$	渗碳剂
异丙醇	C_3H_7OH	60	30	3	—	$C_3H_7OH \rightarrow 2[C]+CO+4H_2$	强渗碳剂
乙酸乙酯	$CH_3COOC_2H_5$	88	44	2	—	$CH_3COOC_2H_5 \rightarrow 2[C]+2CO+4H_2$	渗碳剂
丙酮	CH_3COCH_3	58	29	3	1.23	$CH_3COCH_3 \rightarrow 2[C]+CO+3H_2$	强渗碳剂
乙醚	$C_2H_5OC_2H_5$	74	24.7	4	—	$C_2H_5OC_2H_5 \rightarrow 3[C]+CO+5H_2$	强渗碳剂
煤油	$C_{12}H_{26}$～$C_{16}H_{34}$	—	25～28	—	0.73		强渗碳剂

3）形成炭黑和结焦的趋向要小。对于在高温分解产物中含有大量烷烃和烯烃的有机液体，形成炭黑和结焦的趋势较大，使用中应加入稀释剂或采用其他办法避免形成炭黑和结焦。

4）分解产物中 CO 和 H_2 含量要稳定。在单参数控制碳势渗碳时，要求炉气中 CO 和 H_2 的含量基本不变。

2. 渗碳前的预备热处理

（1）正火

1）工件锻坯或原料应进行正火，正火工艺参考第 3 章。

2）对于某些合金结构钢，当采用正火加回火工艺时，正火温度应略高于渗碳温度，回火温度为 600~680℃。

3）根据钢材特性和锻造生产具体条件，可采用锻造余热等温退火或锻造余热正火工艺。

4）正火后或正火加回火后的硬度应符合工艺文件规定，硬度应均匀。

（2）等温退火　对于高精度齿轮，为增加组织均匀性，可采用等温退火工艺。

（3）去应力处理　对要求高的齿轮以及模数大于 14mm 的齿轮，齿形粗加工后应进行去应力退火或在 600~ 650℃进行高温回火。

3. 气体渗碳工艺

（1）以煤油为渗剂的气体渗碳　以煤油为渗剂的气体渗碳是最简单的气体渗碳工艺。图 5-1 所示为 RJJ 型井式炉以煤油为渗剂的气体渗碳工艺。表 5-5 为不同型号井式气体渗碳炉渗碳各阶段煤油滴量。不同情况下气体渗碳时的煤油滴量见表 5-6。

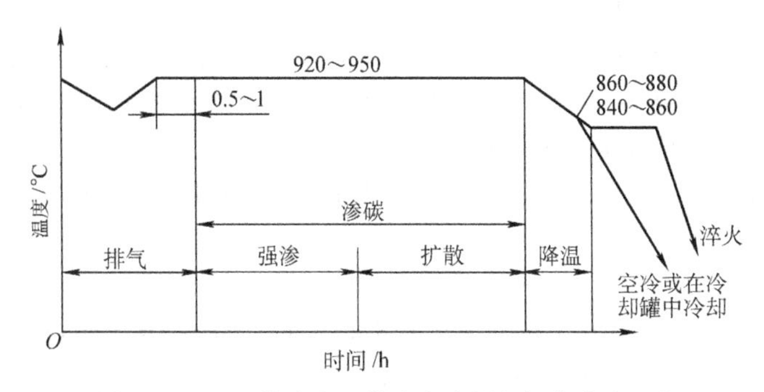

图 5-1　RJJ 型井式炉以煤油为渗剂的气体渗碳工艺

表 5-5 不同型号井式气体渗碳炉渗碳各阶段煤油滴量

（单位：mL/min）

设备型号	排气		强渗	扩散	降温
	850~900℃	900~930℃			
RJJ-25-9T	2~2.4	4~4.8	2~2.4	0.8~1.2	0.4~0.8
RJJ-35-9T	2.4~2.8	5.2~6	2.4~2.8	1.2~1.6	0.8~1.2
RJJ-60-9T	2.8~3.2	6~6.8	2.8~3.2	1.4~1.8	1~1.4
RJJ-75-9T	3.6~4	6.8~7.6	3.4~4	1.6~2	1.2~1.6
RJJ-90-9T	4~4.4	8~8.8	4~4.4	2~2.4	1.4~1.8
RJJ-105-9T	4.8~5.2	9.6~10.4	4.8~5.2	2.4~2.8	1.6~2

注：1. 数据适用于合金钢，碳钢应增加 10%~20%；装入工件的总面积过大或过小时，应适当修正。

2. 渗碳温度为 920~930℃。

表 5-6 不同情况下气体渗碳时的煤油滴量

渗碳层深度/mm	工件渗碳总面积/cm^2	不同渗碳炉的滴入量/(mL/min)						强渗时间/h
		RQ3-25-9		RQ3-60-9		RQ3-75-9		
		强渗	扩散	强渗	扩散	强渗	扩散	
0.6~0.9	<10000	5.2	3.7	5.8	4.3	6.7	4.9	3
	10000~20000	5.5	4	6.1	4.6	7	5.5	
	>20000	—	—	6.4	4.9	7.3	5.8	
0.8~1.2	<10000	4.9	3.7	5.5	4.3	6.7	4.9	4~6
	10000~20000	5.2	4	5.8	4.6	7	5.5	
	>20000	—	—	6.7	4.9	7.3	5.8	
1.1~1.4	<10000	4.3	3.7	5.2	4.3	6.1	4.9	6~8
	10000~20000	4.6	4	5.5	4.6	6.4	5.2	
	>20000	—	—	5.8	4.9	6.7	5.5	

注：适于渗碳温度 910℃±10℃。

（2）煤油+甲醇滴注式渗碳　煤油+甲醇滴注式渗碳是将煤油和甲醇两种有机液体直接滴入高温炉罐内。煤油为渗碳剂，裂解后形成强渗碳气氛；甲醇为稀释剂，裂解形成稀释气体，起保护和冲淡的作用。煤油+甲醇滴注式气体渗碳通用工艺如图 5-2 所示。

图 5-2 中 q 为按渗碳炉电功率计算的渗剂滴量（mL/min），由下式计算：

$$q = CW \tag{5-1}$$

式中　C——每千瓦功率每分钟所需要的滴量 [mL/(kW · min)]，可取 C=0.13mL/(kW · min)；

W——渗碳炉功率（kW）。

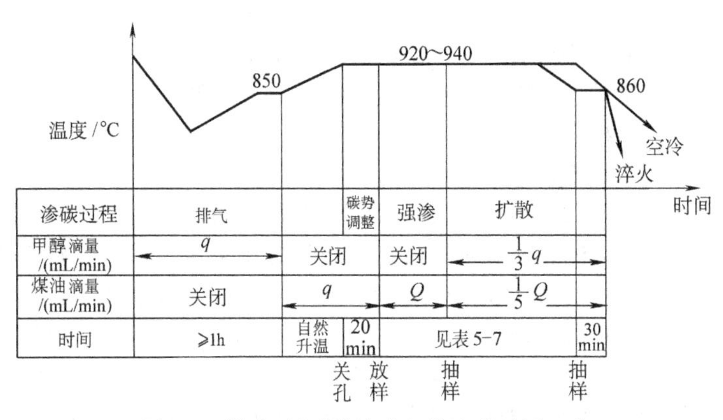

图 5-2 煤油+甲醇滴注式气体渗碳通用工艺

图 5-2 中 Q 为按工件有效吸碳面积计算的渗剂滴量（mL/min），由下式计算：

$$Q=KNF \tag{5-2}$$

式中 K——每平方米吸碳表面积每分钟耗渗碳剂量［mL/(m^2·min)］，取 $K=1$mL/(m^2·min)；

N——装炉工件数（件）；

F——单个工件有效吸碳表面积（m^2/件）。

上述工艺适用于不具备碳势测量与控制仪器的情况下使用。强渗时间、扩散时间与渗碳层深度的关系可参考表 5-7，使用时可根据具体情况进行修正。

表 5-7 强渗时间、扩散时间与渗碳层深度的关系

渗层深度/mm	强渗时间/min			强渗后渗层深度/mm	扩散时间/h	扩散后渗层深度/mm
	920℃	930℃	940℃			
0.4~0.7	40	30	20	0.20~0.25	≈1	0.5~0.6
0.6~0.9	90	60	30	0.35~0.40	≈1.5	0.7~0.8
0.8~1.2	120	90	60	0.45~0.55	≈2	0.9~1.0
1.1~1.6	150	120	90	0.60~0.70	≈3	1.2~1.3

注：若渗碳后直接降温淬火，则扩散时间应包括降温及降温后停留的时间。

（3）滴注式可控气氛渗碳　滴注式可控气氛渗碳是将稀释剂和渗碳剂直接滴入高温炉罐，并对碳势进行自动控制的渗碳工艺。稀释剂为甲醇，渗碳剂多用煤油、丙酮、异丙醇等。用 CO_2 红外仪可控气氛渗碳时，渗碳剂由红外仪控制滴入量。

使用 CO_2 红外仪进行可控气氛渗碳，要注意以下几点：

1）工件表面不得有油污、锈蚀及其他污垢。

2）炉盖上的取气管应有水冷套，炉气要先经粗过滤、除水，再经精过滤进入红外仪。

3）红外仪应定期校对零点，以免引起测量误差。

4）每炉都应用钢箔校正碳势，特别是在用煤油作渗碳剂时。

5）严禁在750℃以下向炉内滴入任何有机溶液。每次渗碳完毕后，应检查滴注器是否关紧，以防有机液体在低温下滴入炉内而引起爆炸。

滴注式可控气氛渗碳可以获得高质量的渗碳层，既可在多用炉上实现，也可用井式气体渗碳炉改装，只要配备一套气体测量控制装置即可。

为了保证煤油加甲醇充分裂解，对炉体有以下要求：

1）炉罐全系统密封良好，炉气静压大于1500Pa。

2）滴注剂必须直接滴入炉内，炉内加溅油板。

3）滴注剂通过400~700℃温度区间的时间不大于0.07s。

（4）吸热式气氛渗碳 吸热式渗碳气氛由吸热式气体+富化气组成。吸热式气体由专用的吸热式气体发生器产生，常用吸热式气体成分见表5-8。富化气一般为甲烷或丙烷。

吸热式气氛渗碳时，由于CO和 H_2 的含量基本保持稳定，所以用 CO_2 红外仪、露点仪或氧探头分别测定单一的 CO_2 含量、露点或 O_2 含量即可控制碳势。

表5-8 常用吸热式气体成分

原料气	混合体积比（空气/原料气）	气体成分(体积分数,%)					
		CO_2	H_2O	CH_4	CO	H_2	N_2
天然气	2.5	0.3	0.6	0.4	20.9	40.7	余量
城市煤气	0.4~0.6	0.2	0.12	0~1.5	25~27	41~48	余量
丙烷	7.2	0.3	0.6	0.4	24.0	33.4	余量
丁烷	9.6	0.3	0.6	0.4	24.2	30.3	余量

各种炉型吸热式气氛用量与炉膛（炉底有效面积）关系的经验数据见表5-9~表5-12。

（5）氮基气氛渗碳 氮基气氛渗碳是以氮气为载体添加富化气或其他供碳剂的气体渗碳方法。根据原料气组成的不同，将几种典型氮基渗碳气氛的成分列于表5-13。其中最具代表性的是甲醇+ N_2 +富化气，氮气与甲醇的体积比以2∶3（40%氮气+60%甲醇裂解气）为最佳。碳势控制宜选用反应灵敏的氧探头。

表 5-9 带前室的多用炉吸热式气氛用量与炉膛的关系

炉膛体积/m^3	吸热式气氛用量/(m^3/h)	富化气用量
0.10~0.20	5~10	为吸热式气氛总量的0~4%
0.20~0.50	10~15	
0.50~1.00	15~20	
1.00~1.50	20~25	
1.50~2.00	25~30	

表 5-10 井式渗碳炉吸热式气氛用量与炉膛的关系

炉膛体积/m^3	吸热式气氛用量(m^3/h)	富化气用量
0.10~0.20	4~5	为吸热式气氛总量的0~3%
0.20~0.30	5~7	
0.30~0.50	7~11	
0.50~0.60	11~13	
0.60~0.70	13~15	
0.70~0.80	15~17	
0.80~1.00	17~21	

表 5-11 连续推杆式渗碳炉吸热式气氛用量与炉膛的关系

炉膛体积/m^3	吸热式气氛用量/(m^3/h)	富化气用量	备　注
2~5	20~25	为吸热式气氛总量的0~4%	1)淬火作业时,可控气氛用量为渗碳作业时的2倍 2)炉子设有前后室与火封
5~10	25~30		
10~15	30~40		
15~20	40~50		
20~30	50~60		
30~40	60~70		

表 5-12 振底式炉可控气氛用量与炉底有效面积的关系

炉底有效面积/m^2	可控气氛用量/(m^3/h)		富化气用量
	吸热式气氛	放热式气氛	
0.10~0.30	5~8	10~15	为可控气氛总量的0~3%
0.30~0.60	8~10	15~20	
0.60~1.00	10~15	20~25	
1.00~1.30	15~20	25~30	
1.30~1.70	20~25	30~40	
1.70~2.00	25~30	40~45	

氮基气氛渗碳具有以下特点：不需要气体发生装置，成分与吸热式气氛基本相同，气氛的重现性、渗碳速度及渗层深度的均匀性和重现性与吸

表 5-13 几种典型氮基渗碳气氛的成分

序号	原料气组成	炉气成分(体积分数,%)					碳势(质量分数,%)	备注
		CO_2	CO	CH_4	H_2	N_2		
1	甲醇+N_2+CH_4(或C_3H_8)	0.4	15~20	0.3	35~40	余量	—	Endomix 法,用于连续炉或多用炉
	甲醇+N_2+丙酮(或乙酸乙酯)							Carbmaa Ⅱ 法,用于周期式炉
2	N_2+(CH_4/空气=0.7)	—	11.6	6.9	32.1	49.4	0.83	CAP 法
3	N_2+(CH_4/CO_2=6.0)	—	4.3	2.0	18.3	75.4	1.0	NCC 法
4	N_2+C_3H_8	0.024	0.4	15	—	—	—	用于渗碳
	N_2+CH_4	0.01	0.1	—	—	—	—	用于扩散

注:甲醇+N_2+富化气中氮气与甲醇裂解气的体积比为 2∶3。

热式气氛的相当,能耗低,安全、无毒。

4. 碳势测量与控制

碳势测量与控制是保证气体渗碳质量的主要条件。碳势与控制测量方法及其特点列于表 5-14。

表 5-14 碳势与控制测量方法及其特点

方法	仪器及传感器	采样	精度 w(C)(%)	响应时间	特点	适用气氛
氧分析法	ZrO_2 探头	氧	±0.03	<1s	灵敏度高,准确,寿命较短,适用范围广	吸热式、放热式、氨分解、氮基气氛
红外辐射吸收法	CO_2 红外分析仪	CO_2	±0.05	40s	比较准确、可靠,精度高,成本高	吸热式
露点测定法	氯化锂露点仪	水	±1	100s	精度低,灵敏度低,不能用于碳氮共渗	吸热式、放热式
电阻法	电阻仪	电阻	±0.05	10~20min	反应滞后,钢丝寿命短	吸热式、放热式
钢箔法	分析天平	碳	±0.02	20~30min	可用于其他测量碳势方法的标定及碳势控制仪器的校核	气体渗碳气氛
	化学分析		±0.02			

5. 气体渗碳时对非渗碳表面的防渗处理

对非渗碳表面的防渗碳处理方法见表5-15。

表5-15　对非渗碳表面的防渗碳处理方法

序号	防渗方法	说　明
1	填塞法	对不需要渗碳的小孔用黏土填塞，对深孔可先灌入砂子，然后用耐火土、石棉粉与水玻璃的混合物将孔口封紧
2	掩盖法	对非渗碳面用钢套、钢环或石棉绳掩盖，对不需要渗碳的孔、洞加盖保护
3	镀铜法	在非渗碳面镀铜，厚度为0.02~0.05mm
4	去除法	在非渗碳面预留加工量，渗碳后采用机械加工方法将渗碳层去掉
5	涂料法	对非渗碳面涂一层1~2.5mm厚的防渗碳涂料，可防止渗碳。常用的防渗碳涂料见下表

序号	涂料配方(质量分数,%)	用　法
1	氯化亚铜33.3，铅丹16.7，松香16.7，乙醇33.3	将前两种、后两种分别混合均匀后，再混合并调成糊状，用毛刷涂抹于工件的防渗部位。涂层厚度为1mm以上，应均匀、致密、无孔、无裂纹
2	熟耐火砖粉40，耐火黏土60	将两者混合均匀后，用水玻璃调成干稠状，填入不需要渗碳的孔中，并捣实，然后风干或低温烘干
3	玻璃粉(75μm)70~80滑石粉20~30，水玻璃适量	混合均匀涂于防渗处，涂层厚度为0.5~2.0mm，于130~150℃烘干
4	硅砂85~90，硼砂1.5~2.0，滑石粉10~15	用水玻璃调匀后使用
5	铅丹4，氧化铝8，滑石粉16，水玻璃72	调匀后使用，涂覆两层，适用于高温防渗碳

6. 气体渗碳操作

1）按照气体渗碳炉操作规程检查设备，确保设备运转正常。

2）清除工件表面油污、锈斑、毛刺和水迹，无磕伤及裂纹。

3）对非渗碳表面进行防渗处理。

4）准备试样。试样的材质要与渗碳工件相同。试样有两种：一种是ϕ10mm×100mm的炉前试棒，用于确定出炉时间；另一种是与工件形状近似的随炉试块，与工件一起处理，用于检查渗碳层深度及金相组织。

5）检查渗剂的数量是否充足。

6）滴油管不得倾斜，应保持垂直状态，以保证渗剂能直接滴入炉膛内。

7）工件装入料筐或挂在吊具上，要有利于减少变形。

8）工件之间的间隙应大于5mm，层与层之间可用丝网隔开，以利于气流循环，使渗碳层均匀。

9）在每一筐有代表性的位置放一块试块。

10）装炉质量及装料总高度应小于设备规定的最大装载量和炉膛有效尺寸。

11）排气至CO_2体积分数小于0.5%时，排气结束。

12）渗碳罐应保持正压，不得漏气，可用火苗检查炉盖和风扇处有无漏气现象。

13）渗碳阶段，调整炉内压力为200~500Pa。

14）排气管排出的气体应点燃，火焰应稳定，呈浅黄色，长度在80~120mm之间，无黑烟和火星。根据火焰燃烧的状况可以判断炉内的工作情况，若火焰中出现火星，说明炉内炭黑过多；火焰过长，尖端外缘呈白亮色，是渗碳剂供给量太多的表现；火焰太短，外缘为透明的浅蓝色，表明渗碳剂供给量不足或炉子漏气。

15）在渗碳阶段结束前30~60min，检查炉前试棒渗层深度，确定降温的开始时间。检查方法有断口目测法和炉前快速分析法。断口目测法是将渗碳试棒从炉中取出，淬火后打断，观察断口，渗碳层呈银白色瓷状，未渗碳部分为灰色纤维状，交界处碳的质量分数约为0.4%，用读数放大镜测量表面至交界处的厚度；或将试棒断口在砂轮上磨平，用4%（质量分数）硝酸乙醇溶液浸蚀磨面，几秒钟后会出现黑圈，黑圈厚度即可近似代表渗碳层深度，用读数放大镜测量。

16）降至规定温度出炉，按工艺要求将工件冷却或直接淬火。

17）对于连续渗碳炉，开炉前必须用中性气体将空气排走，停炉时必须把炉内气体排净。

5.1.2　液体渗碳

液体渗碳即盐浴渗碳，其特点是，渗碳速度快，效率高，渗碳层均匀，便于局部渗碳和直接淬火，设备简单，操作方便，适用于中小型工件及有不通孔的工件；但成本高，且大多数盐浴有毒，对环境有污染，对操作者有危害，不适于大批量生产。

1. 渗碳盐浴

渗碳盐浴由基盐、供碳剂及催渗剂组成。基盐与普通盐浴相同，呈中性，起着加热介质的作用，常用 NaCl、KCl、$BaCl_2$，或复盐配制。供碳剂常用 NaCN（有剧毒，限制使用）、木炭粉、SiC 和 CaC_2、603 渗碳剂及 C90 渗碳剂。催渗剂具有促进渗碳和盐浴活性再生的作用，一般用 Na_2CO_3、$BaCO_3$、尿素，$BaCl_2$ 兼有催化作用；新型催渗剂还有碳化硼、碳酸稀土、三氯氰胺等。

不同类别渗碳盐浴的成分见表 5-16。

表 5-16　不同类别渗碳盐浴的成分

盐浴类别	渗碳盐浴成分(质量分数,%)			备注
	基盐	供碳剂	催化剂	
低氰盐浴	$BaCl_2$ 45~55, NaCl 10~20, KCl 10~20	NaCN 1.5~10	Na_2CO_3 30	NaCN 有剧毒
原料无毒盐浴	NaCl 35~40, KCl 40~45	603 渗碳剂 10	Na_2CO_3 10	原料无毒,但 Na_2CO_3 与渗碳剂中的尿素会发生反应,生成少量 NaCN
无毒盐浴	NaCl 35~40, KCl 30~40	C90 渗碳剂 10	Na_2CO_3 20	

注：1. 603 渗碳剂成分（质量分数,%）为：木炭粉 50，尿素 20，Na_2CO_3 15，KCl 10，NaCl 5。
2. C90 渗碳剂成分（质量分数,%）为：木炭粉 70，高聚塑料粉 30。

2. 液体渗碳工艺

常用液体渗碳盐浴的组成及渗碳工艺见表 5-17。

表 5-17　常用液体渗碳盐浴的组成及渗碳工艺

<table>
<tr><th rowspan="2">序号</th><th colspan="3">盐浴组成(质量分数,%)</th><th rowspan="2">渗碳工艺及效果</th></tr>
<tr><th>组成物</th><th>新盐成分</th><th>控制成分</th></tr>
<tr><td rowspan="3">1</td><td>NaCN</td><td>4~6</td><td>0.9~1.5</td><td rowspan="3">工艺:920℃,3.5~4.5h
效果:20Cr、20CrMnTi 表面碳的质量分数为 0.83%~0.87%</td></tr>
<tr><td>$BaCl_2$</td><td>80</td><td>68~74</td></tr>
<tr><td>NaCl</td><td>14~16</td><td></td></tr>
<tr><td rowspan="4">2</td><td>603 渗碳剂</td><td>10</td><td>2~8(碳)</td><td rowspan="4">工艺:920℃
效果:20 钢渗碳时间与渗层深度的关系见下表<table><tr><td>渗碳时间/h</td><td>1</td><td>2</td><td>3</td></tr><tr><td>渗层深度/mm</td><td>>0.5</td><td>>0.7</td><td>>0.9</td></tr></table></td></tr>
<tr><td>KCl</td><td>40~45</td><td>40~45</td></tr>
<tr><td>NaCl</td><td>35~40</td><td>35~40</td></tr>
<tr><td>Na_2CO_3</td><td>10</td><td>2~8</td></tr>
</table>

（续）

序号	盐浴组成（质量分数，%）			渗碳工艺及效果
	组成物	新盐成分	控制成分	
3	C90 渗碳剂	10	6~8（碳）	工艺：920~940℃ 效果：表面碳的质量分数为 0.9%~1.0%。三种钢的渗碳速度见下表
	NaCl	40	40~50	
	KCl	40	33~43	
	Na_2CO_3	10	5~10	
4	Na_2CO_3	78~85	78~85	工艺：880~900℃，30min 效果：渗层总深度为 0.15~0.20mm，共析层深度为 0.07~0.10mm，硬度为 72~78HRA
	NaCl	10~15	10~15	
	SiC（粒度 0.700~0.355mm）	6~8	6~8	

渗碳时间/h	渗层深度/mm		
	20	20Cr	20CrMnTi
1	0.3~0.4	0.55~0.65	0.55~0.65
2	0.7~0.75	0.9~1.0	1.0~1.10
3	1.0~1.10	1.4~1.5	1.42~1.52
4	1.28~1.34	1.56~1.62	1.56~1.64
5	1.40~1.50	1.80~1.90	1.80~1.90

3. 液体渗碳操作

1）液体渗碳所用的设备是盐浴炉，其操作规程及注意事项与盐浴炉相同。工件表面不得有氧化皮、油污等，并应保持干燥，防止带入水分引起熔盐飞溅。

2）新配制的盐或使用中添加的盐应先烘干，新配制或添加供碳剂的盐浴应加以搅拌，使成分均匀。

3）定期放入渗碳试样，随工件渗碳淬火及回火，并按要求对试样进行检测。

4）定期分析、调整盐浴的成分，以保证盐浴成分在规定的范围内。

5）渗碳或淬火后的工件，应及时清洗、去除表面黏附的残盐，以免引起表面锈蚀。

6）含 NaCN 的渗碳盐有剧毒，在原料的保管、存放及操作时，要格外认真。残盐、废渣、废水必须进行中和处理，以免造成环境污染。中和的方法是把工件放在质量分数为 10% 的 $FeSO_4$ 溶液中煮沸，直至残盐全部溶解为止。

5.1.3　固体渗碳

固体渗碳是一种古老的渗碳方法，因其不需要专门的设备，多用于单件及应急工件的渗碳处理。随着科技的进步，这种渗碳方法逐渐被淘汰，在此只做简单叙述。

1. 固体渗碳剂

固体渗碳剂由供碳剂、催渗剂和填充剂组成。供碳剂一般为木炭或焦炭，催渗剂主要是碳酸盐和醋酸盐，填充剂为碳酸钙等。几种常用固体渗碳剂见表 5-18。

表 5-18　几种常用固体渗碳剂

序号	渗碳剂成分 (质量分数,%)	用　　法	效　　果
1	碳酸钡 15,碳酸钙 5,木炭余量	新旧渗剂配比 3 : 7	920℃时平均渗碳速度为 0.11mm/h,表面碳的质量分数为 1.0%
2	碳酸钡 3~5,木炭余量	1)用于低合金钢时,新旧渗剂配比为 1 : 3 2)用于低碳钢时,碳酸钡应增至 15%	20CrMnTi,930℃×7h,渗层深度为 1.33mm,表面碳的质量分数为 1.07%
3	碳酸钡 3~4,碳酸钠 0.3~1,木炭余量	用于 12CrNi3 时,碳酸钡应增至 5%~8%	18Cr2Ni4WA 及 20Cr2Ni4A 渗层深度为 1.3~1.9mm 时,表面碳的质量分数为 1.2%~1.5%
4	碳酸钡 10,碳酸钠 3,碳酸钙 1,木炭余量	新旧渗剂的比例为 1 : 1	20CrMnTi,900℃×(12~15)h,磨后渗层深度为 0.8~1.0mm

2. 固体渗碳工艺（见表 5-19）

表 5-19　固体渗碳工艺

<table>
<tr><th>项目</th><th>工 艺 参 数</th></tr>
<tr><td>渗碳温度</td><td>1)900~950℃,一般为 930℃±10℃;渗层要求较浅的,取温度下限
2)对含 Ti、V、W、Mo 的合金钢可提高到 950~980℃</td></tr>
<tr><td>升温时间</td><td>1)为保证渗碳箱内温度均匀,采用分段加热方法,渗碳箱装炉后在 800~850℃进行透烧。透烧时间与渗碳箱尺寸的关系如下
<table>
<tr><td>渗碳箱尺寸(直径×高)/mm</td><td>φ250×450</td><td>φ350×450</td><td>φ350×600</td><td>φ400×450</td></tr>
<tr><td>透烧时间/h</td><td>2.5~3</td><td>3.5~4</td><td>4~4.5</td><td>4.5~5</td></tr>
</table>
2)对于渗碳层深度范围较宽的工件,或采用小型渗碳箱渗碳的工件,可以直接升到渗碳温度</td></tr>
<tr><td>渗碳时间</td><td>1)渗碳时间与渗层深度、渗碳温度和材料有关
2)当渗碳温度为 920~940℃,渗层深度在 0.8~1.5mm 时,可以按 0.10~0.15mm/h 的渗碳速度估算保温时间
3)渗碳时间与渗层深度、渗碳温度的关系如下</td></tr>
</table>

（续）

项目	工艺参数								
渗碳时间	渗碳温度/℃	渗层深度/mm							
		0.4	0.8	1.2	1.6	2.0	2.4	2.8	3.2
		渗碳时间/h							
	870	3.5	7	10	13	16	19	22	25
	900	3	6	8	10	12	14	16	18
	930	2.75	5	6.5	8	9.5	11	12.5	14
	955	2	4	5	6	7	8.5	11	11.5
	985	1.5	3	4	5	6	7	8	9
	1010	1	2	3	4	5	6	7	8
	4)为了改善渗层中碳浓度的分布,使表面碳浓度达到要求,也可采用分级渗碳工艺,在840~860℃进行扩散								
冷却	渗层深度符合要求后即可将渗碳箱出炉。工件一般在箱中冷却至300℃左右开箱								

固体渗碳工艺曲线如图5-3所示。

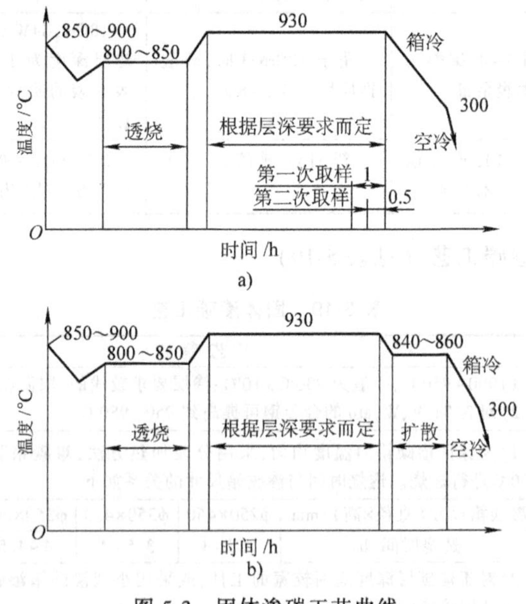

图5-3　固体渗碳工艺曲线

a）普通渗碳工艺曲线　b）分级渗碳工艺曲线

3. 固体渗碳操作

（1）准备

1）检查设备和仪表工作是否正常。

2）工件准备参照气体渗碳操作规程。

3）试样准备，试样材料与工件相同，炉前试样2件，φ10mm×(200~250）mm，外端弯成环状，便于取出；炉后试样，每箱1件以上，φ10mm×(30~50）mm。

（2）装箱的注意事项

1）根据工件形状、尺寸和数量，选择合适的渗碳箱，渗碳箱容积一般为工件体积的3.5~7倍。

2）工件的放置应使其尽量不产生变形。

3）装箱时，先在箱底铺一层渗碳剂并捣实，然后摆放工件，再用渗碳剂填满并加盖，最后用熟料耐火泥密封。在摆放时，工件与箱壁、箱底之间以及工件之间都应保持适当的距离，见表5-20。

表5-20　工件摆放间距

项目	工件与箱底	工件与箱壁	工件与工件	工件与箱盖
间距/mm	30~40	20~30	10~20	30~50

4）试样应放在有代表性的地方，插入炉前试样两根，插入深度为100~120mm。

（3）操作要点

1）空炉升温到850~900℃时，即可将渗碳箱装入炉内。

2）升温到800~850℃时透烧一段时间（视装炉量和渗碳碳箱的大小而定），然后再将炉温升至渗碳温度。

3）按规定渗碳时间保温，在预计出炉时间前60min和30min，先后取出两根炉前试棒，根据断口硬化层深度确定出炉时间。采用分级渗碳工艺时，在渗层深度接近要求的下限时，在840~860℃保温一段时间进行扩散，扩散结束后出炉。

4）渗碳箱出炉后，空冷至300℃以下开箱，取出工件。过早开箱，会增大工件的变形，并使渗碳剂烧损严重。

5.1.4　膏剂渗碳

膏剂渗碳是将渗碳剂制成糊状膏剂，涂覆在工件表面进行渗碳的。渗碳剂以活性炭、木炭粉为供碳剂，以碳酸盐、醋酸钠、黄血盐为催渗剂，用水玻璃、全损耗系统用油等调匀成膏状。将膏状渗剂涂于工件表面，厚度为3~4mm；然后置于渗碳箱内，箱盖用耐火黏土密封，加热至渗碳温度并保温后可得到一定厚度的渗层。

膏剂渗碳渗速较快，但表面碳含量及层深稳定性较差，适用于单件生产或修复渗碳、局部渗碳等。一般用于渗层深度≤0.45mm的工件。涂覆膏剂的工件，由于膏剂脱落或碰撞，常引起斑点状渗碳缺陷。

膏剂渗碳工艺见表5-21。

表5-21 膏剂渗碳工艺

序号	膏剂配方(质量分数,%)	工艺参数		渗层深度/mm	备注
		温度/℃	时间/h		
1	炭粉64,碳酸钠6,醋酸钠6,黄血盐12,面粉12	920	15min	0.25~0.30	炭粉粒度为0.154mm 硬度为56~62HRC
2	炭黑粉30,碳酸钠3,醋酸钠2,废全损耗系统用油25,柴油40	920~940	1	1.0~1.2	
3	炭黑粉55,碳酸钠30,草酸钠15	950	1.5	0.6	w(C)为1.0%~1.2% 硬度为60HRC
			2	0.8	
			3	1.0	

5.1.5 高温渗碳

渗碳温度超过950℃的渗碳就属于高温渗碳。当要求渗碳层深度一定时，渗碳温度越高，所需的渗碳时间越短。因此，高温渗碳能显著地提高渗碳速度，节省时间（比常规渗碳工艺可减少30%~50%的处理时间），提高生产率，而且可以节能降耗（水、电、气），减少废气排放。

1. 高温渗碳材料

适合高温渗碳的常用钢种与牌号见表5-22。

表5-22 适合高温渗碳的常用钢种与牌号（GB/T 32539—2016）

钢种类别	牌号
合金结构钢	20CrMnTi、20CrMnMo、12CrMoV、25Cr2MoVA、25Cr2Mo1VA、12CrNi2、12CrNi3、12Cr2Ni4、20CrNi、20CrNi3、20Cr2Ni4、20CrNiMo、18CrNiMnMoA、18Cr2Ni4WA、25Cr2Ni4WA
保证淬透性结构钢	12Cr2Ni4H、20CrNi3H、16CrMnH、20CrMnH、22CrMoH、20CrNiMoH、20CrMnMoH、15CrMnBH、17CrMnBH、20Cr2Ni4H、20CrNi2MoH、15CrMoH、20CrMoH、20MnVBH、20MnTiBH
其他钢种	15CrNi3Mo、17CrNiMo6、18CrNiMo7-6、20Cr3MoWVAH、20Cr2Ni4WAH、17Cr2Ni2MoH、18CrMnNiMoAH、G20CrNi2MoH

2. 高温渗碳工艺

高温渗碳气氛推荐使用滴注式气氛或氮气+甲醇气氛。渗碳温度在

950~1050℃之间选择。

常用高温渗碳淬火回火工艺曲线如图5-4所示。常用高温渗碳二次淬火回火工艺曲线如图5-5所示。

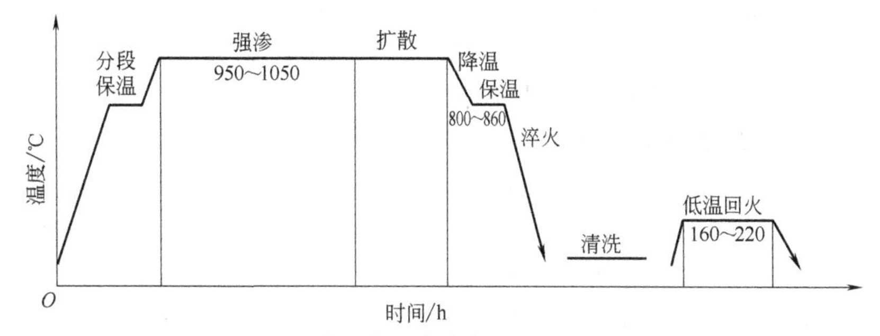

图5-4　常用高温渗碳淬火回火工艺曲线

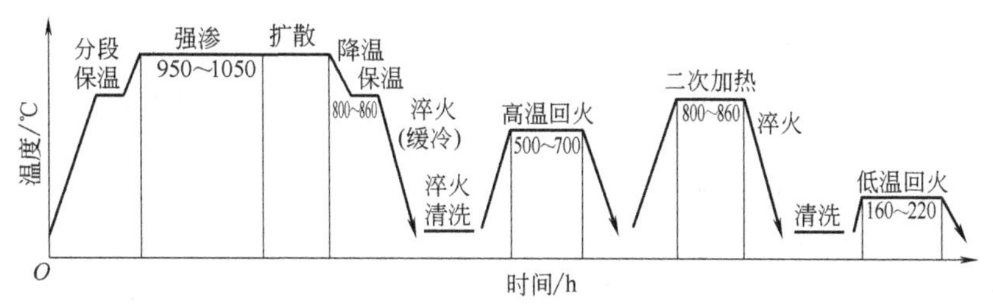

图5-5　常用高温渗碳二次淬火回火工艺曲线

强渗碳势不得超过对应渗碳温度下的炭黑极限。不同温度的炭黑极限可参照表5-23。

表5-23　不同温度的炭黑极限（GB/T 32539—2016）

渗碳温度/℃	800	850	900	950	1000	1050	1100
炭黑极限(质量分数,%)	0.86	1.02	1.18	1.34	1.51	1.67	1.83

渗碳时间根据要求的渗层深度和渗碳温度确定，强渗时间一般为扩散时间的2~5倍。

扩散碳势一般为0.65%~1.00%。

为防止碳化物析出，扩散后可快速降温。

3. 渗碳后的热处理

(1) 直接淬火　根据工件材料晶粒在高温下的长大规律和渗碳层深度，在不影响工件力学性能的条件下，优先选择渗碳后直接淬火。直接淬火时，应降至淬火温度并均温，淬火温度一般为800~860℃。

（2）缓冷 渗碳后降温至规定温度后出炉缓冷，并采用防止氧化脱碳的措施，可通入氮气、甲醇或乙醇。

（3）高温回火 加热温度一般为500~700℃。

（4）二次加热淬火与低温回火 二次加热淬火温度一般为800~860℃，低温回火温度一般为160~220℃。

5.1.6 真空渗碳

真空渗碳是在真空炉中加热，在负压渗碳气氛中进行渗碳的一种高温气体渗碳工艺。真空渗碳具有以下特点：①由于渗碳温度较高，真空对表面又有净化作用，渗碳时间显著缩短，为一般气体渗碳的1/2左右；②渗碳过程较易控制；③表面质量好，尤其可避免渗层中经常出现的内氧化（黑色组织）；④渗层均匀。

1. 渗碳剂

真空渗碳的富化气为纯度不低于96%的乙炔气（C_2H_2）、甲烷（CH_4）或丙烷气（C_3H_8），压强调节用气体为纯度不低于99.995%的高纯氮气（N_2）。

2. 真空渗碳工艺

（1）渗碳温度 渗碳温度一般为920~1050℃，常用920~980℃。不同形状、不同要求的工件，应采用不同温度和不同工艺方式的真空渗碳。渗碳温度的选择可参考表5-24。

表5-24 渗碳温度的选择

渗碳温度/℃	渗层深度	适宜工件	渗碳气氛
<980（低温）	较浅	形状复杂、畸变要求严格、渗层要求均匀的工件，如凸轮、轴、齿轮	C_3H_8、C_2H_2、$N_2+C_3H_8$
980（中温）	一般	一般工件	C_3H_8、C_2H_2、$N_2+C_3H_8$
1040（高温）	深	形状简单、畸变要求不严格的工件，如柴油机喷嘴等	CH_4、$N_2+C_3H_8$、C_2H_2

（2）渗碳方式 真空渗碳可分为一段式、脉冲式和摆动式三种工艺，见表5-25。

（3）渗碳保温时间 渗碳保温时间包括渗碳时间和扩散时间。渗碳时间按工艺温度、深层深度、碳富化率来确定。碳富化率一般为8~15mg/（cm^2·h）。扩散时间主要按表面碳含量和碳含量梯度来确定。

渗碳保温时间可通过以下方法确定。

表 5-25　真空渗碳工艺

工艺	工艺曲线	特点	工艺过程	适用范围
一段式渗碳	温度/压力；压力；温度 900~1100°C；66.5Pa；≈39.9kPa；加热均热；渗碳；扩散；正火；时间	工艺过程只有一个渗碳期和扩散期	工件均热后，继续抽真空，并通入渗碳介质，保持炉内压力不变（约 40kPa），进行渗碳。之后停止渗碳剂的供给，在真空条件下进行扩散	适用于形状较简单工件的外表面渗碳
脉冲式渗碳	温度/压力；压力；温度 900~1100°C；66.5Pa；≈39.9kPa；加热均热；渗碳+扩散；扩散；正火；时间	渗碳气体以脉冲方式通入炉内并排出，一个脉冲内既渗碳又扩散	在渗碳期向炉内通入渗碳介质，达到一定压力（约 40kPa）后，停止介质供应，停止抽真空，保持炉内压力不变，并维持适当时间，向工件渗碳。之后抽真空，排出废气，并得到较高真空度（如 60Pa）；在此期间进行扩散。如此，送气、抽气交替进行（脉冲），工件的渗碳与扩散反复进行，直到完成渗碳全过程	适用于形状复杂的工件，特别是细孔、窄缝、不通孔内表面的渗碳
摆动式渗碳	温度/压力；压力；温度 900~1100°C；600Pa；66.5Pa；39.9~13.3kPa；加热均热；渗碳+扩散；扩散；正火；时间	渗碳期以脉冲方式充气和排气，之后为扩散渗碳阶段	与脉冲式不同之处是在每个周期的低压抽气段，并不将炉内渗碳气体全部抽出（压力约 600Pa），在此阶段工件仍在渗碳。渗碳后进行扩散处理	

1）根据渗碳温度和碳富化率，推荐的真空渗碳保温时间见表 5-26。

碳富化率为真空渗碳炉在试验温度下达到热稳定状态时，通入富化气，工件单位面积上单位时间内的碳增量。碳富化率按下式计算：

$$F=\frac{w-w_0}{tS} \tag{5-3}$$

式中　F——工件表面碳富化率 [mg/(cm^2·h)]；

w_0——工件渗碳前质量（mg）；

w——工件渗碳后质量（mg）；

t——富化气通入总时间（h）；

S——工件表面积（cm^2）。

表 5-26　推荐的真空渗碳保温时间（JB/T 11078—2011）

工艺温度/℃	920		940		960		980	
碳富化率 /[mg/(cm²·h)]	8		11		13		15	
渗层深度(550HV1)/mm	渗碳时间	扩散时间	渗碳时间	扩散时间	渗碳时间	扩散时间	渗碳时间	扩散时间
	min							
0.30	7	26	6	21	4	12	4	9
0.60	15	94	11	80	10	60	8	40
0.90	22	240	17	163	15	120	12	68
1.20	29	420	24	320	20	230	17	140
1.50	37	697	30	530	25	400	22	260

2）根据式（5-4）（即 Harris 关系式），求得渗碳时间与和扩散时间。式（5-4）表示出了渗层深度与保温时间和渗碳温度之间的关系。

$$d=\frac{802.6}{10^{\frac{3720}{T}}}\sqrt{t} \tag{5-4}$$

式中　d——渗层深度（mm）；

T——渗碳温度（K）；

t——保温时间，包括渗碳时间和扩散时间（h）。

由式（5-4）得

$$t=Kd^2 \tag{5-5}$$

式中　K——渗碳速度系数（h/mm^2），见表 5-27。

表 5-27　不同温度下的渗碳速度系数 K 值

渗碳温度/℃	900	930	950	980	1010	1040	1080
K	3.41	2.37	1.88	1.34	0.98	0.72	0.49

当渗碳所需保温时间为 t 时，可按下式求出渗碳时间和扩散时间。

$$t_c=t\left(\frac{C_d-C_0}{C_c-C_0}\right)^2 \tag{5-6}$$

$$t_d=t-t_c \tag{5-7}$$

式中　t——保温时间（h）；

t_c——渗碳时间（h）；

t_d——扩散时间（h）；

C_c——渗碳期结束后表面碳的质量分数（%）；

C_d——扩散期结束后表面碳的质量分数（%）；

C_0——钢材原始碳的质量分数（%）。

根据式（5-4），对低碳钢的渗层深度与渗碳温度和保温时间进行计算，计算结果列于表5-28，供参考。

表5-28　渗碳温度、保温时间与渗层深度的关系

渗层深度/mm	渗碳温度/℃						
	900	930	950	980	1010	1040	1080
	保温时间/h						
0.3	0.3	0.22	0.17	0.12	0.09	0.065	0.044
0.5	0.9	0.6	0.5	0.34	0.25	0.18	0.123
0.8	2.2	1.5	1.2	0.86	0.63	0.46	0.314
1.0	3.4	2.4	1.9	1.34	1.0	0.72	0.5
1.2	4.9	3.4	2.7	1.93	1.4	1.04	0.71
1.5	7.7	5.3	4.2	3.0	2.2	1.62	1.1
1.8	11.1	7.7	6.1	4.34	3.2	2.33	1.6
2.0	13.6	9.5	7.5	5.4	3.9	2.9	2.0
2.2	16.5	11.5	9.1	6.5	4.74	3.5	2.4
2.5	21.3	14.8	11.8	8.4	6.13	4.5	3.1
2.8	26.7	18.6	14.7	10.5	7.7	5.65	3.84
3.0	30.7	21.3	16.9	12.1	8.8	6.5	4.4

3）根据图表绘图求得渗碳时间与扩散时间。图5-6和图5-7所示分别为930℃、1040℃下渗碳层深度、表面碳含量与渗碳时间、扩散时间的关系。

（4）渗碳压力和气体流量　采用一段式渗碳工艺，以甲烷作渗碳气体时，炉内压力为26.7～46.7kPa；以丙烷作渗碳气体时，炉内压力为13.3～23.3kPa。

对于脉冲式渗碳工艺，渗碳效果主要与脉冲式充气和抽气有关，搅拌风扇作用不大，渗碳气的压力可小些，一般为19.95kPa。当装炉量及渗碳表面积很小时，可适当降低。渗碳气流量按炉膛容积大小及压升速度确定，压升速度一般为133Pa/s。

强渗过程中富化气通入量一般按装入工件的表面积确定。表面积越

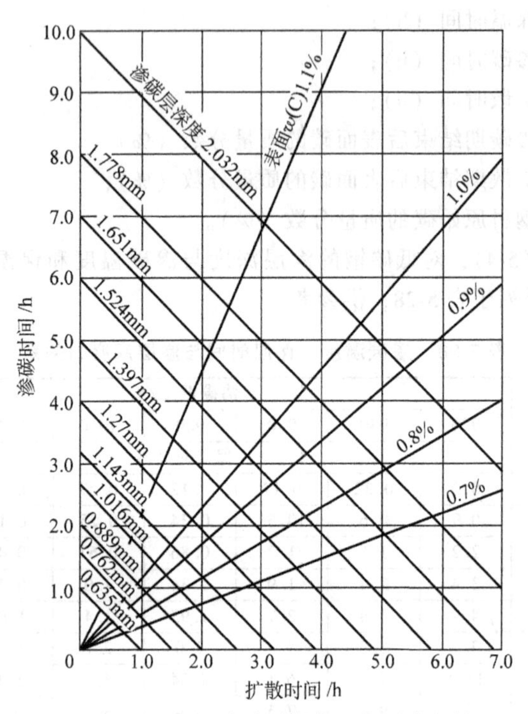

图 5-6　930℃下渗碳层深度、表面碳含量与渗碳时间、扩散时间的关系

大，流量也越大。每炉工件表面积一般不大于 20m²。富化气流量见表 5-29。

表 5-29　富化气流量

气体种类	工件表面积/m²		
	≤3	3~10	10~20
	气体流量/(L/h)		
丙烷气	3000	4500	5700
乙炔气	1200	2000	2700

(5) 脉冲周期　渗碳气体通入炉中，当炉气达到充气最高压强后停止供气，为前半周期；停止供气后即开始排气，此即后半周期。后半周期等于前半周期。

(6) 脉冲次数　以渗碳期时间除以脉冲周期，即得出脉冲次数。

(7) 非渗碳表面防护　需要防渗碳的部位可采用镀层、加套或拧防

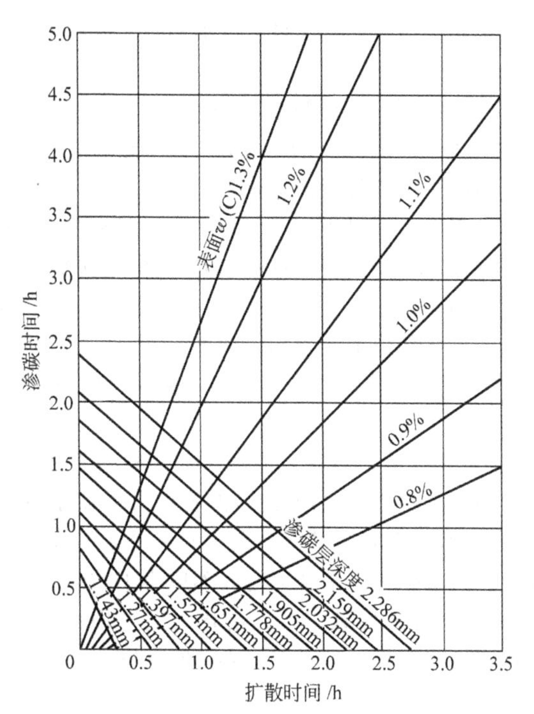

图 5-7 1040℃下渗碳层深度、表面碳含量与渗碳时间、扩散时间的关系

渗螺母等办法。

3. 真空渗碳操作

（1）清洗 工件应进行清洗并烘干，不应有锈斑，不应有对工件、炉膛产生有害影响的污物、低熔点涂层、镀层等。

（2）工装 料盘和夹具一般用耐热钢或不锈钢材料制造，且须清洗干净。新料盘和夹具须进行一次渗碳处理。所用钢丝必须去除镀锌层，以免使工件渗锌。

（3）装炉

1）轴类工件应采用三点支撑方式挂装，或者双层组合工装竖放；不应用平板冲孔的工装挂放。

2）工件串放时应保证有一定的间距，应有轴向定位，防止高压气淬时摇摆。

3）工件平放时，上下层工件的中心应错开放置；若支撑板上装料位置无固定脚，应采用挡边，防止工件气淬时滑落；支撑方式最好是三点支撑，不能用冲孔平板。

4）小工件要用不锈钢网分层放置。

（4）抽真空与净化 工件入炉后抽真空，使工件脱气，除去表面的氧化物、油脂及污物，使工件表面活化。

（5）加热和均热 当炉内压力达到60~66.5Pa时，开始加热。根据工件形状、装炉方式以及对变形的要求选择不同的加热速率。炉温达700~800℃时保温25~45min，然后继续加热到渗碳温度并均热，使炉子各部位的工件及工件各部位都达到同一温度。均热时间一般以工件有效厚度1h/25mm计算，或由观察孔目测工件与炉温颜色的一致性来判断。

（6）渗碳和扩散

1）保持炉温不变，向炉内通入渗碳剂，并根据不同的渗剂选择适当的炉压。根据不同的渗碳方法采用强渗-扩散或脉冲-扩散方式。

2）齿轮类工件采用脉冲方式供气时，可减小轮齿节圆部位和齿根部位的渗层深度差，但富化气单个脉冲时间不应小于50s。

3）对于不通孔和深孔渗碳工件，富化气应采用乙炔气（C_2H_2），并用较高供气压强和气体流量进行供气，必要时在富化气中可适量添加高纯N_2，以避免炭黑的产生。

（7）淬火

1）高压气淬。渗碳后高压气淬的工件，一般为高淬透性低碳合金结构钢。高压气淬温度应比油淬温度要高，气淬压力、搅拌速度、淬火时间依据工件大小和畸变要求而定。对于20CrMnTiH、20CrMoH、20CrNiMoH等钢，气淬温度应为860~900℃。

气淬过程可以在不同阶段通过选择不同的冷却速度和冷却时间来实现对工件的分段冷却淬火，从而减小工件畸变。

需要二次淬火的工件，气淬室可以作为缓冷室使用，用于缓冷时，应采用低压力气冷。

2）油淬火。油淬火时，油淬室应充入高纯氮气，压强为80kPa。淬火时，油槽应进行搅拌和循环冷却。

（8）出炉及清洗 工件应冷却到100℃以下出炉，油淬工件出炉后应进行清洗除油。

5.1.7 离子渗碳

离子渗碳是利用真空放电等离子体，借助活性碳原子而进行渗碳的工

艺方法。

1. 渗碳剂

渗碳剂为甲烷、丙烷或丙烯。

2. 离子渗碳工艺

(1) 渗碳温度　渗碳温度一般为900~950℃，高温渗碳时为1040~1050℃。

(2) 真空度　真空度为0.13~2.60Pa。

离子渗碳工艺及渗层深度见表5-30。

表5-30　离子渗碳工艺及渗层深度

工艺参数		渗层深度/mm		
温度/℃	时间/h	20	30CrMo	20CrMnTi
900	0.5	0.40	0.55	0.69
	1.0	0.60	0.85	0.99
	2.0	0.91	1.11	1.26
	4.0	1.11	1.76	—
1000	0.5	0.55	0.84	0.95
	1.0	0.69	0.98	1.08
	2.0	1.01	1.37	1.56
	4.0	1.61	1.99	2.15
1050	0.5	0.75	0.94	1.04
	1.0	0.91	1.24	1.37
	2.0	1.43	1.82	2.08
	4.0	—	2.73	2.86

3. 离子渗碳操作

工件经清洗后装炉，抽真空至1.3~13.3Pa，用外电源将工件加热至600℃左右，充入惰性气体（纯氮或氩气），施加直流高压（400~700V）起辉，净化工件表面，并升温至渗碳温度，均温后充入渗碳气进行渗碳。载气与渗碳气的比例为1∶1。

为增加渗层均匀性，也可采用脉冲离子渗碳法。一个周期可采取2~3min，炉压一般为数百帕，而电流则在一定范围内波动。脉冲离子渗碳法对带小孔、狭缝等形状复杂的工件有很好的效果。

5.1.8　渗碳后的热处理

工件渗碳后的热处理方法见表5-31。

表 5-31　工件渗碳后的热处理方法

淬火方式	工艺曲线	特点	适用范围
直接淬火+低温回火	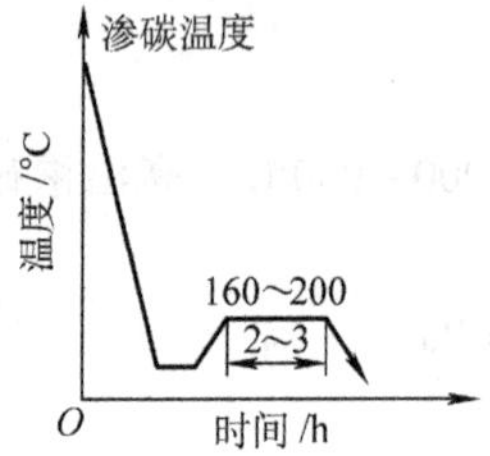 渗碳温度 温度/℃ 160~200 2~3 O 时间/h	不能细化钢的晶粒；工件淬火畸变较大，合金钢渗碳件表面残留奥氏体量较多，表面硬度较低 操作简单，成本低廉	适用于不重要工件气体渗碳或液体渗碳后的淬火
预冷直接淬火+低温回火	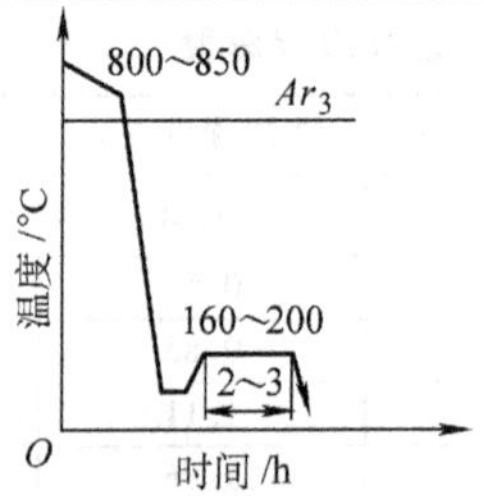 800~850 Ar_3 温度/℃ 160~200 2~3 O 时间/h	操作时关键是控制好预冷温度 操作简单，工件氧化和脱碳及淬火变形均较小	广泛用于细晶粒钢制造的各种工件
一次加热淬火+低温回火	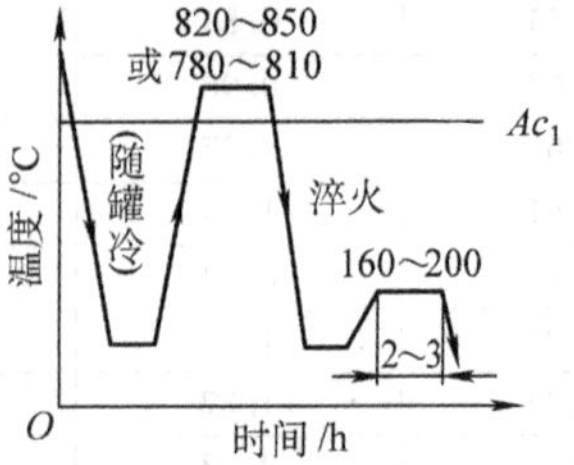 820~850 或780~810 Ac_1 温度/℃ 随罐冷 淬火 160~200 2~3 O 时间/h	对心部强度要求高者，采用820~850℃淬火，心部组织为低碳马氏体；表面硬度要求高者，采用780~810℃加热淬火，可以细化晶粒	适用于固体渗碳后的碳钢和低合金钢工件、渗碳后不宜直接淬火的工件、渗碳后需要切削加工的工件，气体、液体渗碳后的粗晶粒钢和容易过热的碳钢
高温回火+淬火+低温回火	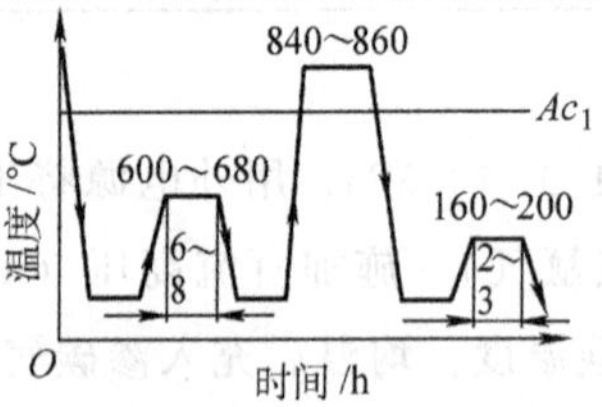 840~860 Ac_1 温度/℃ 600~680 6~8 160~200 2~3 O 时间/h	减少表层残留奥氏体量	用于12CrNi3A、12Cr2Ni4A、20Cr2Ni4A、18Cr2Ni4WA等高强度Cr-Ni合金渗碳钢
二次淬火+低温回火	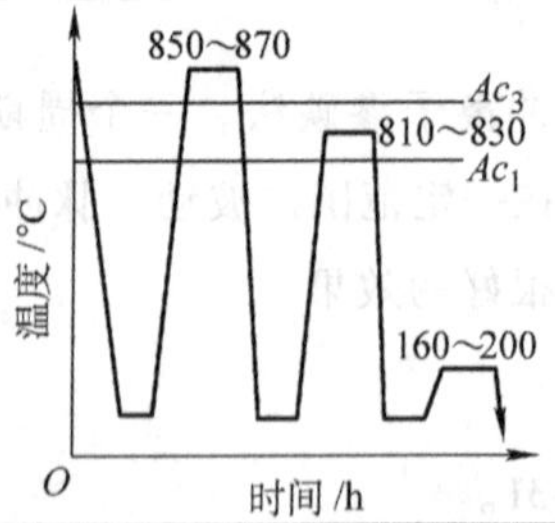 850~870 Ac_3 810~830 Ac_1 温度/℃ 160~200 O 时间/h	工艺比较复杂，加热和冷却次数较多，所以工件容易氧化、脱碳和变形，且生产周期长，成本高 有利于减少表面的残留奥氏体	适用于对使用性能要求很高的重要工件，以保证表面的高耐磨性和心部的高韧性

（续）

淬火方式	工艺曲线	特点	适用范围
淬火+冷处理+低温回火	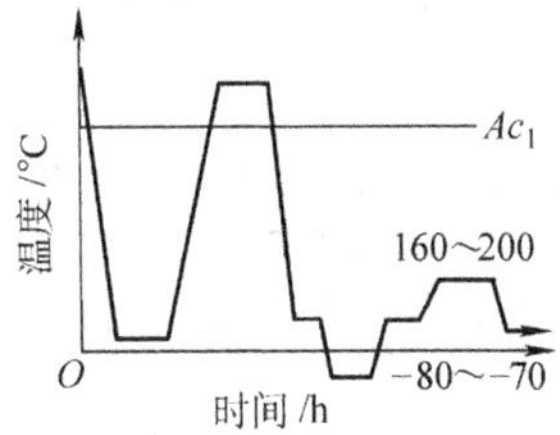 温度/°C；Ac_1；160～200；−80～−70；O；时间/h	减少表层残留奥氏体量，以提高表面硬度和耐磨性；冷处理后残留奥氏体的转变会产生很大的内应力	适用于精度高的高合金钢工件及工具、量具；渗碳后不需要机械加工的工件
感应淬火+低温回火	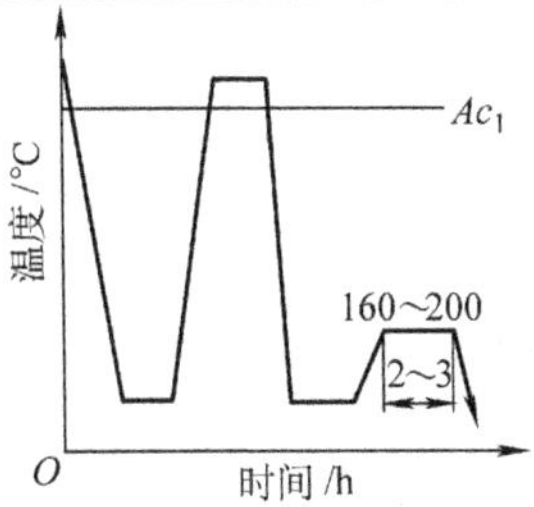 温度/°C；Ac_1；160～200；2～3；O；时间/h	可以细化渗层及靠近渗层处的组织，淬火变形小，不要求淬硬的部位可不加热，故无须预先进行防渗处理	适用于各种齿轮及轴类工件
降温、均温+淬火+低温回火	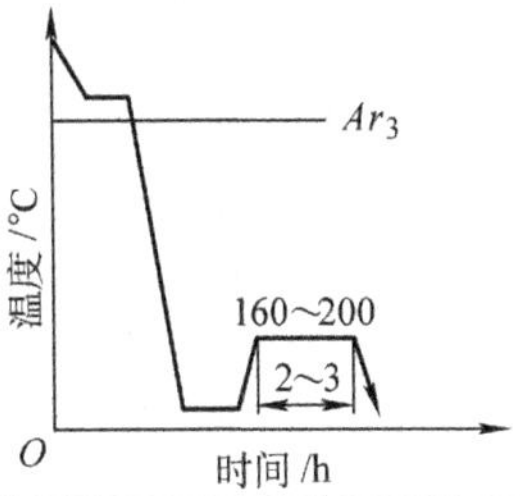 温度/°C；Ar_3；160～200；2～3；O；时间/h	降至淬火温度，适当保温后淬火	适用于真空渗碳后的工件
冷却+淬火+低温回火	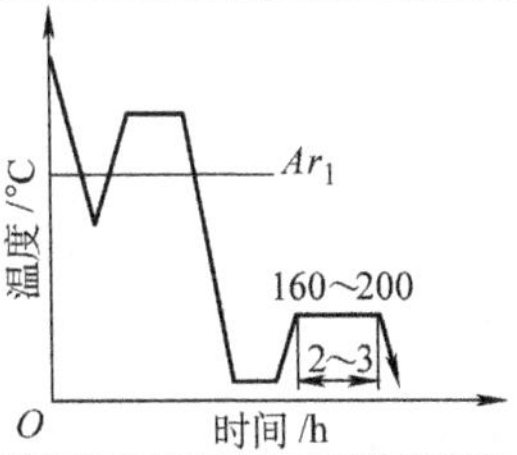 温度/°C；Ar_1；160～200；2～3；O；时间/h	细化晶粒 将工件冷却到 $F+Fe_3C$ 区，再重新加热淬火	适用于高温真空渗碳后，心部晶粒长大的工件
正火+淬火+低温回火	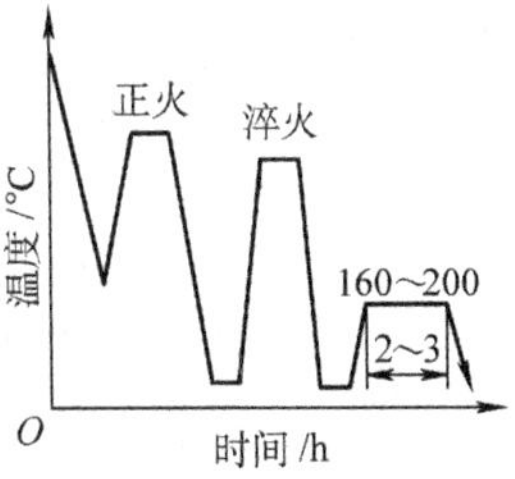 温度/°C；正火；淬火；160～200；2～3；O；时间/h	细化晶粒	

5.1.9 常用渗碳钢的热处理工艺

优质碳素结构钢渗碳及渗碳后的热处理工艺见表5-32。合金结构钢渗碳及渗碳后的热处理工艺见表5-33。

表5-32 优质碳素结构钢渗碳及渗碳后的热处理工艺

牌号	渗碳温度/℃	淬火温度/℃	淬火冷却介质	回火温度/℃	硬度HRC
08	900~920	780~800	水或盐水	150~200	55~62
10	900~960	780~820	水或盐水	150~200	55~62
15	920~950	770~800	水或盐水	150~200	56~62
20	900~920	780~800	水或盐水	150~200	58~62
25	900~920	790~810	水或盐水	150~200	56~62
15Mn	880~920	780~800	油	180~200	58~65
20Mn	880~920	780~800	油	180~200	58~62

表5-33 合金结构钢渗碳及渗碳后的热处理工艺

牌号	渗碳温度/℃	淬火				回火温度/℃	表面硬度HRC
		一次淬火温度/℃	二次淬火温度/℃	降温淬火温度/℃	冷却介质		
20Mn2	910~930	850~870	770~800	770~800	水或油	150~175	54~59
20MnV	930	880			油	180~200	56~60
20MnMoB	920~950	860~890	860~840	830~850	油	180~200	≥58
15MnVB	920~940			840~860	油	200	≥58
20MnVB	900~930	860~880	780~800	800~830	油	180~200	56~62
20MnTiB	930~970	860~890		830~840	油	200	52~56
25MnTiBRE	920~940	790~850		800~830	油	180~200	≥58
15Cr	890~920	860~890	780~820	870	油、水	180~200	56~62
20Cr	890~910	860~890	780~820		油、水	170~190	56~62
15CrMn	900~930	840~870	810~840		油	175~200	58~62
20CrMn	900~930	820~840			油	180~200	56~62
20CrMnMo	880~950	830~860			油或碱浴	180~220	≥58
20CrMnTi	920~940	870~890	860~880	830~850	油	180~200	56~62
30CrMnTi	920~960	870~890	800~840	800~820	油	180~200	≥56
20CrNi	900~930	860	760~810	810~830	油或水	180~200	56~63
12CrNi2	900~930	860	760~810	760~800	油或水	180~200	≥58
12CrNi3	900~930	860	780~810		油	150~200	≥58
20CrNi3	900~940	860	780~830		油	180~200	≥58
12Cr2Ni4	900~930	840~860	770~790		油	150~200	≥58
20Cr2Ni4	900~950	880	780			180~200	≥58
20CrNiMo	930	820~840			油	150~180	≥56
18Cr2Ni4WA	900~920			840~860	空气或油	180~200	56~62
25Cr2Ni4WA	900~920			840~860	空气或油	180~200	56~62

5.1.10　常见渗碳缺陷与对策

常见渗碳缺陷的产生原因与对策见表5-34。

表5-34　常见渗碳缺陷的产生原因与对策

缺陷名称	产生原因	对　策
表面碳浓度低	炉温低	校检仪表,调整温度
	渗剂滴量少	按工艺调整滴量
	炉子漏气	检查炉子密封系统
	盐浴成分不正常	调整盐浴成分
	工件表面不干净	清理工件表面,补渗
残留奥氏体过多	炉气碳势过高	按工艺调整渗剂滴量
	渗碳或淬火温度过高	降低渗碳及直接淬火温度或重新加热淬火
	奥氏体中碳及合金元素含量过高	冷处理或高温回火后重新加热淬火
渗层深度不够	保温时间不够	适当延长保温时间
	表面碳含量低	按正常渗剂滴量补渗
渗层深度不均匀	炉温不均匀	正确摆放工件
	炉气循环不良	检查风扇
	工件表面沉积炭黑	渗剂量不要过多
	固体渗碳时,渗碳箱内温差大或催渗剂分布不均匀	固体渗碳时均匀分布催渗剂
表面硬度低	表面碳含量低	按正常渗剂滴量渗碳
	残留奥氏体过多	提高淬火时的冷却速度
	形成托氏体组织	表面有托氏体组织者可重新加热淬火
表面有粗大的网状碳化物	炉气碳势过高,渗碳剂浓度太高或活性太大	严格控制表面碳含量,或当渗层要求较深时,保温后期适当降低渗剂滴量
	预冷温度过低	提高预冷温度,适当加快出炉的冷却速度
	渗碳温度高或保温时间太长	提高淬火温度加热,延长保温时间重新淬火
	冷却太慢	渗碳后通过正火处理,予以消除
心部铁素体过多	淬火温度低,加热保温时间不足	执行正常工艺,重新加热淬火
切削加工困难,硬度大于30HRC	出炉温度太高	按正常温度出炉 进行退火或高温回火处理

（续）

缺陷名称	产生原因	对　策
表面脱碳	渗碳后期炉气碳势太低	严格控制渗碳后期炉气碳势
	炉子漏气	检查炉子密封系统
	出炉温度高，在空气中引起氧化脱碳	按正常温度出炉，放入冷却罐
	淬火加热时保护不当	淬火时注意保护
	液体渗碳的碳酸盐含量过高	在浓度合格的介质中补渗
畸变	夹具选择及装炉方式不当，因工件自重而产生变形	合理装夹工件
	工件本身截面不均，在加热和冷却过程中因热应力和组织应力而变形	对易变形工件采用压床淬火或淬火时趁热矫直
	冷速过快	采用热油淬火

5.2 碳氮共渗

碳氮共渗以渗碳为主，其性能和工艺方法等与渗碳基本相似，在此基础上再渗入氮原子。碳氮共渗主要用于中轻载荷下的工件，渗层要求较薄，一般在 0.8mm 以内。

5.2.1 气体碳氮共渗

1. 气体碳氮共渗渗剂（见表 5-35）

表 5-35 气体碳氮共渗渗剂

渗剂类型	渗剂组成	化学反应式
液体渗碳剂+氨	1）煤油+氨[$\varphi(NH_3)$=25%~35%] 2）甲醇+丙酮+氨[$\varphi(NH_3)$=25%~30%]	$CH_4+NH_3 \rightarrow HCN+3H_2$ $CO+NH_3 \rightarrow HCN+H_2O$ $2HCN \rightarrow H_2+2[C]+2[N]$
气体渗碳剂+氨	1）吸热式气氛+富化气+氨[$\varphi(NH_3)$=2%~10%] 2）氮基气氛+氨	
含碳、氮的有机化合物	1）三乙醇胺 2）三乙醇胺+甲醇 3）尿素甲醇溶液+丙酮 4）甲酰胺	1）三乙醇胺反应式 $(C_2H_5O)_3N \rightarrow 2CH_4+3CO+HCN+3H_2$ $CH_4 \rightarrow 2H_2+[C]$ $2CO \rightarrow CO_2+[C]$ $2HCN \rightarrow H_2+2[C]+2[N]$ 2）尿素甲醇溶液+丙酮反应式 $(NH_2)_2CO \rightarrow CO+2H_2+2[N]$ $CH_3OH \rightarrow CO+2H_2$ $CH_3COCH_3 \rightarrow CO+3H_2+2[C]$

2. 气体碳氮共渗工艺（见表 5-36）

表 5-36　气体碳氮共渗工艺

工艺参数	控制值	说　明
共渗温度	820～880℃ 低碳钢及低合金钢为 840～860℃	1)根据钢种、渗层深度和使用性能选择 2)合金元素含量较低、渗层薄、表面氮的质量分数较高、畸变较小的和残留奥氏体量少时，宜选用较低共渗温度；反之，则选较高共渗温度
共渗时间	共渗时间 t 与共渗温度及渗层深度 d 有关 $d=K\sqrt{t}$ 式中　K—常数	共渗温度为 840℃，渗层深度≤0.5mm 时，共渗速度一般取 0.15～0.20mm/h；渗层深度>0.5mm 时，共渗速度一般为 0.1mm/h 左右 850℃时，渗层深度 d 与共渗时间 t 的关系见下表
碳势	φ(C)= 0.8%～1.2%	碳势用 CO_2 红外仪、氧探头或露点仪测量，碳势的调整可通过控制共渗剂中供碳组元的滴量来实现
氮势	φ(N)= 0.2%～0.3%	通过控制氨气的流量或含氮有机物的滴量来调整

d/mm	0.2～0.3	0.4～0.5	0.6～0.7	0.8～1.0
t/h	1～1.5	2～3	4～5	7～9

碳氮共渗温度、时间对碳氮共渗层深度的影响如图 5-8 所示。

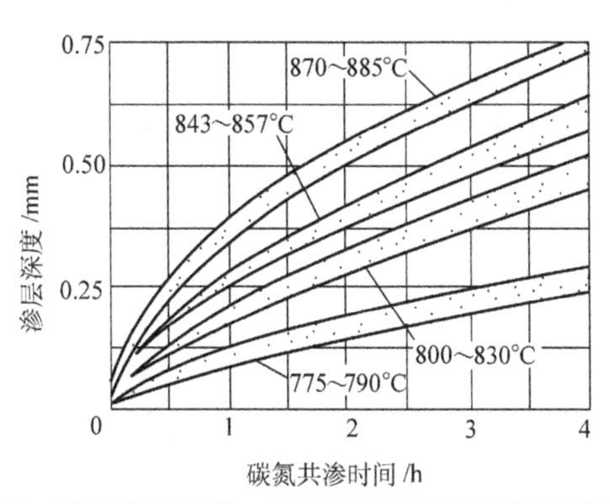

图 5-8　碳氮共渗温度、时间对碳氮共渗层深度的影响

表 5-37 为以吸热式气氛+富化气+氨气为渗剂，在 JT-60 井式炉进行碳氮共渗的工艺参数。

以煤油+氨为渗剂在 RQ 型气体共渗炉进行碳氮共渗时，煤油通过滴量计直接滴入炉内；氨作为渗氮气源，经由氨瓶、减压阀、干燥器和流量计通入炉中。不同炉中碳氮共渗介质的用量见表 5-38。

表 5-37 JT-60 井式炉碳氮共渗工艺参数

材料	氨气/(m^3/h)	液化气/(m^3/h)	吸热式气体/(m^3/h)		温度/℃	淬火冷却介质
			装炉20min内	20min后		
08、20、35	0.05	0.15	5.0	0.5	上区 870 下区 860	碱水
15Cr、20Cr、40Cr、18CrMnTi、Q345(16Mn)	0.05	0.1	5.0	5.0		油

注：吸热式气体成分：$\varphi(CO_2)\leqslant1.0\%$，$\varphi(O_2)=0.6\%$，$\varphi(C_nH_{2n})=0.6\%$，$\varphi(CO)=26\%$，$\varphi(CH_4)=4\%\sim8\%$，$\varphi(H_2)=16\%\sim18\%$，$N_2$ 余量。

表 5-38 不同炉中碳氮共渗介质的用量

设备	温度/℃	煤油/(滴/min)	氨气/(m^3/h)
RQ3-25	840	55	0.08
RQ3-35	850	60	0.10
RQ3-35	840	68	0.17
RQ3-60	850	90	0.17
RQ3-60	840	100	0.15
RQ3-75	850	80	0.15
RQ3-75	840	100	0.25
RQ3-75	820	180	0.15
RQ3-105	820	160	0.35

注：表中数据来自工厂生产工艺，煤油滴量为 15~18 滴/mL。

图 5-9 所示为在 RJJ-60-9T 井式炉中以煤油+氨气为渗剂的二段气体碳氮共渗工艺。图 5-10 所示为在 RJJ-60-9T 井式炉中以三乙醇胺为渗剂，对 12Cr2Ni4 钢弧齿锥齿轮进行二段碳氮共渗工艺实例。其共渗层深度可达 0.7~1.1mm，表面硬度为 58~63HRC。

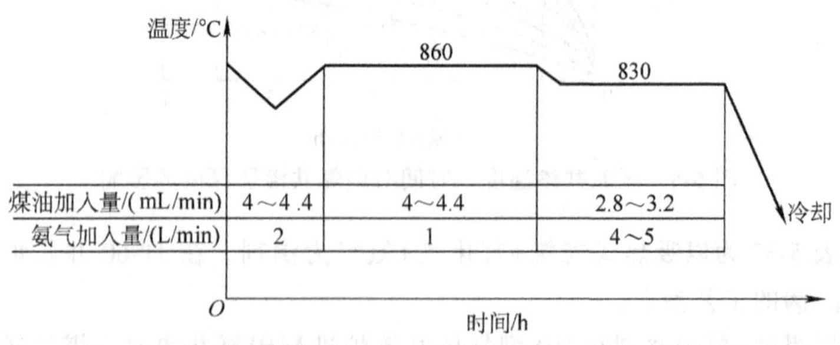

图 5-9 以煤油+氨气为渗剂的二段气体碳氮共渗工艺曲线

常用结构钢碳氮共渗工艺规范及硬度见表 5-39。

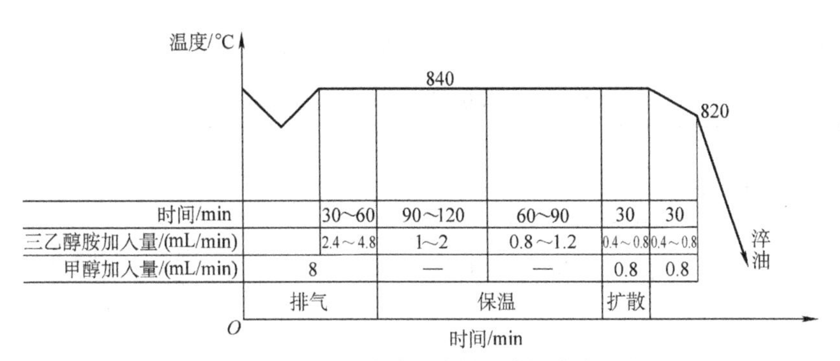

图 5-10 以三乙醇胺为渗剂的碳氮共渗工艺

表 5-39 常用结构钢碳氮共渗工艺规范及硬度

牌号	共渗温度/℃	淬火		回火		表面硬度 HRC
		温度/℃	冷却介质	温度/℃	冷却介质	
40Cr	830~850	直接	油	140~200	空气	≥48
15CrMo	830~860	780~830	油或碱浴	180~200	空气	≥55
20CrMnMo	830~860	780~830	油或碱浴	160~200	空气	≥60
12CrNi2A	830~860	直接	油	150~180	空气	≥58
12CrNi3A	840~860	直接	油	150~180	空气	≥58
20CrNi3A	820~860	直接	油	150~180	空气	≥58
30CrNi3A	810~830	直接	油	160~200	空气	≥58
12Cr2Ni4A	840~860	直接	油	150~180	空气	≥58
20Cr2Ni4A	820~850	直接	油	150~180	空气	≥58
20CrNiMo	820~840	直接	油	150~180	空气	≥58

5.2.2 液体碳氮共渗

1. 液体碳氮共渗剂

几种原料无毒盐浴碳氮共渗剂的成分见表 5-40。

表 5-40 几种原料无毒盐浴碳氮共渗剂的成分

序号	共渗剂成分(质量分数,%)	备 注
1	尿素 37.5, Na_2CO_3 25, KCl 37.5	烟雾气味大,盐浴成分稳定性差
2	SiC10, NH_4Cl 5~10, NaCl 15~20, Na_2CO_3 60~75	氯化铵挥发性大,盐浴活性下降
3	电玉粉 10~25, Na_2CO_3 15~25, NaCl 50~70	盐浴成分稳定性好,易于再生

2. 液体碳氮共渗工艺

液体碳氮共渗温度通常在 820~870℃之间。液体碳氮共渗工艺及渗层深度见表 5-41。几种钢在盐浴中保温时间与渗层深度的关系见表 5-42。

表 5-41 液体碳氮共渗工艺及渗层深度

盐浴成分(质量分数,%)	共渗工艺		渗层深度/mm	备注
	温度/℃	时间/h		
NaCN 50, NaCl 50 (NaCN 20~25, NaCl 25~50, Na_2CO_3 25~50)①	840	0.5	0.15~0.2	工件碳氮共渗后从盐浴中取出直接淬火,然后在 180~200℃ 回火
	840	1.0	0.3~0.25	
	870	0.5	0.2~0.25	
	870	1.0	0.25~0.35	
NaCN 10, NaCl 40, $BaCl_2$ 50(NaCN 8~12, NaCl 30~55, $BaCl_2$ ≤15)②	840	1.0~1.5	0.25~0.3	工件共渗后空冷,再加热淬火,并在 180~200℃ 回火。渗层中氮的质量分数为 0.2%~0.3%,碳的质量分数为 0.8%~1.2%,表面硬度为 58~64HRC
	900	1.0	0.3~0.5	
	900	2.0	0.7~0.8	
	900	4.0	1.0~1.2	
NaCN 8, NaCl 10, $BaCl_2$ 82	900	0.5	0.2~0.25	盐浴面用石墨覆盖,以减少热量损失和碳的损耗
	900	1.5	0.5~0.8	
	950	2.0	0.8~1.1	
	950	3.0	1.0~1.2	
	950	5.5	1.4~1.6	
$(NH_2)_2CO$ 37.5, KCl 37.5, Na_2CO_3 25	原料无毒,可代替氰盐组成的盐浴;但尿素与碳酸盐在生产过程中反应的生成物为有毒的氰酸盐			

① 括号内为盐浴工作成分。

② 使用中盐浴活性会逐渐下降。应添加 NaCN 使其恢复，通常用 NaCN 与 $BaCl_2$ 质量比为 1∶4 的混合盐进行再生。

表 5-42 几种钢液体碳氮共渗时保温时间与渗层深度的关系

牌号	保温时间/h					
	1	2	3	4	5	6
	渗层深度/mm					
20	0.34~0.36	0.43~0.45	0.53~0.55	0.62~0.64	0.63~0.64	0.73~0.75
45	0.32~0.34	0.35~0.37	0.40~0.42	0.52~0.54	0.55~0.57	0.68~0.70
20Cr	0.38~0.40	0.53~0.55	0.62~0.64	0.73~0.75	0.80~0.82	0.82~0.84
45Cr	0.28~0.30	0.35~0.37	0.48~0.50	0.58~0.60	0.65~0.67	0.68~0.70
12CrNi3A	0.34~0.36	0.46~0.48	0.52~0.54	0.58~0.60	0.65~0.67	0.73~0.75

注：1. 共渗温度为 820~840℃。

2. 渗层中碳的质量分数为 0.70%~0.80%，氮的质量分数为 0.25%~0.50%。

液体碳氮共渗后，工装、夹具应进行中和处理，方法如下：

1）在质量分数为 5%~10%的 Na_2CO_3 水溶液中煮沸 5~10min。

2）在质量分数为 2%沸腾磷酸溶液或质量分数为 10%硫酸铜或硫酸

亚铁溶液中洗涤。

3）在开水中冲洗。

4）盐浴的沉淀物及清洗后的废水，也要经中和处理后方可流入下水道，以防污染环境。

5.2.3　碳氮共渗后的热处理

碳氮共渗后的热处理工艺见表5-43。

表5-43　碳氮共渗后的热处理工艺

序号	热处理工艺	工艺曲线	特点	适用范围
1	直接水淬+低温回火	温度/℃；水淬(水或碱水)；低温回火(160～200)；2～3；O；时间/h	工艺简单，是最普遍应用的热处理方式之一	适用于中低碳钢或低碳低合金钢；不适于密封箱式炉或连续式作业炉碳氮共渗
2	直接油淬+低温回火	温度/℃；油淬；低温回火(160～200)；2～3；O；时间/h	工艺简单，是最普遍应用的热处理方式之一	适用于合金钢淬火，适合于各种炉型进行碳氮共渗后的直接淬火
3	直接分级淬火+低温回火	温度/℃；热油或碱浴、盐浴；低温回火(160～200)；2～3；O；时间/h	淬火油可以在40～105℃的温度范围内使用	对要求热处理变形小的工件，可以采用闪点高的油在较高油温内淬火；对变形要求高的合金钢制工件，也可以采用热浴淬火

（续）

序号	热处理工艺	工艺曲线	特点	适用范围
4	直接气淬	温度/℃；气淬；O；时间/h	可减少变形，降低成本	适用于细小工件淬火，但应仔细装炉，以便气淬时气流冷却均匀
5	一次加热淬火	温度/℃；空冷或罐冷；800～860；低温回火；O；时间/h	淬火加热应在脱氧良好的盐炉或带保护气氛的加热设备中进行	适用于因各种原因不宜直接淬火，或共渗后尚需机械加工的工件
6	直接淬火+冷处理	温度/℃；直接淬火；低温回火；O；−80～−70；时间/h	−80～−70℃的冷处理可减少残留奥氏体量，使表面硬度达到技术要求	适用于含Cr、Ni较多的合金钢，如12CrNi3A、20Cr2Ni4A及18Cr2Ni4WA等
7	直接空冷或冷却井中冷却+高温回火+重新加热淬火+低温回火	温度/℃；回火(620～650)；800～820；低温回火；O；时间/h	可用高温回火代替冷处理，以减少残留奥氏体量，高温回火时应采取防氧化措施或在保护气氛中进行	适用于含Cr、Ni较多的合金钢及共渗后需机械加工的工件

5.2.4　常见碳氮共渗缺陷与对策

常见碳氮共渗缺陷有表面硬度低，渗层深度不够或不均匀，心部铁素体过多，表面脱碳脱氮，出现非马氏体组织等。其表现方式、产生原因及预防措施等与渗碳基本上相同。此外，共渗件还有一些由于氮的渗入而产生的缺陷。常见碳氮共渗缺陷的产生原因与对策见表5-44。

表5-44　常见碳氮共渗缺陷的产生原因与对策

缺陷	产生原因	对策
碳氮化合物粗大	1)表面碳、氮含量过高,共渗温度较高 2)共渗温度较低,炉气氮势过高	严格控制碳势和氮势,特别是共渗初期,必须严格控制氨的加入量
黑色组织(黑点、黑带、黑网)	形成黑点是因共渗初期炉气氮势过高,渗层中氮含量过高	渗层中氮的质量分数应控制在0.5%以下。在共渗第一阶段减少供氨量,在共渗第二阶段适当增加供氨量
	黑带是由于形成合金元素的氧化物、氮化物和碳化物等小颗粒,使奥氏体中合金元素贫化,淬透性降低,而形成托氏体	适当提高共渗温度和淬火冷却速度
	黑网是由于氮、碳晶向扩散,沿晶界形成Mn、Ti等合金元素的化合物,降低附近奥氏体中合金元素的含量,使淬透性降低,形成托氏体网。渗层中氮含量过低,易形成托氏体网	适当提高淬火加热温度,采用冷却能力强的淬火冷却介质。氨气加入量要适中

5.3　渗氮

根据渗氮方法的不同，渗氮主要有气体渗氮、液体渗氮、离子渗氮和流态床渗氮等。根据渗氮目的的不同，气体渗氮分为抗磨渗氮和抗蚀渗氮。

5.3.1　气体渗氮

1. 渗剂

渗剂为氨气或氨分解气。

(1) 氨气　渗氮用液氨的纯度应大于95%（质量分数）。氨气中水的含量应小于2%（质量分数）。氨气在导入渗氮炉前，应先经过干燥箱进行脱水，干燥箱内的干燥剂为硅胶、氯化钙、生石灰或活性氧化铝等。

（2）氨分解气　氨气经氨分解炉分解为氢气和氮气，再通入渗氮炉进行渗氮。

2. 确定气体渗氮工艺参数的依据

（1）渗氮温度　抗磨渗氮的渗氮温度一般为480~570℃。渗氮温度越高，扩散速度越快，渗层越深，如图5-11a所示。当渗氮温度超过550℃时，由于合金氮化物的聚集和长大，使硬度有所下降，如图5-11b所示。

无去应力退火时，最高渗氮温度应低于调质回火温度20~30℃。

当需要去应力退火时，最高去应力退火温度应低于调质回火温度20~30℃，最高渗氮温度应低于去应力退火温度20~30℃。

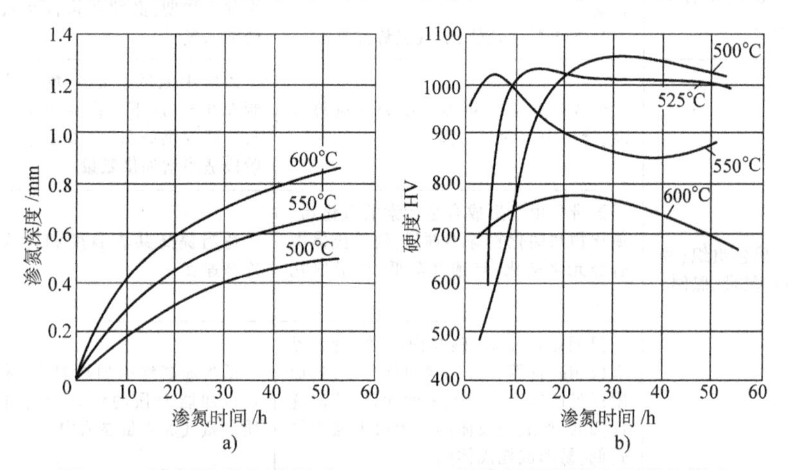

图5-11　渗氮温度和时间对38CrMoAlA钢渗氮层深度和硬度的影响

a）渗氮温度和时间对渗氮层深度的影响　b）渗氮温度和时间对硬度的影响

（2）渗氮时间　渗氮保温时间主要决定渗氮层深度，保温时间越长，渗氮层越深，且渗氮初期渗速较快，后期增幅趋缓，如图5-11a所示。

渗氮时间 t 与渗层深度 x 的关系为

$$x = K\sqrt{t} \tag{5-8}$$

式中　K——常数。

38CrMoAlA钢在510℃时的平均渗氮速度见表5-45。

表5-45　38CrMoAlA钢在510℃时的平均渗氮速度

渗氮层深度/mm	<0.4	0.4~0.7
平均渗氮速度/(mm/h)	0.01~0.02	0.005~0.01

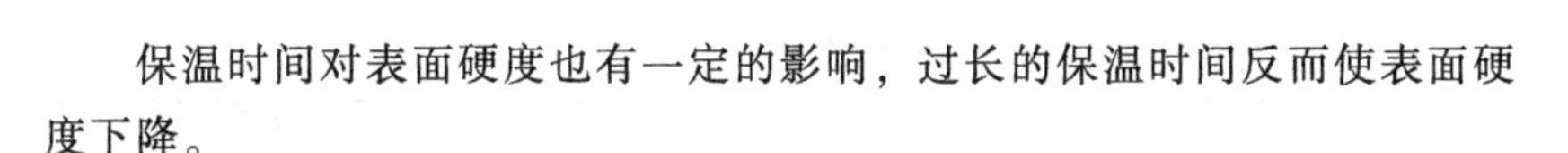

保温时间对表面硬度也有一定的影响，过长的保温时间反而使表面硬度下降。

(3) 氨分解率

1) 常用的氨分解率为15%～40%。渗氮温度一定时，氨流量增大，分解率减小；反之，分解率增大。氨分解率越低，向工件提供可渗入的氮原子的能力越强；但分解率太低，易使合金钢工件表面形成脆性的白亮层，且会使渗层硬度下降。不同温度下氨分解率的合理范围见表5-46。

表5-46　不同温度下氨分解率的合理范围

渗氮温度/℃	500	510	525	540	600
氨分解率(%)	15～25	20～30	25～35	35～50	45～60

2) 氨分解率的测定。传统的氨分解率测定计是依据氨（NH_3）溶于水，而其分解产物（H_2 和 N_2）不溶于水的特性进行测量的，为玻璃仪器，手工操作。新型仪器可对氨分解率进行自动的测量与记录，并可进行氨分解率的控制，从而实现可控渗氮。

(4) 氮势的测量与控制　氮势（N_p）可以通过测定炉气成分进行换算。氮势与测量值的关系与所采用的气源有关。

1) 以纯氨或氨+氨分解气进行渗氮时，氮势（N_p）计算公式如下：

$$N_p = p_{NH_3} / p_{H_2}^{1.5} \tag{5-9}$$

式中　p_{NH_3}——炉气中的氨分压，在1atm（101.325kPa）下等于氨体积百分数，可用氨红外仪测定；

p_{H_2}——炉气中的氢分压，在1atm下等于氢体积百分数，可用热导式仪表或氢探头等仪器测定。

或
$$N_p = \frac{1-V}{(0.75V)^{1.5}} \tag{5-10}$$

式中　V——氨分解率，$V=1-p_{NH_3}$。

或
$$N_p = \frac{1-\frac{4}{3}p_{H_3}}{p_{H_2}^{1.5}} \tag{5-11}$$

或
$$N_p = \frac{p_{NH_3}}{[0.75(1-p_{NH_3})]^{1.5}} \tag{5-12}$$

纯氨或氨+氨分解气进行渗氮时，氮势与氨分解率的关系见表5-47。

表 5-47　氮势与氨分解率的关系（GB/T 18177—2008）

氨分解率 V	氮势 N_p	氨分解率 V	氮势 N_p
0.1	43.8178	0.6	1.3251
0.2	13.7706	0.7	0.7887
0.3	6.5588	0.8	0.4303
0.4	3.6515	0.9	0.1803
0.5	2.1773	0.95	0.0831

2）以氨+氮混合气体为气源进行渗氮时，氮势计算公式如下：

$$N_p = p_{NH_3}\left[\frac{1+X}{1.5(X-p_{NH_3})}\right]^{1.5} \tag{5-13}$$

或

$$N_p = (1-V)\left[\frac{1+X}{1.5(X-1+V)}\right]^{1.5} \tag{5-14}$$

或

$$N_p = \frac{1.5X-(1+X)p_{H_2}}{1.5p_{H_2}^{1.5}} \tag{5-15}$$

式中　X——通入气体中 NH_3 的体积分数；

V——氨分解率。

氨+氮混合气体渗氮时，氮势与氨分解率的关系见表 5-48。

表 5-48　氮势与氨分解率的关系（GB/T 18177—2008）

NH_3(体积分数,%)	氨分解率 V							
	0.2	0.3	0.4	0.5	0.6	0.7	0.8	0.9
	氮势							
0.2								2.2627
0.3							5.1028	0.9021
0.4						8.5541	2.0162	0.5487
0.5					12.6491	3.3541	1.2172	0.3953
0.6				17.4186	4.9267	2.0113	0.8709	0.3116
0.7			22.8922	6.7447	2.9371	1.4308	0.6825	0.2596
0.8		29.0985	8.8182	4.0000	2.0785	1.1154	0.5657	0.2245
0.9	36.0648	11.1570	5.2055	2.8176	1.6129	0.9202	0.4868	0.1992

3）用氨+氨分解气为气源进行渗氮时，可用氨分压测定仪表或氢分压测定仪表或氨分解率自动测试仪进行反馈调节气体加入量，实现氮势自动控制。用其他气源进行渗氮时，应根据氨分压与氢分压两种仪表同时测量结果进行反馈，以实现氮势自动控制。

3. 气体渗氮工艺

气体渗氮工艺包括常规渗氮、短时渗氮、奥氏体渗氮、可控渗氮、抗蚀渗氮等。

(1) 常规渗氮 常规渗氮一般分为一段渗氮、二段渗氮和三段渗氮三种。其工艺方法见表 5-49。

表 5-49 常规渗氮工艺方法 (GB/T 18177—2008)

渗氮工艺	工艺方法			工艺特点及适用范围
	渗氮温度/℃	渗氮时间/h	氨分解率(%)	
一段渗氮	490~520	20~100	渗氮时间的前 1/4~1/3:20~35	硬度要求高、畸变小的工件
			渗氮时间的后 2/3~3/4:35~50	
二段渗氮	第 1 阶段 500~510	15~60	占总渗氮时间的 1/3~1/2:20~30	硬度要求略低、渗层较深、不易畸变的工件
	第 2 阶段 550~560		占总渗氮时间的 1/2~2/23:40~60	
三段渗氮	第 1 阶段 500~510	30~50	20~30	硬度要求较高、不易畸变的工件
	第 2 阶段 550~560		40~60	
	第 3 阶段 520~530		30~40	

38CrMoAlA 钢一段、二段及三段渗氮工艺曲线如图 5-12~图 5-14 所示。

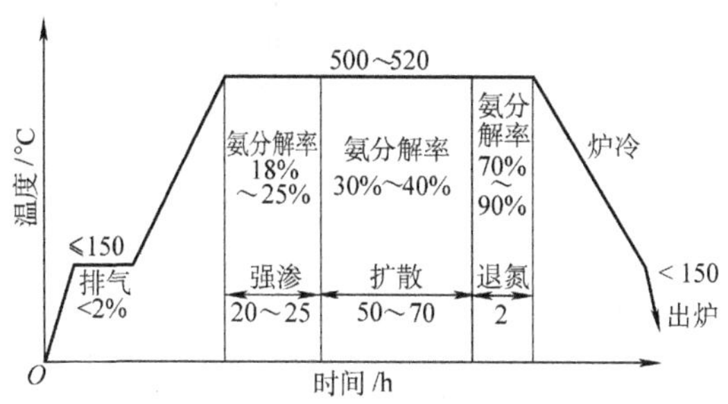

图 5-12 38CrMoAlA 钢一段渗氮工艺曲线

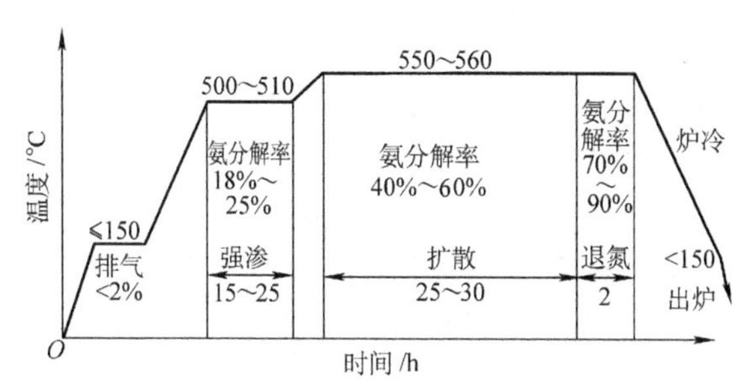

图 5-13 38CrMoAlA 钢二段渗氮工艺曲线

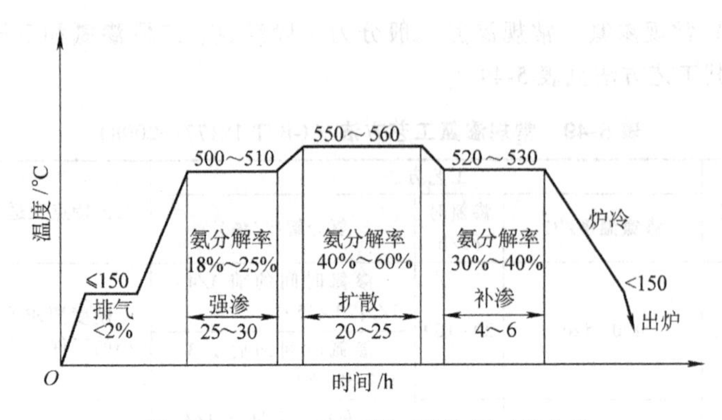

图 5-14 38CrMoAlA 钢三段渗氮工艺曲线

常用钢的气体渗氮工艺及效果见表 5-50。

表 5-50 常用钢的气体渗氮工艺及效果

材料	渗氮工艺参数				渗氮层深度/mm	表面硬度
	阶段	温度/℃	时间/h	氨分解率(%)		
38CrMoAl		510±10	17～20	15～35	0.2～0.3	>550HV
		530±10	60	20～50	≥0.45	65～70HRC
		540±10	10～14	30～50	0.15～0.30	≥88HR15N
		510±10	35	20～40	0.30～0.35	1000～1100HV
		510±10	80	30～50	0.50～0.60	≥1000HV
		535±10	35	30～50	0.45～0.55	950～1100HV
		510±10	35～55	20～40	0.3～0.55	850～950HV
		500±10	50	15～30	0.45～0.50	550～650HV
	1	515±10	25	18～25	0.40～0.60	850～1000HV
	2	550±10	45	50～60		
	1	510±10	10～12	15～30	0.50～0.80	≥80HR30N
	2	550±10	48～58	35～65		
	1	510±10	10～12	15～35	0.5～0.8	≥80HR30N
	2	550±10	48～58	35～65		
	1	510±10	20	15～35	0.5～0.75	>750HV
	2	560±10	34	35～65		
	3	560±10	3	100		
	1	525±5	20	25～35	0.35～0.55	≥90HR15N
	2	540±5	10～15	35～50		
	1	520±5	19	25～45	0.35～0.55	87～93HR15N
	2	600	3	100		

（续）

材料	渗氮工艺参数				渗氮层深度/mm	表面硬度
	阶段	温度/℃	时间/h	氨分解率(%)		
38CrMoAl	1	510±10	8~10	15~35	0.3~0.4	>700HV
	2	550±10	12~14	35~65		
	3	550±10	3	100		
40CrNiMoA		510±10	25	25~35	0.35~0.55	≥68HR30N
	1	520±5	20	25~35	0.40~0.70	≥83HR15N
	2	545±10	10~15	35~50		
30CrMnSiA		500±10	25~30	20~30	0.20~0.30	≥58HRC
35CrMo	1	505±10	25	18~30	0.5~0.6	650~700HV
	2	520±10	25	30~50		
50CrVA		460±10	15~20	10~20	0.15~0.25	
		460±10	7~9	15~35	0.15~0.25	
40Cr		490±10	24	15~35	0.20~0.30	≥550HV
	1	520±10	10~15	25~35	0.50~0.70	≥50HRC
	2	540±10	52	35~50		
18Cr2Ni4A		500±10	35	15~30	0.25~0.30	650~70HV
3Cr2W8V		535±10	12~16	25~40	0.15~0.20	1000~1100HV
Cr12 Cr12MoV	1	480±10	18	14~27	≥0.20	700~800HV
	2	530±10	22	30~60		
W18Cr4V		515±10	0.25~1	20~40	0.01~0.025	1100~1300HV
12Cr13		500	48	18~25	0.15	1000HV
		560	48	30~50	0.30	900HV
20Cr13		500	48	20~25	0.12	1000HV
		560	48	35~45	0.26	900HV
12Cr13 20Cr13 14Cr11MoV	1	530	18~20	30~45	≥0.25	≥650HV
	2	580	15~18	50~60		
24Cr18Ni8W2		560	24	40~50	0.12~0.14	950~1000HV
		560	40	40~50	0.16~0.20	900~950HV
		600	24	40~70	0.14~0.16	900~950HV
		600	48	40~70	0.20~0.24	800~850HV
45Cr14Ni14W2Mo		550~560	35	45~55	0.080~0.085	≥850HV
		580~590	35	50~60	0.10~0.11	≥820HV
		630	40	50~80	0.08~0.14	≥80HR15N
		650	35	60~90	0.11~0.13	83~84HR15N

（2）短时渗氮　渗氮温度一般为500~580℃，常用560~580℃。渗氮时间一般为2~4h。氨分解率为35%~65%。

短时渗氮适用于易畸变和尺寸精度要求很高的工件。由于短时渗氮所获得的化合物层很薄（0.006~0.015mm），脆性不大，硬度高，所以短时渗氮可以有效地提高工件的疲劳强度、耐磨性及耐蚀性，但短时渗氮后的工件不能承受较重载荷。

高速工具钢短时渗氮时间一般为20~40min。采用较高的氨分解率，可避免在高速钢渗氮层表面出现化合物层。

除了高速工具钢外，短时渗氮所形成的化合物层很薄，所以脆性不太大，可以带着化合物层服役，从而使耐磨性大幅度提高，并降低摩擦因数。

各种碳钢、合金渗氮钢、合金结构钢、模具钢、铸铁经短时渗氮处理后，具有很高的耐磨、疲劳强度、抗擦伤、抗咬合性能和耐蚀性等，保留了铁素体氮碳共渗的优点，并从根源上消除了后者炉气中含极毒HCN气体的缺点。

凡是以磨损或咬合为主要失效方式，而承受的接触应力不高的工件，用短时渗氮替代常规渗氮，节能效果明显。

（3）抗蚀渗氮　在600~700℃进行短时间的一段渗氮，以获得一定深度的、致密的、化学稳定性高的ε相层（渗氮白亮层）。渗氮层厚度一般为0.015~0.06mm。

耐蚀渗氮适用于碳素结构钢和电磁纯铁。

纯铁及碳素钢的抗蚀渗氮工艺见表5-51。

表5-51　抗蚀渗氮工艺参数

材料	渗氮工艺				ε相厚度/μm
	温度/℃	时间/h	氨分解率(%)	冷却方法	
DT（电磁纯铁）	550±10	6	30~50	炉冷至200℃以下出炉空冷	20~40
	600±10	3~4	30~60		
10	600±10	6	45~70	根据零件要求的性能、精度，分别冷至200℃出炉空冷，直接出炉空冷、油冷或水冷	40~80
	600±10	4	40~70		15~40
20	610±10	3	50~60		17~20
30	620±650	3	40~70		20~60
40、45、40Cr、50	600±10	2~3	35~55	要求基体具有强韧性的零件尽可能水冷或油冷	15~50
	650±10	0.75~1.5	45~65		
	700±10	0.25~0.5	55~75		
T8、GCr15	780±10	同淬火加热时间	70~75	抗蚀渗氮常与淬火工艺结合在一起进行	
	810~840		70~80		

（4）奥氏体渗氮　渗氮温度一般为600～700℃。渗氮时间一般为2～4h。氨分解率为60%～80%。

典型工艺为650℃×2h，氨分解率为60%～80%。

在奥氏体渗氮温度下形成的渗层组织是ε相化合物层、奥氏体层和扩散层，淬火至室温为化合物层、残留奥氏体层、淬火马氏体层、扩散层。

以提高耐蚀性为主的工件经奥氏体渗氮后不必进行回火处理。

奥氏体渗氮油淬后经过180～200℃回火，残留奥氏体未发生转变，保持很高韧性和塑性，适用于对韧性要求很高，以及在装配或使用过程中需承受一定程度塑性形变的渗氮件。

奥氏体渗氮经过220～250℃回火，残留奥氏体发生分解，硬度提高到950HV以上，化合物层中的ε相也发生时效，使硬度提高到1000HV以上，适合于耐磨性要求很高的渗氮件。

奥氏体渗氮的耐蚀性优于抗蚀渗氮。

（5）精密可控渗氮　精密可控渗氮是根据氮势门槛值曲线，通过氮势控制系统适时调整工艺参数，对氮势实施精确控制，从而获得工件所需的渗氮层组织，以改善渗氮层脆性的可控气体渗氮。在渗氮生产中，对应一定的渗氮时间，形成化合物层所需的最低氮势称为氮势的门槛值。材质、渗氮工艺参数、工件表面状况、炉内气氛特点等都会影响氮势门槛值。氮势门槛值曲线是制订可控渗氮工艺的重要依据。表示氮势门槛值与渗氮时间关系的曲线称为氮势门槛值曲线，其数学表达式如下：

$$N_{p(t)}=\frac{N_{p(c)}}{1-\exp\left(\frac{\beta^2 t}{D}\right)\mathrm{erfc}\left(\frac{\beta\sqrt{t}}{D}\right)} \tag{5-16}$$

式中　t——渗氮时间；

$N_{p(t)}$——与渗氮时间t相对应的氮势门槛值；

$N_{p(c)}$——临界氮势，是钢的成分和渗氮温度的函数；

β——工件表面氮的物质传递系数；

D——氮在钢中的扩散系数（按活度计算的扩散系数）。

氮势门槛值测定示例：

令$\left(\frac{\beta}{\sqrt{D}}\right)=B$，则式（5-16）可简化为

$$N_{p(t)}=\frac{N_{p(c)}}{1-\exp(B^2 t)\mathrm{erfc}(B\sqrt{t})} \tag{5-17}$$

用试验方法测出两个不同时间 t_1 和 t_2 的氮势门槛值 $N_{p(t_1)}$ 和 $N_{p(t_2)}$，分别代入式（5-17），得

$$N_{p(t_1)}=\frac{N_{p(c)}}{1-\exp(B^2t_1)\,\mathrm{erfc}(B\sqrt{t_1})} \tag{5-18}$$

$$N_{p(t_2)}=\frac{N_{p(c)}}{1-\exp(B^2t_2)\,\mathrm{erfc}(B\sqrt{t_2})} \tag{5-19}$$

解联立式（5-18）和式（5-19），即可求得 $N_{p(c)}$ 和 B 的值，并可计算出该钢种在同一渗氮温度下对应于不同渗氮时间的氮势门槛值。将不同渗氮时间的氮势门槛值绘制成曲线。

精密可控渗氮主要是控制化合物层的厚度。化合物层的厚度一般分为三级：无化合物层，化合物层厚度≤0.013mm，化合物层≤0.025mm。精密可控渗氮分为氮势定值可控渗氮、氮势分段可控渗氮、氮势门槛值控制渗氮和动态可控渗氮。

1）氮势定值可控渗氮。整个渗氮过程中氮势控制不变，根据氮势门槛值曲线选择氮势控制值，控制表面化合物层的厚度。氮势定值可控渗氮分为无化合物可控渗氮和单相γ′化合物可控渗氮两种。

无化合物层可控渗氮的渗层表面不形成化合物层，渗层的脆性很小，渗氮速度慢。

氮势控制的设定值略高于氮势门槛值时，获得单相γ′化合物层或厚度为1~3μm的薄化合物层，脆性明显小于常规渗氮，但渗氮速度慢。

2）氮势分段可控渗氮。这种可控渗氮以氮势门槛值曲线为依据分段控制。①在渗氮初期采用高氮势，由氮势门槛值曲线判断在高氮势下开始出现化合物层的时间，并在此时间之前将氮势降低到与渗氮总时间对应的氮势门槛值；②中间增加一段中等氮势的分段控制，在渗氮初期采用高氮势，在即将出现化合物层之前降至中氮势，待到又将出现化合物层之前，再将氮势降到与渗氮时间相对应的氮势门槛值。

控制白亮层分段可控渗氮的氮势 K_N 推荐值见表5-52。

如果每一段的保温时间略短于氮势门槛值曲线所对应的时间，则可实现无化合物层可控渗氮。若适当延长高氮势和中氮势阶段的时间，使工艺曲线超过氮势门槛值曲线，则可实现单相γ′可控渗氮或带有薄化合物层的可控渗氮。

表 5-52 控制白亮层分段可控渗氮的氮势 K_N 推荐值（GB/T 32540—2016）

钢种	无白亮层		白亮层≤0.013mm		白亮层≤0.025mm	
	第一阶段	第二阶段	第一阶段	第二阶段	第一阶段	第二阶段
渗氮钢	4~12	0.3~0.8	4~12	0.6~1.8	6~15	1.2~2.6
中碳合金钢	4~12	0.25~0.7	4~15	0.6~2.6	4~15	1.2~4.5
模具钢	5~15	0.3~0.8	5~15	0.4~0.9	5~15	2.2~5.5
不锈钢	5~15	0.2~0.7	5~15	0.4~0.9	—	—
碳钢	—	—	5~12	0.8~2.6	1.2~4.0	—

氮势分段可控渗氮的渗氮速度高于定值控制可控渗氮，略低于常规渗氮。

3）氮势门槛值控制渗氮。按氮势门槛值与渗氮时间的关系曲线实施可控渗氮。

4）动态可控渗氮。动态可控渗氮是将工艺过程分为两个阶段，在第一阶段尽可能提高气相氮势，一旦表面氮的质量分数达到预先的设定值，立即转入第二阶段，令氮势按照“动态氮势控制曲线”连续下降，使表面氮质量分数不再升高也不下降。动态氮势控制曲线的数学表达式为

$$N_{p(g)}=N_{p(D)}\left(1+\frac{1}{\sqrt{\pi}\left(\frac{\beta\sqrt{t}}{\sqrt{D}}\right)}\right) \tag{5-20}$$

式中 $N_{p(g)}$——气相氮势调节值；

$N_{p(D)}$——目标氮势。

（$\beta/\sqrt{D}$）可以从同一钢种的氮势门槛值曲线求得，目标氮势取临界氮势，可实现无化合物层可控渗氮，目标氮势高于 γ′相的临界氮势而低于 ε 相的临界氮势，可实现单相 γ′可控渗氮；目标氮势略高于 ε 相临界氮势，可实现薄化合物层的可控渗氮。单相 γ′可控渗氮与薄化合物层可控渗氮的脆性虽略大于无化合物层可控渗氮，但比常规渗氮低得多，可以直接投入使用，并且具有优异的耐磨性。

（6）脉冲渗氮 渗氮温度和渗氮时间与短时渗氮类似。脉冲渗氮是在具备抽真空功能的渗氮炉中进行的。采用反复充气和抽气的脉冲方式，使炉压在一定幅度范围内交替上升和下降，改善了渗氮层均匀性。脉冲渗氮适用于有不通孔、细孔、狭缝的工件以及用散装方式装炉的小工件。

（7）纳米化渗氮 预先使工件表面层晶粒细化成纳米结构然后渗氮的方法称为纳米化渗氮。用超声喷丸（无向强力喷丸）、机械研磨、多方

向滚压等方法，使待渗氮件表面经受多方向反复塑性形变，将表面层晶粒细化至纳米尺度，然后进行渗氮。这种渗氮方法可以明显提高渗氮速度，降低渗氮温度和提高渗氮层硬度。

4. 渗氮前的预备热处理

1）为了保证渗氮工件心部有较高的综合力学性能，渗氮前应根据工件对基体材料性能的要求进行预备热处理。一般采用调质或正火处理。结构钢需进行调质处理，以获得回火索氏体组织。38CrMoAl钢必须采用调质，并在调质淬火时保证工件表面层的奥氏体转变为马氏体组织。

2）形状复杂、畸变量要求较高的精密零件，在调质和粗加工后应施行去应力退火。去应力退火温度应比调质的高温回火温度低，比渗氮温度高。

3）对于高合金工具钢、模具钢和高速工具钢，为提高工具的使用寿命，渗氮一般在淬火与回火后进行，且渗氮温度应低于淬火后的回火温度。

4）不锈钢、耐热钢除通常可采用调质处理外，奥氏体不锈钢还可采用固溶处理。

5）调质过的轴类工件，若经矫直后需进行去应力退火，退火温度应高于渗氮温度20~30℃，且低于高温回火温度。

6）渗氮前的热处理工艺规范见表5-53。

表5-53　渗氮前的热处理工艺规范

材料	淬火温度/℃	冷却介质	回火温度/℃	硬度　HBW
18Cr2Ni4WA	850~870	油	525~575	200~220
20CrMnTi	910~930	油	600~620	
30CrMnSi	880~900	油	500~540	
35CrMo	840~860	油	520~560	
38CrMoAlA	920~940	油	620~650	
40Cr	840~860	油	500~540	
40CrNiMo	840~860	油	600~620	
50CrVA	850~870	油	480~520	
3Cr2W8V	1050~1080	油	600~620	
4Cr5MoSiV1	1020~1050	油	580~620	
5CrNiMo	840~860	油	540~560	
Cr12MoV	980~1000	油	540~560	52~54HRC
W18Cr4V	1260~1310	油	550~570(三次)	≥63HRC
W6Mo5Cr4V2	1200~1240	油	550~570(三次)	

(续)

材料	淬火温度/℃	冷却介质	回火温度/℃	硬度 HBW
20Cr13	1000~1050	油或水	660~670	34HRC (固溶处理)
42Cr9Si2	1020~1040	油	700~780	
15Cr11MoV	930~960	空冷	680~730	
45Cr14Ni14W2Mo	820~850	水	—	
53Cr21Mn9Ni4N	1175~1185	水	750~800	
QT600-3	920~940	空气	—	220~230

5. 工件非渗氮部位的防护

(1) 镀层防护法　对结构钢可采用镀锡或镀铜防护，不锈钢可采用镀铜、镀镍防护。镀铜厚度≥0.025mm，镀锡厚度≥0.0127mm。

(2) 留加工余量防护法　在非渗氮部位预留1.5~2倍渗氮层深度的加工余量，渗氮后切除。

(3) 涂料防护法　对非渗氮面刷涂防渗氮涂料，有成品涂料可购，也可自行配制。

1) 配方（质量分数）：水玻璃80%~90%，石墨粉10%~20%。将工件加热到60~80℃，均匀涂覆，然后在90~130℃下烘干或自然干燥。

2) 配方（质量分数）：锡粉60%，铅粉20%，氧化铬粉20%。将配料混合均匀，用氯化锌溶液调成稀糊状，涂于工件防渗表面。

(4) 堵塞法　对于不通孔、深孔件可用硅砂灌满孔腔，再用锥形铜塞或铝合金螺栓防护。

6. 气体渗氮操作

(1) 准备

1) 清理渗氮罐，用压缩空气吹去管路中的积水与污物，确保无漏气及堵塞现象。

2) 检查测温仪表及氨分解率测定仪是否正常。

3) 检查氨气干燥箱，干燥剂应有足够的数量，含水量应小于0.2%(质量分数)。

4) 检查工件有无划痕、碰伤及变形等缺陷。用汽油、乙醇或水溶性清洗剂擦洗工件表面污物和锈斑。用水溶性清洗剂擦洗过的工件应用清水漂洗干净、烘干。

5) 不锈钢工件应进行喷砂或磷化处理，以消除金属表面钝化膜。

6) 对非渗氮面进行防护处理。

7) 工装夹具必须保持干净，不得有污物，绑扎工件的铁丝和放置工件的铁丝网必须去掉表面的镀锌层（用酸洗即可去除）。

8）轴类工件应垂直吊挂，工件的摆放应有利于减小变形和氨气的流动，并装入同材料、同炉号、经同样预备热处理的试样。装炉后盖上炉盖，对称拧紧螺栓。

（2）操作要点

1）升温前先排气，排气时氨的流量应比使用时大1倍以上。随着炉内空气的减少，也可边升温边排气，在炉温升至150℃以前排气完毕。在排气过程中，可用pH试纸（试纸用水浸湿，遇氨后变成蓝色）或盐酸棒（玻璃棒沾盐酸，遇氨后出现白烟）检查炉罐及管道是否漏气。

2）用氨分解率测定仪器测定氨分解率。当氨分解率大于98%时，可降低氨流量，保持炉内正压，继续升温。

3）对于一般工件可不控制升温速度，而对于细长、薄壁、不对称和截面尺寸急剧变化等形状易畸变的工件应适当限制升温速度，可采用阶段升温方式，在400~470℃保温一定时间，待炉内工件温度均匀后再升至渗氮温度。

4）在炉温达到500℃时，调节氨流量，使氨分解率在18%~25%之间。

5）保温阶段应保持温度和氨分解率的正确和稳定，每隔30min测定一次氨分解率，并将温度、氨分解率、氨流量及炉压记录下来。

6）氨分解率的调整方法是：渗氮温度一定时，氨流量增大，分解率减小；氨流量减小，分解率增大。

7）渗氮完毕，切断电源，给少量氨气以保持炉内正压，待炉温降至150℃以下时，停止供氨。工件出炉前应排除炉内剩余氨气，再打开炉门。

8）短时渗氮一般采用油冷，奥氏体渗氮必须采用油冷或等温淬火。

9）渗氮过程中若发生停电事故，当炉温不低于400℃时应继续向炉膛通入氨气。恢复供电后，再升到工艺规定温度。

10）渗氮件应尽量避免矫正。如必须矫正，随后应立即进行去应力退火及探伤。渗氮后畸变超差的工件，需热矫正。矫正的加热温度应低于渗氮温度。重要工件渗氮后一般不应矫正。

11）为保持炉膛内氨分解率的稳定，炉膛、炉内构件与工夹具长期使用后，应定期施行退氮处理。退氮可在停炉后施行，空炉加热至600~650℃，空烧4~6h。

7. 常见气体渗氮缺陷与对策

常见气体渗氮缺陷的产生原因与对策见表5-54。

表 5-54 常见气体渗氮缺陷的产生原因与对策

缺陷	产生原因	对策
渗氮层硬度低	渗氮温度高	严格控制渗氮工艺参数,校正测温仪表
	分段渗氮时第一阶段氨分解率偏高	严格控制氨分解率
	炉盖密封不良,漏气	更换密封石棉或石墨条,保证炉罐密封性
	使用新渗氮罐、夹具时未经预渗氮处理	新渗氮罐及夹具应经过预渗氮处理
	渗氮罐使用过久	使用过久渗氮罐应进行一次退氮处理,以保证氨分解率正常。每渗氮10炉后,应在800~860℃空载保温2~4h
渗氮层硬度不匀	炉温不均匀	注意均匀装炉
	炉气循环不畅	保持间隙,保证炉气循环畅通
	装炉量太大	合理装炉
	工件表面有油污	认真清洗工件表面
	非渗氮面镀锡层淌锡	严格控制镀锡层厚度,镀前对工件进行喷砂处理
渗氮层深度浅	渗氮温度低	适当提高渗氮温度
	时间不足	保证渗氮时间
	渗氮时第二阶段氨分解率低	提高氨分解率,按第二阶段工艺规范重新处理
	渗氮罐漏气	检查渗氮罐是否漏气,并采取措施
	渗氮罐久用未退氮	渗氮罐每渗氮10炉后,应在800~860℃空载保温2~4h,进行一次退氮处理
	装炉量太大,炉气循环不良	均匀装炉,工件间隙不小于5mm,保证炉气循环畅通
硬度梯度过陡	第二段渗氮温度偏低,时间过短	提高第二段渗氮温度,延长保温时间
渗氮层脆性太大或易剥落	氨分解率低	严格控制氨分解率
	炉气氮势高	按工艺操作
	退氮工艺不当	将氨分解率提高到70%以上,重新进行退氮处理,以降低脆性
	工件表面有脱碳层	增大加工余量
	工件有尖角、锐边	尽可能将尖角、锐边倒圆
表面氧化色	渗氮罐漏气,冷却时造成负压	检查设备,密封性应完好;冷却时少量供氨,保持炉内正压
	出炉温度过高	炉冷至200℃以下出炉
	干燥剂失效	定期更换干燥剂

(续)

缺陷	产生原因	对策
畸变	消除机械加工应力不充分	渗氮前充分去应力
	装炉方式不合理,因自重产生蠕变畸变	合理装炉,注意工件自重的影响,细长杆件要垂直吊挂
	加热或冷却速度太快,热应力大	控制加热和冷却速度
	炉温不均匀	合理装炉,保证 5mm 以上间隙,保持炉气循环畅通
	工件结构不合理	合理设计工件,形状尽量对称
渗氮层出现网状及波纹状氮化物	渗氮温度过高	严格控制渗氮温度,定期检验测温仪表
	液氨含水量高	将氨气严格干燥,更换干燥剂
	调质时淬火温度过高,致使晶粒粗大	严格控制淬火温度
	工件有尖角或锐边	避免尖角锐边
渗氮层出现针状或鱼骨状氮化物	表面脱碳层未去净	增加工件的加工余量
	液氨含水量高,使工件脱碳	将氨气严格干燥,更换干燥剂
	原始组织中有较多大块铁素体	严格控制调质的淬火温度
渗氮层不致密,耐蚀性差	表面氮浓度过低,化合物层太薄	氨分解率不宜过高
	表面有锈斑	仔细清理工件表面
	冷却速度太慢,氮化物分解造成疏松层偏厚	适当调整冷却速度

5.3.2 离子渗氮

1. 辉光放电

在低真空含氮气氛中，利用工件（阴极）和阳极之间产生的辉光放电进行渗氮的工艺称为离子渗氮。

(1) 辉光放电现象　如图 5-15 所示，在低真空室内，当两极之间加以高压直流电场时，部分气体发生电离，正离子和电子分别向阴极和阳极运动，并不断地被加速，碰撞其他的中性原子，使这些中性原子发生电离或激发，阴极和阳极之间就出现辉光放电现象。

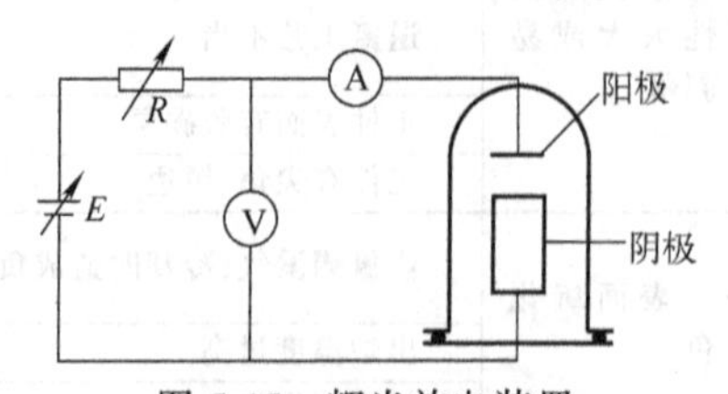

图 5-15　辉光放电装置

辉光放电时，表示电压与电流相互关系的伏-安特性曲线如图 5-16

所示。离子渗氮发生在异常辉光放电区，这时辉光覆盖整个工件表面，在正离子的轰击下工件被均匀加热。

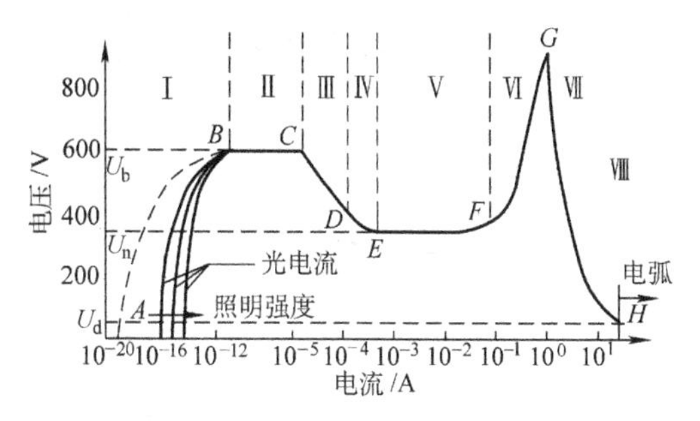

图 5-16 辉光放电伏-安特性曲线

Ⅰ—非自持暗放电区 Ⅱ—繁流放电区 Ⅲ—电晕放电区 Ⅳ—前期正常辉光放电区 Ⅴ—正常辉光放电区 Ⅵ—异常辉光放电区 Ⅶ—电弧放电过渡区 Ⅷ—电弧放电区 U_b—放电点燃电压 U_n—正常辉光放电电压 U_d—弧光放电电压

（2）巴兴曲线和最低点燃电压 当气体性质、电极材料及温度一定时，放电点燃电压 U_b 与气体压强 p 和极间距离 d 的乘积有关，表达这种关系的曲线称为巴兴曲线，如图 5-17 所示。巴兴曲线的最低点为最低放电点燃电压。采用氨气在室温下进行离子渗氮，当 $pd=655$Pa · mm 时，最低放电点燃电压约为400V；当 $pd<133$Pa · mm 或 $pd>13.3$kPa · mm 时，放电点燃电压可达 1000V 以上。离子渗氮的放电点燃电压一般为 400~500V。

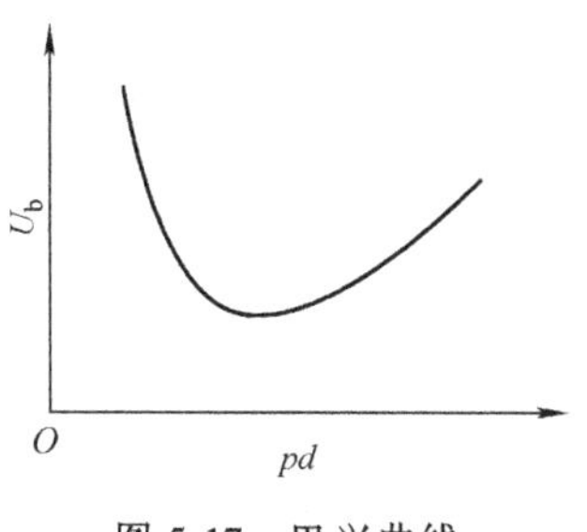

图 5-17 巴兴曲线

（3）阴极位降区 d_k 图 5-18 所示为直流辉光放电中的辉光分布。阿斯顿暗区、阴极辉区及阴极暗区具有很大的电位降，总称为阴极位降，三区的宽度之和称为阴极位降区 d_k。阴极位降区是维持辉光放电的关键所在。

2. 离子渗氮原理

离子渗氮原理示意图如图 5-19 所示。离子渗氮是在充以含氮气体的低真空（133~1330Pa）炉体内，以工件为阴极，炉体为阳极，在高压直流电场的作用下，两极间的稀薄气体被电离，气体中的 N^+、H^+、NH_3^+等正离子向阴极移动，电子向阳极移动。当正离子达到阴极附近时，在直流

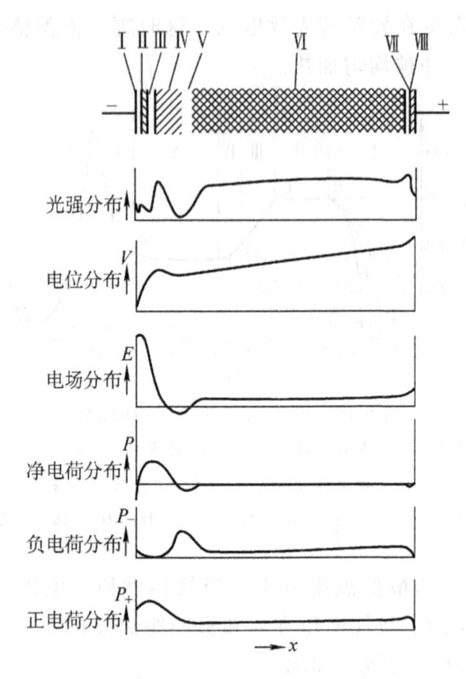

图 5-18 阴阳极之间辉光的分布

Ⅰ—阿斯顿暗区 Ⅱ—阴极辉区 Ⅲ—阴极暗区 Ⅳ—负辉区
Ⅴ—法拉第暗区 Ⅵ—正辉柱 Ⅶ—阴极暗区 Ⅷ—阳极辉区

高压的作用下，正离子被强烈加速，以极高的速度轰击工件表面，并产生一系列反应。首先，将离子轰击的动能转变为热能，从而使工件被加热。其次，正离子轰击工件表面后，产生二次电子发射。同时，工件表面的碳、氮、氧、铁等原子被轰击出来，而铁原子与阴极附近的活性氮原子（或 N^+离子及电子）结合形成 FeN，并沉积在阴极表面。在离子轰击和热激活作用下，依次分解为 $FeN \rightarrow Fe_2N \rightarrow Fe_3N \rightarrow Fe_4N$，并同时产生活性氮原子［N］。这些活性氮原子大部分渗入工件内部，形成渗氮层，另一部分返回等离子区重新参与反应。

3. 离子渗氮工艺

离子渗氮的工艺参数较多，除了常见的渗氮温度和时间外，还与炉气压力、气源、气体压力及流量、电压与电流、抽气速率等因素有关。

（1）渗氮温度 渗氮温度一般为500~540℃。高于590℃时，会因氮

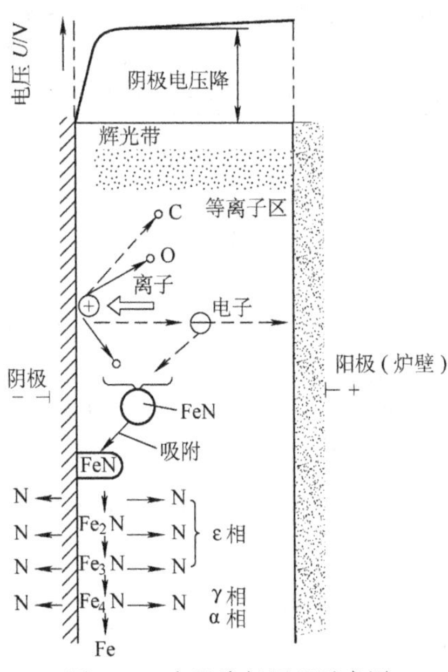

图 5-19 离子渗氮原理示意图

化物的积聚而使硬度明显下降。升温速度不宜过快，一般为 150～250℃/h。

离子渗氮温度可以用热电偶或非接触测温仪表测量，目测温度是测量500℃以上工件常用的辅助方法。标准规定封闭内孔测温法是离子渗氮温度的标准测量方法。热电偶热端到某一起辉表面的距离应不大于 2mm，热电偶插入孔内的深度应大于 30mm，此时热电偶的温度就规定为该起辉表面的温度。标准测温试件材料为中碳钢，其尺寸如图 5-20 所示。

(2) 渗氮时间　当渗氮时间在 20h 以内时，离子渗氮的速度明显大于气体渗氮；当渗氮时间在 20h 以上时，两种渗氮的速度接近。在处理渗氮层小于 0.5mm 的工件时，用离子渗氮是合适的，一般保温 8～20h。渗氮时间与渗氮层深度的关系见表 5-55。

(3) 炉气压力　压力范围为 100～1000Pa，一般为 266～800Pa。

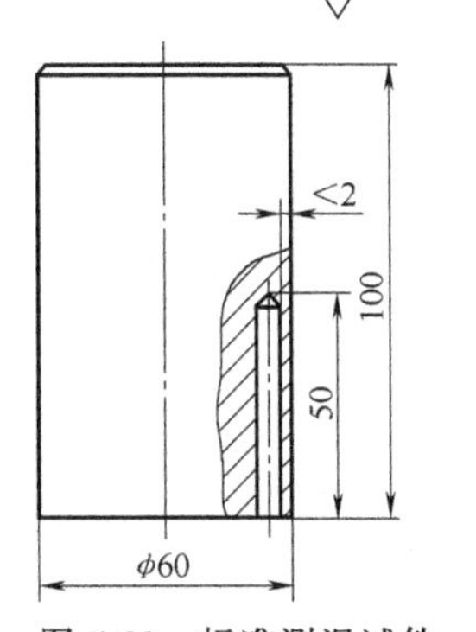

图 5-20 标准测温试件

表 5-55 渗氮时间与渗氮层深度的关系

渗氮时间/h	2	4	6	8	10	12	14	16	20
渗氮层深度/mm	0.1	0.14	0.20	0.30	0.34	0.37	0.40	0.42	0.45

（4）电压　保温阶段的电压一般为500~700V。

（5）电流密度　一般为0.5~5mA/cm^2。

（6）气源　离子渗氮推荐采用氮氢混合气、热分解氨或氨气为渗氮介质。

1）氮氢混合气。氮气和氢气的纯度应不低于99.9%。氮气和氢气的体积比可在1∶9~9∶1之间变化。

2）热氨分解氨。将氨在660~670℃下分解为氮气和氢气。

3）氨气。氨气质量应符合一等品的要求。氨气流量可根据设备的整流输出电流选取，见表5-56。整流输出电流大，装炉量多，渗氮保温时间短者取上限。

表 5-56 氨气流量选择范围（JB/T 6956—2007）

整流输出电流/A	10~25	25~50	50~100	100~150
合理供氨量/(mL/min)	100~200	200~350	350~650	650~1100

（7）常用材料离子渗氮工艺　常用材料的渗氮温度及渗氮层技术要求见表5-57。常用材料离子渗氮工艺及效果见表5-58。

表 5-57 常用材料的渗氮温度及渗氮层技术要求（JB/T 6956—2007）

材料		预备热处理		离子渗氮技术要求		常用渗氮温度/℃
类别	牌号	工艺	硬度 HBW ≥	表面硬度 HV ≥	一般深度范围/mm	
碳钢	45	正火	215	250	0.2~0.60	550~570
合金结构钢	20Cr	调质	215	550	0.2~0.50	510~540
	40Cr	调质	235	500		
	20CrMnTi	调质	215	600		
	35CrMo	调质	28HRC	550		
	42CrMo	调质	28HRC	550		
	35CrMoV	调质	28HRC	550		
	40CrNiMo	调质	28HRC	550		
渗氮钢	38CrMoAl	调质	255	850	0.30~0.60	等温渗氮：510~560 二段渗氮：480~530+550~570

（续）

材料		预备热处理		离子渗氮技术要求		常用渗氮温度/℃
类别	牌号	工艺	硬度 HBW ≥	表面硬度 HV ≥	一般深度范围/mm	
合金工模具钢	3Cr2W8V	调质	396	800	0.15~0.30	520~560
		淬火+回火	45HRC	900	0.10~0.25	
	5CrNiMo	淬火+回火	41HRC	600	0.20~0.40	
	5CrMnMo	淬火+回火	41HRC	650	0.20~0.40	
	4Cr5MoSiV1	淬火+回火	48HRC	900	0.10~0.40	510~530
	Cr12MoV	淬火+回火	59HRC	1000	0.10~0.20	480~520
	W18Cr4V	淬火+回火	64HRC	1000	0.02~0.10	480~520
不锈钢和耐热钢	1Cr18Ni9Ti①	固溶处理		1000	0.01	420~450
				900	0.08~0.15	560~600
	20Cr13	淬火+回火	235	850	0.10~0.30	540~570
	14Cr11MoV	淬火+回火	280	650	0.20~0.40	520~550
	45Cr14Ni14W2Mo	退火	235	700	0.06~0.12	540~580
灰铸铁	HT200、HT250	退火	200	300	0.10~0.30	540~570
球墨铸铁	QT600-3、QT700-2	正火	235	450	0.10~0.30	540~570

① 旧牌号，GB/T 20878—2007 中无对应牌号。

表 5-58　常用材料离子渗氮工艺及效果

牌号	温度/℃	时间/h	硬度　HV	渗层深度/mm
20Cr	520~540	8	550~700	>0.3
40Cr	500~520	8~10	500~650	>0.3
	520~540	6~9	650~841	0.35~0.45
35CrMo	510~540	6~8	700~888	0.30~0.45
42CrMo	520~540	6~8	750~900	0.35~0.40
25CrMoV	520~560	6~10	710~840	0.30~0.40
20CrMnTi	500~520	8	650~800	0.3~0.4
	520~550	4~9	672~900	0.20~0.30
38CrMoAl	500~520	12	950~1100	0.4~0.5
	520~550	8~15	888~1164	0.35~0.45
	540~560	6	950~1100	0.4~0.5
30SiMnMoV	520~550	6~8	780~900	0.30~0.45
3Cr2W8V	540~550	6~8	900~1000	0.20~0.30
4Cr5MoSiV1	540~550	6~8	900~1000	0.20~0.30
Cr12	540	8	900~960	
Cr12MoV	530~550	6~8	841~1015	0.20~0.40
45Cr14Ni4W2Mo	520~600	5~8	800~1000	0.06~0.12

（续）

牌号	温度/℃	时间/h	硬度　HV	渗层深度/mm
W18Cr4V	480～500	1.5～2.0	1100～1200	0.05～0.06
	520～540	10～20min	950～1100	0.02～0.03
	530～550	0.5～1.0	1000～1200	0.01～0.05
12Cr18Ni9	600～650	27	874	0.16
10Cr17	550～650	5	1000～1370	0.10～0.18
20Cr13	520～560	6～8	857～946	0.10～0.15
HT250	520～550	5	500	0.03～0.10
QT600-3	570	8	750～900	0.30
合金铸铁	560	2	321～417	0.10

4. 离子渗氮操作

（1）准备

1）检查设备及仪表是否正常，设备真空度是否达到要求，阴极屏蔽是否良好。

2）用汽油或洗涤剂仔细清洗工件上的污物，要特别注意对工件上的小孔、不通孔及沟槽的清洗，去除毛刺及锈斑。

3）对工件上容易引起弧光放电的小孔和窄槽，以及设计要求不需要渗氮的部位，用螺钉、销、键堵塞或用套等屏蔽。

（2）装炉

1）同炉渗氮的工件最好是同一种工件，以保证渗氮温度及渗氮层的均匀性；不同种类工件同炉渗氮时，应将有效厚度接近、渗氮层深度相同的工件同装一炉。

2）装炉时，工件与工件之间、工件与阳极之间的距离要均匀一致。工件之间的距离应大于10mm，工件与阳极之间的距离一般为30mm以上。堆放时上部散热较多，温度较低；吊挂时下部温度较低，应适当增加辅助阴极或阳极。散热条件好的地方，工件可排放密一些。散热条件差的地方，工件间距离应适当加大。

3）细长杆及轴类工件尽量采用吊挂方式，以减少变形。

4）根据需要布置辅助阳极或辅助气源。长度L与内径D之比$L/D>8$的深孔工件，或内孔壁渗氮层要求均匀的工件，内孔可设辅助阳极；$L/D>16$的工件，内孔应设辅助气源。

5）将不需要渗氮的表面、小孔、凹槽用金属物堵上或覆盖，加以屏

蔽，屏蔽间隙应在1mm以内。

6）工件不需要渗氮的平面可以互相接触或堆放，但不应形成狭窄的间隙或槽沟，以免辉光集中，使温度过高或出现弧光放电现象。

7）测温点应在有代表性的位置，距离工件越近越能代表工件的温度。

8）将与工件同材质并经过相同预备热处理的试样放在有代表性的位置上。

（3）操作要点

1）活化工件表面。接通电源后，起动真空泵，缓缓打开真空蝶阀。当真空度达到10Pa以下时，对炉内通入少量氨气，并输入400~500V高压电流，使工件起辉，对工件打散弧以活化工件表面。打弧时间一般为30~60min，随工件表面清洁程度和装炉量的不同而异。

2）升温。经过打弧阶段后，辉光基本稳定，即可开始升温。这时可提高电压，增大电流，为减少工件变形，升温速度控制在200℃/h左右。升温至150~200℃时送气，350℃时要恒温，使工件各处温度均匀。

3）保温。在保温阶段，所需的电流密度小于升温时所需的电流密度，真空度为266~800Pa，辉光层厚度一般为2~3mm。保温期间应稳定气体流量和抽气率，以稳定炉气压力。

4）冷却。保温结束后即可停止供气，关掉高压，进行降温，因炉内为低真空状态，降温速度较慢，工件可随炉冷却。对于变形要求较严格的工件，应降低冷却速度。控制冷却速度的方法是：若要降低冷却速度，可以停止向炉内供气，停止抽气，以小电流维持弱辉光，待工件温度降至300℃以下时再加快冷却速度。若要加快冷却速度，可以关掉高压，继续送气、抽气，加大冷却水量。操作中应根据工艺需要、工件复杂程度及变形要求等实际情况灵活运用。

5）出炉。当工件温度降至150℃以下时，即可向炉内充气，打开炉罩或炉盖，取出工件。

5. 常见离子渗氮问题与对策

常见离子渗氮问题的产生原因与对策见表5-59。

5.3.3　高频感应渗氮

高频感应气体渗氮的渗剂为氨气。渗氮加热温度为520~560℃。将工件置于耐热陶瓷或石英玻璃容器中，进行高频感应加热，容器中通氨气。

表 5-59 常见离子渗氮问题的产生原因与对策

常见问题	产生原因	对策
打弧不止	工件的小孔、不通孔及窄槽引起热电子发射	将不需要渗氮的小孔、不通孔或窄槽堵塞或屏蔽
	工件之间、工件与阴极或夹具之间形成间隙或窄缝	装炉时注意不能人为形成间隙或窄缝
	阴极击穿，绝缘破坏，阴极屏蔽失效	调整屏蔽间隙，更换阴极，清除溅射物
	阴极、工件上有非金属沉积	清除非金属沉积物
	真空压强太高	调整真空压强
测温温差大	热电偶离工件太远	缩短热电偶与工件的距离或使电热偶贴紧工件
	测温点温度低	采用模拟工件或测温头
温度不均匀	工件散热条件不同	调整工件安放位置，增加辅助阴极、阳极，调整进气管位置，改善散热条件
	小孔、窄槽未屏蔽	堵塞或屏蔽小孔和窄槽，装炉时不形成人为的间隙或窄槽
	阴阳极距离不同	调整阴阳极距离 尽量相同
	工件形状不同	尽可能同一炉中装一种工件，或将易于升温的工件放于易散热处
毫伏计吸排针	热电偶带电	不使热电偶带电，采用隔离变压器隔离高压
	控温仪表接地	在测温头内做好绝缘和屏蔽

高频感应气体渗氮时，由于容器中仅工件周围介质温度较高，氨气分解主要在工件表面附近进行，使有效活性氮原子数量大为提高。此外，高频交变电流产生的磁致伸缩所引起的应力，能促进氮在钢中的扩散。因此，高频感应气体渗氮可使气体渗氮过程大为加速，能促进开始阶段（3~5h）的渗氮过程，使这段时间缩短为气体渗氮的1/3~1/2。

表5-60为几种材料高频感应气体渗氮工艺及效果。

表 5-60 几种材料高频感应气体渗氮工艺及效果

材料	工艺参数		效果		
	渗氮温度/℃	渗氮时间/h	渗层深度/mm	表面硬度 HV	脆性等级
38CrMoAl	520~540	3	0.29~0.30	1070~1100	Ⅰ
20Cr13	520~540	2.5	0.14~0.16	710~900	Ⅰ
Ni36CrTiAl	520~540	2	0.02~0.03	623	Ⅰ
40Cr	520~540	3	0.18~0.20	582~621	Ⅰ
07Cr15Ni7Mo2Al	520~560	2	0.07~0.09	986~1027	Ⅰ~Ⅱ

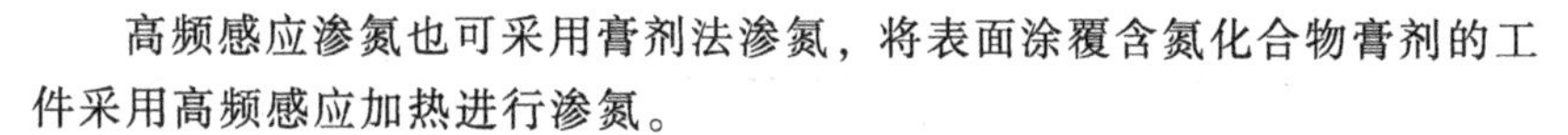

高频感应渗氮也可采用膏剂法渗氮，将表面涂覆含氮化合物膏剂的工件采用高频感应加热进行渗氮。

5.3.4 其他渗氮方法

除气体渗氮、离子渗氮外，还有许多其他渗氮方法，见表5-61。

表5-61 其他渗氮方法

渗氮方法	渗剂	原理	工艺
固体渗氮	由活性剂和填充剂二部分组成。活性剂可用尿素、三聚氰酸[(HCNO)$_3$]、碳酸胍{[(NH$_2$)$_2$CNH]$_2$·H$_2$CO$_3$}、二聚氨基氰[NHC(NH$_2$)NH-CN]等。填充剂可用多孔陶瓷粒、蛭石、氧化铝粒等	把工件和粒状渗剂放入铁箱中加热保温	520~570℃，保温2~16h
盐浴渗氮	1)在化学成分(质量分数)为 $CaCl_2$50%、$BaCl_2$30%、NaCl20%的盐浴中通氨气 2)亚硝酸铵(NH_4NO_2) 3)亚硝酸铵+氯化铵	在含氮熔盐中渗氮	450~580℃
真空脉冲渗氮	氨	先把炉罐抽到1.33Pa的真空度，加热到渗氮温度，通氨气至50~70kPa，保持2~10min，继续抽到5~10kPa，反复进行	530~560℃
加压渗氮	氨	通氨气使渗氮工作压力提高到300~5000kPa，此时氨分解率降低，气氛活度提高，渗速快	500~600℃；渗速快，渗层质量好
流态床渗氮	氨	在流态床中通渗氮气氛，也可采用脉冲流态床渗氮，即在保温期使供氨量降到加热时的10%~20%	500~600℃；减少70%~80%氨消耗，节能40%
催化渗氮	氨+氯化铵	1)洁净渗氮法：往渗氮罐中加入0.15~0.6kg/m^{3}与硅砂混合的NH_4Cl，NH_4Cl与硅砂质量比为1∶200 2)CCl_4催化法：开始渗氮1~2h往炉罐通入50~100mL CCl_4 3)稀土催渗法：稀土化合物溶入有机溶剂，通入炉罐	500~600℃；稀土催渗渗速可提高1倍

（续）

渗氮方法	渗　剂	原　理	工艺
电解气相催渗	1）含 Ti 的酸性电解液：海绵钛 5～10g/L，工业纯硫酸 30%～50%（质量分数），NaCl 150～200g/L，NaF 30～50g/L 2）NaCl、NH_4Cl 各 100g 饱和水溶液加入 110～220mL HCl 和 25～100mL 甘油，最后加水至 1000mL，pH=1 3）NaCl 400g，25%（质量分数）H_2SO_4 200mL，加入水至 1500mL 也可再加甘油 200mL	干燥氨通过电解槽和冷凝器，再入炉罐	500～600℃

5.4　氮碳共渗

在工件表面同时渗入氮和碳，但以渗氮为主的工艺称为氮碳共渗。根据渗剂的不同，氮碳共渗可分为气体氮碳共渗、盐浴氮碳共渗和固体氮碳共渗。

5.4.1　气体氮碳共渗

1. 气体氮碳共渗剂

常用气体氮碳共渗剂组成见表 5-62。

表 5-62　常用气体氮碳共渗剂组成

共渗类型	共渗剂（体积分数，%）	说　明
混合气体氮碳共渗	氨气+吸热式气氛 $NH_3$50，XQ50	吸热式气氛由乙醇、丙酮等裂解而产生 吸热式气氛的成分（体积分数，%）为 H_2：32～40；CO：20～24；CO_2：≤1；N_2：38～43 碳势用露点仪测定。NH_3 与 XQ 体积比为 1∶1 时，气氛的露点控制到±0℃ 废气中 HCN 量很高
混合气体氮碳共渗	氨气+放热式气氛 $NH_3$50～60，NX40～50	NH_3 与 FQ 体积比为（5～6）∶（4～5） 放热式气氛的成分（体积分数，%）为 H_2：<1；CO：<5；CO_2：≤10；N_2：余量 废气中 HCN 少，制备成本较低

 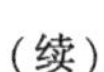

（续）

共渗类型	共渗剂（体积分数，%）	说　　明
混合气体氮碳共渗	氨气+甲烷或丙烷 $NH_3$50～60，CH_4 或 C_3H_8 40～50	
	氨气+二氧化碳+氮气 $NH_3$40～95，$CO_2$5，$N_2$0～55	添加氮气有助于提高氮势和碳势
滴注式气体氮碳共渗	甲酰胺 $HCONH_2$100	$4HCONH_2 \rightarrow 4H_2+2CO+2H_2O+4[N]+2[C]$ 用甲醇排气
	甲酰胺+尿素 $HCONH_2$70，$(NH_2)_2CO$30	
	三乙醇胺+乙醇 三乙醇胺 50，乙醇 50	
尿素热解氮碳共渗	尿素热解 $(NH_2)_2CO$100	$(NH_2)_2CO \rightarrow CO+2H_2+2[N]$ $2CO \rightarrow CO_2+[C]$ 用甲醇排气 尿素要预先经 80℃ 烘干，加入方式有以下几种 1）尿素直接加入 500℃ 以上的炉中进行热分解；可通过螺杆式送料器将尿素颗粒送入炉内，或用弹力机构将球状尿素弹入炉内 2）尿素在裂解炉中分解成气体后再导入炉内 3）将尿素溶入有机溶剂中，再滴入炉内

2. 气体氮碳共渗工艺

（1）共渗温度　多数钢种的最佳共渗温度为 560～580℃。为了不降低基体强度，共渗温度应低于调质回火温度。

（2）时间　保温时间对共渗效果的影响见表 5-63。

表 5-63　保温时间对氮碳共渗层深度和表面硬度的影响

牌号	(570±5)℃，2h			(570±5)℃，4h		
	硬度 HV	化合物层深度/μm	扩散层深度/mm	硬度 HV	化合物层深度/μm	扩散层深度/mm
20	480	10	0.55	500	18	0.80
45	550	13	0.40	600	20	0.45
15CrMo	600	8	0.30	650	12	0.45
40CrMo	750	8	0.35	860	12	0.45
T10	620	11	0.35	680	15	0.35

（3）气体氮碳共渗后的表面硬度和共渗层深度　共渗剂成分（质量分数）为甲酰胺 70%+尿素 30%时，几种材料的氮碳共渗效果见表 5-64。常用材料气体氮碳共渗后的表面硬度和共渗层深度见表 5-65。

表 5-64　几种材料的氮碳共渗效果

材料	温度/℃	共渗层深度/mm		共渗层硬度 HV0.05	
		化合物层	扩散层	化合物层	扩散层
45	570±10	0.010~0.025	0.244~0.379	450~650	412~580
40Cr	570±10	0.004~0.010	0.120	500~600	532~644
灰铸铁	570±10	0.003~0.005	0.100	530~750	508~795
Cr12MoV	540±10	0.003~0.006	0.165	927	752~795
3Cr2W8V	580	0.003~0.011	0.066~0.120	846~1100	657~795
	600	0.008~0.012	0.099~0.117	840	761~1200
	620		0.100~0.150		762~891
W18C14V	570±10		0.090		1200
T10	570±10	0.006~0.008	0.129	677~946	429~466
20CrMo	570±10	0.004~0.006	0.079	672~713	500~700

表 5-65　常用材料气体氮碳共渗后的表面硬度和共渗层深度（GB/T 22560—2008）

序号	材料类别	牌　号	表面硬度 HV	化合物层深度/mm	扩散层深度/mm
1	碳素结构钢	Q195、Q215、Q235	≥480	0.008~0.025	≥0.20
2	优质碳素结构钢	08、10、15、20、25、35、45、15Mn、20Mn、25Mn	≥550		
3	合金结构钢	15Cr、20Cr、40Cr 15CrMn、20CrMn、40CrMn 20CrMnSi、25CrMnSi、30CrMnSi 35MnSi、42MnSi 20CrMnMo、40CrMnMo 15CrMo、20CrMo、35CrMo、42CrMo 20CrMnTi、30CrMnTi 40CrNi、12Cr2Ni4、12CrNi3、20CrNi3、20Cr2Ni4、30CrNi3 18Cr2Ni4WA、25Cr2Ni4WA	≥600	0.008~0.025	≥0.15
		38CrMoAl	≥800	0.006~0.020	
4	合金工具钢	Cr12、Cr12MoV、3Cr2W8V、4Cr5MoSiV（H11）、4Cr5MoSiV1（H13）	≥700	0.003~0.015	≥0.10
5	灰铸铁	HT200、HT250	≥500	0.003~0.020	
6	球墨铸铁	QT500-7、QT600-3、QT700-2	≥550		

5.4.2 盐浴氮碳共渗

1. 共渗剂

共渗剂主要成分是氰酸盐，由于其毒性大，已被淘汰。现在多用尿素型共渗剂，原料虽无毒，但在使用过程中会产生少量有毒成分。几种典型的氮碳共渗盐浴及其特点见表5-66。

表5-66 几种典型的氮碳共渗盐浴及其特点

类型	盐浴配方(质量分数)及商品名称	获得CNO^-的方法	特点
氰盐型	KCN47%,NaCN53%	$2NaCN+O_2=2NaCNO$ $2KCN+O_2=2KCNO$	盐浴稳定,流动性良好,配制后需经几十小时氧化生成足量的氰酸盐后才能使用。毒性极大,目前已极少采用
氰盐-氰酸盐型	NS-1盐(NS-1盐:KCNO40%,NaCN60%)85%,$Na_2CO_3$15%为基盐,用NS-2(NaCN75%+KCN25%)为再生盐	通过氧化,使$2CN^-+O_2\rightarrow 2CNO^-$,工作时的成分(质量分数)为(KCN+NaCN)约50%,CO_3^{2-}约2%~8%	不断通入空气,CN^-的质量分数最高达20%~25%,成分和处理效果较稳定。但必须有废盐、废渣、废水处理设备方可采用
尿素型	$(NH_2)_2CO$40%,$Na_2CO_3$30%,$K_2CO_3$20%,KOH 10%	通过尿素与碳酸盐反应生成氰酸盐: $2(NH_2)_2CO+Na_2CO_3=2NaCNO+2NH_3+H_2O+CO_2$	原料无毒,但氰酸盐分解和氧化都生成氰化物。在使用过程中,CN^-不断增多,成为CN^-的质量分数≥10%的中氰盐。CNO^-的质量分数为18%~45%时,波动较大,效果不稳定,盐浴中CN^-无法降低,不符合环保要求
	$(NH_2)_2CO$37.5%,KCl 37.5%,$Na_2CO_3$25%		
尿素-氰盐型	$(NH_2)_2CO$34%,$K_2CO_3$23%,NaCN43%	通过氰化钠氧化及尿素与碳酸钾反应生成氰酸盐	高氰盐浴,成分稳定,但必须配套完善的清毒设施

（续）

类型	盐浴配方(质量分数)及商品名称	获得CNO^-的方法	特　点
尿素-有机物型	Degussa产品： TF-1基盐(氮碳共渗用盐) REG-1再生盐(调整成分,恢复活性)	用碳酸盐、尿素等合成TF-1,其中CNO^{-1}的质量分数为40%～44%;REG-1是有机合成物,可用$(C_6N_9H_5)_x$表示其主要成分,它可将CO_3^{2-}转化为CNO^-	低氰盐,使用过程中CNO^-分解而产生CN^-,其质量分数≤4%,工件氮碳共渗后在氧化盐浴中冷却,可将微量CN^-氧化成CO_3^{2-},实现无污染作业。强化效果稳定
	国产盐品： J-2基盐(氮碳共渗用盐) Z-1再生盐(调整盐浴成分,恢复活性)	J-2中CNO^-的质量分数为37%±2%,Z-1的主要成分为有机缩合物,可将CO_3^{2-}转为CNO^-	低氰盐,在使用过程中CN^-的质量分数<3%。工件氮碳共渗后在Y-1氧化盐浴中冷却,可将微量CN^-转化为CO_3^{2-},实现无污染作业。强化效果稳定
	国产盐品： J-2U基盐(氮碳共渗用盐) J-2A基盐(氮碳共渗补加用盐) Z-1再生盐(调整盐浴成分,恢复活性)	用包括Li_2CO_3的多种碳酸盐与尿素合成氰酸盐 J-2U中CNO^-的质量分数为37.5%±2% J-2A中CNO^-的质量分数为45%±2% Z-1的主要成分为有机缩合物,可将CO_3^{2-}转变成CNO^-	低氰盐,含有LiCNO的基盐在使用过程中CN^-的质量分数<3%。工件氮碳共渗后在Y-1氧化盐浴中冷却,可将微量CN^-转化为CO_3^{2-},实现无污染作业。强化效果稳定
Tufftride方法	基盐：TF-1,利用有机物与无机物原料配制成MCNO与M_2CO_3的混合盐 再生盐：REG-1有机化合物	TF-1中CNO^-的质量分数为44%～48% REG-1使CO_3^{2-}转化为CNO^-	CNO^-的质量分数控制在32%～38%;使用中产生CN^-,CN^-的质量分数小于3%;共渗后在氧化浴中冷却,使CN^-、CNO^-分解,具有环保特点,原料均无毒

2. 盐浴氮碳共渗工艺

（1）共渗温度　一般为540～580℃，最佳温度为560～580℃，除奥氏

体共渗温度可高于590℃外，一般不高于590℃。共渗温度对共渗层深度的影响见表5-67。

表5-67　共渗温度对共渗层深度的影响　（单位：μm）

牌号	共渗温度/℃							
	540±5		560±5		580±5		590±5	
	化合物层	总渗层	化合物层	总渗层	化合物层	总渗层	化合物层	总渗层
20	9	350	12	450	14	580	16	670
40CrNi	6	220	8	300	10	390	11	420

注：保温时间为1.5h。

（2）共渗时间　一般为0.5～4h。共渗时间对表面硬度的影响如图5-21所示。

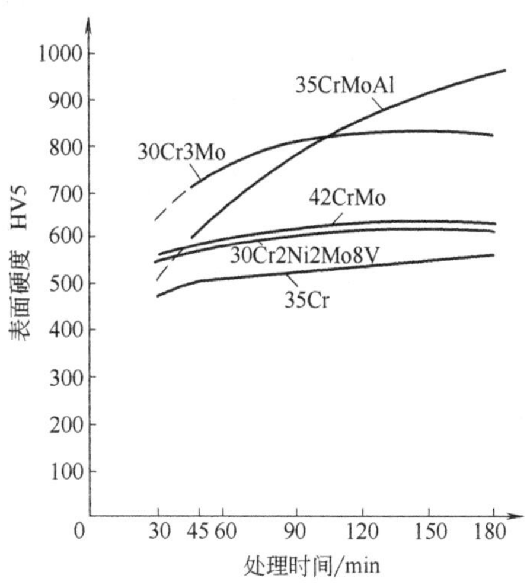

图5-21　共渗时间对表面硬度的影响

注：共渗温度为580℃。

（3）冷却方式　在空气、油、水或氧化盐浴中冷却。

常用钢盐浴氮碳共渗层深度和表面硬度见表5-68。

5.4.3　氮碳氧复合处理（QPQ）

氮碳氧复合处理（QPQ：Quench-Polish-Quench）是工件经过盐浴氮碳共渗和盐浴氧化处理后，再进行抛光和盐浴氧化的复合处理工艺过程。

QPQ处理的工艺流程：装夹→前清洗→预热→盐浴氮碳共渗→盐浴氧化→后清洗→抛光→烘干→二次盐浴氧化→再清洗→干燥→浸油。

表 5-68　常用钢盐浴氮碳共渗层深度和表面硬度

牌号	预备热处理工艺	共渗工艺	化合物层深度/μm	扩散层深度/mm	表面硬度 HV0.1
20	正火	(565±5)℃×(1.5~2.0)h	12~18	0.30~0.45	450~500
45	调质		10~17	0.30~0.40	500~550
20Cr			10~15	0.15~0.25	600~650
20CrMnTi			8~12	0.10~0.20	600~620 HV0.05
38CrMoAl			8~14	0.15~0.25	950~1100 HV0.2
T8A	退火		10~15	0.20~0.30	600~800
CrWMn			8~10	0.10~0.20	650~850
3Cr2W8V	调质		6~10	0.10~0.15	850~1000 HV0.2
W18Cr4V	淬火、回火2次	(550±5)℃×(20~30)min	0~2	0.025~0.040	1000~1150 HV0.2
30Cr13	调质	(565±5)℃×(1.5~2.0)h	8~12	0.08~0.15	900~1100 HV0.2
12Cr18Ni9	固溶		8~14	0.06~0.10	1049 HV0.05
45Cr14Ni14W2Mo		(560±5)℃×3h	10	0.06	770
HT250	退火	(565±5)℃×(1.5~2.0)h	10~15	0.18~0.25	600~650 HV0.2

QPQ 处理的工艺曲线如图 5-22 所示。

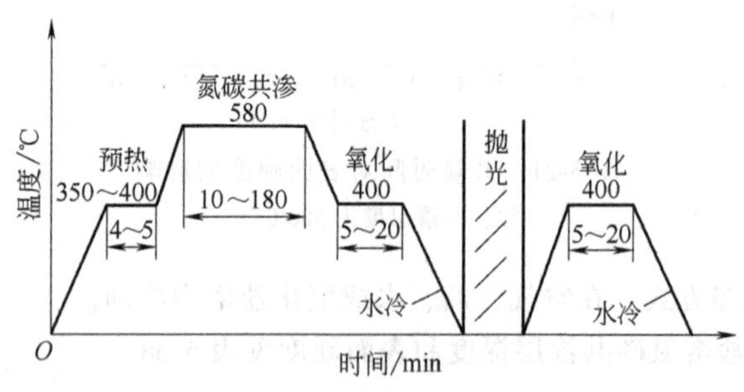

图 5-22　QPQ 处理的工艺曲线

1. 预热

预热温度一般为 350~400℃。

预热时间可参照下面公式：

$$t = akD \tag{5-21}$$

式中 t——预热时间（min）；

a——加热系数（min/mm），碳钢一般为1.1~1.4，合金钢一般为1.6~2.0。

k——工件装炉条件修正系数，通常取1.0；

D——工件有效厚度（mm）。

工件预热方式一般为到温入炉加热，采取到温计时。

2. 盐浴氮碳共渗

（1）共渗剂　盐浴氮碳共渗用盐由基盐和再生盐组成。

1）基盐。基盐是钾、钠和锂的碳酸盐和氰酸盐的混合物，主要为工件的氮碳共渗提供活性氮碳原子。例如：LTC系列的基盐J-2、J-2A等，德国牌号有TFI。

2）再生盐。再生盐是一种有机物，用于调整盐浴中活性成分氰酸根的含量。例如：LTC系列的再生盐Z-1、Z-2等，德国牌号有REG-1。再生盐的添加量采用下式计算。

$$\Delta m = 1.3(Y-X)\frac{m}{100} \tag{5-22}$$

式中 Δm——需添加再生盐的质量（kg）；

Y——预定达到的氰酸根的质量分数（%）；

X——盐浴中氰酸根的质量分数（%）；

m——坩埚内盐浴的质量（kg）。

（2）氮碳共渗工艺　氮碳共渗用于获得耐磨渗层。常用材料的盐浴氮碳共渗工艺见表5-69。

表5-69　常用材料的盐浴氮碳共渗工艺（JB/T 13023—2017）

材料类别	牌号	前处理	共渗温度/℃	共渗时间/h
纯铁	YPP12、YPP15	—	560~650	1~3
低碳钢	Q235、20、20Cr	—	470~650	1~4
中碳合金钢	45、40Cr、35CrMo	不处理或调质	470~650	1~4
非合金工具钢	T8、T10、T12	不处理或调质	470~650	1~4
渗氮钢	38CrMoAl	调质	560~630	2~5
铸模钢	4Cr5MoSiV1、3Cr2W8V	淬火、回火	560~630	2~4
热模钢	5CrMnMo	淬火、回火	560~630	2~4
冷模钢	Cr12MoV	高温淬火、高温回火	480~520	2~5
高速钢	W6Mo5Cr4V	淬火、回火	550	1/12~3/4
		淬火、回火	560~630	2~3

（续）

材料类别	牌号	前处理	共渗温度/℃	共渗时间/h
不锈钢	12Cr13、40Cr13、304、316L、06Cr17Ni12Mo2Ti	调质或固溶	560～630	1～5
气门钢	53Cr21Mn9Ni4N	固溶	520～570	1～3
镍基合金	718	—	580	5
沉淀硬化不锈钢	17～4PH	—	580	2～3
铸铁	HT200、QT600-3	—	560～650	1～3

工件入炉后，若炉温下降未超过20℃，共渗时间从工件入炉时开始计算；若炉温下降超过20℃，共渗时间应从炉温上升到设定温度时开始计算。

基盐氰酸根的质量分数控制在28%～39%。

盐浴氮碳共渗时如需向氮碳共渗盐浴中通入压缩空气，应具备专用通气装置。通气装置由压缩空气（或氧气瓶）、干燥器、流量计、连接管及插入盐浴的不锈钢管组成。通入盐浴中的压缩空气量按下式计算。

$$Q=\frac{2}{3}(0.10\sim0.15)m \tag{5-23}$$

式中　Q——通入的压缩空气流量（L/min）；

m——盐浴的质量（kg）。

不同质量盐浴的推荐通气量见表5-70。

表5-70　不同质量盐浴的推荐通气量（JB/T 13023—2017）

盐浴质量 m /kg	压缩空气流量 Q /(L/min)	盐浴质量 m /kg	压缩空气流量 Q /(L/min)
30	0.95～1.45	200	3.40～5.10
50	1.35～2.05	300	4.50～6.70
100	2.15～3.20	400	5.40～8.10
150	2.85～4.25	500	6.30～9.45

3. 盐浴氧化

氧化盐是碱、碱金属硝盐和碳酸盐的混合物，主要用于对氮碳共渗工件进行氧化，以增加渗层致密度，获得更耐磨耐蚀的美观黑色膜，同时消除残余氰根离子，做到无公害。LTC系列的氧化盐有Y-1等，德国牌号为AB1。

盐浴氧化温度为350～450℃。盐浴氧化时间为10～120min。常用氧化工艺为（350～370）℃×(10～20) min，可通过对预先试件的检查，合理确定盐浴氧化工艺参数。

4. 抛光

抛光的作用是除去工件表面的疏松层，降低工件表面粗糙度值，以利于大幅度提高工件二次氧化后的耐蚀性。

螺旋振动抛光机和离心振动抛光机适用于小型工件和不规则工件的浅层抛光。无心磨抛光机适用于杆、棒状工件（如活塞杆、销轴）的抛光。普通砂轮式抛光机适用于尺寸较大且外形相对规则的零件的抛光。通过选择不同种类的抛光轮可达到不同的抛光效果。

5. 二次盐浴氧化

二次盐浴氧化的目的是消除工件表面残留的微量 CN^- 及 CNO^-，在工件表面生成致密的 Fe_3O_4 膜。盐浴氧化温度一般为 400～450℃，盐浴氧化时间一般为 10～60min。

6. 浸油

在油槽中加入合理高度的 L-AN15～L-AN68 全损耗系统用油，浸油温度一般低于油品燃点以下 30～50℃，浸油时间一般为 5～10min。工件浸油后应放置 5～10min，使油滴干。

5.4.4　固体氮碳共渗

固体氮碳共渗的过程为：将工件埋入盛有固体氮碳共渗剂的箱（罐）中，密封后放入 550～600℃的炉中加热和保温，出炉后开箱将工件浸入油中冷却，或随炉冷却到室温，重新加热淬火。常用的固体氮碳共渗剂见表 5-71。共渗剂可以重复多次使用，但每次需加入 10%～15%（体积分数）的新渗剂。

表 5-71　常用的固体氮碳共渗剂

序号	渗剂配方(质量分数,%)	主要特点
1	木炭 40～50,骨灰 20～30,碳酸钡 15～20,黄血盐 15～20	木炭及骨灰供给碳;黄血盐及碳酸钡在加热时分解,供给碳氮原子,并有催渗作用
2	木炭 50～60,碳酸钠 10～15,氯化铵 3～7,黄血盐 25～35	活性较持久,适用于共渗层较深(>0.3mm)的工件
3	尿素 25～35,多孔陶瓷(或蛭石片)25～30,硅砂 20～30,混合稀土 1～2,氯化铵 3～7	尿素的 50%～60%与硅砂拌匀,其余溶于水并用多孔陶瓷或蛭石吸附后于 150℃以下烘干再用。此法适于共渗层深度≤0.2mm 的工件

5.4.5 离子氮碳共渗

离子氮碳共渗是在离子渗氮的基础上加入含碳的介质而进行的。含碳的介质一般为乙醇、丙酮、二氧化碳、甲烷、丙烷等。

温度对离子氮碳共渗层深度及硬度的影响见表5-72。部分材料的离子氮碳共渗层深度及硬度见表5-73。

表5-72 温度对离子氮碳共渗层深度及硬度的影响

牌号	温度/℃	表面硬度 HV0.1	白亮层厚度 /μm	共析层厚度 /μm	扩散层厚度 /mm
20	540	550~720	8.52	—	0.38~0.40
	560	734~810	12	—	0.40~0.43
	580	820~880	15	15~18	0.43~0.45
	600	876~889	19~20	17~19	0.45~0.48
	620	876~889	13~15	20	0.48~0.52
	640	413	5~7	28.4	0.54~0.55
	660	373	1.42	—	—
40	540	550~770	8.521	—	0.36~0.38
	560	734~830	12	—	0.38~0.40
	580	834~870	15~18	17	0.40~0.42
	600	876~890	20	15~20	0.42~0.45
	620	820~852	13~15	20	0.45~0.50
	640	412	5~7	25.5	0.50~0.52
	660	373	2.84	—	—
40Cr	540	738~814	7.5	—	0.75
	560	850~923	8~10	—	0.31
	580	923~940	2~13	11~13	0.35
	600	934~937	17~18	15	0.38/0.40
	620	885~934	11~12	15~16	0.40
	640	440	5~6	19.88	0.43
	660	429	3.25	—	0.45

注：保温时间为1.5h。

表5-73 部分材料的离子氮碳共渗层深度及硬度

牌　　号	心部硬度 HBW	化合物层深度 /μm	总渗层深度 /mm	表面硬度 HV
15	≈140	7.5~10.5	0.4	400~500
45	≈150	10~15	0.4	600~700
60	≈30HRC	8~12	0.4	600~700
15CrMn	≈180	8~11	0.4	600~700

（续）

牌　　号	心部硬度 HBW	化合物层深度 /μm	总渗层深度 /mm	表面硬度 HV
35CrMo	220~300	12~18	0.4~0.5	650~750
42CrMo	240~320	12~18	0.4~0.5	700~800
40Cr	240~300	10~13	0.4~0.5	600~700
3Cr2W8V	40~50HRC	6~8	0.2~0.3	1000~1200
4Cr5MoSiV1	40~51HRC	6~8	0.2~0.3	1000~1200
45Cr14Ni14W2Mo	250~270	4~6	0.08~0.12	800~1200
QT600-3	240~350	5~10	0.1~0.2	550~800HV0.1
HT250	≈200	10~15	0.1~0.15	500~700HV0.1

5.4.6 奥氏体氮碳共渗

奥氏体氮碳共渗的渗剂为氨气与甲醇，氨气与甲醇的摩尔比为92∶8。

常用的奥氏体氮碳共渗温度为600~700℃。

工件经氮碳共渗后，渗层发生相变而形成奥氏体，淬火后在180~350℃回火（时效）。以耐蚀为主要目的的工件，共渗淬火后不宜回火。

表5-74为推荐的奥氏体氮碳共渗工艺参数。

表5-74 推荐的奥氏体氮碳共渗工艺参数

设计共渗层总深度/mm	共渗温度/℃	共渗时间/h	氨分解率(%)
0.012	600~620	2~4	<65
0.020~0.050	650	2~4	<75
0.050~0.100	670~680	1.5~3	<82
0.100~0.200	700	2~4	<88

注：共渗层总深度为ε层深度与M+A深度之和。

5.4.7 电解气相氮碳共渗

电解气相氮碳共渗工艺见表5-75。

表5-75 电解气相氮碳共渗工艺

牌号	工艺参数				渗层深度 /mm	表面硬度 HV	脆性级别
	阶段	温度 /℃	时间 /h	氨分解率 (%)			
38CrMoAl		560	12	45~50	0.38	1003~1018	Ⅰ
	Ⅰ	530	6	25~30	0.38	1097	Ⅱ
	Ⅱ	580	6	45~55			

（续）

牌号	工艺参数				渗层深度/mm	表面硬度HV	脆性级别
	阶段	温度/℃	时间/h	氨分解率(%)			
25Cr2MoV		560	12	45~50	0.35	723~743	Ⅰ
	Ⅰ	530	6	25~30	0.45	689	Ⅰ
	Ⅱ	580	6	45~55			
35CrMo		560	12	45~50	0.32	649~673	Ⅰ~Ⅱ
42CrMo	Ⅰ	540	5	15	0.5~0.6	550~580	Ⅰ~Ⅱ
	Ⅱ	580	7	35			
40Cr	Ⅰ	525	4	24	0.45	620~650	Ⅰ
	Ⅱ	560	6	42			
18CrMnTi	Ⅰ	540	15	30	0.8~0.9（加560℃×3h退氮）	655	Ⅰ
	Ⅱ	560	20	50			

5.5 渗硫

常用的渗硫方法主要有固体渗硫、液体渗硫、气相渗硫、电解渗硫和离子渗硫等。硬化处理后的工件经渗硫处理后，在表面形成由FeS、FeS_2组成的、极薄的渗硫层，可以降低摩擦因数，提高抗咬合性，延长工件使用寿命。

5.5.1 固体渗硫

1. 渗硫剂

渗硫剂一般为S粉或FeS粉，与适量的催化剂、防黏结剂等制成0.15~0.27mm（50~100目）的细粉状混合物。渗硫剂有下列两种配方(质量分数)：

1）S40%，$Al_2O_3$59%，NH_4Cl 1%。

2）FeS 70%，Al_2O_3 20%，NH_4Cl 5%（渗硫质量较好）。

2. 渗硫工艺

渗硫工艺类似于固体渗碳，加热温度为560~930℃，随工件材料不同而不同。

固体渗硫的优点是简便易行，投资少，成本低，通用性好；缺点是劳动条件差，温度高，工艺时间长，质量不稳定。目前，渗硫工艺在生产上已应用不多。

5.5.2 液体渗硫

1. 渗硫剂

1）常用供硫剂为 $(NH_2)_2CS$ 及 $Na_2S_2O_3$。

2）SUL135 低温液体渗硫剂为商品渗硫剂，采用不含硫氰化物的无毒配方，具有无污染、液体流动性好、渗剂抗老化等特点，适应性广，既可用于一般碳钢、合金结构钢和铸铁，又可用于低温电解渗硫难已处理的高合金工具钢及高铬钢。该商品由陕西汇融科技有限公司开发生产。

2. 液体渗硫工艺

液体渗硫工艺见表 5-76。

表 5-76　液体渗硫工艺

渗剂组成(质量分数,%)	渗硫温度/℃	保温时间/ min	渗硫层深度
$(NH_2)_2CS$ 100	90~180	45~60	数微米
$(NH_2)_2CS$ 50,$(NH_2)_2CO$ 50	140~180		
KSCN 75,$Na_2S_2O_3$ 25	180~200		
SUL135 低温液体渗硫剂	120~150	60~120	5~20

5.5.3 低温盐浴电解渗硫

1. 渗硫剂

常用渗硫剂有 KSCN、NaSCN、NH_4SCN 等。

2. 低温盐浴电解渗硫工艺

低温盐浴电解渗硫的工艺过程为：工件→脱脂→热水洗→冷水洗→酸洗→水洗→热水煮→烘干→渗硫→冷水洗→热水洗→烘干→浸油。

渗硫处理时工件接阳极，浴槽接阴极。主要渗硫反应如下：

熔盐中：
$$KSCN \rightarrow K^+ + SCN^-$$
$$NaSCN^- \rightarrow Na^+ + SCN^-$$

盐槽（阴极）：
$$SCN^- + 2e^- \rightarrow CN^- + S^{2-}$$

工件（阳极）：
$$Fe \rightarrow Fe^{2+} + 2e^-$$
$$Fe^{2+} + S^{2-} \rightarrow FeS$$

由于工件接阳极，所以不会出现氢脆现象。

低温熔盐电解渗硫温度一般为 150~200℃，电流密度一般为 1~5A/dm^2。

低温熔盐电解渗硫工艺见表 5-77。几种钢和球墨铸铁渗硫与未渗硫减摩、抗咬合性比较见表 5-78。

表 5-77　低温熔盐电解渗硫工艺

熔盐成分(质量分数,%)	温度/℃	时间/min	电流密度/(A/dm^2)
KSCN75,NaSCN25	180~200	10~20	1.5~3.5
KSCN75,NaSCN25,另加 $K_4Fe(CN)_6$0.1,$K_3Fe(CN)_6$0.9	180~200	10~20	1.5~2.5
KSCN73,NaSCN24,$K_4Fe(CN)_6$2,KCN0.7,NaCN0.3;通氮气,流量为 59m^3/h	180~200	10~20	2.5~4.5
KSCN60~80,NaSCN20~40,$K_4Fe(CN)_6$1~4,S_x 添加剂	180~200	10~20	2.5~4.5
NH_4SCN30~70,KSCN30~70	180~200	10~20	2.5~4.5

表 5-78　几种钢和球墨铸铁渗硫与未渗硫减摩、抗咬合性比较

牌号	处理工艺	试验方法	试验结果
35CrMo	调质	在 Falex 试验机上进行试验,连续加载	18620N · s① 咬合,咬死前摩擦因数为 0.4
	调质+低温电解渗硫		31200N · s① 尚未咬合,摩擦因数为 0.15
QT600-3	等温淬火	在 Falex 试验机上进行试验,加载至 490N 后恒载运行	摩擦因数为 0.35
	等温淬火+电解渗硫		摩擦因数为 0.35
W6Mo5Cr4V2	V 形块与销形试样均为淬火、回火	试验在通氮气的条件下,于(540±10)℃进行,加载至 500N 后恒载持续	14.5min 咬合
	淬火、回火+电解渗硫		120min 开始咬合,但未咬死

① N · s之前的数字称为品质因数 F,F 越大,摩擦学性能越好。

该工艺的缺点是:①渗硫盐浴各组分易与铁及空气中的 CO_2 等物质之间反应,形成沉渣而老化,影响渗硫层质量;②产生的氰盐有毒,容易污染环境。

5.5.4　气相渗硫

气相渗硫适用于高速钢制刀具。刀具先经正常淬火+回火处理,然后进行表面活化处理。

1. 活化处理

渗硫前对工件进行活化处理,清洗表面油污,清除氧化膜。活化剂的配方为:硫酸 100~300mL/L,硫脲 5~10g/L,海鸥牌洗涤剂 10~30mL/L。

2. 渗硫剂

渗硫剂为 H_2S 气体。

3. 气相渗硫工艺

气相渗硫温度为280~300℃，保温时间为2h。

4. 渗硫层

渗硫层为银灰色FeS_2相，其下为黑色层组织和过渡区。渗层中硫的分布曲线如图5-23所示。

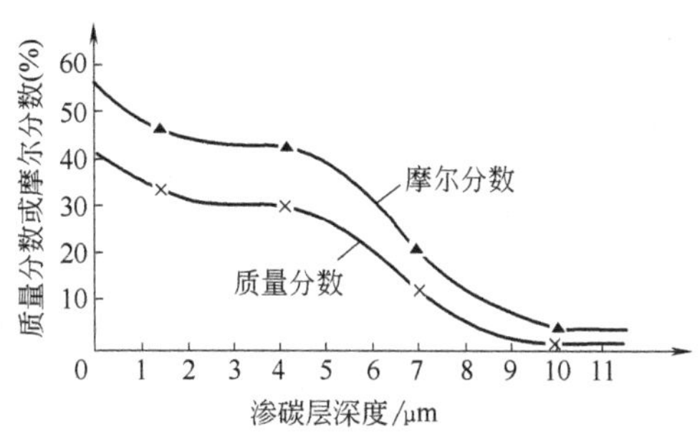

图5-23 渗层中硫的分布曲线

5. 效果

资料显示，对比渗硫与未渗硫插齿刀的使用寿命，气相渗硫使插齿刀的一次刃磨寿命延长了1.4~2.5倍，多次刃磨后仍可保留其效果。此外，被加工工件的表面粗糙度值也有明显的降低。

5.5.5 离子渗硫

根据渗硫温度的不同，离子渗硫分为低温离子渗硫和中温离子渗硫。

1. 低温离子渗硫

（1）渗硫剂　常用的渗硫剂有二硫化碳（CS_2）和硫化氢（H_2S）。采用硫化氢作渗硫剂时，一般以H_2S-Ar-H_2作为渗硫气氛，高纯度（99.999%）的Ar和H_2（体积比为1∶1）作为载体气，H_2S的用量为总气体量的3%。H_2可活化工件表面，Ar能增大铁的溅射量。混合气的流量约为80~120L/h（对LDMC-75炉型而言）。

（2）渗硫工艺

1）渗硫温度为160~300℃，常用的温度为180~200℃。

2）保温时间依据不同渗层的要求，可选用十几分钟至2h。

（3）渗硫层　所得到的渗硫层深度从几微米至几十微米。渗层组织是以FeS为主的化合物层，无明显的扩散层。

2. 中温离子渗硫

中温离子渗硫工艺见表5-79。

表 5-79 中温离子渗硫工艺

渗剂成分	工艺参数			渗硫层深度/mm	组织
	温度/℃	时间/h	炉压/Pa		
$\varphi(H_2S)$为3%,载气为H_2、Ar	560	2	6.65	0.050	Fe_2S、FeS
H_2S+H_2+Ar	500~560	1~2	—	0.025~0.050	FeS

5.6 硫氮共渗

硫氮共渗工艺见表 5-80。

表 5-80 硫氮共渗工艺

方法	渗剂成分①	材料	工艺参数		共渗层	
			温度/℃	时间/h	深度/mm	硬度 HV
气体法	NH_3与H_2S体积比为(9~12):1 氨分解率为15%	W18Cr4V	530~560	1~1.5	0.02~0.04	950~1050
盐浴法	$CaCl_2$50,$BaCl_2$30,NaCl20,另加FeS8~10,再以1~3L/min的流量导入氨气	—	520~600	0.25~2	—	—

① 盐浴法中渗剂成分为质量分数(%)。

5.7 硫氮碳共渗

5.7.1 盐浴硫氮碳共渗

盐浴硫氮碳共渗适用于碳素结构钢、合金结构钢、模具钢、高速钢、不锈钢、耐热钢和铸铁制成的工件、刃具及模具。

1. 预备热处理

盐浴硫氮碳共渗不适用于回火温度低于510℃(共渗温度下限)的工件。

1) 结构钢件要求调质处理时,其回火温度不得低于共渗温度。

2) 刃具与模具应经过淬火、回火,回火温度不得低于共渗温度。

3) 灰铸铁、球墨铸铁以及对基体性能要求不高的结构钢件,可采用正火或退火处理。

4) 不同类别的不锈钢工件,可采用固溶、时效处理或淬火、回火,其时效或回火温度不得低于共渗温度。

5) 形状复杂件和精密零件精磨前,必须进行去应力退火,其温度不

得低于共渗温度。

2. 盐浴硫氮碳共渗工艺

（1）脱脂、除锈　共渗前工件应脱脂、除锈，于350℃±20℃预热15~30min或烘干后再转入基盐（共渗盐浴）中。

（2）硫氮碳共渗工艺

1）共渗温度不应超过600℃。不同种类工件的硫氮碳共渗温度参考表5-81。

表5-81　不同种类工件的硫氮碳共渗工艺（JB/T 9198—2008）

工件类别	共渗工艺		推荐的盐浴成分	
	温度/℃	时间/min	$w(CNO^-)$(%)	$w(S^{2-})(10^{-4}\%)$
要求以耐磨为主的工件	520	60~120	32±2	≤10
铸铁工件	565±10	120~180	34±2	≤20
高速钢刃具	520~560	5~30	32±2	≤20
不锈钢及要求较高耐磨、抗咬性能的工件	570±10	90~180	37±2	20~40

2）硫氮碳共渗过程中，通入熔盐的压缩空气量按下式计算。

$$Q=(0.10\sim0.15)m\times2/3 \tag{5-24}$$

式中　Q——流量（L/min）；

m——盐浴的质量（kg）。

3）共渗后的工件应按技术要求，分别采用空冷、水冷、油冷或在氧化浴中分级冷却。

4）盐浴硫氮碳共渗常用渗剂与工艺参数见表5-82。

表5-82　盐浴硫氮碳共渗常用渗剂与工艺参数

渗剂成分(质量分数,%)	工艺参数		备注
	温度/℃	时间/h	
NaCN66, KCN22, Na_2S4, K_2S4, $Na_2SO_4$4	540~560	0.1~1	有剧毒，极少采用
NaCN95, $Na_2S_2O_3$5	560~580	—	
$(NH_2)_2CO$57, $K_2CO_3$38, $Na_2S_2O_3$5	500~590	0.5~3	原料无毒，工作中产生大量氰盐，有较大毒性
工作盐浴(基盐)由钾、钠、锂的氰酸盐与碳酸盐及少量的硫化钾组成，用再生盐调节共渗盐浴成分	500~590(常用550~580)	0.2~3	无污染，应用较广

5）几种常用材料盐浴硫氮碳共渗工艺及效果见表5-83。

表 5-83　几种常用材料盐浴硫氮碳共渗工艺及效果（JB/T 9198—2008）

材料	预备热处理方法	硫氮碳共渗工艺		共渗后的冷却方式	硫氮碳共渗层深度[①] /μm			硫氮碳共渗层硬度[②]			
		温度 /℃	时间 /min		化合物层	弥散相析出层	共渗层总深度	$HV0.05_{max}$	HV1	HV5	HV10
45 钢	调质	565±10	120~180	空冷、水冷或氧化盐分级冷却	18~25	300~420	650~900	620	360	320	290
35CrMoV	调质	550±10	90~120	空冷、水冷或氧化盐分级冷却	12~16	170~240	300~430	850	640	590	550
QT600-3	正火	565±10	90~150	空冷、水冷或氧化盐分级冷却	8~13	70~120		820	410	340	300
W18Cr4V	淬火回火	550±10	15~30	空冷或氧化盐分级冷却	0~3	20~45		1120	950	890	850
3Cr2W8V	淬火回火	570±10	90~180	空冷或氧化盐分级冷却	8~15	40~70		1050	820	740	700
1Cr18Ni9Ti[③]	固溶处理	570±10	120~180	空冷或氧化盐分级冷却	10~15	40~80		1070	720	610	560

① 共渗层深度在空冷并经 3%（质量分数）HNO_3-C_2H_5OH 腐蚀后测量。

② 共渗层硬度指深度为上限时的最高显微硬度（$HV0.05_{max}$）与最低表面硬度（HV10、HV5、HV1）。

③ 旧牌号，GB/T 20878—2007 中无对应牌号。

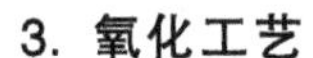

3. 氧化工艺

要求较高耐磨性、耐蚀性及外观的工件，共渗后应在 350~380℃ 氧化浴中氧化 10~20min。

5.7.2 其他硫氮碳共渗工艺

硫氮碳共渗除盐浴法外，还有气体法、膏剂法、粉末法及离子法，见表 5-84。

表 5-84　其他硫氮碳共渗工艺

方法	渗剂成分①	工艺参数		备注
		温度/℃	时间/h	
气体法	$NH_3$5, H_2S0.02~2, 丙烷与空气制得的载气(余量)	500~650	1~4	必要时加大碳当量小的煤油或苯的滴入量，以提高碳势
膏剂法	$ZnSO_4$37, K_2SO_4(或 Na_2SO_4)19, $Na_2S_2O_3$37, KSCN7, 另加 H_2O14	550~570	2~4	适用于单件、小批生产的大工件的局部表面强化
粉末法	FeS35~60, $K_4Fe(CN)_6$10~20, 石墨粉(余量)	550~650	4~8	效率低，有粉尘污染
离子法	CS_2, NH_3	500~650	1~4	可用含 S 的有机溶液代替 CS_2

① 渗剂成分：气体法中为体积分数（%），膏剂法中为质量份，粉末法中为质量分数（%）。

5.8 低温化学热处理工艺方法选择

低温化学热处理是指将钢铁工件置于低于 Ac_1 温度的活性介质中渗入一种或几种元素的化学热处理工艺。低温化学热处理工艺种类繁多，不同工艺获得的渗层具有各自的特性及综合技术经济效果。本节根据工件的服役条件和失效形式、材料及技术经济综合效果等原则，以碳素钢、合金结构钢、工模具钢、不锈钢和铸铁等材料制成的工件为例，介绍气体渗氮、离子渗氮、盐浴硫氮碳共渗、气体氮碳共渗及低温电解渗硫等低温化学热处理工艺方法的选择，为机械设计与工艺人员正确选择工艺方法提供依据。

1. 选择工艺方法的一般原则

1）根据工件的服役条件、失效形式与渗层的特性选择工艺。

2）用碳素结构钢或低合金结构钢制造的低速或轻载荷下工作的，但有耐磨要求的工件，在成品状态选用气体氮碳共渗或盐浴硫氮碳共渗。低合金结构钢工件，也可采用离子渗氮。

3）承受重载荷并要求耐磨性与抗疲劳性高的工件，应采用离子渗氮或气体渗氮。

4）承受中等弯曲、扭转和一定冲击载荷，且工作表面承受磨损的轴类工件，应采用气体氮碳共渗、盐浴硫氮碳共渗或离子渗氮（碳素结构钢除外）。

5）承受很高的弯曲、扭转和一定冲击载荷，工作表面易磨损的工件（如大马力柴油机曲轴），以及承受很高的弯曲、扭转和一定冲击载荷，转速高、精度高的工件（如坐标镗床主轴等）应采用离子渗氮或气体渗氮。

6）用含铬、钼、钒的合金结构钢制造的承受高接触载荷和弯曲应力，且要求变形小的工件（如大模数重载齿轮、齿轮轴）采用深层离子渗氮或气体渗氮。

7）要求减摩、自润滑性能高的工件，应采用盐浴硫氮碳共渗。

8）单纯要求耐蚀性好的工作，可用碳素钢制造，并进行抗蚀渗氮，但化合物层应以ε相为主，且致密区厚度在10μm以上。

9）承受较轻与中等载荷、以黏着磨损为主要失效形式的工件，应采用盐浴硫氮碳共渗或气体氮碳共渗。

10）以黏着磨损为主要失效形式的模具（如高精度冲模、冷挤压模、拉深模、塑料及非金属成型模等）和刀具（回火温度低的刃具模具用非合金钢、低合金工具钢冷作模具除外），应采用盐浴硫氮碳共渗或气体氮碳共渗；以热磨损与冷疲劳为主要失效形式的模具（如铜合金挤压模与压铸模等），应采用离子渗氮或气体渗氮。

11）低温电解渗硫主要用于经过渗碳+淬火、渗氮、整体或表面淬火以及调质的工件，达到降低表面摩擦因数，提高抗擦伤、抗咬合能力的目的。

2. 根据工件的材料及技术要求选择工艺

1）碳素钢工件，不应选用气体渗氮（抗蚀渗氮除外）或离子渗氮，应采用气体氮碳共渗或盐浴硫氮碳共渗。

2）铸铁工件、回火温度低于520℃的弹簧钢工件等，应选用气体氮碳共渗或离子渗氮。

3）形状复杂件，有深孔、小孔、细狭缝或不通孔的需硬化工件，不应选用离子渗氮。

4）需要局部渗或局部防渗的工件，不应选用盐浴硫氮碳共渗。

5）要求有效硬化层深度大于0.35mm的工件，应选用离子渗氮或气体渗氮；要求渗层较浅的工件，应选用盐浴硫氮碳共渗或气体氮碳共渗，也可选用离子渗氮。

6）五种低温化学热处理渗层性能的对比（见表5-85）。

表5-85 五种低温化学热处理渗层性能的对比（JB/T 7500—2007）

项目		气体渗氮	离子渗氮	盐浴硫氮碳共渗	气体氮碳共渗	低温电解渗硫
减摩、抗咬合及自润滑性能		优良	良	优良	优良	优良
弯曲疲劳强度		优良	优良	良	优良	—
接触疲劳强度		优良	优良	中	中	—
冲击疲劳强度		—	较差	中	良	—
冷热疲劳强度		良	优良	良	优良	—
抗黏着磨损性能		良	中	优良	优良	抗咬合能力优良，不耐磨
抗磨粒磨损性能		良	良	较差	较差	较差
表面硬度HV0.1	碳素结构钢	≥400	≥400	≥450	≥450	—
	合金结构钢	≥700	≥700	≥650	≥650	—
	合金工具钢	≥950	≥950	≥950	≥950	—
渗层深度/mm		一般0.3~0.5，特殊0.5~0.7	一般0.2~0.4，特殊0.4~0.8	≤0.3	≤0.3	≤0.02

3. 根据工件的尺寸和生产批量选择工艺

1）工件尺寸较大且批量生产，应用气体氮碳共渗或离子渗氮。

2）品种单一且大批量生产，可选用气体氮碳共渗；工件大小不一，品种多，宜采用盐浴硫氮碳共渗。

4. 根据综合经济效益选择工艺

从生产率、生产周期、能源消耗、设备投资、生产成本及环境保护等因素综合考虑，因地制宜合理选择工艺。五种低温化学热处理工艺方法综合经济效益比较见表5-86。

5. 典型工件低温化学热处理实例

（1）齿轮的低温化学热处理（见表5-87）

（2）轴类工件的低温化学热处理（见表5-88）

（3）模具的低温化学热处理（见表5-89）

表 5-86 五种低温化学热处理工艺方法综合经济效益比较（JB/T 7500—2007）

工艺名称	设备繁简及投资额	生产周期及节能、节材潜力	生产率	劳动条件及对环境有无污染	成本	实现连续作业生产难易
气体渗氮	一般，投资难度额不大	周期长，能耗较大，节材潜力小	较低	较好，无污染	较高	较难
离子渗氮	较复杂，投资额较大	周期较短，比气体渗氮节能约1/3	较高	好，无污染	较高	较难
盐浴硫氮碳共渗	简单，投资额较小	周期短，能耗比气体法小，部分工件可用碳钢制造，经共渗后代替不锈钢、青铜	高	一般，共渗后在氧化浴等温则清洗水可直接排放，否则应先加 $FeSO_4$ 中和	较低	较易
气体氮碳共渗	一般，投资额不大	周期较短，部分工件可用碳钢制造，经共渗后代替不锈钢	较高	较好，排气口点燃并先用溶剂萃取氢氰酸，则不污染大气	较低	较易
低温电解渗硫	简单，投资额较小	周期短，能耗低	高	较好，无污染	较低	较易

表 5-87 齿轮的低温化学热处理（JB/T 7500—2007）

齿轮负荷/MPa	模数范围/mm	材料	渗层主要性能		推荐的工艺	齿轮达到的疲劳强度极限	
			渗层组织	渗层深度/mm		接触疲劳极限/MPa	弯曲疲劳极限/MPa
低负荷齿轮<500	<3	碳素结构钢、合金结构钢、不锈钢等	表层以ε相为主	<0.3	盐浴硫氮碳共渗、气体氮碳共渗、气体或离子渗氮等	<600	<20
中负荷齿轮500~1000	4~8	合金结构钢	表层以γ′化合物为主	0.3~0.5	离子渗氮、深层离子渗氮、气体渗氮	600~1200	200~250
高负荷齿轮>1000	9~12	合金结构钢	表层以γ′化合物为主	>0.5	深层离子渗氮、气体渗氮	>1200~1500	>250~330

表 5-88　轴类工件的低温化学热处理（JB/T 7500—2007）

工件名称	失效形式	材料	渗层主要性能		推荐工艺
			表面硬度HV0.1	渗层深度/mm	
拖拉机曲轴	疲劳、磨损	QT600-3	≥700	0.15~0.20	气体氮碳共渗 盐浴硫氮碳共渗
		45	≥500	0.25~0.35	
大功率柴油机及船用柴油机曲轴	疲劳、磨损	42CrMoAl 40CrNiMo 35CrNi3W	≥800	0.4~0.6	离子渗氮 气体渗氮
镗床与机床主轴	磨损、疲劳	38CrMoAl 38CrWVAl	≥1000	0.4~0.6	气体渗氮 离子渗氮
传动轴齿轮轴	疲劳	40Cr 38CrMoAl 40CrNiMo	≥800	0.2~0.4	离子渗氮 气体氮碳共渗 盐浴硫氮碳共渗
能量调节杆	咬死、磨损、疲劳	45	500~600	0.2~0.3	盐浴硫氮碳共渗

表 5-89　模具的低温化学热处理（JB/T 7500—2007）

模具类别	失效形式	材料	渗层主要性能		推荐工艺
			表面硬度HV0.1	渗层深度/mm	
高精度冲模	冲击疲劳 黏着磨损	Cr12Mo Cr12MoV W6Mo5Cr4V2 W18Cr4V65Nb	≥1000	0.8~0.12 化合物层深度≤5μm	气体氮碳共渗 盐浴硫氮碳共渗
拉深模（不锈钢、钛合金等金属加工用）	黏着磨损	Cr12Mo Cr12MoV W6Mo5Cr4V2 W18Cr4V 65Nb	≥1000	0.08~0.12 化合物层深度为5~10μm	盐浴硫氮碳共渗 气体氮碳共渗
铝（或锌）合金挤压模及压铸模	冷热疲劳 黏着磨损	4Cr5MoVSi 3Cr2W8	≥900	≥0.15，化合物层深度>8μm	离子渗氮 盐浴硫氮碳共渗 气体氮碳共渗
塑料成型模	黏着磨损	40Cr 45 40Mn2	≥600	0.2~0.25，化合物层深度≥8μm	盐浴硫氮碳共渗 气体氮碳共渗

5.9　渗硼

按照所用渗剂的不同，渗硼可分为固体渗硼、气体渗硼和盐浴渗硼。盐浴渗硼又分为电解盐浴渗硼和非电解盐浴渗硼两种。非电解渗硼在生产中得到广泛应用。

工件渗硼后可以大幅度提高硬度、耐磨性、热硬性、耐蚀性和抗氧化性，因此渗硼工艺广泛应用于工模具及各种机械零件。一般的钢、铸铁、钢结硬质合金都可以进行渗硼处理。常用渗硼材料见表5-90。

表5-90　常用渗硼材料（JB/T 4125—2008）

材料类型	牌　号
碳素结构钢	Q195、Q215、Q235等
优质碳素结构钢	10、20、35、40、45、65Mn等
合金结构钢	20Mn2、35Mn2、20CrMnTi、20CrMnMo、15Cr、40CrV、30CrMo、20CrNiMo、15CrMo等
高碳铬轴承钢	GCr15等
碳素工具钢	T7、T8、T10、T12等
合金工具钢	9CrWMn、CrWMn、5CrNiMo、Cr12MoV、3Cr2W8V等
不锈钢棒	20Cr13、30Cr13、12Cr18Ni9等
灰铸铁件	HT250、HT300等
球墨铸铁件	QT400-18A、QT500-7A、QT700-2A等

5.9.1　渗硼剂

渗硼剂由供硼剂、活化剂、还原剂和填充剂等组成。常用渗硼剂的化学物质见表5-91。

表5-91　常用渗硼剂的化学物质（JB/T 4215—2008）

种类	品名	分子式	w(B)(%)	熔点/℃	备注
供硼剂	非晶质硼	B	95~97	2050	
	碳化硼	B_4C	78	2450	
	无水硼砂	$Na_2B_4O_7$	20	740	
	硼酐	B_2O_3	37	450	
	硼酸	H_3BO_3	25		
	硼铁	B-Fe	17~21		
活化剂	氟化钠	NaF	—	980	
	氟化钙	CaF_2	—		
	氟硼酸钾	KBF_4	10	分解	也为供硼剂
	氟硼酸钠	$NaBF_4$	10	分解	
	氟硅酸钠	Na_2SiF_6	—	分解	
	氟铝酸钠	Na_3AlF_6	—	1000	
	碳酸氢氨	NH_4HCO_3	—	分解	
	碳酸钠	Na_2CO_3	—	890	

（续）

种类	品名	分子式	w(B)(%)	熔点/℃	备注
还原剂	硅	Si	—		按排列顺序，还原能力依次增加
	钛	Ti	—		
	铝	Al	—		
	锂	Li	—		
	镁	Mg	—		
	钙	Ca	—		
	镧	La	—		
填充剂	碳化硅	SiC	—		
	氧化铝	Al_2O_3	—		
	活性炭	C	—		
	木炭	C	—		

5.9.2　固体渗硼

固体渗硼是把工件埋入固体渗硼剂中，在高温下保温一定时间，使硼原子渗入工件表面，形成硼化物的热处理工艺。固体渗硼适用于中小零件的整体渗硼。

1. 固体渗硼剂

固体渗硼剂分为粉状、粒状和膏状渗硼剂。粉状渗硼剂由供硼剂（可分别用 B_4C、B-Fe、非晶态硼粉）、活化剂（KBF_4、NH_4Cl、NH_4F 等）和填充剂（Al_2O_3、SiC、SiO_2 等）组成。粒状和膏状渗硼剂需添加黏结剂。黏结剂有水解硅酸乙酯、松香乙醇、明胶和水等。

2. 固体渗硼工艺

固体渗硼温度一般为 850~1050℃，常用 850~950℃，保温时间通常为 3~8h。

固体渗硼工艺见表 5-92。

表 5-92　固体渗硼工艺

序号	渗剂成分(质量分数,%)	材料	工艺参数		渗硼层	
			温度/℃	时间/h	深度/mm	组织
1	B-Fe72，$KBF_4$6，$(NH_4)_2CO_3$2，木炭 20	45	850	5	0.12	$FeB+Fe_2B$
2	B-Fe5，$KBF_4$7，SiC78，活性炭 2，木炭 8	45	900	5	0.09	Fe_2B
3	B_4C1，$KBF_4$7，SiC82，活性炭 2，木炭 8	45	900	5	0.094	Fe_2B

（续）

序号	渗剂成分（质量分数，%）	材料	工艺参数		渗硼层	
			温度/℃	时间/h	深度/mm	组织
4	B-Fe57～58，$Al_2O_3$40，H_4Cl 2～3	45	950～1100	3～5	0.1～0.3	$FeB+Fe_2B$
5	B_4C5，$KBF_4$5，SiC90	45	700～900	3	0.02～0.1	$FeB+Fe_2B$
6	B_4C80，$Na_2CO_3$20	45	900～1100	3	0.09～0.32	$FeB+Fe_2B$
7	B_4C95，$Al_2O_3$2.5，NH_4Cl2.5	45	950	5	0.6	$FeB+Fe_2B$
8	$Na_2B_4O_7$10～25，Si5～15，$KBF_4$3～10，C20～60，$(CH_4)_2CS$ 少量	40Cr	900	4	0.124	Fe_2B
		GCr15	900	4	0.082	Fe_2B

3. 膏剂渗硼

膏剂渗硼是在固体渗硼剂中加入黏结剂，形成膏剂，然后将膏剂涂覆（或喷）于工件需要渗硼的表面，干燥后在高温下进行渗硼的工艺。膏剂渗硼适用于大件及工件局部渗硼。

膏剂渗硼的加热可以是一般的加热方式，也可采用感应加热、激光加热或离子轰击加热等方式。膏剂渗硼工艺及效果见表5-93。几种钢材的膏剂渗硼工艺及效果见表5-94。

表5-93　膏剂渗硼工艺及效果

膏剂成分（质量分数，%）		材料	加热方式	工艺参数		渗硼层	
渗硼剂	黏结剂			温度/℃	时间/h	深度/mm	组织
硼铁，KBF_4，硫脲	明胶	3Cr2W8V	辉光放电	600	4	≈0.040	$FeB+Fe_2B$
				650	4	≈0.060	
				700	2	≈0.065	
B_4C50，$Na_3AlF_6$50	水解硅酸乙酯	—	高频加热	1150	2～3min	0.10	$FeB+Fe_2B$
$H_3BO_3$25～35，稀土合金 40～50，$Al_2O_3$8～15，活化剂 10～15	呋喃树脂	45	空气中自保护加热	920	6	0.20	少量 $FeB+Fe_2B$
B_4C，Na_3AlF_6，CaF_2，添加剂	羧胶液	45	装箱密封	960～980	8～10	0.3～0.4	Fe_2B 或 $FeB+Fe_2B$
B_4C40，高岭土 40，$Na_3AlF_6$20	乳胶			800～1000	4～6	0.04～0.15	$FeB+Fe_2B$
B_4C50，NaF35，Na_2SiF_6 15	桃胶液			900～960	4～6	0.06～0.12	$FeB+Fe_2B$

（续）

膏剂成分（质量分数，%）		材料	加热方式	工艺参数		渗硼层	
渗硼剂	黏结剂			温度/℃	时间/h	深度/mm	组织
B_4C50，$CaF_2$25，$Na_2SiF_6$25	胶水			900~950	4~6	0.08~0.10	$FeB+Fe_2B$
$Na_2CO_3$3，Si7，$Na_2B_4O_7$30，石墨60				900~960	4~6	0.06~0.1	Fe_2B
FeB20，$Na_2B_4O_7$20，$KBF_4$15，SiC45				850~950	4~6	0.06~0.12	$FeB+Fe_2B$

表 5-94 几种钢材的膏剂渗硼工艺及效果

渗剂成分（质量分数，%）	材料	工艺参数		渗硼层深度/mm	表面硬度 HV0.1
		温度/℃	时间/h		
B_4C50，$CaF_2$35，$Na_2SiF_6$15	35CrMo	920~940	4	0.077	1482
	20Cr13			0.070	1730
	45			0.108	1331
	20			0.162	1482

5.9.3 液体渗硼

液体渗硼是在熔盐中进行的渗硼工艺。

1. 盐浴组成

渗硼盐浴的组成见表 5-95。

表 5-95 渗硼盐浴的组成

盐浴组成	组成物	说明
供硼剂	硼砂、硼酐及碳化硼等	由硼砂和碳化硅组成的盐浴的渗硼反应 $Na_2B_4O_7+2SiC \rightarrow Na_2O \cdot 2SiO_2+2CO+4[B]$ $[B]+2Fe \rightarrow Fe_2B$ $[B]+Fe \rightarrow FeB$
还原剂	碳化硅、氟硼酸盐、硅钙合金及铝粉等	
添加剂	氯化盐、碳酸盐、冰晶石、氟化物等	氯化盐的流动性好，但在使用中会出现盐浴分层现象，对坩埚腐蚀严重 碳酸盐容易去除，便于清洗

2. 液体渗硼工艺

（1）渗硼温度　碳钢和合金钢的渗硼温度为950℃左右。渗硼温度对渗硼层深度的影响如图 5-24 所示。

（2）渗硼时间　渗硼时间一般为 4~6h。渗硼时间对渗硼层深度的影响如图 5-25 所示。

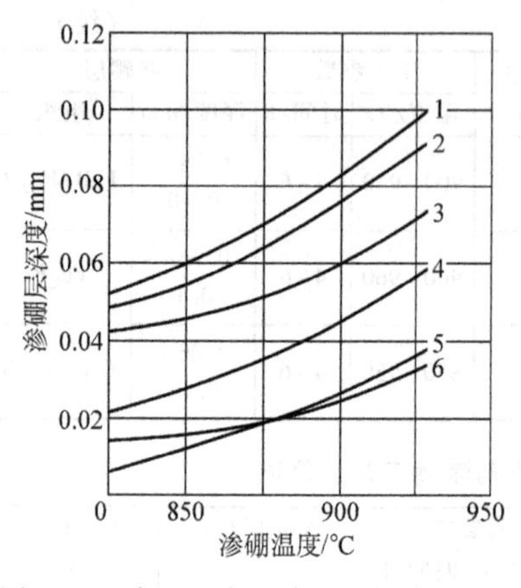

图 5-24 渗硼温度对渗硼层深度的影响

1—15 钢 2—45 钢 3—T8 4—CrWMn 5—Cr12 6—3Cr2W8V

注：渗硼时间为 4h。

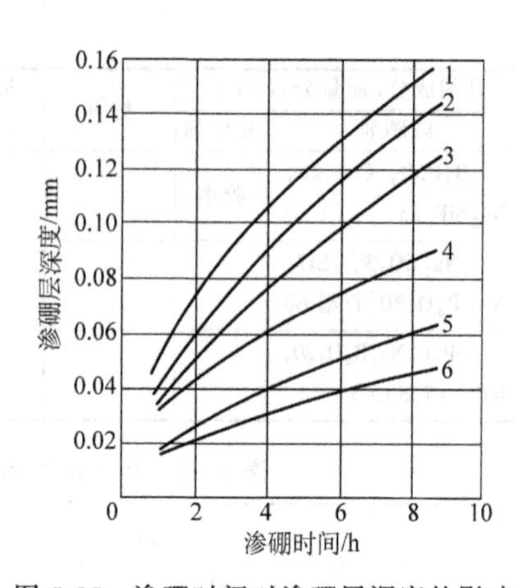

图 5-25 渗硼时间对渗硼层深度的影响

1—15 钢 2—45 钢 3—T8 4—CrWMn 5—Cr12 6—3Cr2W8V

注：渗硼温度为 900℃。

常用的液体渗硼工艺见表 5-96。

表 5-96 常用的液体渗硼工艺

盐浴成分(质量分数,%)	材料	工艺参数		渗硼层		备注
		温度/℃	时间/h	深度/mm	组织	
$Na_2B_4O_7$ 70~80, SiC 20~30	45	900~950	5	0.07~0.1	Fe_2B	工件粘盐较多
$Na_2B_4O_7$ 80, SiC 13, Na_2CO_3 3.5, KCl 3.5	20	950	3	0.12	Fe2B	
$Na_2B_4O_7$ 90, Al 10	45	950	5	0.185	$FeB+Fe_2B$	盐浴流动性相对较好
$Na_2B_4O_7$ 80, Al 10, NaF 10	45	950	5	0.231	$FeB+Fe_2B$	
$Na_2B_4O_7$ 70, SiC 20, NaF 10	45	950	5	0.115	Fe_2B	残盐较易清洗
$Na_2B_4O_7$ 90, Si-Ca 10	20	950	5	0.07~0.2	$FeB+Fe_2B$	残盐清洗较难
NaCl 80, $NaBF_4$ 15, B_4C 5		950	5	0.2		盐浴流动性好

5.9.4 电解渗硼

电解渗硼是以石墨（或以石墨为衬里、以耐热钢为外套的坩埚）作阳极，工件为阴极，通以电压为 10~20V、电流密度为 0.1~0.5A/cm^2 的直流电，在硼砂盐浴中进行渗硼。

电解渗硼的主要反应：

硼砂受热分解并电离：$Na_2B_4O_7 \rightarrow 2Na^+ + B_4O_7^{2-}$

阳极上的反应： $B_4O_7^{2-} - 2e \rightarrow B_4O_7$

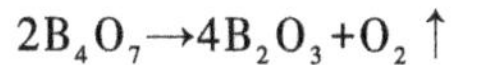

$$2B_4O_7 \rightarrow 4B_2O_3 + O_2 \uparrow$$

阴极（工件）上的反应：$Na^+ + e \rightarrow Na$

$$6Na + B_2O_3 \rightarrow 3Na_2O + 2\ [B]$$

常用电解渗硼工艺见表 5-97。

表 5-97　常用电解渗硼工艺

盐浴成分(质量分数,%)	工艺参数			渗硼层	
	电流密度/(A/cm²)	温度/℃	时间/h	厚度/mm	组织
$Na_2B_4O_7$	0.1~0.3	800~1000	2~6	0.06~0.45	$FeB+Fe_2B$
$Na_2B_4O_7$ 80,NaCl 20	0.1~0.2	800~950	2~4	0.05~0.30	$FeB+Fe_2B$
$Na_2B_4O_7$ 40~60,B_2O_5 40~60	0.2~0.25	900~950	2~4	0.15~0.35	$FeB+Fe_2B$
$Na_2B_4O_7$ 90,NaOH 10	0.1~0.3	600~800	4~6	0.025~0.10	$FeB+Fe_2B$

5.9.5　渗硼件的后处理

1）工件渗硼后应进行研磨或抛光处理，以降低表面粗糙度值，可用金刚石、碳化硼或绿色碳等磨料或磨具进行研磨加工。为防止渗硼层产生裂纹，应采用低的转速进行研磨。

2）在低载荷下服役的一般耐磨件或耐蚀件，渗硼后不需要进行后处理，可直接使用。

3）承受重载的渗硼件可进行正火处理。

4）零件承受冲击载荷时，渗硼后应重新加热淬火和回火，以提高基体强度及疲劳强度。热处理工艺可参照相应钢种的常规淬火和回火工艺，但是淬火加热温度应低于硼共晶化温度。

5）渗硼后淬火加热应避免脱硼。淬火加热宜在保护气氛炉或真空炉中进行。在盐浴炉中加热时必须严格脱氧。

6）回火可在空气炉、保护气氛炉或油浴中进行，但不能在硝盐浴中加热。

5.9.6　渗硼操作

1）固体渗硼时，工件与工件、工件与箱壁之间保持 10~25mm 的距离，距上盖、下底部应大于 20mm，加盖密封。

2）膏剂渗硼时，将膏剂涂（或喷）于工件需要渗硼表面，干燥后装箱入炉。

3）液体渗硼时，当盐浴达到规定温度后，将盐浴搅拌均匀，把已装上挂具的渗硼件吊挂在炉子有效加热区内，工件之间的间隙保持在 10~15mm。

4）固体渗硼应采用热装炉，避免700℃以下长时间加热。

5）随炉冷到500℃以下出炉开箱。

6）非渗硼面的防护采用镀铜方法，镀层大于0.15mm，或进行局部渗硼。

5.9.7 常见渗硼缺陷与对策

常见渗硼缺陷的产生原因与对策见表5-98。

表5-98 常见渗硼缺陷的产生原因与对策

缺陷名称	产生原因	对策
渗硼层深度不够	渗硼温度低	按工艺正确定温，检查或鉴定仪表
	保温时间短	延长保温时间
	渗剂活性不足	检查渗剂的活性及质量
渗硼层存在疏松及孔洞	渗硼温度高	适当降低渗硼温度
	渗硼剂中氟硼酸钾及硫脲等活化剂较多	降低渗硼剂中氟硼酸钾及硫脲的含量
	与钢种有关	采用高碳钢或高碳合金钢渗硼比采用中碳钢好些
垂直于表面的裂纹	渗硼后冷速过快	渗硼后采用较缓和的冷速，如油冷或空冷
平行于表面的裂纹	渗硼层中FeB和Fe_2B之间存在相间应力	获得Fe_2B单相渗硼层组织 渗硼后于600℃进行去应力处理
渗硼层剥落	渗硼层太深	适当控制渗硼层深度
	渗硼层存在严重疏松裂纹或软带等缺陷	获得单相Fe_2B渗硼层，避免产生疏松、裂纹或软带等缺陷
硼化物层与基体之间有软带	合金元素硅在渗硼过程中向内部扩散，富集于硼化物层下面。硅为铁素体形成元素，硅元素富集区在高温时为铁素体状态，冷却后仍为铁素体状态，故在硼化物层与基体之间形成软带	渗硼工件选材时，其硅的质量分数应在0.5%以下
渗硼层过烧	渗硼温度太高	控制渗硼温度在正常范围内
	渗硼后重新加热淬火温度过高	重新淬火的加热温度不得超过1080℃

5.10　渗硅

渗硅可提高工件的减摩性能及抗氧化性能。

渗硅的方法、渗剂组成及工艺见表 5-99。

表 5-99　渗硅的方法、渗剂组成及工艺

方法	渗剂组成(质量分数,%)	工艺参数		渗层深度/mm	备注
		温度/℃	时间/h		
粉末法	硅铁 75~80,Al_2O_3 20~25	1050~1200	6~10	0.09~0.90	
	硅铁 80,Al_2O_3 8,NH_4Cl 12	1100~1200	10	0.5~1.0	为减摩多孔渗硅层
	硅 19.5~20.3,Fe_2O_3 61.0~61.7,NH_4Cl 3.4~4.2,Al_2O_3(余量)	1100~1200	10	0.5~1.0	为消除孔隙渗硅层
熔盐法	($50BaCl_2$+50NaCl)80~85,硅铁 15~20	1000	2	0.35(10 钢)	
	($2/3Na_2SiO_3$+1/3 NaCl)65,SiC 35	950~1050	2~6	0.05~0.44(工业纯铁)	
熔盐电解法	Na_2SiO_3	1050~1070	1.5~2	—	电流密度为 0.20~0.35A/cm^2,可获得无隙渗硅层
	Na_2SiO_3 75,NaCl 25	950	1.5~3		
气体法	硅铁(或 SiC)+HCl(或 NH_4Cl),也可外加稀释气	950~1050	—	—	
	$SiCl_4+H_2$(或 N_2,Ar)	950~1050	—	—	
	SiH_4+H_2(或 NH_3,Ar)	950~1050	—	—	

5.11　硼硅共渗

硼硅共渗可采用固体粉末法、熔盐法和电解法进行。渗剂中 B、Si 含量不同，所获得的渗层相组成也不同，见表 5-100。

表 5-100　渗剂中 B、Si 含量对渗层组织的影响

序号	渗剂组成(质量分数,%)				工艺参数		渗层组织
	B_4C	$Na_2B_4O_7$	Si	NH_4Cl	温度/℃	时间/h	
1	80	15	3.75	0.25	1000	6	FeB、Fe_2B
2	75.5	13.5	9.5	0.5	1000	6	FeB、Fe_2B、FeSi
3	67	13	19	1	1000	6	Fe_2B、FeSi
4	63	12	23.5	1.5	1000	6	FeSi、Fe_2B

5.12　渗铬

渗铬可以提高钢铁材料、镍基合金、钴基合金的耐蚀性、抗高温氧化和热腐蚀性能。钢铁材料渗铬后还具有良好的耐磨性。

5.12.1　固体渗铬

1. 渗剂

固体渗铬剂的组成见表5-101。

表5-101　固体渗铬剂的组成

组成	组成物	技术要求	备注
供铬剂	铬铁粉(或铬粉)	w(Cr) ≥65%,w(C) ≤0.1%,其余为Fe,粒度为0.075~0.150mm(100~200目)	为提高渗铬效果,可在渗铬剂中加入部分氧化高碳铬铁粉(或铁粉)或碱及碱土金属氧化物清洁剂
催渗剂	卤化铵	纯度≥99.0%	
填充剂	氧化铝粉	粒度为0.075~0.150mm(100~200目),需高温熔烧脱水	

2. 固体渗铬工艺

固体渗铬加热时，装炉温度为室温至700℃，加热温度为950~1100℃，保温时间为6~10h，冷却时，随炉冷却至室温。

常用固体渗铬工艺见表5-102。

表5-102　常用固体渗铬工艺

渗剂组成(质量分数,%)	材料	工艺参数		渗层深度/mm
		温度/℃	时间/h	
Cr粉50,Al_2O_3 48~49,NH_4Cl 1~2	低碳钢	980~1100	6~10	0.05~0.15
	高碳钢	980~1100	6~10	0.02~0.04
Cr-Fe 60,NH_4Cl 0.2,陶土39.8	碳钢	850~1100	15	0.04~0.06
Cr-Fe 48~50,Al_2O_3 48~50,NH_4Cl 2	铬钨钢	1100	14~20	0.015~0.020

5.12.2　气体渗铬

1. 渗剂

气体渗铬的渗剂通常为$CrCl_2$。$CrCl_2$由金属铬与HCl反应生成，其生成有两种方法：

(1) 预制$CrCl_2$气体　H_2与浓盐酸或NH_4Cl反应生成HCl，HCl再与金属铬反应生成$CrCl_2$，然后通入密封的加热炉内进行渗铬。

（2）直接在炉内形成 $CrCl_2$ 气体　把干燥的 H_2 通过浓盐酸，将得到的 HCl 气体引入渗铬罐，在罐的进气口处放置铬铁粉。当 HCl 气体通过高温的铬铁粉时，即可制得 $CrCl_2$ 气体。

2. 气体渗铬工艺

气体渗铬工艺见表 5-103。

表 5-103　气体渗铬工艺

渗剂组成	材料	工艺参数		渗层深度/mm	备注
		温度/℃	时间/h		
Cr 块（经活化处理）+ NH_4Cl，通 H_2	35CrMo	1050	6～8	0.020～0.030	断续加入 NH_4Cl，通 H_2 气
	纯铁	1050	6～8	0.200	
Cr-Fe+陶瓷碎片，通 HCl	—	1050	—	—	Cr-Fe［w（Cr）= 65%，w(C) = 0.1%］
α 合金（活性 Cr 源）+ 氟化物，通卤化氢、H_2	—	900～1000	5～12	0.254～0.380	Alphatized 法
$CrCl_2$ + N_2（或 N_2 + H_2）	42CrMo	1000	4	0.040	日本法

气体渗铬渗速快，劳动强度小，适合于大批量生产；但工艺过程难以控制，产生的氢气容易爆炸，HCl 对设备有腐蚀性。

5.12.3　硼砂熔盐渗铬

熔融硼砂具有熔解金属氧化物的特性，加热设备采用外热式坩埚电阻炉。

1. 渗剂

渗剂为 Cr 粉或 Cr_2O_3 粉。新配渗剂中铬的质量分数应≥5%，金属氧化物≤1%。

连续工作过程中，应不断补充工件带出的盐。盐浴中铬的质量分数应≥1.5%，金属氧化物≤2%。

2. 渗铬工艺

渗铬温度为 850～950℃，保温时间为 3～6h。

硼砂熔盐渗铬的盐浴组成及渗铬工艺见表 5-104。

表 5-104　硼砂熔盐渗铬的盐浴组成及渗铬工艺

盐浴组成（质量分数，%）	工艺参数		渗层深度/mm	备注
	温度/℃	时间/h		
Cr_2O_3 粉 10～12，Al 粉 3～5，$Na_2B_4O_7$ 85～95	950～1050	4～6	0.015～0.020	盐浴流动性较好

（续）

盐浴组成(质量分数,%)	工艺参数		渗层深度/mm	备注
	温度/℃	时间/h		
Cr 粉 5~15,$Na_2B_4O_7$ 85~95	1000	6	0.014~0.018	盐浴成分有重力偏析
Ca 粉 90,Cr 粉 10	1100	1	0.050	用氩气或浴面覆盖保护剂
Cr_2O_3 粉 10,$Na_2B_4O_7$ 85,Al 粉 5	1000	4	0.015	材料为 45 钢
	950	6	0.020	
	900	4	0.012	

3. 渗后处理

1）工件在渗铬保温结束后可直接淬火，冷却方法视钢材而定。

2）工件（Cr12 型冷作模具钢）的淬火温度高于渗铬温度时，可在保温结束后随炉升温至淬火温度，均温后直接淬火。

3）综合力学性能要求较高、晶粒长大倾向大的工件，若渗铬温度高于淬火温度时，应经空冷、清洗后重新加热淬火。重新加热淬火的大件淬火加热时推荐选用保护气氛炉或真空炉加热。

4）不需要淬火的工件，在渗铬结束后空冷。

5）用沸水将工件表面残盐清洗干净。

5.12.4 真空渗铬

1. 渗剂

渗剂的组成见表 5-105。

表 5-105　渗剂的组成

组成	组成物	技术要求
供铬剂	Cr-Fe 粉	$w(Cr)\geqslant 65\%$,$w(C)\leqslant 0.1\%$,其余为 Fe,粒度为 0.27mm(50 目)
	Cr 块	$w(Cr)\geqslant 99.7\%$,粒度为 3~6mm
催渗剂	氯化铵	纯度≥99.0%
填充剂	氧化铝粉、耐火土粉	氧化铝粉粒度为 0.075~0.270mm(50~200 目)

2. 渗铬工艺

真空渗铬的加热温度为 1100~1150℃，保温时间为 6~12h，真空度为 0.133~1.33Pa。

真空渗铬工艺见表 5-106。

表 5-106　真空渗铬工艺

渗铬剂(质量分数,%)	材料	工艺参数			渗层深度/mm
		真空度/Pa	温度/℃	时间/h	
Cr-Fe 粉 25, Al_2O_3 粉 75	50	0.133	1150	12	0.04
	40Cr				0.04
	20Cr13				0.3~0.4
Cr 块	T12	0.133~1.333	950~1050	1~6	0.03

5.12.5　渗铬层的组织和性能

1. 渗铬层的组织

渗铬层中的铬含量随材料碳含量的增加而增加，可达 50%（质量分数）以上。铁素体的晶粒呈柱状，渗铬层由柱状 α 固溶体所组成，且从表面一直延伸至渗层与基体的交界处，其深度在 0.025~0.076mm 之间。

2. 渗铬层的性能

1）渗铬层具有很高的硬度和耐磨性。表面硬度与钢的碳含量有关，钢的碳含量越高，则渗铬层的表面硬度越高，见表 5-107。

表 5-107　渗铬层的表面硬度与钢中碳含量的关系

材料	基体硬度　HV	渗碳铬层硬度　HV
工业纯铁	148	257
10	161	645
40	192	925
T10	175	1460

高碳钢和中碳钢渗铬后，其渗层具有高的硬度。经淬火和低温回火后，基体硬度得到极大提高，而渗层硬度稍有下降，但仍高于基体 2~6HRC，见表 5-108。

表 5-108　几种钢经渗铬及淬火加低温回火后的硬度值

牌号	渗层深度/mm	渗层表面硬度		热处理后硬度	
		HV0.2	相当于 HRC	表面	基体
T8	0.038	1560	>70	65	59
T10	0.04	1620	>70	66	61
CrWMn	0.038	1620	>70	66	63
Cr12	0.038	1560	>70	67	65

2）渗铬工件的表面具有较高的抗氧化性和高温抗氧化性，渗铬层越深，抗氧化性越好。工件经渗铬后，可以在 750℃ 以下的环境中长期使用，而不氧化。

3）渗铬层具有良好的耐蚀性。渗铬后的工件在空气、过热蒸汽、碱、盐水、硝酸等环境中，都具有很好的耐蚀性。

5.12.6　常见渗铬缺陷与对策

常见渗铬缺陷的产生原因与对策见表5-109。

表5-109　常见渗铬缺陷的产生原因与对策

缺陷	产生原因	对策
表面黏结渗剂	粉末渗铬时,渗剂中有水分或低熔点物质	将氧化铝焙烧,渗剂装罐前烘干
渗层剥落	渗层的碳化铬多,渗层越深所含碳化铬越多,多出现于工件的尖角部位	适当控制渗层深度,设计上尽量避免尖角的出现
	渗铬后或热处理后冷速过快	合理选择工艺规范,缓慢冷却或选择冷速缓和的淬火冷却介质
脱碳	固体渗铬剂使用次数太多后,易导致脱碳	补充新渗剂
	铬粉氧化	加强渗铬罐的密封或通入保护气体,防止铬粉氧化
	气相渗铬时水汽、氢气过量	严防水汽出现,调整运载气体
贫碳	铬渗入钢的表面后与基体中的碳形成碳化铬,致使渗铬层下面出现贫碳区	使用含钛、钒、铬、钼的钢,以阻止碳向外扩散
腐蚀斑	催渗剂用量过多	适当控制催渗剂用量

5.13　渗铝

5.13.1　固体渗铝

1. 粉末包埋渗铝

（1）渗剂　渗剂组成见表5-110。

表5-110　渗剂组成

组成	组成物(质量分数,%)	技术要求
供铝剂	铝粉 20~40	纯度应高于98%,粒度应不大于180μm
催渗剂	氯化铵 1~2	纯度≥99.0%
稀释剂	氧化铝粉 58~79	粒度为0.075~0.150mm,需高温脱水

（2）渗铝工艺

1）脱脂。工件表面的油污，可采用低温加热、碱液清洗或有机溶剂清洗去除。

2）除锈。可采用机械方法或化学方法清除构件表面的锈蚀产物。

3）装箱。工件装箱之前，先在箱底铺上一层厚200mm的渗铝剂，然后将工件放在上面，工件之间的距离应大于1mm，工件与箱壁之间的距离应大于1mm，工件之间、工件与箱体之间均应填满渗剂并适当振实。靠近箱体开口的工件上部应加盖一层足够厚的渗剂，厚度根据箱体尺寸确定，最后加盖密封。

4）渗铝工艺见表5-111。碳素钢件加热温度宜取下限，合金钢、铸铁件宜取上限。加热设备的有效加热区温度偏差为±20℃。保温时间可根据箱体开口横截面尺寸适当调整。

表5-111　渗铝工艺（JB/T 10448—2005）

基体材料	低温段		中温段		高温段	
	温度/℃	时间/h	温度/℃	时间/h	温度/℃	时间/h
碳素钢	450~480	0.5	700~750	1	1000~1050	>4.5
合金钢、铸铁	450~480	0.6	700~750	1.2	1050~1100	>5.4

5）渗铝结束后，渗箱随炉冷却至500℃出炉，工件在炉外空冷至100℃方可出箱。

6）工件出箱后，应用毛刷除尽工件表面的残留渗剂粉末，用清水冲洗，并及时烘干。

常用粉末包埋渗铝工艺见表5-112。

表5-112　常用粉末包埋渗铝工艺

渗剂组成（质量分数，%）	工艺参数		渗层深度/mm
	温度/℃	时间/h	
Al-Fe粉99，NH_4Cl 1	900~1050	2~6	0.08~0.53
Al-Fe粉39~80，NH_4Cl 0.5~2，Al_2O_3 余量	850~1050	6~12	0.25~0.6
Al-Fe粉35，NH_4Cl 1，KF、HF 0.5，Al_2O_3 余量	960~980	6	0.4
Al粉15，NH_4Cl 0.5，KF、HF 0.5，Al_2O_3 余量	950	6	0.4
铝粉49，Al_2O_3 49，NH_4Cl 2	950~1050	3~12	0.3~0.5
铝铜铁合金粉99.5，NH_4Cl 0.5	975	4	0.2
铝粉40~60，氧化铝或细耐火黏土40~60，NH_4Cl 1.5~3	950~1050	5~14	0.3~1.0

2. 膏剂感应渗铝

（1）渗剂　膏剂由渗铝剂和黏结剂组成。渗铝剂组成（质量分数）为：铝粉（纯度应高于98%，粒度应不大于130μm）30%~60%，稀释剂38%~69%，催渗剂1%~2%。

（2）膏剂感应渗铝工艺

1）将膏剂均匀地涂刷在脱脂及除锈后的工件上，涂层厚度为0.4~1mm，并在100~120℃烘干2h以上。

2）渗铝温度为950~1050℃，对碳素钢工件取下限，合金钢和铸铁工件取上限。中频感应加热的升温速率应控制在30~50℃/s。

3）膏剂感应渗铝时间为1~5h。

4）工件渗铝后，应用毛刷除尽工件表面的残留渗剂粉末，用清水冲洗，并及时烘干。

5.13.2　热浸镀铝

热浸镀铝是将钢铁工件浸入熔融铝液中并保温一定时间，使铝（及其他附加元素）覆盖并渗入钢铁表面，获得热浸镀铝层的工艺方法。

1. 热浸镀铝层的分类

（1）按热处理方式分类　热浸镀铝层分为浸渍型热浸镀铝层和扩散型热浸镀铝层。

1）浸渍型热浸镀铝层是指直接在铝液中热浸镀后得到的镀层。外层为铝覆盖层，其成分基本上与铝液成分相同；内层为铝铁合金层。

2）扩散型热浸镀铝层是在铝液中热浸镀后再经扩散处理得到热浸镀铝层。该层全部由铝铁合金层构成。

（2）按覆层材料类别分类　热浸镀铝层分为铝层和铝-硅合金层。

2. 热浸镀铝工艺

（1）脱脂　必须除尽工件表面油污，可采取低温加热脱脂、碱液清洗脱脂或有机溶剂清洗脱脂等方法。

（2）除锈　必须除尽工件表面锈蚀物，可采用机械除锈方法，也可采用化学除锈方法（用工业盐酸清洗工件两次，清水冲洗，再用碱性水溶液中和处理）。

（3）助镀　除锈后的工件在进入铝液之前必须进行助镀，目的是在工件表面形成一层保护膜，防止再生锈。助镀方法可采取水溶液法、熔融盐法或气体法等。

1）水溶液法。将工件置于助镀液中浸渍一段时间，取出水洗。在不大于100℃的条件下干燥。该方法工艺设备简单，成本低廉，配置方便，助镀效果较好；但溶液调整频繁，助镀质量稳定性较差。

2）熔融盐法。在铝液表面覆盖一层熔融盐，热浸镀铝时工件先经过熔融盐层活化表面，再进入铝液。该方法适宜于热浸镀铝炉前设有通风装置的场合，助镀效果较好，能防止铝液表面高温氧化；但熔盐在高温下易挥发，有些还有毒气，污染环境，腐蚀设备。

3）气体法。采用氢气还原或10%（体积分数）H_2+90%（体积分数）N_2等方法。该方法助镀效果较好，能防止铝液表面高温氧化；但装备复杂，投资较高。

（4）热浸镀铝

1）热浸镀铝液的化学成分见表5-113。

表5-113　热浸镀铝液的化学成分（GB/T 18592—2001）

覆层材料类别	化学成分(质量分数,%)				
	硅	锌	铁	其他杂质总量	铝
铝	≤2.0	≤0.05	≤2.5	≤0.30	余量
铝-硅	4.0~10.0	≤0.05	≤4.5	≤0.30	余量

热浸镀铝液一般每使用8h后应取样分析并调整。铝液表面浮渣应及时去除，液底熔渣也应定期去除。

2）热浸镀铝的温度见表5-114。温度过低，铝浴流动性差，容易被工件带走，使铝的消耗量增加；温度过高，铝浴流动性好，但表面氧化加快。碳素钢件一般取下限；合金钢、铸铁件一般取上限。热浸镀铝液的有效镀铝区温度偏差为±10℃。

表5-114　热浸镀铝的温度（GB/T 18592—2001）

覆层材料类别	加热温度/℃	覆层材料类别	加热温度/℃
铝	700~780	铝-硅	670~740

3）碳素钢的热浸镀铝时间见表5-115。相同壁厚的中高合金钢、铸铁件的热浸镀铝时间应增加20%~30%。

表5-115　碳素钢的热浸镀铝时间（GB/T 18592—2001）

工件壁厚/mm	热浸镀铝时间/min	
	浸渍型热浸镀铝层	扩散型热浸镀铝层
1.0~1.5	0.5~1	2~4
>1.5~2.5	>1~2	>4~6
>2.5~4.0	>2~3	>6~8
>4.0~6.0	>3~4	>8~10
>6.0	>4~5	>10~12

4）冷却。工件出铝液后，及时采取振动或气吹等方法去除表面多余铝液，空冷至室温，并注意避免高温时急冷。

3. 扩散处理

（1）扩散温度　一般扩散保温温度为850~930℃。若以渗层深度要求为主，可取上限；若以基体金属强度要求为主，可取下限。

(2) 保温时间 保温时间为3~5h。若以渗层深度要求为主，可取上限；若以基体金属强度要求为主，可取下限。

(3) 冷却方式 冷却方式应根据所要求的基体金属的力学性能选择炉冷或空冷。

5.14 铝铬共渗

粉末法铝铬共渗是常用的工艺方法，共渗工艺见表5-116。

表5-116 粉末法铝铬共渗工艺

渗剂成分(质量分数,%)	材料	工艺参数		渗层深度/mm	渗层元素(质量分数,%)	
		温度/℃	时间/h		Cr	Al
AlFe粉75,CrFe粉25,另加 NH_4Cl 1.5	10钢	1025	10	0.53	6	37
AlFe粉50,CrFe粉50,另加 NH_4Cl 1.5	10钢	1025	10	0.37	10	22
AlFe粉20,CrFe粉80,另加 NH_4Cl 1.5	10钢	1025	10	0.23	42	3

5.15 硼铝共渗

硼铝共渗层比渗硼层具有更好的耐磨、耐热和耐蚀性，可用于热作模具等工件。硼铝共渗工艺见表5-117。

表5-117 硼铝共渗工艺

方法	渗剂成分(质量分数,%)	工艺参数		渗层深度/mm		
		温度/℃	时间/h	纯铁	45钢	T8
粉末法	Al_2O_3 70, B_2O_3 16, Al 13.5, NaF① 0.5	950	4	0.175	0.140	0.125
	Al_2O_3 70, B_2O_3 13.5, Al 16, NaF② 0.5	1000	4	0.280	0.230	0.200
熔盐电解法	$Na_2B_4O_7$ 19.9, Al_2O_3 20.1, $Na_2O\cdot K_2O$③ 60	950	4	0.130		
熔盐法	硼砂,铝铁粉,氟化铝,碳化硼,中性盐	840~870	3~4	0.070~0.130		
膏剂法	Al 8, B_4C 72, Na_3AlF_6 20,黏结剂	850	6	0.050		

① 以提高耐磨为主。

② 以提高耐热性为主。

③ 电流密度为0.3A/cm^2。

5.16 粉末渗锌

1. 渗剂

渗剂组成见表5-118。

表 5-118　渗剂组成

组成	组成物	技术要求
供锌剂	锌粉	粒度为 0.12~0.25mm(60~120 目)
催化剂	氯化铵	纯度≥99.0%
填充剂	氧化铝粉(氧化锌粉)	粒度为 0.18~0.27mm(50~80 目),需高温熔烧脱水

2. 渗锌工艺

(1) 加热　装炉温度为室温~400℃，加热温度为 340~440℃。

(2) 保温时间　保温时间为 4~6h。

(3) 冷却　随炉冷却至室温。

温度及时间对渗层深度的影响如图 5-26 所示。常用粉末渗锌工艺见表 5-119。

3. 后处理

渗锌后，一般工件在 150~160℃ 的全损耗系统用油中加热 1h，也可直接喷涂料。

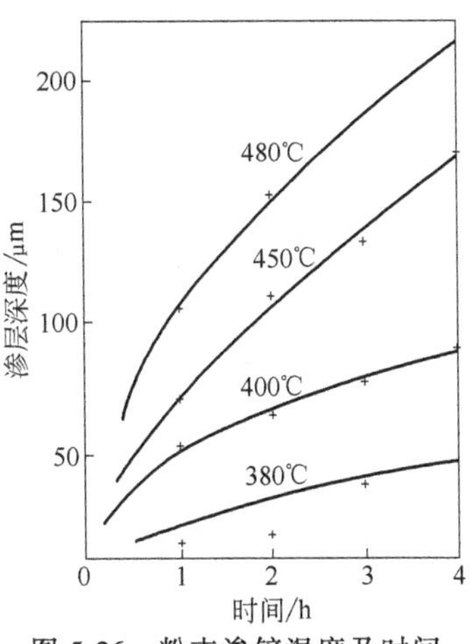

图 5-26　粉末渗锌温度及时间对渗层深度的影响

表 5-119　常用粉末渗锌工艺

渗剂成分(质量分数,%)	工艺参数		渗层深度/μm	备注
	温度/℃	时间/h		
Zn(工业锌粉) 97~100, NH_4Cl 0~3	390±10	2~6	20~80	在静止的渗箱中渗锌,速率仅为可倾斜、滚动的回转炉中的 1/3~1/2;渗锌可在 340~440℃进行
Zn 50, Al_2O_3 30, ZnO 20	440	3	10~20	
锌粉 50~75,氧化铝(氧化锌)25~50,另加 NH_4Cl 0.05~1	340~440	1.5~8	12~100	温度低于 360℃ 时,色泽银白,表面光亮;高于 420℃ 时,呈灰色,且表面较粗糙
Zn 粉 50, Al_2O_3 30, ZnO 20	380~440	2~6	20~70	
锌粉,另加 NH_4Cl 0.05	390	2	10~20	

5.17　渗钛

渗钛可使钢、铸铁及硬质合金等具有很高的耐磨性和良好的耐蚀性。渗钛方法及其工艺见表5-120。

表5-120　渗钛方法及其工艺

渗钛方法	渗剂组成(质量分数,%)	工艺参数		渗钛层	
		温度/℃	时间/h	渗层深度/mm	组织
粉末法	TiO_2 50, Al_2O_3 29, Al 18, $(NH_4)_2SO_4$ 2.5, NH_4Cl 0.5	1000	4	0.02(T8钢)	工业纯铁和08钢:TiFe+含钛α固溶体 中高碳钢:TiC(硬度为3000~4000HV)
	钛铁75, CaF_2 15, NaF 4, HCl 6	1000~1200	≤10		
熔盐电解法	K_2TiF_6 16, NaCl 84, 添加海绵钛 石墨作阳极,电压为3~6V,电流密度为0.95A/cm²;盐浴面上用Ar保护	850~900			
	$TiCl_4$(或TiI_4, $TiBr_4$), H_2	750~1000			
气体法	将海绵钛与工件置于真空炉内,彼此不接触,真空度为(0.5~1)×10^{-2}Pa	900~1050		工艺为1050℃×16h时 0.34(08钢) 0.08(45钢) 0.12(12Cr18Ni10Ti)	

5.18　渗钒

渗钒方法及其工艺见表5-121。

表5-121　渗钒方法及其工艺

方法	渗剂组成(质量分数,%)	工艺参数		渗钒层	
		温度/℃	时间/h	渗层深度/mm	组织
粉末法	钒铁粉50, Al_2O_3 33, NH_4Cl 6, Al 1, KBF_6 10	960	6	0.010~0.015	低碳钢:α固溶体 中高碳钢:VC或VC+α
	钒50, Al_2O_3 48, NH_4Cl 2	900~1150	3~9	0.010	
	钒49, TiO_2 49, NH_4Cl 2	900~1150	3~9	0.010	
	钒铁60, 高岭土37, NH_4Cl 3	1000~1100			
气体法	V(或钒铁)、HCl;或VCl、H_2	1000~1200			

注:渗层深度为06Cr18Ni11Ti钢经1050℃×3h处理后的结果。

5.19　渗铌

渗铌方法及其工艺见表 5-122。

表 5-122　渗铌方法及其工艺

方法	渗剂组成(质量分数,%)	温度/℃	渗层组织
粉末法	Nb 50, Al_2O_3 49, NH_4Cl 1	950～1200	低碳钢:α 固溶体 中高碳钢:NbC 或 NbC+α 固溶体
气体法	铌铁, H_2, HCl	1000～1200	
	$NbCl_5$, H_2(或 Ar)	1000～1200	

5.20　渗锰

渗锰方法及其工艺见表 5-123。

表 5-123　渗锰方法及其工艺

方法	渗剂组成(质量分数,%)	温度/℃	渗层组织
粉末法	Mn(或锰铁)50, Al_2O_3 49, NH_4Cl 1	950～1150	低碳钢:α 固溶体 中高碳钢:$(Mn、Fe)_3C$ 或 $(Mn、Fe)_3C+α$
气体法	Mn(或锰铁), H_2, HCl	800～1100	

第6章 铸铁的热处理

铸铁是以铁-碳-硅为主的多元铁基合金，碳的质量分数一般为2.0%~4.0%。工业铸铁中除碳、硅外，还有锰、硫和磷等元素；在一些要求有耐热、耐蚀、抗磨等特殊性能的合金铸铁中，除上述元素外，还含有一定量的Cr、Ni、Mo、Cu、W、V等元素。

铸铁分为普通铸铁和合金铸铁两大类，普通铸铁又分为灰铸铁、白口铸铁、可锻铸铁、球墨铸铁和蠕墨铸铁等，合金铸铁包括耐热铸铁、抗磨铸铁和耐蚀铸铁等特殊性能铸铁。

普通铸铁的化学成分见表6-1。

表6-1 普通铸铁的化学成分

铸铁类型	化学成分(质量分数,%)				
	C	Si	Mn	P	S
灰铸铁	2.5~4.0	1.0~3.0	0.2~1.0	0.002~1.0	0.02~0.25
球墨铸铁	3.0~4.0	1.8~2.8	0.1~1.0	0.01~0.1	0.01~0.03
可锻铸铁	2.2~2.9	0.9~1.9	0.15~1.2	0.02~0.2	0.02~0.2
蠕墨铸铁	2.5~4.0	1.0~3.0	0.2~1.0	0.01~0.1	0.01~0.03
白口铸铁	1.8~3.6	0.5~1.9	0.25~0.8	0.06~0.2	0.05~0.2

6.1 灰铸铁的热处理

6.1.1 灰铸铁的牌号及力学性能

灰铸铁的牌号及单铸试棒的力学性能见表6-2。灰铸铁基体组织的硬度见表6-3。

表6-2 灰铸铁的牌号及单铸试棒的力学性能（GB/T 9439—2010）

牌号	抗拉强度 R_m /MPa ≥	硬度 HBW	牌号	抗拉强度 R_m /MPa ≥	硬度 HBW
HT100	100	≤170	HT200	200	150~230
HT150	150	125~205	HT225	225	170~240

（续）

牌号	抗拉强度 R_m /MPa ≥	硬度 HBW	牌号	抗拉强度 R_m /MPa ≥	硬度 HBW
HT250	250	180~250	HT300	300	200~275
HT275	275	190~260	HT350	350	220~290

表 6-3 灰铸铁基体组织的硬度

基体组织	A	F	P+F	P	B	M	$M_回$	P+碳化物
硬度 HBW	140~160	110~140	140~200	200~270	260~350	480~550	250~450	400~500

6.1.2 灰铸铁的热处理工艺

灰铸铁热处理的加热温度见表6-4。灰铸铁的临界温度见表6-5。

表 6-4 灰铸铁热处理的加热温度（JB/T 7711—2007）

工艺方法		加热温度/℃	保温精度/℃
退火	高温石墨化退火	$A^Zc_1+(50\sim100)$	±20
	低温石墨化退火	$A^Sc_1-(30\sim50)$	±15
	去应力退火	520~560	±20
正火	完全奥氏体化正火	$A^Zc_1+(40\sim60)$	±20
	部分奥氏体化正火	$A^Sc_1\sim A^Zc_1$ 之间	±15
淬火	完全奥氏体化淬火	$A^Zc_1+(30\sim50)$	±15
回火	高温回火	500~600	±15
	中温回火	350~500	±15
	低温回火	140~250	±15
等温淬火	完全奥氏体化等温淬火	淬火温度为 $A^Zc_1+(30\sim50)$ 等温温度为 280~320	±10

注：A^Sc_1 表示在加热过程中，奥氏体开始形成的温度。

A^Zc_1 表示在加热过程中，铁素体完全转变成奥氏体的温度。

表 6-5 灰铸铁的临界温度

序号	化学成分(质量分数,%)									临界温度/℃			
	C	Si	Mn	S	P	Cr	Ni	Mo	Cu	A^Sc_1	A^Zc_1	A^Sr_1	A^Zr_1
1	2.83	2.17	0.50	0.09	0.13	—	—	—	—	775	830	765	723
2	2.86	2.27	0.50	0.09	0.14	0.70	1.7	—	—	770	825	750	700
3	2.86	2.23	0.50	0.10	0.15	0.95	3.00	—	—	770	825	750	700
4	2.85	2.24	0.45	0.10	0.13	—	2.30	0.90	—	780	830	725	625
5	2.86	2.24	0.50	0.09	0.12	0.35	—	0.69	—	775	850	775	700
6	2.85	2.25	0.55	0.09	0.13	—	—	—	3.00	770	825	725	680

注：A^Sc_1、A^Zc_1 见表6-1注。

A^Sr_1 表示在冷却过程中，奥氏体开始转变为珠光体和铁素体的温度。

A^Zr_1 表示在冷却过程中，奥氏体完全转变成珠光体和铁素体的温度。

1. 灰铸铁的去应力退火

去应力退火用于降低铸造、铸件焊接、机械加工等残余应力，保证铸件尺寸稳定。常用灰铸铁件去应力退火工艺见表6-6。灰铸铁去应力程度与加热温度和时间的关系见表6-7。

表6-6 常用灰铸铁件去应力退火工艺

铸件种类	铸件质量/kg	铸件厚度/mm	装炉温度/℃	升温速度/(℃/h)	加热温度/℃		保温时间/h	冷却速度/(℃/h)	出炉温度/℃
					普通铸铁	低合金铸铁			
一般铸件	<200		≤200	≤100	500~550	550~570	4~6	30	≤200
	200~2500		≤200	≤80	500~550	550~570	6~8	30	≤200
	>2500		≤200	≤60	500~550	550~570	8	30	≤200
精密铸件	<200		≤200	≤100	500~550	550~570	4~6	20	≤200
	200~2500		≤200	≤80	500~550	550~570	6~8	20	≤200
简单或圆筒状铸件	<300	10~40	100~300	100~150	500~600		2~3	40~50	<200
一般精度铸件	100~1000	15~60	100~200	<75	500		8~10	40	<200
结构复杂、较高精度铸件	1500	<40	<150	<60	420~450		5~6	30~40	<200
		40~70	<200	<70	450~550		8~9	20~30	<200
		>70	<200	<75	500~550		9~10	20~30	<200
纺织机械小铸件	<50	<15	<150	50~70	500~550		1.5	30~40	150
机床小铸件	<1000	<60	≤200	<100	500~550		3~5	20~30	150~200
机床大铸件	>2000	20~80	<150	30~60	500~550		8~10	30~40	150~200

表6-7 灰铸铁去应力程度与加热温度和保温时间的关系

铸铁抗拉强度 R_m/MPa	201				340				去应力程度(%)
保温时间/h	2	4	10	40	2	4	10	40	
加热温度/℃	482	460	454	438	—	538	482	399	50
	582	566	538	499	593	566	540	540	80
	595	590	566	540	621	593	566	550	90
	620	610	600	593	649	621	593	593	100

铸铁件不可在高于650℃温度下保温时间太长，否则会发生组织改变而降低强度。加热速度不可太快，以免增加新的热应力，应炉冷至200℃以下出炉。对大型的和厚薄相差大的铸件，加热速度一般不超过15℃/h，冷却速度不超过40℃/h。

2. 灰铸铁的退火与正火（见表 6-8）

表 6-8 灰铸铁的退火与正火

工艺名称	目的	工艺曲线	金相组织	应用
低温石墨化退火	使共析渗碳体石墨化与粒化，从而降低硬度，提高塑性和韧性	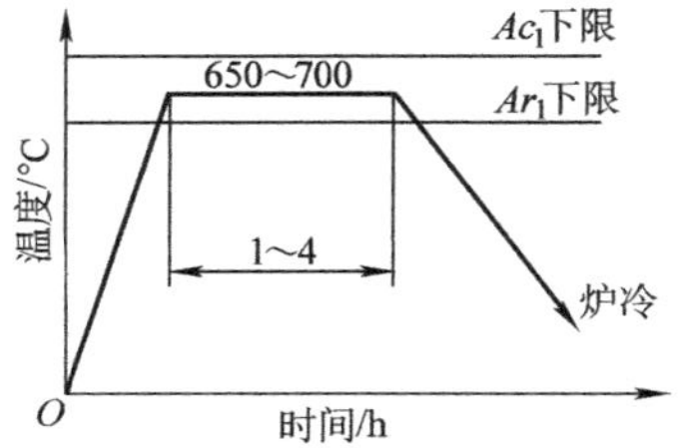 Ac_1下限 650～700 Ar_1下限 1～4 炉冷 温度/°C O 时间/h	铁素体+石墨，或铁素体+珠光体+石墨	铸件中不存在共晶渗碳体或数量不多时采用
高温石墨化退火	消除自由渗碳体，从而降低硬度，提高塑性和韧性，改善可加工性	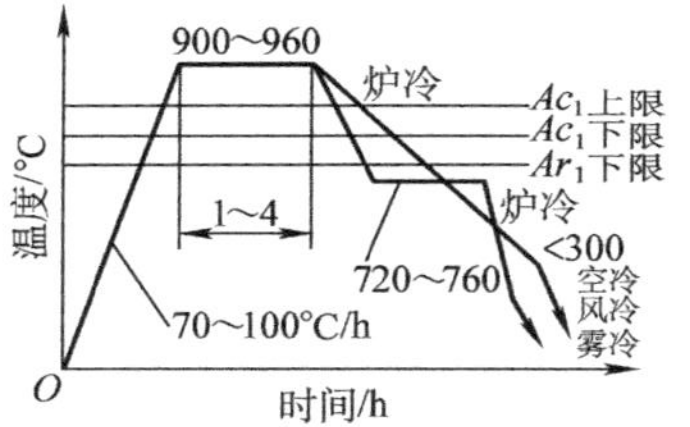 900～960 炉冷 Ac_1上限 Ac_1下限 Ar_1下限 炉冷 1～4 <300 720～760 空冷 风冷 雾冷 70～100°C/h 温度/°C O 时间/h	铁素体+石墨，或铁素体+珠光体+石墨	装炉温度在 300℃以下 适于铁素体基体灰铸铁
		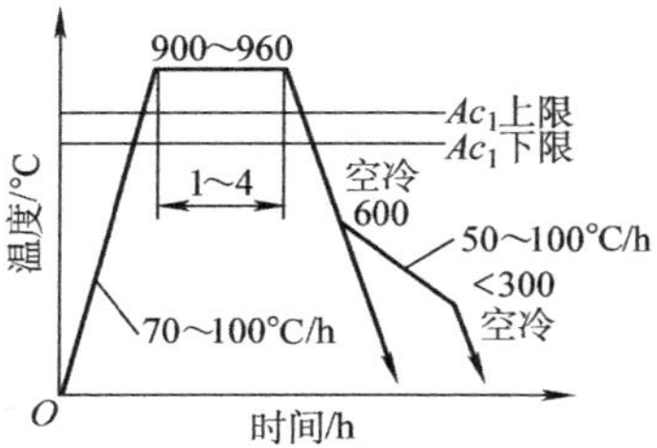 900～960 Ac_1上限 Ac_1下限 1～4 空冷 600 50～100°C/h <300 空冷 70～100°C/h 温度/°C O 时间/h	珠光体+石墨	装炉温度在 300℃以下 适于珠光体基体的灰铸铁

（续）

工艺名称	目的	工艺曲线	金相组织	应用
正火	增加基体组织中的珠光体量，提高铸件的硬度、强度和耐磨性，改善铸件的力学性能和可加工性，或改善基体组织，作为表面淬火的预备热处理	850~900；Ac_1上限；1~3；空冷；温度/°C；时间/h；O	珠光体+石墨	大型或形状复杂的铸件，应再进行一次去应力退火
高温石墨化+正火	高温石墨化可消除铸件白口	900~960；850~900；Ac_1上限；1~3；1~3；空冷；温度/°C；时间/h；O		

3. 灰铸铁的淬火与回火

灰铸铁的淬火与回火工艺见表 6-9。灰铸铁的表面淬火工艺见表 6-10。

表 6-9 灰铸铁的淬火与回火工艺

工艺名称	工艺参数	基体组织	备注
淬火	加热温度为 850~900℃ 保温时间为 1~4h，或按 20min/25mm 计算 冷却方式为油冷至 150℃，立即回火	马氏体	形状复杂或大型铸件在 595~650℃ 以下应缓慢加热，或在 500~650℃ 预热
回火	回火温度应低于 550℃ 保温时间(h)按[铸件厚度(mm)/25]+1 计算		
等温淬火	加热温度为 850~900℃ 保温时间为 1~4h，或按 20min/25mm 计算 等温温度为 280~320℃， 冷却介质为硝盐或热油，保持时间为 0.5~1h	下贝氏体+少量残留奥氏体	改变基体组织，提高铸件的综合力学性能，同时减少淬火变形 适用于凸轮、齿轮、缸套等零件
马氏体分级淬火	加热温度为 850~900℃ 保温时间为 1~4h，或按 20min/25mm 计算 热浴温度为 205~260℃ 回火工艺为 200℃×2h	马氏体	减少淬火变形和开裂倾向 适于形状复杂铸件

注：铸件淬火前应进行正火处理，原始组织中的珠光体应在 65%（体积分数）以上，且石墨细小、分布均匀。

表 6-10 灰铸铁的表面淬火工艺

淬火方法		工艺参数	效果	备注
火焰淬火		加热温度为 850~950℃ 冷却方式为喷水冷却，或将工件投入淬火槽中	淬硬层深度为 2~6mm 硬度为 40~48HRC	操作简便，但温度不易控制，过热淬火后变形大 适于单件或小批生产的大工件
感应淬火	中频感应淬火	频率为 2.5~8kHz 加热温度为 870~925℃	淬硬层深度为 3~5mm 硬度>50HRC	工件表面具有较高的硬度和耐磨性，变形较小，淬火质量稳定 适用于大中小件、齿轮、机床导轨等
	高频感应淬火	频率为 200~300kHz 加热温度为 870~925℃	淬硬层深度为 1~2mm 硬度>50HRC	

（续）

淬火方法	工艺参数	效果	备注
接触电阻加热淬火	二次侧开路电压<5V 电流为400~600A 接触压力为40~60N 滚轮移动速度为2~3m/min	淬硬层深度为0.20~0.25mm 硬度>54HRC	提高表面硬度和耐磨性 适于机床导轨等铸件

6.2　球墨铸铁的热处理

6.2.1　球墨铸铁的牌号及力学性能

球墨铸铁的牌号及单铸试样的力学性能见表6-11。

表6-11　球墨铸铁的牌号及单铸试样的力学性能（GB/T 1348—2009）

牌号	抗拉强度 R_m/MPa≥	条件屈服强度 $R_{p0.2}$/MPa ≥	断后伸长率 A(%) ≥	硬度 HBW	主要基体组织
QT350-22L	350	220	22	≤160	铁素体
QT350-22R	350	220	22	≤160	铁素体
QT350-22	350	220	22	≤160	铁素体
QT400-18L	400	240	18	120~175	铁素体
QT400-18R	400	250	18	120~175	铁素体
QT400-18	400	250	18	120~175	铁素体
QT400-15	400	250	15	120~180	铁素体
QT450-10	450	310	10	160~210	铁素体
QT500-7	500	320	7	170~230	铁素体+珠光体
QT550-5	550	350	5	180~250	铁素体+珠光体
QT600-3	600	370	3	190~270	珠光体+铁素体
QT700-2	700	420	2	225~305	珠光体
QT800-2	800	480	2	245~335	珠光体或索氏体
QT900-2	900	600	2	280~360	回火马氏体或托氏体+索氏体

6.2.2　球墨铸铁的热处理工艺

球墨铸铁热处理的加热温度见表6-12。球墨铸铁的临界温度见表6-13。

表6-12　球墨铸铁热处理的加热温度（JB/T 6051—2007）

工艺方法		加热温度/℃	保温精度/℃
退火	高温石墨化退火	$A^{Z}c_1+(50\sim100)$	±20
	低温石墨化退火	$A^{S}c_1-(30\sim50)$	±15
	去应力退火	520~560	±20

（续）

工艺方法		加热温度/℃	保温精度/℃
正火	完全奥氏体化正火	A^Zc_1+(50～70)	±20
	部分奥氏体化正火	A^Sc_1～A^Zc_1	±15
	低碳奥氏体化正火	A^Sc_1-(30～50)保温后快速加热到A^Sc_1+(30～50)，不保温冷却	±15
调质	完全奥氏体化淬火	A^Zc_1+(30～50)	±15
	高温回火	500～600	±15
等温淬火	上贝氏体等温淬火	A^Zc_1+(30～50)，等温温度为350～380	±10
	下贝氏体等温淬火	A^Zc_1+(30～50)，等温温度为230～330	±10

表 6-13　球墨铸铁的临界温度

铸铁类型	化学成分(质量分数，%)									临界温度/℃			
	C	Si	Mn	P	S	Cu	Mo	Mg	Ce	A^Sc_1	A^Zc_1	A^Sr_1	A^Zr_1
球墨铸铁	3.80	2.42	0.62	0.08	0.033	—	—	0.041	0.035	765	820	785	720
	3.80	3.84	0.62	0.08	0.033	—	—	0.041	0.035	795	920	860	750
	3.86	2.66	0.92	0.073	0.036	—	—	0.05	0.04	755	815	765	675
合金球墨铸铁	3.50	2.90	0.265	0.08	—	0.62	0.194	0.039	0.038	790	840	—	—
	3.40	2.65	0.63	0.063	0.0124	1.70	0.2	0.037	0.053	785	835	—	—

1. 球墨铸铁的退火

球墨铸铁的退火工艺及处理后的组织见表6-14。

表 6-14　球墨铸铁的退火工艺及处理后的组织

工艺名称	工艺曲线	基体组织	目的及应用
去应力退火	温度/℃ 时间/h O Ar_1下限 500～600 50℃/h 50℃/h 1+厚度(mm)/25 200	同原始组织	可除去90%～95%的内应力 用于消除铸件的铸造应力或消除由于铸件补焊、机械加工、热加工等产生的残余应力
高温石墨化退火	温度/℃ 时间/h O 900～960 <40℃/h 1 2 Ac_1上限 Ar_1上限 Ac_1下限 Ar_1下限 1～4 空冷 3 720～760 600 空冷	曲线1、2为铁素体+石墨或铁素体+珠光体 曲线3为珠光体	消除共晶渗碳体、一次渗碳体，降低硬度，改善可加工性，提高塑性和韧性 用于基体组织中含有较多共晶渗碳体及合金元素偏析的铸件

（续）

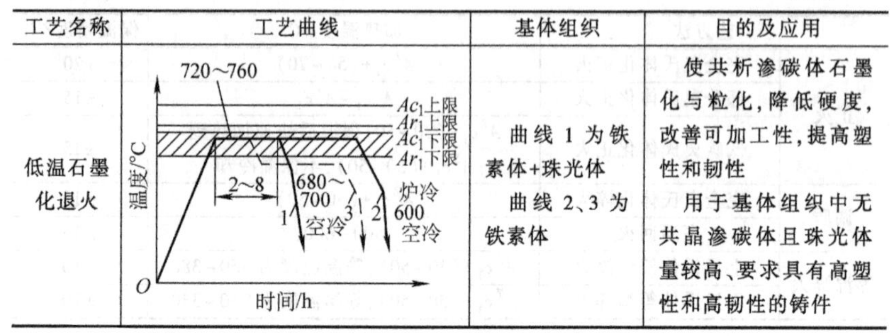

工艺名称	工艺曲线	基体组织	目的及应用
低温石墨化退火	720～760；Ac_1上限；Ar_1上限；Ac_1下限；Ar_1下限；温度/℃；2～8；680～700；1 空冷；3；2 炉冷；600 空冷；O；时间/h	曲线 1 为铁素体+珠光体 曲线 2、3 为铁素体	使共析渗碳体石墨化与粒化，降低硬度，改善可加工性，提高塑性和韧性 用于基体组织中无共晶渗碳体且珠光体量较高、要求具有高塑性和高韧性的铸件

2. 球墨铸铁的正火

球墨铸铁的正火工艺及处理后的组织见表 6-15。

表 6-15 球墨铸铁的正火工艺及处理后的组织

工艺名称	工艺曲线	基体组织	目的及应用
高温完全奥氏体化正火	900～940；Ac_1上限；1～3；空冷或风冷 雾冷；温度/℃；O；时间/h	珠光体+少量牛眼状铁素体	目的是提高铸件的强度、硬度和耐磨性，抗拉强度可达 700～800MPa，硬度达 250～300HBW，但塑性和韧性较低；或去除自由渗碳体 用于基体组织中有少量共晶渗碳体或存在较小程度合金元素偏析，且要求具有较高强度的铸件
高温阶段正火	920～980；炉冷；1～3；860～880；Ac_1上限；Ac_1下限；1～2；空冷或风冷 雾冷；温度/℃；O；时间/h		目的是消除过量的自由渗碳体或复合磷共晶。第 2 阶段保温可避免形成二次网状渗碳体 用于铸态组织中有 3%（体积分数）以上自由渗碳体的铸件

（续）

工艺名称	工艺曲线	基体组织	目的及应用
中温部分奥氏体化正火	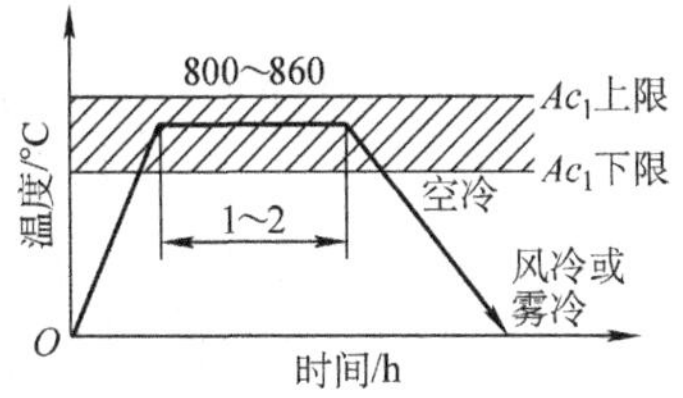 800~860 Ac_1上限 Ac_1下限 1~2 空冷 风冷或雾冷 温度/℃ O 时间/h	珠光体+（碎块状或条状）铁素体	目的是获得较高的综合力学性能，特别是塑性和韧性 用于基体组织相对均匀，无共晶渗碳体，且要求具有一定强度和韧性的铸件
阶段部分奥氏体化正火	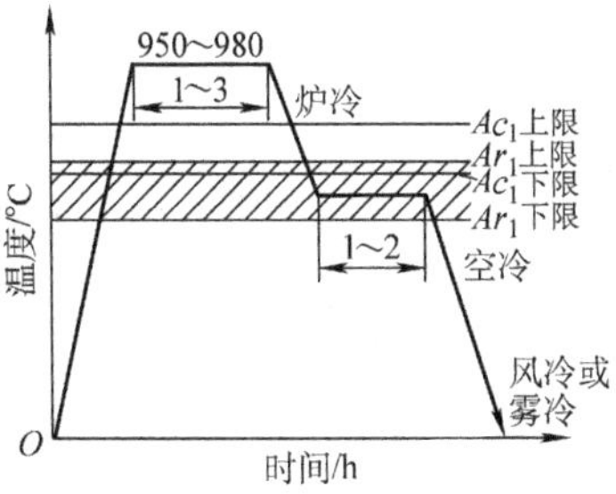 950~980 1~3 炉冷 Ac_1上限 Ar_1上限 Ac_1下限 Ar_1下限 1~2 空冷 风冷或雾冷 温度/℃ O 时间/h		消除铸件铸态时存在的自由渗碳体或较严重的偏析，以提高组织的均匀性 适合于存在过量自由渗碳体或成分偏析较严重的铸件

不同冷却方式对正火后珠光体含量的影响见表6-16。

表6-16 不同冷却方式对正火后珠光体含量的影响

正火工艺			珠光体含量（体积分数，%）	备注
加热温度/℃	保温时间/h	冷却方式		
920	1.0	空冷	70~75	铸件成分（质量分数，%）：C3.7 ~ 4.2，Si2.4 ~ 2.5，Mn0.5~0.8，P<0.1，S <0.05
		风冷	85	
		喷雾	90~95	
900	1.5	空冷	70~75	
		风冷	85	
		喷雾	90~95	

对于风冷或喷雾冷却的铸件，风冷、喷雾仅在相变区间内应用，随后的冷却不采用风冷或雾冷，以免增加铸件的内应力。

球墨铸铁件正火后必须进行回火处理，以改善韧性和消除内应力。回火工艺为550~ 650℃，保温2~4h。

3. 球墨铸铁的淬火

球墨铸铁的淬火工艺及处理后的组织见表6-17。

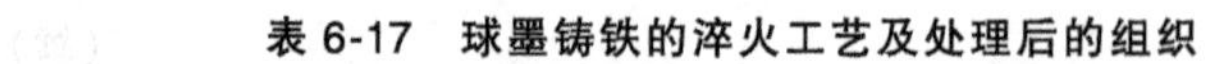

表 6-17 球墨铸铁的淬火工艺及处理后的组织

工艺名称	工艺曲线	基体组织	目的及应用
淬火+回火	860～900，Ac_1上限，1～4，水冷或油冷；温度/°C，时间/h	淬火后为马氏体+少量铁素体	硬度可达58～60HRC，但内应力和脆性较大 淬火前最好进行正火
	500～600，350～400，140～250，$\frac{有效厚度(mm)}{25}+1$；温度/°C，时间/h	140～250℃回火后组织为回火马氏体+少量铁素体	目的是提高工件的硬度、强度和耐磨性
		350～400℃回火后组织为回火托氏体+少量铁素体	应用较少
		500～600℃回火后组织为回火索氏体+少量铁素体	具有良好的综合力学性能，应用广泛
等温淬火：上贝氏体等温淬火	900～950，Ac_1上限，2～4，350～400，1～2，空冷；温度/°C，时间/h	上贝氏体+残留奥氏体	具有高韧度、高强度和中等硬度的力学性能，并有很好的加工硬化能力，断后伸长率和断裂韧度均好 用于要求高强度、高韧度的铸件
等温淬火：下贝氏体等温淬火	860～900，Ac_1上限，2～4，260～300，1～2，空冷；温度/°C，时间/h	下贝氏体+少量马氏体+部分残留奥氏体	具有很高的强度，具有高的耐磨性 用于要求具有高强度、高硬度及高耐磨性的铸件
等温淬火：部分奥氏体化等温淬火	790～810，Ac_1上限，30，300～320(硝盐)，45，空冷；温度/°C，时间/min	下贝氏体+碎片状铁素体	铸态组织应无游离渗碳体，否则在淬火前应经高温石墨化退火。等温淬火后再经回火，可获得良好的强度和韧性

（续）

工艺名称	工艺曲线	基体组织	目的及应用
火焰淬火 感应淬火		细针状马氏体+少量残留奥氏体，过渡层为小岛状马氏体+细小铁素体	提高表面层硬度、耐磨性和疲劳强度 对铁素体基体的球墨铸铁，必须先进行正火，使珠光体的体积分数≥70% 为消除淬火应力，可在380～410℃回火处理

球墨铸铁淬火件的回火温度与硬度及组织的关系见表6-18。

表6-18 球墨铸铁淬火件回火温度与硬度及组织的关系

要求硬度 HRC	回火温度/℃	组织
35～40	400～450	回火托氏体加少量残留奥氏体及球状石墨
40～45	250～300	
45～50	180～250	回火马氏体加少量残留奥氏体及球状石墨
>50	<180	

球墨铸铁等温淬火后的力学性能与调质处理及正火处理后的力学性能比较，见表6-19。

表6-19 球墨铸铁等温淬火、调质处理和正火处理后力学性能的比较

处理方法	热处理工艺	金相组织	力学性能				特点
			R_m/MPa	A(%)	a_K/(J/cm^2)	HBW	
等温淬火	900℃加热，280～310℃等温淬火，300℃回火	下贝氏体+残留奥氏体+球状石墨	1337.7	3.7	54.88	330～340	受零件尺寸大小的限制，设备复杂 适用于综合性能要求高的重要零件
调质处理	经980℃退火后，900℃加热油淬，580℃回火	回火索氏体+球状石墨	784～980	1.7～2.7	25.48～31.36	240～340	易引起变形和开裂 适用于综合性能要求高的重要零件

（续）

处理方法	热处理工艺	金相组织	力学性能				特点
			R_m/MPa	A(%)	a_K/(J/cm^2)	HBW	
正火处理	经980℃退火后，900℃加热、空冷，580℃去应力退火	索氏体+铁素体(体积分数<5%)+石墨	686	2.5	9.8	317~321	简单，易操作 适用于形状简单的零件

6.3 可锻铸铁的热处理

由于化学成分、热处理工艺不同而导致的力学性能和金相组织的不同，可锻铸铁分为白心可锻铸铁、黑心可锻铸铁、珠光体可锻铸铁和球墨可锻铸铁。

6.3.1 白心可锻铸铁的热处理

1. 白心可锻铸铁的牌号及力学性能（见表6-20）

表6-20 白心可锻铸铁的牌号及力学性能（GB/T 9440—2010）

牌号	试样直径 d/mm	抗拉强度 R_m/MPa ≥	条件屈服强度 $R_{p0.2}$/MPa ≥	断后伸长率 $A(L_0=3d)$(%) ≥	硬度 HBW ≤
KTB 350-04	6	270	—	10	230
	9	310	—	5	
	12	350	—	4	
	15	360	—	3	
KTB 360-12	6	280	—	16	200
	9	320	170	15	
	12	360	190	12	
	15	370	200	7	
KTB 400-05	6	300	—	12	220
	9	360	200	8	
	12	400	220	5	
	15	420	230	4	
KTB 450-07	6	330	—	12	220
	9	400	230	10	
	12	450	260	7	
	15	480	280	4	
KTB 550-04	6	—	—	—	250
	9	490	310	5	
	12	550	340	4	
	15	570	350	3	

2. 白心可锻铸铁的热处理工艺

白心可锻铸铁是白口铸铁经脱碳退火形成的。白口铸铁在氧化介质中经长时间的加热，使铸铁表面与炉气中的氧化性气氛反应引起脱碳，心部渗碳体石墨化并形成团絮状石墨。脱碳退火有固体脱碳法和气体脱碳法两种。生产白心可锻铸铁的脱碳退火工艺见表 6-21。

表 6-21　生产白心可锻铸铁的脱碳退火工艺

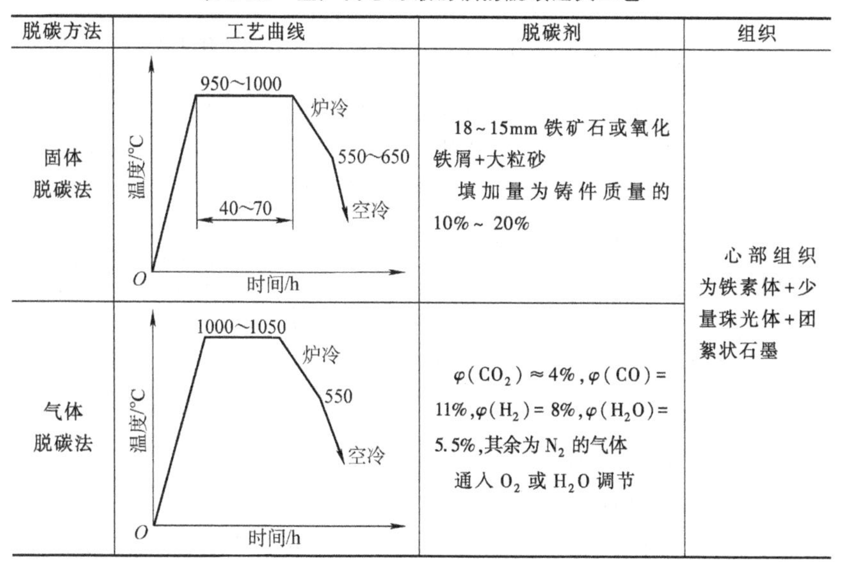

脱碳方法	工艺曲线	脱碳剂	组织
固体脱碳法	温度/°C；950~1000；炉冷；550~650；空冷；40~70；O；时间/h	18~15mm 铁矿石或氧化铁屑+大粒砂 填加量为铸件质量的10%~20%	心部组织为铁素体+少量珠光体+团絮状石墨
气体脱碳法	温度/°C；1000~1050；炉冷；550；空冷；O；时间/h	$\varphi(CO_2)\approx4\%$，$\varphi(CO)=11\%$，$\varphi(H_2)=8\%$，$\varphi(H_2O)=5.5\%$，其余为 N_2 的气体 通入 O_2 或 H_2O 调节	

6.3.2　黑心可锻铸铁的热处理

1. 黑心可锻铸铁的牌号及力学性能（见表 6-22）

表 6-22　黑心可锻铸铁的牌号及力学性能（GB/T 9440—2010）

牌号	试样直径 d/mm	抗拉强度 R_m/MPa ≥	条件屈服强度 $R_{p0.2}$/MPa ≥	断后伸长率 $A(L_0=3d)$(%) ≥	硬度 HBW
KTH 275-05	12 或 15	275	—	5	≤150
KTH 300-06	12 或 15	300	—	6	
KTH 330-08	12 或 15	330	—	8	
KTH 350-10	12 或 15	350	200	10	
KTH 370-12	12 或 15	370	—	12	

2. 黑心可锻铸铁的热处理工艺

黑心可锻铸铁是白口铸铁经石墨化退火后形成的。在退火过程中，白口铸铁中的自由渗碳体和共析渗碳体通过脱碳和石墨化，转变为铁素体和团絮状石墨。生产黑心可锻铸铁的石墨化退火工艺见表6-23。

表6-23 生产黑心可锻铸铁的石墨化退火工艺

工艺过程	工艺参数	说明
升温	升温宜缓慢进行 1)可采取1~2次分段升温方式。在300~400℃保温3~5h，或在300~450℃区间采取30~40℃/h的加热速度 2)由室温直接升温时，加热速度为40~90℃/h	阶段保温及缓慢的加热可以促进石墨形核，加速石墨化过程
第一阶段石墨化	加热温度在Ac_1上限以上，温度为850~960℃，一般为910~960℃ 保温时间按退火工艺规定及炉前试片的断口色泽和形貌或金相组织石墨化程度而决定	使共晶渗碳体分解和石墨化。温度越高，石墨化速度越快；但温度过高会使力学性能降低，甚至造成过烧
第二阶段石墨化	第一阶段石墨化结束后，要求迅速将炉温降至Ar_1附近，再实施第二阶段石墨化，降温方式有以下3种 1)冷却至稍高于Ar_1下限的温度，再随炉冷却到稍低于Ar_1下限的温度 2)冷却至稍低于Ar_1下限的温度并保温 3)冷却至远低于Ar_1下限的温度(≈650℃)，再加热到稍低于Ar_1下限的温度并保温	使共析渗碳体分解和石墨化
冷却	第二阶段石墨化结束后，炉冷至650℃出炉，空冷	组织为铁素体+石墨

6.3.3 珠光体可锻铸铁的热处理

1. 珠光体可锻铸铁的牌号及力学性能（见表6-24）

表6-24 珠光体可锻铸铁的力学性能（GB/T 9440—2010）

牌号	试样直径 d/mm	抗拉强度 R_m/MPa ≥	条件屈服强度 $R_{p0.2}$/MPa ≥	断后伸长率 $A(L_0=3d)$(%) ≥	硬度 HBW
KTZ 450-06	12或15	450	270	6	150~200
KTZ 500-05	12或15	500	300	5	165~215
KTZ 550-04	12或15	550	340	4	180~230
KTZ 600-03	12或15	600	390	3	195~245
KTZ 650-02	12或15	650	430	2	210~260
KTZ 700-02	12或15	700	530	2	240~290
KTZ 800-01	12或15	800	600	1	270~320

2. 珠光体可锻铸铁的热处理工艺

珠光体可锻铸铁的化学成分与黑心可锻铸铁相似，也是白口铸铁经石墨化退火后形成的。生产珠光体可锻铸铁的石墨化退火，第一阶段石墨化与黑心可锻铸铁相同；第一阶段结束后，工件即可出炉，空冷或风冷。组织为珠光体+石墨。在生产中，石墨化后一般采用后续热处理以改善力学性能或金相组织。

珠光体可锻铸铁的热处理工艺见表 6-25。

表 6-25　珠光体可锻铸铁的热处理工艺

工艺类别	工艺方法	工艺曲线	说明
生产珠光体可锻铸铁的热处理工艺	自由渗碳体石墨化后正火+回火	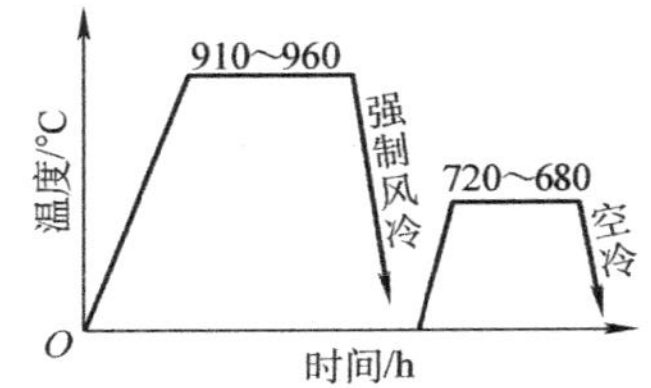 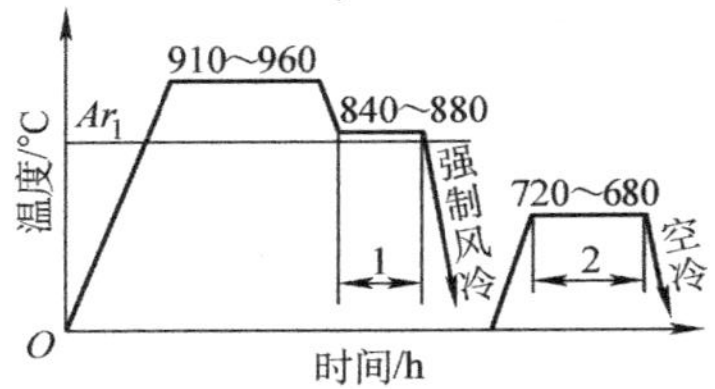 温度/°C；910~960；强制风冷；720~680；空冷；O；时间/h a) 温度/°C；Ar_1；910~960；840~880；1；强制风冷；720~680；2；空冷；O；时间/h b)	由于奥氏体中碳含量较高，采用图 a 所示工艺时，冷却时易出现二次网状渗碳体；而采用图 b 所示工艺时，情况有所改善 回火的目的是使可能出现的淬火组织转变为珠光体，并消除内应力 适用于厚度不大的铸件 处理后的工件具有高的强度和硬度，耐磨性好，且可加工性良好，但塑性和韧性较低。可代替低碳、中碳、低合金钢及非铁合金制造承受较高动/静载荷的工件，以及在磨损条件下工作、要求有一定韧性的重要工件
	自由渗碳体石墨化后淬火+回火	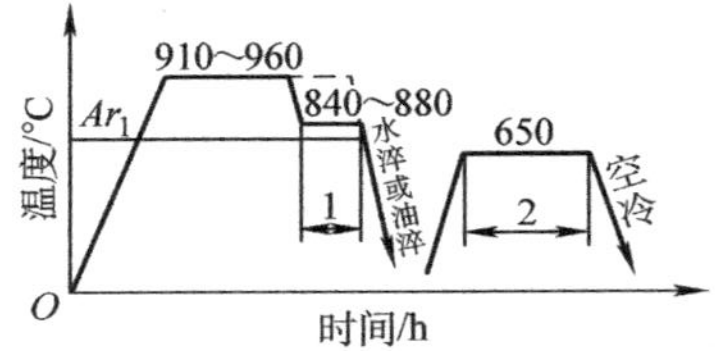 温度/°C；Ar_1；910~960；840~880；1；水淬或油淬；650；2；空冷；O；时间/h	回火后的组织为珠光体+索氏体+少量铁素体+团絮状石墨 力学性能相当于 KTZ700-02

（续）

工艺类别	工艺方法	工艺曲线	说明
生产珠光体可锻铸铁的热处理工艺	自由渗碳体石墨化后珠光体球化退火	温度/°C；Ar_1；940~960；风冷；600~650；670~700；空冷；20~30；O；时间/h	基体组织为粒状珠光体 力学性能相当于KTZ450-06、KTZ550-04
	将铁素体可锻铸铁正火而成	温度/°C；900~960；1~4；空冷；O；时间/h	把铁素体可锻铸铁重新加热到共析转变温度以上，保温后再以较快的冷却速度冷却（正火），即可得到珠光体基体可锻铸铁
	整体淬火	温度/°C；840~870；1；油或80~105热油；O；时间/h	马氏体及贝氏体基体组织 硬度为555~627HBW

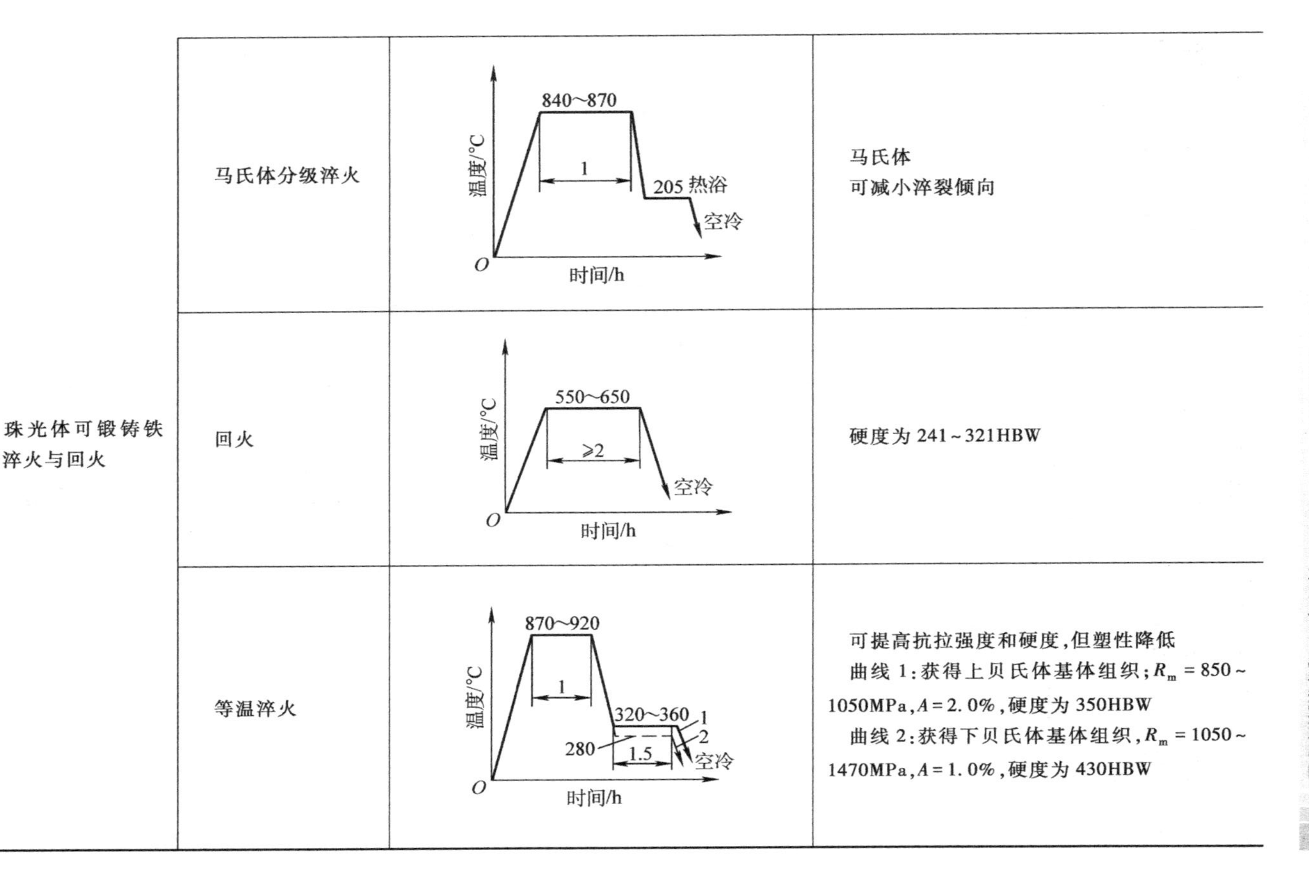

珠光体可锻铸铁的淬火与回火	马氏体分级淬火		马氏体 可减小淬裂倾向
	回火		硬度为 241~321HBW
	等温淬火		可提高抗拉强度和硬度，但塑性降低 曲线 1：获得上贝氏体基体组织；R_m = 850~1050MPa，A = 2.0%，硬度为 350HBW 曲线 2：获得下贝氏体基体组织，R_m = 1050~1470MPa，A = 1.0%，硬度为 430HBW

6.3.4 球墨可锻铸铁的热处理

球墨可锻铸铁是将经过球化的铁液浇注成白口坯件，再进行石墨化退火而得到的具有球状石墨的可锻铸铁。球墨可锻铸铁的热处理工艺见表6-26。

表6-26 球墨可锻铸铁的热处理工艺

工艺种类	工艺曲线	金相组织	备注
铁素体化退火	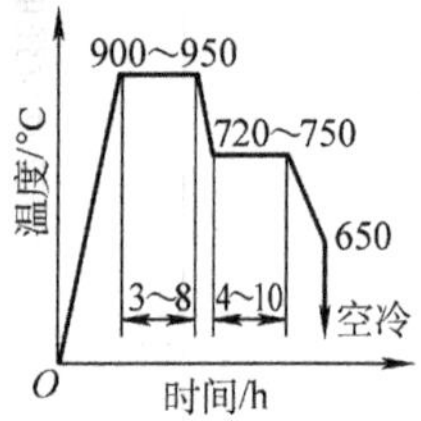 温度/°C 900~950 720~750 650 3~8 4~10 空冷 O 时间/h	铁素体+球状石墨	可消除渗碳体，获得高韧性
高温石墨化退火	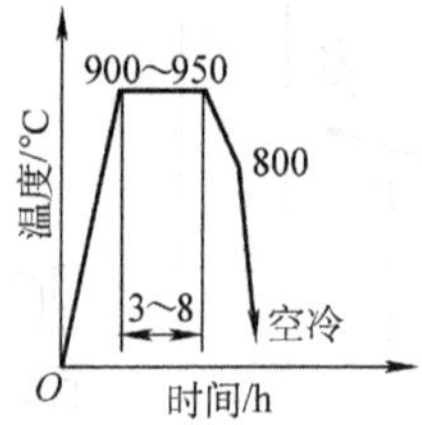 温度/°C 900~950 800 3~8 空冷 O 时间/h	珠光体+牛眼状铁素体+球状石墨	可消除渗碳体，获得较高的综合力学性能
高温石墨化退火（正火）	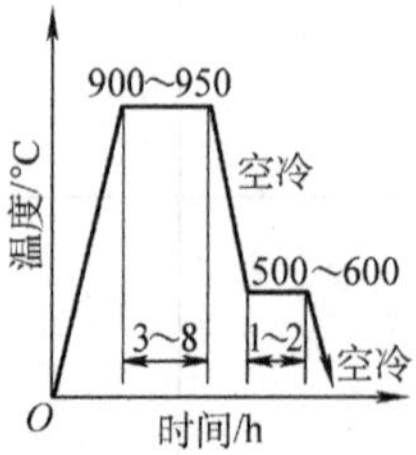 温度/°C 900~950 空冷 500~600 3~8 1~2 空冷 O 时间/h	珠光体+球状石墨	可消除渗碳体，获得强度较高的珠光体组织
高温石墨化退火（中温回火）	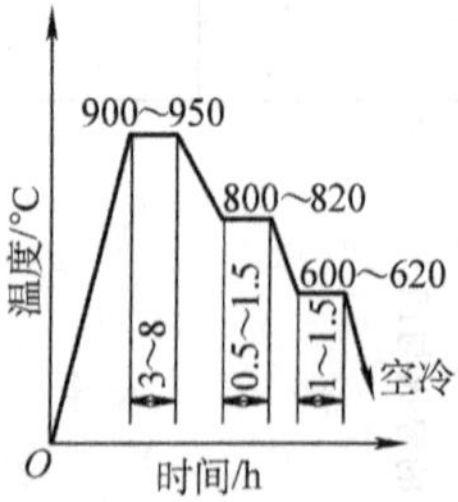 温度/°C 900~950 800~820 600~620 3~8 0.5~1.5 1~1.5 空冷 O 时间/h	珠光体+破碎铁素体+球状石墨	可消除渗碳体，获得较好的综合力学性能

（续）

工艺种类	工艺曲线	金相组织	备注
高温石墨化+等温淬火	温度/℃；900~950；3~8；250~380；1~3；水冷；O；时间/h	贝氏体+残留奥氏体+马氏体+球状石墨	可消除渗碳体，提高强度，并保持一定的韧性 可利用铸件余热进行高温石墨化处理，快冷后再等温淬火

6.4　蠕墨铸铁的热处理

1. 蠕墨铸铁的牌号及力学性能（见表6-27）

表6-27　蠕墨铸铁的牌号及力学性能（GB/T 26655—2011）

牌号	抗拉强度 R_m/MPa ≥	条件屈服强度 $R_{p0.2}$/MPa ≥	断后伸长率 A(%) ≥	典型的硬度范围 HBW	主要基体组织
RuT300	300	210	2.0	140~210	铁素体
RuT350	350	245	1.5	160~220	铁素体+珠光体
RuT400	400	280	1.0	180~240	珠光体+铁素体
RuT450	450	315	1.0	200~250	珠光体
RuT500	500	350	0.5	220~260	珠光体

2. 蠕墨铸铁的热处理工艺（见表6-28）

表6-28　蠕墨铸铁的热处理工艺

工艺名称		加热		冷却方式	备注
		温度/℃	保温时间/h		
石墨化退火		920	3	以40℃/h冷却至700℃后炉冷	基体组织以铁素体为主
正火		880~1000	3~4	风冷	正火后550~600℃回火 基体中珠光体数量增加，抗拉强度与耐磨性比铸态高
淬火	整体淬火	850~870	按铸件壁厚1~1.5min/mm计算	油冷或水冷	回火温度应低于550℃，一般为200~500℃。200℃回火后硬度基本不降低，400~500℃回火后抗拉强度最高

（续）

工艺名称		加热		冷却方式	备注
		温度/℃	保温时间/h		
淬火	等温淬火	850~870	按铸件壁厚1~1.5min/mm计算	250 ~ 270℃ 等温 2h	变形小，强度高
	表面淬火	经石墨化退火后，高频感应淬火			提高表面耐磨性

6.5 白口铸铁的热处理

白口铸铁中碳完全以化合碳的形式存在，不出现石墨。因此，白口铸铁具有很高的耐磨性，但脆性大，抗冲击载荷能力较差。

1. 去应力退火

高合金白口铸铁去应力退火温度一般为800~900℃，保温时间为1~4h，然后随炉冷却（30~50℃/h）至100~150℃出炉空冷。

2. 淬火与回火

淬火与回火工艺主要应用于低碳、低硅、低硫、低磷的合金白口铸铁。

淬火加热温度为850~900℃，在油或180~240℃硝盐中冷却。回火温度为180~200℃，回火时间为90~120min。

等温淬火加热温度为（900±10）℃，保温1h，等温温度为（290±10）℃，等温时间为1.5h。

3. 抗磨白口铸铁的热处理工艺（见表6-29）

表6-29 抗磨白口铸铁热处理工艺（GB/T 8263—2010）

牌号	软化退火处理	硬化处理	回火处理
BTMNi4Cr2-DT	—	430~470℃保温4~6h，出炉空冷或炉冷	在250~300℃保温8~16h，出炉空冷或炉冷
BTMNi4Cr2-GT			
BTMCr9Ni5	—	800~850℃保温6~16h，出炉空冷或炉冷	
BTMCr8	920~960℃保温，缓冷至700~750℃保温，缓冷至600℃以下出炉空冷或炉冷	940~980℃保温，出炉后以合适的方式快速冷却	在200~550℃保温，出炉空冷或炉冷
BTMCr12-DT		900~980℃保温，出炉后以合适的方式快速冷却	

（续）

牌号	软化退火处理	硬化处理	回火处理
BTMCr12-GT	920～960℃保温，缓冷至700～750℃保温，缓冷至600℃以下出炉空冷或炉冷	900～980℃保温，出炉后以合适的方式快速冷却	在200～550℃保温，出炉空冷或炉冷
BTMCr15		920～1000℃保温，出炉后以合适的方式快速冷却	
BTMCr20	960～1060℃保温，缓冷至700～750℃保温，缓冷至600℃以下出炉空冷或炉冷	950～1050℃保温，出炉后以合适的方式快速冷却	
BTMCr26		960～1060℃保温，出炉后以合适的方式快速冷却	

4. 抗磨白口铸铁的硬度（见表6-30）

表6-30 抗磨白口铸铁的硬度（GB/T 8263—2010）

牌号	表面硬度					
	铸态或铸态去应力处理		硬化态或硬化态去应力处理		软化退火态	
	HRC	HBW	HRC	HBW	HRC	HBW
BTMNi4Cr2-DT	≥53	≥550	≥56	≥600	—	—
BTMNi4Cr2-GT	≥53	≥550	≥56	≥600	—	—
BTMCr9Ni5	≥50	≥500	≥56	≥600	—	—
BTMCr2	≥45	≥435	—	—	—	—
BTMCr8	≥46	≥450	≥56	≥600	≤41	≤400
BTMCr12-DT	—	—	≥50	≥500	≤41	≤400
BTMCr12-GT	≥46	≥450	≥58	≥650	≤41	≤400
BTMCr15	≥46	≥450	58	≥650	≤41	≤400
BTMCr20	≥46	≥450	≥58	≥650	≤41	≤400
BTMCr26	≥46	≥450	≥58	≥650	≤41	≤400

5. 抗磨白口铸铁的金相组织（见表6-31）

表6-31 抗磨白口铸铁的金相组织（GB/T 8263—2010）

牌号	金相组织	
	铸态或铸态去应力处理	硬化态或硬化态去应力处理
BTMNi4Cr2-DT	共晶碳化物M_3C+马氏体+贝氏体+奥氏体	共晶碳化物M_3C+马氏体+贝氏体+残留奥氏体
BTMNi4Cr2-GT		
BTMCr9Ni5	共晶碳化物（M_7C_3+少量M_3C）+马氏体+奥氏体	共晶碳化物（M_7C_3+少量M_3C）+二次碳化物+马氏体+残留奥氏体

（续）

牌号	金相组织	
	铸态或铸态去应力处理	硬化态或硬化态去应力处理
BTMCr2	共晶碳化物 M_3C+珠光体	—
BTMCr8	共晶碳化物（M_7C_3+少量 M_3C）+细珠光体	共晶碳化物（M_7C_3+少量 M_3C）+二次碳化物+马氏体+残留奥氏体
BTMCr12-DT	—	碳化物+马氏体+残留奥氏体
BTMCr12-GT	碳化物+奥氏体及其转变产物	
BTMCr15		
BTMCr20		
BTMCr26		

6.6　铸铁的热处理操作

1. 铸铁的退火、正火操作

铸铁的去应力退火、高温退火、石墨化退火及正火等一般在箱式电炉、台车炉或燃料炉进行。

（1）准备

1）将铸件冒口、型砂等清除干净。

2）检查所用的加热炉，并清理炉膛。燃料炉要清理燃烧室、烟道，检查烧嘴等。

3）检查测温仪表是否正常。

（2）装炉

1）同炉处理的铸件有效厚度力求接近。

2）铸件放置要平稳，大件、长件要有支撑。

3）多层装炉时，铸件与炉底、铸件与铸件之间保持一定间距，各层的支撑位置应在一条垂线上，以防弯曲变形。

4）铸件不要放在热源或火口处，以防过热或过烧。

5）石墨化退火的铸件应装入退火箱或罐中，在铸件周围填充砂子等中性材料，盖上盖后再用水玻璃耐火水泥密封，晾干后再入炉。

6）装炉温度一般在300℃以下，复杂的铸件应在200℃以下装炉。

（3）操作要点

1）升温。由于铸件应力大，热传导慢，升温速度应慢些，一般为80~100℃/h。

2）保温。按工艺加热到规定的退火或正火温度，并保温足够的时间。

3）等温。需要等温处理的铸件，一般为炉冷至等温温度，按规定时间保温。

4）冷却。退火处理一般为随炉冷却，冷却速度为50℃/h，精密铸件冷却速度为20℃/h。

正火处理根据工艺规定或铸件形状、厚度，采用空冷、风冷或雾冷，一般铸件采用空冷，大件可风冷或雾冷。风冷或雾冷只在相变区内应用，在相变点以下即停止吹风或喷雾，空冷即可。去应力退火时，炉冷至150~200℃出炉，将铸件置于干燥处自然空冷。灰铸铁高温退火时，炉冷至400~500℃出炉空冷。可锻铸铁退火时，炉冷至600~650℃出炉空冷。球墨铸铁石墨化时，炉冷至600℃出炉空冷。

2. 铸铁的淬火及回火操作

1）灰铸铁的淬火主要是机床导轨的表面淬火，一般采用火焰淬火，高、中频感应淬火和接触电阻加热淬火，其中以接触电阻加热淬火的应用最为广泛。

2）球墨铸铁淬火时多用油冷。用水冷时不能冷透，在冷至200℃左右时必须出水空冷，并及时回火。回火温度不得超过600℃。

3）球墨铸铁等用盐浴炉加热时，由于铸铁较疏松，盐浴容易渗入，以致清洗困难，易产生腐蚀，应予以注意。

4）等温淬火的热浴应有足够的冷却能力，在工件淬火后仍能保持恒温。

6.7　常见铸铁热处理缺陷与对策

常见铸铁热处理缺陷的产生原因与对策见表6-32。

表6-32　常见铸铁热处理缺陷的产生原因与对策

缺陷名称	产生原因	对策
灰铸铁件退火硬度太低	退火加热温度过高	先正火一次，再按正常工艺低温退火
消除白口组织退火后，硬度仍很高	退火温度太低，保温时间不足	按正常工艺重新退火，严格控制工艺参数
	冷速过快	控制冷却速度
过热、过烧	加热温度过高，高温阶段保温时间过长	过热件按正常加热温度重新处理，过烧报废
	炉温不均，局部温度过高	注意铸件与电热元件或烧嘴的距离，不要太近

（续）

缺陷名称	产生原因	对策
变形	装炉不合理,工件相互挤压,未垫实或支点少	合理装炉,增加支点,避免挤压
	加热速度过快,加热温度不均匀,冷却速度过快	严格控制加热温度、加热速度和冷却速度
	淬火时冷速过快	采用油淬或等温淬火
裂纹	冷铸件入炉时炉温过高或低温时升温太快,热应力太大	控制装炉温度及升温速度
	铁液质量不好,冒口补缩不好	气割冒口时增大留量
	调质淬火时应力大,高温回火入炉温度高,升温速度过快	控制淬火冷却时间、回火入炉温度及升温速度
可锻铸铁中有游离渗碳体存在	第一阶段石墨化温度过低或保温时间不足	按工艺重新退火,正常操作
铁素体可锻铸铁中条状珠光体数量太多	第二阶段石墨化保温时间短或冷却方法不当	在710~730℃重新退火,并控制好保温时间及冷却速度

第7章　有色金属及其合金的热处理

有色金属包括轻金属、重金属、贵金属、半金属和稀有金属。本章主要介绍铜及铜合金、铝及铝合金、镁及镁合金、钛及钛合金的热处理。

7.1　铜及铜合金的热处理

7.1.1　铜及铜合金的牌号

1. 加工铜及铜合金的牌号

（1）加工铜的牌号（见表7-1）

表7-1　加工铜的牌号（GB/T 5231—2012）

类别	代号	牌号	类别	代号	牌号
无氧铜	C10100	TU00	银铜	T11210	TAg0.1
	T10130	TU0		T11220	TAg0.15
	T10150	TU1	磷脱氧铜	C12000	TP1
	T10180	TU2		C12200	TP2
	C10200	TU3		T12210	TP3
银无氧铜	T10350	TU00Ag0.06		T12400	TP4
	C10500	TUAg0.03	碲铜	T14440	TTe0.3
	T10510	TUAg0.05		T14450	TTe0.5-0.008
	T10530	TUAg0.1		C14500	TTe0.5
	T10540	TUAg0.2		C14510	TTe0.5-0.02
	T10550	TUAg0.3	硫铜	C14700	TS0.4
锆无氧铜	T10600	TUZr0.15	锆铜	C15000	TZr0.15
纯铜	T10900	T1		T15200	TZr0.2
	T11050	T2		T15400	TZr0.4
	T11090	T3	弥散无氧铜	T15700	TUAl0.12
银铜	T11200	TAg0.1-0.01			

注：1. 新标准将旧标准中的无氧铜TU0改为TU00，新增加TU0及TU3。

2. TTe0.5、TZr0.2、TZr0.4为旧标准的QTe0.5、QZr0.2、QZr0.4。

（2）加工高铜合金的牌号（见表7-2）

表 7-2　加工高铜合金的牌号（GB/T 5231—2012）

分类	代号	牌号	分类	代号	牌号	分类	代号	牌号
镉铜	C16200	TCd1	铬铜	C18135	TCr0.3-0.3	镁铜	T18658	TMg0.2
铍铜	C17300	TBe1.9-0.4		T18140	TCr0.5		C18661	TMg0.4
	T17490	TBe0.3-1.5		T18142	TCr0.5-0.2-0.1		T18664	TMg0.5
	C17500	TBe0.6-2.5		T18144	TCr0.5-0.1		T18667	TMg0.8
	C17510	TBe0.4-1.8		T18146	TCr0.7	铅铜	C18700	TPb1
	T17700	TBe1.7		T18148	TCr0.8	铁铜	C19200	TFe1.0
	T17710	TBe1.9		C18150	TCr1-0.15		C19210	TFe0.1
	T17715	TBe1.9-0.1		T18160	TCr1-0.18		C19400	TFe2.5
	T17720	TBe2		T18170	TCr0.6-0.4-0.05	钛铜	C19910	TTi3.0-0.2
镍铬铜	C18000	TNi2.4-0.6-0.5		C18200	TCr1			

注：TCd1、TBe0.3-1.5、TBe0.6-2.5、TBe0.4-1.8、TBe1.7、TBe1.9、TBe1.9-0.1、TBe2、TCr0.5、TCr0.5-0.2-0.1、TCr0.6-0.4-0.05、TCr1、TMg0.8、TFe2.5 分别为旧标准中的 QCd1、QBe0.3-1.5、QBe0.6-2.5、QBe0.4-1.8、QBe1.7、QBe1.9、QBe1.9-0.1、QBe2、QCr0.5、QCr0.5-0.2-0.1、QCr0.6-0.4-0.05、QCr1、QMg0.8、QFe2.5。

（3）加工黄铜的牌号（见表 7-3）

表 7-3　加工黄铜的牌号（GB/T 5231—2012）

分类		代号	牌号	分类		代号	牌号	分类		代号	牌号
铜锌合金	普通黄铜	C21000	H95	铜锌铅合金	铅黄铜	T35100	HPb62-0.8	铜锌锡合金	锡黄铜	T45020	HSn70-1-0.01-0.04
		C22000	H90			C35300	HPb62-2			T46100	HSn65-0.03
		C23000	H85			C36000	HPb62-3			T46300	HSn62-1
		C24000	H80			T36210	HPb62-2-0.1			T46410	HSn60-1
		T26100	H70			T36220	HPb61-2-1	复杂黄铜	铋黄铜	T49230	HBi60-2
		T26300	H68			T36230	HPb61-2-0.1			T49240	HBi60-1.3
		C26800	H66			C37100	HPb61-1			C49260	HBi60-1.0-0.05
		C27000	H65			C37700	HPb60-2			T49310	HBi60-0.5-0.01
		T27300	H63			T37900	HPb60-3			T49320	HBi60-0.8-0.01
		T27600	H62			T38100	HPb59-1			T49330	HBi60-1.1-0.01
		T28200	H59			T38200	HPb59-2			T49360	HBi59-1
	硼砷黄铜	T22130	H B 90-0.1			T38210	HPb58-2			C49350	HBi62-1
		T23030	H As 85-0.05			T38300	HPb59-3		锰黄铜	T67100	HMn64-8-5-1.5
		C26130	H As 70-0.05			T38310	HPb58-3			T67200	HMn62-3-3-0.7
		T26330	H As 68-0.04			T38400	HPb57-4			T67300	HMn62-3-3-1
铜锌铅合金	铅黄铜	C31400	HPb89-2	铜锌锡合金	锡黄铜	T41900	HSn90-1			T67310	HMn62-13
		C33000	HPb66-0.5			C44300	HSn72-1			T67320	HMn55-3-1
		T34700	HPb63-3			T45000	HSn70-1			T67330	HMn59-2-1.5-0.5
		T34900	HPb63-0.1			T45010	HSn70-1-0.01				

（续）

分类	代号	牌号	分类	代号	牌号	分类	代号	牌号
复杂黄铜 锰黄铜	T67400	HMn58-2	复杂黄铜 硅黄铜	T68320	HSi75-3	复杂黄铜 铝黄铜	T69240	HAl60-1-1
	T67410	HMn57-3-1		C68350	HSi62-0. 6		T69250	HAl59-3-2
	T67420	HMn57-2-2-0. 5		T68360	HSi61-0. 6	镁黄铜	T69800	HMg60-1
铁黄铜	T67600	HFe59-1-1	铝黄铜	C68700	HAl77-2	镍黄铜	T69900	HNi65-5
	T67610	HFe58-1-1		T68900	HAl67-2. 5		T69910	HNi56-3
锑黄铜	T68200	HSb61-0. 8-0. 5		T69200	HAl66-6-3-2			
	T68210	HSb60-0. 9		T69210	HAl64-5-4-2			
硅黄铜	T68310	HSi80-3		T69220	HAl61-4-3-1. 5			
				T69230	HAl61-4-3-1			

注：H95 为旧标准中的 H96，铜的质量分数由 95. 0%～97. 0%调整到 94. 0%～96. 0%。

（4）加工青铜的牌号（见表 7-4）

表 7-4　加工青铜的牌号（GB/T 5231—2012）

分类	代号	牌号	分类	代号	牌号	分类	代号	牌号
铜锡、铜锡磷、铜锡铅合金 锡青铜	T50110	QSn0. 4	铜锡、铜锡磷、铜锡铅合金 锡青铜	T51520	QSn6. 5-0. 4	铜铬、铜锰、铜铝合金 铝青铜	C60800	QAl6
	T50120	QSn0. 6		T51530	QSn7-0. 2		C61000	QAl7
	T50130	QSn0. 9		C52100	QSn8-0. 3		T61700	QAl9-2
	T50300	QSn0. 5-0. 025		T52500	QSn15-1-1		T61720	QAl9-4
	T50400	QSn1-0. 5-0. 5		T53300	QSn4-4-2. 5		T61740	QAl9-5-1-1
	C50500	QSn1. 5-0. 2		T53500	QSn4-4-4		T61760	QAl10-3-1. 5
	C50700	QSn1. 8	铜铬、铜锰、铜铝合金 铬青铜	T55600	QCr4. 5-2. 5-0. 6		T61780	QAl10-4-4
	T50800	QSn4-3	锰青铜	T56100	QMn1. 5		T61790	QAl10-4-4-1
	C51000	QSn5-0. 2		T56200	QMn2		T62100	QAl10-5-5
	T 51010	QSn5-0. 3		T56300	QMn5		T62200	QAl11-6-6
	C51100	QSn4-0. 3	铝青铜	T60700	QAl5	铜硅合金 硅青铜	C64700	QSi0. 6-2
	T51500	QSn6-0. 05					T64720	QSi1-3
	T51510	QSn6. 5-0. 1					T64730	QSi3-1
							T64740	QSi3. 5-3-1. 5

（5）加工白铜的牌号（见表 7-5）

表 7-5　加工白铜的牌号（GB/T 5231—2012）

分类	代号	牌号	分类	代号	牌号	分类	代号	牌号
铜镍合金 普通白铜	T70110	B0. 6	铜镍合金 铁白铜	C70400	BFe5-1. 5-0. 5	铜镍合金 铁白铜	C71500	BFe30-0. 7
	T70380	B5		T70510	BFe7-0. 4-0. 4		T71510	BFe30-1-1
	T71050	B19		T70590	BFe10-1-1		T71520	BFe30-2-2
	C71100	B23		C70610	BFe10-1. 5-1	锰白铜	T71620	BMn3-12
	T71200	B25		T70620	BFe10-1. 6-1		T71660	BMn40-1. 5
	T71400	B30		T70900	BFe16-1-1-0. 5		T71670	BMn43-0. 5

（续）

分类		代号	牌号	分类		代号	牌号	分类		代号	牌号
铜镍合金	铝白铜	T72400	BAl6-1.5	铜镍锌合金	锌白铜	T76100	BZn9-29	铜镍锌合金	锌白铜	C77000	BZn18-26
						T76200	BZn12-24			T77500	BZn40-20
		T72600	BAl13-3			T76210	BZn12-26			T78300	BZn15-21-1.8
铜镍锌合金	锌白铜	C73500	BZn18-10			T76220	BZn12-29			T79500	BZn15-24-1.5
		T74600	BZn15-20			T76300	BZn18-20			C79800	BZn10-41-2
		C75200	BZn18-18			T76400	BZn22-16			C79860	BZn12-37-1.5
		T75210	BZn18-17			T76500	BZn25-18				

2. 铸造铜及铜合金的牌号（见表7-6）

表7-6　铸造铜及铜合金的牌号（GB/T 1176—2013）

序号	牌号	名称	序号	牌号	名称
1	ZCu99	99铸造纯铜	19	ZCuAl9Fe4Ni4Mn2	9-4-4-2铝青铜
2	ZCuSn3Zn8Pb6Ni1	3-8-6-1锡青铜	20	ZCuAl10Fe4Ni4	10-4-4铝青铜
3	ZCuSn3Zn11Pb4	3-11-4锡青铜	21	ZCuAl10Fe3	10-3铝青铜
4	ZCuSn5Pb5Zn5	5-5-5锡青铜	22	ZCuAl10Fe3Mn2	10-3-2铝青铜
5	ZCuSn10P1	10-1锡青铜	23	ZCuZn38	38黄铜
6	ZCuSn10Pb5	10-5锡青铜	24	ZCuZn21Al5Fe2Mn2	21-5-2-2铝黄铜
7	ZCuSn10Zn2	10-2锡青铜	25	ZCuZn25Al6Fe3Mn3	25-6-3-3铝黄铜
8	ZCuPb9Sn5	9-5铅青铜	26	ZCuZn26Al4Fe3Mn3	26-4-3-3铝黄铜
9	ZCuPb10Sn10	10-10铅青铜	27	ZCuZn31Al2	31-2铝黄铜
10	ZCuPb15Sn8	15-8铅青铜	28	ZCuZn35Al2Mn2Fe1	35-2-2-1铝黄铜
11	ZCuPb17Sn4Zn4	17-4-4铅青铜	29	ZCuZn38Mn2Pb2	38-2-2锰黄铜
12	ZCuPb20Sn5	20-5铅青铜	30	ZCuZn40Mn2	40-2锰黄铜
13	ZCuPb30	30铅青铜	31	ZCuZn40Mn3Fe1	40-3-1锰黄铜
14	ZCuAl8Mn13Fe3	8-13-3铝青铜	32	ZCuZn33Pb2	33-2铅黄铜
15	ZCuAl8Mn13Fe3Ni2	8-13-3-2铝青铜	33	ZCuZn40Pb2	40-2铅黄铜
16	ZCuAl8Mn14Fe3Ni2	8-14-3-2铝青铜	34	ZCuZn16Si4	16-4硅黄铜
17	ZCuAl9Mn2	9-2铝青铜	35	ZCuNi10Fe1Mn1	10-1-1镍白铜
18	ZCuAl8Be1Co1	8-1-1铝青铜	36	ZCuNi30Fe1Mn1	30-1-1镍白铜

7.1.2　铜及铜合金的状态代号

铜及铜合金状态表示方法分为三级。一级状态代表产品的基本生产方式，二级状态代表产品功能或具体生产工艺，三级状态代表产品的最终成形方式。其表示方法见表7-7。铜及铜合金新旧状态代号对照见表7-8。

表 7-7 铜及铜合金一级状态表示方法（GB/T 29094—2012）

符号	状态	应用
M	制造状态	适用于通过铸造或热加工的初级制造而得到的状态
H	冷加工状态	适用于通过不同冷加工方法及控制变形量而得到的状态
O	退火状态	适用于通过退火来改变产品力学性能或晶粒度要求而得到的状态
T	热处理状态	适用于固溶处理或者固溶处理后再冷加工或热处理而得到的状态
W	焊接管状态	适用于由各种状态的带材焊接加工成管材而得到的状态

表 7-8 铜及铜合金新旧状态代号对照（GB/T 29094—2012）

新代号	新状态名称	旧代号	旧状态名称
M1～M4	热加工	R	热加工
O60	软化退火	M	退火(焖火)
O50	轻软退火	M_2	轻软
TQ00	淬火硬化	C	淬火
TQ55	淬火硬化与调质退火、冷拉与应力消除	CY	淬火后冷轧(冷作硬化)
TF00	沉淀热处理	CZ	淬火(自然时效)
TH04	固溶处理+冷加工(硬)+沉淀热处理	CS	淬火(人工时效)
		CYS	淬火后冷轧、人工时效
TH02	固溶处理+冷加工(1/2 硬)+沉淀硬化	CY_2S	淬火后冷轧(1/2 硬)、人工时效
TH01	固溶处理+冷加工(1/4 硬)+沉淀硬化	CY_4S	淬火后冷轧(1/4 硬)、人工时效
TL00～TL10	沉淀热处理或亚稳分解热处理+冷加工	CSY	淬火、人工时效、冷作硬化
		CZY	淬火、自然时效、冷作硬化
H04、H80	硬、拉拔(硬)	Y	硬
H03	3/4 硬	Y_1	3/4 硬
H02、H55	1/2 硬	Y_2	1/2 硬
H01	1/4 硬	Y_4	1/4 硬
H06	特硬	T	特硬
H08	弹性	TY	弹硬

7.1.3 铜及铜合金的热处理工艺

铜及铜合金的热处理类型见表 7-9。

表 7-9 铜及铜合金的热处理类型

热处理类型	目的	适用范围
均匀化退火	消除铸锭成分偏析或晶粒内部偏析，改善组织的均匀性，提高合金的延展性和韧性	白铜、锡青铜、硅青铜、铍铜、铜镍合金铸件和铸坯

（续）

热处理类型	目的	适用范围
去应力退火	消除冷变形加工、铸造和焊接过程中产生的内应力，稳定冷变形或焊接件的尺寸和性能，防止工件在切削过程中产生变形	经冷变形加工的所有铜合金
再结晶退火	消除加工硬化，恢复塑性，细化晶粒	经冷变形加工的黄铜、铝青铜、锡青铜
光亮退火	防止氧化，提高工件表面质量	表面质量要求高的零件
固溶处理和时效	提高强度和硬度	铝青铜、铍铜

1. 加工铜的热处理工艺

加工铜一般只进行再结晶退火。退火温度可在380~680℃之间选择，材料的有效厚度大者选上限，小者选下限。保温时间一般为30~90min，应根据有效厚度选择。保温后在清水或空气中冷却，水冷可使工件表面光洁。加工铜的退火工艺见表7-10。

表7-10　加工铜的退火工艺

产品类型	牌号	规格/mm	退火温度/℃	保温时间/min	冷却方式
管材	T1、T2、T3、TP1、TU1、TU2	≤ϕ1.0	470~520	40~50	水或空气
		ϕ1.05~ϕ1.75	500~550	50~60	
		ϕ1.8~ϕ2.5	530~580	50~60	
		ϕ2.6~ϕ4.0	550~600	50~60	
		ϕ>4.0	580~630	60~70	
棒材	T2、TU1、TU2、TP1	软制品	550~620	60~70	
带材	T2	δ≤0.09	290~340	—	
		δ=0.1~0.25	340~380		
		δ=0.3~0.55	350~410		
		δ=0.6~1.2	380~440		
线材	T2、T3	ϕ0.3~ϕ0.8	410~430	—	

锆铜的固溶处理和时效工艺见表7-11。TZr0.2在固溶处理后，一般进行50%~75%的冷变形，然后时效，强度有明显提高。

表7-11　锆铜的固溶处理和时效工艺

牌号	固溶处理		时效		硬度
	温度/℃	时间/min	温度/℃	时间/h	HBW
TZr0.2	900~920	15~30	420~460	2~3	120
TZr0.4	920~950	15~35	420~460	2~3	130

2. 加工高铜合金的热处理工艺

(1) 加工高铜合金的去应力退火（见表7-12）

表7-12　加工高铜合金的去应力退火温度

牌号	退火温度/℃
TBe2	150~200
TBe1.9	150~200
TMg0.8	200~250

(2) 加工高铜合金的中间退火　加工高铜合金的中间退火温度见表7-13。

表7-13　加工高铜合金的中间退火温度

牌号	有效厚度/mm			
	<0.5	0.5~1	1~5	>5
	退火温度/℃			
TCd1	540~560	560~580	570~590	680~750
TBe2	640~680	650~700	670~720	—
TBe1.7	640~680	670~720	670~720	680~750
TBe1.9	640~680	670~720	670~720	680~750
TBe2	640~680	650~700	670~720	—
TMg0.8	540~560	560~580	570~590	600~660
TCr0.5	500~550	530~580	570~600	580~620

(3) 固溶处理和时效　铍铜是一种典型的沉淀硬化型合金，经固溶时效处理后，晶粒细化，硬度和强度提高，接近中强度钢的水平。铍铜的固溶处理及时效温度见表7-14。铍铜薄板、带材及厚度很小的工件固溶处理时的保温时间见表7-15。固溶处理工艺对TBe2晶粒尺寸和力学性能的影响见表7-16。时效温度和时效时间对TBe2力学性能的影响分别见表7-17和表7-18。铬铜和锆铜的固溶处理和时效工艺见表7-19。

表7-14　铍铜的固溶处理及时效温度

合金牌号	固溶处理温度/℃	时效	
		温度/℃	时间/h
TBe2	780~790	320~350	1~3
		350~380	0.25~1.5
TBe1.9	780~800	315~340	1~3
		350~380	0.25~1.5
TBe1.7	780~800	300~320	1~3
		350~380	0.25~1.5

（续）

合金牌号	固溶处理温度/℃	时效	
		温度/℃	时间/h
TBe0.6-2.5	920~930	450~480	
TBe0.3-1.5	925~930	450~480	
TBe0.4-1.8	950~960	450~500	

表 7-15　铍铜薄板、带材及厚度很小的工件固溶处理时的保温时间

有效厚度/mm	<0.13	0.11~0.25	0.25~0.76	0.74~2.30
保温时间/min	2~6	3~9	6~10	10~30

表 7-16　固溶处理工艺对 TBe2 时效后晶粒尺寸和力学性能的影响

固溶处理		晶粒直径/mm	320℃×2h 时效后的力学性能		
温度/℃	时间/min		抗拉强度 R_m/MPa	断后伸长率 A(%)	硬度 HV0.2
760	5	0.015~0.020	1165	10.5	360
780	15	0.025~0.030	1220	9.5	380
800	10	0.035~0.040	1250	7.5	400
820	15	0.040~0.045	1260	6.0	405
840	120	0.055~0.065	1210	4.0	38

注：试样厚度为 0.33mm。

表 7-17　时效温度对 TBe2 力学性能的影响

固溶工艺	时效工艺	抗拉强度 R_m/MPa	断后伸长率 A(%)	硬度 HV0.2
780℃×25min，水淬	300℃×2h	1205	11.5	360
	310℃×2h	1250	9.0	380
	320℃×2h	1255	8.5	380
	330℃×2h	1200	8.5	355
	340℃×2h	1135	8.0	330

表 7-18　时效时间对 TBe2 力学性能的影响

固溶工艺	时效工艺	抗拉强度 R_m/MPa	断后伸长率 A(%)	硬度 HV0.2
780℃×25min，水淬	320℃×1h	1225	10.0	375
	320℃×2h	1245	9.0	380
	320℃×3h	1240	9.0	380
	320℃×4h	1240	9.0	380
	320℃×5h	1200	8.0	365
	320℃×6h	1190	7.0	355

表 7-19 铬铜和锆铜的固溶处理和时效工艺

合金牌号	固溶处理		时效		硬度 HBW
	温度/℃	时间/min	温度/℃	时间/h	
TCr0.5	1000~1020	20~40	440~470	2~3	110~130
	950~980	30	400~450	6	
TZr0.2	900~920	15~30	420~450	2~3	
TZr0.4	920~950	15~35	500	1	

3. 加工黄铜的热处理工艺

（1）去应力退火　加工黄铜的去应力退火温度见表 7-20。采用较高的去应力退火温度，可适当缩短保温时间。根据有效厚度的不同，保温时间一般为 30~60min，保温后空冷。

表 7-20 加工黄铜的去应力退火温度

牌号	退火温度/℃	牌号	退火温度/℃
H95	150~170	HSn90-1	200~350
H90	200	HSn70-1	300~350
H85	160~200	HSn62-1	350~370
H80	200~210	HSn60-1	350~370
H70	250~260	HMn58-2	250~350
H68	250~260	HMn57-3-1	200~350
H65	260	HAl77-2	300~350
H62	260~270	HAl59-3-2	350~400
HPb59-1	280	HAl60-1-1	300~350
HPb63-3	200~350	HNi65-5	300~400
HFe59-1-1	200~350	HNi56-3	300~400

（2）再结晶退火　黄铜常用的再结晶退火温度为 450~650℃。黄铜冷加工中间退火温度见表 7-21。黄铜型材的再结晶退火温度见表 7-22。黄铜合金预冷变形 60%后最佳退火工艺见表 7-23。

表 7-21 黄铜冷加工中间退火温度

牌号	有效厚度/mm			
	<0.5	0.5~1	1~5	>5
	退火温度/℃			
H95	450~550	500~540	540~580	560~600
H90	450~560	560~620	620~680	650~720
H80	500~560	540~600	580~650	650~700
H70	520~550	540~580	580~620	600~650
H68	440~500	500~560	540~600	580~650

（续）

牌号	有效厚度/mm			
	<0.5	0.5~1	1~5	>5
	退火温度/℃			
H62	460~530	520~600	600~660	650~700
H59	460~530	520~600	600~660	650~700
HPb63-3	480~540	520~600	540~620	600~650
HPb59-1	480~550	550~600	580~630	600~650
HSn90-1	450~560	560~620	620~680	650~720
HSn70-1	450~500	470~560	560~620	600~650
HSn62-1	500~550	520~580	550~630	600~650
HSn60-1	500~550	520~580	550~630	600~650
HMn58-2	500~550	550~600	580~640	600~660
HFe59-1-1	420~480	450~550	520~620	600~650
HAl59-3-2	450~500	540~580	550~620	600~650
HNi65-5	570~610	590~630	610~660	620~680

表 7-22 黄铜型材的再结晶退火温度

牌号	规格/mm	退火温度/℃		
		硬	拉制或半硬	软
H95	线材 ϕ0.3~ϕ0.6			390~410
	棒材			550~620
	管材			550~600
H90	线材 ϕ0.3~ϕ6.0	160~180		390~410
	棒材		250~300	650~720
H80	线材 ϕ0.3~ϕ6.0	160~180		390~410
	棒材		250~300	650~720
	管材			480~550
H70	棒材		250~300	650~720
H68	线材 ϕ0.3~ϕ6.0	160~180	350~370(半硬)	460~480
	棒材		350~400	500~550
	管材	340	400~450(半硬)	
H62	线材 ϕ0.3~ϕ1.0	160~180	160~180(半硬)	390~410
	线材 ϕ1.1~ϕ4.8	160~180	240~260(半硬)	390~410
	线材 ϕ5.0~ϕ6.0	160~180	260~280(半硬)	390~410
	棒材		400~450	
	管材	340	400~450(半硬)	
HPb59-1	线材 ϕ0.5~ϕ6.0	250~270	330~350(半硬)	410~430
HMn58-2、HSn62-1、HFe59-1-1	线材 ϕ0.3~ϕ6.0	160~180		390~410
HSn70-1			400~450	

（续）

牌号	规格/mm	退火温度/℃		
		硬	拉制或半硬	软
H59-1、HFe59-1-1	棒材		350～400	
HMn58-2	棒材		320～370	
HPb59-1、HSn70-1	管材		420～500（半硬）	
H60 圆形、矩形波导管	管材	200～250		

表 7-23　黄铜合金预冷变形 60%后最佳退火工艺

牌号	退火工艺		弹性极限/MPa			硬度
	温度/℃	时间/min	$\sigma_{0.002}$	$\sigma_{0.005}$	$\sigma_{0.01}$	HV
H68	200	60	452	519	581	190
H80	200	60	390	475	538	170
H85	200	30	349	405	454	155

（3）固溶处理和时效　一般黄铜合金不能进行固溶处理和时效强化处理，只有铝的质量分数大于 3%的铝黄铜才可以。铝黄铜 HAl59-3-2 固溶处理温度为 800℃，时效温度为 350～450℃。

4. 加工青铜的热处理工艺

（1）均匀化退火　锡青铜的均匀化退火温度为 625～725℃，保温时间为 4～6h，保温后随炉冷却。

（2）去应力退火　青铜的去应力退火温度见表 7-24，保温时间一般为 30～60min，保温后空冷。

表 7-24　青铜的去应力退火温度

牌号	退火温度/℃	牌号	退火温度/℃
QSn4-3	250～300	QAl5	300～360
QSn4-0.3	200	QAl7	300～360
QSn4-4-4	200～250	QAl9-2	275～300
QSn6.5-0.4	250～270	QAl9-4	275～300
QSn6.5-0.1	250～300	QSi3-1	280
QSn7-0.2	250～300	QSi1-3	290

（3）中间退火　青铜在压力加工过程中应进行中间退火。青铜的中间退火温度见表 7-25。

（4）最终退火　铝青铜的退火温度见表 7-26。锡青铜的退火温度见表 7-27。青铜预冷变形 60%后最佳退火工艺见表 7-28。

表 7-25 青铜的中间退火温度

牌号	有效厚度/mm			
	<0.5	0.5~1	1~5	>5
	退火温度/℃			
QSn4-3	460~500	500~600	580~630	600~650
QSn4-4-2.5	450~520	520~600	550~620	580~650
QSn4-4-4	440~490	510~560	540~580	590~610
QSn6.5-0.1	470~530	520~580	580~620	600~660
QSn6.5-0.4	470~530	520~580	580~620	600~660
QSn7-0.2	500~580	530~620	600~650	620~680
QSn4-0.3	450~500	500~560	570~610	600~650
QAl5	550~620	620~680	650~720	700~750
QAl7	550~620	620~680	650~720	700~750
QAl9-2	550~620	600~650	650~700	680~740
QAl9-4	550~620	600~650	650~700	680~740
QAl10-3-1.5	550~620	600~680	630~700	650~750
QAl10-4-4	550~610	600~650	620~700	650~750
QAl11-6-6	550~620	620~670	650~720	700~750
QSi1-3	480~520	500~600	600~650	650~700
QSi3-1	480~520	500~600	600~650	650~700
QMn1.5	480~520	500~600	600~650	650~700
QMn5	480~520	500~600	600~650	650~700

表 7-26 铝青铜的退火温度

牌号	退火温度/℃	牌号	退火温度/℃
QAl9-2	650~750	QAl10-3-1.5	650~750
QAl9-4	700~750	QAl10-4-4	700~750

表 7-27 锡青铜的退火温度

牌号	规格	退火温度/℃
QSn6.5-0.1	棒材(硬)	250~300
QSn6.5-0.4	ϕ0.3~ϕ0.6 线材(软)	420~440
QSn7-0.2		

表 7-28 青铜预冷变形 60%后最佳退火工艺

牌号	退火工艺		弹性极限/MPa			硬度
	退火温度/℃	时间/min	$\sigma_{0.002}$	$\sigma_{0.005}$	$\sigma_{0.01}$	HV
QSn4-3	150	30	463	532	593	218
QSn6.5-0.1	150	30	489	550	596	—
QSi3-1	275	60	494	565	632	210
QAl7	275	30	630	725	790	270

(5) 固溶处理和时效　w(Al)>9%的铝青铜经固溶处理和时效后，使强度显著提高；如果在时效前增加一次预先冷变形，强化效果更佳。铝青铜与硅青铜的固溶处理和时效工艺见表 7-29。

表 7-29　铝青铜与硅青铜的固溶处理和时效工艺

牌号	固溶处理			时效		硬度
	温度/℃	时间/h	冷却介质	温度/℃	时间/h	HBW
QAl9-2	800	1~2	水	350		150~187
QAl9-4	950	1~2	水	250~350	2~3	170~180
QAl10-3-1.5	830~860	1~2	水	300~350		207~285
QAl10-4-4	920	1~2	水	650		200~240
QAl11-6-6	925	1.5	水	400	24	365HV
QSi1-3	850	2	水	450	1~3	130~180
QSi3-1	790~810	1~2	水	410~470	1.5~2	130~180

5. 加工白铜的热处理工艺

(1) 均匀化退火　白铜铸锭存在严重晶内偏析时，必须进行均匀化退火。白铜的均匀化退火工艺见表 7-30。

表 7-30　白铜的均匀化退火工艺

牌号	退火温度/℃	保温时间/h	冷却方式
B19、B30	1000~1050	3~4	炉冷
BMn3-12	830~870	2~3	
BMn40-1.5	1050~1150	3~4	
BZn15-20	940~970	2~3	

(2) 去应力退火　白铜的去应力退火工艺见表 7-31。

表 7-31　白铜的去应力退火工艺

牌号	退火温度/℃	保温时间/min	冷却方式
B19、B30	250~300	30~60	空冷
BMn3-12	300~400		
BZn15-20	325~370		

(3) 中间退火　白铜制品的中间退火温度见表 7-32。

表 7-32　白铜制品的中间退火温度

牌号	有效厚度/mm			
	<0.5	0.5~1	1~5	>5
	退火温度/℃			
B19、B25	530~620	620~700	700~750	750~780
BMn3-12	520~600	600~700	680~730	700~750

（续）

牌号	有效厚度/mm			
	<0.5	0.5~1	1~5	>5
	退火温度/℃			
BMn40-1.5	550~600	600~750	750~800	800~850
BAl6-1.5	550~600	580~700	700~730	700~750
BAl13-3	550~600	580~700	700~730	700~750
BZn15-20	520~600	600~700	680~730	700~750

（4）最终退火　白铜棒材、线材成品的最终退火温度见表7-33。白铜预冷变形60%后最佳退火工艺见表7-34。

表7-33　白铜棒材、线材成品的退火温度

牌号	直径/mm		退火温度/℃	
			半硬	软
BZn15-20	棒材		400~420	650~700
	线材 ϕ0.3~ϕ6.0			600~620
BMn3-12	线材 ϕ0.3~ϕ6.0			500~540
BMn40-1.5	线材	ϕ0.3~ϕ0.8		670~680
		ϕ0.85~ϕ2.0		690~700
		ϕ2.1~ϕ6.0		710~730

表7-34　白铜预冷变形60%后最佳退火工艺

牌号	退火工艺		弹性极限/MPa			硬度HV
	温度/℃	时间/h	$\sigma_{0.002}$	$\sigma_{0.005}$	$\sigma_{0.01}$	
BZn15-20	300	4	548	614	561	230

（5）固溶处理和时效　铝白铜BAl6-1.5、BAl13-3可进行热处理强化，经固溶处理、冷轧变形和时效处理后，其抗拉强度可由原来的250~350MPa提高到800~900MPa。铝白铜的固溶处理和时效工艺见表7-35。

表7-35　铝白铜的固溶处理和时效工艺

牌号	固溶处理温度/℃	加工	时效温度/℃
BAl13-3	900~1000	50%冷轧	500~600
BAl6-1.5	900	50%冷轧	500~550

6. 铸造铜及铜合金的热处理工艺

w(Al)≥10%的铸造铝青铜，退火工艺为800℃加热，炉冷至530℃后空冷，可提高强度，改善可加工性。

铸造铍铜的固溶处理可与均匀化退火相结合，保温时间较长，一般为3h以上，以消除铸造组织的枝晶偏析。铸造铍铜的时效特征与成分相同的高铜合金基本一致。四种铸造铍铜的时效工艺及性能见表7-36。

表7-36　四种铸造铍铜的时效工艺及性能

化学成分（质量分数,%）	时效工艺		力学性能		电导率IACS（%）
	温度/℃	时间h	抗拉强度 R_m/MPa	断后伸长率 A(%)	
Cu-Be0.5-Co2.5	480	3	720	10	45
Cu-Be0.4-Ni1.8	480	3	720	9	45
Cu-Be1.7-Co0.3	345	3	1120	2.5	18
Cu-Be2.0-Co0.5	345	3	1160	2	18

7.1.4　铜及铜合金的热处理操作

1. 加热炉炉气类型的选择

铜和铜合金热处理时，在加热过程中容易氧化。为提高工件表面质量，防止氧化，使表面保持光亮，加热应在真空或保护气氛中进行。铜合金加热时常用的炉气类型见表7-37。

2. 操作要点

1）退火的工件或原材料表面应清洁，无油污及其他腐蚀性物质。

2）薄壁工件及细长杆类工件应装夹具或吊装退火。

3）纯铜再结晶退火时要水冷，以保证表面光洁。

4）固溶处理炉温精度应严格控制在±5℃以内。

5）时效可在盐浴中进行，炉温精度应控制在±3℃以内。

6）铍铜的固溶处理在空气电炉或煤气炉中进行时，淬火后应进行酸洗，以去除氧化皮。

7）当工件中残余应力较大时，应缓慢加热，以免热裂，对铝青铜尤须注意。

8）铍铜不能在盐浴炉中进行固溶处理，因为大多数熔盐都会使合金表面发生晶间腐蚀和脱铍。

表 7-37 铜合金加热时常用的炉气类型

炉气类型	性质	组分(体积分数,%)						适宜铜合金类型
		N_2	H_2	CO	CO_2	O_2	CHa	
完全燃烧的碳氢化合物	低放热性,不纯,不可燃,轻微还原性	83~89	0.2~0.5	0.5~1.0	10~14	—	0~1	纯铜、白铜
完全燃烧的碳氢化合物(去除 CO_2 及 H_2O)	低放热性,不纯不可燃,中性	95~99	0.5~3	0.5~3	微	—	0~1	黄铜、硅青铜、铝青铜
	高放热性,纯,可燃,有毒,还原性	71	12	15	0.1	—	2	黄铜、白铜
完全反应的碳氢化合物	高吸热性,干,还原性	28~40	40~46.5	19~25	微	—	0.4~1	黄铜、硅青铜、铝青铜、白铜
分解氨	未燃烧,可燃,还原性	25	75	—	—	—	—	铍铜、铬铜、黄铜、硅青铜、铝青铜、白铜
氮气	纯,中性	96~99	1	—	—	—	—	黄铜
二氧化碳	不纯,惰性	—	—	—	99.8	0.2	—	纯铜
水蒸气	不纯,中性	—	—	—	—	—	—	w(Zn)<15%的黄铜、铝青铜
氨燃烧气氛	必须除去氧,以防爆炸	—	2	—	—	—	—	w(Zn)<15%的黄铜、铝青铜
纯氢	干燥	—	≥99.99	—	—	—	—	铍铜、铬铜、铝青铜、硅青铜
真空或低真空	有脱锌现象	低真空时,真空度为 1.33Pa						铜合金(含锌较高的合金除外)

7.2 铝及铝合金的热处理

7.2.1 铝及铝合金的牌号

1. 变形铝及铝合金的牌号

变形铝及铝合金牌号以国际上通用的四位数字体系来表达牌号。

1）四位数字体系牌号的第一位是数字，表示铝及铝合金的组别，见表 7-38。

表 7-38 四位数字体系牌号第一位数字表示的铝及铝合金的组别

组别	合金系列
1×××	纯铝
2×××	以铜为主要合金元素的铝合金
3×××	以锰为主要合金元素的铝合金
4×××	以硅为主要合金元素的铝合金
5×××	以镁为主要合金元素的铝合金
6×××	以镁和硅为主要合金元素,并以 Mg_2Si 相为强化相的铝合金
7×××	以锌为主要合金元素的铝合金
8×××	以其他合金元素为主要合金元素的铝合金
9×××	备用合金组

2）四位数字体系牌号的第二位是字母，表示原始纯铝或铝合金的改型情况。A 表示为原始纯铝或原始合金；B 或其他字母表示已改型。牌号的第二位不是字母而是数字时，则表示合金元素或杂质极限含量的控制情况：0 表示其杂质极限含量无特殊控制；1~9 则表示对一项或一项以上的单个杂质，或合金元素极限含量有特殊控制。

3）四位数字体系 2×××~8×××牌号系列中，最后二位数字用以标识同一组中不同的铝合金或表示铝的纯度。

变形铝及铝合金的牌号和化学成分详见 GB/T 3190—2020。

变形铝及铝合金牌号新旧对照见表 7-39。

表 7-39 变形铝及铝合金牌号新旧对照（GB/T 3190—2020）

牌号	曾用牌号	牌号	曾用牌号	牌号	曾用牌号
1A99	LG5	1B95		1B85	
1B99		1A93	LG3	1A80	
1C99		1B93		1A80A	
1A97	LG4	1A90	LG2	1A60	
1B97		1B90		1A50	LB2
1A95		1A85	LG1	1R50	

（续）

牌号	曾用牌号	牌号	曾用牌号	牌号	曾用牌号
1R35		3A11		6B02	LD2-1
1A30	L4-1	3A21	LF21	6R05	
1B30		4A01	LT1	6A10	
2A01	LY1	4A11	LD11	6A16	
2A02	LY2	4A13	LT13	6A51	651
2A04	LY4	4A17	LT17	6A60	
2A06	LY6	4A47		6A61	
2B06		4A54		6R63	
2A10	LY10	4A60		7A01	LB1
2A11	LY11	4A91	491	7A02	
2B11	LY8	5A01	2102、LF15	7A03	LC3
2A12	LY12	5A02	LF2	7A04	LC4
2B12	LY9	5B02		7B04	
2D12		5A03	LF3	7C04	
2E12		5A05	LF5	7D04	
2A13	LY13	5B05	LF10	7A05	705
2A14	LD10	5A06	LF6	7B05	7N01
2A16	LY16	5B06	LF14	7A09	LC9
2B16	LY16-1	5E06		7A10	LC10
2A17	LY17	5A12	LF12	7A11	
2A20	LY20	5A13	LF13	7A12	
2A21	214	5A25		7A15	LC15、157
2A23		5A30	2103、LF16	7A19	919、LC19
2A24		5A33	LF33	7A31	183-1
2A25	225	5A41	LT41	7A33	LB733
2B25		5A43	LF43	7A36	
2A39		5A56		7A46	
2A40		5E61		7A48	
2A42		5A66	LT66	7E49	
2A49	149	5A70		7B50	
2A50	LD5	5B70		7A52	LC52、5210
2B50	LD6	5A71		7A55	
2A70	LD7	5B71		7A56	
2B70	LD7-1	5A83		7A62	
2D70		5E83		7A68	
2A80	LD8	5A90		7B68	
2A87		6A01	6N01	7D68	7A60
2A90	LD9	6A02	LD2	7E75	

（续）

牌号	曾用牌号	牌号	曾用牌号	牌号	曾用牌号
7A85		7A99		8A08	
7B85		8A01		8C12	
7A88		8C05			
7A93		8A06	L6		

2. **铸造铝合金的牌号**（见表 7-40）

表 7-40 铸造铝合金的牌号（GB 1173—2013）

种类	牌号	代号	种类	牌号	代号
Al-Si 合金	ZAlSi7Mg	ZL101	Al-Si 合金	ZAlSi8MgBe	ZL116
	ZAlSi7MgA	ZL101A		ZALSi7Cu2Mg	ZL118
	ZAlSi12	ZL102	Al-Cu 合金	ZAlCu5Mn	ZL201
	ZAlSi9Mg	ZL104		ZAlCu5MnA	ZL201A
	ZAlSi5Cu1Mg	ZL105		ZAlCu10	ZL202
	ZAlSi5Cu1MgA	ZL105A		ZAlCu4	ZL203
	ZAlSi8Cu1Mg	ZL106		ZAlCu5MnCdA	ZL204A
	ZAlSi7Cu4	ZL107		ZAlCu5MnCdVA	ZL205A
	ZAlSi12Cu2Mg1	ZL108		ZAlR5Cu3Si2	ZL207
	ZAlSi12Cu1Mg1Ni1	ZL109	Al-Mg 合金	ZAlMg10	ZL301
	ZAlSi5Cu6Mg	ZL110		ZAlMg5Si	ZL303
	ZAlSi9Cu2Mg	ZL111		ZAlMg8Zn1	ZL305
	ZAlSi7Mg1A	ZL114A	Al-Zn 合金	ZAlZn11Si7	ZL401
	ZAlSi5Zn1Mg	ZL115		ZAlZn6Mg	ZL402

7.2.2 铝及铝合金的状态代号

1. 变形铝及铝合金的状态代号

铝及铝合金加工产品状态的基础状态代号有 F、O、H、W、T 五类，O、H、W 和 T 状态还有其细分状态代号。

（1）铝及铝合金加工产品状态的基础状态代号（见表 7-41）

表 7-41 铝及铝合金加工产品状态的基础状态代号（GB/T 16475—2008）

代号	状态	释义
F	自由加工状态	适用于在成形过程中，对于加工硬化和热处理条件无特殊要求的产品，该状态产品对力学性能不作规定
O	退火状态	适用于经完全退火后获得最低强度的产品状态
H	加工硬化状态	适用于通过加工硬化提高强度的产品
W	固溶处理状态	适用于经固溶处理后，在室温下自然时效的一种不稳定状态。该状态不作为产品交货状态，仅表示产品处于自然时效阶段
T	不同于 F、O 或 H 状态的热处理状态	适用于固溶处理后，经过（或不经过）加工硬化达到稳定的状态

（2）T状态的细分状态代号（见表7-42）

表7-42 T状态的细分状态代号（GB/T 16475—2008）

代号	状态	释义
T1	高温成形+自然时效	适用于高温成形后冷却、自然时效,不再进行冷加工(或影响力学性能极限的矫平、矫直)的产品
T2	高温成形+冷加工+自然时效	适用于高温成形后冷却,进行冷加工(或影响力学性能极限的矫平、矫直)以提高强度,然后自然时效的产品
T3	固溶处理+冷加工+自然时效	适用于固溶处理后,进行冷加工(或影响力学性能极限的矫平、矫直),然后自然时效的产品
T4	固溶处理+自然时效	适用于固溶处理后,不再进行冷加工(或影响力学性能极限的矫直、矫平),然后自然时效的产品
T5	高温成形+人工时效	适用于高温成形后冷却,不经冷加工(或影响力学性能极限的矫直,矫平),然后进行人工时效的产品
T6	固溶处理+人工时效	适用于固溶处理后,不再进行冷加工(或影响力学性能极限的矫直、矫平),然后人工时效的产品
T7	固溶处理+过时效	适用于固溶处理后,进行过时效至稳定化状态。为获取除力学性能外的其他某些重要特性,在人工时效时,强度在时效曲线上越过了最高峰点的产品
T8	固溶处理+冷加工+人工时效	适用于固溶处理后,经冷加工(或影响力学性能极限的矫直、矫平)以提高强度,然后人工时效的产品
T9	固溶处理+人工时效+冷加工	适用于固溶处理后,人工时效,然后进行冷加工(或影响力学性能极限的矫直、矫平)以提高强度的产品
T10	高温成形+冷加工+人工时效	适用于高温成形后冷却,经冷加工(或影响力学性能极限的矫直、矫平)以提高强度,然后进行人工时效的产品

（3）新旧状态代号对照（见表7-43）

表7-43 新旧状态代号的对照（GB/T 16475—2008）

旧代号	新代号	旧代号	新代号
M	O	CYS	T_51、T_52等
R	热处理不可强化合金:H112或F	CZY	T2
R	热处理可强化合金:T1或F	CSY	T9
Y	HX8	MCS	T62①
Y_1	HX6	MCZ	T42①
Y_2	HX4	CGS1	T73
Y_4	HX2	CGS2	T76
T	HX9	CGS3	T74
CZ	T4	RCS	T5
CS	T6		

① 原以R状态交货的，提供CZ、CS试样性能的产品，其状态可分别对应新代号T42、T62。

2. 铸造铝合金热处理的状态代号（见表7-44）

表7-44　铸造铝合金热处理的状态代号（GB/T 25745—2010）

热处理状态代号	热处理状态类别	特性
T1	人工时效	对湿砂型、金属型特别是压铸件，由于固溶冷却速度较快有部分固溶效果，人工时效可提高强度、硬度，改善切削加工性能
T2	退火	消除铸件在铸造和加工过程中产生的应力，提高尺寸稳定性及合金的塑性
T4	固溶处理加自然时效	通过加热、保温及快速固溶冷却实现固溶，再经过随后时效强化，以提高工件的力学性能，特别是提高工件的塑性及常温耐蚀性
T5	固溶处理加不完全人工时效	时效是在较低的温度或较短的时间下进行，进一步提高合金的强度和硬度
T6	固溶处理加完全人工时效	时效在较高温度或较长时间下进行，可获得最高的抗拉强度，但塑性有所下降
T7	固溶处理加稳定化处理	提高铸件组织和尺寸稳定性及合金的耐蚀性，主要用于较高温度下工作的零件，稳定化温度可接近于铸件的工作温度
T8	固溶处理加软化处理	固溶处理后采用高于稳定化处理的温度进行处理，获得高塑性和尺寸稳定性好的铸件
T9	冷热循环处理	充分消除铸件内应力及稳定尺寸，用于高精度铸件

7.2.3　铝及铝合金的热处理工艺

1. 变形铝及铝合金的热处理工艺

（1）退火　变形铝及铝合金的退火可分为以下几种：去应力退火、再结晶退火，以及经热处理强化后的完全退火。变形铝合金锭的均匀化退火工艺见表7-45。几种铝合金的去应力退火工艺见表7-46。变形铝合金型材的中间退火工艺见表7-47。变形铝及铝合金的完全退火工艺见表7-48。

表7-45　变形铝合金锭的均匀化退火工艺

牌号	加热温度/℃	保温时间/h	牌号	加热温度/℃	保温时间/h
2A02	470~485	12	2A16	515~530	24
2A04	475~490	24	2A17	505~520	24
2A06	475~490	24	2A50	515~530	12
2A11	480~495	12	2B50	515~530	12
2A12	480~495	12	2A70	485~500	12
2A14	480~495	10	2A80	485~500	12

（续）

牌号	加热温度/℃	保温时间/h	牌号	加热温度/℃	保温时间/h
2A90	485～500	12	5456	470	13
3003	490～620	4	6061	550	9
3A12	600～620	4	6063	560	9
4A11	510	16	6A51	520～540	16
4032	495	16	7A03	450～465	12～24
5A02	460～475	24	7A04	450～465	12～24
5A03	460～475	24	7A09	455～470	24
5A05	460～475	13～24	7A10	455～470	24
5A06	460～475	13～24	7055	460	16
5B06	460～475	13～24	7075	460～475	16
5A12	445～460	24	7475	440～480	16
5A13	445～460	24			

表 7-46　几种铝合金的去应力退火工艺

牌号	退火温度/℃	保温时间/h
5A02	150～180	1～2
5A03	270～300	1～2
3A21	250～280	1～2.5

表 7-47　变形铝合金型材的中间退火工艺

牌号	型材种类	状态	退火工艺		冷却方式
			温度/℃	时间/h	
2A01	线材	挤压	370～410	2.0	空冷
		拉深	370～390	2.0	
3A21	线材	挤压、冷拉	370～410	1.5	
5A02	管材、棒材	拉延	470～500	1.5～3.0	
	线材	挤压、拉延	370～410	1.5	
5A03	板材（<0.6mm）	板材	360～390	1.0	
	管材、棒材	拉深	450～470	1.5～3.0	
	管材	冷轧	315～400	2.5	
	线材	挤压、拉深	370～410	1.5	
5A05	板材（<1.2mm）	板材	360～390	1.0	
	管材、棒材	拉深	450～470	1.5～3.0	
	管材	冷轧	315～400	2.5	
	线材	挤压、拉深	370～410	1.5	
5A06	板材（<2.0mm）	板材	340～360	1.0	
1035 8A06	管材、棒材	拉深	410～440	1～1.5	
	线材	挤压、拉深	370～410	1.5	
	板材	板材	340～380	1.0	

（续）

牌号	型材种类	状态	退火工艺		冷却方式
			温度/℃	时间/h	
2A06	板材(<0.8mm)	板材	400~450	1~3.0	以≤30℃/h速度炉冷至270℃以下空冷
	线材	挤压、拉深	370~410	2.0	
2A10	线材	挤压	370~410	1.5	
		拉深	370~390	2.0	
2B11 2B12	线材	挤压、拉深	370~410	1.5	
2A11	板材(<0.8mm)	板材	400~450	1~3	
2B12	管材、棒材	挤压、拉深	430~450	3.0	
2A16	板材(<0.8mm)	板材	400~450	1~3.0	
	线材	挤压、拉深	350~370	1.5	
6A02	管材、棒材	拉深	410~440	2.5	
7A03	线材	挤压、拉延	350~370	1.5	
7A04	板材(<1.0mm)	板材	390~430	1~3.0	

表 7-48　变形铝及铝合金成品的完全退火工艺（YS/T 591—2017）

牌号	退火温度/℃①	保温时间/h	冷却速度/(℃/h)
1×××(铝箔)、8×××(铝箔)	170~240	10~200(根据厚度、宽度、卷径选择时间)	4~10
1100、1200、1035、1050A、1060、1070A、3004、3105、3A21、5005、5050、5052、5652、5154、5254、5454、5056、5456、5457、5083、5086、5A01、5A02、5A03、5A05、5B05、5A06	350~410②	按金属直径或厚度确定保温时间，但保温时间不宜过长，以晶粒度满足标准为宜	镁的质量分数大于5%的5×××合金采用空冷，其他合金采用水冷、空冷或循环风机冷却
2036	325~385	1~3	退火消除固溶处理的影响，以不大于30℃/h的冷却速度随炉至260℃以下出炉空冷
3003	355~415	1~3	
2014、2017、2117、2219、2024、2A01、2A02、2A04、2A06、2A10、2A11、2B11、2A12、2B12、2A14、2A16、2A17、2A50、2B50、2A70、2A80、2A90、6005、6053、6061、6063、6066、6A02	350~410	1~3	退火消除固溶热处理的影响，以不大于30℃/h的冷却速度随炉至260℃以下出炉空冷
7001③、7075③、7175③、7178③、7A03、7A04、7A09	320~380	1~3	

① 退火炉内工件温度宜控制在±10℃。
② 3A21允许在盐浴槽470~500℃退火。1070A、1060、1050A、1035、1200板材可选用320~400℃，5A01、5A02、5A03、5A05、5A06、5B05、3A21可选用300~350℃。
③ 可不用控制冷却速度，在空气中冷却至205℃或低于205℃，随后重新加热到230℃，保温4h，最后在室温下冷却，通过这种退火方式可消除固溶处理的影响。

（2）固溶处理　变形铝合金固溶处理的目的是为了获得最大饱和度的固溶体，并经过时效后，具有较高的力学性能。

1）固溶处理温度。固溶处理温度的选择，要使强化相最大限度地溶入固溶体中，应适当低于过烧温度，必须防止过烧。过烧会降低合金的力学性能，导致产品出现严重的气孔。如果温度低于规定的最低温度，固溶不充分，力学性能达不到要求，对耐蚀性也会产生不利影响。变形铝合金离线固溶处理温度见表7-49。

表7-49　变形铝合金离线固溶处理温度（YS/T 591—2017）

牌号	产品类型	固溶处理温度/℃[①]
2011	线材、棒材	507～535
2013	挤压件	539～551
2014	所有制品	496～507
2014A	板材	496～507
2017	线材、棒材	496～510
2017A	板材	496～507
2117	铆钉线	477～510
	其他线材、棒材	496～510
2018	模锻件	504～521
2218	模锻件	504～516
2618	模锻件及自由锻件	524～535
2219	所有制品	529～541
2024	线材(除铆钉线)[②]、棒材[②]	488～499
	其他制品	488～499
2124	厚板	488～499
2524	薄板	488～499
2025	模锻件	510～521
2026	挤压件	488～499
2027	厚板、挤压件	491～502
2048	板材	488～499
2056	薄板	491～502
2090	挤压件	532～543
	板材	524～538
2297	厚板	527～538
2397	厚板	516～527
2098	所有制品	516～527
2099	挤压件	532～554
2A01	所有制品	495～505
2A02	所有制品	495～505
2A04	所有制品	502～508

（续）

牌号	产品类型	固溶处理温度/℃[①]
2A06[③]	所有制品	495~505
2B06	板材	500~508
	型材	495~505
2A10	所有制品	510-520
2A11	所有制品	495~505
2B11	所有制品	495~505
2A12[③]	所有制品	490~500
2B12	所有制品	490~500
2D12	板材	492~500
	型材	490~498
2A14	所有制品	495~505
2A16	所有制品	530~540
2A17	所有制品	520~530
2A50	所有制品	510~520
2B50	所有制品	510~520
2A70	所有制品	525~535
2D70	型材	525~535
2A80	所有制品	525~535
2A90	所有制品	512~522
4032	模锻件	504~521
4A11[③]	所有制品	525~535
6101	挤压件	515~527
6201	线材	504~516
6010	薄板	563~574
6110	线材、棒材、模锻件	527~566
6013	薄板	563~574
	棒材	560~571
6016	板材	516~579
6151	模锻件、轧制环	510~527
6351	挤压件	516~543
6951	薄板	524~535
6053	模锻件	516~527
6156	薄板	543~552
6061	轧制环	516~552
	薄板[④]、其他制品	516~579
6262	线材、棒材、挤压件、拉伸管	516~566
6063	挤压件	516~530
	拉伸管	516~530
	板材	516~579

（续）

牌号	产品类型	固溶处理温度/℃[①]
6463	挤压件	515~527
6066	挤压件、拉伸管、模锻件	516~543
6070	挤压件	540~552
6082	板材	516~579
	模锻件、挤压件	525~565
6A01	挤压件	515~521
6A02	所有制品	515~525
7001	挤压件	460~471
7010	厚板、锻件	471~482
7020	板材	471~482
	挤压件	467~473
7021	板材	465~475
7129	挤压件	476~488
7036	挤压件	466~477
7136	挤压件	466~477
7039	薄板、厚板	449~460[⑤]
7040	厚板	471~488
7140	厚板	471~482
7049	挤压件、模锻件及自由锻件	460~474
7149	挤压件、模锻件及自由锻件	460~474
7249	挤压件	463~479
7349	挤压件	466~477
7449	厚板、挤压件	460~477
7050	所有制品	471~482
7150	挤压件	471~482
	厚板	471~479
7055	挤压件	466~477
	厚板	460~482
7056	厚板	460~477
7068	挤压件	460~474
7075	薄板[⑥]、厚板[⑦]、线材、棒材[⑦]	460~499
	挤压件、拉伸管	460~471
	轧制环、模锻件及自由锻件	460~477
7175	厚板、挤压件	471~488
	模锻件、自由锻件	465~478
7475	薄板（包铝合金）	471~507
	其他薄板（除包铝合金）、厚板	471~521
7076	模锻件及自由锻件	454~488

（续）

牌号	产品类型	固溶处理温度/℃[①]
7178	薄板[⑧]	460~499
	厚板[⑧]	460~488
	挤压件	460~471
7A03	所有制品	465~475
7A04[③]	所有制品	465~475
7B04	板材、型材	465~475
7A09[③]	所有制品	465~475
7A19	所有制品	455~465
7B50	厚板	471~482
7A52	板材	465~482
8090	薄板	532~538
	厚板	532~552

① 表中所列的温度指工件温度，温度范围最大值和最小值之间的差值超过 11℃ 时，只要表中或适用的材料标准中没有特殊要求，可在表中所示温度范围内采用任意一个 11℃ 的温度范围（对于 6061 为 17℃）。

② 可以采用 482℃ 的低温，只要每个热处理批次经过测试表明能满足适用的材料标准的要求，同时经过对测试数据分析，证明数据、资料符合标准。

③ 2A06 板材可采用 497~507℃，2A12 板材可采用 492~502℃，7A04 挤压件可采用 472~477℃，7A09 挤压件可采用 455~465℃，4A11 锻件可采用 511~521℃。

④ 6061 包铝板的最高温度不应超过 538℃。

⑤ 对于特定的截面、条件和要求，也可采用其他温度范围。

⑥ 在某些条件下将 7075 合金加热到 482℃ 以上时会出现熔化现象，应采取措施避免此问题。为最大限度地减少包铝层和基体之间的扩散，厚度小于或等于 0.5mm 的包铝 7075 合金应在 454~499℃ 范围内进行固溶处理。大于 0.5mm 的包铝 7075 合金应在 454~482℃ 范围内进行固溶处理。

⑦ 对于厚度超过 102mm 的板材和直径或厚度大于 102mm 的圆棒和矩形棒，建议最高温度为 488℃，以避免熔化。

⑧ 在某些情况下，加热该合金超过 482℃ 会出现熔化。

2）保温时间。保温时间的长短主要取决于强化相完全溶解和固溶体均匀化所需的时间，也与合金的成分、工件的有效厚度、塑性变形程度、原始组织等有关。变形铝合金离线固溶处理时的保温时间见表 7-50。

表 7-50　变形铝合金离线固溶处理的保温时间（YS/T 591—2017）

规格/mm[①]	保温时间/min					
	板材、挤压件		自由锻件、模锻件		铆钉线和铆钉	
	盐浴炉	空气炉	盐浴炉	空气炉	盐浴炉	空气炉
≤0.5	5~15	10~25	—	—	—	—
>0.5~1.0	7~25	10~35	—	—	—	—

（续）

规格/mm①	保温时间/min					
	板材、挤压件		自由锻件、模锻件		铆钉线和铆钉	
	盐浴炉	空气炉	盐浴炉	空气炉	盐浴炉	空气炉
>1.0~2.0	10~35	15~45	—	—	—	—
>2.0~3.0	10~40	20~50	10~40	30~40	—	—
>3.0~5.0	15~45	25~60	15~45	40~50	25~40	50~80
>5.0~10.0	20~55	30~70	25~55	50~75	30~50	60~80
>10.0~20.0	25~70	35~100	35~70	75~90	—	—
>20.0~30.0	30~90	45~120	40~90	60~120	—	—
>30.0~50.0	40~120	60~180	60~120	120~150	—	—
>50.0~75.0	50~180	100~220	75~160	150~210		
>75.0~100.0	70~180	120~260	90~180	180~240	—	—
>100.0~120.0	80~200	150~300	105~240	210~360	—	—
>120.0~200.0	规格每增加12.7mm增加15min	规格每增加12.7mm增加30min	—	—	—	—

① 板材的规格指厚度，挤压棒材的规格指直径或内切圆直径，挤压型材或管材的规格指壁厚，锻件的规格指最大截面线性尺寸，铆钉线和铆钉的规格指直径。

3）淬火方式。淬火方式有浸没式淬火和喷淋淬火两种。浸没式淬火的淬火冷却介质为水时，淬火完成时的水温不宜超过40℃；淬火冷却介质为聚合物水溶液时，淬火完成时的液温不宜超过55℃。产品浸没前允许的最长转移时间应符合表7-51的规定。7A04合金板材淬火转移时间对力学性能的影响见表7-52。淬火冷却介质中的停留时间见表7-53。

表7-51　浸没淬火时建议的最长淬火转移时间（YS/T 591—2017）

厚度/mm	最长时间/s	厚度/mm	最长时间/s
≤0.4	5	>2.3~6.5	15
>0.4~0.8	7	>6.5	20
>0.8~2.3	10		

注：1. 在保证制品符合相应技术标准或协议要求的前提下，淬火转移时间可适当延长。

2. 除2A16、2219合金外，如果试验证明整个炉料淬火时温度超过413℃，最长淬火转移时间可延长（如装炉量很大或炉料很长）。对2A16、2219合金，如果试验证明炉料的各个部分的温度在淬火时都在482℃以上，则最长淬火转移时间可延长。

采用喷水淬火时，应保持喷水接触直到产品表面不再有水汽升起时为止。采用喷气淬火时，直到产品表面温度降至不大于100℃时为止。

4）重复固溶处理。重复固溶处理次数应不超过两次，包铝材料重复固溶处理次数应不超过表7-54中的规定。

表7-52　7A04合金板材淬火转移时间对力学性能的影响

淬火转移时间/s	抗拉强度 R_m/MPa	条件屈服强度 $R_{p0.2}$/MPa	断后伸长率 A(%)
3	522	493	11.2
10	515	475	10.7
20	507	452	10.3
30	480	377	11.0
40	418	347	11.0
60	396	310	11.0

表7-53　淬火冷却介质中的停留时间（YS/T 591—2017）

厚度/mm	淬火冷却介质沸腾停止后停留时间/min
≤6.0	0
>6.0	≥(t/25)×2

注：t为有效厚度。当t/25不为整数时，应向上修约为整数，如t/25等于1.3，应向上修约为2。

表7-54　包铝材料重复固溶处理次数（YS/T 591—2017）

厚度/mm	允许重复固溶处理的最多次数
≤0.5	0
>0.5~3.0	1
>3.0	2

重复固溶处理的保温时间可缩短至原规定时间的一半。

若连续式热处理炉的加热速度足够快，只要不出现严重的包铝层扩散，则允许在表7-54的基础上增加一次重复固溶处理。

未经供方同意，不允许需方对T451、T651、T7×51状态及T4、T6、T7×状态的产品进行重复固溶处理。

2A11 T4和2A12 T4薄板重复固溶处理温度宜采用表7-49的规定，保温时间可缩短至表7-50规定时间的一半；也可采用比表7-49低的固溶处理温度，但不低于下限值的3℃，且适当延长保温时间。

5）铝合金淬火后具有高塑性，可进行工件成形和校正，或者通过一定量的冷变形，提高其力学性能；但淬火后室温下保持塑性时间及淬火与人工时效的间隔时间有一定的限制，见表7-55。

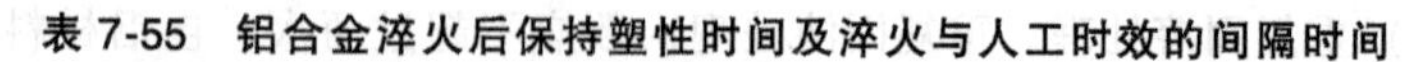

表 7-55 铝合金淬火后保持塑性时间及淬火与人工时效的间隔时间

牌号	淬火后保持塑性的时间/h	淬火与人工时效的间隔时间/h	牌号	淬火后保持塑性的时间/h	淬火与人工时效的间隔时间/h
2A02	2~3	<3 或 15~100	2A70	2~3	不限
2A11	2~3		2A80	2~3	不限
2A12	1.5	不限	7A04	6	<4 或 2~10d
2A17	2~3		7A09	6	不限
2A50	2~3	<6	7A10	2~3	<3 或>48

注：淬火和人工时效间隔不符合表中规定时，则这些合金在人工时效后强度下降15~20MPa。

(3) 变形铝合金的时效

1) 典型产品单级时效处理工艺见表 7-56。

表 7-56 典型产品单级时效处理工艺（YS/T 591—2017）

牌号	时效前状态	产品类型	单级时效工艺①		时效硬化热处理后状态
			温度②/℃	时间③/h	
2011	W	除锻件	室温	≥96	T4、T42
	T3	挤压件	154~166	13~15	T8
2013	T3511	挤压件	185~195	7~9	T6511
2014	W	除锻件	室温	≥96	T4、T42
	T4	板材	154~166	17~18	T6
	T4、T42④	除锻件	171~182	9~11	T6、T62
	T451⑤	除锻件	171~182	9~11	T651
	T4510	挤压件	171~182	9~11	T6510
	T4511	挤压件	171~182	9~11	T6511
	W	自由锻件	室温	≥96	T4
	T4		166~177	9~11	T6
	T41		171~182	5~14	T61
	T452		166~177	9~11	T652
2017	W	所有制品	室温	≥96	T4
2017A	T4	板材	150~165	10~18	T6
2117	W	线材、棒材、铆钉线	室温	≥96	T4
2018	W	模锻件	室温	≥96	T4
	T41	模锻件	166~177	9~10	T61
2218	W	模锻件	室温	≥96	T4、T41
	T4	模锻件	166~177	9~10	T61
	T41	模锻件	232~243	5~7	T72
	T42	模锻件	166~177	9~11	T62
	T42	模锻件	232~243	5.5~6.5	T72

（续）

牌号	时效前状态	产品类型	单级时效工艺①		时效硬化热处理后状态
			温度②/℃	时间③/h	
2618	W	除锻件	室温	≥96	T41
	T41	模锻件	193～204	19～21	T61
2219	W	所有制品	室温	≥96	T4、T42
	T31	薄板	171～182	17～18	T81
	T31	挤压件	185～196	17～18	T81
	T31	铆钉线材	171～182	17～18	T81
	T37	薄板	157～168	23～25	T87
	T37	厚板	171～182	17～18	T87
	T42	所有制品	185～196	35～36	T62
	T351	所有制品	171～182	17～18	T851
	T351	圆棒、方棒	185～196	17～18	T851
	T3510	挤压件	185～196	17～18	T8510
	T3511		185～196	17～18	T8511
	W	锻件	室温	≥96	T4
	T4		185～196	25～26	T6
	T352	自由锻件	171～182	17～18	T852
2024	W	所有制品	室温	≥96	T4、T42
	T3	薄板、拉伸管	185～196	11～12	T81
	T4	线材、棒材	185～196	11～12	T6
	T3	挤压件	185～196	11～12	T81
	T36	线材	185～196	8～9	T86
	T42	薄板、圆棒	185～196	9～10	T62
	T42	薄板	185～196	15～16	T72
	T42	薄板、厚板除外	185～196	15～16	T62
	T351	薄板、厚板	185～196	11～12	T851
	T361		185～196	6～8	T861
	T3510	挤压件	185～196	11～12	T8510
	T3511		185～196	11～12	T8511
	W	模锻和自由锻件	室温	≥96	T4
	W52	自由锻件	室温	≥96	T352
	T4	模锻和自由锻件	185～196	11～12	T6
	T352	自由锻件	185～196	11～12	T852
2124	W	厚板	室温	≥96	T4、T42
	T4		185～196	9～10	T6
	T42		185～196	9～10	T62
	T351		185～196	11～12	T851
2025	W	模锻件	室温	≥96	T4
	T4	模锻件	166～177	9～10	T6

（续）

牌号	时效前状态	产品类型	单级时效工艺①		时效硬化热处理后状态
			温度②/℃	时间③/h	
2048	W	除锻件	室温	≥96	T4、T42
	T42	薄板、圆棒	185~196	9~10	T62
	T351	薄板、厚板	185~196	11~12	T851
2090	T3	挤压件	146~157	29~31	T862
	T3	厚板	158~169	22~24	T832
2297	T37	厚板	155~166	23~25	T87
2397	T37	厚板	155~166	59~61	T87
2098	T351	所有制品	155~166	17~19	T851
	T42	所有制品	155~166	17~19	T62
2A01	—	铆钉线材、铆钉	室温	≥96	T4
2A02	—	所有制品	165~175	15~16	T6
			185~195	23~24	T6
2A04	—	铆钉线材、铆钉	室温	≥240	T4
2A06	—	所有制品	室温	120~240	T4
2B06	W	板材、型材	室温	120~240	T4
2A10	—	铆钉线材、铆钉	室温	≥96	T4
2A11	—	所有制品	室温	≥96	T4
2B11	—	铆钉线材、铆钉	室温	≥96	T4
2A12	—	其他所有制品	室温	≥96	T4
	—	厚度≤2.5mm包铝板	185~195	11~13	T62
	—	壁厚≤5mm挤压型材	185~195	11~13	T62
				6~12	T6
2B12	—	铆钉线材、铆钉	室温	≥96	T4
2D12	W	板材、型材	室温	≥96	T4
2A14	—	所有制品	室温	≥96	T6
			155~165	4~15	T6
2A16	—	其他所有制品	室温	≥96	T4
			160~170	10~16	T6
			205~215	11~12	T6
		厚度 1.0~2.5mm包铝板材	185~195	17~18	T73
		壁厚 1.0~1.5mm挤压型材	185~195	17~18	T73
2A17	W	所有制品	180~190	15~16	T6
2A19	W	所有制品	160~170	17~18	T6
2A50	—	所有制品	室温	≥96	T4
	—	所有制品	150~160	6~15	T6

（续）

牌号	时效前状态	产品类型	单级时效工艺①		时效硬化热处理后状态
			温度②/℃	时间③/h	
2B50	—	所有制品	150~160	6~15	T6
2A70	—	所有制品	185~195	8~12	T6
2D70	W	型材	190~200	12~21	T6
	T351	板材	180~195	10~16	T651
2A80	—	所有制品	165~175	10~16	T6
2A90	—	挤压棒材	155~165	4~15	T6
	—	锻件、模锻件	165~175	6~16	T6
4032	W	模锻件	室温	≥96	T4
	T4	模锻件	165~175	9~11	T6
4A11	—	所有制品	165~175	8~12	T6
6101	T1	挤压材	175~185	5~6	T6
6101B	T1	挤压材	175~185	5~6	T6
6201	T3	线材	154~165	4~5	T81
6005	T1	挤压件	171~182	8~9	T5
6005A	T1	挤压件	171~182	8~9	T5
6105	T1	挤压件	171~182	8~9	T5
6106	T1	挤压材	171~185	8~9	T6
6010	W	薄板	171~182	8~9	T6
6110	T4	线材、棒材	187~199	8~9	T9
	T4	模锻件	173~185	6~10	T6
6111	T4	板、带材	60~120	3~10	T4P⑤
6013	T4	除锻件	185~196	4~5	T6
	T4	板、带材	60~120	3~10	T4P⑤
6014	T4	板、带材	60~120	3~10	T4P⑤
6016	T4	板、带材	60~120	3~10	T4P⑤
6022	T4	板、带材	60~120	3~10	T4P⑤
6151	W	模锻件	室温	≥96	T4
	T4	模锻件	166~182	9~10	T6
	T452	轧环	166~182	9~10	T652
6351	T1	挤压件	171~183	8~9	T5
					T51
			115~127	9~10	T54
	T4		171~183	8~9	T6
6951	W	除锻件	室温	≥96	T4、T42
	T4	薄板	154~166	17~18	T6
	T42		154~166	17~18	T62
6053	W	模锻件	室温	≥96	T4
	T4	模锻件	166~177	9~10	T6

（续）

牌号	时效前状态	产品类型	单级时效工艺①		时效硬化热处理后状态
			温度②/℃	时间③/h	
6053	T4	线材、棒材	174~185	8~9	T61
6156	T4	薄板	185~195	4~6	T62
6061	W	除锻件	室温	≥96	T4、T42
	T1	圆棒、方棒、型材	171~182	8~9	T5
	T4	板、带材、锻件	154~166	17~18	T6
	T451		154~166	17~18	T651
	T42		154~166	17~18	T62
	T4	挤压件	171~182	8~9	T6
	T42		171~182	8~9	T62
	T4510		171~182	8~9	T6510
	T4511		171~182	8~9	T6511
	W	模锻和自由锻件	室温	≥96	T4
	T41	模锻和自由锻件	171~182	8~9	T61
	T452	轧环和自由锻件	171~182	8~9	T652
6262	W	除锻件	室温	≥96	T4
	T4	挤压件	172~183	11~12	T6
	T4510				T6510
	T4511				T6511
	T4	所有其他	166~178	8~9	T6
6063	W	挤压件	室温	≥96	T4、T42
	T1	除锻件	17~188	3~4	T5、T52
	T1	除锻件	213~224	1~2	T5、T52
	T4	除锻件	171~182	8~9	T6
	T4	除锻件	177~188	6~7	T6
	T42	除锻件	171~182	8~9	T62
	T42	除锻件	177~188	6~7	T62
	T4510	除锻件	171~182	8~9	T6510
	T4511	除锻件	171~182	8~9	T6511
6464	T1	挤压件	198~210	1~2	T5
	T4	挤压件	171~183	7~8	T6
6066	W	挤压件	室温	≥96	T4、T42
	T4	除锻件	171~182	6~8	T6
	T42	除锻件	171~182	8~9	T62
	T4510	除锻件	171~182	8~9	T6510
	T4511	除锻件	171~182	8~9	T6511
	W	模锻件	室温	≥96	T4
	T4	模锻件	171~182	8~9	T6

（续）

牌号	时效前状态	产品类型	单级时效工艺[1]		时效硬化热处理后状态
			温度[2]/℃	时间[3]/h	
6181	T4	板、带材	60~120	3~10	T4P[5]
6082	T4	板、带材	154~166	12~18	T6
	T451	板、带材	154~166	12~18	T651
	T4	模锻件	173~185	7~9	T6
6A01	T4	挤压件	155~165	7~9	T6
6A02	—	所有制品	室温	≥96	T4
			155~165	8~15	T6
6A16	T4	板、带材	60~120	3~10	T4P[5]
7001	W	挤压件	116~127	23~24	T6
	W510		116~127	23~24	T6510
	W511		116~127	23~24	T6511
7020	W	挤压材	105~115	9~10	T6
			155~165	3~4	
7021	W	板、带材	110~125	10~18	T6
7116	W	挤压件	97~108	4~5	T5
			161~173	4~5	
7129	W	挤压件	97~108	>5	T5
			155~166	4~5	
			97~108	>5	T6
			155~166	4~5	
7149	W	模锻和自由锻件	室温	>48	—
7068	W	挤压件	115~125	23~25	T6
7075	W[6]	所有制品	116~127	23~24	T6、T62
	W51[7]	所有制品	116~127	23~24	T651
	W510[6]	挤压件	116~127	23~24	T6510
	W511[6]		116~127	23~24	T6511
	T6[8]	薄板	157~168	24~30	T73
	T6[8]	线材、圆棒、方棒	171~182	8~10	T73
	T6[8]	挤压件	171~182	6~8	T73
			154~166	18~21	T76
	T651[8]	厚板	157~168	24~30	T7351
			157~168	15~18	T7651
	T651[8]	线材、圆棒、方棒	171~182	8~10	T7351
	T6510[8]	挤压件	171~182	6~8	T73510
			154~166	18~21	T76510
	T6511[6]		171~182	6~8	T73511
			154~166	18~21	T76511
	W	锻件	116~127	23~24	T6

（续）

牌号	时效前状态	产品类型	单级时效工艺①		时效硬化热处理后状态
			温度②/℃	时间③/h	
7075	W52	自由锻件	116~127	23~24	T652
7171	W52	自由锻件	116~127	23~24	T652
7475	W51	厚板	116~127	23~24	T651
	W	薄板(包铝合金)	121~157	3~4	T61
7076	W	模锻件和自由锻件	129~141	13~14	T6
7178	W	除锻件	116~127	23~24	T6、T62
	W51	厚板	116~127	23~24	T651
	W510	挤压件	116~127	23~24	T6510
	W511	挤压件	116~127	23~24	T7651
	T6、T62	挤压件	155~166	18~20	T762
	T6、T62	板材	158~169	16~18	T762
7A03	—	铆钉线材	95~105	2~3	T6
	—	铆钉	163~173	3~4	T6
7A04	—	包铝板材	115~225	22~24	T6
	—	挤压件、锻件及非包铝板材	135~145	15~16	T6
	—	所有制品	115~125 155~165	3~4	T6
7B04	T4	板材	115~125	23~25	T6
	T4	型材	115~125	23~25	T6
7A09	—	板材	125~135	8~16	
	—	挤压件、锻件	135~145	16	
7A19	—	所有制品	115~125	2~3	T6
8090	W	薄板、厚板	165~175	8~48	T8
6005	在线风淬	挤压件	180~200	4~8	T5
	在线水淬 T4	挤压件	180~190	6~10	T6
6060	在线风淬	挤压件	190~210	2.5~3	T5
	在线水淬 T4	挤压件	180~200	3~6	T6
6061	在线水淬 T4	挤压件	180~190	6~10	T6
6063	在线风淬	挤压件	190~210	2.5~3	T5
	在线风淬 T4	挤压件	180~200	3~6	T6
6063A	在线风淬	挤压件	190~210	2.5~4	T5
	在线风淬 T4	挤压件	180~200	4~8	T6
6463	在线风淬	挤压件	190~210	2.5~3	T5
	在线风淬 T4	挤压件	180~200	3~6	T6

（续）

牌号	时效前状态	产品类型	单级时效工艺①		时效硬化热处理后状态
			温度②/℃	时间③/h	
6463A	在线风淬	挤压件	190~210	2.5~3	T5
	在线风淬 T4	挤压件	180~200	3~6	T6

① 为了消除制品残余应力状态，固溶处理 W 状态的制品在时效前，宜进行拉伸或压缩变形。

② 当规定温度范围间隔超过 11℃，只要没有其他规定，就可任选整个范围内 11℃ 作为温度范围。

③ 在时效时宜快速升温使制品达到时效温度，时效时间从制品温度全部达到最低时效温度开始计时。

④ 对于薄板和厚板，也可采用 152~166℃ 下加热 18h 的工艺来代替。

⑤ T4P 状态为产品固溶淬火后经过特殊时效处理，在一定时间内，产品强度稳定在一个较低值的状态。

⑥ 对于挤压件，可采用三级时效处理来代替，即先在 93~104℃ 下加热 5h，随后在 116~127℃ 下加热 4h，接着在 143~154℃ 下加热 4h。

⑦ 对于厚板，可采用在 91~102℃ 下进行 4h 处理，随后进行第二阶段的 152~163℃ 下加热 8h 的时效工艺来代替。

⑧ 由任意状态时效到 T7 状态，铝合金 7079、7050、7075 和 7178 时效要求严格控制时效实际参数，如时间、温度、加热速率等。除上述情况外，将 T6 状态经时效处理成 T7 状态系时，T6 状态材料的性能值和其他处理参数是非常重要的，它影响最终处理后 T7 状态合金组织性能。

2）典型产品双级时效处理工艺见表 7-57。

3）时效曲线。图 7-1 所示为硬铝在不同温度下的时效曲线。

时效曲线具有如下实际意义：①在 20℃ 进行自然时效时，在进行到 5~15h 时间段时，硬铝的强化速度最大，效果最显著；到第 4 天前后时，强度达到最大值；②在孕育期，合金还未开始强化，塑性很高，这对合金的加工、铆接、弯曲或矫正等操作是非常好的时机，操作容易进行；③在 -50℃ 时效，淬火后的固溶体即使经过长时间的时效，其性能也不会发生明显变化。由此可见，通过降低温度可抑制时效。

4）回归及再时效。时效态的铝合金，在较低温度下经过短时间的保温，再快速冷至室温，合金会重新变软，恢复到接近淬火状态，谓之回归。将经过回归处理的铝合金，像新淬火的合金一样进行正常的时效，获得具有人工时效态的强度和分级时效态的应力、耐蚀性的最佳配合，即为再时效。时效后的铝合金经过回归处理后，强度和硬度都降低，可进行各种冷变形操作，然后进行再时效处理，这在实际生产中具有重要的意义。表 7-58 列出了几种硬铝合金回归处理的工艺规范。

表 7-57　典型产品双级时效处理制度（YS/T 591—2017）

牌号	时效前状态	产品类型	双级时效工艺①				时效硬化热处理后状态
			一级时效		二级时效		
			温度②/℃	时间③/h	温度②/℃	时间③/h	
2099	T33	挤压件	115~125	10~14	155~165	42~54	T83
7010	W51	厚板	116~127	6~24	166~177	6~15	T7651
			116~127	6~24	166~177	9~18	T7451
			116~127	6~24	166~177	15~24	T7351
	W	厚板、锻件	116~127	6~24	166~177	19~21	T732
			116~127	6~24	166~177	13~15	T742
			116~127	6~24	166~177	10~12	T762
7020	W	板材	105~115	12~18	145~155	6~10	T76
7039	W	薄板	74~85	15~16	154~166	13~14	T61
	W51	厚板	74~85	15~16	154~166	13~14	T64
	W	锻件	115~125	23~25	159~169	11~13	T73
7040	W	板材	115~125	4~28	160~170	10~16	T7451
7140	W	板材	115~125	6~12	150~160	20~30	T7451
7049	W511	挤压件	116~127	23~25	160~166	12~14	T76510 T76511
			116~127	23~25	163~168	12~21	T73510 T73511
	W W52	模锻件、自由锻件	116~127	23~25	160~166	10~16	T73 T7352
	W511	模锻件、自由锻件	116~127	23~25	144~155	12~21	T73511

7149	W511	挤压件	116~127	23~25	160~166	12~14	T76510 T76511
			116~127	23~25	163~168	12~21	T73510 T73511
	W52	锻件	116~127	23~24	160~171	10~16	T73 T7352
7349	W	挤压件	115~125	4~28	151~161	9~13	T76511
7449	W	板材	115~125	4~28	155~165	8~12	T7651
			115~125	4~28	145~155	15~19	T7951
		挤压件	115~125	4~28	145~155	15~19	T79511
7050	W51[4]	厚板	116~127	3~6	157~168	12~15	T7651
			116~127	3~8	157~168	24~30	T7451
			116~127	4~24	172~182	8~16	T7351
	W510[4]	挤压件	116~127	3~8	157~168	15~18	T76510
	W510[4]		116~127	23~24	171~183	12~15	T73510
	W510[4]		116~127	23~24	165~178	8~12	T74510
	W511[4]		116~127	23~24	171~183	12~15	T73511
	W511[4]		116~127	23~24	165~177	8~12	T74511
	W511[4]		116~127	3~8	157~168	15~18	T76511
	W[4]	线材、圆棒	118~124	≥4	177~182	≥8	T73
	W	模锻件	116~127	3~6	171~182	6~12	T74
	W52	自由锻件	116~127	3~6	171~182	6~8	T7452
7150	W510 W511	挤压件	116~127	7~8	154~166	4~6	T6510 T6511
	W51	厚板	116~127	23~24	149~160	11~12	T7651
7055	W	挤压件	116~127	4~6	155~166	11~12	T74511
			116~127	4~6	155~166	6.5~7.5	T76511

（续）

牌号	时效前状态	产品类型	双级时效工艺[①]				时效硬化热处理后状态
			一级时效		二级时效		
			温度[②]/℃	时间[③]/h	温度[②]/℃	时间[③]/h	
7056	W	板材	115~125	19~29	145~155	11~21	T7651
7075	W[④⑤]	薄板和厚板	102~113	6~8	157~168	24~30	T73
	W[④]		116~127	6~8	157~168	15~18	T76
	W[④⑤]	线材、圆棒和方棒	102~113	6~8	171~182	8~10	T73
	W[④⑤]	挤压件	102~113	6~8	171~182	6~8	T73
	W[④]		116~127	3~5	154~166	18~21	T76
	W51[④⑤]	厚板	102~113	6~8	157~168	24~30	T7351
	W51[④]	厚板	116~127	3~5	157~168	15~18	T7651
	W51[④⑥]	线材、圆棒、方棒	102~113	6~8	171~182	8~10	T7351
	W510[④⑤]	挤压件	102~113	6~8	171~182	6~8	T73510
	W511[④⑥]		102~113	6~8	171~182	6~8	T73511
	W510[④⑤]		116~127	3~5	154~166	18~21	T76510
	W511[④⑤]		116~127	3~5	154~166	18~21	T76511
	W[④]	—	102~113	6~8	171~182	8~10	T73
	W51、W52[④]	锻件	102~113	6~8	171~182	6~8	T7351、T7352
	W51	轧环	102~113	6~8	171~182	6~8	T7351
	W	模锻件和自由锻件	102~113	6~8	171~182	6~8	T74
7175	W52	模锻件、自由锻件	102~113	6~8	171~182	6~8	T7452
	W	模锻件、自由锻件	102~113	6~8	171~182	6~8	T74

7475	W	薄板	116~127	3~4	157~163	8~10	T761
7178	W[④]	薄板	116~127	3~5	157~168	15~18	T76
	W[④]	挤压件	116~127	3~5	154~166	18~21	T76
	W51[④]	厚板	116~127	3~5	157~168	15~18	T7651
	W510[④]	挤压件	116~127	3~5	154~166	18~21	T76510
	W511[④]	挤压件	116~127	3~5	154~166	18~21	T76511
7B04	W	板材	110~120	5~10	160~170	14~24	T74
	W51	板材	110~120	5~10	160~170	14~24	T7451
	W51	板材	110~120	5~10	160~170	25~35	T7351
7B05	—	—	90~110	1~8	140~160	10~20	
7A09	—	锻件	105~115	6~8	172~182	8~10	T73
	—	—	105~115	6~8	160~170	8~10	T74
7A19	—	所有制品	95~105	9~10	175~185	2~3	T73
			95~105	9~10	150~160	10~12	T76

① 为了消除制品残余应力状态，固溶处理 W 状态的制品在时效前，宜进行拉伸或压缩变形。在许多实例中列举了多级时效处理，在两级时效步骤之间无须出炉冷却，可连续升温。

② 当规定温度范围间隔超过 11℃，只要没有其他规定，就可任选整个范围内 11℃ 作为温度范围。

③ 在时效时宜快速升温使制品达到时效温度，时效时间从制品温度全部达到最低时效温度开始计时。

④ 由任意状态时效到 T7 状态，铝合金 7079、7050、7075 和 7178 时效要求严格控制时效实际参数，如时间、温度、加热速率等。除上述情况外，将 T6 状态经时效处理成 T7 状态系时，T6 状态材料的性能值和其他处理参数是非常重要的，它影响最终处理后 T7 状态合金组织性能。

⑤ 只要加热速率为 14℃/h，就可用在 102~113℃ 下加热 6~8h，随后在此 163~174℃ 下加热 14~18h 的双级时效处理来代替。

⑥ 只要加热速率为 14℃/h，就可用在 171~182℃ 下加热 10~14h 的工艺来代替。

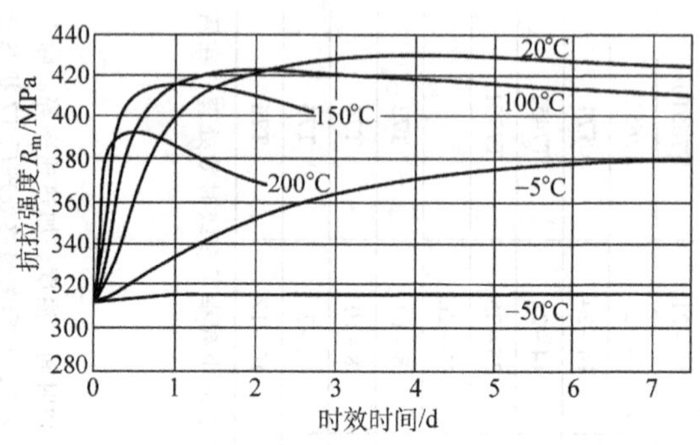

图 7-1　硬铝在不同温度下的时效曲线

表 7-58　几种硬铝合金回归处理工艺规范

牌号	回归处理温度/℃	回归处理时间/s
2A06	270~280	10~15
2A11	240~250	20~45
2A12	265~275	15~30

2. 铸造铝合金的热处理工艺

(1) 铸造铝合金的固溶处理及时效处理（见表 7-59）

(2) 冷热循环处理　这是一种将时效和冷（深冷）处理结合起来反复进行的工艺。其优点是既可降低材料的残余应力、稳定微观组织结构，又能保证力学性能。该工艺适用于尺寸精度和尺寸稳定性有较高要求的铸件。冷热循环处理工艺见表 7-60。

1) 对有较高精度要求的铸件，在固溶处理或时效处理后进行粗加工，按照表 7-60 中工艺 1 进行冷热循环处理后再精加工。

2) 对于尺寸稳定性有更高要求的铸件，可将其于固溶处理或时效处理后进行粗加工，按照表 7-60 中工艺 1 进行冷热循环处理后进行半精加工，半精加工后再按照表 7-60 中工艺 2 进行冷热循环处理后进行精加工。

目前广泛采用的高、低温循环处理工艺，其高温即该合金的时效温度，低温采用-70℃、-196℃（干冰乙醇溶液、液氮）。例如，2A12 合金的高、低温循环处理艺为：(190℃×4h)+(-190℃×2h) 二次循环，第三次为 190℃×4h。

(3) 重复热处理　当铸件热处理后力学性能不合格时，可进行重复热处理。

1) 重复热处理的保温时间可酌情减少。

表 7-59　铸造铝合金的固溶处理及时效处理（GB/T 25745—2010）

序号	牌号	代号	热处理状态	固溶处理				时效处理		
				温度/℃	保温时间/h	冷却介质及温度/℃	最长转移时间/s	温度/℃	保温时间/h	冷却介质
1	ZAlSi7Mg	ZL101	T2	—	—	—	—	290~310	2~4	空气或随炉冷
			T4	530~540	2~6	60~100,水	25	室温	≥24	—
			T5	530~540	2~6	60~100,水	25	145~155	3~5	空气
			T6	530~540	2~6	60~100,水	25	195~205	3~5	空气
			T7	530~540	2~6	60~100,水	25	220~230	3~5	空气
			T8	530~540	2~6	60~100,水	25	245~255	3~5	空气
2	ZAlSi7MgA	ZL101A	T4	530~540	6~12	60~100,水	25	—	—	空气
			T5	530~540	6~12	60~100,水	25	室温	≥8	空气
								再 150~160	2~12	
			T6	530~540	6~12	60~100,水	25	室温	≥8	空气
								再 175~185	3~8	
3	ZAlSi12	ZL102	T2	—	—	—	—	290~310	2~4	空气或随炉冷
4	ZAlSi9Mg	ZL104	T1	—	—	—	—	170~180	3~17	空气
			T6	530~540	2~6	60~100,水	25	170~180	8~15	
5	ZAlSi5Cu1Mg	ZL105	T2	—	—	—	—	175~185	5~10	空气
			T5	520~530	3~5	60~100,水	25	170~180	3~10	
			T7	520~530	3~5	60~100,水	25	220~230	3~10	
6	ZAlSi5Cu1MgA	ZL105A	T5	520~530	4~12	60~100,水	25	155~165	3~5	空气
7	ZAlSi8Cu1Mg	ZL106	T1	—	—	—	—	175~185	3~5	空气
			T5	510~520	5~12	60~100,水	25	145~155	3~5	
			T6	510~520	5~12	60~100,水	25	170~180	3~10	
			T7	510~520	5~12	60~100,水	25	225~235	6~8	

（续）

序号	牌号	代号	热处理状态	固溶处理				时效处理		
				温度/℃	保温时间/h	冷却介质及温度/℃	最长转移时间/s	温度/℃	保温时间/h	冷却介质
8	ZAlSi7Cu4	ZL107	T6	510~520	8~10	60~100,水	25	160~170	6~10	空气
9	ZAlSi12Cu2Mg1	ZL108	T1	—	—	—	—	190~210	10~14	空气
			T6	510~520	3~8	60~100,水	25	175~185	10~16	
			T7	510~520	3~8	60~100,水	25	200~210	6~10	
10	ZAlSi12Cu1Mg1Ni1	ZL109	T1	—	—	—	—	200~210	6~10	空气
			T6	495~505	4~6	60~100,水	25	180~190	10~14	
11	ZAlSi15Cu6Mg	ZL110	T1	—	—	—	—	195~205	5~10	空气
12	ZAlSi9Cu2Mg	ZL111	T6	分段加热		60~100,水	25	170~180	5~8	空气
				500~510	4~6					
				再 530~540	6~8					
13	ZAlSi7Mg1A	ZL114A	T5	530~540	4~6	60~100,水	25	155~165	4~8	空气
			T8	530~540	6~10			160~170	5~10	
14	ZAlSi8MgBe	ZL115	T4	535~545	10~12	60~100,水	25	室温	≥24	—
			T5	535~545	10~12			145~155	3~5	空气
15	ZAlSi8MgBe	ZL116	T4	530~540	8~12	60~100,水	25	室温	≥24	—
			T5	530~540	8~12			170~180	4~8	空气
16	ZAlCu5Mn	ZL201	T4	分段加热		60~100,水		室温	≥24	—
				525~535	5~9					
				再 535~545	5~9					
			T5	分段加热		60~100,水	20	170~180	3~5	空气
				525~535	5~9					
				再 535~545	5~9					

17	ZAlCu5MnA	ZL201A	T5	分段加热		60~100,水	20	155~165	6~9	空气
				530~540	7~9					
				再 540~550	7~9					
18	ZAlCu4	ZL203	T4	510~520	10~16	60~100,水	25	室温	≥24	—
			T5	510~520	10~15	60~100,水	25	145~155	2~4	空气
19	ZAlCu5MnCdA	ZL204A	T6	533~543	10~18	室温~60,水	20	170~180	3~5	空气
20	ZAlCu5MnCdVA	ZL205A	T5	533~543	10~18	室温~60,水	20	150~160	8~10	空气
			T6	533~543	10~18	室温~60,水	20	170~180	4~6	
			T7	533~543	10~18	室温~60,水	20	185~195	2~4	
21	ZAlRE5Cu3Si2	ZL207	T1	195~205	5~10	195~205	5~10	195~205	5~10	空气
22	ZAlMg10	ZL301	T4	425~435	12~20	沸水或 50~100 油	25	室温	≥24	—
23	ZAlMg5Si1	ZL303	T1	—	—	—	—	170~180	4~6	空气
			T4	420~430	15~20	沸水或 50~100 油	25	室温	≥24	—
24	ZAlMg8Zn1	ZL305	T4	分段加热		沸水或 50~100 油	25	室温	≥24	—
				430~440	8~10					
				再 425~435	6~8					
25	ZAlZn11Si7	ZL401	T1	—	—	—	—	195~205	5~10	空气
26	ZAlZn6Mg	ZL402	T1	—	—	—	—	175~185	8~10	空气

注：铸件在固溶冷却介质中停留的时间，以铸件最大厚度为确定依据，但不应少于 2min。

表 7-60 冷热循环处理工艺（GB/T 25745—2010）

工艺号	工艺名称	温度/℃	时间/h	冷却方式
1	正温处理	135～145	4～6	空冷
	负温处理	≤-50	2～3	在空气中回复到室温
	正温处理	135～145	4～6	随炉冷至≤60℃取出空冷
2	正温处理	115～125	6～8	空冷
	负温处理	≤-50	6～8	在空气中回复到室温
	正温处理	115～125	6～8	随炉冷至室温

2）固溶处理重复次数一般不超过2次。

3）时效处理重复次数不受限制。

4）固溶处理为分段加热的铸件，在重复热处理时，固溶处理加热可以不采用分段加热工艺。

（4）稳定化时效　时效温度高于正常时效温度。目的是通过消除工件的残余应力、稳定其微观组织结构来达到尺寸稳定。几种铸造铝合金的稳定化时效工艺见表7-61。

稳定化处理也可采用多级时效。固溶处理后预时效，然后进行正常时效，最后进行终时效。

表 7-61 几种铸造铝合金的稳定化时效工艺

牌号	时效温度/℃	时效时间/h
ZL101	215～235	3～5
ZL201、ZL202	250	3～10
ZL501	250～300	1～3
	或175	5～10

7.2.4 铝及铝合金的热处理操作

1. 准备

1）清洁工件表面，做到无油、无杂质或其他腐蚀性物质。铸件不得带有型砂及杂物等。

2）工件应装入干净的料盘或料筐中，工件间保持25～30mm间隔。应考虑尽可能减少工件在高温下的变形，薄壁及空腔工件应放在上层，必要时可将工件装入夹具中。

3）淬火温度的准确性应控制在±5℃之内，对于形状复杂的铸件应控制在±3℃之内。时效温度和退火温度的准确性可控制在±10℃以内。

4）铝合金的退火、淬火，可在低温井式炉、推杆式炉、箱式炉或专

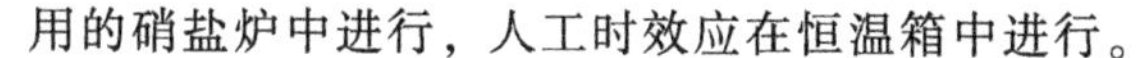

用的硝盐炉中进行，人工时效应在恒温箱中进行。

2. 操作要点

1）退火时可在退火温度或低于退火温度下装炉。

2）固溶处理时，装炉温度一般在300℃以下，升温（升至固溶温度）速度以100℃/h为宜。固溶处理中如需阶段保温，在两个阶段间不允许停留冷却，须直接升至第二阶段温度。

3）按工艺要求加热并保温。砂型铸件的固溶保温时间要比金属型铸件延长20%~25%，第二次固溶处理的保温时间可缩短25%~40%。

4）淬火加热时，工件与电热元件间的距离应保持一定的距离，且不得让电热元件直接辐射工件，以免局部过热。

5）铝合金进行水温调节淬火时，应根据工件的复杂程度控制好水温。小型或形状简单的工件在40℃以下水中冷却；对于形状复杂的工件，水温可控制在40~50℃；大型复杂工件可提高到50~80℃。

6）铝合金淬火时操作必须迅速，有效厚度越小的工件，淬火转移时间应越短。成批工件同时淬火时，转移时间一般不超过20~30s，一般工件不超过15s，小件、薄件的不应超过10s。铸件在水中冷却时间不少于5min。

7）形状复杂的铸件一般在空气炉中加热，加热速度要缓慢，一般为3~5℃/min。

8）为防止铸件氧化，可用氧化铝粉、耐火黏土或石墨粉进行保护。

9）在硝盐浴中加热的铸件，淬火后应在30~50℃的热水中清洗，但在热水中停留的时间不可过长，以免影响时效效果。

10）变形铝合金淬火后需要进行人工时效的工件，应及时进行时效，间隔不超过4h；铝合金铸件淬火后应立即进行时效。时效一般在空气循环加热炉进行。

11）对于在淬火后需要进行冷变形加工、矫正、整形的工件，应在孕育期内进行。2A11、6A02、2A50、2A70、2A14和7A04的孕育期为2h。

12）含镁高的Al-Mg系合金不允许在硝盐炉中加热，以防爆炸。

13）固溶处理时因故中断加热，在短时间内不能恢复工作时，已达到固溶处理温度的铸件应进行固溶冷却，未达到固溶处理温度的铸件可以进行空冷。再次装炉热处理保温时间一般与第一次保温时间累计计算，其总保温时间可延长。

14）时效处理时因故中断保温，在短时间内不能恢复工作时，应出炉空冷。再次进炉热处理的保温时间可与中断前的保温时间累计计算，其有效保温时间应等于或稍长于原来规定的保温时间。

7.2.5　常见铝及铝合金热处理缺陷与对策

常见铝及铝合金热处理缺陷的产生原因与对策见表7-62。

表7-62　常见铝及铝合金热处理缺陷的产生原因与对策

缺陷名称	产生原因	对策
过烧	铸造铝合金中形成低熔点共晶体的杂质含量过多	严格控制炉料
	加热温度过高	适当降低加热温度
	铸造合金加热速度太快,不平衡低熔点共晶体尚未扩散消失而发生熔化	可采用随炉以200~250℃/h的速度缓慢加热,或者分段加热
	炉温仪表失灵	应经常检验炉温仪表,并安装警报装置
	炉内温度分布不均匀,实际温度超过工艺规范	应定期检查浴炉或空气炉的炉温分布状况
畸变	加热或冷却太快,由于热应力引起工件畸变	应改变加热和冷却方法,控制加热和冷却速度
	装炉不合理,因工件自重或在加热及淬火冷却时产生畸变	应采用适当的夹具,正确选择工件淬入冷却介质的方式
	工件经切削加工后,存在残留应力	采用去应力退火,淬火后立即矫正
腐蚀	熔盐中氯离子含量过高	应定期检验硝盐的化学成分,氯离子的质量分数不得超过0.5%
	工件淬火后清洗不彻底	用热水仔细清洗,清洗水中的酸碱度不应过高
起泡	包铝层压合工艺不当,在包铝层和基体材料之间残留空气、水气、润滑油或污垢,在加热至高温时气体膨胀	轻微起泡可用打磨或其他机械加工方法去除
	过烧引起	由于过烧引起的起泡,无法补救,工件只能报废
裂纹	铸件在淬火前已有显微或隐蔽裂纹,在热处理过程中扩展成为可见裂纹	应改进铸造工艺,消除铸造裂纹
	铸件外形复杂,壁厚不均,应力集中	设计时应增大圆角半径,可增设加强肋。淬火时太薄部分用石棉包扎
	升温和冷却速度太大,产生过大的热应力导致开裂	应缓慢均匀加热,并采用缓和的冷却介质淬火或等温淬火

（续）

缺陷名称	产生原因	对策
粗晶粒	退火或固溶处理前经过临界变形度(5%～15%)的变形，加热时晶粒急剧长大	采用高温快速短时加热；在正规热处理之前增加一次去应力退火，消除促使晶粒长大的应力；调整压力加工变形量，使变形量在临界变形量以外，每次变形加工前，采用去应力退火
	固溶处理和退火温度过高，保温时间过长	合理调整加热温度和保温时间
板材软硬不均	退火时冷作硬化消除不充分，尚保留变形织构	补充退火，加热温度为400℃、保温20min，以30℃/h的速度冷至260℃后空冷
力学性能不合格	合金化学成分有偏差	根据工件材料的具体化学成分调整热处理规范
	固溶处理不当。加热温度不够高，保温时间不够长或淬火转移时间过长	严格按工艺执行或修改工艺，应调整加热温度和保温时间，缩短淬火转移时间，重新处理
	时效处理不当，加热温度低或保温时间不足	调整时效温度和保温时间；过硬者可以补充时效
	退火温度偏低，保温时间不足或退火后冷却速度过快	重新退火
	工件各部分厚薄相差悬殊，原始组织和透烧时间不同，影响固溶化效果	延长加热保温时间

7.3　镁及镁合金的热处理

7.3.1　镁及镁合金的牌号

1. 镁及镁合金中的元素代号（见表7-63）

表7-63　镁及镁合金中的元素代号（GB/T 5153—2016）

元素代号	元素名称	元素代号	元素名称
A	铝(Al)	E	稀土(RE)
B	铋(Bi)	F	铁(Fe)
C	铜(Cu)	G	钙(Ca)
D	镉(Cd)	H	钍(Th)

（续）

元素代号	元素名称	元素代号	元素名称
J	锶(Sr)	R	铬(Cr)
K	锆(Zr)	S	硅(Si)
L	锂(Li)	T	锡(Sn)
M	锰(Mn)	V	钆(Gd)
N	镍(Ni)	W	钇(Y)
P	铅(Pb)	Y	锑(Sb)
Q	银(Ag)	Z	锌(Zn)

2. 变形镁及镁合金的牌号

变形镁及镁合金的牌号见表 7-64。变形镁及镁合金牌号新旧对照见表 7-65。

表 7-64　变形镁及镁合金的牌号（GB/T 5153—2016）

组别	牌号	对应 ISO 3116:2007 的数字牌号	组别	牌号	对应 ISO 3116:2007 的数字牌号	组别	牌号	对应 ISO 3116:2007 的数字牌号
MgAl	AZ30M	—	MgAl	AQ80M	—	MgMn	M2M	—
	AZ31B	—		AL33M	—		M2S	ISO-WD43150
	AZ31C	—		AJ31M	—		ME20M	—
	AZ31N	—		AT11M	—	MgRE	EZ22M	—
	AZ31S	ISO-WD21150		AT51M	—	MgGd	VE82M	—
	AZ31T	ISO-WD21151		AT61M	—		VW64M	—
	AZ33M	—	MgZn	ZA73M	—		VW75M	—
	AZ40M	—		ZM21M	—		VW83M	—
	AZ41M	—		ZM21N	—		VW84M	—
	AZ61A	—		ZM51M	—		VK41M	—
	AZ61M	—		ZE10A	—	MgY	WZ52M	—
	AZ61S	ISO-WD21160		ZE20M	—		ZE43B	—
	AZ62M	—		ZE90M	—		ZE43C	—
	AZ63B	—		ZW62M	—		WE54A	—
	AZ80A	—		ZW62N	—		WE71M	—
	AZ80M	—		ZK40A	—		WE83M	—
	AZ80S	ISO-WD21170		ZK60A	—		WE91M	—
	AZ91D	—		ZK61M	—		WE93M	—
	AM41M	—		ZK61S	ISO-WD32260	MgLi	LA43M	—
	AM81M	—		ZC20M	—		LA86M	—
	AE90M	—	MgMn	M1A	—		LA103M	—
	AW90M	—		M1C	—		LA103Z	—

表 7-65　变形镁及镁合金牌号新旧对照

变形镁及镁合金（GB/T 5153—2016）		镁及镁合金板、带、棒材、型材（GB/T 5154—2010、GB/T 5155—2013、GB/T 5156—2013）			
新牌号	旧牌号	新牌号	旧牌号	新牌号	旧牌号
VE82M	EK100M	Mg99.00	Mg2	AZ61M	MB5
VW64M	EQ90M	M2M	MB1	ME20M	MB8
VW75M	EW75M	AZ40M	MB2	ZK61M	MB15
VW84M	EV84M	AZ41M	MB3		

3. 铸造镁合金的牌号（见表 7-66）

表 7-66　铸造镁合金的牌号（GB 1177—2018）

牌号	代号	牌号	代号
ZMgZn5Zr	ZM1	ZMgAl8ZnA	ZM5A
ZMgZn4RE1Zr	ZM2	ZMgNd2ZnZr	ZM6
ZMgRE3ZnZr	ZM3	ZMgZn8AgZr	ZM7
ZMgRE3Zn3Zr	ZM4	ZMgAl10Zn	ZM10
ZMgAl8Zn	ZM5	ZMgNd2Zr	ZM11

7.3.2　镁及镁合金的状态代号

变形镁及镁合金的热处理状态代号见表 7-67。铸造镁合金的状态代号见表 7-68。

表 7-67　变形镁及镁合金的热处理状态代号

状态代号		热处理状态	状态代号		热处理状态
新代号	旧代号		新代号	旧代号	
F	—		T3	—	固溶处理+冷变形
H112	R	加工自由状态	T4	Z	固溶处理
T1	S	人工时效	T6	ZS	固溶处理+人工时效
T2	M	退火状态	T61	—	固溶热水淬火+人工时效

表 7-68　铸造镁合金的状态代号（GB/T 1177—2018）

状态代号	合金状态	状态代号	合金状态
F	铸态	T4	固溶处理+自然时效
T1	人工时效	T6	固溶处理+完全人工时效
T2	退火		

7.3.3　镁及镁合金的热处理工艺

镁合金热处理的主要类型有退火、固溶处理、直接人工时效处理、固溶处理加人工时效等。

1. 镁合金的退火

镁合金的退火可分为去内应力退火和完全退火两种。变形镁合金退火工艺规范见表7-69。

表7-69　变形镁合金退火工艺规范

牌号	消除内应力退火				完全退火	
	板材		挤压件和锻件		温度/℃	时间①/h
	温度/℃	时间/h	温度/℃	时间/h		
M2M	205	1	260	0.25	340~400	3~5
AZ40M	150	1	260	0.25	350~400	3~5
AZ41M	250~280	0.5	—	—	—	—
ME20M②	—	—	—	—	280~320	2~3
ZK61M	—	—	260	0.25	380~400	6~8

① 完全退火保温时间应以工件发生完全再结晶为限，时间可适当缩短。

② 当要求较高的强度时，可以在260~290℃进行退火；当要求较高的塑性时，则应在320~350℃进行退火。

2. 固溶处理和时效

(1) 变形镁合金的固溶处理和时效工艺（见表7-70）

表7-70　变形镁合金的固溶处理和时效工艺

牌号	热处理类型	固溶处理			时效(或退火)		
		温度/℃	时间/h	冷却介质	温度/℃	时间/h	冷却介质
M2M	T2	—	—	—	340~400	3~5	空气
ME20M	T2	—	—	—	280~320	2~3	空气
AZ40M	T2	—	—	—	280~350	3~5	空气
AZ41M	T2	—	—	—	250~280	0.5	
AZ61M	T2	—	—	—	320~380	4~8	
AZ62M	T2	—	—	—	320~350	4~6	
	T4	380±5			—	—	—
AZ80M	T2	—	—	—	200±10	1	空气
	T6	415±5			175±10	10	—
AK61M	T1	—	—	—	150	2	空气
	T6	515	2	水	150	2	空气

(2) 铸造镁合金的固溶处理和时效　固溶加热温度和保温时间对合金的性能影响较大。固溶加热温度和保温时间对ZM5合金性能的影响如图7-2所示。铸造镁合金的固溶处理和时效工艺见表7-71。

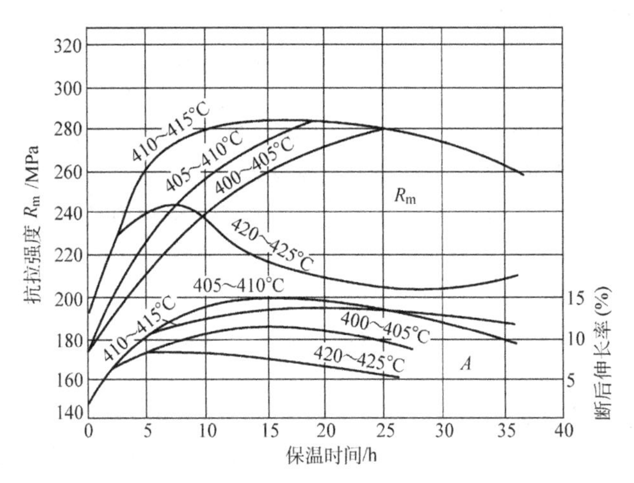

图 7-2 固溶加热温度和保温时间对 ZM5 合金性能的影响

表 7-71 铸造镁合金的固溶处理和时效工艺

牌号	热处理类型		固溶处理			时效(或退火)		
			温度/℃	时间/h	冷却介质	温度/℃	时间/h	冷却介质
ZM1	T1		—	—	—	175±5	28~32	空气
			—	—	—	195±5	16	空气
ZM2	T1		—	—	—	325±5	5~8	空气
ZM3	T1		—	—	—	250±5	10	空气
ZM4	T2		—	—	—	325±5	5~8	空气
	T4		570±5	4~6	压缩空气	—	—	—
	T6		570±5	4~6	压缩空气	200	12~16	空气
ZM5	Ⅰ	T4	415±5	14~24	空气	175±5	16	空气
		T6	415±5	14~24	空气	200±5	8	空气
	Ⅱ	T4	415±5	6~12	空气	175±5	16	空气
		T6	415±5	6~12	空气	200±5	8	空气
ZM6	T6(或 T61)		530±5	8~12(4~8)	压缩空气(热水)	205	12~16(8~12)	空气

7.3.4 镁及镁合金的热处理操作

1. 准备

1）认真清洗工件上的油污杂物，擦干水迹，除掉镁屑及毛刺等。

2）工件之间保持适当间隙，以利于空气循环，保持炉温均匀。

3）认真检查设备，准确校正测温仪表，精确到±5℃。

4）炉膛气密性要好。

5）电热元件不直接辐射工件，应有防护隔板。

2. 操作要点

1）镁合金固溶处理的加热应在保护气氛中进行，以防镁合金氧化和燃烧。保护气体可采用二氧化碳、二氧化硫或氩气等。

2）严禁在以二氧化硫作为保护气体的镁合金炉内处理铝合金工件，因为二氧化硫对铝合金有腐蚀作用。如果必须在镁合金热处理炉中处理铝合金时，应改用二氧化碳作为保护气体。

3）有效厚度较大的工件淬火时，应采用风冷或水冷。

3. 安全技术

1）严禁在硝盐炉中进行镁合金的加热，以免发生爆炸。

2）镁合金易燃，火星可使镁屑燃烧，潮湿的镁屑会发生爆炸。车间内必须配备灭火工具，严防火灾发生。

3）每次开炉前必须校验控温仪表，一旦因控温仪表失灵或误操作引起炉内工件燃烧时，炉温会急剧上升，并从炉内冒出白烟。此时应立即切断电源，关闭风扇，停止供应保护气氛。

4）镁合金发生燃烧时绝对禁止用水灭火。燃烧初期可用石棉布或石棉绳堵塞加热炉上的所有进入空气的孔洞，使其与空气隔断，即可灭火。若工件继续燃烧，火焰不大时，可将燃烧的工件移至铁桶中用灭火器扑灭，也可用干砂、干粉状石墨等灭火。

5）灭火人员应配备安全装备，并戴有色防护眼镜，以防强烈白光刺伤眼睛。

7.3.5　常见镁及镁合金热处理缺陷与对策

常见镁及镁合金热处理缺陷的产生原因与对策见表7-72。

表7-72　常见镁及镁合金热处理缺陷的产生原因与对策

缺陷名称	产生原因	对策
过烧	加热速度太快	采用分段加热或从260℃升温到固溶处理温度的时间要适当放缓
	炉温控制仪表失灵，炉温过高，超过了合金的固溶处理温度	每次开炉前检查、校正控温仪表，炉温控制在±5℃范围以内
	合金中存在有较多的低熔点物质	将合金中的锌含量降至规定的下限
	加热不均，工件局部温度过高，产生局部过烧	保持炉内热循环良好，使炉温均匀

（续）

缺陷名称	产生原因	对策
畸变与开裂	热处理过程中未使用夹具和支架	采用夹具、支架和底盘等工装
	加热温度不均匀	控制加热速度，不要太快；工件壁厚相差较大时，薄壁部分用石棉包扎起来
	内应力大	采用去应力退火
晶粒长大	铸件结晶时局部冷却太快，产生应力，在热处理前未消除内应力	铸造结晶时注意选择适当的冷却速度；固溶处理前进行去内应力处理，或采用间断加热方法
性能不均匀	炉温不均匀，炉内热循环不良	校对炉温，保持炉气热循环应良好
	工件冷却速度不均	重新处理
性能不足（不完全热处理）	固溶处理温度低	经常检查炉子工作情况
	加热保温时时间不足	严格按热处理规范进行加热
	冷却速度过低	进行第二次热处理
ZM5合金阳极化颜色不良	固溶处理后冷却速度太慢	应在固溶加热处理后风冷
	合金中铝含量过高，使 Mg_4Zn_3 相大量析出	调整铝含量至规定的下限

7.4　钛及钛合金的热处理

7.4.1　钛及钛合金的牌号

1. 工业纯钛及钛合金的牌号（见表7-73～表7-75）

表7-73　工业纯钛、α型和近α型钛及钛合金的牌号（GB/T 3620.1—2016）

牌号	名义化学成分	牌号	名义化学成分
TA0	工业纯钛	TA6	Ti-5Al
TA1	工业纯钛	TA7	Ti-5Al-2.5Sn
TA2	工业纯钛	TA7ELI	Ti-5Al-2.5SnELI
TA3	工业纯钛	TA8	Ti-0.05Pd
TA1GELI	工业纯钛	TA8-1	Ti-0.05Pd
TA1G	工业纯钛	TA9	Ti-0.2Pd
TA1G-1	工业纯钛	TA9-1	Ti-0.2Pd
TA2GELI	工业纯钛	TA10	Ti-0.3Mo-0.8Ni
TA2G	工业纯钛	TA11	Ti-8Al-1Mo-1V
TA3GELI	工业纯钛	TA12	Ti-5.5Al-4Sn-2Zr-1Mo-1Nd-0.25Si
TA3G	工业纯钛		
TA4GELI	工业纯钛	TA12-1	Ti-5Al-4Sn-2Zr-1Mo-1Nd-0.25Si
TA4G	工业纯钛		
TA5	Ti-4Al-0.005B	TA13	Ti-2.5Cu

（续）

牌号	名义化学成分	牌号	名义化学成分
TA14	Ti-2.3Al-11Sn-5Zr-1Mo-0.2Si	TA25	Ti-3Al-2.5V-0.05Pd
TA15	Ti-6.5Al-1Mo-1V-2Zr	TA26	Ti-3Al-2.5V-0.10Ru
TA15-1	Ti-2.5Al-1Mo-1V-1.5Zr	TA27	Ti-0.10Ru
TA15-2	Ti-4Al-1Mo-1V-1.5Zr	TA27-1	Ti-0.10Ru
TA16	Ti-2Al-2.5Zr	TA28	Ti-3Al
TA17	Ti-4Al-2V	TA29	Ti-5.8Al-4Sn-4Zr-0.7Nb-1.5Ta-0.4Si-0.06C
TA18	Ti-3Al-2.5V		
TA19	Ti-6 Al-2Sn-4Zr-2Mo-0.08Si	TA30	Ti-5.5Al-3.5Sn-3Zr-1Nb-1Mo-0.3Si
TA20	Ti-4Al-3V-1.5Zr		
TA21	Ti-1Al-1Mn	TA31	Ti-6Al-3Nb-2Zr-1Mo
TA22	Ti-3Al-1Mo-1Ni-1Zr	TA32	Ti-5.5Al-3.5Sn-3Zr-1Mo-0.5Nb-0.7Ta-0.3Si
TA22-1	Ti-2.5Al-1Mo-1Ni-1Zr		
TA23	Ti-2.5Al-2Zr-1Fe	TA33	Ti-5.8Al-4Sn-3.5Zr-0.7Mo-0.5Nb-1.1Ta-0.4Si-0.06C
TA23-1	Ti-2.5Al-2Zr-1Fe	TA34	Ti-2Al-3.8Zr-1Mo
TA24	Ti-3Al-2Mo-2Zr	TA35	Ti-6Al-2Sn-4Zr-2Nb-1Mo-0.2Si
TA24-1	Ti-3Al-2Mo-2Zr	TA36	Ti-1Al-1Fe

注：TA1GELI、TA1G、TA1G-1、TA2GELI、TA2G、TA3GELI、TA3G、TA4GELI、TA4G分别对应于旧标准中的TA1ELI、TA1、TA1-1、TA2ELI、TA2、TA3ELI、TA3、TA4ELI、TA4。

表 7-74　β型和近β型钛合金的牌号（GB/T 3620.1—2016）

牌号	名义化学成分	牌号	名义化学成分
TB2	Ti-5Mo-5V-8Cr-3A1	TB10	Ti-5Mo-5V-2Cr-3Al
TB3	Ti-3.5Al-10Mo-8V-1Fe	TB11	Ti-15Mo
TB4	Ti-4Al-7Mo-10V-2Fe-1Zr	TB12	Ti-25V-15Cr-0.3Si
TB5	Ti-15V-3Al-3Cr-3Sn	TB13	Ti-4Al-22V
TB6	Ti-10V-2Fe-3Al	TB14	Ti-45Nb
TB7	Ti-32Mo	TB15	Ti-4Al-5V-6Cr-5Mo
TB8	Ti-15Mo-3Al-2.7Nb-0.25Si	TB16	Ti-3Al-5V-6Cr-5Mo
TB9	Ti-3Al-8V-6Cr-4Mo-4Zr	TB17	Ti-6.5Mo-2.5Cr-2V-2Nb-1Sn-1Zr-4Al

表 7-75　α-β型钛合金的牌号（GB/T 3620.1—2016）

牌号	名义化学成分	牌号	名义化学成分
TC1	Ti-2Al-1.5Mn	TC8	Ti-6.5Al-3.5Mo-0.25Si
TC2	Ti-4Al-1.5Mn	TC9	Ti-6.5Al-3.5Mo-2.5Sn-0.3Si
TC3	Ti-5Al-4V	TC10	Ti-6Al-6V-2Sn-0.5Cu-0.5Fe
TC4	Ti-6Al-4V	TC11	Ti-6.5Al-3.5Mo-1.5Zr-0.3Si
TC4ELI	Ti-6Al-4V-ELI	TC12	Ti-5Al-4Mo-4Cr-2Zr-2Sn-1Nb
TC6	Ti-6Al-1.5Cr-2.5Mo -0.5Fe-0.3Si	TC15	Ti-5Al-2.5Fe

（续）

牌号	名义化学成分	牌号	名义化学成分
TC16	Ti-3Al-5Mo-4.5V	TC25	Ti-6.5Al-2Mo-1Zr-1Sn-1W-0.2Si
TC17	Ti-5Al-2Sn-2Zr-4Mo-4Cr	TC26	Ti-13Nb-13Zr
TC18	Ti-5Al-4.75Mo-4.75V-1Cr-1Fe	TC27	Ti-5Al-4Mo-6V-2Nb-1Fe
TC19	Ti-6Al-2Sn-4Zr-6Mo	TC28	Ti-6.5Al-1Mo-1Fe
TC20	Ti-6Al-7Nb	TC29	Ti-4.5Al-7Mo-2Fe
TC21	Ti-6Al-2Mo-2Nb-2Zr-2Sn-1.5Cr	TC30	Ti-5Al-3Mo-1V
TC22	Ti-6Al-4V-0.05Pd	TC31	Ti-6.5Al-3Sn-3Zr-3Nb-3Mo-1W-0.2Si
TC23	Ti-6Al-4V-0.1Ru	TC32	Ti-5Al-3Mo-3Cr-1Zr-0.15Si
TC24	Ti-4.5Al-3V-2Mo-2Fe		

2. 铸造钛及钛合金的牌号（见表 7-76）

表 7-76　铸造钛及钛合金的牌号（GB/T 15073—2014）

牌号	代号	牌号	代号	牌号	代号
ZTi1	ZTA1	ZTiAl5Sn2.5	ZTA7	ZTiAl4V2	ZTA17
ZTi2	ZTA2	ZTiPd0.2	ZTA9	ZTiMo32	ZTB32
ZTi3	ZTA3	ZTiMo0.3Ni0.8	ZTA10	ZTiAl6V4	ZTC4
ZTiAl4	ZTA5	ZTiAl6Zr2Mo1V1	ZTA15	ZTiAl6Sn4.5Nb2Mo1.5	ZTC21

7.4.2　钛及钛合金的热处理工艺

钛及钛合金的热处理可分为非强化热处理和强化热处理。α 型钛合金的热处理一般为非强化热处理，α-β 型钛合金和 β 型钛合金的热处理一般为强化热处理。非强化热处理主要有退火，强化热处理主要有固溶处理+时效。

1. 钛及钛合金的 β 转变温度

钛及钛合金在加热过程中全部转变为 β 相组织的最低温度，称为 β 转变温度，用 T_β 表示。部分钛及钛合金的 β 转变温度见表 7-77。部分铸造钛及钛合金的 β 转变温度 T_β 见表 7-78。

表 7-77　部分钛合金的 β 转变温度 T_β（GB/T 23605—2009）

牌号	T_β/℃	牌号	T_β/℃
TA5	980~1020	TA18	920~950
TA7	1000~1040	TA19	980~1020
TA11	1020~1050	TA21	870~910
TA15	980~1010	TA22	930~970
TA16	930~970	TA24	940~980
TA17	960~990	TC1	890~930

（续）

牌号	T_β/℃	牌号	T_β/℃
TC2	955~995	TC18	840~880
TC4	970~1010	TC21	950~990
TC4ELI	940~980	TB2	730~770
TC6	960~990	TB3	730~770
TC9、TC11	980~1020	TB6	780~820
TC16	840~880	TB8	790~830

表 7-78　部分铸造钛及钛合金的β转变温度 T_β

牌号	代号	T_β/℃
ZTi2	ZTA2	900
ZTiAl4	ZTA5	990
ZTiAl5Sn2.5	ZTA7	1010
ZTiAl6V4	ZTC4	995

2. 退火处理

（1）退火　退火包括普通退火、等温退火及双重退火。目的是使合金组织均匀，性能稳定，提高塑性和韧性；对于耐热合金可提高其在高温下的尺寸稳定性和组织稳定性。

1）α型、近α和α-β型合金的退火温度为 T_β-(120~200)℃，β型合金的退火温度在 T_β 以上。

2）钛及钛合金退火保温时间与工件厚度的关系见表7-79。

表 7-79　钛及钛合金退火保温时间与工件厚度的关系（GB/T 37584—2019）

最大截面厚度（直径）/mm	保温时间/min
≤3	15~25
>3~6	>25~35
>6~13	>35~45
>13~20	>45~55
>20~25	>55~65
>25	在厚度为25mm保温60min的基础上，厚度每增加5mm最少增加12min

等温退火适用于β相稳定化元素含量较高的α-β钛合金。由于β相稳定性高，采用等温退火可使β相充分分解。将工件加热至比相变点低30~80℃保温，然后在比相变点低300~400℃的较低温度保温后空冷。

双重退火是采取两次加热后空冷。第一次加热温度高于或接近再结晶终了温度，使再结晶充分进行，但又不使晶粒明显长大。因空冷后的组织尚不够稳定，需要再加热至稍低的温度，保温较长的时间，使β相充分分解、聚集，以改善α-β钛合金的塑性、断裂韧度和组织稳定性。

钛及钛合金制件的退火工艺见表7-80。钛及钛合金棒、饼和环的退火工艺见表7-81。

表7-80 钛及钛合金制件的退火工艺（GB/T 37584—2019）

牌号	板材、带材及厚板制件			棒材制件及锻件		
	加热温度/℃	保温时间/min	冷却方式	加热温度/℃	保温时间/min	冷却方式
TA2、TA3	650~720	15~120	空冷或更慢冷	650~815	60~120	空冷
TA7	705~845	10~120	空冷	705~845	60~240	
TA11	760~815	60~480	炉冷①	900~1000	60~120	空冷②
TA15	700~850	15~120	空冷	700~850	60~240	空冷
TA18	650~790	30~120	空冷或更慢冷	650~790	60~180	空冷或更慢冷
TA19	870~925	10~120	空冷	$T_{\beta}-(15\sim30)$	60~120	空冷②
TC1	640~750	15~120	空冷或更慢冷	700~800	60~120	空冷或更慢冷
TC2	660~820	15~120	空冷或更慢冷	700~820	60~120	空冷或更慢冷
TC4③	705~870	15~60	空冷或更慢冷④	705~790	60~120	空冷或更慢冷
TC6				800~850	60~120	空冷
TC10	710~850	15~120	空冷或更慢冷	710~850	60~120	空冷或更慢冷
TC11				950~980	60~120	空冷⑤
TC16	680~790	15~120	空冷⑤	770~790	60~120	炉冷后空冷⑥
TC18	740~760	15~120	空冷	820~850	60~180	炉冷后空冷⑦
TC19	—	—	—	815~915	60~120	空冷
2TC3	—	—	—	910~930	120~210	炉冷
ZTC4	—	—	—	910~930	120~180	炉冷
2TC5	—	—	—	910~930	120~180	炉冷

① 炉冷到480℃以下。若双重退火，第二阶段应在790℃保温15min，空冷。

② 随后在595℃保温8h，空冷。

③ 当TC4合金制件的再结晶退火用于提高断裂韧度时，通常采用以下制度：在β转变温度以下30~45℃，保温1~4h，空冷或更慢冷；再在700~760℃保温1~2h，空冷。

④ 若TC4合金制件采用双重退火（或固溶处理和退火）时，退火处理制度为：在β转变温度以下30~45℃，保温1~2h，空冷或更快冷；再在700~760℃保温1~2h，空冷。

⑤ 空冷后在530~580℃保温2~12h，空冷。

⑥ 以2~4℃/min的速度炉冷至550℃（在真空炉中不高于500℃），然后空冷。

⑦ 复杂退火，炉冷至740~760℃保温1~3h，空冷，再在500~650℃保温2~6h，空冷。

表 7-81　钛及钛合金棒、饼和环的退火工艺

牌号	制件	加热温度/℃	保温时间/h	冷却方式
TA1	棒 饼、环	600~700	1~3 1~4	空冷
TA2	棒 饼、环	600~700	1~3 1~4	空冷
TA3	棒 饼、环	600~700	1~3 1~4	空冷
TA4	棒 饼、环	600~700	1~3 1~4	空冷
TA5	棒 饼、环	700~850	1~3 1~4	空冷
TA6	棒	750~850	1~3	空冷
TA7	棒 饼、环	750~850	1~3 1~4	空冷
TA9	棒 饼、环	600~700	1~3 1~4	空冷
TA10	棒 饼、环	600~700	1~3 1~4	空冷
TA13	棒 饼、环	780~800	0.5~2 0.5~4	空冷
TA15	棒、饼、环	700~850	1~4	空冷
TA19	棒	955~985℃,1~2h,空冷,575~605℃,8h,空冷		
TC1	棒 饼、环	700~850	1~3 1~4	空冷
TC2	棒 饼、环	700~850	1~3 1~4	空冷
TC3	棒	700~800	1~3	空冷
TC4	棒 饼、环	700~800	1~3 1~4	空冷
TC4ELI	棒	700~800	1~3	空冷
TC6	棒	普通退火:800~850	1~2	空冷
	棒	等温退火:870±10	6	空冷
TC9	棒	950~1000℃,1~3h,空冷,530℃±10℃,6h,空冷		
TC10	棒	700~800	1~3	空冷
TC11	棒	950℃±10℃,1~3h,空冷,530℃±10℃,6h,空冷		
TC12	棒	700~850	1~3	空冷

注：1. TC11 的首次退火温度允许在 T_{β} 以下 30~50℃内进行调整。

2. 表中数据摘自 GB/T 2965—2007《钛及钛合金棒材》、GB/T 16598—2013《钛及钛合金饼和环》。

（2）β退火　对于TC4、TC4 ELI和其他α-β合金，β退火的加热温度为T_{β}+(25±5)℃，保温时间≥30min。制件在空气或惰性气体中冷至环境温度，不应随炉冷却。除另有规定外，不应水冷。若采用水冷，还应在730~760℃保温1~3h，进行第二次退火。

（3）去应力退火　目的在于消除在机加工、冷成形和焊接过程中产生的内应力，以及制件经机械矫正而产生的内应力。经喷丸强化的制件禁止在固溶处理后进行去应力退火。

1）去应力退火温度低于合金的再结晶温度，一般为450~650℃。对于固溶时效处理制件，去应力退火温度应比时效温度低30℃。

2）保温时间：对机械加工件一般为0.5~2h，焊接件为2~12h。

3）冷却方式为保温后空冷或炉冷。

钛及钛合金的去应力退火工艺见表7-82。铸造钛及钛合金的去应力退火工艺见表7-83。

表7-82　钛及钛合金的去应力退火工艺（GB/T 37584—2019）

牌号	加热温度/℃	保温时间/min
TA2、TA3、TA4	480~600	15~240
TA7	540~650	15~360
TA11	595~760	10~75
TA15	600~650	30~480
TA18	370~595	15~240
TA19	480~650	60~240
TC1①	520~580	30~240
TC2①	545~600	30~360
TC4②	480~650	60~240
TC6	530~620	30~360
TC10	540~600	30~360
TC11	500~600	30~360
TC16	550~650	30~240
TC17	480~650	60~240
TC18	600~680	60~240
TC21	530~620	30~360
ZTC3	620~800	60~240
ZTC4	600~800	60~240
ZTC5	550~800	60~240
TB2	650~700	30~60

（续）

牌号	加热温度/℃	保温时间/min
TB3	680~730	30~60
TB5	680~710	30~60
TB6	675~705	30~60

① 与镀镍或镀铬零件接触的TC1和TC2焊接部件和零件的退火，只允许在520℃的真空炉中进行。

② 去应力退火可以在760~790℃与热成形同时进行。

表7-83　铸造钛及钛合金的去应力退火工艺（GB/T 6614—2014）

代号	温度/℃	保温时间/min	冷却方式
ZTA1、ZTA2、ZTA3	500~600	30~60	炉冷或空冷
ZTA5	550~650	30~90	
ZTA7	550~650	30~120	
ZTA9、ZTA10	500~600	30~120	
ZTA15	550~750	30~240	
ZTA17	550~650	30~240	
ZTC4	550~650	30~240	

3. 固溶处理

钛及钛合金固溶处理的目的是为了获得良好的综合力学性能。

（1）固溶处理温度　加热温度应根据合金的化学成分及所要求的性能来确定。对于α-β合金，固溶加热应在α-β区温度进行；对于β合金，固溶加热温度通常高于T_β或高于α-β区温度。

（2）保温时间　固溶处理的保温时间可按经验公式计算：

$$T = AD + (5 \sim 8)\,\text{min} \tag{7-1}$$

式中　T——保温时间（min）；

A——保温时间系数（一般为3min/mm）；

D——工件有效厚度（mm）。

钛及钛合金的固溶处理工艺见表7-84。

表7-84　钛及钛合金的固溶处理工艺（GB/T 37584—2019）

牌号	板材、带材及厚板制件		棒材制件、锻件及铸件		冷却方式
	加热温度/℃	保温时间/min	加热温度/℃	保温时间/min	
TA11			900~1010	20~90	空冷或更快冷
TA19	815~915	2~90	900~980	20~120	空冷或更快冷

（续）

牌号	板材、带材及厚板制件		棒材制件、锻件及铸件		冷却方式
	加热温度/℃	保温时间/min	加热温度/℃	保温时间/min	
TC4	890~970	2~90	890~970	20~120	水淬
TC6			840~900	20~120	水淬
TC10	850~900	2~90	850~900	20~120	水淬
TC16			780~830	90~150	水淬
TC17			790~815	20~120	水淬
TC18			720~780①	60~180	水淬
TC19	815~915	2~90	815~915	20~120	空冷或水淬
Ti-6Al-2Sn-2Zr-2Mo-2Cr-0.25Si	870~925	2~90	870~925	20~120	水淬
TB2	750~800	2~30	750~800	10~30	空冷或更快冷
TB5	760~815	2~30	760~815	20~90	空冷或更快冷
TB6			705~775	60~120	水淬②

① 对于复杂形状的TC18半成品或零件，推荐可先于810~830℃，保温1~3h，炉冷，再执行表中的工艺，时效工艺为480~600℃，保温4~10h。

② 直径或截面厚度不大于25mm时，允许空冷。

（3）淬火转移时间　淬火转移要非常迅速，α-β钛合金淬火转移时间应在2s以内，大截面工件在10s以内。最大淬火转移时间见表7-85。TC4合金半成品最大淬火转移时间见表7-86。

表7-85　最大淬火转移时间（GB/T 37584—2019）

最小截面厚度/mm	转移时间/s	最小截面厚度/mm	转移时间/s
≤0.6	6	>2.5~25	15
>0.6~2.5	10	>25	30

注：1. 淬火转移时间是指从炉门打开直到整个装料完全浸入淬火冷却介质所用的时间。
2. 表中的淬火转移时间不包括TC4合金。

表7-86　TC4合金半成品最大淬火转移时间（GB/T 37584—2019）

最小截面厚度/mm	转移时间/s
≤6	6
>6~25	8
>25	10

注：淬火转移时间是指从炉门打开直到整个装料完全浸入淬火冷却介质所用的时间，但若能够确定炉门开启过程中，所有装料的温度下降仍在工艺温度允许的温度偏差内，则可以不将炉门开启的时间计算到转移时间内。

对于TC4、TC4 ELI和其他α-β合金，若规定进行β固溶处理，则按β退火工艺执行。

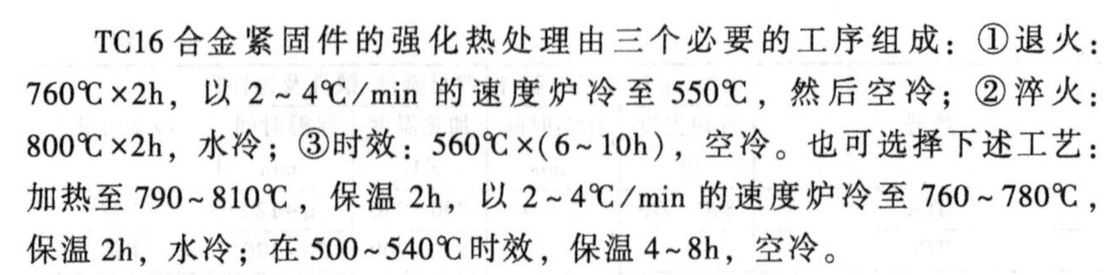

TC16合金紧固件的强化热处理由三个必要的工序组成：①退火：760℃×2h，以2～4℃/min的速度炉冷至550℃，然后空冷；②淬火：800℃×2h，水冷；③时效：560℃×(6～10h)，空冷。也可选择下述工艺：加热至790～810℃，保温2h，以2～4℃/min的速度炉冷至760～780℃，保温2h，水冷；在500～540℃时效，保温4～8h，空冷。

4. 时效

时效规范的选择取决于对合金力学性能的要求。时效温度高时，韧性好；时效温度低时，强度高。为防止时效后脆性增加，时效温度一般在500℃以上。时效温度偏差一般应保证在±5℃范围以内。为提高组织的热稳定性，多采用较长的时效时间。

有些工件淬火和时效后需进行切削加工，会由于切削加工造成新的应力。为此，可对工件进行补充时效。补充时效的温度应低于原时效温度，时间一般为1～3h。

钛及钛合金的时效工艺见表7-87。

表7-87　钛及钛合金的时效工艺（GB/T 37584—2019）

牌号	加热温度/℃	保温时间/h
TA11	540～620	8～24
TA19	565～620	2～8
TC4	480～690	2～8
TC6	500～620	1～4
TC10	510～600	4～8
TC16	500～580	4～10
TC17	480～675	4～8
TC18	480～600	4～10
TC19	585～675	4～8
Ti-6Al-2Sn-2Zr-2Mo-2Cr-0.25Si	480～675	2～10
TB2	450～550	8～24
TB5	480～675	2～24
TB6	480～620	8～10

5. 除氢处理

(1) 加热温度　除氢处理的加热温度一般比制件和试样最后一道工艺温度低30℃或更多，但不低于550℃；若最后一道工艺温度不能满足温度要求，则应当在前一道热处理工序完成后进行除氢处理。

（2）真空度　除氢处理的极限工作真空度应不大于 6.7×10^{-2}Pa。

（3）保温时间　除氢处理的保温时间见表 7-88。保温足够时间后炉冷至 200℃以下出炉。

表 7-88　除氢处理的保温时间（GB/T 37584—2019）

最大截面厚度（直径）/mm	保温时间/h
≤20	1～2
>20～50	2～3
>50	>3

6. 形变热处理

钛合金的形变热处理方法有高温形变热处理（变形温度在再结晶温度以上）和低温形变热处理（变形温度在再结晶温度以下）两种。这两种形变热处理可以分别进行，也可以组合进行。

形变热处理不但能显著提高钛合金的室温强度和塑性，也可以提高钛合金的疲劳强度和热强性以及耐蚀性。影响形形变热处理强化效果的因素主要是合金成分、变形温度、变形程度、冷却速度及随后的时效规范。

α-β 型钛合金形变热处理时，在形变后采用水冷；β 型钛合金可采用空冷。变形加工完毕至水冷之间的时间间隔应尽量缩短。

低温形变热处理应在淬火后快速加热至变形温度，以防止塑性较好的亚稳定 β 相过早分解。"过热" β 相在其稳定性最低的温度下分解孕育期约为 5min，变形要在 5min 内完成。亚稳定 β 相的低温变形有利于随后时效分解。

α-β 型钛合金多采用高温形变热处理，在稍低于 β 相变点的温度变形 40%～70%，然后水冷，可获得最好的强化效果。

几种钛合金形变热处理工艺及力学性能对比见表 7-89。

表 7-89　几种钛合金形变热处理工艺及力学性能对比

牌号	热处理工艺	力学性能								
		室温				450℃高温瞬时			450℃持久强度	
		R_m /MPa	A (%)	Z (%)	σ_{-1} /MPa	R_m /MPa	A (%)	Z (%)	应力 /MPa	破坏时间 /h
TC6	850℃淬火+550℃×5h 时效	1150	10	48	560	770	15	46	690	73
	850℃变形 50%～70%，水冷，500℃×5h 时效	1460	10	45	610	920	13	67	690	163

（续）

牌号	热处理工艺	力学性能								
		室温				450℃高温瞬时			450℃持久强度	
		R_m /MPa	A (%)	Z (%)	σ_{-1} /MPa	R_m /MPa	A (%)	Z (%)	应力 /MPa	破坏时间 /h
TC4	880℃淬火+590℃×2h时效	1160	15	43	500	743	18.5	63.5	750	110
	920℃变形50%～70%，水冷，590℃×2h时效	1400	12	50	590	985	15	63	750	120
TC30	880℃淬火+480℃×12h时效	1165	10	37	590	845	15	67	600	24
	850℃变形50%～70%，水冷，480℃×12h时效	1270	10	39	620	900	17	65	600	86

7.4.3 钛及钛合金的热处理操作

1. 设备

钛及钛合金制件可以用空气炉、惰性气体保护炉和真空炉等进行热处理，加热介质不应使用吸热式或放热式气氛、氢气气氛以及氨裂解气氛。禁止使用盐浴炉和流态炉加热。

2. 准备

1）待热处理制件及工装表面应保持洁净和干燥，彻底清除表面的油渍、污物、涂层痕迹、卤化物以及其他有害的外来物。制件不应使用卤化溶剂或甲醇除油。允许采用预留加工余量的方法，保证热处理后能够通过机加工去除表面污染层。

2）装炉前，应对含有热处理禁用气氛的热处理炉进行清洗。清洗用气体为空气或惰性气体，用量至少应为炉膛容积的两倍。

3）随炉试样准备：对制件有力学性能要求时，每炉批应跟随力学性能试样，每种力学性能试样一般不少于3个。

3. 操作要点

1）制件和试样应以合理的方式摆放或吊挂，制件之间应留有合适的间隙，以保证加热介质的自由循环和所有炉料的均匀加热，最大限度地减少加热和淬火带来的变形。

2）禁止使用带有镀锌层和镀镉层的铁丝绑扎、固定制件和试样。

3）制件及试样一般是到温入炉，有入炉温度要求时应按要求温度入炉。

4）保持炉内温度均匀性，不超过设定温度允许的最大偏差上限。

5）保温时间的计算以炉内最后一支工艺温度传感器的温度数据达到工艺设定温度所要求的温度均匀性下限时开始。保温时间可以用实验方法确定。

6）制件出炉淬火时应平稳操作，防止因碰撞或强烈晃动产生变形。

7）淬火转移时间按工艺规定执行。对于薄壁件、片状件和细小制件，淬火转移时间应尽量缩短。对于空气炉、惰性气体炉和真空炉（除单室炉）淬火转移时间的计算一般应以加热室炉门开启时刻为起始，直至制件完全没入冷却介质中为止。

4. 真空热处理时的操作注意事项

1）采用不锈钢制作的工装在装炉时，应在制件和工装接触的部位放上钛合金垫片或陶瓷垫片。

2）加热时制件可随炉升温。

3）在升温加热前加热室的工作压强一般不大于 6.7×10^{-2}Pa，且在加热过程中对加热室回充惰性气体，其露点不高于-54℃。

4）最大截面厚度超过 25mm 的制件应进行预热，预热温度低于规定温度 100~200℃。

5）加热时，若加热滞后时间已知，保温时间为加热滞后时间加上工艺所规定的时间；加热滞后时间未知时，保温时间为工艺所规定的保温时间的 2 倍。

6）对于大型真空炉应通过工艺试验和性能测试来确定淬火转移时间。

7）固溶处理时，真空工作压强的控制与加热温度有关。加热温度不大于 750℃时，真空压强不大于 6.7×10^{-2}Pa；加热温度超过 750℃时，应向加热室回充氩气、氦气或两者的混合气，或其他符合工艺要求的气体进行分压保护，分压压强应控制在 1.33~13.3Pa。

8）进行时效加热时，压强应控制在 1.33×10^{-2}~6.7×10^{-2}Pa。

9）真空退火、去应力退火或除氢处理等需炉冷工艺的制件，应炉冷到 200℃以下才能出炉。

10）带有密闭腔体的制件（包括组合件）固溶处理时不得在真空炉内进行加热。

7.4.4 常见钛及钛合金热处理缺陷与对策

常见钛及钛合金热处理缺陷的产生原因与对策见表7-90。

表7-90　常见钛及钛合金热处理缺陷的产生原因与对策

缺陷名称	产生原因	对策
过热、过烧	加热温度过高	1)检查控温仪表,准确控温 2)严重过烧者,无法通过热处理挽救,应报废
渗氢	炉气为还原性气氛	1)控制炉气为微氧化性气氛,使炉温尽量低 2)进行真空除氢处理
氧化色	炉气呈氧化性气氛	1)控制炉内为微氧化性气氛,使炉温尽量低 2)热处理后,按有关规定去除氧化皮及一定深度的基体金属

第8章 特殊合金的热处理

本章主要介绍高温合金、钢结硬质合金、磁性合金、膨胀合金、耐蚀合金的热处理。

8.1 高温合金的热处理

8.1.1 高温合金的牌号及化学成分

变形高温合金的牌号由“GH+四位阿拉伯数字”组成，其中第一位数字表示合金的分类号，第二至四位数字表示合金的编号。

铸造高温合金（等轴晶）的牌号由“K+三位阿拉伯数字”组成，其中第一位数字表示合金分类号，第二、三位数字表示合金的编号。

高温合金牌号中分类号的含义见表 8-1。

表 8-1 高温合金牌号中分类号的含义

分类号	含义	
	变形高温合金	铸造高温合金(等轴晶)
1	铁或铁镍[w(Ni)<50%]为主要元素的固溶强化型合金	钛铝系金属间化合物高温材料
2	铁或铁镍[w(Ni)<50%]为主要元素的时效强化型合金	铁或铁镍[w(Ni)<50%]为主要元素的合金
3	镍为主要元素的固溶强化型合金	—
4	镍为主要元素的时效强化型合金	镍为主要元素的合金和镍铝系金属间化合物高温材料
5	钴为主要元素的固溶强化型合金	—
6	钴为主要元素的时效强化型合金	钴为主要元素的合金
7	铬为主要元素的固溶强化型合金	—
8	铬为主要元素的时效强化型合金	铬为主要元素的合金

高温合金的牌号及化学成分详见 GB/T 14992—2005。

变形高温合金牌号新旧对照见表 8-2。铸造高温合金牌号新旧对照见表 8-3。

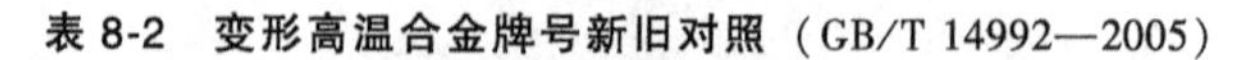

表 8-2　变形高温合金牌号新旧对照（GB/T 14992—2005）

新牌号	原牌号	新牌号	原牌号	新牌号	原牌号
GH1015	GH15	GH2909	GH909	GH4133B	GH4133B
GH1016	GH16	GH2984	GH984	GH4141	GH141
GH1035	GH35	GH3007	GH5K	GH4145	GH145
GH1040	GH40	GH3030	GH30	GH4163	GH163
GH1131	GH131	GH3039	GH39	GH4169	GH169
GH1139	GH139	GH3044	GH44	GH4199	GH199
GH1140	GH140	GH3128	GH128	GH4202	GH202
GH2035A	GH35A	GH3170	GH170	GH4220	GH220
GH2036	GH36	GH3536	GH536	GH4413	GH413
GH2038	GH38A	GH3600	GH600	GH4500	GH500
GH2130	GH130	GH3625	GH625	GH4586	GH586
GH2132	GH132	GH3652	GH652	GH4648	GH648
GH2135	GH135	GH4033	GH33	GH4698	GH698
GH2150	GH150	GH4037	GH37	GH4708	GH708
GH2302	GH302	GH4049	GH49	GH4710	GH710
GH2696	GH696	GH4080A	GH80A	GH4738	GH738(GH684)
GH2706	GH706	GH4090	GH90	GH4742	GH742
GH2747	GH747	GH4093	GH93	GH5188	GH188
GH2761	GH761	GH4098	GH98	GH5605	GH605
GH2901	GH901	GH4099	GH99	GH5941	GH941
GH2903	GH903	GH4105	GH105	GH6159	GH159
GH2907	GH907	GH4133	GH33A	GH6783	GH783

表 8-3　铸造高温合金牌号新旧对照（GB/T 14992—2005）

新牌号	原牌号	新牌号	原牌号	新牌号	原牌号
K211	K11	K417G	K17G	K477	K77
K213	K13	K417L	K17L	K480	K80
K214	K14	K418	K18	K491	K91
K401	K1	K418B	K18B	K4002	K002
K402	K2	K419	K19	K4130	K130
K403	K3	K419H	K19H	K4163	K163
K405	K5	K423	K23	K4169	K4169
K406	K6	K423A	K23A	K4202	K202
K406C	K6C	K424	K24	K4242	K242
K407	K7	K430	K430	K4536	K536
K408	K8	K438	K38	K4537	K537
K409	K9	K438G	K38G	K4648	K648
K412	K12	K441	K41	K4708	K708
K417	K17	K461	K461	K605	K605

（续）

新牌号	原牌号	新牌号	原牌号	新牌号	原牌号
K610	K10	K640	K40	K6188	K188
K612	K612	K640M	K40M	K825	K25

8.1.2 高温合金的热处理工艺

1. 常用的高温合金强化方法（见表 8-4）。

表 8-4 常用的高温合金强化方法

强化方法	说明	典型牌号
固溶强化	合金元素在金属中改变了基体点阵常数。点阵常数的变化是固溶强化效果的显著标志。固溶强化型高温合金，时效不能强化（或时效强化倾向不明显）	GH3030、GH3039、GH3044 等
沉淀强化（时效强化）	利用碳化物相或金属间化合物相时效析出，引起沉淀强化 固溶处理温度为 1050～1200℃ 时效温度为 600～800℃	靠碳化物相强化：GH2036 等 靠金属间化合物相强化：GH2132、GH2135 等
晶界强化	1）加入微量的硼、锆、稀土等元素，与有害杂质形成高熔点的化合物，使合金元素在晶界上的扩散速度降低，从而提高合金的热强性 2）适当的热处理。晶界碳化物类型和分布状态与合金成分、热处理状态有关，因而影响钢的性能	
形变强化	通过变形来影响合金内部的组织结构，根据变形温度的高低，可以分为三种 1）室温形变热处理（冷加工强化） 2）中温形变热处理（半热硬化或温加工强化） 3）高温形变热处理（热加工强化）	

高温合金热处理一般分为去应力退火、中间退火、固溶处理、固溶+时效处理等。

2. 常用铁基变形高温合金的热处理工艺（见表 8-5）

表 8-5 常用铁基变形高温合金的热处理工艺（GB/T 39192—2020）

牌号	工件类型	工艺名称	加热温度/℃①	保温时间②	冷却方式③	硬度HBW
GH1015	板材	中间退火	1080	厚度≤3mm：8～12min；厚度为 3～5mm：12～15min	空冷或水冷	—
		固溶处理	1130～1170			
	棒材、锻件、环轧件	固溶处理	1140～1170	(0.2～0.4) min/mm×T+30min	空冷或快冷	—

（续）

牌号	工件类型	工艺名称	加热温度/℃①	保温时间②	冷却方式③	硬度HBW
GH1016	板材	中间退火	1080	厚度≤3mm:8~12min;厚度为3~5mm:12~15min	空冷	—
		固溶处理	1140~1180		空冷	—
	棒材、锻件、环轧件	固溶处理	1160	(0.2~0.4)min/mm×T+15min	空气或快冷	—
GH1035	板材	中间退火	1060~1100	(L2~2.0)min/mm×T	空冷	—
		固溶处理	1100~1140			
	环轧件	固溶处理	1120	(0.2~0.4)min/mm×T+1h	水冷	—
		去应力退火	720	(0.4~0.6)min/mm×T+(8~12)h	空冷	—
GH1040	棒材、锻件	固溶处理	1200	(0.2~0.4)min/mm×T+1h	空冷	—
		去应力退火	700	(0.4~0.6)min/mm×T+16h	空冷	
GH1131	板材	中间退火	1000~1070	厚度≤3mm:8~12min;厚度为3~5mm:12~15min	空冷	—
		固溶处理	1130~1170		空冷	—
	棒材、锻件	固溶处理	1130~1170	(0.2~0.4)min/mm×T+45min	空冷或快冷	—
GH1140	板材	中间退火	1050	厚度≤3mm;10~15min;厚度为3~5mm:15~20min	空冷	—
		固溶处理	1050~1090		空冷	—
	棒材、锻件	固溶处理	1070~1090	(0.2~0.4)min/mm×T+1h	空冷	—
GH2018	板材	退火或固溶	1110~1150	厚度≤3mm:8~12min;厚度为3~5mm:12~15min	空冷	—
		时效	800	(0.2~0.4)min/mm×T+16h	空冷	—
GH2036	热轧棒材、锻制棒材	固溶处理	1140	直径<45mm:80min;直径≥45mm:(0.2~0.4)min/mm×T+80min	水冷	—
		时效	670℃保温(0.4~0.6)min/mm×T+12h,然后随炉升温至770~800℃保温(0.2~0.4)min/mm×T+12h		空气	277~311

（续）

牌号	工件类型	工艺名称	加热温度/℃①	保温时间②	冷却方式③	硬度HBW
GH2036	冷拉棒材	固溶处理	1140	(0.2~0.4)min/mm×T+80min	水冷	—
		时效	670℃保温(0.4~0.6)min/mm×T+(12~14)h,然后随炉升温至(770~800)℃保温(0.2~0.4)min/mm×T+(10~12)h		空冷	277~311
	锻制圆饼、环轧件、盘锻件	固溶处理	1130~1140	(0.2~0.4)min/mm×T+80min	水冷	—
		时效	(650~670)℃保温(0.4~0.6)min/mm×T+(14~16)h,然后随炉升温至(770~800)℃保温(0.2~0.4)min/mm×T+(16~20)h		空冷	277~311
GH2038	棒材	固溶处理	1180	(0.2~0.4)min/mm×T+1h	水冷	—
		时效	780	(0.2~0.4)min/mm×T+(16~25)h	空冷	240~302
GH2130	棒材	一次固溶	1180	(0.2~0.4)min/mm×T+1h	空冷	—
		二次固溶	1050	(0.2~0.4)min/mm×T+4h	空冷	—
		时效	800	(0.2~0.4)min/mm×T+(16~20)h	空冷	269~341
GH2132	板材、丝材、焊接件、棒材、锻件、环轧件	固溶（工艺A）	980	板材、丝材：15~30min；其他：(0.2~0.4)min/mm×T+1h	空冷或快冷	—
		时效④（工艺A）	700~760	(0.2~0.4)min/mm×T+16h	空冷	248~341
	板材、丝材、焊接件、棒材、锻件、环轧件	固溶（工艺B）	900	板材、丝材：15~30min；其他：(0.2~0.4)min/mm×T+1h	空冷或快冷	—
		一次时效（工艺B）	705	(0.4~0.6)min/mm×T+16h	空冷	—
		二次时效（工艺B）	650	(0.4~0.6)min/mm×T+16h	空冷	277~363

（续）

牌号	工件类型	工艺名称	加热温度/℃①	保温时间②	冷却方式③	硬度HBW
GH2135	棒材、锻件、环轧件	固溶处理（工艺A）	1140	(0.2~0.4)min/mm×T+4h	空冷	—
		一次时效（工艺A）	830	(0.2~0.4)min/mm×T+8h	空冷	—
		二次时效（工艺A）	650	(0.2~0.6)min/mm×T+16h	空冷	255~321
	棒材、锻件、环轧件	固溶处理（工艺B）	1080	(0.2~0.4)min/mm×T+4h	空冷	—
		一次时效（工艺B）	830	(0.2~0.4)min/mm×T+8h	空冷	—
		二次时效（工艺B）	650	(0.2~0.6)min/mm×T+16h	空冷	277~352
GH2150	锻件、棒材、环轧件	固溶处理	1040~1080	(0.2~0.4)min/mm×T+1h	空冷	—
		时效	750	(0.4~0.6)min/mm×T+(16~24)h	空冷	277~375
	板材	固溶处理	1040~1080	10~15min	空冷	—
		时效	750	(0.4~0.6)min/mm×T+16h	空冷	—
GH2302	锻件、棒材、环轧件	一次固溶	1180	(0.2~0.4)min/mm×T+1h	空冷	—
		二次固溶	1050	(0.2~0.4)min/mm×T+4h	空冷	—
		时效	800	(0.2~0.4)min/mm×T+16h	空冷	269~241
	板材	固溶处理	1120	厚度≤3mm：10~15min；厚度为3~5mm：15~20min	空冷	—
		时效	800	(0.2~0.4)min/mm×T+16h	空冷	—
GH2696	丝材	时效	700~750	3~5h	空冷	≥40HRC
	板材	时效	700~750	3~5h	空冷	35~40HRC
	Ⅰ组冷拉棒	时效	750℃保温16h，随后炉冷至650℃保温16h		空冷	—
	Ⅱ组冷拉棒	时效	750℃保温16h，随后炉冷至650℃保温16h		空冷	—

（续）

牌号	工件类型	工艺名称	加热温度/℃[1]	保温时间[2]	冷却方式[3]	硬度HBW
GH2696	Ⅲ及Ⅳ组冷拉棒	固溶（工艺A）	1100	(0.2～0.4)min/mm×T+1h	油、聚合物水溶液	—
		时效（工艺A）	780	(0.2～0.4)min/mm×T+16h	空冷	285～341
		固溶（工艺B）	1100～1120	3～5h	油、聚合物水溶液	—
		一次时效（工艺B）	840～850	3～5h	空冷	—
		二次时效（工艺B）	700～730	16～25h	空冷	262～321
	锻件、环轧件、热轧棒	固溶（工艺A）	1100	(0.2～0.4)min/mm×T+1h	油、聚合物水溶液	—
		时效（工艺A）	780	(0.2～0.4)min/mm×T+16h	空冷	285～341
	锻件、环轧件、热轧棒	固溶（工艺B）	1100～1120	(0.2～0.4)min/mm×T+3h	油、聚合物水溶液	—
		一次时效（工艺B）	840～850	(0.2～0.4)min/mm×T+3h	空冷	—
		二次时效（工艺B）	700～730	(0.2～0.4)min/mm×T+(16～25)h	空冷	262～321
GH2706	板材、带材、棒材、锻件、环轧件	固溶处理（工艺A）	980	板材、带材：(0.2～0.4)min/mm×T+5min；棒材、锻件、环轧件：(0.2～0.4)min/mm×T+30min	空冷	—
	板材、带材、棒材、锻件、环轧件	时效[5]（工艺A）	730℃保温(0.4～0.6)min/mm×T+8h，随后炉冷至620℃保温(0.4～0.6)min/mm×T+8h		空冷	≥285
	板材、带材、棒材、锻件、环轧件	固溶处理（工艺B）	930～955	板材、带材：(0.2～0.4)min/mm×T+5min；棒材、锻件、环轧件：(0.2～0.4)min/mm×T+30min	空冷	—
		稳定化处理（工艺B）	843	(0.2～0.4)min/mm×T+3min	空冷	

（续）

牌号	工件类型	工艺名称	加热温度/℃①	保温时间②	冷却方式③	硬度HBW
GH2706	板材、带材、棒材、锻件、环轧件	时效⑤（工艺B）	720℃保温(0.4~0.6)min/mm×T+8h，随后炉冷至620℃保温(0.4~0.6)min/mm×T+8h		空冷	≥303
GH2761	大型锻件、涡轮盘	固溶处理	1120	(0.2~0.4)min/mm×T+2h	水冷	—
		一次时效	850	(0.2~0.4)min/mm×T+4h	空冷	—
		二次时效	750	(0.4~0.6)min/mm×T+24h	空冷	271~388
	棒材及环轧件	固溶处理	1090	(0.2~0.4)min/mm×T+2h	水冷	—
		一次时效	850	(0.2~0.4)min/mm×T+4h	空冷	—
		二次时效	750	(0.4~0.6)min/mm×T+24h	空冷	321~415
GH2901	棒材及锻件	固溶	1065~1090	(0.2~0.4)min/mm×T+2h	水冷或油冷	—
		一次时效	775~800	(0.2~0.4)min/mm×T+(2~4)h	空冷	—
		二次时效	705~730	(0.4~0.6)min/mm×T+24h	空冷	302~388
GH2903	环轧件	固溶处理	845	(0.2~0.4)min/mm×T+1h	空冷	—
		时效⑤	720℃保温(0.4~0.6)min/mm×T+8h，随后以(45~65)℃/h炉冷至620℃保温(0.4~0.6)min/mm×T+8h		空冷	341~415
GH2907	棒材、环轧件	固溶处理	980	(0.2~0.4)min/mm×T+1h	空冷或快冷	—
		时效	775℃保温(0.2~0.4)min/mm×T+(8~12)h，随后炉冷至620℃保温(0.4~0.6)min/mm×T+8h		空冷	302~375

（续）

牌号	工件类型	工艺名称	加热温度/℃①	保温时间②	冷却方式③	硬度HBW
GH2909	棒材、锻件、环轧件	固溶处理（工艺 A）	980	(0.2~0.4)min/mm×T+1h	空冷	—
		时效⑥（工艺 A）	720℃保温(0.4~0.6)min/mm×T+8h，随后以(45~65)℃/h炉冷至620℃保温(0.4~0.6)min/mm×T+8h		空冷	≥331
	棒材、锻件、环轧件	固溶处理（工艺 B）	980	(0.2~0.4)min/mm×T+1h	空冷	—
		时效⑦（工艺 B）	745℃保温(0.4~0.6)min/mm×T+4h，随后以(45~65)℃/h炉冷至620℃保温(0.4~0.6)min/mm×T+4h		空冷	≥331

注：T为有效厚度。

① 加热温度不包括炉温均匀性公差。

② 保温时间包括均热时间及冶金转变时间。例如，保温时间要求0.4min/mm×T+8h，其中0.4min/mm×T为均热时间，8h为冶金转变时间。均热系数仅适用于空气电阻炉及气氛保护炉工件单层装炉的情况。采用叠装时，应通过负载热电偶来确定均热时间。表中冶金转变时间为定值时，按以下规定执行：保温时间≤1h，时间偏差为±10%；保温时间1~3h，时间偏差为±6min；保温时间≥3h，时间偏差为±15min。

③ 当冷却方式为快冷时，依据工件大小可以选用风冷、油冷、聚合物水溶液或水进行冷却。

④ 若缺口持久性能不合格，允许在650℃补充时效12h。

⑤ 可以不控制冷速，但总时效时间不低于18h。

⑥ 可以不控制冷速，但总时效时间不低于18h。时效后若缺口持久性能不合格，允许重复时效。

⑦ 可以不控制冷速，但总时效时间不低于10h。若缺口持久性能不合格，允许重复时效。

3. 常用镍基、钴基变形高温合金的热处理工艺（见表8-6）

表8-6 常用镍基、钴基变形高温合金的热处理工艺（GB/T 39192—2020）

牌号	工件类型	工艺名称	加热温度/℃①	保温时间②	冷却方式③	硬度HBW
GH3030	板材、焊接件	固溶处理	980~1020	厚度≤3mm:8~12min;厚度为3~5mm:12~16min	空冷	—
	丝材	固溶处理	980~1020	直径≤3mm:8~12min;直径为3~5mm:12~16min	空冷或水冷	—

（续）

牌号	工件类型	工艺名称	加热温度/℃[1]	保温时间[2]	冷却方式[3]	硬度HBW
GH3030	冷拉棒材	固溶处理	980~1020	(0.2~0.4)min/mm×T+30min	空冷或快冷	—
	环轧件、锻件	固溶处理[4]	980~1020	(0.2~0.4)min/mm×T+1h	空冷或快冷	—
GH3039	板材	固溶处理	1050~1090	厚度≤3mm:8~12min;厚度为3~5mm:12~16min	空冷	—
	棒材、锻件	中间退火	1050	(0.2~0.4)min/mm×T+30min	空冷	—
		固溶处理	1050~1090	(0.2~0.4)min/mm×T+30min	空冷或快冷	—
GH3044	板材	固溶处理	1120~1160	厚度≤3mm:8~12min;厚度为3~5mm:12~16min	空冷	—
	棒材、锻件、环轧件	中间退火	1120	(0.2~0.4)min/mm×T+15min	空冷	—
		固溶处理[5]	1120~1160	(0.2~0.4)min/mm×T+15min	空冷	—
GH3128	板材	固溶处理	1140~1180	厚度≤3mm:8~12min;厚度为3~5mm:12~16min	空冷	—
	棒材、锻件	中间退火	1100	(0.2~0.4)min/mm×T+15min	空冷	—
		固溶处理[5]	1150~1170	(0.2~0.4)min/mm×T+1h	空冷	—
GH3636	板材	固溶处理	1130~1170	厚度≤3mm:8~12min;厚度为3~5mm:12~16min	空冷	—
	棒材、锻件、环轧件	去应力退火	870	(0.2~0.4)min/mm×T+1h	空冷	—
		固溶处理	1175	(0.2~0.4)min/mm×T+15min	空冷或快冷	—
GH3625	棒材、板材、锻件、环轧件	去应力退火	900	(0.2~0.4)min/mm×T+1h	空冷	—
		固溶处理（工艺A）	925~1030	(0.2~0.4)min/mm×T+1h	板材:空冷;其他:快冷	—

（续）

牌号	工件类型	工艺名称	加热温度/℃[①]	保温时间[②]	冷却方式[③]	硬度HBW
GH3625	棒材、板材、锻件、环轧件	固溶处理（工艺B）	1090~1200	(0.2~0.4)min/mm×T+15min	板材：空冷；其他：快冷	—
GH4033	转动件用棒材及锻件	固溶处理	1080	(0.2~0.4)min/mm×T+8h	空冷	
		时效	700	0.4~0.6min/mm×T+16h	空冷	255~321
	一般用途的棒材及锻件	固溶处理（工艺A）	1080	(0.2~0.4)min/mm×T+8h	空冷	
		时效（工艺A）	700或750	(0.2~0.4)min/mm×T+16h	空冷	255~321
	环锻件及锻制饼件	固溶处理（工艺B）	1080	(0.2~0.4)min/mm×T+8h	空冷	
		时效[⑥]（工艺B）	750	0.4~0.6min/mm×T+16h	空冷	255~321
GH4037	棒材及锻件	一次固溶	1170~1180	(0.2~0.4)min/mm×T+2h	空冷	
		二次固溶	1050	(0.2~0.4)min/mm×T+4h	缓冷	
		时效	800	(0.2~0.4)min/mm×T+16h	空冷	269~341
GH4049	棒材、锻件	一次固溶	1200	(0.2~0.4)min/mm×T+2h	空冷	
		二次固溶	1050	(0.2~0.4)min/mm×T+4h	空冷	
		时效	850	(0.2~0.4)min/mm×T+8h	空冷	302~363
GH4080A	冷轧薄板、带材加工的零件	时效	750	4h	空冷	≥285
	叶片使用棒材、叶片毛坯	固溶处理	1080	(0.2~0.4)min/mm×T+8h	空冷	
		时效	700	(0.4~0.6)min/mm×T+16h	空冷	≥285
	棒材、锻件、其他零件	中间退火	1060	(0.2~0.4)min/mm×T+30min	空冷或快冷	
		固溶处理	1080	0.2~0.4min/mm×T+8h	空冷或快冷	

(续)

牌号	工件类型	工艺名称	加热温度/℃[1]	保温时间[2]	冷却方式[3]	硬度HBW
GH4080A	棒材、锻件、其他零件	时效	700℃保温(0.4~0.6)min/mm×T+16h,或者750℃保温(0.4~0.6)min/mm×T+4h		空冷	≥285
	闪光焊环	一次固溶	1120	0.2~0.4min/mm×T+1h	水冷	
		二次固溶	1050~1080	(0.2~0.4)min/mm×T+2h	水冷	
		时效	750	(0.4~0.6)min/mm×T+4h	空冷	≥285
GH4090	冷轧薄板、带材加工的零件	时效	700~725	4h	空冷	
	冷拉丝加工的弹簧	时效	600℃保温16h,或者650℃保温4h		空冷	
	棒材、锻件	固溶处理	1080	(0.2~0.4)min/mm×T+8h	空冷或快冷	
		时效	750	(0.4~0.6)min/mm×T+4h	空冷	
GH4093	棒材、锻件	固溶处理	1050~1080	(0.2~0.4)min/mm×T+8h	空冷	
		时效	710	(0.4~0.6)min/mm×T+16h	空冷	
GH4099	板材加工的结构件	中间退火	1100	15~20min	空冷或快冷	
		固溶处理	1120~1160	厚度≤3mm:8~12min;厚度为3~5mm:12~16min	空冷	
		时效	900℃保温+5h或800℃保温8h		空冷	
CH4133 GH4133B	饼坯、盘件、环件、棒材	固溶处理	1080	(0.2~0.4)min/mm×T+8h	空冷	
		时效	750	(0.4~0.6)min/mm×T+16h	空冷	262~363
GH4141	锻件、环件、棒材	退火(工艺A)	1080	(0.2~0.4)min/mm×T+30min	快冷	
		固溶处理(工艺A)	1065	(0.2~0.4)min/mm×T+30min	空冷或快冷	
		时效(工艺A)	760	(0.2~0.4)min/mm×T+16h	空冷	≥346
		退火(工艺B)	1080	(0.2~0.4)min/mm×T+1h	快冷	
		固溶处理(工艺B)	1120	(0.2~0.4)min/mm×T+30min	空冷	

（续）

牌号	工件类型	工艺名称	加热温度/℃[①]	保温时间[②]	冷却方式[③]	硬度HBW
GH4141	锻件、环件、棒材	时效（工艺B）	900	(0.2~0.4)min/mm×T+4h	空冷	≥283
GH4145	A类交货状态丝材加工的弹簧	时效	650	4h	空冷	
	棒材、锻件、环轧件	固溶（工艺A）	1150	(0.4~0.6)min/mm×T+2h	空冷	
		时效（工艺A）	方案1:840℃保温(0.2~0.4)min/mm×T+24h，随后在2h内空冷到705℃以下，然后重新加热到705℃保温(0.4~0.6)min/mm×T+(19~21)h。方案2:840℃保温(0.2~0.4)min/mm×T+24h，随后在2h内炉冷到705℃保温(0.4~0.6)min/mm×T+(19~21)h		空冷	262~341
		固溶（工艺B）	980	(0.4~0.6)min/mm×T+1h	空冷或快冷	
		时效（工艺B）	730℃保温(0.4~0.6)min/mm×T+8h，随后以(45~65)℃/h的冷速炉冷到620℃保温(0.4~0.6)min/mm×T+8h		空冷	302~401
GH4163	棒材、锻件、环轧件	固溶处理	1150	(0.2~0.4)min/mm×T+30min	空冷或快冷	
		时效	800	(0.2~0.4)min/mm×T+8h	空冷	
GH4169	弹簧	冷拉+时效[⑦]	720℃保温8h，随后以(45~65)℃/h的冷速炉冷到620℃保温8h		空冷	≥42HRC
	棒材、锻件、环轧件、盘件	中间退火	940~960	(0.2~0.4)min/mm×T+30min	空冷或快冷	
	棒材、锻件、环轧件、盘件	固溶处理（工艺A）	950~1010	(0.2~0.4)min/mm×T+1h	空冷或快冷	
		时效（工艺A）	720℃保温(0.4~0.6)min/mm×T+8h，随后以(45~65)℃/h的冷速炉冷到620℃保温(0.4~0.6)min/mm×T+8h		空冷	341~450

（续）

牌号	工件类型	工艺名称	加热温度/℃①	保温时间②	冷却方式③	硬度HBW
GH4169	棒材、锻件、环轧件	固溶处理（工艺B）	1020~1055	(0.2~0.4)min/mm×T+1h	空冷或快冷	
		时效（工艺B）	775~800	(0.2~0.4)min/mm×T+(6~9)h	空冷	298~354
GH4202	管材、冷轧板材	固溶处理	1080	厚度≤3mm：8~12min；厚度为3~5mm：12~16min	空冷	
		时效	850	5h	空冷	
	棒材、锻件	固溶处理（工艺A）	1100~1150	(0.2~0.4)min/mm×T+4h	空冷	
		时效（工艺A）	800~850	(0.2~0.4)min/mm×T+(5~10)h	空冷	240~340
		固溶处理（工艺B）	1000	(0.2~0.4)min/mm×T+4h	空冷	
		时效（工艺B）	750	(0.4~0.6)min/mm×T+16h	空冷	
GH4220	棒材、锻件	一次固溶	1220	(0.2~0.4)min/mm×T+4h	空冷	
		二次固溶	1050	(0.2~0.4)min/mm×T+4h	空冷	
		时效	950	(0.2~0.4)min/mm×T+2h	空冷	285~341
GH4500	棒材、锻件、环轧件	一次固溶	1120	(0.2~0.4)min/mm×T+2h	空冷	
		二次固溶	1080	(0.2~0.4)min/mm×T+4h	空冷	
		一次时效	845	(0.2~0.4)min/mm×T+24h	空冷	
		二次时效	760	(0.2~0.4)min/mm×T+16h	空冷	≥345
GH4648	板材	固溶处理	1130~1150	厚度≤3mm：8~12min；厚度为3~5mm：12~16min	空冷	
		时效	880~920	16h	空冷	
	棒材、锻件、环轧件	固溶处理	1120~1170	(0.2~0.4)min/mm×T+1h	空冷	
		时效	880~920	(0.2~0.4)min/mm×T+16h	空冷	

（续）

牌号	工件类型	工艺名称	加热温度/℃①	保温时间②	冷却方式③	硬度HBW
GH4698	棒材、锻件	一次固溶	1120	(0.2~0.4)min/mm×T+8h	空冷	
		二次固溶	1000	(0.2~0.4)min/mm×T+4h	空冷	
		一次时效	775	(0.2~0.4)min/mm×T+16h	空冷	
		二次时效	700	(0.2~0.4)min/mm×T+(16~24)h	空冷	285~341
GH4710	棒材、锻件、环轧件	一次固溶	1170	(0.2~0.4)min/mm×T+4h	空冷	
		二次固溶	1080	(0.2~0.4)min/mm×T+4h	空冷	
		一次时效	845	(0.2~0.4)min/mm×T+24h	空冷	
		二次时效	760	(0.2~0.4)min/mm×T+16h	空冷	≥360

注：T 为有效厚度。

① 加热温度不包括炉温均匀性公差。

② 保温时间包括均热时间及冶金转变时间。例如，保温时间要求 0.4min/mm×T+8h，其中 0.4min/mm×T 为均热时间，8h 为冶金转变时间。均热系数仅适用于空气电阻炉及气氛保护炉工件单层装炉的情况。采用叠装时，应通过负载热电偶来确定均热时间。表中冶金转变时间为定值时，按以下规定执行：保温时间≤1h，时间偏差为±10%；保温时间 1~3h，时间偏差为±6min；保温时间≥3h，时间偏差为±15min。

③ 当冷却方式为快冷时，依据工件大小可以选用风冷、油冷、聚合物水溶液或水进行冷却。

④ 为了获得高的热强性，可提高固溶温度至 1150℃。

⑤ 为了获得高的热强性，可提高固溶温度至 1200℃。

⑥ 适合于 700℃ 温度下使用的零件。

⑦ 可以不控制炉冷速度，但总时效时间不低于 18h。

4. 铸造高温合金的热处理工艺（见表 8-7）

表 8-7　铸造高温合金的热处理工艺（GB/T 39192—2020）

牌号	工艺名称	加热温度/℃①	保温时间②	冷却方式③	备注
K211	时效	900	(0.2~0.4)min/mm×T+5h	空冷	—

（续）

牌号	工艺名称	加热温度/℃①	保温时间②	冷却方式③	备注
K214	固溶处理	1100	(0.2~0.4)min/mm×T+5h	空冷	—
K401	固溶处理	1120	(0.2~0.4)min/mm×T+10h	空冷	—
K403	固溶处理	1210	(0.2~0.4)min/mm×T+4h	空冷	—
K406	固溶处理	980	(0.2~0.4)min/mm×T+5h	空冷	—
K406C	固溶处理	980	(0.2~0.4)min/mm×T+5h	空冷	—
K408	固溶处理	1150	(0.2~0.4)min/mm×T+4h	空冷	—
K409	固溶处理	1080	(0.2~0.4)min/mm×T+4h	空冷	或铸态使用
	时效	980	(0.2~0.4)min/mm×T+10h	空冷	
K412	固溶处理	1150	(0.2~0.4)min/mm×T+7h	空冷	—
K418	固溶处理	1180	(0.2~0.4)min/mm×T+2h	空冷	或铸态使用
	时效	930	(0.2~0.4)min/mm×T+16h	空冷	
K423	固溶处理	1190℃保温(0.2~0.4)min/mm×T+15min，随后在45min内炉冷至1000℃出炉		空冷	或铸态使用
K424	固溶处理	1210	(0.2~0.4)min/mm×T+4h	空冷	或铸态使用
K438	固溶处理	1120	(0.2~0.4)min/mm×T+2h	空冷	—
	时效	850	(0.2~0.4)min/mm×T+24h	空冷	—
K441	固溶处理	1100℃保温(0.2~0.4)min/mm×T+2h，随后炉冷至900℃出炉		空冷	—
K477	固溶处理	1160℃保温(0.2~0.4)min/mm×T+2h，随后炉冷至1080℃出炉		空冷	—
	时效	760	(0.2~0.4)min/mm×T+16h	空冷	—
K480	均匀化	1220	(0.2~0.4)min/mm×T+2h	空冷	—
	一次固溶	1090	(0.2~0.4)min/mm×T+4h	空冷	—
	二次固溶	1050	(0.2~0.4)min/mm×T+4h	空冷	—
	时效	840	(0.2~0.4)min/mm×T+16h	空冷	—
K491	固溶处理	随炉升温至1080℃，(0.2~0.4)min/mm×T+4h		空冷	—
	时效	900	(0.2~0.4)min/mm×T+10h	空冷	—
K4002	时效	870	(0.2~0.4)min/mm×T+16h	空冷	—
K4130	去应力退火	1040	(0.2~0.4)min/mm×T+1h	空冷	—
K4163	固溶	1150	(0.2~0.4)min/mm×T+2h	空冷	—
	时效	800	(0.2~0.4)min/mm×T+8h	空冷	—

（续）

牌号	工艺名称	加热温度/℃①	保温时间②	冷却方式③	备注
K4169	均匀化	1095	(0.2~0.4)min/mm×T+1h	空冷或快冷	—
	固溶处理	955	(0.2~0.4)min/mm×T+(1~2)h	空冷	—
	时效④	720℃保温(0.4~0.6)min/mm×T+8h，随后以45~65℃/h的冷速炉冷到620℃保温(0.4~0.6)min/mm×T+8h		空冷	—

注：T 为有效厚度。

① 加热温度不包括炉温均匀性公差。

② 保温时间包括均热时间及冶金转变时间。例如，保温时间要求 0.4min/mm×T+8h，其中 0.4min/mm×T 为均热时间，8h 为冶金转变时间。均热系数仅适用于空气电阻炉及气氛保护炉工件单层装炉的情况。采用叠装时，应通过负载热电偶来确定均热时间。表中冶金转变时间为定值时，按以下规定执行：保温时间≤1h，时间偏差为±10%；保温时间 1~3h，时间偏差为±6min；保温时间≥3h，时间偏差为±15min。

③ 当冷却方式为快冷时，依据工件大小可以选用风冷、油冷、聚合物水溶液或水进行冷却。

④ 可以不控制炉冷速度，但总时效时间不低于 18h。

8.1.3　高温合金的热处理操作

1. 准备

1）高温合金热处理的加热应在空气电炉、保护气氛炉、真空炉中进行。有效加热区的炉温均匀性应为±10℃。温度仪表的精度等级应高于0.5级。真空炉的真空度在高于0.13Pa的状态下，压升率应小于0.67Pa/h。

2）热处理保护气氛主要用氢气。加热温度不超过1000℃时，也可以用放热式气氛或氮基气氛，还可以采用涂料保护。禁止使用还原性气氛。

3）工件入炉前应脱脂、除污。对于加工余量小于0.3mm或无加工余量的工件，表面应保持干燥洁净，入炉前应无指印、标志液、水及其他污染。

4）工件应定位或放在专用夹具上，避免或减少工件在热处理过程中变形。盛放工件的料盘、料筐或夹具在炉内放置位置要合适，使全部工件都处于炉子有效加热区内。装炉量要适当。

5）真空热处理时，应避免工件与工装接触部分在高温下发生黏结。

6）当通过载荷热电偶来计算保温时间时，应将热电偶插入工件或等效试块事先加工好的孔内，并且热电偶顶端应与孔底部接触，孔与热电偶的间隙用陶瓷纤维等进行密封。孔底部应位于工件或等效试块最大截面处的中心。如果采用等效试块，其长度应至少为最大厚度的 3 倍。

2. 操作要点

1）对于尺寸较大、形状复杂的工件，固溶处理加热时应采用预热或分段加热。预热加热温度一般为 800~850℃。固溶处理温度在 1000℃以上时，一般采用两段或两段以上的分段加热。

2）对于有预热或分段加热的热处理，工件应在预热温度以下入炉；无预热或分段加热时，工件应在炉子到达工艺温度后入炉。

3）当通过载荷热电偶来计算保温时间时，保温时间应从所有的热电偶均到达工艺设定温度时开始计算保温时间。若载荷热电偶埋于工件或等效试块的心部，应从表 8-5~表 8-7 中给出的保温时间中扣除均热时间，只保留冶金转变时间。表 8-5~表 8-7 中给出的保温时间的计算仅适用于空气电阻炉及惰性气氛炉。

4）采用叠装或使用料架进行多层装炉时，应通过负载热电偶来确定保温时间，且装炉的工件数量应为生产中实际的最大装炉量。

5）对于真空热处理，应通过载荷热电偶确定工件的保温时间。若不能通过加装载荷热电偶确定工件的保温时间，取空气电阻炉加热时保温时间的 2 倍作为真空加热时的保温时间。

6）常用冷却介质有空气、氨气、油、水、有机聚合物水溶液等。淬火油使用温度一般为 20~100℃，淬火用水使用温度为 10~40℃。对需焊接或冷成形的材料，应快速冷却。

7）淬火槽应有足够的容积和循环搅拌系统，必要时应配备冷却或加热装置。不用压缩空气搅拌。

8）热处理后，工件可用碱洗、酸洗、喷砂、喷丸或机加工等方法除去氧化皮。在进行多次加热时，可在最后一次加热后清除氧化皮。

8.2 钢结硬质合金的热处理

钢结硬质合金分为合金工具钢钢结硬质合金、高速钢钢结硬质合金、高锰钢钢结硬质合金和不锈钢钢结硬质合金等。

8.2.1 钢结硬质合金的牌号及化学成分

钢结硬质合金的牌号及化学成分见表 8-8。

表 8-8　钢结硬质合金的牌号及化学成分

合金类型	基体种类	牌号	化学成分(质量分数,%)								
			TiC	WC	C	Cr	Mo	V	Ni	其他	Fe
合金工具钢钢结硬质合金	高碳中铬钼合金钢	GT35	35	—	0.5	2.0	2.0	—	—	—	余量
	高碳高铬钼合金钢	R5	30~40	—	0.6~0.8	6.0~13.0	0.3~3.0	0.1~0.5	—	—	余量
	高碳铬钼合金钢	TLMW50	—	50	0.5	1.25	1.25	—	—	—	余量
	高碳低铬钼合金钢	GW50	—	50	<0.6	0.55	0.15	—	—	—	余量
	中碳低铬钼合金钢	GJW50	—	50	0.25	0.5	0.25	—	—	—	余量
高速钢钢结硬质合金	高速钢	D1	25~40	—	0.4~0.8	2~4	—	0.5~1.0	—	W10~15	余量
		T1	25~40	—	0.6~0.9	2~5	2~5	1.0~2.0	—	W3~6	余量
不锈钢钢结硬质合金	半铁素体不锈钢	R8	30~40	—	<0.15	12~20	0~4	—	—	Ti 0~1.0	余量
	奥氏体不锈钢	ST60	50~70	—	—	5~9	—	—	3~7	La_2O_3 0~0.5	余量
高锰钢钢结硬质合金	奥氏体高锰钢	TM60	30~50	—	0.8~1.4	—	0.6~2	—	0.6~2	Mn9~12	余量
		TM52	40~60	—	0.8~1.2	—	0.6~2	—	0.6~2	Mn8~10	余量

8.2.2　钢结硬质合金的热处理工艺

一般钢铁的热处理技术均适用于相应基体的钢结硬质合金的热处理。

1. 钢结硬质合金的相变温度（见表 8-9）

表 8-9　钢结硬质合金的相变温度　　　（单位:℃）

牌号	Ac_1	$Ac_3(Ac_{cm})$	Ar_1	$Ar_3(Ar_{cm})$	Ms
GT35	740	770	—	—	—
R5	780	820	—	700	—
TLMW50	761	788	693	730	—
GW50	745	790	710	770	—
GJW50	760	810	710	763	255
DT	720	752	—	—	245
T1	780	800	—	730	—
BR40	748	796	645	700	133

2. 退火

钢结硬质合金的退火可在箱式炉、井式炉、连续式炉或真空炉内进行。在普通空气炉内退火时，为防止表面氧化脱碳，可用木炭、铸铁屑或还原性气氛加以保护。

亚共析钢钢结硬质合金的退火温度为 Ac_3+(50~100)℃，过共析钢钢结硬质合金的退火温度为 Ac_1+(50~100)℃。

钢结硬质合金一般采用等温退火工艺。几种典型钢结硬质合金的等温退火工艺见表 8-10。

表 8-10 几种典型钢结硬质合金的等温退火工艺

牌号	加热		冷却方式	等温		冷却方式
	温度/℃	时间/h		温度/℃	时间/h	
GT35	860~880	3~4	以 20℃/h 冷却至 720℃	720	3~4	以 20℃/h 冷至 640℃炉冷
R5、T1	820~840	3~4	以 20℃/h 冷却至 720~740℃	720~740	3~4	以 20℃/h 冷至 650℃炉冷
TLMW50	860~880	3~4	以 20℃/h 冷却至 720~740℃	720~740	3~4	以 20℃/h 冷至 500℃空冷
GW50	860	4~6	炉冷至 740℃，再以 20℃/h 冷却至 700℃	700	4~6	炉冷
GJW50	840~850	3	打开炉门冷至 720~730℃	720~730	4	炉冷至 500℃空冷

3. 淬火与回火

钢结硬质合金淬火可采用普通淬火、分级淬火和等温淬火。

（1）预热　钢结硬质合金的导热性较低，在加热过程中应进行一次预热（800~850℃）或两次预热（500~500℃；800~850℃）。

（2）防止工件加热时氧化脱碳的措施　采用盐浴炉加热时，盐浴应充分脱氧和除渣；采用箱式炉加热时，应采用木炭或铸铁屑作保护填料。

（3）保温时间　盐浴炉加热时，以 0.7min/mm 计算保温时间；保护气氛的箱式炉加热时，以 2.5min/mm 计算保温时间。

几种典型钢结合金的淬火与回火工艺见表 8-11。

4. 化学热处理

钢结硬质合金的化学热处理方法有渗氮、氮碳共渗和渗硼处理三种，见表 8-12。

表 8-11 几种典型钢结合金的淬火与回火工艺

牌号	淬火					回火		
	加热设备	预热		加热		冷却方式	硬度 HRC	常用温度 /℃
		温度 /℃	时间 /min	温度 /℃	时间(按 min/mm 计)			
GT35	盐浴炉	800~850	30	960~980	0.5	油冷	69~72	200~250 450~500
R5	盐浴炉	800	30	1000~1050	0.6	油冷或空冷	70~73	450~500
R8	盐浴炉	800	30	1150~1200	0.5	油冷或空冷	62~66	500~550
TLMW50	盐浴炉	820~850	30	1050	0.5~0.7	油冷	68	200
GW50	箱式炉	800~850	30	1050~1100	2~3	油冷	68~72	200
GJW50	盐浴炉	800~820	30	1020	0.5~1.0	油冷	70	200
D1	盐浴炉	800	30	1220~1240	0.6~0.7	560℃盐浴-油冷	72~74	560,3次
T1	盐浴炉	800	30	1240	0.3~0.4	600℃盐浴-空冷	73	560,3次

表 8-12 钢结硬质合金的化学热处理

热处理类型	渗剂	温度/℃	时间/h	渗层深度/mm	硬度 HRC
渗氮	氨气	500±10	1~2	0.1~0.15	68~72
气体氮碳共渗	乙醇通氨或三乙醇胺	570±10	1~4		
盐浴氮碳共渗	商品盐:LT(中国)、QPQ(中美合资)、TF1+ABI(德国)、Sur-Sulf(法国)				
盐浴渗硼和固体渗硼	渗硼剂和工艺与钢铁渗硼相同。渗硼温度须低于1149℃($Fe\text{-}Fe_2B$ 共晶温度),渗硼后可进行常规热处理				

8.2.3 钢结硬质合金的力学性能

钢结硬质合金的力学性能见表 8-13~表 8-15。

表 8-13 合金工具钢钢结硬质合金的力学性能

牌号	热处理状态	硬度 HRC	抗弯强度 /MPa	冲击韧度 /(J/cm²)	弹性模量 /MPa	摩擦因数[①]	
						自配对	与T10配对
GT35	退火态	39~46	—	—	30600	0.030	0.109
	淬火态	68~72	1400~1800	5.89	29800		

（续）

牌号	热处理状态	硬度 HRC	抗弯强度 /MPa	冲击韧度 /(J/cm²)	弹性模量 /MPa	摩擦因数①	
						自配对	与T10配对
R5	退火态	44~48	—	—	32100	0.044	0.104
	淬火态	72~73	1200~1400	2.94	31300		
TLMW50	退火态	35~40	—	—	—	—	—
	淬火态	66~68	2000	7.85	—	—	—
GW50	退火态	38~43	—	—	—	—	—
	淬火态	69~70	1700~2300	11.8	—	—	—
GJW50	退火态	35~38	—	—	—	—	—
	淬火态	65~66	1520~2200	6.97	—	—	—

① 采用MM200型摩擦磨损试验机，滑动摩擦，以L-AN22全损耗系统用油润滑。

表8-14 不锈钢钢结合金和高锰钢钢结合金的力学性能

牌号	硬度 HRC			抗弯强度 /MPa	冲击韧度 /(J/cm²)	摩擦因数①
	烧结态	淬火态	水韧处理态			
R8	40~46	62~66	—	1000~1200	1.47	0.215
ST60	70	70	—	1400~1600	2.94	—
TM60	59~61	—	59~61	2100	9.81	—
TM52	60~62	—	60~62	1900	7.95	—

① 采用MM200型摩擦磨损试验机，对偶材料为石墨，干态滑动摩擦。

表8-15 高速钢钢结合金的力学性能

牌号	硬度 HRC			抗弯强度 /MPa	冲击韧度 /(J/cm²)	抗拉强度/MPa		抗扭强度/MPa	
	退火态	淬火态	三次回火态（500℃）			与P18对焊	与45Cr对焊	与P18对焊	与45Cr对焊
D1	40~48	69~73	66~69	1400~1600	—	>690	545	>830	>755
T1	44~48	68~72	70.1	1300~1500	3~5	—	—	—	—

8.3 磁性合金的热处理

根据磁特性和应用特点，强磁性合金通常分为软磁合金和永磁（或硬磁）合金两大类。软磁合金主要有电磁纯铁、电工钢、铁镍合金、铁铝合金、铁铬合金、铁钴合金、高硬度高电阻铁镍软磁合金等。永磁合金包括变形永磁钢、铁钴钒永磁合金、铁铬钴合金、铝镍钴合金、铂钴合

金、钐钴合金、钕铁硼永磁材料、稀土钴合金及稀土铁合金等。

8.3.1 电磁纯铁的热处理

1. 电磁纯铁的牌号及化学成分

电磁纯铁的牌号用“DT+数字”表示，“DT”代表电磁纯铁名称中的“电”和“铁”，数字为代号。代号后面的字母表示电磁性能等级，即“A”为高级，“E”为特级，“C”为超级。

电磁纯铁的化学成分见表 8-16。

表 8-16 电磁纯铁的化学成分 (GB/T 6983—2008)

牌号	化学成分(质量分数,%)									
	C	Si	Mn	P	S	Al	Ti	Cr	Ni	Cu
DT4、DT4A、DT4E、DT4C	≤0.010	≤0.10	≤0.25	≤0.015	≤0.010	0.20~0.80	≤0.02	≤0.10	≤0.05	≤0.05

2. 电磁纯铁的热处理工艺

电磁纯铁的热处理包括退火和人工时效。

(1) 退火　高温净化退火的目的是清除溶解在金属内部的碳、氮、氧、硫等杂质，提高电磁纯铁的纯度，从而提高软磁性能。加热温度为 1200～1500℃。电磁纯铁在氢气中的高温净化退火工艺曲线如图 8-1 所示。

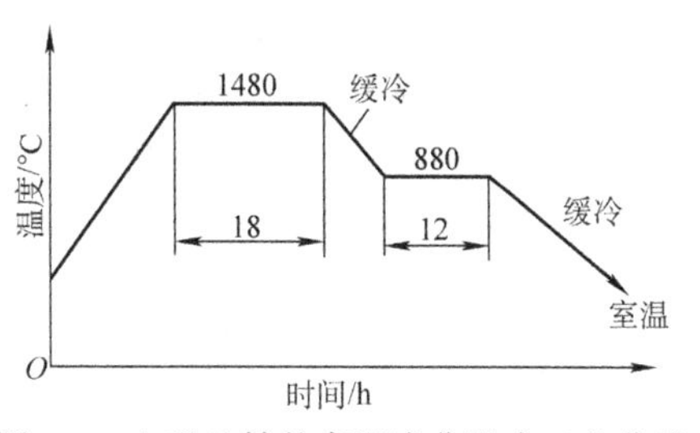

图 8-1 电磁纯铁的高温净化退火工艺曲线

做磁性能检验的试样在真空或惰性气体与脱碳气氛中的退火工艺见表 8-17。

表 8-17 试样退火工艺 (GB/T 6983—2008)

炉气气氛	升温	加热温度/℃	保温时间/h	冷却方式
真空或惰性气体	随炉升温到 900℃	900±10	1	以<50℃/h 的速度冷却到 500℃以下或室温
脱碳气氛	随炉升温到 800℃，然后经不小于 2h 的时间加热到 900℃	900±10	4	以<50℃/h 的速度冷却到 500℃以下或室温

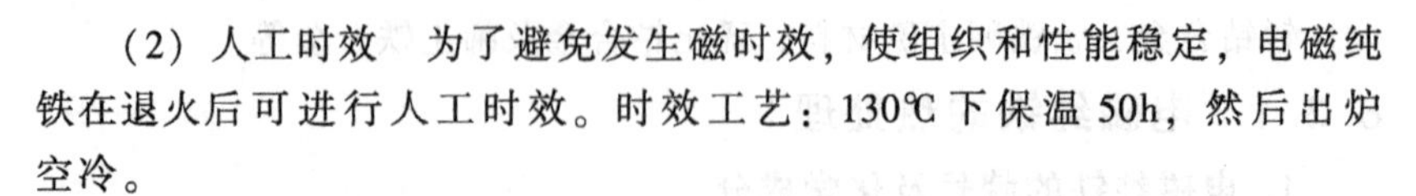

（2）人工时效 为了避免发生磁时效，使组织和性能稳定，电磁纯铁在退火后可进行人工时效。时效工艺：130℃下保温50h，然后出炉空冷。

8.3.2 电工钢的热处理

电工钢按晶粒取向程度分为晶粒无取向电工钢和晶粒取向电工钢。

1. 电工钢的牌号及化学成分

电工钢的牌号由“材料公称厚度（mm）的100倍+特征字符（Q、G、H或W）+最大比总损耗值的100倍”组成。

电工钢实际上就是硅铁合金，其中w(Si）为1%～4.5%，并按照硅含量进行分级。

2. 电工钢的热处理工艺（见表8-18）

表8-18 电工钢的热处理工艺

种类	热处理方式	温度/℃	时间/h	备注
冷轧无取向硅钢片	中间退火	800～900		在氢气或保护气氛中进行
	成品低温退火	<900		磁感应强度高，磁各向异性不大。在氢气或保护气氛中进行
	成品高温退火	>1100		磁各向异性低。在氢气或保护气氛中进行
	黑退火	760～780	8～15	炉冷
	中间退火	800～900	数分钟	炉中通湿氢或分解氨保护
	脱碳退火	780～830		连续炉通湿氢处理
	成品退火	1150～1200	8～12	在通氢气、保护气氛的电热罩式炉或真空炉中进行，在950～1100℃之间控制加热速度
	拉伸回火	700～750		氢气保护 拉应力不大于10MPa，变形量不超过0.2%
冷轧双取向硅钢片	中间退火	1050		原料为高纯度单取向硅钢片，采用两次冷轧，变形率为60%～70%，厚度≤0.20mm
	最终退火	1150～1200	7～10	

8.3.3 铁镍合金的热处理

1. 铁镍合金的牌号及化学成分（见表8-19）

2. 铁镍合金的热处理工艺

铁镍合金的热处理一般宜在露点不高于-40℃的净化氢气中进行。在真空炉中进行时，推荐的真空度不大于0.1Pa。推荐的铁镍合金热处理工艺见表8-20。

表 8-19 铁镍合金的牌号及化学成分（GB/T 32286.1—2015）

牌号	化学成分(质量分数,%)										
	C	Mn	Si	P	S	Cr	Ni	Co	Mo	Cu	Al	Fe
	≤			≤								
1J46	0.03	0.60~1.10	0.15~0.30	0.020	0.020	—	45.0~46.5	—	—	≤0.20	—	余量
1J50	0.03	0.30~0.60	0.15~0.30	0.020	0.020	—	49.0~50.5	—	—	≤0.20	—	余量
1J54	0.03	0.60~1.10	1.10~1.40	0.020	0.020	3.80~4.20	49.5~51.0	—	—	≤0.20	—	余量
1J76	0.03	0.30~0.60	0.15~0.30	0.020	0.020	1.80~2.20	75.0~76.5	—	—	4.80~5.20	—	余量
1J77	0.03	0.30~0.60	0.15~0.30	0.020	0.020	—	75.5~78.0	—	3.90~4.50	4.80~6.00	—	余量
1J79	0.03	0.60~1.10	0.30~0.50	0.020	0.020	—	78.5~80.0	—	3.80~4.10	≤0.20	—	余量
1J80	0.03	0.60~1.10	1.10~1.50	0.020	0.020	2.60~3.00	79.0~81.5	—	—	≤0.20	—	余量
1J85	0.03	0.30~0.60	0.15~0.30	0.020	0.020	—	79.0~81.0	—	4.80~5.20	≤0.20	—	余量
1J86	0.03	≤1.00	≤0.30	0.020	0.020	—	80.5~81.5	—	5.80~6.20	—	—	余量
1J34	0.03	0.30~0.60	0.15~0.30	0.020	0.020	—	33.5~35.0	28.5~30.0	2.80~3.20	≤0.20	—	余量
1J51	0.03	0.30~0.60	0.15~0.30	0.020	0.020	—	49.0~50.5	—	—	≤0.20	—	余量
1J52	0.03	0.30~0.60	0.15~0.30	0.020	0.020	—	49.0~51.0	—	1.80~2.20	≤0.20	—	余量
1J65	0.03	0.30~0.60	0.15~0.30	0.020	0.020	—	64.5~66.0	—	—	≤0.20	—	余量
1J67	0.03	0.30~0.60	0.15~0.30	0.020	0.020	—	64.5~66.0	—	1.80~2.20	≤0.20	—	余量
1J83	0.03	0.30~0.60	0.15~0.30	0.020	0.020	—	78.5~79.5	—	2.80~3.20	≤0.20	—	余量
1J403	0.03	0.30~0.60	0.15~0.30	0.020	0.020	—	39.0~41.0	24.5~25.5	3.80~4.20	—	—	余量
1J30	0.04	≤0.40	≤0.30	0.020	0.020	—	29.5~30.5	—	—	—	—	余量
1J31	0.04	≤0.40	≤0.30	0.020	0.020	—	30.5~31.5	—	—	—	—	余量
1J32	0.04	≤0.40	≤0.30	0.020	0.020	—	31.5~32.5	—	—	—	—	余量
1J33	0.05	0.30~0.60	0.30~0.60	0.020	0.020	—	32.8~33.8	1.00~2.00	—	—	1.00~2.00	余量
1J38	0.05	0.30~0.60	0.15~0.30	0.020	0.020	12.5~13.5	37.5~38.5	—	—	—	—	余量
1J66	0.03	0.70~1.10	≤0.10	0.020	0.020	—	64.5~65.5	—	—	—	—	余量

表 8-20　推荐的铁镍合金热处理工艺（GB/T 32286.1—2015）

牌号	加热温度/℃	保温时间/h	冷却
1J30、1J31、1J32、1J33、1J38	800	2	炉冷至 200℃以下出炉
1J46、1J50、1J79、1J83	1100~1180	3~6	以不大于 200℃/h 的速度冷却到 600℃，然后以不小于 400℃/h 的速度冷却至 300℃以下出炉
1J51、1J52	1050~1100	1	以不大于 200℃/h 的速度冷却到 600℃，然后以不小于 400℃/h 的速度冷却至 300℃以下出炉
1J34、1J65、1J67	第一步：1100~1150	3	以不大于 200℃/h 的速度冷却到 600℃，然后炉冷至 300℃以下出炉
	第二步：在不小于 800A/m 场中 600℃回火	1~4	以 25~100℃/h 的速度冷却至 200℃以下出炉
1J54、1J80	1100~1150	3~6	以不大于 200℃/h 的速度冷却到 400~500℃，然后以不小于 400℃/h 的速度冷却至 200℃以下出炉
1J76、1J77	1100~1150	3~6	以 100~150℃/h 的速度冷却到 500℃，然后以 10~50℃/h 的速度冷却至 200℃以下出炉
1J85、1J86	1100~1200	3~6	以 100~200℃/h 的速度冷却到 500~600℃，然后以不小于 400℃/h 的速度冷却至 300℃以下出炉
1J403	第一步：1100~1200	3~6	炉冷至 400℃以下出炉
	第二步：在 1200~1600A/m 的纵向磁场中 700℃回火	1~2	以 50~150℃/h 的速度冷却至 200℃以下出炉
1J66	第一步：1200	3	以 100℃/h 的速度冷却到 600℃，然后以不小于 400℃/h 的速度冷至 300℃出炉
	第二步：在 16×10^4A/m 横向磁场中 650℃回火	1	以 50~100℃/h 的速度冷却至 200℃出炉

为了改善 1J46、1J50、1J79、1J34、1J65、1J54、1J77、1J80、1J85、1J86 合金及半成品的可加工性，可以在推荐的基本热处理介质中于 800~900℃进行预热处理。

8.3.4　铁钴合金的热处理

铁钴合金为高饱和磁感应强度软磁合金。

1. 铁钴合金的牌号及化学成分（见表8-21）

表8-21　铁钴合金的牌号及化学成分（GB/T 14986.3—2018）

牌号	化学成分(质量分数,%)										
	C	Mn	Si	P	S	Cr	Ni	Co	Cu	V	Fe
	≤										
1J21	0.030	0.30	0.20	0.015	0.010	0.20	0.15	49.0~51.0	≤0.20	0.80~1.20	余量
1J22	0.030	0.30	0.30	0.020	0.015	0.20	0.50	49.0~51.0	≤0.20	0.80~1.80	余量
1J27	0.030	0.40	0.35	0.015	0.015	0.75	0.75	26.5~28.5	—	≤0.35	余量

2. 铁钴合金的热处理工艺

铁钴合金的热处理一般在露点不高于-40℃的净化氢气中进行。真空退火时，应在真空度不大于0.01Pa的真空中进行。铁钴合金的热处理工艺见表8-22。

表8-22　铁钴合金的热处理工艺（GB/T 14986.3—2018）

牌号	加热温度/℃	保温时间/h	冷却	备注
1J21	850~900	3~6	以50~100℃/h的速度冷却到750℃,然后以180~240℃/h的速度冷却至300℃以下出炉	适用于冷轧带材试样
1J22	850~900	3~6	以50~100℃/h的速度冷却到750℃,然后以180~240℃/h的速度冷却至300℃以下出炉	适用于冷轧带材试样
	1100±10	3~6	以50~100℃/h的速度冷却到850℃保温3h,然后以30℃/h的速度冷却到700℃,再以200℃/h的速度冷却至300℃以下出炉	适用于锻坯取的试样
	850±10	4	以50℃/h的速度冷却到750℃保温3h,然后以200℃/h的速度冷却到300℃以下出炉。由保温(750℃)开始加1200~1600A/m直流磁场	适用于要求在较低磁场下具有较高磁感应强度、较低矫顽力、较高矩形比的情况
1J27	850±20	3~6	以100~200℃/h的速度冷却到500℃,然后以任意速度冷却至200℃以下出炉	—

8.3.5　铁铬合金的热处理

铁铬合金是具有高饱和磁感应强度和较低矫顽力的软磁合金。

1. 铁铬合金的牌号及化学成分（见表8-23）

表8-23　铁铬合金的牌号及化学成分（GB/T 14986.4—2018）

牌号	化学成分(质量分数,%)									
	C	Mn	Si	P	S	Cr	Ni	Mo	Ti	Fe
	≤									
1J111	0.030	0.50	0.50	0.030	0.020	9.80~11.50	0.20~1.00	0.20~1.00	0.20~1.00	余量
1J116	0.030	0.60	0.20	0.020	0.015	15.50~16.50	—	—	—	余量
1J117	0.030	0.30~0.70	0.15	0.020	0.015	17.00~18.50	0.50~0.70	—	0.30~0.70	余量

2. 铁铬合金的热处理工艺

铁铬合金的热处理一般在露点不高于-40℃的净化氢气中进行。真空热处理时，应在真空度不大于0.1Pa的真空中进行。铁铬合金的热处理工艺见表8-24。

表8-24　铁铬合金的热处理工艺（GB/T 14986.4—2018）

牌号	加热温度/℃	保温时间/h	冷却
1J111	1150~1200	2~6	以100~200℃/h的速度冷却至450~650℃以后,快冷至200℃以下出炉
	800~850	2	随炉冷却至300℃以下出炉
1J116 1J117	1150~1200	2~6	以100~200℃/h的速度冷却至450~650℃以后,以不小于400℃/h的速度冷却至200℃以下出炉

8.3.6　铁铝合金的热处理

1. 铁铝合金的牌号及化学成分（见表8-25）

表8-25　铁铝合金的牌号及化学成分（GB/T 14986.5—2018）

牌号	化学成分(质量分数,%)						
	C	Mn	Si	P	S	Al	Fe
	≤						
1J6	0.040	0.10	0.15	0.015	0.015	5.50~6.50	余量
1J12	0.030	0.10	0.15	0.015	0.015	11.60~12.40	余量
1J13	0.040	0.10	0.15	0.015	0.015	12.80~14.00	余量
1J16	0.030	0.10	0.15	0.015	0.015	15.50~16.30	余量

2. 铁铝合金的热处理工艺（见表 8-26）

表 8-26 铁铝合金的热处理工艺（GB/T 14986.5—2018）

牌号	加热温度/℃	保温时间/h	冷却	应用
1J6	950~1050	2~3	以 100~150℃/h 的速度冷却至 200℃出炉	—
1J6	900~1000	2~3	炉冷至 250℃出炉	适用于做磁阀铁心
1J12①	1050~1200	2~3	以 100℃~150℃/h 的速度冷却到 500℃，然后快冷（吹风）至 200℃出炉	—
1J13①	900~950	2	以 100℃/h 的速度冷却到 650℃，然后以不大于 60℃/h 的速度冷却至 200℃出炉	—
1J13①	780~800	2	以 100℃/h 的速度冷却到 650℃，然后以不大于 60℃/h 的速度冷却至 200℃出炉	适用于要求线播声速稳定的元件
1J16①	950℃保温 4h，再随炉升温到 1050℃	1.5	炉冷到 650℃冰水淬火	磁性能要求不高时可在空气下热处理

① 为改善机械加工的工艺性能，可以在 550~570℃进行软化处理。

8.3.7 高硬度高电阻铁镍软磁合金的热处理

1. 高硬度高电阻铁镍软磁合金的牌号及化学成分（见表 8-27）

表 8-27 高硬度高电阻铁镍软磁合金的牌号及化学成分（GB/T 14987—2016）

牌号	化学成分（质量分数，%）								
	C	Si	P	S	Mn	Ni	Nb	Mo	Fe
	≤								
1J87	0.03	0.30	0.020	0.020	0.3~0.6	78.5~80.5	6.50~7.50	1.60~2.20	余量
1J88	0.03	0.30	0.020	0.020	0.3~0.6	79.5~80.5	7.50~9.00	—	余量

2. 高硬度高电阻铁镍软磁合金的热处理工艺

高硬度高电阻铁镍软磁合金一般应在露点小于-40℃的净化氢气中进行热处理，其工艺见表 8-28。

表 8-28 高硬度高电阻铁镍软磁合金的热处理工艺（GB/T 14987—2016）

牌号	加热温度/℃	保温时间/h	冷却
1J87	1050~1150	2~4	以 150~200℃/h 速度冷至 600℃后，再以 200~300℃/h 速度冷却
1J88	1050~1150	3~5	炉冷至 575℃保温 1h 后快冷至 300℃，出炉

8.3.8 耐蚀软磁合金的热处理

1. 耐蚀软磁合金的牌号及化学成分（见表8-29）

表8-29 耐蚀软磁合金的牌号及化学成分（GB/T 14986—2008）

牌号	化学成分(质量分数,%)								
	C	Mn	Si	P	S	Cr	Ni	Ti	Fe
1J36	≤0.03	≤0.60	≤0.20	≤0.020	≤0.020	—	35.0~37.0	—	余量
1J116	≤0.03	≤0.60	≤0.20	≤0.020	≤0.020	15.5~16.5	—	—	余量
1J117	≤0.03	0.30~0.70	≤0.15	≤0.020	≤0.020	17.0~18.5	0.50~0.70	0.30~0.70	余量

2. 耐蚀软磁合金的热处理工艺（见表8-30）

表8-30 耐蚀软磁合金的热处理工艺（GB/T 14986—2008）

牌号	加热温度/℃	保温时间/h	冷却
1J36、1J116、1J117	1150~1250	2~6	以100~200℃/h的速度冷却至450~650℃以后，再快冷至200℃出炉

8.3.9 变形永磁钢的热处理

1. 变形永磁钢的牌号及化学成分（见表8-31）

表8-31 变形永磁钢的牌号及化学成分（GB/T 14991—2016）

牌号	化学成分(质量分数,%)									
	C	Mn	Si	P	S	Ni	Cr	W	Co	Mo	Fe
				≤							
2J63	0.95~1.10	0.20~0.40	0.17~0.40	0.030	0.020	0.30	2.80~3.60	—	—	—	余量
2J64	0.68~0.78	0.20~0.40	0.17~0.40	0.030	0.020	0.30	0.30~0.50	5.20~6.20	—	—	余量
2J65	0.90~1.05	0.20~0.40	0.17~0.40	0.030	0.020	0.60	5.50~6.50	—	5.50~6.50	—	余量
2J67	≤0.03	0.10~0.50	≤0.30	0.025	0.025	—	—	—	11.0~13.0	16.5~17.5	余量

2. 变形永磁钢的热处理工艺（见表8-32）

表8-32 变形永磁钢的热处理工艺（GB/T 14991—2016）

牌号	热处理工艺
2J63	1)1050℃正火 2)500~600℃预热5~15min，然后加热至800~850℃，保温10~15min，油淬 3)100℃沸水中时效大于5h

（续）

牌号	热处理工艺
2J64	1)1200~1250℃正火 2)500~600℃预热5~15min,然后加热至800~860℃,保温5~15min,油淬 3)100℃沸水中时效大于5h
2J65	1)1150~1200℃正火 2)500~600℃预热5~15min,然后加热至930~980℃,保温10~15min,油淬 3)100℃沸水中时效大于5h
2J67	1)1250℃保温15~30min,油淬 2)650~725℃回火,保温1~2h,空冷

8.3.10　铁钴钒永磁合金的热处理

1. 铁钴钒永磁合金的牌号及化学成分（见表8-33）

表8-33　铁钴钒永磁合金的牌号及化学成分（GB/T 14989—2015）

牌号	化学成分(质量分数,%)								
	C	Mn	Si	P	S	Ni	Co	V	Fe
	≤								
2J31	0.12	0.50	0.50	0.025	0.020	0.70	51.0~53.0	10.8~11.7	余量
2J32	0.12	0.50	0.50	0.025	0.020	0.70	51.0~53.0	11.9~12.7	余量
2J33	0.12	0.50	0.50	0.025	0.020	0.70	51.0~53.0	12.8~13.8	余量

2. 铁钴钒永磁合金的热处理工艺（见表8-34）

表8-34　铁钴钒永磁合金的热处理工艺（GB/T 14989—2015）

牌号	回火温度/℃	保温时间/min	冷却方式
2J31、2J32、2J33	580~640	20~60	空冷

8.3.11　变形铁铬钴永磁合金的热处理

1. 变形铁铬钴永磁合金的牌号及化学成分（见表8-35）

表8-35　变形铁铬钴永磁合金的牌号及化学成分（YB/T 5261—2016）

牌号	化学成分(质量分数,%)									
	C	Mn	S	P	Cr	Co	Si	Mo	Ti	Fe
	≤									
2J83	0.03	0.20	0.02	0.02	26.0~27.5	19.5~27.5	0.80~1.10	—	—	余量
2J84	0.03	0.20	0.02	0.02	25.5~27.0	14.5~16.0	—	3.00~3.50	0.50~0.80	余量
2J85	0.03	0.20	0.02	0.02	23.5~25.0	11.5~13.0	0.8~1.10	—	—	余量

2. 变形铁铬钴永磁合金的热处理工艺（见表8-36）

表8-36　变形铁铬钴永磁合金的热处理工艺（YB/T 5261—2016）

牌号	热处理工艺
2J83	1）固溶处理：在1300℃保温15～25min，冰水淬 2）磁场处理：在大于200kA/m(2500 Oe)磁场强度的炉中，于645～655℃保温30～60min进行等温处理 3）回火处理：在610℃保温0.5h，然后在600℃保温1h，在580℃保温2h，在560℃保温3h，在540℃保温4h，在530℃保温6h进行阶梯回火
2J84	1）固溶处理：在1200℃保温20～30min，冷水淬 2）磁场热处理：在大于200kA/m(2500 Oe)磁场强度的炉中，于640～650℃保温40～80min，并在磁场中随炉缓冷至500℃ 3）回火处理：在610℃保温0.5h，然后在600℃保温1h，在580℃保温2h，在560℃保温3h，在540℃保温4h，在530℃保温6h进行阶梯回火
2J85	1）固溶处理：在1200℃保温20～30min，冷水淬 2）磁场热处理：在大于200kA/m(2500 Oe)磁场强度的炉中，于635～645℃保温1～2h进行等温处理 3）回火处理：在610℃保温0.5h，然后在600℃保温1h，在580℃保温2h，在560℃保温3h，在540℃保温4h，在530℃保温6h进行阶梯回火

8.3.12　铝镍钴永磁合金的热处理

铝镍钴永磁合金根据其生产方式的不同分为铸造铝镍钴永磁合金和烧结铝镍钴永磁合金。

1. 铝镍钴永磁合金的牌号及化学成分

铝镍钴永磁合金材料牌号由合金主要成分的元素符号即AlNiCo和阿拉伯数字组成。牌号中首字母为“S”者表示烧结永磁合金，无“S”表示铸造永磁合金。数字分别表示材料的最大磁积能标称值（1/10）和磁极化强度矫顽力。铝镍钴永磁合金的牌号见表8-37。铝镍钴永磁合金的化学成分见表8-38。

表8-37　铝镍钴永磁合金的牌号（JB/T 8146—2014）

铸造永磁合金						烧结永磁合金	
牌号	性能	牌号	性能	牌号	性能	牌号	性能
AlNiCo9/5	各向同性	AlNiCo37/5	各向异性	AlNiCo38/11	各向异性	SAlNiCo9/5	各向同性
AlNiCo10/4		AlNiCo40/5		AlNiCo60/11		SAlNiCo12/4	
AlNiCo12/4		AlNiCo44/5		AlNiCo72/12		SAlNiCo34/5	各向异性
AlNiCo16/5		AlNiCo52/6		AlNiCo36/15		SAlNiCo26/6	
AlNiCo17/9		AlNiCo28/6				SAlNiCo31/11	
AlNiCo34/5	各向异性	AlNiCo32/10				SAlNiCo33/15	

表 8-38 铝镍钴永磁合金的化学成分（JB/T 8146—2014）

合金元素	Al	Ni	Co	Cu	Ti	Nb	Si	Fe
质量分数(%)	6~13.5	12~28	0~42	2~6	0~9	0~3	0~0.8	余量

2. 铝镍钴永磁合金的热处理工艺

铝镍钴铸造永磁合金的热处理主要有固溶处理、磁场处理和回火。

（1）固溶处理 加热温度应高于 $\alpha \to \alpha+\gamma$ 转变温度，但不高于 α 单相区的上限。

（2）磁场处理 磁场处理在固溶处理的冷却过程中进行，或进行等温磁场处理。处理温度在居里温度以上 50~100℃。无钛及少钛合金的磁场强度为 120~160kA/m。对于 $w(\text{Ti})>3\%$ 的合金等温磁场强度应大于 200kA/m。

（3）回火 铝镍钴永磁合金经固溶处理和磁场处理后，为了提高磁性能必须进行回火，可以是一次回火，也可以是二级回火或多级回火，根据钴含量的不同来确定。一级回火温度为 500~600℃。多级回火的第一级回火温度为 600~650℃，保温 2~10h；第二级回火温度比第一级低 30~50℃，保温 15~20h。

8.3.13 铂钴合金的热处理

铂钴合金的热处理一般是加热到 1000℃左右，以大约 150℃/min 的速度冷却至室温，然后在 600℃左右进行时效，以提高磁性能。

几种铂钴合金的热处理工艺和磁性能见表 8-39。

8.3.14 烧结钕铁硼永磁材料的热处理

烧结钕铁硼永磁材料按磁极化强度、矫顽力大小分为低矫顽力（N）、中等矫顽力（M）、高矫顽力（H）、特高矫顽力（SH）、超高矫顽力（UH）、极高矫顽力（EH）和至高矫顽力（TH）七类。

1. 烧结钕铁硼永磁材料的牌号化学成分

烧结钕铁硼永磁材料是以金属间化合物 $Nd_2Fe_{14}B$ 为基础的永磁材料。烧结钕铁硼永磁材料的牌号用 S-NdFeB-(BH_{max})/01H_{cJ} 表示。其化学成分见表 8-40。

2. 烧结钕铁硼永磁材料的热处理工艺

烧结钕铁硼永磁材料烧结后的磁性能并不高。为了提高磁体的矫顽力，通常需要进行时效处理，经时效处理后矫顽力有显著的提高。其时效工艺见表 8-41。

表 8-39 几种铂钴合金的热处理工艺和磁性能

序号	化学成分(摩尔分数,%)				热处理工艺		磁性能		
	Pt	Co	Fe	其他	淬火	时效	H_c/(kA/m)	B_r/T	$(BH)_m$/(kJ/m^3)
1	47.5	52.5	—	—	1000℃,水冷	600℃×15~50min	312	0.79	93.6
2	49	51	—	—	1000℃,水冷	600℃×20~60min	400~416	0.7~0.72	96~100
3	48~45	50	—	Pd:2~5	1000℃,以 14~20℃/min 冷至 600℃,保温 1~5h	600℃×1~5h	320~400	0.62~0.72	76~84
4	20~50	20~50	5~10	—	900℃加热,620℃等温淬火	600~650℃	320~352	0.77~0.8	84
5	49.5	44.5	5	Ni:1	900℃加热,620℃等温淬火	600~650℃			108
6	49.45	44.5	5	Ni:1 Cu:0.05	900℃加热,620℃等温淬火	600~650℃			116

表 8-40 烧结钕铁硼永磁材料的化学成分（GB/T 13560—2017）

合金元素	Nd	Co	B	Dy、Tb、Pr 等	其他元素 Cu、Al、Nb、Ga 等	Fe
质量分数(%)	20~35	0~15	0.8~1.3	0~15	0~3	余量

表 8-41 烧结钕铁硼永磁材料的时效工艺

时效工艺		加热温度/℃	保温时间/h	冷却方式	备注
一级时效		570~600	1	水冷	
两级时效	第一级	900	2	以 1.3℃/min 的速度控制冷却至室温	效果较好,应用最多 两级时效也可以这样进行:在烧结之后不快冷至室温,而直接降温至第一级时效和第二级时效温度,然后连续分级进行处理
	第二级	550 ~700	1	水冷	

8.3.15 钐钴合金的热处理

钐钴合金是最基本的稀土钴合金。Sm 与 Co 生成一系列金属间化合物，其中以 $SmCo_5$ 和 Sm_2Co_{17} 两种类型为主。钐钴合金磁能积大，矫顽力可靠，耐高温，是钕铁硼磁钢第二代产品。

1. 钐钴合金的化学成分（见表 8-42）

表 8-42 钐钴合金的化学成分

类型	化学成分(质量分数,%)	
	Sm	Co
$SmCo_5$ 型	33.8	66.2
Sm_2Co_{17} 型	23.1	76.9

2. 钐钴合金的热处理工艺

$SmCo_5$ 型合金一般采用液相烧结法在真空炉中制备，为了改善矫顽力，在烧结之后必须进行特殊的退火处理；Sm_2Co_{17} 型合金的制备过程与 $SmCo_5$ 型合金相近，粉末经磁场取向及压制后进行烧结和热处理。钐钴合金的烧结和热处理工艺见表 8-43。

表 8-43 钐钴合金的烧结和热处理工艺

类型	工艺过程	温度/℃	保温时间	冷却	备注
$SmCo_5$ 型	烧结	1100~1200	1h	以不大于 3℃/min 的速度冷却至 850~950℃	烧结温度为 1150℃ 时矫顽力和磁能积最大
	退火处理	850~950	保温或不保温	以较快(不低于 50℃/min)的速度冷却至室温	退火温度不能低于 800℃，在 800~500℃ 之间冷却速度一定要快(一般采取油冷)，以免在 750℃ 左右 $SmCo_5$ 相分解，或生成较粗大的第二相析出物，而使合金的矫顽力降低
Sm_2Co_{17} 型	烧结	1190~1220	1~2h	慢冷至固溶处理温度	得到致密的合金
	固溶处理	1130~1175	0.5~10h	油淬或氩气流冷却至室温	获得均匀的单相固溶体

（续）

类型	工艺过程	温度/℃	保温时间	冷却	备注
Sm_2Co_{17} 型	时效处理	一次时效 750~850	Zr含量低的为20~40min，Zr含量高的为8~30h	控速冷却，冷速为0.3~1.0℃/min	含Cr高的合金采用控速冷却至400℃后，应在此温度再时效一段时间
		分级时效：750~850℃×8~30h，700℃×1h，600℃×2h，500℃×4h，400℃×8~10h		400℃后急冷至室温	含Zr的合金适宜分级时效，处理后的矫顽力比经一次时效的要高得多

8.4　膨胀合金的热处理

8.4.1　低膨胀铁镍、铁镍钴合金的热处理

1. 低膨胀铁镍、铁镍钴合金的牌号及化学成分（见表8-44）

表8-44　低膨胀铁镍、铁镍钴合金的牌号及化学成分（YB/T 5241—2014）

类别	牌号	化学成分（质量分数，%）										
		C	P	S	Si	Se	Cu	Nb	Mn	Ni	Co	Fe
		≤										
铁镍钴合金	4J32	0.05	0.020	0.020	0.20	—	0.40~0.80	—	0.20~0.60	31.5~33.0	3.2~4.2	余量
铁镍钴合金	4J32A	0.05	0.020	0.020	0.10	—	—	0.20~0.30	≤0.40	32.0~34.5	3.5~4.5	余量
铁镍合金	4J36	0.05	0.020	0.020	0.30		—	—	0.20~0.60	35.0~37.0	—	余量
易切削合金	4J38	0.05	0.020	0.020	0.20	0.10~0.25	—	—	<0.80	35.0~37.0	—	余量
铁镍钴合金	4J40	0.05	0.020	0.020	0.15	—	—	—	≤0.25	32.4~33.4	7.0~8.0	余量

2. 低膨胀铁镍、铁镍钴合金的热处理工艺及平均线胀系数（见表8-45）

表 8-45　低膨胀铁镍、铁镍钴合金的热处理工艺及平均线胀系数
（YB/T 5241—2014）

牌号	热处理工艺	平均线胀系数 $\overline{\alpha}$/(10^{-6}/℃)　≤			
		20～-40℃	20～-20℃	20～100℃	20～300℃
4J32	将半成品试样加热至 840℃±10℃，保温 1h，水淬，再将试样加工为成品试样，在 315℃±10℃，保温 1h，随炉冷或空冷	—	—	1.0	—
4J32A		0.6	0.5	0.4	—
4J36		—	—	1.5	
4J38				1.5	
4J40					2.0

8.4.2　定膨胀封接铁镍铬、铁镍合金的热处理

1. 定膨胀封接铁镍铬、铁镍合金的牌号及化学成分（见表 8-46）

表 8-46　定膨胀封接铁镍钴合金的牌号及化学成分（YB/T 5235—2005）

类别	牌号	化学成分(质量分数,%)										
		C	P	S	Mn	Si	B	Al	Co	Ni	Cr	Fe
		≤										
铁镍铬合金	4J6	0.05	0.020	0.020	0.25	0.30	—	0.20	—	41.5～42.5	5.5～6.3	余量
	4J47	0.05	0.020	0.020	0.40	0.30	—	—	—	46.8～47.8	0.8～1.4	余量
	4J49	0.05	0.020	0.020	0.40	0.30	0.020	—	—	46.0～48.0	5.0～6.0	余量
铁镍合金	4J42	0.05	0.020	0.020	0.80	0.30	—	0.10	1.0	41.0～42.5	—	余量
	4J45	0.05	0.020	0.020	0.80	0.30	—	0.10	—	44.5～45.5	—	余量
	4J50	0.05	0.020	0.020	0.80	0.30	—	0.10	—	49.5～50.5	—	余量

2. 定膨胀封接铁镍铬、铁镍合金的热处理工艺及平均线胀系数（见表 8-47）

表 8-47　定膨胀封接铁镍铬、铁镍合金的热处理工艺及平均线胀系数
（YB/T 5235—2005）

牌号	热处理工艺	平均线胀系数 $\overline{\alpha}$/(10^{-6}/℃)		
		20～300℃	20～400℃	20～450℃
4J6	在真空或氢气气氛中加热至 1100℃±20℃，保温 15min，以不大于 5℃/min 的速度冷至 200℃以下出炉	7.6～8.3	9.5～10.2	—
4J47		—	8.1～8.7	—
4J49		8.6～9.3	9.4～10.1	—

（续）

牌号	热处理工艺	平均线胀系数 $\overline{\alpha}$/(10⁻⁶/℃)		
		20～300℃	20～400℃	20～450℃
4J42	在真空或氢气气氛中加热至900℃±20℃，保温1h，以不大于5℃/min的速度冷至200℃以下出炉	4.0～5.0	—	6.5～7.5
4J45		6.5～7.2	6.5～7.2	—
4J50		9.2～10.0	9.2～9.9	—

8.4.3 定膨胀封接铁镍钴合金的热处理

1. 定膨胀封接铁镍钴合金的牌号及化学成分（见表8-48）

表8-48　定膨胀封接铁镍钴合金的牌号及化学成分

（YB/T 5231—2014）

牌号	化学成分(质量分数,%)										
	C	P	S	Mn	Si	Cu	Cr	Mo	Ni	Co	Fe
	≤										
4J29	0.03	0.020	0.020	0.50	0.30	0.20	0.20	0.20	28.5～29.5	16.8～17.8	余量
4J33	0.03	0.020	0.020	0.50	0.30	—	—	—	32.1～33.6	14.0～15.2	余量
4J34	0.03	0.020	0.020	0.50	0.30	—	—	—	28.5～29.5	19.5～20.5	余量
4J44	0.03	0.020	0.020	0.50	0.30	0.20	0.20	0.20	34.2～35.2	8.5～9.5	余量
4J46	0.03	0.020	0.020	0.40	0.30	3.0～4.0	—	—	37.0～38.0	5.0～6.0	余量

2. 定膨胀封接铁镍钴合金的热处理工艺及平均线胀系数（见表8-49）

表8-49　定膨胀封接铁镍钴合金的热处理工艺及平均线胀系数

（YB/T 5231—2014）

牌号	热处理工艺	平均线胀系数 $\overline{\alpha}$/(10⁻⁶/℃)				
		20～300℃	20～400℃	20～450℃	20～500℃	20～600℃
4J29	在真空或氢气气氛中加热至900±20℃，保温1h，再加热至1100℃±20℃，保温15min，以不大于5℃/min的速度冷至200℃以下出炉	—	4.6～5.2	5.1～5.5	—	—
4J44		4.3～5.1	4.6～5.2	—	—	—
4J33	在真空或氢气气氛中加热至900±20℃，保温1h，以不大于5℃/min的速度冷至200℃以下出炉	—	6.0～6.8		6.6～7.4	—
4J34		—	6.3～7.1	—	—	7.8～8.5
4J46	在真空或氢气气氛中加热至800～900℃，保温1h，以不大于5℃/min的速度冷至300℃以下出炉	5.5～6.5	5.6～6.6	—	7.0～8.0	—

8.4.4 无磁定膨胀瓷封镍基合金的热处理

1. 无磁定膨胀瓷封镍基合金的牌号及化学成分（见表 8-50）

表 8-50 无磁定膨胀瓷封镍基合金的牌号及化学成分（YB/T 5233—2005）

牌号	化学成分(质量分数,%)								
	C	P	S	Mn	Si	Mo	W	Cu	Ni
	≤								
4J78	0.05	0.020	0.020	0.40	0.30	20.0~22.0	—	≤1.50	余量
4J80	0.05	0.020	0.020	0.40	0.30	9.50~11.50	9.50~11.50	1.50~2.50	余量
4J82	0.05	0.020	0.020	0.40	0.30	17.5~19.5	—	—	余量

2. 无磁定膨胀瓷封镍基合金的热处理工艺及性能（见表 8-51）

表 8-51 无磁定膨胀瓷封镍基合金的热处理工艺及性能（YB/T 5233—2005）

牌号	热处理工艺	平均线胀系数 $\bar{\alpha}/(10^{-6}/℃)$		磁导率 μ_{16000} /(μH/m)
		20~500℃	20~600℃	
4J78	在氢气或真空中加热至 1000~1050℃，保温 30~40min，以不大于 5℃/min 的速度冷至 300℃以下，出炉	12.1~12.7	12.4~13.0	≤1.263
4J80	在氢气或真空中加热至 850~900℃，保温 30~40min，以不大于 5℃/min 的速度冷至 300℃以下，出炉	12.7~13.3	13.0~13.6	≤1.263
4J82	在氢气或真空中加热至 1000~1050℃，保温 30~40min，以不大于 5℃/min 的速度冷至 300℃以下，出炉	12.5~13.1	13.0~13.6	≤1.263

8.5 耐蚀合金的热处理

耐蚀合金棒材的固溶处理温度及力学性能见表 8-52。耐蚀合金棒材的固溶处理和时效工艺及力学性能见表 8-53。耐蚀合金板材的固溶处理温度及力学性能见表 8-54。

表 8-52 耐蚀合金棒材的固溶处理温度及力学性能（GB/T 15008—2020）

牌号	固溶处理温度/℃	规定塑性延伸强度 $R_{p0.2}$/MPa	抗拉强度 R_m/MPa	断后伸长率 A(%)
		≥		
NS1101	1000~1060	205	515	30
NS1102	1100~1170	170	450	30
NS1103	1000~1050	205	515	30

（续）

牌号	固溶处理温度/℃	规定塑性延伸强度 $R_{p0.2}$/MPa	抗拉强度 R_m/MPa	断后伸长率 A(%)
		≥		
NS1104	1120~1170	170	450	30
NS1105	1040~1090	207	483	30
NS1301	1150~1200	240	590	30
NS1401	1000~1050	215	540	35
NS1402	1000~1050	240	590	30
NS1403	1000~1050	215	540	35
NS2401	1010~1065	517	241	35
NS3101	1050~1100	245	570	40
NS3102	1000~1050	240	550	30
NS3103	1100~1150	195	550	30
NS3104	1080~1120	195	520	35
NS3105	1000~1050	240	550	30
NS3201	1140~1190	310	690	40
NS3202	1040~1090	350	760	40
NS3301	1050~1100	195	540	35
NS3302	1160~1210	295	735	30
NS3303	1160~1210	315	690	30
NS3304	1150~1200	285	690	40
NS3305	1050~1100	275	690	40
NS3306	1100~1150	275	690	30
NS3308	1100~1150	310	690	45
NS3401	1050~1100	195	590	40
NS6400	800~982	170	480	35

表 8-53　耐蚀合金棒材的固溶处理和时效工艺及力学性能（GB/T 15008—2020）

牌号	热处理工艺		规定塑性延伸强度 $R_{p0.2}$/MPa	抗拉强度 R_m/MPa	断后伸长率 A(%)	冲击吸收能量 KU_2/J	硬度 HRC
	固溶	时效	≥				
NS4101	1080~1100℃，快冷	750~780℃保温8h，空冷，620~650℃保温8h，空冷	690	910	20	80	32
NS4301	940~1060℃，空冷或快冷	720℃保温8h，任意冷却速度冷却至620℃，总时效时间不少于18h，空冷	1035	1240	12		

（续）

<table>
<tr><th rowspan="2">牌号</th><th colspan="2">热处理工艺</th><th>规定塑性延伸强度 $R_{p0.2}$ /MPa</th><th>抗拉强度 R_m /MPa</th><th>断后伸长率 A(%)</th><th>冲击吸收能量 KU_2/J</th><th>硬度 HRC</th></tr>
<tr><th>固溶</th><th>时效</th><th colspan="5">≥</th></tr>
<tr><td rowspan="2">NS6500</td><td>1080～1150℃，快冷</td><td>工艺1：590～610℃保温8～16h，以10～15℃/h的速度炉冷至480℃，空冷</td><td>585</td><td>895</td><td>20</td><td></td><td></td></tr>
<tr><td>热轧</td><td>工艺2：590～610℃保温8～16h，炉冷至540℃，保温6h，炉冷至480℃，保温8h，空冷</td><td>690</td><td>965</td><td>20</td><td></td><td></td></tr>
</table>

表8-54　耐蚀合金板材的固溶处理温度及力学性能

（YB/T 5353—2012、YB/T 5354—2012）

牌号	固溶处理温度 /℃	抗拉强度 R_m/MPa	规定塑性延伸强度 $R_{p0.2}$/MPa	断后伸长率 A(%)
		≥		
NS1101	1000～1060	520	205	30
NS1102	1100～1170	450	170	30
NS1104	1120～1170	450	170	30
NS1301	1160～1210	590	240	30
NS1401	1000～1050	540	215	35
NS1402	940～1050	586	241	30
NS1403	980～1010	551	241	30
NS3101	1050～1100	570	245	40
NS3102	1000～1050	550	240	30
NS3103	1100～1160	550	195	30
NS3104	1080～1130	520	195	35
NS3201	1140～1190	690	310	40
NS3202	1040～1090	760	350	40
NS3301	1050～1100	540	195	35
NS3303	1160～1210	690	315	30
NS3304	1150～1200	690	283	40
NS3305	1050～1100	690	276	40
NS3306	1100～1150	690	276	30

第9章　热处理质量检验

常用热处理质量检验，包括外观、硬度、畸变、金相检验以及无损检测等。

9.1　热处理质量检验规程

1. 热处理质量检验工作的几点规定

1）质管部门负责执行质量检验工作，在热处理各车间（工段或小组）设立检验站，进行日常的质量检验工作。

2）质检工作以专业检验员为主，与生产工人的自检、互检相结合。

3）在承接业务时，应首先对工件进行外观目测检验，检验有无裂纹、碰伤、锈蚀斑点等；还应调查工件的原材料、预备热处理、铸造工艺是否恰当，工件尺寸及加工余量是否与图样相符合；有变形要求的工件要检查来时的原始变形情况；经修复的模具（堆焊、补焊、砂光等）等工件应说明修复情况，并检查登记；必要时应进行无损检测等。

4）检验人员应按照图样技术条件、标准、工艺文件、规定的检验项目与方法等，进行首检、中间抽检、成品检验；应监督工艺过程，及时发现问题，防止产生成批不合格品与废品。

5）生产工人对成批生产的工件，必须经首检合格后方可进行生产，生产过程中也应进行中间检验，防止出现质量问题。出现异常情况，应及时向检验人员、当班领导汇报，并采取积极、妥当的措施纠正。

2. 检验内容及方法

（1）外观

1）一般机械零件经热处理后，均应用肉眼或低倍放大镜观察其表面有无裂纹、烧伤、碰伤、麻点、锈蚀等。

2）对重要零件或易产生裂纹的零件，应用无损检测或浸煤油、喷砂等手段检查。

（2）硬度

1）热处理工件均应根据图样要求和工艺规定进行硬度检验或抽检。

2）先以标准块校对硬度计，确认后方可进行硬度测试。

3）检验硬度前，应将工件表面清理干净，去除氧化皮、脱碳层及毛刺等，且表面不应有明显的机加工痕迹；被测工件的温度以室温为准，或略高于室温，但以人手能稳稳抓住为限。

4）硬度检测部位应根据工艺文件，或由检验、工艺人员确定。淬火部位检查硬度至少1处，每处不少于3点，不均匀度应在要求的范围内。被测工件直径小于ϕ38mm时应予修正。

5）一般的正火件、退火件、调质件采用布氏硬度计检验，对于尺寸较大者可用锤击式硬度计检验，淬火件用洛氏硬度计检验，对于尺寸较大者，允许用肖氏硬度计代替。渗碳或硬化层较薄的零件，用维氏硬度计检验。有色金属检验以布氏硬度、洛氏HRB硬度检验法为宜。选择施加载荷时，应以工件的具体要求，被测部位的大小、厚薄等作为选择依据，要求换算精度要高，要准确。

（3）畸变

1）薄板类工件在检验平台上用塞尺检验其平面度。

2）轴类工件用顶尖或V形块支撑两端，用百分表测量其径向圆跳动，细小的轴类工件可在平台上用塞尺检查。

3）套筒、圆环类工件，用百分表、游标卡尺、塞规、内径百分表、螺纹塞规、环规等检验工件的外圆、内孔、螺纹等尺寸。非标准的被测螺纹由用户提供专用检测工具。

4）特殊工件的变形检验（如齿轮、凸轮等）应由用户配合进行。

（4）金相　在下列情况进行金相检验。

1）根据客户要求。

2）工艺规定的、机械中的重要工件。

3）检验人员对本批工件发生怀疑时。

4）成批或大批生产变更工艺后，对首批生产或试生产的工件认为必要时。

5）分析废品原因时。

（5）材料　对材料发生怀疑时，可送理化室用光谱仪或采用火花鉴别的方式等检验材料是否与图样规定相符。原材料的检验按有关规定进行。

（6）力学性能　凡对力学性能有特殊要求的工件，或应客户的要求，应按有关的技术要求进行有关的力学性能试验。试样截取部位及试样尺寸应按有关规定进行。试样与工件必须是同批材料，并进行同炉处理。

9.2 退火及正火件的质量检验项目及要求

1. 外观

工件表面应无裂纹及伤痕等缺陷。采用无氧化加热时，表面应无氧化皮。

2. 表面硬度

1）一般用布氏硬度计检验，也允许用洛氏硬度计（HRB）检验，尺寸较大的工件可用锤击式布氏硬度计检验。

2）表面硬度应达到技术文件规定的要求。按工件品质等级，表面硬度偏差的允许值见表9-1。

表9-1 退火及正火件表面硬度偏差的允许值（GB/T 16923—2008）

工件品质等级	单件				同批			
	HBW	HV	HRB	HS	HBW	HV	HRB	HS
1	20	20	5	3	25	25	6	4
2	25	25	6	4	35	35	7	5
3	30	30	7	5	45	45	9	6
4	40	40	8	6	55	55	11	7

注：1. HBW、HV、HRB及HS等数值是使用不同硬度试验机的实测值，表中各种硬度值之间没有直接换算关系。

2.“同批”系指采用同炉号材料，用周期式炉同一炉次处理的一批工件；用连续炉在同一工艺条件下同作业班次处理的一批工件。

3. 硬度测量部位应在工件上处理条件大致相同的范围内选取。

3. 畸变

工件变形量应小于其加工余量的1/3～1/2。

1）轴类及管类工件用V形块支撑两端或用顶尖顶住两端，用百分表测量其径向圆跳动。

2）板类工件及细小的轴类工件在专用平台上用塞尺检验工件的平面度或直线度。

3）套筒及环类工件用游标卡尺、内径百分表、塞规等测量其圆柱度。

4. 金相

除重要件外，一般不做金相检验。必要时应在工艺文件中注明，并按有关标准评定，按规定执行。

1）结构钢正火后的显微组织为均匀分布的铁素体+片状珠光体，晶粒度为5~8级，大型铸锻件为4~8级。

2）刃具模具用非合金钢退火后的组织应为球状珠光体，球化级别共分10级，一般要求4~6级为合格。

3）低合金工具钢退火后的组织应为球状珠光体，球化级别共分6级，要求球化级别2~5级为合格。

4）轴承钢退火后珠光体组织应为2~5级，网状碳化物≤3级。

5）表面脱碳层深度不应超过单面加工余量的1/3~2/3。

9.3　淬火与回火件的质量检验项目及要求

工件淬火与回火后的质量检验可分为：外观质量、硬度、变形及显微组织等方面。生产中一般只检验其中2~3项，成批生产时只做抽检。当工件质量要求严格或试生产及工艺改进时，才做全面的质量评定。

根据品质等级要求、材料的淬透性及质量大小，对淬火与回火工件应进行分类，见表9-2。

表9-2　淬火与回火工件的分类（GB/T 16924—2008）

工件类别	淬透性								
	高			中			低		
	小件	中件	大件	小件	中件	大件	小件	中件	大件
1	√	√	—	√	—	—	—	—	—
2	√	√	√	√	√	—	√	—	—
3	—	√	√	√	√	√	√	√	—
4	—	—	√	—	√	√	√	√	√
5	—	—	—	—	—	√	√	√	—

注：1. 依据表面硬度精度等要求的高低分类。

2. 工件材料的淬透性高，淬透性中和淬透性低的钢号列举如下：

高淬透性：W18Cr4V、W9Cr4V2、Cr12、Cr12MoV、Cr12W、3W4Cr2V、3Cr2W8V、5CrNiMo、5CrMnMo、40CrNi2Mo、20Cr2Ni4等。

中淬透性：45Mn2、20CrMo、30CrMo、35CrMo、42CrMo、40CrNi、40CrNiMo、CrW5、38CrMoAl、4Cr9Si2、4Cr10Si2Mo、CrWMn、5CrW2Si、60Si2Mn、GCr9、GCr15、20CrMnTi等。

低淬透性：35、40、45、60、65、75、20Cr、30Cr、40Cr、45Cr、T10、T12、T13等。

3. 以质量大小分类为原则，按下列规定进行：小件，<5kg；中件，5kg~30kg；大件，>30kg。

4. 也可根据工件有效尺寸或截面变化确定工件的分类，具体情况由相关方协商决定。

1. 外观

工件表面应无裂纹及划痕，可采用目测或着色鉴定裂纹及伤痕。必要时按有关标准进行超声检测或磁粉检测。表面应无氧化和脱碳现象，无残盐、无锈蚀等。

2. 表面硬度

1）应根据图样要求和工艺规定的百分率进行抽检。

2）应采用洛氏硬度计（HRC）检验，如无法用洛氏硬度计检验时，允许用维氏硬度计或其他便携式硬度计检验。

3）工件应根据图样要求和工艺规定的硬度范围进行硬度检验，如图样只注明单一洛氏硬度值时，其硬度为标准范围的下限值，上限值应为下限值加5HRC。不同类别工件淬火与回火后表面硬度的偏差允许值应符合表9-3~表9-6的规定。

表9-3　表面的洛氏硬度偏差允许值（GB/T 16924—2008）

工件类别	硬度偏差HRC					
	单件			同批		
	<35	35~50	>50	<35	35~50	>50
1	2	2	2	3	3	3
2	3	3	3	5	5	5
3	4	4	4	7	7	7
4	6	6	6	9	9	9
5	7	7	—	10	10	—

表9-4　表面的维氏硬度偏差允许值（GB/T 16924—2008）

工件类别	硬度偏差HV					
	单件			同批		
	<350	350~500	>500	<350	350~500	>500
1	20	25	40	25	30	60
2	25	35	60	40	55	100
3	30	45	80	55	80	140
4	45	70	120	70	100	180
5	55	80	—	75	110	—

表9-5　表面的布氏硬度偏差允许值（GB/T 16924—2008）

工件类别	硬度偏差HBW			
	单件		同批	
	<330	330~450	<330	330~450
1	15	20	25	30
2	20	30	35	50

（续）

工件类别	硬度偏差 HBW			
	单件		同批	
	<330	330~450	<330	330~450
3	30	40	50	70
4	40	60	65	90
5	50	70	70	100

表 9-6 表面的肖氏硬度偏差允许值（GB/T 16924—2008）

工件类别	硬度偏差 HS					
	单件			同批		
	<50	50~70	>70	<50	50~70	>70
2	3	4	5	5	6	8
3	4	5	6	7	9	11
4	6	8	10	9	11	14
5	7	9	—	10	13	—

表 9-3~表 9-6 注：1. HV、HRC、HBW 及 HS 各数值是使用各种硬度试验机的实测值，各表中的硬度值之间没有直接换算关系。
2. 同批是指采用同一炼钢炉号、同一批处理的工件。对于周期式热处理设备，是指用同一炉次处理的一批工件；对于连续式热处理炉设备，是指在同一条件下、同一班次处理的一批工件。
3. 测定部位按工件的形状来确定，淬火冷却条件大致相同。
4. 局部淬火与回火时，测定部位不应选择靠近淬火区边界的区域。

4）工件检验部位表面粗糙度值应尽可能低。

5）工件淬火后、回火前的硬度值应大于或等于技术要求中的下限值（回火时有二次硬化现象的钢除外）。

6）硬度检验位置应根据工艺文件或由检验人员确定，检验位置不少于 1~3 处，各处不少于 3 点，取其平均值。对局部淬火或回火件，应避免在淬火（回火）区与未淬火（回火）区的交界处测定硬度。

7）同一部位低硬度值的点数超过 60%时定为软点。重要件和小件不允许有软点；大件（有效厚度≥80mm）允许有少量软点，其硬度值不低于技术要求下限 5HRC，每个软点面积不超过 $16mm^2$。

8）整体加热后局部淬火或局部加热淬火的工件直径于小 50mm 者，淬硬区的允许偏差为±10mm；直径大于 50mm 者，淬硬区的允许偏差为±20mm。表面硬度必须满足相关工艺技术文件的要求。

3. 畸变

工件的畸变应不影响其后的机械加工及使用。

1）轴类工件弯曲变形后，全长实际磨量不小于0.1~0.15mm。

2）平板类工件的平面度误差应小于单面留磨量的2/3，渗碳件的平面度误差应小于单面留磨量的1/2。

3）套类及环类工件应保持每边实际磨量不小于0.1~0.15mm。

4. 金相

工件淬火及回火后应达到相关方认可的工件技术文件所要求的组织。主要项目有淬火及回火组织、组织评级、残留碳化物级别、脱碳层深度等。一般淬火件不做金相组织检验，必要时可在工艺文件中注明。

1）中碳钢和中碳合金结构钢淬火后的组织为马氏体，1~5级为合格。

2）弹簧钢工件淬火后组织为马氏体，1~4级为合格。

3）非合金工具钢、高碳低合金工具钢的组织是隐晶马氏体+均匀分布的碳化物，马氏体的级别应为1~3.5级。如果马氏体粗大、残留奥氏体过多、未溶碳化物减少，则该组织为过热组织。

4）轴承钢工件淬火回火后，重要件的马氏体组织1~3级为合格，一般件1~4级为合格；残留粗大碳化物应小于2.5级；贝氏体淬火组织1级为合格。

5）高速钢（钨系）淬火后的晶粒度：一般刀具应为9~10级，要求热硬性高的简单刀具为8~9级，微型刀具为11级。其组织出现晶粒粗大及网状碳化物时为过热组织。

6）工件淬火、回火后的表面脱碳层深度应小于单面加工余量的1/3。

9.4 感应淬火件的质量检验项目及要求

1. 外观

工件表面不得有淬火裂纹、锈蚀、烧伤及影响使用性能的划痕、磕碰等缺陷。一般件100%目测检验，重要件应100%无损检测，成批生产时按规定要求进行检验。

2. 表面硬度

1）批量生产时按5%~10%抽检硬度，单件、小批量生产时应100%检验硬度。

2）淬火区域的范围根据硬度确定，或根据淬火区的颜色用卡尺或金属直尺测量。

3）形状复杂或无法用硬度计检测的工件，可用硬度笔或锉刀进行

检验。

4）硬度应满足图样技术要求，误差范围应符合表 9-7 及表 9-8 中的规定值。

表 9-7 洛氏硬度偏差范围（JB/T 9201—2007）

工件类型	硬度范围 HRC					
	单件			同批		
	≤50	50~60	>60	≤50	50~60	>60
	表面硬度偏差范围 HRC					
重要件	≤5	≤4.5	≤4	≤6	≤5.5	≤5
一般件	≤6	≤5.5	≤5	≤7	≤6.5	≤6

表 9-8 维氏硬度或努氏硬度及肖氏硬度偏差范围（JB/T 9201—2007）

工件类型	维氏或努氏硬度范围 HV 或 HK				肖氏硬度范围 HS			
	单件		同批		单件		同批	
	≤500	>500	≤500	>500	≤80	>80	≤80	>80
	表面硬度偏差范围 HV 或 HK				表面硬度偏差范围 HS			
重要件	≤55	≤85	≤75	≤105	≤6	≤8	≤8	≤10
一般件	≤75	≤105	≤95	≤125	≤8	≤10	≤10	≤12

表 9-7、表 9-8 注：1. 各硬度数值是用不同试验机测得的结果，各表中的硬度值没有直接换算关系，维氏硬度或努氏硬度的施加载荷由委托与受托双方协商确定。

2. 同一批工件不同部位要求硬度各异时，单件的硬度指的是在同样淬火回火或淬火条件下形状、尺寸相同的部位。

3. 同一批指用同一操作处理得到的已处理工件总称。

3. 有效硬化层深度

有效硬化层深度用硬度法测量，其方法可参见 GB/T 5617—2005《钢的感应淬火或火焰淬火后有效硬化层深度的测定》。

1）有效硬化层深度应符合图样技术要求的规定值。

2）形状简单的工件有效硬化层深度的波动范围应符合表 9-9 中规定值。大型或形状复杂工件的有效硬化层深度的波动范围可适当放宽。有效硬化层深度的极限偏差见表 9-10。

4. 畸变

按图样技术要求检验。工件的尺寸变化必须确保不影响随后的机械加工与使用。

5. 金相

中碳结构钢和中碳合金结构钢感应淬火后的金相组织按马氏体大小分

表 9-9 有效硬化层深度的波动范围 （单位：mm）

有效硬化层深度	有效硬化层深度的波动范围			
	JB/T 9201—2007《钢铁件的感应淬火回火》		JB/T 8491.3—2008《机床零件热处理技术条件 第3部分:感应淬火、回火》	
	单件	同批	单件	同批
≤1.5	0.2	0.4	0.2	0.4
>1.5~2.5	0.4	0.6	0.4	0.6
>2.5~3.5	0.6	0.8	0.6	0.8
>3.5~5.0	0.8	1.0	0.8	1.0
>5.0	1.0	1.5	1.0	1.2

表 9-10 有效硬化层深度的极限偏差（JB/T 8491.3—2008）

（单位：mm）

公称深度	深度极限偏差	公称深度	深度极限偏差
0.6	$^{+0.6}_{0}$	2.0	$^{+1.6}_{0}$
0.8	$^{+0.8}_{0}$	2.5	$^{+1.8}_{0}$
1.0	$^{+1.0}_{0}$	3.0	$^{+2.0}_{0}$
1.3	$^{+1.1}_{0}$	4.0	$^{+2.5}_{0}$
1.6	$^{+1.3}_{0}$	5.0	$^{+3.0}_{0}$

为 10 级。其中，4~6 级为细小马氏体，是正常组织；1~3 级为粗大或中等大小的马氏体，其产生原因是淬火温度偏高；7~10 级组织中有未溶铁素体或网状托氏体，其原因分别为淬火温度偏低或淬火冷却不足。金相组织中不允许存在因感应加热引起的过热和过烧等缺陷。

9.5 火焰淬火件的质量检验项目及要求

1. 外观

工件表面不得有过烧、熔化及裂纹等缺陷。

2. 表面硬度

工件的表面硬度应符合图样技术要求或工艺要求，硬度偏差范围应符合表 9-11~表 9-13 的规定。

3. 有效硬化层深度

有效硬化层深度的波动范围不允许超过表 9-14 的规定。

表 9-11　洛氏硬度波动范围（JB/T 9200—2008）

工件类型	硬度范围　HRC			
	单件		同批	
	≤50	>50	≤50	>50
	表面硬度偏差范围　HRC			
重要件	≤5	≤4	≤6	≤5
一般件	≤6	≤5	≤7	≤6

表 9-12　维氏硬度波动范围（JB/T 9200—2008）

工件的类型	表面硬度 HV			
	单件		同一批件	
	≤500	>500	≤500	>500
重要件	≤55	≤85	≤75	≤105
一般件	≤75	≤105	≤95	≤125

表 9-13　肖氏硬度波动范围（JB/T 9200—2008）

工件的类型	表面硬度 HS			
	单件		同一批件	
	≤80	>80	≤80	>80
重要件	≤6	≤8	≤8	≤10
一般件	≤8	≤10	≤10	≤12

表 9-14　有效硬化层深度的波动范围（JB/T 9200—2008）

（单位：mm）

有效硬化层深度	有效硬化层深度的波动范围	
	单件	同一批
≤1.5	0.2	0.4
>1.5~2.5	0.4	0.6
>2.5~3.5	0.6	0.8
>3.5~5.0	0.8	1.0
>5.0	1.0	1.5

4. 硬化区范围

硬化区范围按图样或有关技术文件规定的表面硬化区而定，必须规定合理的允许偏差。

整体表面淬火时，板件的非淬硬边缘和轴件的非淬硬端部不大于 10mm。

大型工件允许留软带，其宽度不大于 10mm，软带间距应大于 100mm。

5. 畸变

淬火后的畸变量应在图样或工艺要求范围之内，超过允许范围者可以矫直，矫直后应进行去应力退火。

6. 金相

一般情况下，火焰淬火工件不做金相检验。对于有特殊要求的工件，可进行晶粒度、马氏体级别、脱碳层深度等项目的检验。

9.6 接触电阻加热淬火件的质量检验项目及要求

接触电阻加热淬火件的材料主要是灰铸铁，以下为灰铸铁接触电阻加热淬火件的质量检验项目及要求。

1. 外观

(1) 淬硬条纹排列　淬硬条纹排列应力求整齐。淬硬面上不允许有纵向软带。淬硬条纹起始和终止位置的误差不得大于10mm。

(2) 表面的精度和表面粗糙度　精整加工后，淬硬表面的精度和表面粗糙度应符合图样要求。

(3) 评级　将精整过的淬硬表面按淬火条纹进行评级（见表9-15），其中2~4级为合格。

表9-15　淬火条纹评级及其加热程序说明（JB/T 6954—2007）

级别	加热程序说明
1	条纹有断续，宽度明显窄于电极轮缘的宽度，条纹颜色浅淡，条纹两侧无热影响区，属加热不足
2	条纹有少量断续，宽度略窄于电极轮缘的宽度，条纹颜色略浅，条纹两侧出现极窄的热影响区，属正常加热下限
3	条纹基本无断续，宽度约等于电极轮缘的宽度，条纹颜色正常，条纹两侧有热影响区，属正常加热
4	条纹无断续，出现少量烧伤凹坑，宽度约等于电极轮缘的宽度，条纹颜色正常，条纹两侧热影响区加宽，属正常加热上限
5	条纹无断续，出现较多烧伤凹坑，宽度略大于电极轮缘的宽度，条纹颜色较深，条纹两侧热影响区加宽，属过热
6	条纹常有断续，烧伤凹坑很多，宽度明显大于电极轮缘的宽度，条纹呈灰黑色，条纹两侧热影响区很宽，属过烧

(4) 淬硬面积　淬硬面积应不小于需淬火面积的25%。

1) 淬硬面积的测量。淬硬面积的测量应在精整加工后进行。用游标卡尺测出淬硬条纹的宽度 b、条纹间距 h、一个圆弧花纹的弦长 A 和半径

R，如图 4-53 所示。

2）淬硬面积的计算。波浪形和鱼鳞形淬硬面积按式（9-1）计算，锯齿形淬硬面积按式（9-2）计算。

$$S=\frac{\pi b(2R-b)}{360Ah}\arccos\frac{R^2-A^2}{R^2}\times100\% \tag{9-1}$$

$$S=\frac{b}{h}\times100\% \tag{9-2}$$

（5）烧伤　打火烧伤凹坑直径不得超过 1mm，在任意 $100cm^2$ 面积内，直径大于 0.2mm 的凹坑不得多于 3 个。

2. 硬度

淬硬条纹横截面上的显微硬度应不低于 550HV，但两条条纹相交接区域的硬度不受此限制。

3. 淬硬层深度

精整后的工件淬硬层深度不得小于 0.18mm。

测量方法：在试样表面有代表性部位，垂直于淬火条纹切取金相试样，用 4%（质量分数）硝酸乙醇溶液腐蚀，在显微镜下放大 100 倍，在淬硬层最深处测量数值，即为淬硬层深度。

9.7　激光淬火件的质量检验项目及要求

1. 外观

1）用肉眼或低倍放大镜观察，激光淬火表面不得有裂纹、伤痕、蚀坑及其他影响使用的缺陷。

2）用手触摸淬火表面的扫描带可有微凸感觉。

3）表面不得有熔化现象，表面粗糙度等级降低不得超过一个级别。

2. 表面硬度

表面硬度测量应采用 9.8~98N 载荷的维氏硬度计或小载荷维氏硬度计测量；当硬化层深度在 0.2mm 以下时，硬度计载荷不超过 49N。

3. 硬化层深度

激光淬火表面硬化层深度分为有效硬化层深度和总硬化层深度。测量方法采用显微硬度测量法和显微组织测量法。

4. 硬化层宽度

硬化层宽度采用显微硬度测量法和显微组织测量法，确定有效硬化层宽度和总硬化层宽度。

硬度试验的载荷一般应为0.98~1.96N。

激光淬火后需进行磨削加工的工件，激光淬火熔化层深度不得超过后序加工余量。

9.8　渗碳和碳氮共渗件的质量检验项目及要求

1. 外观

已处理工件表面不能出现因热处理引起的微裂纹、熔融、烧伤及影响使用的划痕等缺陷。外观检验采用目测或磁粉检测裂纹。

2. 表面硬度

工件经淬火和低温回火后，通常只做渗层表面硬度检验。表面硬度应符合图样技术要求的硬度范围，一般在56~64HRC范围内。表面硬度偏差不得超过表9-16和表9-17中的规定。

表9-16　洛氏硬度偏差值（JB/T 3999—2007）

工件类型	洛氏硬度偏差值　HRA				洛氏硬度偏差值　HRC	
	单件		同批		单件	同批
	≤75	>75	≤75	>75		
重要件	1.5	2.0	2.5	3.0	3	5
一般件	2.0	2.5	3.5	4.0	4	7

表9-17　维氏和肖氏硬度偏差值（JB/T 3999—2007）

工件类型	维氏硬度偏差值　HV				肖氏硬度偏差值　HS			
	单件		同批		单件		同批	
	≤500	>500	≤500	>500	≤7	>7	≤70	>70
重要件	35	60	55	100	4	5	6	8
一般件	45	80	80	140	5	6	9	11

表9-16、表9-17注：1. HV、HRC、HRA及HS的数值是用不同硬度试验机的实测值，各表之间的硬度值无直接换算关系。

2. 所谓同一批是指用同批处理材料，当用周期式热处理设备时，原则上是同炉次渗碳、淬火及回火作业后所得的一批处理工件；当用连续式热处理设备时，则为同一条件下处理得到的一批处理工件。

3. 测定位置应在工件形状和加工条件与要求部位条件大体一致的范围内；局部渗碳淬火回火时，测定位置不应选在渗碳层界面附近。

3. 硬化层深度

硬化层深度指从工件表面到维氏硬度值为550HV1处的垂直距离。用金相法或断口法测得的渗层深度仅能作为产品中间检验指标，而渗碳或碳氮共渗后淬火、回火的最终质量指标只能采用硬度法所测得的硬化层深度来判断。在有争议的情况下，这是唯一可采用的仲裁方法。

硬化层深度的检验方法按 GB/T 9450—2005《钢件渗碳淬火硬化层深度的测定和校核》中的规定进行。

硬化层深度应达到图样技术要求的深度。若渗后仍需进行磨削加工，则渗层深度应为图样技术要求的渗层深度加磨削余量。硬化层深度偏差不得超过表 9-18 的规定。

表 9-18　硬化层深度偏差（JB/T 3999—2007）

（单位：mm）

硬化层深度	硬化层深度偏差		硬化层深度	硬化层深度偏差	
	单件	同批		单件	同批
<0.50	0.10	0.20	>1.50~2.50	0.30	0.40
0.50~1.50	0.20	0.30	>2.50	0.50	0.60

4. 畸变

按图样技术要求或工艺规定进行检验。工件的畸变应不影响其后续机械加工及使用。

5. 金相

热处理后应达到工件材料相对应的组织要求，按 GB/T 25744—2010《钢件渗碳淬火回火金相检验》进行检验。

1）渗碳和碳氮共渗缓冷后金相组织中的过共析层+共析层应为总层深的 50%~70%（渗碳）和 40%~70%（碳氮共渗），以保证缓和的碳氮浓度梯度。

2）渗碳和碳氮共渗淬火回火后，表面金相组织应为细小的回火马氏体+适量残留奥氏体+细小颗粒状的碳（氮）化合物。对于以疲劳破坏为主要失效形式的工件，不允许出现下列异常组织：①粗大马氏体和多量残留奥氏体；②块状或网状碳化物；③心部有较多的块状或条状铁素体；④表面存在严重的黑色组织。

3）深层渗碳后的工件经过淬火及回火后，金相组织应符合表 9-19 中的要求。

表 9-19　深层渗碳后的工件经过淬火回火后的金相组织（GB/T 28694—2012）

工件类型	金相组织级别				晶界内氧化层深要求/μm	非马氏体组织层深要求/μm
	马氏体	残留奥氏体	碳化物	心部组织		
重要件	≤3	≤4	≤2	≤3	≤30	≤30
一般件	≤4	≤4	≤3	≤4	≤60	≤60

9.9　渗氮件的质量检验项目及要求

1. 外观

正常的渗氮表面呈银灰色、无光泽。表面不应出现裂纹及剥落现象。离子渗氮件表面应无明显电弧烧伤及肉眼可见的疏松等表面缺陷。

在硬度、层深和脆性等各项要求均合格的前提下，渗氮件表面允许存在氧化色。

2. 硬度

渗氮层表面硬度通常用维氏硬度计或轻型洛氏硬度计测量，载荷的大小应根据渗氮层的厚度来选择，见表9-20。当渗氮层极薄时（如不锈钢渗层），也可用显微硬度计。心部硬度可用洛氏硬度计或布氏硬度计来检验。

表9-20　硬度计载荷的选择与渗氮层深度的关系

渗氮层深度/mm	<0.2	0.2~0.35	0.35~0.50	>0.50
维氏硬度计载荷/N	<49.03	≤98.07	≤98.07	≤294.21
洛氏硬度计载荷/N	—	147.11	147.11或294.21	588.42

渗氮件表面硬度应达到工艺要求的表面硬度，其误差范围应符合表9-21规定的数值。

表9-21　表面硬度误差范围（GB/T 18177—2008）

项目	单件		同批	
硬度范围　HV	≤600	>600	≤600	>600
误差范围　HV	≤45	≤60	≤70	≤100

注：1. 同批是指用相同钢材、经相同预备热处理并在同一炉次渗氮处理后的一组工件。

2. 局部渗氮件的测定位置不应在渗氮边界附近，其位置距渗氮边界应不小于1个渗层深度的距离。

3. 渗氮层深度

渗氮件应达到工艺要求的渗氮层深度，其深度偏差应符合表9-22的规定。抗蚀渗氮件ε相致密层深度应不小于0.01mm。

渗氮层深度的测定方法：通常采用硬度法或金相法进行测量，有争议时，以硬度法作为仲裁方法。

4. 畸变

畸变包括由于渗氮时氮原子的大量渗入而引起的比体积增大及工件本身变形。渗氮后工件的胀大量约为渗氮层深度的3%~4%。变形量应在精磨留量内，一般为0.05mm以内，最大不超过0.10mm。

表 9-22 渗氮层深度偏差的允许值（GB/T 18177—2008）

（单位：mm）

渗氮层深度	深度偏差	
	单件	同批
<0.3	0.05	0.1
0.3~0.6	0.10	0.15
>0.6	0.15	0.20

对于弯曲畸变超过磨量的工件，在不影响工件质量的前提下，可以进行冷压矫直或热点矫直。

5. 金相

金相检验主要包括渗氮层组织检验及心部组织检验。

1）渗氮层中的白层厚度不大于0.03mm（渗氮后精磨的工件除外）。

2）渗氮层中不允许有较严重脉状和连续网状分布的氮化物存在。渗氮层中氮化物级别按扩散层中氮化物的形态、数量和分布情况分级。扩散层中氮化物在显微镜下放大500倍进行检验，取其组织最差的部位，参照渗氮层氮化物级别图进行评定。渗氮层氮化物级别分为5级，见表9-23。一般工件1~3级为合格，重要工件1~2级为合格。

表 9-23 氮化物级别说明（GB/T 11354—2005）

级别	级别说明
1	扩散层中有极少量呈脉状分布的氮化物
2	扩散层中有少量呈脉状分布的氮化物
3	扩散层中有较多呈脉状分布的氮化物
4	扩散层中有较严重脉状和少量断续网状分布的氮化物
5	扩散层中有连续网状分布的氮化物

3）心部组织应为均匀细小的回火索氏体，不允许有多量大块自由铁素体的存在。

经气体渗氮或离子渗氮处理的工件必须进行氮化物检验。

6. 脆性

通常采用压痕法评定渗氮层的脆性。以98.07N的载荷对试样进行维氏硬度测试，将测得的压痕形状与等级标准进行对比，根据压痕的完整程度确定其脆性等级。

渗氮层脆性等级标准共分5级，见表9-24。一般工件1~3级为合格，重要工件1~2级为合格。

表 9-24　渗氮层脆性等级标准（GB/T 11354—2005）

级别	级别图(×100)	级别说明	评定
1		压痕边角完整无缺	不脆
2		压痕一边或一角有碎裂	略脆
3		压痕二边二角碎裂	脆
4		压痕三边三角碎裂	很脆
5		压痕四边四角严重碎裂	极脆

对于渗氮后留有磨量的工件，也可在磨去加工余量后的表面上测定。

在特殊情况下，载荷可使用 49.03N 或 294.21N 的试验力，但压痕级别需进行换算。不同载荷时压痕级别换算见表 9-25。

表 9-25　不同载荷时压痕级别换算（GB/T 11354—2005）

载荷/N(kgf)	压痕级别换算				
49.03(5)	1	2	3	4	4
98.07(10)	1	2	3	4	5
294.21(30)	2	3	4	5	5

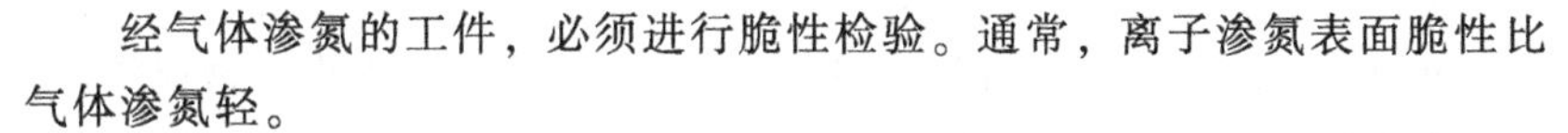

经气体渗氮的工件，必须进行脆性检验。通常，离子渗氮表面脆性比气体渗氮轻。

评定渗氮层脆性的最新方法是采用声发射技术，测出渗氮试样在弯曲和扭转过程中出现第一根裂纹的挠度（或扭转角），来定量评定渗氮层脆性。

7. 疏松

渗氮层疏松在显微镜下放大500倍检验。取其疏松最严重的部位，参照疏松级别图进行评定。

渗氮层疏松级别按表面化合物层内微孔的形状、数量、密集程度分为5级，其疏松级别说明见表9-26。一般工件1~3级为合格，重要工件1~2级为合格。

经氮碳共渗处理的工件，必须进行疏松检验。

表9-26　渗氮层疏松级别说明（GB/T 11354—2005）

级别	级别说明
1	化合物层致密，表面无微孔
2	化合物层较致密，表面有少量细点状微孔
3	化合物层微孔密集成点状孔隙，由表及里逐渐减少
4	微孔占化合物层2/3以上厚度，部分微孔聚集分布
5	微孔占化合物层3/4以上厚度，部分呈孔洞密集分布

9.10　硫氮碳共渗件的质量检验项目及要求

1. 外观

1）硫氮碳共渗后一般工件呈均匀黑色或黑灰色，高速钢刀具呈灰褐色；经氧化后的工件呈均匀的黑色或棕黑色。

2）不通孔、狭缝及螺纹等处不得滞留残盐。

2. 硬度

1）表面硬度可用HV10、HV5或HV1检测，显微硬度用HV0.1或HV0.05检测。

2）重要工件要逐件检测表面硬度或每炉随机抽捡装炉工件的10%~20%，一般工件每炉或每班至少抽检1件。

3. 共渗层深度

1）测定共渗层总深度时，采用显微硬度法，载荷为0.98N或0.49N。

2）一般钢铁工件的硫氮碳共渗，通常只需测定化合物层与弥散相析

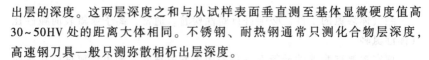

出层的深度。这两层深度之和与从试样表面垂直测至基体显微硬度值高30~50HV处的距离大体相同。不锈钢、耐热钢通常只测化合物层深度，高速钢刀具一般只测弥散相析出层深度。

4. 畸变

畸变超差工件可加压热矫直，加热温度应低于共渗温度。矫直后垂直悬吊在炉中于（400±10）℃保温2~4h。

5. 金相

硫氮碳化合物层疏松区深度（δ_{cp}）、致密区深度（δ_{cd}）和化合物层总深度（δ_c）的控制指标，因工件服役条件对性能的要求不同而异。

硫氮碳化合物层的特点和有代表性的显微组织如下：

1）以提高耐磨性并改善耐蚀性为主，提高抗疲劳及减摩性为辅时，$\delta_{cd} \geqslant 2\delta_c/3$，且 $\delta_{cd} \geqslant 5\mu m$。

2）要求提高耐磨、减摩、抗疲劳性能时，$\delta_{cd} \geqslant \delta_c/2$。

3）以提高减摩、抗擦伤、抗咬死性能为主，改善其他性能为辅时，$\delta_{cp} \geqslant \delta_c/2$。

9.11　渗硼件的质量检验项目及要求

1. 外观

工件表面应为灰色或深灰色，且色泽均匀，渗层无剥落及裂纹。

2. 渗硼层类型

渗硼层一般由FeB、Fe_2B双相组成，也可以由Fe_2B单相组成，呈指状或齿状垂直于渗层而楔入基体，指间或齿间相为（Fe、M）$_x$C$_y$相。渗硼层共分六类，见表9-27。大多数工件采用Ⅰ类，非重要件采用Ⅱ类。

表9-27　渗硼层类型（JB/T 7709—2007）

类型	说　明	类型	说　明
Ⅰ	单相　Fe_2B	Ⅳ	双相　FeB、Fe_2B　FeB约占2/3
Ⅱ	双相　FeB、Fe_2B　FeB约占1/3	Ⅴ	齿状渗层
Ⅲ	双相　FeB、Fe_2B　FeB约占1/2	Ⅵ	不完整渗层

3. 渗硼层硬度

渗硼层硬度采用显微硬度计检测，载荷为1.0N。在金相试样横截面上无疏松处进行测定，FeB的硬度一般为1800~2300HV，Fe_2B为1300~1500HV。

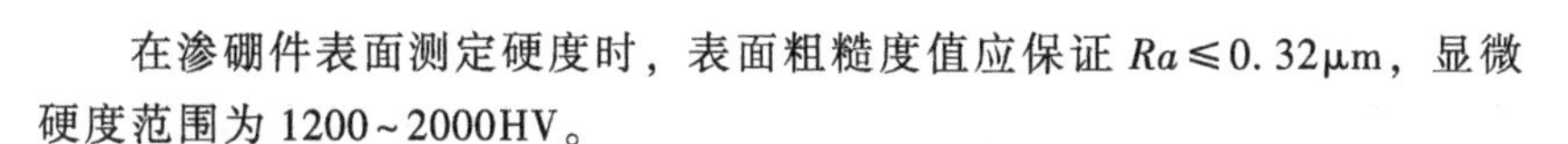

在渗硼件表面测定硬度时，表面粗糙度值应保证 $Ra \leqslant 0.32\mu m$，显微硬度范围为 1200～2000HV。

4. 渗硼层深度

渗硼层深度应符合图样技术要求。

9.12　渗金属工件的质量检验项目及要求

钢铁工件经渗铬、渗铝、渗锌、渗钒、渗钛、渗铌处理后的检验项目，主要有渗层组织、渗层深度（不适用于渗层与基体没有明显分界的钢种）及显微硬度。

1. 外观

工件表面光洁，无裂纹、锈斑等缺陷，色泽均匀。几种渗金属层的外观颜色见表 9-28。

表 9-28　几种渗金属层的外观颜色

渗层名称	外观颜色	渗层名称	外观颜色
渗铬层	银白色	渗锌层	银灰色
渗铝层	银白色或银灰色，不得出现氧化黑色	渗钒层	浅黄色或铁灰色
		渗铌层	金黄色

2. 渗层硬度

一般在横截面上测定显微硬度。当渗层深度小于 10μm 时，允许在渗金属工件表面测定，试样的表面粗糙度 *Ra* 的最大值为 0.63μm。每一试样取 3～5 个压痕计算平均值。根据不同渗层选用的硬度载荷见表 9-29。

表 9-29　不同渗层选用的硬度载荷（JB/T 5069—2007）

渗层	载荷力/N	
	横截面	表面
铬、铝、钒、钛、铌	0.981	0.245
锌	0.496	—

渗层各相显微硬度见表 9-30。

表 9-30　渗层各相显微硬度（JB/T 5069—2007）

形成相	硬度范围　HV	形成相	硬度范围　HV
$Cr(\alpha)$	150～200	Fe_3C	1500～1800
$Cr_2(C_4N)$	～1500	$Al(\alpha)$	200～400
$(CrFe)_{23}C_6$	2000～2400	$FeAl_2(\xi)$	750～1200
$(CrFe)_7C_3$	1800～2200	$FeAl(\beta_2)$	400～550

（续）

形成相	硬度范围 HV	形成相	硬度范围 HV
$Fe_3Al(\beta_1)$	550~650	$FeZn_3(\delta_1)$	200~300
$Zn(\eta)$	40~70	VC	2100~3000
$FeZn_{13}(\xi)$	90~200	TiC	2100~3400
$FeZn_{10}(\gamma)$	300~500	NbC	2000~2400

3. 渗层深度

渗层深度用带有显微目镜的光学显微镜测量。对不同渗层深度的金相试样，放大倍数的选择见表9-31。

表9-31 放大倍数的选择（JB/T 5069—2007）

渗层深度/μm	放大倍数
≤5	600~800
>5~20	200~600
>20	200

4. 金相

试样在光学显微镜下放大200~800倍，检验渗层组织。不同钢种及工艺的渗层经侵蚀显示的各相见JB/T 5609—2007。

9.13 固体渗铝件的质量检验项目及要求

1. 外观

1）用目测法检查渗铝层表面应全部呈均匀银灰色或灰黑色。

2）渗铝钢管内表面的渗铝层每批应抽检10%，其他渗铝件的渗铝层外观应100%检验。

3）小工件的外形尺寸每批抽检0.1%，且小于100件产品的抽样数量不小于5件。大工件外形尺寸100%检验。

4）渗铝层应致密并全部覆盖工件表面，不应有漏渗、渗铝层破损等缺陷。对可疑的漏渗点，在常温下用质量分数为25%的硝酸溶液涂覆，保持1~2min后进行检查，气泡发生点则判定为漏渗点。

5）工件渗铝层有局部漏渗、破损时，可采用回炉处理或热喷涂方法进行修补，修补后应达到渗铝层连续性要求。采用的修补方法可根据修补成本和可操作性确定。单个工件的待修补点应不超过10个，每个点的漏渗面积应小于$2cm^2$。如果单个工件的待修补点数量和漏渗面积超出规定的数值，则应采用回炉处理法进行修补。

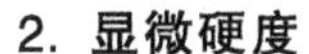

2. 显微硬度

渗铝层的显微硬度应不大于750HV0.05。每批应抽检3件。

3. 渗铝层深度

1）渗铝层深度应不小于0.08mm。每批应抽检3件。

2）当渗铝工件回炉处理后，部分工件可能出现局部渗铝层较厚或表面铝含量较高，由扭弯等畸变或外力撞击引起渗铝层的外层富铝部分脱落时，其局部剥落深度应小于渗铝层总深度的1/4。

4. 表面铝含量

渗铝层表面铝的质量分数应在20%~40%范围内。每批应抽检3件，是否需要检验应由供需双方协商确定。

5. 孔隙

渗铝层允许局部存在孔隙，固体渗铝层的微观缺陷应不影响其整体渗铝件的耐蚀性。渗铝层的孔隙级别见表9-32。每批应抽检3件。

表9-32　渗铝层的孔隙级别（JB/T 10448—2005）

级别	类别	最大孔径/mm	说明
1	一	0	无孔隙
2	二	>0~0.01	带状连续孔隙
3	三	>0.01~0.015	单个孔隙
4	四	>0.015~0.02	不连续孔隙
5		>0.02~0.03	

注：椭圆形孔径以其长短轴的算术平均值确定。

6. 裂纹

1）渗铝层裂纹级别评定方法见表9-33，满足0~4级时为合格。每批应抽检3件。

2）裂纹深度不得大于渗铝层深度的3/4。

3）渗铝层不应存在因矫正引起的弯曲、压扁裂纹。

表9-33　渗铝层裂纹级别（JB/T 10448—2005）

级别	0.35mm×0.5mm面积内裂纹总长度/mm	级别	0.35mm×0.5mm面积内裂纹总长度/mm
0	0	4	>0.18~0.26
1	>0~0.06	5	>0.26~0.36
2	>0.06~0.12	6	>0.36
3	>0.12~0.18		

9.14 热浸镀铝层的检验项目及要求

1. 热浸镀铝层的宏观检查

（1）目视检查

1）基体金属表面形成的热浸镀铝层应连续、完整。

2）浸渍型热浸镀铝制品表面不允许存在明显影响外观质量的熔渣、色泽暗淡以及漏镀等缺陷。

3）扩散型热浸镀铝制品表面不允许存在漏渗、裂纹及剥落等缺陷。

（2）附着力试验

1）对于浸溃型热浸镀铝层，使用坚硬的刀尖并施加适当的压力，在平面部位刻划至穿透表面铝覆盖层。在刻划线两侧 2.0mm 以外的铝覆盖层不应起皮或脱落。

2）对于扩散型热浸镀铝层，使用坚硬的刀尖并施加适当的压力，在平面部位刻划（或手工锯割）至穿透化合物层，在刻划线（或锯割线）两侧 2.0mm 以外的化合物层不应起皮或脱落。

（3）变形检验　用直尺、游标卡尺、千分尺等测量热浸镀铝制品的挠曲、伸长、增厚等变形量。

2. 热浸镀铝层的涂敷量

热浸镀铝层的涂敷量应符合表 9-34 的规定。热浸镀铝层的涂敷量采用称重法测定。

表 9-34　热浸镀铝层的涂敷量

类型	覆层材料	涂敷量/(g/m²)
浸渍型	铝	≥160
	铝-硅	≥80
扩散型	铝	≥240

3. 热浸镀铝层的厚度

热浸镀铝层的厚度应符合表 9-35 的规定。厚度的测量采用显微镜测量法或测厚仪检验法。对测厚仪检测法测量结果有争议时，应以显微镜测量法测定结果为准。

4. 扩散型热浸镀铝层的孔隙级别评定

1）扩散型热浸镀铝层的孔隙级别分为 6 级，见表 9-36。一般规定孔隙 1~3 级合格，4~6 级不合格。

2）有孔隙层厚度不得大于热浸镀铝层厚度的 3/4。

表 9-35 热浸镀铝层的涂敷量及厚度

类型	覆层材料	厚度/mm
浸渍型	铝	≥0.080
	铝-硅	≥0.040
扩散型	铝	≥0.100

表 9-36 孔隙级别

级别	最大孔径/mm	补充说明	级别	最大孔径/mm	补充说明
1	≤0.015		4	>0.060~0.120	
2	>0.015~0.030		5	>0.120	未构成网络
3	>0.030~0.060		6	>0.120	已构成网络

注：椭圆形孔径以其长短轴的算术平均值确定。

5. 扩散型热浸镀铝层的裂纹级别评定

1）碳素钢及低合金钢扩散型热浸镀铝层的裂纹级别（甲系列）分为7级，一般规定裂纹0~3级合格，4~6级不合格。中高合金钢扩散型热浸镀铝层的裂纹级别（乙系列）分为7级，规定1~4级合格，5~7级不合格。裂纹级别与特征见表9-37。

表 9-37 裂纹级别与特征

甲系列		乙系列	
级别	0.35mm×0.35mm 面积内裂纹总长度/mm	级别	0.35mm×0.35mm 面积内裂纹总长度/mm
0	0	1	≤0.20
1	0~0.10	2	>0.20~0.30
2	>0.10~0.20	3	>0.30~0.40
3	>0.20~0.40	4	>0.40~0.50
4	>0.40,构成半网络	5	>0.50,最大裂口宽度≤0.02
5	>0.40,构成网络	6	>0.50,最大裂口宽度>0.02~0.04
6	>0.40,构成多个网络	7	>0.50,最大裂口宽度>0.04

2）裂纹深度不得大于热浸镀铝层厚度的3/4。

6. 扩散型热浸镀铝层与基体金属界面类型评定

扩散型热浸镀铝层与基体金属界面类型根据热浸镀铝层界面形状分为5种类型，见表9-38。原则上规定A型、B型、C型合格，E型不合格，D型合格与否，可根据产品使用条件由用户与生产厂商定。

7. 热浸镀铝件的力学性能

热浸镀铝件的力学性能包括拉力试验和显微硬度试验。拉力试验计算强度时，因热浸镀铝工艺产生的表面增厚尺寸不应叠加入试件截面尺寸。

表 9-38　扩散型热浸镀铝层与基体金属界面类型

类型	扩散层界面线特征
A	界面线为曲线,曲度较大
B	界面线为曲线,曲度较小
C	界面线为双线,曲度较小
D	界面线近于直线或近于直线并有柱状晶嵌入
E	界面线为直线

8. 抽样与检验项目的确定

按订货合同一次交货的、规格尺寸相同的、经目视检验合格的一批热浸镀铝件中，至少随机抽取 3 件。每件试样都做热浸镀铝层厚度测量、孔隙级别评定、裂纹级别评定和力学性能试验；也可以根据具体情况与用户协商确定抽样件数、抽取部位与检验项目。允许以热浸镀铝层的涂敷量代替热浸镀铝层厚度的测量，并允许以热浸镀铝层与基体金属界面类型评定代替刻划试验。

第10章　热处理设备

根据在生产中的功能及作用，热处理设备分为主要设备和辅助设备两大类。主要设备包括热处理炉、加热装置、淬火冷却设备、深冷处理设备等，辅助设备包括清洗、清理设备，炉气气氛、加热介质及渗剂的制备设备，淬火冷却介质循环冷却装置，质量检测设备，防火、除尘设备等。

10.1　热处理电阻炉

热处理电阻炉以电能为热源，电流通过电热元件而发出热量，使工件加热。

10.1.1　热处理电阻炉的分类及代号

热处理电阻炉的分类方法有很多种，根据热处理工艺、工作温度、设备特点和作业方式等因素进行分类，也可以按热源、炉膛形式、机械形式及控制方式等进行分类。热处理电阻炉按基本结构和特点的分类和代号见表10-1。

表10-1　热处理电阻炉的分类和代号（GB/T 10067.4—2005）

类别	系列代号	代号含义	类别	系列代号	代号含义
工业电阻炉	RB	罩式炉	工业电阻炉	RN	气体氮化炉
	RC	传送带式炉		RQ	井式气体渗碳炉
	RCW	网带式炉		RR	辊底式炉
	RD	电烘箱		RS	推送式炉
	RF	强迫对流井式炉		RSU	隧道式炉
	RG	滚筒式炉		RT	台车式炉
	RH	电阻熔化炉		RUN	转底炉
	RJ	自然对流井式炉		RW	步进炉
	RK	坑式炉		RX	箱式炉
	RL	流态粒子炉		RY	电热浴炉
	RM	密封箱式淬火炉(即多用炉)		RZ	振底式炉

（续）

类别	系列代号	代号含义	类别	系列代号	代号含义
真空炉	ZC	真空淬火炉	真空炉	ZS	真空烧结炉
	ZT	真空退火炉	实验用电阻炉	SG	实验用坩埚式炉
	ZR	真空热处理炉和钎焊炉（无淬火装置）		SK	实验用管式炉
				SX	实验用箱式炉
	ZST	真空渗碳炉		SY	实验用油浴炉

10.1.2　箱式电阻炉

1. 箱式电阻炉的分类

根据工作温度的不同，箱式电阻炉分为高温箱式电阻炉、中温箱式电阻炉和低温箱式电阻炉三种。其中以中温箱式电阻炉的使用最为广泛。

箱式电阻炉由炉体、炉门及其升降机构、加热元件及控制柜等部件组成。加热元件是由高电阻的合金丝绕制成螺旋状，或合金带弯成波形而成的，安置在炉膛的两侧及炉底。炉底板由耐热合金钢铸造而成，用于承放工件。炉顶上装有热电偶。

各种箱式电阻炉的最高工作温度及用途见表10-2。

表10-2　各种箱式电阻炉的最高工作温度及用途

电阻炉类型	最高工作温度/℃	电热元件	用　途	备注
高温箱式电阻炉	1350	金属电热元件或非金属电热元件	用于高速钢、高铬钢和高合金钢的淬火加热等	
中温箱式电阻炉	950	镍铬合金丝或铁铬铝合金丝（带）	用于碳钢和合金钢的退火、正火、淬火及固体渗碳等	
低温箱式电阻炉	650	镍铬合金丝或铁铬铝合金丝（带）	用于淬火件的回火及铝合金、镁合金等有色金属的退火、淬火等	炉内装有风扇，在生产中应用不多

2. 箱式电阻炉的技术参数

1）高温箱式电阻炉的技术参数见表10-3。

2）中温箱式电阻炉的技术参数见表10-4。

3）低温箱式电阻炉的技术参数见表10-5。

表 10-3 高温箱式电阻炉的技术参数

型号		功率/kW	最高工作温度/℃	炉膛尺寸(长×宽×高)/mm	最大装载量/kg
以碳化硅为电热元件	RX2-14-13	14	1350	520×220×220	130
	RX2-25-13	25	1350	600×280×300	200
	RX2-37-13	37	1350	810×550×370	500
以金属为电热元件	RX3-20-12	20	1200	600×300×250	50
	RX3-45-12	45	1200	950×450×350	100
	RX3-65-12	65	1200	1200×600×400	200
	RX3-90-12	90	1200	1500×750×450	400
	RX3-115-12	115	1200	1800×950×550	600

表 10-4 中温箱式电阻炉的技术参数

型号	功率/kW	最高工作温度/℃	炉膛尺寸(长×宽×高)/mm	最大装载量/kg
RX3-15-9	15	950	650×300×250	80
RX3-30-9	30	950	950×450×350	200
RX3-45-9	45	950	1200×600×400	350
RX3-60-9	60	950	1500×750×450	500
RX3-75-9	75	950	1800×900×550	800

表 10-5 低温箱式电阻炉的技术参数

型号	功率/kW	最高工作温度/℃	炉膛尺寸(长×宽×高)/mm	最大装载量/kg
RX3-15-6	15	650	650×300×250	80
RX3-75-6	75	650	1800×900×550	1200

3. 箱式炉操作要点

1）检查炉内是否有未出炉或遗漏的工件。

2）检查设备是否完好，控温仪表是否正常，加热是否正常，并确保炉门限位开关灵活可靠。

3）禁示将带有油或水的工件直接装入炉内。

4）装炉、出炉时必须关闭加热开关，以确保安全。

5）使用温度不得超过设备的最高工作温度。

6）装炉量不得超过允许的最大装炉量。

7）装炉时不可用力抛掷，以免砸坏搁砖、炉墙、热电偶和电热元件。

8）工件入炉后不得与加热元件触碰。

9）工件在炉内应均匀分布在有效加热区内。

10.1.3 密封箱式淬火炉

密封箱式淬火炉也称多用炉，其加热气氛为控制气氛，加热温度为750~1100℃，主要用于钢制工件的保护加热、光亮淬火、气体淬火、渗碳、碳氮共渗及复碳等热处理工艺。

密封箱式淬火炉主要由炉体、进出料台、气氛供给装置、淬火油槽及控制装置等组成。

炉体主要由加热室和冷却室组成。加热室采用圆形炉膛，由炉壳、炉衬、加热元件、循环风机和炉底轨道等组成。冷却室包括淬火油槽和升降机，还可以有气冷区。加热室与冷却室之间设有一个由电力、气压或液压驱动的并有耐火绝热功能的中间门。

密封箱式淬火炉按结构形式分为非贯通式和贯通式两种。

非贯通式箱式淬火炉的炉门前有一个装卸料台。冷却室直接与加热室的前部相连。淬火油槽位于冷却室下部。油槽上部设有可使炉料进出与淬火的升降台。气冷区一般位于冷却室上部。

贯通式箱式淬火炉的前方有一个装料台，后方有一个出料台。冷却室位于加热室的后部，结构与非贯通式炉相同。有的箱式淬火炉配备带有自动装料机构的前装料室，以减少排气时间。

密封箱式淬火炉炉温均匀性及气氛流动性均好；高性能的气氛控制系统能够准确建立炉内碳势；自动化程度高，生产成本低；采用高精度温度控制仪及可控硅调功器，能准确地控制温度，控制精度为±1℃；采用高精度氧探头及气氛控制仪，碳势控制精度可达到±0.05%。

图 10-1 所示为非贯通式密封箱式淬火炉的结构。密封箱式淬火炉的技术参数见表 10-6 和表 10-7。

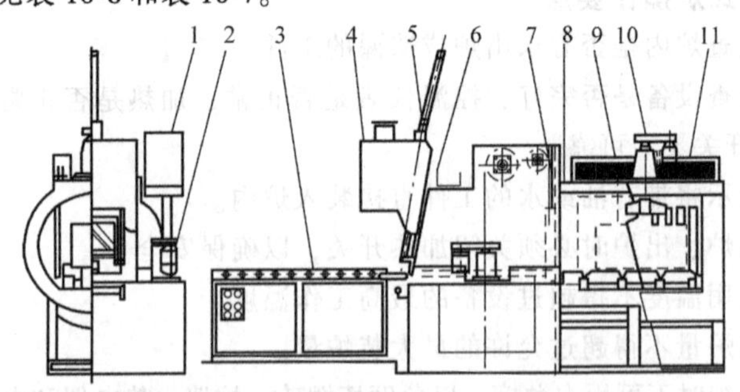

图 10-1 非贯通式密封箱式淬火炉的结构

1—变压器 2—油槽搅动装置 3—推拉车 4—排烟罩 5—前门装置 6—防爆装置 7—中间门装置 8—炉体 9—热电偶 10—炉气搅动装置 11—加热器

表 10-6　RM 型密封箱式淬火炉的技术参数

型号	加热功率 /kW	最高工作温度 /℃	炉膛有效尺寸 (长×宽×高)/mm	最大装载量 /kg
RM-30-9	30	950	750×450×300	100
RM-45-9	45	950	800×500×420	200
RM-75-9	75	950	900×600×450	420

表 10-7　UBE-FE 型密封箱式淬火炉的技术参数

型号	最大装载量 /kg	加热功率 /kW	加热区尺寸 (长×宽×高) /mm	最高工作温度 /℃	油槽加热功率 /kW	淬火油量 /L	油槽温度 /℃
UBE-FE-200	200	48	760×300×350	950	18	2700	60~150
UBE-FE-400	400	63	900×600×600		24	4000	
UBE-FE-600	600	82	1200×760×600		30	4900	
UBE-FE-1000	1000	120	1200×760×800		48	8000	

密封箱式淬火炉可与回火炉、清洗机、装卸料车组成柔性生产线，使生产率大大提高。

10.1.4　台车式电阻炉

将箱式电阻炉的炉底改为一个可以进退移动的台车，即成为台车式电阻炉。

台车式电阻炉的炉体由炉身和台车两部分组成。台车下面装有车轮可使炉底沿轨道进出炉身，便于装卸炉料。台车与炉体之间的密封结构采用砂封结构、耐火纤维贴紧结构或滚管密封结构，以尽量减少漏气和热量散失。

台车电热元件的通电装置采用触头通电，台车尾部有固定触头，炉体下部设有带弹簧压紧的插口，台车进入炉体后，触头能顺利插入插口。台车式炉的加热控制与炉门和台车联锁，当台车入位、炉门关闭后，方可实现通电加热。

台车式电阻炉主要用于自然气氛中大型工件的正火、退火和淬火加热等。

台车式电阻炉的技术参数见表 10-8。

10.1.5　井式电阻炉

1. 井式电阻炉的分类

井式电阻炉按工作温度的不同，分为高温井式电阻炉、中温井式电阻炉和低温井式电阻炉。各种井式电阻炉的最高工作温度及用途见表 10-9。

表 10-8 台车式电阻炉的技术参数

型号	功率/kW	最高工作温度/℃	工作空间尺寸(长×宽×高)/mm	最大装载量/t
RT2-65-9	65	950	1100×550×450	1
RT2-105-9	105	950	1500×800×600	2.5
RT2-180-9	180	950	2100×1050×750	5
RT2-320-9	320	950	3000×1350×950	12

表 10-9 各种井式电阻炉最高工作温度及用途

电阻炉类型	最高工作温度/℃	电热元件	用途	备注
高温井式电阻炉	1300	金属电热元件或非金属电热元件	用于高速钢、高铬钢和高合金钢的淬火加热等	
中温井式电阻炉	950	镍铬合金丝或铁铬铝合金丝(带)	用于碳钢和合金钢的退火、正火及淬火等	
低温井式电阻炉	650	镍铬合金丝或铁铬铝合金丝(带)	用于淬火工件的回火及有色金属的热处理	有电动机和风扇,以强制气流循环

2. 井式电阻炉的技术参数

1）高温井式电阻炉的技术参数见表 10-10 和表 10-11。

表 10-10 金属电热元件高温井式电阻炉的技术参数

型号	额定功率/kW	最高工作温度/℃	炉膛尺寸(直径×深度)/mm	最大装载量/kg
RJ2-50-12	50	1200	φ600×800	350
RJ2-75-12	75	1200	φ600×1600	700
RJ2-80-12	80	1200	φ800×1000	800
RJ2-110-12	110	1200	φ800×2000	1600
RJ2-105-12	105	1200	φ1000×1200	1500
RJ2-165-12	165	1200	φ1000×2400	3000

表 10-11 碳化硅棒电热元件高温井式炉的技术参数

型号	额定功率/kW	最高工作温度/℃	工作电压/V	炉膛尺寸(长×宽×高)/mm
RJ2-25-13	25	1300	185~405	300×300×600
RJ2-65-13	65	1300	115~175	300×300×1260
RJ2-95-13	95	1300	115~175	300×300×2207

2）中温井式电阻炉的技术参数见表10-12。

表10-12　中温井式电阻炉的技术参数

型号	额定功率 /kW	最高工作温度 /℃	炉膛尺寸(直径×深度) /mm	最大装载量 /kg
RJ2-40-9	40	950	ϕ600×800	350
RJ2-65-9	65	950	ϕ600×1600	700
RJ2-75-9	75	950	ϕ600×2400	1100
RJ2-60-9	60	950	ϕ800×1000	800
RJ2-95-9	95	950	ϕ800×2000	1600
RJ2-125-9	125	950	ϕ800×3000	2400
RJ2-90-9	90	950	ϕ1000×1200	1500
RJ2-140-9	140	950	ϕ1000×2400	3000
RJ2-190-9	190	950	ϕ1000×3600	4500

3）低温井式电阻炉的技术参数见表10-13。

表10-13　低温井式电阻炉的技术参数

型号	额定功率 /kW	最高工作温度 /℃	炉膛尺寸(直径×深度) /mm	最大装载量 /kg
RJ2-25-6	25	650	ϕ400×500	150
RJ2-35-6	35	650	ϕ500×650	250
RJ2-55-6	55	650	ϕ700×900	750
RJ2-75-6	75	650	ϕ950×1200	1000

3. 井式电阻炉的操作要点

1）检查设备是否正常。

2）冷炉升温至规定温度后，中温井式电阻炉需保温2h后再装炉。低温井式电阻炉用于回火时，可冷炉装炉，连续生产。

3）装炉时应关断风扇，将加热开关置于“断开”位置。用起重机吊装时，注意吊钩应在炉膛的中心线上，以免碰坏炉膛内搁砖、热电偶或电阻丝。工件放置要稳定。

4）出炉时关断电风扇，将加热开关置于“关断”位置。吊出工件时，注意不要碰触炉膛。

5）装炉时工件、工装或料筐的高度不得超过炉膛的有效高度，以免触碰炉盖或风扇。

6）使用温度不超过最高工作温度。

7）工件上不允许有油和水。

8）风扇停止转动或出现异常声音时不得继续加热，必须停炉修理。

9）不允许在400℃以上时打开炉盖降温。

10.1.6　预抽真空井式炉

预抽真空井式炉内置有炉罐，炉盖与炉罐及炉体之间采用密封结构，炉罐真空度可预抽到100Pa左右，也可充入控制气氛，实现无氧化、无脱碳加热。有的炉型还配置快冷及温度微机程序控制系统等。预抽真空炉对压升率要求不高，且耗气量小，造价比真空炉低30%以上。

这种炉子主要用于各种工件的光亮退火、正火、回火、氮碳共渗、渗碳及碳氮共渗等。

10.1.7　井式气体渗碳炉

井式气体渗碳炉实际上是一个密封的强迫对流中温井式电阻炉，是在中温井式电阻炉的基础上增加了一个在炉盖上带有风扇的密封炉罐而成的。炉罐和风扇由耐热钢制成，炉罐与炉盖之间用螺栓压紧，保持正压密封状态。

由于最高工作温度达950℃，风扇轴在动态中的密封十分重要，一般采用水冷迷宫式密封、水冷活塞环式密封或密闭式电动机密封。密闭式电动机密封是电动机连接风扇转轴，直接压紧在炉盖上，实现完全密封。

在炉盖上方还设有渗剂的输入装置、水冷却试样管、取气孔和排气孔。

由计算机控制的井式气体渗碳炉，碳势由氧探头测量，碳势测量与控制更准确。

井式气体渗碳炉的技术参数见表10-14。

表10-14　井式气体渗碳炉的技术参数

型号	额定功率/kW	最高工作温度/℃	工作区尺寸(直径×深度)/mm	最大装载量/kg
RQ3-25-9	25	950	ϕ300×450	50
RQ3-35-9	35	950	ϕ300×600	70
RQ3-60-9	60	950	ϕ450×600	150
RQ3-75-9	75	950	ϕ450×900	220
RQ3-90-9	90	950	ϕ600×900	400
RQ3-105-9	105	950	ϕ600×1200	500

10.1.8　井式气体渗氮炉

井式气体渗氮炉的结构与井式气体渗碳炉类似，但最高工作温度为650℃。渗氮时需通入氨气，炉盖上设有氨气输入装置。气体渗氮的温度虽然不高，但炉罐不能用普通钢板制造，必须用高镍钢制造。这是因为普通钢板容易被渗氮，使罐表面龟裂剥皮，同时对氨的分解起到催化作用，使氨分解率不稳定，甚至无法渗氮。

新型井式气体渗氮炉设有炉盖快速降温系统、炉气检测（氢分析仪）系统、废气燃放系统、循环导流系统、水冷系统、微机控制系统等。炉盖密封可靠，炉压可达300mmH_2O（2940Pa）。循环导流系统气流循环强劲，流向合理，渗氮层均匀。鼓风快冷系统可有效缩短生产周期。微机氮势控制系统能精确地按设定程序自动进行流量、炉气氮势、氨分解率、温度、时间等参数的控制、记录和屏幕显示，并可提供常用渗氮工艺及快速渗氮、氮碳共渗等最佳软件。配有双头滴注器，可滴注不同配方的有机液或通入不同气氛进行多种气体氮碳共渗。

井式气体渗氮炉的技术参数见表10-15。

表10-15　井式气体渗氮炉的技术参数

型号	额定功率/kW	最高工作温度/℃	工作区尺寸（直径×深度）/mm	升温时间/h
RN-30-6	30	650	ϕ450×650	≤1.5
RN-45-6	45	650	ϕ450×1000	≤1.5
RN-60-6	60	650	ϕ650×1200	≤1.5
RN-75-6	75	650	ϕ700×1300	≤1.5
RN-90-6	90	650	ϕ800×1300	≤2
RN-110-6	110	650	ϕ800×2500	≤2
RN-140-6	140	650	ϕ800×3500	≤2

10.1.9　罩式炉

罩式炉是一个炉底固定，炉体罩在其上可移动或炉体固定，炉底可升降的间歇式电阻炉。罩式炉按结构形式、气氛和最高工作温度分为多个品种，见表10-16。

表10-16　罩式炉的品种

品种代号	最高工作温度/℃	结构	气氛
RB7	750	炉罩升降式，无炉罐，炉气自然对流	自然气氛
RB9	950		
RB12	1200		
RBD7	750	炉座升降式，无炉罐，炉气自然对流	
RBD9	950		
RBD12	1200		

（续）

品种代号	最高工作温度/℃	结构	气氛
RBG7	750	炉罩升降式，有炉罐，炉气强迫对流	保护气氛
RBG8	850		
RBG9	950		

罩式炉主要由炉罩、炉座、传动结构和控制系统等部分组成。

RB 和 RBD 类罩式炉的炉罩和工作区呈圆柱体或长方体，无炉罐，炉气为自然气氛，自然对流。RB 类罩式炉的炉罩可升降，炉座固定。RBD 类罩式炉的炉罩固定，炉座可升降，且一个炉罩常配有几个炉座，对不同炉座上的工件轮流进行加热和冷却。炉罩与炉座之间有密封设施。

RBG 类罩式炉的炉罩和工作区呈圆柱体，炉座固定，炉罩可升降。炉内设有可调节受热面积的炉罐，可实现保护气氛加热。炉罩与炉座之间、炉座与炉座之间均有密封设施。为提高温度均匀性，炉座设有炉气强迫对流循环用的鼓风叶轮和导风设施。此外，还有抽真空系统、气水联合冷却系统等。

罩式炉炉罩的炉衬一般为全耐火纤维结构，不仅减小了炉罩的质量，而且提高了保温效果，降低了能耗。

罩式炉的特点是密封性好，热效率较高；装卸料方便，装炉量很大。罩式炉的应用日益广泛，主要用于在自然气氛或保护气氛中进行钢件的正火、退火，以及铜材等的退火处理。

10.1.10 滚筒式炉

滚筒式炉的炉体固定在淬火槽上，炉内装有旋转炉罐。炉罐水平放置，两端伸出炉体外并支承在滚轮上，由电动机经减速器及链条带动旋转；前端与装料机构连接，后端与淬火槽组装在一起，形成一个连续作业炉。炉罐内壁有螺旋叶片。炉罐每转一周，炉料在炉内向前移动一个螺距的距离。炉料在炉罐末端的出料口落入淬火槽内实现淬火。滚筒式炉可与清洗机、回火炉等组成生产线。

滚筒式炉一般用来处理滚珠、滚柱等圆形或接近圆形的工件，是轴承生产的重要热处理设备。其优点是工件加热均匀，接触炉气均匀。

表 10-17 所示为滚筒式炉的技术参数。

表 10-17 滚筒式炉的技术参数

型号	功率/kW	最高工作温度/℃	工作区尺寸(直径×长度)/mm
RGJ-30-9	30	950	ϕ300×620
RGJ-45-9	45	950	ϕ520×680
RGJ-60-9	60	950	ϕ600×750
RGJ-120-9	120	950	ϕ750×1000

10.1.11 传送带式电阻炉

传送带式电阻炉是在直通式炉膛中装一传送带，连续地将放在其上的工件送入炉内，并通过炉腔加热后送出炉外，以不同方式进行冷却。其优点是工件在炉内输送过程中，加热均匀，不受冲击振动，变形量小，可连续生产。其缺点是传送带受耐热温度的限制，承载能力较小；传送带因反复加热和冷却，寿命较短；炉子热效率低。这种炉子广泛用于小型工件的热处理，如轴承、标准件等的淬火、回火，薄层渗碳和碳氮共渗等。

传送带式电阻炉依传送带结构分为链板式炉和网带式炉。

1. 链板式炉

链板式炉的炉衬多采用轻质耐火砖和耐火纤维砌筑。链板式传送带全部置于炉膛内，工作边（紧边）在支撑辊轮、滚轮和驱动滚轮上，由电动机、减速器和驱动辊轮驱动，速度可依据工件大小调整，松边在炉底导轨上滑动。电热元件采用电热辐射管，水平布置在传送带工作边的上面和下面。工件通过振动送料板送入，落到传送带上，在传送带前进的过程中被加热到设定温度，然后落入淬火槽中淬火，并由淬火槽传送带输出槽外。

链板式炉的技术参数见表 10-18。

表 10-18 链板式炉的技术参数

炉型	额定功率/kW	最高工作温度/℃	加热区段	炉膛尺寸(长×宽×高)/mm	最大生产率/(kg/h)
RJC-45-2	45	250	3	4695×380×400	130
RJC-65-3	65	350	3	4760×580×415	270
RJC-120-7	120	700	3	4110×600×415	400
RJC-180-9	180	900	3	4180×400×200	
RJC-240-7	240	700	5	9000×600×250	700
RJC-340-9	340	900	4	6250×600×250	

2. 网带式炉

（1）网带式炉的品种 网带式炉按结构形式、气氛类型及工作温度分为多个品种规格，见表10-19。

表 10-19 网带式炉的品种

品种代号	最高工作温度/℃	结构形式		气氛
RCWA	150~1200	无炉罐	贯通式	自然气氛
RCWB	600~800	无炉罐	贯通式	控制气氛
RCWC	150~950	无炉罐	非贯通式	自然气氛
RCWD	650~950	无炉罐	非贯通式	控制气氛
RCWE	650~1200	有炉罐	贯通式	控制气氛
RCWF	650~950	有炉罐	非贯通式	控制气氛

无罐网带式炉的优点是结构简单，成本低，但气密性差，耗气量大。有罐网带式炉的优点是炉膛气密性较好，耗气量较小，电热元件不受气氛的影响，但用耐热钢制造的密封罐价格昂贵，使用寿命不长。

网带式炉的炉膛可以是贯通式的，也可以是非贯通式的。炉膛通常划分为三个区：预热区、加热区和保温区。

网带的传动方式分为两种：一种是炉底托板驱动式，网带置于托板上，托板在偏心轮的驱动下做往复运动，托板前进时与网带一起运动，返程中网带不动，故使网带做步进式前进；另一种是滚筒驱动式，网带架在两个滚筒上，由主动滚筒依靠摩擦力拖动，网带在炉内的部分用辊子支承，这种结构适用于无罐网带式炉。

网带式炉的电热元件一般布置在炉膛的上下两面，呈横向布置。有罐网带式炉的电热元件多采用金属电阻丝绕在芯棒上、单边引出的插入式无辐射套管结构。无罐网带式炉可采用金属电阻丝或碳化硅辐射管。

网带式炉通常可以进行渗碳、淬火、回火、调质、退火、正火、固溶和时效等热处理。

(2) 网带式炉的技术参数 有罐网带式炉的技术参数见表10-20。无罐网带式炉的技术参数见表10-21。

表 10-20 有罐网带式炉的技术参数

型号	有效尺寸/mm		加热区长度/mm	功率/kW	最大生产率/(kg/h)			气体消耗量/(m^3/h)
	宽	高			直接淬火	碳氮共渗 0.1mm	渗碳 0.3mm	
DM-22F-L	220	50	2400	50	80	40	20	2~3
DM-30/25-L	300	50	2500	50	100	55	40	3~4
DM-30/36-L	300	50	3600	80	150	80	50	3~4
DM-30/47-L	300	50	4700	100	200	110	70	3~4

（续）

型号	有效尺寸/mm		加热区长度/mm	功率/kW	最大生产率/(kg/h)			气体消耗量/(m^3/h)
	宽	高			直接淬火	碳氮共渗0.1mm	渗碳0.3mm	
DM-60/36-L	600	100	3600	160	300	160	100	10～15
DM-60/54-L	600	100	5400	250	460	250	160	15～20
DM-60/72-L	600	100	7200	320	600	320	200	15～20

表10-21 无罐网带式炉的技术参数

型号	额定功率/kW	最高工作温度/℃	炉膛尺寸(长×宽×高)/mm	生产率(淬火)/(kg/h)
WD-30	30	950	1500×250×50	50
WD-45	45	950	2250×250×50	75
WD-60	60	950	2250×350×75	100
WD-75	75	950	2250×400×75	150
WD-100	100	950	3600×400×100	200
WD-130	130	950	3600×600×100	250

（3）网带式电阻加热机组 网带式电阻加热机组是以一台网带式炉作为主机，配置以炉前上料及前处理装置、炉后处理装置和控制系统等组成的可完成批量工件热处理工艺全过程的连续生产线。

机组主要由网带炉、回火炉、冷却系统、清洗机、炉前上料及前处理装置、传动系统、气氛系统、炉后处理装置和控制系统等组成。

10.1.12 推送式炉

推送式炉由隧道式炉体、推料机及淬火槽等组成。推料机间歇地把放在轨道上的炉料或料盘推入炉内，炉料在炉膛内间歇地前进；推出炉外淬火时，可以是料盘倾倒，把炉料倒入淬火槽，也可以是工件与料盘一起进入淬火槽内冷却。

推送式炉可在较高温度下工作，大小工件均可加热，适应性强。其主要缺点是料盘被反复进行加热和冷却，料盘寿命短，且热效率较低，料盘要消耗10%～15%的功率；其次是对不同工件进行不同处理时，需要把原有的炉料全部推出，工艺变动适应性较差。

推送式炉适用于工件的淬火、正火、退火、回火、渗碳、渗氮和氮碳共渗等热处理。与清洗机等设备可组成不同工序的生产线。

RS型推送式炉的技术参数见表10-22。

表 10-22 RS 型推送式炉的技术参数

型号	功率/kW	加热区段	最高工作温度/℃	加热区尺寸(长×宽×高)/mm	最大生产率/(kg/h)
RS-85	85	3	650	4550×600×400	350
RS-140	140	3	950	4550×600×400	350

10.1.13 振底式炉

振底式炉由炉体、振动机构、活动炉底板及轨道、落料管道、淬火槽、出料机构等组成。振动机构使装载工件的活动底板在炉膛内往复运动，在惯性力的作用下使工件向前移动。这种炉子结构较简单，自动化程度高，炉子热效率高。根据振动机构的不同，振底式炉分为机械式振底炉、气动式振底炉和电磁式振底炉三种。

1. 机械式振底炉

机械式振底炉的振动机构是采用凸轮机构和拉力弹簧来完成振动运动的。凸轮机构有盘形凸轮和圆柱端面凸轮两种。

机械式振底炉的技术参数见表 10-23。

表 10-23 机械式振底炉的技术参数

型号	RZJ-90-9	RZJ-150	RZJ-200
额定功率/kW	90	150	200
最高工作温度/℃	900	900	900
炉膛尺寸(长×宽×高)/mm	2800×600×150	4800×800×150	7700×800×185
加热区数	2	3	3
最大生产率(淬火)/(kg/h)	180	300	380
振动频率/(次/min)	3~30	3~30	3~30
底板宽度/mm	500	700	700
底板行程/mm	60	60	60
空炉升温时间/h ≤	3.5	4.5	5.5

2. 气动式振底炉

气动式振底炉由炉体、振动底板及导向槽、气缸及气动控制机构等组成。

气动式振底炉的技术参数见表 10-24。

表 10-24 气动式振底炉的技术参数

型号	RZQ-15-9	RZQ-30-9	RZQ-60-9
额定功率/kW	15	30	60
最高工作温度/℃	900	900	900

（续）

型号	RZQ-15-9	RZQ-30-9	RZQ-60-9
炉膛尺寸(长×宽×高)/mm	1100×230×120	2200×280×130	2500×330×135
加热区数	1	2	3
最大生产率(淬火)/(kg/h)	18	50	100
振动频率/(次/min)	3~30	3~30	3~30
底板宽度/mm	201		
底板行程/mm	40~50	40~50	40~50
空炉升温时间/h	≤1.5	≤2.5	≤3
控制气氛耗量(包括火帘耗量)/(m^3/h)	1.2~1.5	2.1~2.5	3~3.5

3. 电磁式振底炉

电磁式振底炉的振动机构由底座、电磁振动机构、槽板、炉底板及其支承件等组成。

电磁振底炉的技术参数见表10-25。

表10-25 电磁振底炉的技术参数

型号	RZD-6-9Q	RZD-15-9Q	RZD-30-9Q	RZD-60-9Q
额定功率/kW	6	15	30	60
最高工作温度/℃	900	900	900	900
加热区数	1	2	2	2
炉底板尺寸(长×宽×厚)/mm	950×100×70	1350×140×70	1915×260×100	2800×360×100
外形尺寸(长×宽×高)/mm	2560×560×1090	2400×1100×1850	4090×1600×1990	4800×1660×1600
生产率/(kg/h)	6	15	50	100
空炉升温时间/h	3	4	3.5	3.5
质量/t	1.5	2.4	4.5	6

10.1.14 辊底式炉

辊底式炉是在炉膛底部设有许多横向转动的辊子，带动其上面的工件不断向前移动并加热。

辊底式炉具有加热均匀、能量损耗相对较少、热效率高及适应性较强的特点；缺点是对辊子的要求较高，其材料的耐热性要好，刚度要强。

辊子一般采用耐热钢经离心铸造而成。辊子的结构有圆筒形、带散热片形及带翅形。辊子两端穿过炉壁，支撑在轴承上，电动机通过传动机构使辊子转动，工件随之前进。传动机构有锥齿轮传动、链传动和棘轮传动等。

电热元件为镍铬、铁铬铝高合金电阻丝或辐射管。当加热气氛有腐蚀作用时，多用辐射管加热。

辊底式炉主要用于大型工件的热处理，如大型板件、棒料以及直径 $\phi100\sim\phi1000$mm 的环形套圈，也可将小型工件装入浅盘进行热处理。

辊底式炉可与升降工作台、淬火槽、清洗机、运料小车、回火炉等设备组成连续热处理生产线。

10.1.15 转底式炉

转底式炉（或转顶式炉）主要由固定的炉体、转动的炉底（或炉顶）及其驱动机构组成。其炉底与炉体分离，由驱动机构带动炉底转动，使置于炉底上的工件随同移动而实现连续作业。

这种炉子的炉体为圆形，为了装料或出料方便，在炉墙上砌有一个或几个炉口。炉底形状为碟形或环形。炉底与炉体之间以砂封、油封或水封连接。炉底（或炉顶）的转速主要取决于工艺过程规定的工件在炉内加热的时间。炉底的转动方式分为机械传动式和液压传动式两类。机械传动式有锥齿圈传动、锥齿销传动和摩擦轮传动三种，液压传动式有液压缸传动和液压马达传动两种。

转底式炉具有结构紧凑、占地面积少、使用温度范围宽、对变更工件品种和工艺参数适应性强等优点。这种炉子主要用于各种齿轮、轮轴、曲轴和连杆等的淬火加热、渗碳及碳氮共渗等热处理。

转底式炉的结构和特点见表10-26。

表 10-26 转底式炉的结构和特点

类型		结构	特点	应用
碟形转底式炉	炉内炉底转动	炉墙固定，整个炉底转动	结构简单	只适用于小型炉
	炉内金属支架转动	炉体全部固定，炉内有一转动的伞形耐热钢支架	耐热钢耗用多，支架为单轴支承，密封性较好	适用于小型炉
环形转底式炉		炉墙固定，环形炉底转动	密封性较碟形转底炉差	适用于大型炉
转顶式炉		炉顶盖转动，工件悬挂于炉顶	需专用工夹具	适用于加热长条形工件

环形转底式炉的技术参数见表10-27。

表10-27　环形转底式炉的技术参数

型号	NS87-49	NS87-51	NS88-333
额定功率/kW	75	115	180
最高工作温度/℃	950	950	700
加热区段	1	2	3
回转公称直径/mm	ϕ1000	ϕ1400	ϕ3000
炉膛工作截面尺寸(宽×高)/mm	350×350	450×450	600×600
空炉损耗功率/kW	20	35	55
质量/kg	4800	6100	21000

10.1.16　电阻炉的保养和维修

1. 电阻炉维护保养

1）定期检查控温仪表、电源控制柜电器。

2）每周打扫炉膛一次，用压缩空气清理电炉丝搁砖上的氧化物，并清除出炉。

3）发现电阻丝脱落，应及时恢复原位，并用挂钩固定。

4）经常检查炉丝搁砖是否完好，如有损坏应及时修理，以免两层炉丝搭接或炉丝变形。

5）每月检查电阻丝引出杆是否紧固，及时清除氧化皮并紧固夹头。

6）控制柜上的红绿指示灯应正常，如有损坏，应及时更换。

7）经常检查炉门的开启机构、炉盖的升降机构是否正常，限位开关是否灵活，如有问题，必须及时修复。

8）风扇轴、炉门或炉盖开启机构的转动及传动部分应定期加油，以保持润滑良好。

2. 电阻炉的烘烤

新安装或大修后的炉子，必须按规定的工艺烘烤后方可使用，否则会影响炉子的使用寿命。

1）炉子大修完工后，应在室温下放置2~3昼夜，用500V兆欧表检测三相电热元件，对地电阻应在0.5MΩ以上方可送电。

2）烘烤时应将炉顶盖板打开，以利水蒸气顺利排出。

3）电阻炉烘烤工艺见表10-28。

表 10-28 电阻炉烘烤工艺

炉型	烘烤工艺		备注
	温度/℃	时间/h	
中、高温箱式电阻炉	100~200	15~20	打开炉门
	200~400	8~10	
	550~600	8	关闭炉门
	750~850	8	
	1300(高温炉,升温速度100℃/20min)	4~6	
中、低温井式电阻炉,气体渗碳炉	150~200	8~12	打开炉盖
	300~400	10~12	
	550~650	8①	关闭炉盖,起动风扇
	750~800②	8	

① 低温井式电阻炉于550~650℃保温4~8h后炉冷。

② 气体渗碳炉于850~950℃保温8h后炉冷。

10.2 真空热处理炉

真空热处理炉按结构及加热方式分内热式和外热式两大类，其中内热式占绝大多数。真空热处理炉按用途分为退火炉、淬火炉、回火炉、渗碳炉、多用途炉；按真空度可分为低真空炉（1.33×10^{-1}~1333Pa)、高真空炉（1.33×10^{-4}~1.33×10^{-2}Pa)、超高真空炉（1.33×10^{-4}Pa以下)；按工作温度可分为低温炉（≤700℃)、中温炉（700~1000℃)、高温炉(>1000℃)；按外形又有卧式、井式和罩式之分，其中卧式应用最广。

10.2.1 真空炉的组成

真空炉主要由炉体（包括淬火油槽)、抽空系统、电热元件和控制系统等组成。

1. 炉体

炉体分为单室、双室、三室及组合型等。单室真空炉的加热和冷却都在同一个真空室内进行，冷却方式为气冷；双室真空炉有一个加热室和一个冷却室，中间用真空闸门隔开，工件在加热室加热，在冷却室可淬油冷却；三室真空炉由预备室、加热室和冷却室组成，相邻两室之间用真空闸门隔开。炉壳为双壁水冷夹层钢结构或炉壳上焊接冷却水管。

2. 加热室

加热室由密封炉罐、电热元件、隔热屏、料台等组成。

(1) 密封炉罐　材料常用铬钢、铬镍钢制造，根据最高工作温度选择不同的耐热钢。

(2) 电热元件 电热元件材料有三种：

1) 铁铬铝合金和镍铬合金，多用于中、低温炉和低真空炉。

2) 纯金属电热材料，主要有铂、钼、钨、钽等，由于电阻温度系数大，为了稳定功率，必须采用调压器。

3) 非金属电热材料，主要有碳化硅、二硅化钼和石墨，以石墨应用最广。采用石墨管、石墨布或石墨棒，可沿加热室内壁均匀布置。

(3) 隔热屏 隔热屏具有隔热、保温作用，也常用于固定加热器，其结构及材料对真空炉的热性能有很大影响。隔热屏按结构及材料可分为四种：全金属型隔热屏、石墨毡隔热屏、夹层式隔热屏和混合毡隔热屏。隔热屏的结构及特点见表 10-29。

表 10-29 隔热屏的结构及特点

类型	结构	特点	适用范围
全金属型隔热屏	材料为钨、钽、钼和不锈钢等 由5~6层金属板、隔离环和固定柱等组成，金属板之间的间隔为5~10mm。在靠近电热元件的1~2层选用耐高温材料(如钼、钨等)，外面几层依次为耐热度较低的材料(如不锈钢)	优点：热容量小，热惯性小，可实现快速加热和快速冷却，无吸湿性，容易除气，炉内清洁度高 缺点：需消耗大量贵重金属，成本高，并且热损失较大	适用于要求清洁度高、真空度高的真空热处理炉
石墨毡隔热屏	用石墨绳将多层石墨毡缝扎在钢板网上而成	热导率低，耐热冲击性好，隔热效果良好，便于快速加热和快速冷却；结构简单，加工容易	主要用于气淬真空炉
夹层式隔热屏	在两层金属屏之间填充耐火纤维而成，根据炉温的不同可选择不同的耐火纤维，如硅酸铝耐火纤维、高铝耐火纤维等	优点：结构简单，隔热效果良好，可实现快速加热和快速冷却 缺点：耐火纤维的吸湿性较大，对炉子的真空度有一定影响	主要用于真空回火炉和气淬真空炉等
混合毡隔热屏	结构与石墨毡隔热屏基本相同，只是隔热材料由石墨毡和硅酸铝耐火纤维组成，内层为石墨毡，外层为硅酸铝耐火纤维毡	结构简单，成本低廉，维修方便，并且具有很好的隔热效果	主要用于油淬真空炉

3. 冷却室

冷却室可进行气冷或油淬气冷。气冷介质为氢、氦、氮、氩等惰性气体。其中，氢的冷却速度最快，但有爆炸的危险，不够安全；氦的冷却速度较快，但价格高；氩冷却速度低，而且价格高。因此，一般采用氮作为气体冷却介质。气体冷却时，气流在大功率高速电动机和大风量高压叶轮的作用下，通过导流装置和沿圆周均匀分布的喷嘴喷出，对工件实现均匀冷却。随气冷压强不同，分为负压气冷（$<1\times10^5$Pa）、加压气冷［$(1\sim4)\times10^5$Pa］、高压气冷［$(5\sim10)\times10^5$Pa］、超高压气冷［$(10\sim20)\times10^5$Pa］。油冷淬火时，料筐被输送到冷却室，随升降机构进入淬火槽进行冷却，淬火槽备有搅动器，油的温度及冷却时间实行程序控制。淬火油为专用的真空淬火油。

4. 淬火冷却介质的冷却系统

由于淬火时气或油的温度升高，冷却能力有所降低，为保持冷却能力，须对其进行冷却。受热的气体要经翅片式换热器进行强制循环冷却，以保持在工艺要求的温度范围内。同样，淬火油也要实行温度自动控制，热油经过外部的循环冷却系统强制循环冷却。

5. 真空系统

真空系统由真空机组、真空测量仪表、冷阱、管道等部分组成。低真空系统（2～1333Pa）用机械真空泵，中等真空系统（$3\times10^{-1}\sim1.33$Pa）采用机械真空泵、机械增压泵，高真空系统（$6.6\times10^{-4}\sim1.3\times10^{-2}$Pa）常用机械真空泵、机械增压泵、扩散泵。

6. 回充气体系统

回充气体系统由充气系统和安全装置等组成。充气系统由大通径快充阀、微调阀、手动开关、管路、储气罐构成。加热时，可实现炉内分压控制，防止元素蒸发；冷却时对炉内充气，实现不同的冷却方式。

7. 电气控制系统

电气控制系统由温度可编程序控制系统和机械动作可编程序控制系统两部分组成。

8. 炉外料车及装出炉结构

立式炉的炉盖为料车，可备用多个，交替使用。工件的装炉和出炉通过液压升降机构来完成。

9. 气动系统

气动系统由油雾器、油水分离器、换向阀、气缸、管路等组成。

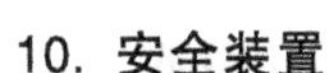

10. 安全装置

除在炉体上装设安全阀外，炉盖开启还具有机电联锁保护装置。

10.2.2　典型真空热处理炉

1. 高压气冷真空炉

高压气冷真空炉主要适用于高速工具钢、高合金工模具钢、不锈钢等材料的高压气淬、固溶时效及钎焊、磁性材料的真空退火等，其技术参数见表10-30～表10-32。

表10-30　HZQ型卧式单室高压气冷真空炉的技术参数

型号	加热功率/kW	有效加热区尺寸(长×宽×高)/mm	最大装载量/kg	最高工作温度/℃	压升率/(Pa/h)	气冷压强/MPa
HZQ-80	80	600×400×400	200	1300	0.67	0.6～1
HZQ-150	150	900×600×600	500			
HZQ-200	200	1100×700×700	800			

表10-31　HZQL型罩式单室高压气冷真空炉的技术参数

型号	加热功率/kW	有效加热区尺寸(直径×高度)/mm	最大装载量/kg	最高工作温度/℃	压升率/(Pa/h)	气冷压强/MPa
HZQL-50	50	ϕ400×450	100	1300	0.67	0.6
HZQL-90	90	ϕ500×600	200			
HZQL-150	150	ϕ800×900	500			
HZQL-200	200	ϕ1000×1100	800			
HZQL-300	300	ϕ1000×2000	1500			
HZQL-500	500	ϕ1600×2500	3000			

表10-32　WZJQ型卧式双室高压气冷真空炉的技术参数

型号	加热功率/kW	加热区尺寸(长×宽×高)/mm	最大装载量/kg	最高工作温度/℃	压升率/(Pa/h)	气冷压强/MPa
WZJQ-45	63	450×670×400	120	1300	0.67	1
WZJQ-60	100	600×900×450	210			

2. 油淬气冷真空炉

油淬气冷真空炉为双室结构，主要适用于合金结构钢、合金工模具钢、高速工具钢、轴承钢、不锈钢等材料的光亮淬火、光亮退火以及真空钎焊。ZC2、HZC2型双室油淬气冷真空炉的技术参数见表10-33。

表 10-33　ZC2、HZC2 型双室油淬气冷真空炉的技术参数

型号	加热功率/kW	加热区尺寸（长×宽×高）/mm	最大装载量/kg	最高工作温度/℃	压升率/(Pa/h)	气冷压强/MPa
ZC2-30	30	400×300×220	40			
ZC2-65	65	600×420×220	100			
ZC2-100	100	1000×600×450	300	1320	0.60	
ZC2-140	65	1000×620×450	500			
ZC2-240	100	1200×800×700	1000			
HZC2-65	65	600×400×400	150			
HZC2-100	100	900×600×450	300	1320	0.67	0.2
HZC2-120	120	900×600×600	500			
HZC2-260	260	1200×800×800	1000			

3. 三室多用途真空炉

三室多用途真空炉由加热室、淬火油槽、淬火水槽、风冷装置等部分组成。该炉可完成油淬、水淬、气淬以及回火、退火、钎焊等多种热处理工艺。HZCD 型三室多用途真空炉的技术参数见表 10-34。

表 10-34　HZCD 型三室多用途真空炉的技术参数

型号	加热功率/kW	加热区尺寸（长×宽×高）/mm	最大装载量/kg	最高工作温度/℃	极限真空度/Pa	气冷压强/MPa
HZCD-40	40	450×300×300	60			
HZCD-65	65	600×400×300	120	1300	$6.6\times10^{-3}\sim4\times10^{-1}$	0.2
HZCD-100	100	900×600×410	300			

4. 真空渗碳淬火炉

真空渗碳淬火炉为双室结构形式，由加热渗碳室和冷却室组成，如图 10-2 所示。其中，冷却室可以油淬兼气淬或高压气淬。加热渗碳室为石墨硬毡结构，加热元件为石墨棒，同时布置了多组渗碳气喷嘴，使气体分布均匀。喷嘴均由流量计控制，以保证气氛的精确注入。冷却室顶端装有高效风机，并配置高效率的热交换器，可以对渗碳后的工件进行气冷。淬火油槽位于冷却室下端，配置了加热和循环搅动装置，可实现真空油淬的功能。计算机控制系统可实现多种功能。

双室真空渗碳淬火炉主要适用于合金结构钢、合金渗碳钢、碳素钢、工模具钢、不锈钢等的渗碳、碳氮共渗、气冷、油淬、退火。

WZST 系列双室渗碳淬火真空炉的技术参数见表 10-35。

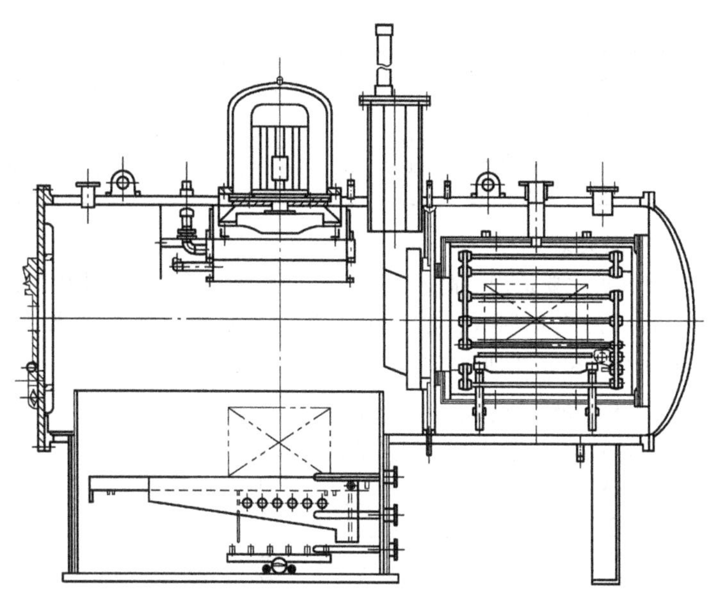

图 10-2　真空渗碳淬火炉的结构

表 10-35　WZST 系列双室渗碳淬火真空炉的技术参数

型号	加热功率/kW	加热区尺寸(长×宽×高)/mm	最大装载量/kg	最高工作温度/℃	极限真空度/Pa	压升率/(Pa/h)	气冷压强/MPa
WZST-20	20	200×300×180	20	1320	4.0×10^{-3}～2.0×10^{-1}	0.65	0.08～0.2
WZST-30	40	300×450×330	60				
WZST-45	63	450×670×400	120				
WZST-60	100	600×900×450	210				
WZST-60G	125	600×900×600	300				

5. 真空退火炉

真空退火炉主要用于高合金、磁性材料、不锈钢、钛合金、有色金属等材料的光亮退火。VAF 型真空退火炉的技术参数见表 10-36。

表 10-36　VAF 型真空退火炉的技术参数

型号	加热功率/kW	加热区尺寸(长×宽×高)/mm	最大装载量/kg	最高工作温度/℃	极限真空度/Pa	压升率/(Pa/h)	气冷压强/MPa
VAF-40	40	450×300×300	100	1300	4.0×10^{-3}	0.65	0.2
VAF-80	80	600×400×400	200				

（续）

型号	加热功率/kW	加热区尺寸（长×宽×高）/mm	最大装载量/kg	最高工作温度/℃	极限真空度/Pa	压升率/(Pa/h)	气冷压强/MPa
VAF-120	120	750×500×500	300	1300	$4.0×10^{-3}$	0.65	0.2
VAF-150	150	900×600×600	400				

6. 真空回火炉

真空回火炉主要适用于高速钢、合金工具钢、模具钢、轴承钢、不锈钢及特殊材料的真空回火，也可用于有色金属的再结晶退火及时效。WZH、HZR型真空正压回火炉的技术参数见表10-37。

表10-37 WZH、HZR型真空正压回火炉的技术参数

型号	加热功率/kW	有效加热区(长×宽×高)/mm	最大装载量/kg	最高工作温度/℃	气冷压强/MPa
WZH-20	15	300×200×200	20	700	0.2
WZH-45	40	670×450×400	150		
WZH-60	80	900×600×600	500		
HZR-24	24	450×300×300	100	700	0.2
HZR-35	35	600×400×300	200		
HZR-50	50	900×600×450	300		
HZR-80	80	900×600×600	500		

10.2.3 真空炉的操作

1. 准备

1）保持炉子内外清洁干净。

2）检查各部分电器、水路水压及流量、真空系统。

3）凡处理的工件及工装或料筐等必须清洗干净，并经干燥后方可入炉；未经清洗或带有水迹的工件不得进入炉内。

4）工件安放要牢固，以免在设备运行和吹气时造成零件移动或散落。

2. 运行

设备执行程序，抽真空→加热→冷却自动完成相关热处理工序。

3. 出炉

1）恢复炉内正常压力，指示灯正常后打开炉盖（门）。

2）卸料时应细心操作，轻拿轻放，不得碰撞炉口。

3）正常使用时不得使用手动方式。

4）停炉后，炉内真空度应保持在 6.65×10^{4}Pa 以下。

5）操作中如出现失控、卡位、限位不准等故障时，应立即停止工作，不要强行操作，以免损坏机件，待故障排除后再行操作。

6）严格按真空炉的维护与保养制度执行。

10.3 热处理浴炉

浴炉是利用熔融的液体作为介质对工件进行加热或冷却的热处理炉。熔融的液体有盐、碱、金属熔液以及油等。浴炉按介质分为盐浴炉、熔融金属浴炉及油浴炉，按温度划分为低温、中温和高温浴炉，按加热方式分为电加热浴炉和燃料加热浴炉。电加热浴炉又分为外部电加热浴炉和内部电加热浴炉，内部电加热浴炉又分为电极加热浴炉和管状电热元件加热浴炉。

10.3.1 油浴炉

油浴炉的最高工作温度不得超过 300℃，用于低温回火。外热式油浴炉的技术参数见表 10-38。

表 10-38 外热式油浴炉的技术参数

型号	加热功率/kW	最高工作温度/℃	升温时间/h	空载功率/kW	加热区尺寸（长×宽×深）/mm
SY2-6-3	6	300	1	2.1	400×300×250
SY2-12-3	12	300	2	3	600×500×400

10.3.2 硝盐浴炉

硝盐浴炉按加热方式分为外部电热式硝盐浴炉和内部电热式硝盐浴炉两种。硝盐浴炉用于等温温度在 550℃ 以下的等温淬火、分级淬火和回火。

1. 外部电热式硝盐浴炉

外部电热式硝盐浴炉的加热元件一般为螺旋状电阻丝，置于浴槽外部，其结构与井式电阻炉类似。外部电热式低温硝盐浴炉的技术参数见表 10-39。

表 10-39 外部电热式低温硝盐浴炉的技术参数

型号	加热功率/kW	最高工作温度/℃	升温时间/h	空载功率/kW	加热区尺寸（直径×深）/mm
NS-85-61	15	550	≤1.2	4.5	ϕ400×400
NS-85-62	20	550	≤1.2	5	ϕ400×600

（续）

型号	加热功率/kW	最高工作温度/℃	升温时间/h	空载功率/kW	加热区尺寸(直径×深)/mm
NS-85-63	38	550	≤1.2	6	φ600×800
NS-85-64	45	550	≤1.2	13	φ600×1000
NS-85-65	36	550	≤1.2	10	φ500×750

2. 内热式硝盐浴炉

内热式硝盐浴炉采用管状加热元件加热，加热元件置于浴槽内部。其技术参数见表10-40。

表10-40　内热式硝盐浴炉的技术参数

名称	最高工作温度/℃	加热功率/kW	加热区尺寸(长×宽×深)/mm
等温淬火用硝盐浴炉	160~200	21	850×600×500
回火用硝盐浴炉	550	36	600×500×800

10.3.3　熔融金属浴炉

熔融金属浴炉主要是铅浴炉，用于铅浴处理的淬火冷却介质。图10-3所示为钢丝铅浴淬火设备的布置。置于放线架1上的钢丝（一般是几根或几十根），连续地通过加热炉3，在运行中将钢丝加热到900~950℃后，连续地浸入450~600℃的铅浴槽4中冷却，随后出炉空冷或淋水冷却，最后由收线架5回收成捆。钢丝在加热炉中的加热时间与钢丝直径近似地成正比。加热炉长度及铅浴槽长度可确定钢丝的运行速度，运行速度用无级变速器来调整。

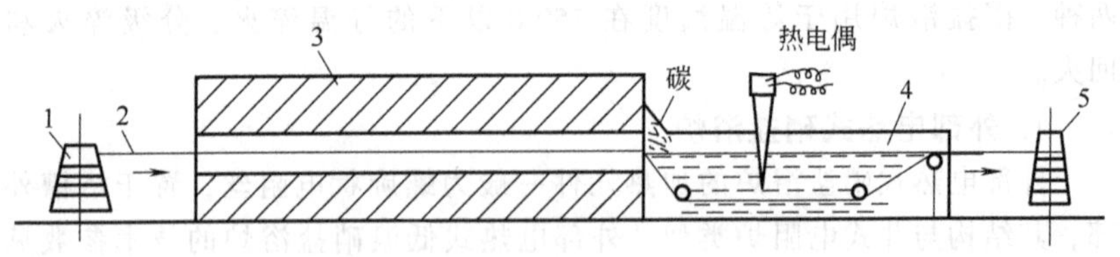

图10-3　钢丝铅浴淬火设备的布置

1—放线架　2—钢丝或盘条　3—加热炉　4—铅浴槽　5—收线架

铅浴炉浴槽的结构形式一般为矩形或圆形。最高使用温度为300~400℃的浴槽的加热元件为内部管状加热元件，550℃的浴槽的为外部电加热元件。

铅浴炉主要用于弹簧钢丝及盘条的热处理。

铅浴淬火的主要缺点是容易造成环境污染，铅蒸气和铅尘埃易引起工作人员铅中毒。

10.3.4 电极式盐浴炉

电极式盐浴炉的加热是将低压大电流加在盐浴中的电极之间，通过熔盐的电阻发热来完成的。

电极式盐浴炉根据电极布置方式的不同，分为插入式电极盐浴炉和埋入式电极盐浴炉。电极式盐浴炉的外形一般为长方体或圆柱体，炉膛由耐火砖或高铝砖砌成，也可用铝酸盐耐火混凝土或磷酸盐耐火混凝土铸成，外层为一个6mm厚的钢板槽。钢板槽外侧为耐火纤维、保温砖、蛭石粉、石棉板等保温层。插入式电极盐浴炉的电极在炉膛内，占用一定的炉膛容积，炉膛的有效利用率不高，现已被淘汰。

1. 埋入式电极盐浴炉

埋入式电极盐浴炉的电极分为顶埋式和侧埋式两种，电极均埋藏于炉膛的砌体内，完全不占用炉膛容积，炉膛利用率高。埋入式电极盐浴炉的结构如图10-4所示。

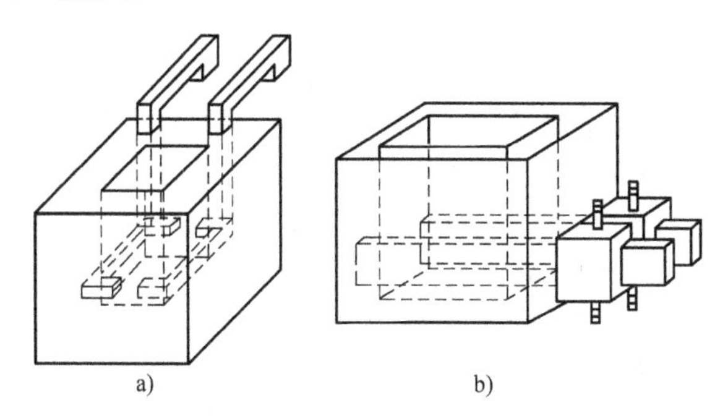

图10-4 埋入式电极盐浴炉的结构

a）顶埋式 b）侧埋式

RDM型埋入式电极盐浴炉的技术参数见表10-41。

表10-41 RDM型埋入式电极盐浴炉的技术参数

型号	额定功率/kW	最高工作温度/℃	额定电极电压/V	炉膛尺寸(长×宽×高)/mm	最大生产率/(kg/h)
RDM-20-8	20	850	24	200×200×600	8
RDM-25-13	25	1300	24	200×200×600	13

（续）

型号	额定功率/kW	最高工作温度/℃	额定电极电压/V	炉膛尺寸（长×宽×高）/mm	最大生产率/(kg/h)
RDM-30-6	30	650	25.1	350×300×700	8
RDM-45-6	45	650	25.1	450×350×700	
RDM-30-8	30	850	25.1	300×250×700	13
RDM-45-8	45	850	25.1	350×300×700	18
RDM-70-8	70	850	28	450×350×700	24
RDM-45-13	45	1300	25.1	300×250×700	26
RDM-70-13	70	1300	28	350×300×700	36
RDM-90-13	90	1300	28.1	450×350×700	50
RDM-90-6	90	650	28.1	900×450×700	
RDM-130-8	130	850	28	900×450×700	50

2. 盐浴炉的操作

1）设备应处于完好状态，控温仪表工作正常，水冷套畅通，无漏水现象，风机工作正常，炉体及变压器外壳接地可靠。

2）中途停止工作时，应将变压器调至低档保温，并盖上炉盖。

3）操作时应戴好防护眼镜、手套等劳保用品，以防烫伤。操作高温盐浴炉时，应改戴有色防护眼镜。

4）调节变压器档位时，必须断电操作，以免烧毁接点。

5）严禁在铜排上放置工件、工具等导电物体。

6）往硝盐浴或碱浴中加水，最好在室温下进行。如果必须在较高温度下加入时，则温度不宜超过150℃，并应徐徐倾入。

7）长时间使用时，炉温不得超过规定值，高温盐浴炉为1350℃，中温盐浴炉为950℃，硝盐炉为580℃。

3. 盐浴炉的维护保养

1）保持盐浴炉、变压器及控制柜的清洁，工作后打扫场地。

2）定期检查仪表，指示温度误差应为±5℃。

3）接触器、红绿灯工作正常。

4）电极的水冷系统畅通，无漏水现象。

5）排风系统工作正常。

6）变压器与炉体外壳可靠接地，铜排用罩子盖好。

7）新炉在使用前，必须将炉体和炉膛（坩埚）烘干。可在炉膛中燃烧少量木炭或木柴，逐步提高温度，再改用电阻加热器进行烘干，时间应在32h以上，直到炉体外壳达到35~40℃时为止。

10.4 流态粒子炉

流态粒子炉是在由气流和悬浮其中的固体粒子形成的流态介质中进行加热的热处理炉。

流态粒子炉具有升温速度快、温度均匀、不氧化、不脱碳、工件变形小、无烧伤、热效率高等优点，不仅能实现正火，退火、淬火、回火、固溶处理等中性加热，以及渗碳、渗氮、碳氮共渗、氮碳共渗等多种热处理工艺，还可用于分级淬火、等温淬火的冷却。流态粒子炉不仅有多品种小批量生产的周期式炉，也有大批量生产的连续生产线，可用于轴承零件、冲压件的连续淬火，以及汽车传动齿轮连续渗碳淬火、回火等。

10.4.1 流态粒子炉的工作原理

流态粒子炉由炉体、炉罐、粒子、布风板、风室等部分组成，如图 10-5 所示。流态化过程是流态化气体从炉罐底部吹进，通过底部上的布风板进入炉膛，使炉罐内的流态化粒子呈悬浮状态，并随气流翻腾，形成沸腾流态化状态，工件在流态床中进行加热、冷却或化学热处理。流态粒子炉要求不出现腾涌或死区，废气经旋风分离器和除尘器排出。流态床的加热可以是电加热或燃气加热。

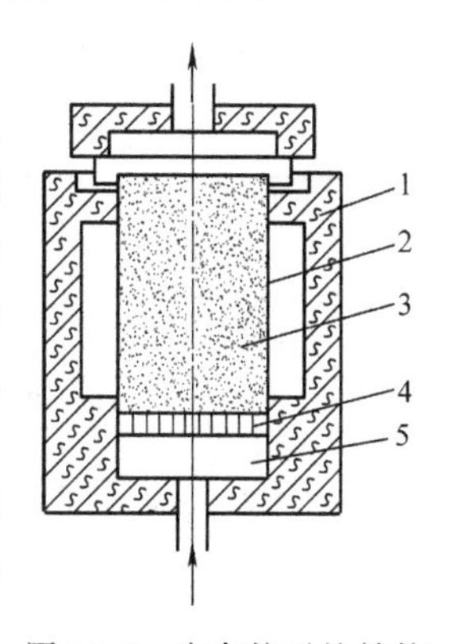

图 10-5 流态粒子炉结构示意图

1—炉体 2—炉罐 3—粒子 4—布风板 5—风室

在流态粒子炉中，粒子是加热介质，在气流作用下，形成紊流，又是形成流态的主体。常用的粒子有石墨粒子、耐火材料粒子和氧化铝空心球等。

热处理流态化炉常用的气体有：空气、氮气及氮基气氛、可燃气体、氨分解气、甲醇裂解气等。流态化气体有两个作用：一是使粒子流态化；二是作为热处理气氛，满足工件保护加热、渗碳、渗氮等工艺要求。

10.4.2 流态粒子炉的类型与结构

根据流态床的加热方式，可将流态床分为内部电热式、外部电热式、电极加热式、内部燃烧加热式和外部燃烧加热式等类型。

（1）内部电热式流态粒子炉　炉子的电阻加热元件为电热辐射管或碳化硅元件。电阻加热元件安置在炉内粒子中。这种炉子应保证电阻加热元件处于良好的流态化状态中，以免因局部过热，烧毁电热元件。

(2) 外部电热式流态粒子炉 这类炉子的电热元件在炉罐外，通过炉罐壁加热粒子。粒子多采用非导电的耐火材料粒子。流态化气体可以是惰性气体、渗碳气氛、渗氮气氛等，根据热处理工艺需要配置，可以对工件进行光亮淬火及回火、渗碳、渗氮等热处理。该炉的主要缺点是因耐火材料粒子热导率较小，空炉升温时间较长。

(3) 电极加热式流态粒子炉 这类炉子在炉膛侧壁上设置有两个电极，以空气为流态气体，采用石墨为流态粒子。导电的石墨粒子既是加热介质，又是发热体。电源经两个电极和石墨粒子实现加热。电源为150V直流电源，由三相交流电源降压、整流后获得。

RL型电极加热式流态粒子炉的技术参数见表10-42。

表10-42 RL型电极加热式流态粒子炉的技术参数

型号	RL-30-10	RL-45-10	RL-75-10	RL-100-10
额定功率/kW	30	45	75	100
最高工作温度/℃	1000	1000	1000	1000
额定电压/V	110、140	110、150	110、160	110、160
炉膛尺寸(长×宽×深)/mm	250×350×420	300×400×500	400×500×550	450×550×600
石墨装载量/kg		40	70	
空炉升温时间/min		35~60	40~70	45~75
空炉损耗功率/kW		10	20	
风室压力/kPa		2~6	2~6	
空气流量/(m^3/h)		18~25	30~40	
炉体外形尺寸(长×宽×深)/mm		920×880×(1350~1800)	1070×920×(1647~2000)	

(4) 内部燃烧加热式流态粒子炉 这种炉子采用可燃气与空气混合气作为流态化气体和热源。混合气通过布风板使粒子浮动，先在炉膛上部将气体点燃，火焰根部逐渐向炉底方向移动，最后在布风板以上稳定燃烧。炉膛的温度通过控制混合气流量及可燃气与空气的比例调节来控制，但受粒子大小和沸腾状态限制。炉膛温度通常在800~1200℃范围内。这种炉子要注意防止火焰回火到混合室内燃烧，也应防止混合室温度过高而自燃。

用液化石油气为燃料的内燃式流态粒子炉的技术参数见表10-43。该炉的特点是空炉升温快，点火0.5h后即可开始工作，且炉温均匀。由于石油液化气和空气经不完全燃烧，形成还原性或微氧化性气氛，与放热式保护气氛的成分相近，因而可实现工件的少无氧化加热；加入一定量的丙烷，还可以对工件进行渗碳。

表 10-43 用液化石油气为燃料的内燃式流态粒子炉的技术参数

项目		RLQ-ϕ30×30-9	RLQ-ϕ40×45-9	RLQ-ϕ40×45-11
最高工作温度/℃		900	900	1000
最大燃料气耗量/(kg/h)		2	4	5.5
空炉燃料气耗量/(kg/h)		1	2	3.2
空炉升温时间/h		1	1.2	1.5
炉温均匀性(温差)/℃		<10	<10	<10
最大装载量/kg		15	25	25
炉膛尺寸/mm	直径	ϕ300	ϕ400	ϕ400
	高度	800	1000	1000
	装粒子高度	350	550	550
	流态化高度	400	600	600
	工作区高度	300	450	450
外形尺寸/mm	直径	ϕ700	ϕ820	ϕ900
	高度	1100	1300	1300
炉体质量/kg		200	250	350

（5）外部燃烧加热式流态粒子炉　燃烧气体在炉体下部燃烧室内燃烧，燃烧火焰气流通过布风板进入炉膛，使粒子加热并沸腾。通过安装的过剩空气烧嘴调节过剩空气量，控制燃烧情况，从而控制炉中粒子流态化程度、炉气成分和炉温，以满足热处理工艺要求，且热效率比内燃式高。图 10-6 所示为外部燃烧加热式流态粒子炉的结构。

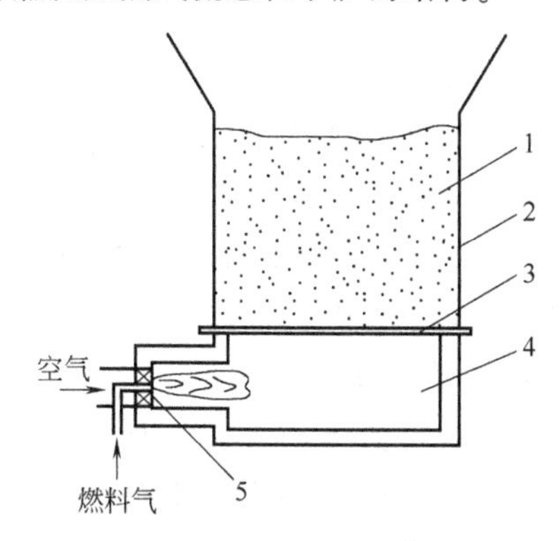

图 10-6 外部燃烧加热式流态粒子炉的结构

1—粒子　2—炉罐　3—布风板　4—燃烧室　5—烧嘴

10.4.3 流态粒子炉的操作

1）正确选择粒子。粒子应具有良好的高温性能，大小适中，颗粒均匀。粒子的种类或粒度选择不当，可能造成流态化不良，或粒子沸腾飞扬外逸，造成粒子消耗量过大；还会使得炉内温差过大，影响工件的加热质量。如果过于细小的粒子进入布风板的气孔内，炉子将不能正常工作。

2）正确选择粒子添加量。粒子添加量过少，有效加热区太小，不能加热较大的工件，且热效率下降，生产率降低；添加量过大，流态化状态不完全，对电极式流态粒子炉会造成变压器二次侧输出电流过大，温度升高，严重时烧坏变压器。

3）风量调节要适当。风量过小，粒子流化不完全，炉内温度不均匀，影响淬火质量。风量过大，粒子沸腾、飞扬，易被吹走，粒子浪费严重，并污染工作环境。

4）严格按炉子说明书或操作规程要求进行操作。

5）工件加热前，必须绑扎牢固，吊挂可靠，烘干水分。

6）氧化铝或石墨粒子及空气必须先经干燥处理。

7）工作中要注意控制燃烧过程，防止回火或严重的局部燃烧爆炸。

8）电极式流动粒子炉要防止工件触及电极而被烧毁。

9）变压器不能带电换档，换档时必须断电，换档后再通电。

10）布风板如出现过烧、变形或开裂现象，应及时更换。

10.5 感应加热装置

感应加热装置是供工件进行热处理的感应电热装置，是由感应加热电源及附属机械设备所组成的成套装置。感应加热装置根据加热频率的不同分为高频感应加热装置、超音频感应加热装置、中频感应加热装置和工频感应加热装置；根据振荡器的不同又分为真空管感应加热装置、固态感应加热装置、晶闸管（SCR）感应加热装置及IGBT感应加热装置等，但真空管感应加热装置正在逐步被淘汰，在此不再赘述。

10.5.1 固态感应加热电源

固态感应加热电源使用的大功率元器件主要有静电感应晶体管(SIT)、场效应晶体管（MOSFET）和绝缘栅双极型晶体管（IGBT）。

固态感应加热电源具有频率范围宽（0.1~400kHz）、输出功率范围广(1.5~2000kW)、逆变器效率高（85%~90%）、整机效率达75%~85%、

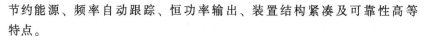

节约能源、频率自动跟踪、恒功率输出、装置结构紧凑及可靠性高等特点。

1. 固态高频与超音频感应加热电源

MOSFET 固态高频感应加热电源的技术参数见表 10-44。IGBT 固态超音频感应加热电源的技术参数见表 10-45。

表 10-44 MOSFET 固态高频感应加热电源的技术参数

型号	输出功率/kW	振荡频率/kHz	电源电压/V	输入容量/kVA
JMGC25-200	25	200	380	30
JMGC50-200	50	200	380	70
JMGC75-200	75	200	380	100
JMGC100-200	100	200	380	130
JMGC150-200	150	200	380	200
JMGC200-200	200	200	380	270
JMGC250-200	250	200	380	320

表 10-45 IGBT 固态超音频感应加热电源的技术参数

型号	输出功率/kW	振荡频率/kHz	电源电压/V	输入容量/kVA
JIGC-25-30	25	30	380	33
JIGC-50-10	50	10	380	70
JIGC-50-30	50	30	380	70
JIGC-100-10	100	10	380	130
JIGC-100-20	100	20	380	130
JIGC-100-50	100	50	380	130
JIGC-150-10	150	10	380	195
JIGC-150-20	150	20	380	195
JIGC-150-50	150	50	380	195
JIGC-200-10	200	10	380	260
JIGC-200-20	200	20	380	260
JIGC-200-50	200	50	380	260
JIGC-250-10	250	10	380	330
JIGC-250-20	250	20	380	330
JIGC-250-50	250	50	380	330
JIGC-350-10	350	10	380	460

2. 晶闸管（SCR）中频感应加热装置

晶闸管（SCR）中频感应加热装置的频率是 0.5~10kHz，是机式中频变频装置的替代产品。晶闸管中频感应加热装置由三相桥式全控整流电路、逆变桥和谐振回路组成。其特点是体积小，质量轻，占地少，无噪声，起动方便等，比机式中频变频装置节电30%~40%，整机效率大约为70%~77%。晶闸管中频感应加热装置的工作原理如图10-7所示。晶闸管中频感应加热装置的技术参数见表10-46。

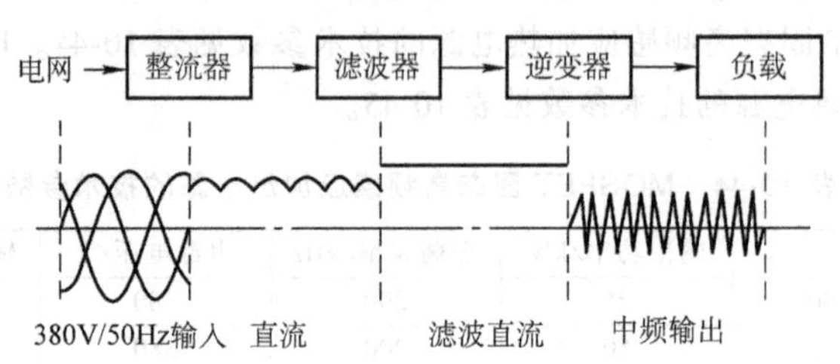

图10-7 晶闸管中频感应加热装置的工作原理

表10-46 晶闸管中频感应加热装置的技术参数

型号	额定功率/kW	额定频率/kHz	中频电压/V	中频电流/A
KGPS-160/8	160	8	750	340
KGPS-160/4-8	160	4~8	750	340
KGPS-200/8	200	8	750	440
KGPS-200/4-8	200	4~8	750	440
KGPS-300/2.5	300	2.5	750	660
KGPS-300/4-8	300	4~8	750	660
KGPS-400/2.5	400	2.5	750	880
KGPS-400/4	400	4	750	880
KGPS-700/2.5	700	2.5	750	1500

3. IGBT中频感应加热装置

IGBT中频感应加热装置的可调频率范围为1~10kHz。该装置采用霍尔电压、电流传感器，反应速度快，控制精度高，具有很好的恒压、恒流、恒功率特性。

IGBT中频感应加热装置的技术参数见表10-47。

表10-47 IGBT中频感应加热装置的技术参数

型号	额定功率/kW	额定频率/kHz	中频电压/V	中频电流/A
IGPS-50	50	1~10	275	240
IGPS-100	100	1~10	550	235
IGPS-160	160	1~10	550	350
IGPS-250	250	1~10	550	590
IGPS-500	500	1~10	550	910

10.5.2 感应淬火机床

感应淬火机床按生产方式分为通用、专用及生产线三大类型。通用淬火机床适用于单件或小批量多品种生产；专用淬火机床适用于批量或大批量生产；生产线将多种热处理工艺组合在一起，形成流水线，生产率高，适用于大批量生产。

1. 感应淬火机床的结构

生产中使用最普遍的是立式通用淬火机床，可进行多种工件的淬火，如轴的表面淬火、齿轮的全齿与单齿淬火、套的内孔与外圆淬火、内外导轨的淬火、端面与平面的淬火等。这类淬火机床的传动方式有全机械式和液压式两种。全机械式传动分为T形丝杠、滚珠丝杠、直线移动导轨等传动形式，其优点是移动速度稳定，定位精度高，易实现变速移动等。液压传动的优点是结构简单，移动速度快，驱动力大；缺点是移动速度不稳定，定位精度低。

淬火机床运动部件的移动方式分为滑板式和导柱式两种，其中以滑板式居多。根据淬火过程中工件和感应器相对移动的方式，淬火机床运动部件的移动分为工件移动和感应器移动两种。大部分通用淬火机床采用工件移动的形式，适于小型工件的淬火；对于一些大的工件（如轧辊等）的淬火，淬火机床采用变压器与感应器移动的方式。

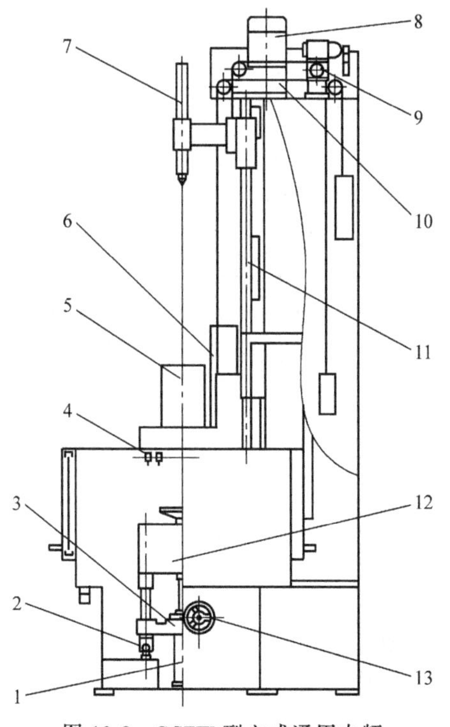

图10-8 GCFW型立式通用中频淬火机床的结构

1—底座 2、11—导轨 3—滑座 4—分度开关 5—中频变压器 6—水路支架 7—上顶尖 8—主传动电动机 9—链轮 10—减速器 12—主轴箱 13—手柄

图10-8所示为GCFW型立式通用中频淬火机床的结构。

2. 淬火机床的精度

淬火机床主轴锥孔的径向圆跳动误差应≤0.2mm，回转工作台面的全跳动误差≤0.2mm，顶尖连线对滑板移动的平行度误差在夹持长度≤2000mm时为≤0.3mm，工件进给速度变化范围为±5%。

3. 淬火机床主要技术参数

GCFW型立式通用中频淬火机床的技术参数见表10-48。GCLH系列滑板式通用淬火机床主要技术参数见表10-49。GCK系列数控淬火机床主要技术参数见表10-50。

表10-48　GCFW型立式通用中频淬火机床的技术参数

型号	GCFW11200/120-W	GCFW11350/120-W
最大夹持长度/mm	2000	3500
最大淬火长度/mm	2000	3500
最大淬火直径/mm	1200	1200
工件最大质量/kg	10000	20000
传动形式	复合式	复合式
冷却方式	喷淋、埋液	喷淋、埋液
外形尺寸(长×宽×高)/mm	2510×2010×5670	3510×2010×4160

表10-49　GCLH系列滑板式通用淬火机床主要技术参数

型号	GCLH2405	GCLH2005	GCLH1605	GCLH1205	GCLH1005	GCLH0805	GCLH0605
最大夹持长度/mm	2450	2050	1650	1250	1050	850	650
最大淬火长度/mm	2400	2000	1600	1200	1000	800	600
最大淬火直径/mm	φ500	φ500	φ500	φ500	φ500	φ500	φ500
工件最大质量/kg	150						
主轴旋转速度/(r/min)	0~200						
工件移动速度/(mm/s)	1.5~30						
工件快移速度/(m/min)	3.6						
主轴数	1或2						
移动定位精度/mm	±0.1						
传动形式	机械传动						

表 10-50　GCK 系列数控淬火机床主要技术参数

型号	GCK1050BT1	GCK1050BT3
最大夹持长度/mm	500	500
最大淬火长度/mm	500	500
最大淬火直径/mm	300	200
工件移动速度 mm/s	0~100	2~20
工件旋转速度 r/min	0~250	0~250
工件最大质量/kg	50	20
适宜工件	轴类、盘类、齿轮类(双工位)	小型轴类、齿轮类及异形件

GCJNC10（GCJK10）系列立式通用淬火机床有手动档和自动档两种类型，具备界面全中文显示、程序编制功能，可控制加热电源功率、工件加热时间、冷却时间、旋转速度和移动速度等，并能显示故障原因，程序修改简捷。该淬火机床可实现一次加热喷淋淬火、分段一次加热喷淋淬火、连续加热喷淋淬火、分段连续加热喷淋淬火、加热过程中可变功或变速。GCJNC 为数字控制型，GCJK 为 PLC 控制型，工件升降移动，主要应用于各种轴类、齿轮类及各种异形工件的感应加热淬火；自动化程度高，可靠性强，操作方便，可与高频、中频、超音频加热电源装置配套，应用于单件批量生产。其主要技术参数见表 10-51。

表 10-51　GCJNC10（GCJK10）系列立式通用淬火机床主要技术参数

型号	GCJNC1050	GCJNC10100	GCJNC10150	GCJNC10200
	GCJK1050	GCJK10100	GCJK10150	GCJK10200
最大夹持长度/mm	500	1000	1500	2000
工件最大升降距离/mm	600	1100	1600	2100
工件回转直径/mm	400			
工件最大质量/kg	50、200			
工件旋转速度/(r/min)	30~200			
工件移动速度/(mm/s)	GCJNC 系列 0~20,GCJK 系列 2~20			
工件快移速度/(mm/s)	GCJNC 系列 150,GCJK 系列 80			

表 10-52 为数控立式通用淬火机床的技术参数。该类机床采用西门子 840Dsl 数控系统，几乎所有的工艺参数都可以显示和存储，操作容易，界面友好。感应器运动采用直线导轨线性移动方式，横向间隙可以电动调整。工件的回转通过 CNC 驱动，适合中小批量工件的感应淬火。

表 10-52 数控立式淬火机床的技术参数

系列与型号	VH 系列	KM 系列	UML 系列	
	VH1000、VH1500、VH2000、VH2500、VH3000	KM（24 工位）	UML500	UML1000
最大夹持长度/mm	1000～3000	300	500	1000
工件最大直径/mm	600	30	350	350
工件最大质量/kg	1000	2	30	50
感应器纵向扫描长度/mm	1200～3200	300	650	1150
感应器纵向进给速度 mm/min	30～10200	30～10200	10000	
感应器前后移动距离/mm	240	±15	220	
感应器左右调整范围/mm	±15	±15	±15	
机床总高/mm	3500～5500	2250	3050	3050
占地面积(长×宽)/mm	2500×2500	2620×1620	1650×3400	1650×3400
最大匹配感应加热电源	—	高频 75kW 中频 150kW	高频 75kW 中频 150kW	

10.6 离子渗氮炉

离子渗氮炉是利用低真空辉光放电原理，使氮、氢离子轰击工件表面而升温，并使氮离子渗入工件表面的化学热处理设备。改变渗入气体，也可以进行渗硫、氮碳共渗、硫氮共渗、碳氮共渗、硫氮碳共渗等其他化学热处理。根据炉体的形状，离子渗氮炉可分为钟罩式炉、井式炉和卧式炉等，其中以前两种应用较多。

10.6.1 离子渗氮炉的结构

离子渗氮炉的组成见表 10-53。钟罩式离子渗氮炉的结构如图 10-9 所示。对于多炉体或组合生产线，还有电源切换系统或机械移动机构。多炉体设备是一套电源控制系统和两套炉体形成的“一拖二”设备，两套炉体交替处理，轮流冷却，可以缩短生产周期。

表 10-53 离子渗氮炉的组成

组成部分	说 明
炉体	多为冷壁炉，分为钟罩式炉体和井式炉体。钟罩式炉体适于处理堆放渗氮的工件，如齿轮、模具等；井式炉体适于吊挂渗氮的工件，如长轴、杆等。
真空系统	由密封的炉体、真空橡胶管、蝶阀、真空泵和真空测量仪表组成

（续）

组成部分	说 明
电源系统	1）直流电源，输出连续可调的1000V直流电压 2）斩波型脉冲电源，电压为0～1000V，频率为1000Hz，灭弧时间为20～60μs 3）逆变型脉冲电源，电压为0～1500V，频率为10～30kHz，灭弧时间<15μs 4）微脉冲电源，频率为10^6Hz，升电压时间为0.4μs，可调周期为4～500μs 脉冲电源具有功率大、体积小、灭弧快、运行可靠等优点，具有防止和熄灭弧光放电的性能
供气系统	由气源、稳压罐、电磁阀、流量计等组成。气源一般为氨气或氮、氢混合气体
温度测量与控制系统	1）热电偶测温由热电偶、二次仪表和温度记录仪组成。埋偶测温法，如图10-10所示。二次仪表须采用隔离变压器对高压进行隔离 2）光电高温计测温 3）双波段比色高温计测温
冷却系统	在炉体夹层中通入冷却水。冷却水应由炉底、炉壁、炉盖自下而上连接，根据炉体温度控制水流量

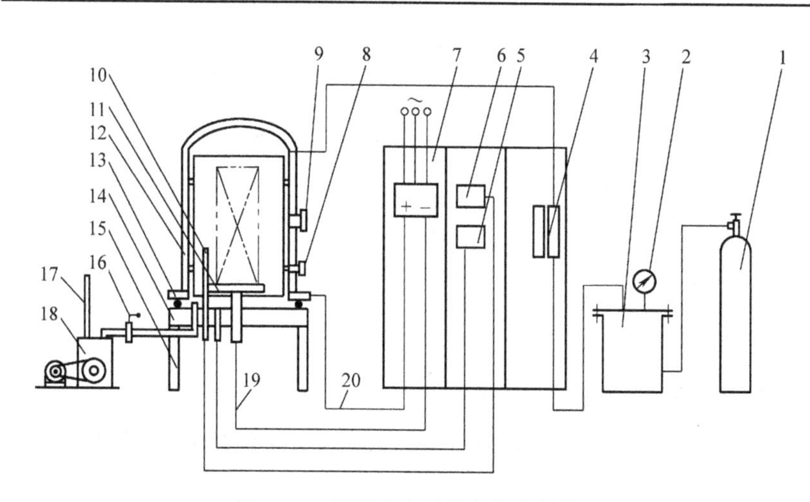

图10-9 钟罩式离子渗氮炉的结构

1—氨气瓶 2—压力表 3—稳压、干燥罐 4—流量计 5—真空计 6—测温仪表 7—电源柜 8—放气阀 9—观察窗 10—热电偶 11—阴极盘 12—钟罩 13—密封圈 14—炉底盘 15—支架 16—蝶阀 17—排气管 18—真空泵 19—阴极导线 20—阳极导线

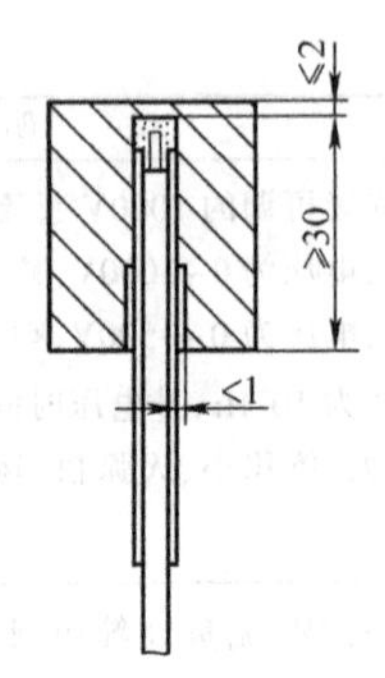

图 10-10 埋偶测温法

LD 型离子渗氮炉的技术参数见表 10-54。

表 10-54 LD 型离子渗氮炉的技术参数

型号	额定电流/A	最高工作温度/℃	炉膛尺寸(直径×深度)/mm	外形尺寸(直径×深度)/mm	最大装载质量/kg
LD-25	25	650	ϕ800×800	ϕ1050×1850	1000
LD-50	50	650	ϕ1000×1000	ϕ1250×2050	2000
LD-75	75	650	ϕ1200×1200	ϕ1450×2300	3000
LD-75J	75	650	ϕ800×2000	ϕ1050×3400	1000
LD-100	100	650	ϕ1400×1400	ϕ1660×2530	4000
LD-100J	100	650	ϕ900×2500	ϕ1460×3900	2000
LD-150	150	650	ϕ1600×1600	ϕ1880×2750	6000
LD-150J	150	650	ϕ1000×3500	ϕ1560×5000	3000
LD-200	200	650	ϕ1800×1800	ϕ2080×3000	8000
LD-200J	200	650	ϕ1100×5000	ϕ1660×6500	4000

注：表中所列离子渗氮炉为直流基本型，根据要求可配置为直流自动型、脉冲基本型和脉冲自动型。

10.6.2 离子渗氮炉的操作

1）炉体内外及电气柜保持清洁，炉体及电气柜的保护接地良好，各种仪器仪表处于正常工作状态。

2）供气系统、供水系统畅通，无阻塞现象。

3）确保真空密封圈完好、干净，真空泵的真空油量符合油标高度。

4）抽真空。接通总电源，关闭蝶阀，起动真空泵，缓慢打开蝶阀，以避免发生喷油现象，抽真空至极限真空度。

5）按工艺调整真空度、电压、电流、气体流量等参数。真空度应通

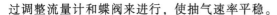

过调整流量计和蝶阀来进行，使抽气速率平稳。

6）升温过程中要注意经常观察炉内工作情况，如出现打弧或局部温度过高等现象时，要及时调整各项参数，降低电压，以降低升温速度，或暂停供气。

7）按工艺规定温度保温。在保温阶段，所需的电流密度小于升温时所需的电流密度，真空度为267~800MPa。保温期间应稳定气体流量和抽气率，以稳定炉内气压，也应随时观察炉内工作状况，发现情况及时处理。

8）严格执行安全操作规程，不准在起吊的炉罩或炉盖下站人或操作。

9）起吊炉罩必须在对炉内充气结束后进行。

10.7　热处理炉常用材料

建造热处理炉常用的材料有筑炉材料、耐热金属材料、电热元件及其电热材料等，筑炉材料在此不再赘述。

10.7.1　耐热金属材料

热处理设备使用的耐热金属材料有耐热钢、耐热铸钢、耐热铸铁等。

1. 耐热钢

耐热钢有热强钢和抗氧化钢两种。热强钢在高温条件下具有足够的强度和一定的抗氧化性能，包括珠光体热强钢、马氏体热强钢和奥氏体热强钢。抗氧化钢在高温下能保持良好的化学稳定性，包括铁素体抗氧化钢和奥氏体抗氧化钢。耐热钢的特性和用途见表10-55。

表10-55　耐热钢的特性和用途

牌号	特性和用途
26Cr18Mn12Si2N	有较高的高温强度和一定的抗氧化性，并且有较好的抗硫及抗增碳性。用于吊挂支架，渗碳炉构件，加热炉传送带、料盘、炉爪
22Cr20Mn10Ni2Si2N	特性和用途同26Cr18Mn12Si2N，还可用作盐浴坩埚和加热炉管道
06Cr19Ni10	通用耐氧化钢，可承受870℃以下反复加热
16Cr23Ni13	可承受980℃以下反复加热的抗氧化钢。用于加热炉部件，重油燃烧器
06Cr23Ni13	耐蚀性比06Cr19Ni10钢好，可承受980℃以下反复加热。炉用材料
20Cr25Ni20	承受1035℃以下反复加热的抗氧化钢。主要用于制作炉用部件、喷嘴、燃烧室

（续）

牌号	特性和用途
06Cr25Ni20	抗氧化性比06Cr23Ni13钢好，可承受1035℃以下反复加热。炉用材料
06Cr17Ni12Mo2	高温下具有优良的蠕变强度。用于热交换用部件，高温耐蚀螺栓
06Cr18Ni11Ti	用于400~900℃腐蚀条件下使用的部件及高温用焊接结构部件
45Cr14Ni14W2Mo	在700℃以下有较高的热强性，在800℃以下有良好的抗氧化性。用于制造重载炉用部件
12Cr16Ni35	抗渗碳，易渗氮，在1035℃以下可反复加热。炉用钢料
06Cr18Ni11Nb	用于400~900℃腐蚀条件下使用的部件，高温用焊接结构部件
06Cr18Ni13Si4	具有与06Cr25Ni20相当的抗氧化性和类似用途
16Cr20Ni14Si2	具有较高的高温强度及抗氧化性，对含硫气氛较敏感，在600~800℃有析出相的脆化倾向。适用于制作承受应力的各种炉用构件
16Cr25Ni20Si2	
06Cr13Al	冷加工硬化少。主要用于制作回火箱、淬火台架等
022Cr12	比06Cr13碳含量低，焊接部位弯曲性能、加工性能、耐高温氧化性能好。用于燃烧室、喷嘴等
10Cr17	用作900℃以下耐氧化用部件、散热器、炉用部件、油喷嘴等
16Cr25N	耐高温腐蚀性强，1082℃以下不产生易剥落的氧化皮。常用于抗硫气氛，如燃烧室、退火箱、玻璃模具、阀、搅拌杆等
12Cr13	用作800℃以下耐氧化用部件
18Cr12MoVNbN	马氏体型耐热钢。用于制作高温结构部件，如轴、螺栓等
15Cr12WMoV	马氏体型耐热钢，有较高的热强性，良好的减振性及组织稳定性。用于紧固件
40Cr10Si2Mo	高温强度抗蠕变性能及抗氧化性比40Cr13高。用于制作火箭部件、预燃烧室等
06Cr15Ni25Ti2MoAlVB	奥氏体沉淀硬化型钢，具有高的缺口强度，在温度低于980℃时抗氧化性能与06Cr25Ni20相当。主要用于700℃以下的工作环境，要求具有高强度和优良耐蚀性的部件或设备，如燃烧室部件和螺栓等

2. 耐热铸钢

一般用途耐热钢和合金铸件的室温力学性能和最高使用温度见表10-56。

表10-56　一般用途耐热钢和合金铸件的室温力学性能和最高使用温度（GB/T 8492—2014）

牌号	抗拉强度 R_m/MPa　≥	最高使用温度/℃
ZG30Cr7Si2		750
ZG40Cr13Si2		850
ZG40Cr17Si2		900
ZG40Cr24Si2		1050

（续）

牌号	抗拉强度 R_m/MPa ≥	最高使用温度/℃
ZG40Cr28Si2		1100
ZGCr29Si2		1100
ZG25Cr18Ni9Si2	450	900
ZG25Cr20Ni14Si2	450	900
ZG40Cr22Ni10Si2	450	950
ZG40Cr24Ni24Si2Nb1	400	1050
ZG40Cr25Ni12Si2	450	1050
ZG40Cr25Ni20Si2	450	1100
ZG45Cr27Ni14Si2	400	1100
ZG45Cr20Co20Ni20Mo3W3	400	1150
ZG10Ni31Cr20Nb1	440	1000
ZG40Ni35Cr17Si2	420	980
ZG40Ni35Cr26Si2	440	1050
ZG40Ni35Cr26Si2Nb1	440	1050
ZG40Ni38Cr19Si2	420	1050
ZG40Ni38Cr19Si2Nb1	420	1100
ZNiCr28Fe17W5Si2C0.4	400	1200
ZNiCr50Nb1C0.1	540	1050
ZNiCr19Fe18Si1C0.5	440	1100
ZNiFe18Cr15Si1C0.5	400	1100
ZNiCr25Fe20Co15W5Si1C0.46	480	1200
ZCoCr28Fe18C0.3	—	1200

3. 耐热铸铁

耐热铸铁件的使用条件及应用举例见表10-57。

表10-57 耐热铸铁的使用条件及应用举例（GB/T 9437—2009）

牌号	使用条件	应用举例
HTRCr	在空气炉中耐热温度到550℃。具有高抗氧化性和体积稳定性	适用于急冷急热件，薄壁、细长件。用于炉条、高炉支梁式水箱、金属型、玻璃模等
HTRCr2	在空气炉中耐热温度到600℃。具有高抗氧化性和体积稳定性	适用于急冷急热件，薄壁、细长件。用于煤气炉内灰盆、矿山煤结车挡板等
HTRCr16	在空气炉中耐热温度到900℃。具有高的室温及高温强度和高抗氧化性，但常温脆性较大。耐硝酸的腐蚀	可在室温及高温下作抗磨件使用。用于退火罐、煤粉烧嘴、炉栅、水泥焙烧炉零件、化工机械等零件
HTRSi5	在空气炉中耐热温度到700℃。耐热性较好，但承受机械和热冲击能力差	用于炉条、煤粉烧嘴、锅炉用梳形定位板、换热器针状管、二硫化碳反应瓶等

（续）

牌号	使用条件	应用举例
QTRSi4	在空气炉中耐热温度到650℃。力学性能和抗裂性较HTRSi5好	用于玻璃窑烟道闸门、玻璃引上机墙板、加热炉两端管架等
QTRSi4Mo	在空气炉中耐热温度到680℃。高温力学性能较好	用于内燃机排气歧管、罩式退火炉导向器、烧结机中后热筛板、加热炉吊梁等
QTRSi4Mo1	在空气炉中耐热温度到800℃。高温力学性能较好	用于内燃机排气歧管、罩式退火炉导向器、烧结机中后热筛板、加热炉吊梁等
QTRSi5	在空气炉中耐热温度到800℃。常温及高温性能显著优于HTRSi5	用于煤粉烧嘴、炉条、辐射管、烟道闸门、加热炉中间管架等
QTRAl4Si4	在空气炉中耐热温度到900℃。耐热性良好	适用于高温轻载荷下工作的耐热件。用于烧结机箅条、炉用件等
QTRAl5Si5	在空气炉中耐热温度到1050℃。耐热性良好	
QTRAl22	在空气炉中耐热温度到1100℃。具有良好的抗氧化能力、较高的室温和高温强度，韧性好，抗高温硫腐蚀性好	适用于高温（1100℃）、载荷小、温度变化较缓的工件。用于锅炉侧密封块、链式加热炉炉爪、黄铁矿焙烧炉零件等

10.7.2　电热材料与电热元件

1. 金属电热材料与金属电热元件

（1）金属电热材料　金属电热材料要求具有高电阻率和低的电阻温度系数，在高温时具有良好的抗氧化性，并有长期的稳定性，有足够的高温强度，易于拉丝。常用的金属电热材料有镍铬合金和铁铬铝合金，在真空中和保护气氛中也使用钼、钨和钽。金属电热材料的牌号及其性能见表10-58。

表10-58　金属电热材料的牌号及其性能

牌号		性　能	用途
镍铬合金	Cr20Ni80 Cr30Ni70 Cr15Ni60 Cr20Ni35 Cr20Ni30	1）电阻率高，电阻温度系数小，加热过程中功率稳定 2）耐热性好，耐蚀性强，高温力学性能好 3）高温下（>1000℃）在渗碳气氛中会渗碳，产生裂纹 4）在$\varphi(H_2)$为15%的气氛中，使用温度为930～1150℃ 5）在含一氧化碳的气氛中，使用温度≤1000℃ 6）常温时易于加工和焊接	用于中低温炉，也用于低真空炉或中温真空炉

（续）

牌号		性　能	用途
铁铬铝合金	1Cr13Al4 0Cr20Al3 0Cr23Al5 0Cr20Al6RE 0Cr25Al5 0Cr21Al6Nb 0Cr24Al6RE 0Cr27Al7Mo2	1)电阻率大,电阻温度系数小 2)质脆,加热后合金晶粒长大,脆性增加 3)高温时强度低,易变形倒塌 4)加工性能较差,弯曲时需要预热,维修比较困难 5)可在含硫的氧化性气氛中使用 6)渗碳气氛中使用时会表面渗碳	用于中低温炉,也用于低真空炉或中温真空炉
钼		1)电阻率低,电阻温度系数大;为使其功率稳定,必须安装调压器 2)线胀系数小 3)高温力学性能好,强度高,韧性好 4)高温时,在空气中易氧化;但在真空中,在纯氢、氩、氦等惰性气体中很稳定 5)加工性能较差,加工较粗(厚)的型材时应预热	适于真空炉中使用
钨		1)电阻率小,电阻温度系数大,必须使用调压器稳定功率 2)熔点比钼高,最高使用温度为3000℃ 3)硬度高,高温力学性能好 4)常温下在空气中比较稳定,高温时易氧化、挥发 5)加工性能较差,弯曲和铆接时要预热,焊接必须在真空中或在保护气氛中进行	适于在惰性气体及真空环境中工作
钽		1)电阻率比钼、钨高 2)电阻温度系数大,加热过程中必须使用调压器 3)熔点为2900℃,最高使用温度2500℃ 4)在空气中易氧化,在氮气中变脆 5)加工性能好,能加工成各种形状;焊接时需在真空中或保护气氛中进行	适于在氩、氦惰性气体中,真空($\leqslant 1.33\times10^{-2}$Pa)中及温度低于2200℃以下环境中工作

（2）金属电热元件

1）线状与带状合金电热元件。线状与带状合金电热元件主要是镍铬合金和铁铬铝合金，其结构及尺寸见表10-59。

2）纯金属加热器。纯金属加热器有线状、棒状、筒状和带状等类型，见表10-60。

表 10-59 线状与带状合金电热元件的结构及尺寸

类别	结构	尺寸
螺旋线	$s \geqslant 2d$	见下表（螺旋线）
波形线		见下表（波形线）
波形带	$s \geqslant 2b$ $r=(4\sim8)a$	见下表（波形带）

螺旋线尺寸：

材料	元件温度/℃ <1000	1100	1200	1300
	D/d 值			
镍铬	6~9	5~8	5~6	
铁铬铝	6~8	5~6	5	5

波形线尺寸：

材料	H/mm	h	s	θ
镍铬	200~300	$(1/6\sim1/4)H$	$>6d$	10°~20°
铁铬铝	150~250			

波形带尺寸：

安装方式	电阻带宽度 b/mm	镍铬 1100	镍铬 1200	铁铬铝 1100	铁铬铝 1200	铁铬铝 1300
		最大 H 值/mm				
悬挂	10	300	200	250	150	130
	20	400	300	270	230	200
	30	500	350	420	280	250
水平放置	10	200	160	180	140	120
	20	270	220	250	175	150
	30	320	270	300	200	170

注：表头“镍铬”“铁铬铝”下为元件温度/℃。

表 10-60 纯金属加热器

名称	结构	电热材料	特点及用途
线状加热器		由钼丝以单线或多股线束弯制	常用于 1300℃ 的真空热处理炉

（续）

名称	结构图	电热材料	特点及用途
棒状加热器	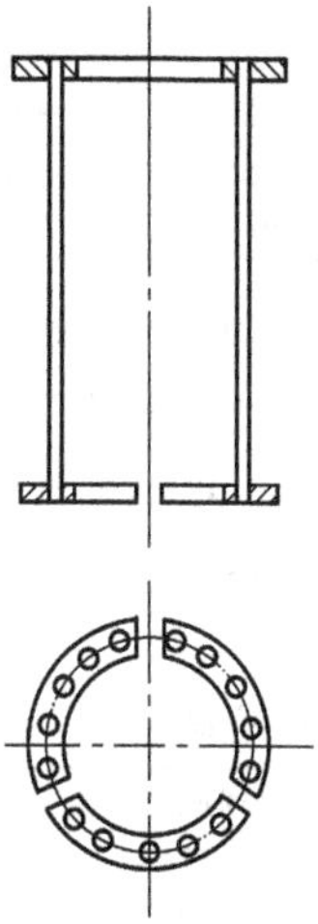	多采用钨棒、钼棒	适用于 1650～2500℃ 的小型真空热处理炉
筒状加热器	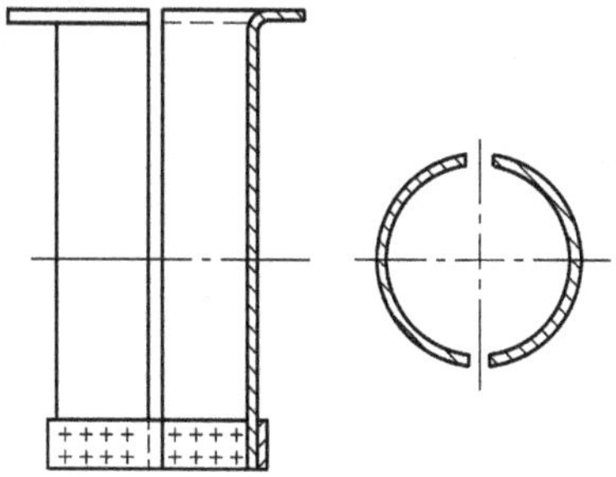	0.2～0.3mm 厚的钼片或钽片制成，下部固定在 2mm 厚的环上	辐射面积大，加热效果好，电接点少，热损失小。筒体不宜过长，一个筒体一个温区 适用于小型真空热处理炉
带状加热器	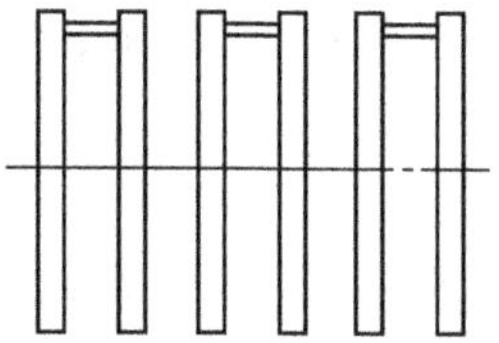	用厚 0.4～0.8mm、宽 40～100mm 的钼带弯制成圆形，每台炉子使用 6 条或 9 条	辐射面积大，加热效果好，安装维修方便，应用广泛

3）管状电热元件。管状电热元件由金属管、螺旋状电阻丝与氧化镁填料等组成。管状电热元件有 L 形、U 形、波浪形、螺旋形等形状，可用来加热空气、油、水、熔盐、熔碱及低熔点合金等。金属管分为不锈钢和 10 钢两种，不锈钢金属管用于熔盐和熔碱的加热。管状电热元件的技术参数见表 10-61。

表 10-61　管状电热元件的技术参数

型号	电压/V	功率/kW	高度	有效高度	总长度
GYXY1、GYJ1	380	2~7	800~2500	550~2150	—
GYXY2、GYJ2	380	2~4	540~850	390~650	—
GYXY3、GYJ3	380	5~7	770~1020	570~820	—
JGY1	220	2~5	470~1370	320~1220	400~900
JGS1	220	3~5	300~640	335~385	—

4）辐射管。辐射管按热源的不同分为电热辐射管和火焰加热辐射管两大类，主要用于可控气氛炉及有腐蚀性气体的工业炉。辐射管加热元件由管体与炉内的气氛隔绝，不受炉内气氛腐蚀。电热辐射管的加热方式有单根螺旋加热式、多根螺旋加热式、电阻带加热式及轴向排列电阻丝加热式。电热辐射管的技术参数见表 10-62。

表 10-62　电热辐射管的技术参数

辐射管形式	单根螺旋加热器		多根螺旋加热器	电阻带加热器
电热体材料	0Cr25A15	Cr20Ni80	0Cr25A15	0Cr25A15
电热体截面尺寸/mm	ϕ4~ϕ8	ϕ4~ϕ8	ϕ5	2.5×30
辐射管功率/kW	8~12	8~12	10~14	12.6~15.5
工作电压/V	220/380	220/380	220	28~31(四档变压器)
电热体表面功率/(W/cm^2)	1.5~1.55	1.8~1.9	1.4~1.5	1.6~1.95
辐射管表面功率/(W/cm^2)	1.5~2.0	1.5~2.0	≤2.26	1.6~2.0
辐射管体材质	14Cr23Ni18、06Cr18Ni13Si4、16Cr20Ni14Si2、16Cr25Ni20Si2、26Cr18Mn12Si2N			
管体外径/mm	ϕ100~ϕ150			
管壁厚度/mm	4~8			
辐射管有效长度/mm	1000~1700			

2. 非金属电热材料与非金属电热元件

常用非金属电热材料有碳化硅、硅钼及石墨三种。非金属电热元件主要用于高温炉、真空炉和保护气氛炉。

（1）碳化硅电热材料与电热元件

1）碳化硅电热材料。碳化硅硬度高，耐高温（最高工作温度为1500℃），高温下变形小，有良好的化学稳定性，较脆、容易折断，有较大的电阻率，使用过程中易老化，需配备调压器，在真空状态下黏结剂易分解。碳化硅的电阻系数见表 10-63。

2）碳化硅电热元件。碳化硅电热元件有硅碳棒和硅碳管两种。硅碳棒有等直径硅碳棒和粗端硅碳棒两类。硅碳棒常用电阻范围见表 10-64。硅碳管分为单螺纹型、双螺纹型和无螺纹型三种，如图 10-11 所示。

表 10-63 碳化硅的电阻系数

温度/℃	20	100	200	300	400	500	600	700
电阻率/μΩ·m	3700	2400	1802	1600	1320	1200	1050	1020
温度/℃	800	900	1000	1100	1200	1300	1400	1500
电阻率/μΩ·m	1000	980	1000	1020	1050	1200	1320	1450

表 10-64 硅碳棒常用电阻范围（JB/T 3890—2017）

硅碳棒发热部直径/mm	1050℃±50℃时单位长度电阻范围/(Ω/100mm)	硅碳棒发热部直径/mm	1050℃±50℃时单位长度电阻范围/(Ω/100mm)
ϕ8	1.30~3.40	ϕ30	0.12~0.30
ϕ10	1.10~2.40	ϕ32	0.12~0.20
ϕ12	0.80~2.10	ϕ35	0.10~0.21
ϕ14	0.50~1.80	ϕ40	0.05~0.15
ϕ16	0.25~0.81	ϕ45	0.05~0.15
ϕ18	0.30~0.80	ϕ50	0.05~0.13
ϕ20	0.20~0.70	ϕ55	0.04~0.10
ϕ25	0.15~0.46	ϕ60	0.04~0.08

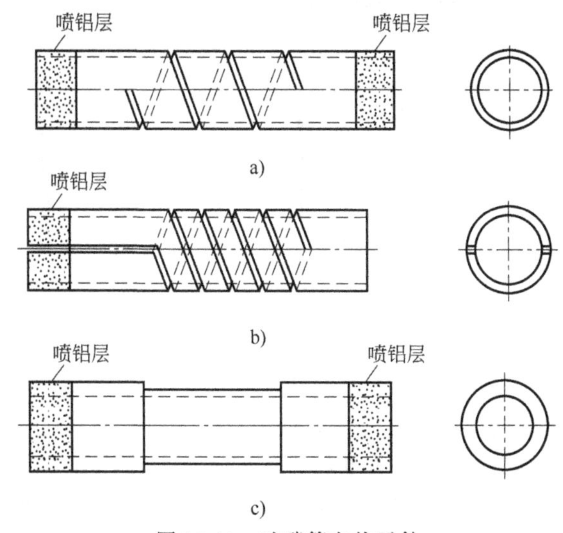

图 10-11 硅碳管电热元件

a）单螺纹型 b）双螺纹型 c）无螺纹型

单螺纹硅碳管（TGD）：发热段有单头螺纹，两端有喷铝段，为两端接线方式。

双螺纹硅碳管（TGS）：发热段有双头螺纹，一端有喷铝段，为一端接线方式。

无螺纹硅碳管（TGW）：发热段为直管，两端管径加粗，为两端接线方式。

（2）硅钼电热材料与电热元件

1）硅钼电热材料。硅钼电热材料耐高温，抗氧化能力强，可在1350℃以下的温度中使用；耐急冷急热性能好；电阻温度系数大，使用时应配备调压器；适于在空气、氮气及惰性气体中使用；室温下硬而脆，冲击韧度低，应避免在含硫和氯的气体中工作。

2）硅钼电热元件。硅钼棒的外形有直形、直端U形、W形、90°端U形及45°端U形等，如图10-12所示。硅钼电热元件的电阻特性如图10-13所示。

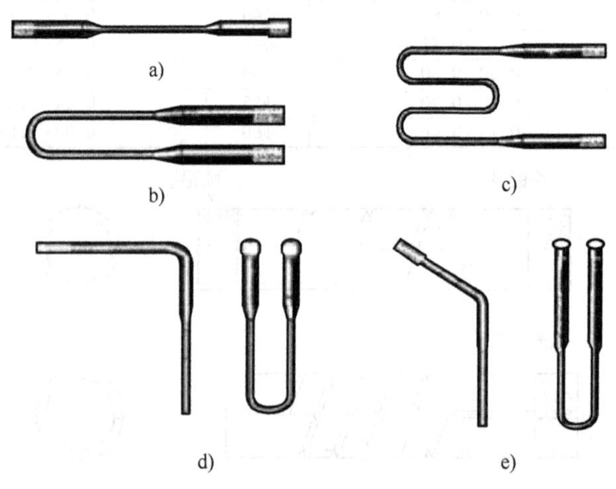

图10-12 硅钼棒的外形

a）直形 b）直端U形 c）W形 d）90°端U形 e）45°端U形

（3）石墨电热材料与电热元件

1）石墨电热材料。石墨电热材料的密度、比热容、热胀系数均较小，而电阻率、热导率、单位表面功率则较高；耐高温性好，在10^{-2}～10^{-1}Pa的真空度下，工作温度可达2200℃，在保护气氛中可达3000℃；耐急热急冷性能好，抗热振性、耐崩裂性好；机械加工性能好。石墨的热导率随温度的升高而降低。石墨电热材料主要适于在中温和高温真空炉中及保护气氛条件下工作。

2）石墨电热元件。石墨电热元件的形状有棒状、管状、筒状、板状、带状和布状等。其结构、特点及用途见表10-65。石墨布的技术参数见表10-66。

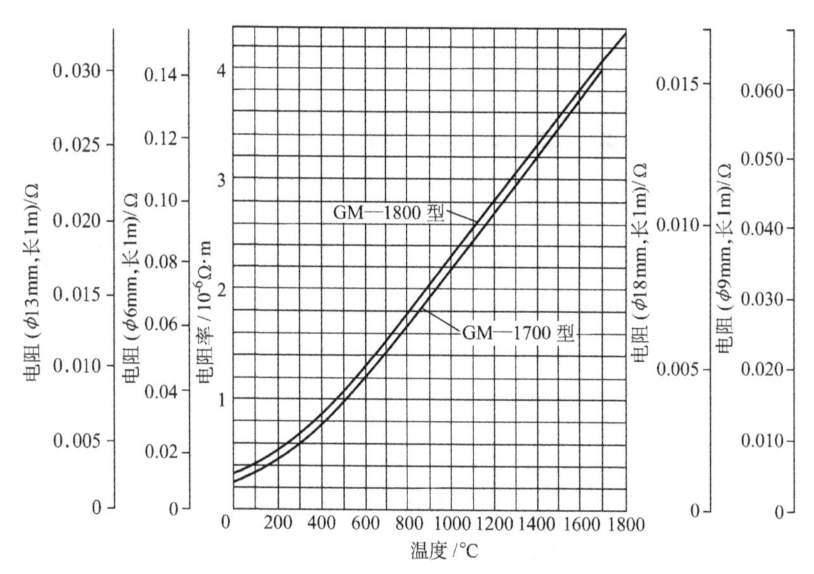

图 10-13 硅钼棒的电阻特性

表 10-65 石墨电热元件的结构、特点及用途

类型		结构图	特点及用途
棒状加热器	I形		适应性强，可在各类真空热处理炉应用，其结构参数见下表
	U形		
	W形		
	螺旋形		

项目		数值
发热段直径/mm		8
		12
		15
		20
		32
发热段最大长度/mm	I形	3000
	U形	1800
	W形	1800
螺旋形	内径/mm	500
	高度/mm	1000

（续）

类型	结构图	特点及用途
管状加热器		适应性强，可在各类真空热处理炉中应用
筒状加热器		辐射面积大，加热效果好，石墨筒与工件之间温度梯度小；电接点少 用于小型真空热处理炉
板状加热器		辐射面积大，加热效果好，有利于提高炉温均匀度；结构简单，拆装方便 以带状加热器应用更为广泛，但不能用于有气体对流循环的炉子
带状加热器		

表 10-66 石墨布的技术参数

项目	w(C)(%)	厚度/mm	电阻率/Ω·m	拉力/N		强度/MPa	
				经向	纬向	经向	纬向
数值	99.96	0.5~0.6	4.7×10^{-4}	108.5	57	17.3	8.2

10.8 冷却设备

10.8.1 冷却设备的分类

热处理冷却设备主要分为淬火冷却设备和冷处理设备两大类。加热到奥氏体状态的工件在淬火冷却设备中冷却，发生马氏体或贝氏体的组织转变，继而在深冷处理设备中发生残留奥氏体向马氏体的转变。

1. 淬火冷却设备的分类

根据淬火冷却设备的冷却方法、淬火冷却介质、机械化程度及操作方法，各种淬火冷却设备有很大差别。淬火冷却设备按淬火冷却介质的分类见表 10-67。

表 10-67　淬火冷却设备按淬火冷却介质的分类

淬火冷却设备	特点及用途
水淬火冷却设备	在水槽上设置介质搅动或介质循环装置，以提高淬火冷却的均匀性；还可配置换热装置和输送工件的机械装置等
盐类水溶液淬火槽	包括氯化钠水溶液淬火槽和氢氧化钠溶液淬火槽。由于盐具有腐蚀性，槽体、泵和管路应采用耐腐蚀材料
油淬火冷却设备	淬火油槽通常配有介质搅动、介质加热和换热、介质的油烟收集和处理、防火和灭火、工件输送等装置
聚合物水溶液淬火冷却设备	除具有与水淬火冷却设备相同的功能外，还应配备功能更强的介质搅动装置和聚合物溶液的回收设备
盐浴淬火冷却设备	其结构与盐浴炉相似，不同之处在于加热温度和加热方式略有差异。盐浴中含有2~3种硝酸盐或亚硝酸盐，再加入微量的水，可提高其冷却能力。用于分级淬火和等温淬火
流态床淬火装置	以流态化固体粒子为淬火冷却介质，通过控制气体流量来调节冷却能力
气体淬火装置	1）在密封容器内气淬 2）在炉子冷却室内强风冷却 3）在加热炉内直接冷却 4）强风直接喷吹冷却
双介质或多介质淬火装置	在计算机控制下，将冷却能力有明显差异的两种或两种以上的介质，通过喷液、浸液、喷雾、风冷和空冷等多种组合以两种或两种以上方式的反复循环进行冷却
非机械化淬火设备	是指普通淬火设备
机械化淬火设备	包括周期作业式、连续作业式淬火机

2. 冷处理设备的分类

根据制冷方法的不同，冷处理设备分为机械制冷的冷处理设备和采用液化气体制冷的冷处理设备两种。

10.8.2　淬火冷却设备的基本结构

淬火冷却设备主要由淬火槽（或淬火机床）、介质搅动装置、介质均流装置、工件摆动装置、工件输送装置、测温与控温装置（包括加热装置和换热装置）、泵与排水器或过滤器、集液槽、通风设备、灭火装置和除去槽中氧化皮的装置等组成，可根据需要配置。

1. 淬火槽

淬火槽通常用厚度为3~5mm（小型槽）或8~12mm（大型槽）的钢板焊成。一般箱式炉、盐浴炉用的淬火槽多为立方体，井式炉所用的淬火槽则多为圆柱体。小型淬火槽则大多做成水、油双联式或移动式。淬火槽容积按装炉量（包括工件、料盘、夹具等）和工件加热温度来选择，一般每千克装炉量需10~15L介质。

淬火槽的进液管一般布置在槽的下部，距槽底100~200mm处，以免搅动沉积在底部的氧化皮等污物。进液管管径依流速设计，水的流速取0.5~1.0m/s，油的流速取1.0~2.0m/s。溢流排出的热介质可依靠自重排出，也可由泵抽出，再从槽下部进液管充入。当依靠自重排出时，其管径按流速为0.2~0.3m/s设计。介质液面与槽口的距离通常为0.1~0.4m。

2. 淬火冷却介质的加热装置

每一种淬火冷却介质都有一定的使用温度范围，为了使淬火冷却介质保持正常的冷却能力，必须对淬火冷却介质的温度进行控制，在淬火槽安装加热装置。

采用热油或其他有机水溶液等淬火冷却介质进行冷却的淬火槽，应把介质加热到规定温度范围，可采用以下方法。

（1）槽内蛇形管加热　可用通有蒸汽或热水的槽内蛇形管加热，适用于水、盐水、聚合物水溶液作为淬火冷却介质的淬火槽。

（2）管状电热器加热　用置于槽内的管状电热器加热，适用于油、聚合物水溶液及热浴的加热。管状加热器的负载率应小于$1.5W/cm^2$，以防止淬火油局部过热而迅速老化。

（3）外热式电阻加热　适用于热浴的加热。

3. 淬火冷却介质的冷却装置

淬火冷却介质的冷却方法可分为更换淬火冷却介质的冷却方法和不更换淬火冷却介质的冷却方法两种。

（1）更换淬火冷却介质的冷却方法　以温度较低的介质代替温度较高的介质，冷介质不断流入淬火槽，热介质不断从淬火槽流出，从而达到降温的目的，如图10-14所示。这种方法可以快速降低并控制淬火冷却介质的温度，且介质温度均匀。它适合于大中型热处理车间周期作业或连续作业的淬火槽冷却时使用。

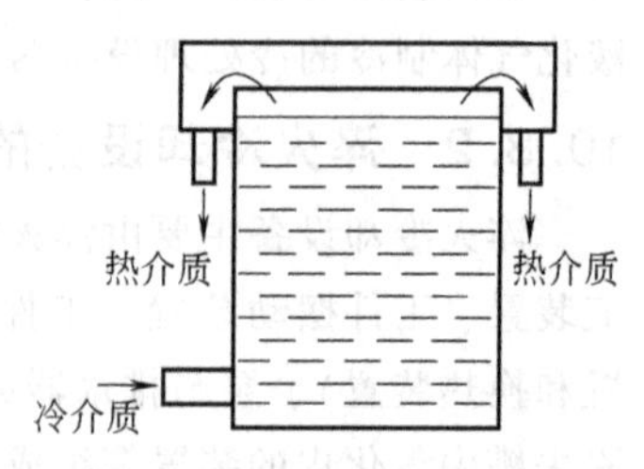

图10-14　更换淬火冷却介质的冷却方法

（2）不更换淬火冷却介质的冷却方法　通过淬火槽内设置的附加装置将淬火冷却介质的热量带走，从而达到控制温度的目的，如图 10-15 所示。

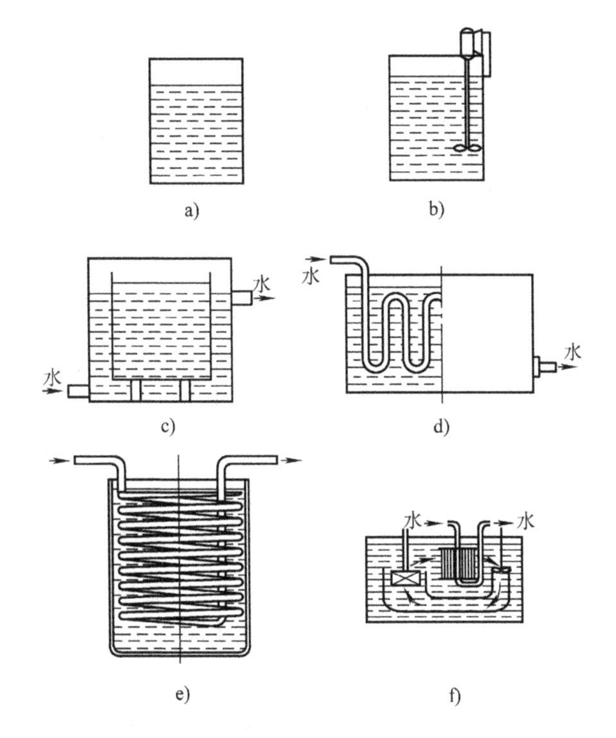

图 10-15　常用的不更换淬火冷却介质的冷却方法
a）自然冷却　b）搅拌冷却　c）水套冷却　d）蛇形管冷却
e）螺旋管冷却　f）搅拌与水冷复合式

4. 淬火冷却介质的搅动装置

淬火冷却介质的搅动方法有螺旋桨搅动、泵搅动、埋液喷射式搅动等。

（1）螺旋桨搅动

1）螺旋桨搅动按安装方式分为顶插式、侧插式和内置式三种。螺旋桨搅动装置如图 10-16 所示。螺旋桨搅动可获得良好的效果，且排量大，可提高介质与工件换热的速率、介质温度的均匀性和工件冷却的均匀性。在搅动条件下，可以使淬火件的质量与淬火冷却介质的体积比增大。例如，对于无搅动的淬火油槽，允许的淬火件的质量与淬火油的体积比为 $0.1t/m^3$；而有螺旋桨搅动的淬火槽，淬火件的质量与淬火油的体积比可达 0.12～0.2t/m³。

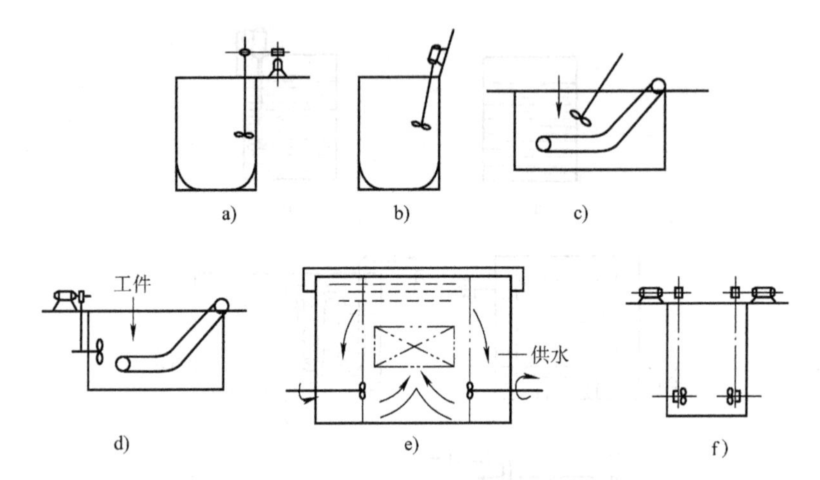

图 10-16　螺旋桨搅动装置

a)、b)、c) 顶插式　d)、e) 侧插式　f) 内置式

2）螺旋桨搅动器多为船用三叶片螺旋桨，可采用顶插式或侧插式安装。螺旋桨搅动器的直径与电动机功率的关系见表 10-68。螺旋桨搅动器要求的功率可依据表 10-69 所给数据确定。

表 10-68　螺旋桨搅动器直径与电动机功率的关系（JB/T 10457—2004）

电动机功率/kW	螺旋桨搅动器直径/mm	电动机功率/kW	螺旋桨搅动器直径/mm
0.19	ϕ330	3.73	ϕ610
0.25	ϕ356	5.59	ϕ660
0.37	ϕ381	7.46	ϕ711
0.56	ϕ406	11.19	ϕ762
0.75	ϕ432	14.92	ϕ813
1.49	ϕ508	18.65	ϕ838
2.34	ϕ559		

表 10-69　螺旋桨搅动器功率的确定（JB/T 10457—2004）

淬火槽容积/L	要求功率/(kW/L)		淬火槽容积/L	要求功率/(kW/L)	
	标准淬火油	水或盐水		标准淬火油	水或盐水
2000～3200	0.001	0.0008	>8000～12000	0.0012	0.001
>3200～8000	0.0012	0.0008	>12000	0.0014	0.001

注：螺旋桨的转速为 420r/min，船舶螺旋桨螺距与直径之比为 1.0，速度为 15～20m/min。

（2）泵搅动　泵搅动分为外置式泵搅动和内置式泵搅动两种。

1）外置式泵搅动是用泵将介质不断地由淬火槽上部（液面以下）抽出，再从下部泵入，从而达到搅动介质和均匀冷却的目的。外置式泵搅动实现简便，出口流速高，流体方向性强，不受深度限制，可将流体方便地输送到需要的区域；但相对螺旋桨搅动耗电，所需的功率大约是螺旋桨搅动的 10 倍，且泵易损坏。该方式适用于中大型淬火槽，特别是深井式淬火槽。

2）内置式泵搅动是将泵置于介质中，使介质搅动，实现简便，但泵易损坏。该方式适用于特殊情况下的搅动。

（3）埋液喷射式搅动（见图 10-17）　这种搅动方式比泵搅动效果好，适于单件、小件小批量连续生产。泵的压力一般为 0.2～0.3MPa，搅动速度 4～30m/s。

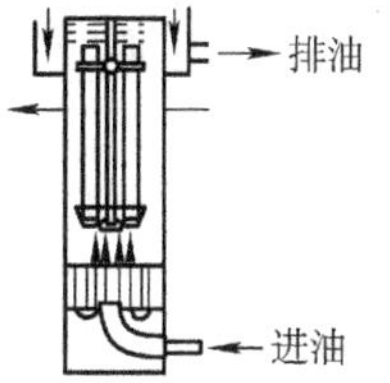

图 10-17　埋液喷射式搅动

5. 工件的摆动装置

在淬火液静止或流速较低的淬火槽中，工件在淬火液中摆动也可以提高介质与工件换热的速率，提高工件冷却的均匀性。小型工件可以手动或靠重力坠入淬火槽，稍大的单件通过起重机或专用机构在槽内移动。工件摆动装置如图 10-18 所示。

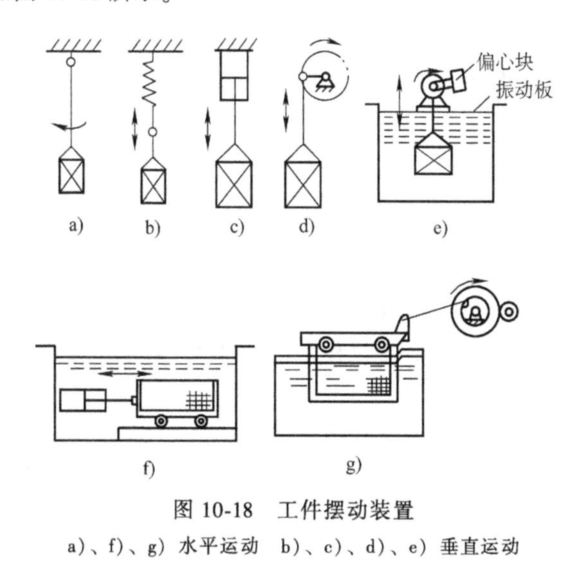

图 10-18　工件摆动装置

a)、f)、g）水平运动　b)、c)、d)、e）垂直运动

6. 浸液动作执行机构

浸液动作执行机构包括升降台、淬火操作机或机械手、淬火起重机和液面升降机构，见表10-70。

表10-70　浸液动作执行机构

执行机构	执行动作	优点	缺点	用途
升降台	工件放置在淬火台上，随升降台的下降与上升执行工件的浸液与出液动作	不占用行车	动作可靠性不高	适合各种淬火冷却介质的淬火槽
淬火操作机或机械手	通过淬火操作机或机械手完成工件的埋液与出液动作	不占用行车	动作可靠性不高	
淬火起重机	通过淬火起重机执行工件的浸液与出液动作	实现简便	人工操作，重现性差	
液面升降机构	工件放置在一个固定的平台上，通过液面的上升与下降实现工件的浸液与出液动作	不占用行车，动作可靠性高	耗电	适用于淬火水槽或水溶性介质淬火槽

7. 工件的输送装置

工件的输送装置，除小型工件在普通淬火槽淬火靠人工输送外，大件或料筐都通过机械来输送。其动力可以是气动、液压或机械传动。通过操纵控制装置，自动或半自动地完成，工件的入槽、淬火与出槽。

8. 去除淬火槽氧化皮的装置

（1）人工去除法　定期（一般每月一次）将淬火冷却介质排出，人工清理槽底，介质经过滤后再注入淬火槽。

（2）机械去除法　通常采用流体冲刷法和螺旋杆输送法清除淬火槽中氧化皮。

9. 排烟装置

排烟装置的作用是迅速排除工件淬火时油槽表面挥发的油烟，以改善工作场地和车间的环境，保证操作人员的健康。碱水、等温分级淬火的热浴也都需设排烟系统。

排烟系统可选择顶排或侧排两种类型。中小件盐浴加热手工操作时可采取顶排。大件或整筐工件须采取吊装淬火方式时，应选择单侧（较小型槽）或双侧（大型槽）排烟。

淬火油槽排烟量按下式计算：

$$V=3600Av_1 \tag{10-1}$$

式中 V——淬火油槽排烟量（m^3/h）；

A——油槽口面积（m^2）；

v_1——油槽口吸入气体流速（m/s），一般取1m/s。

排气罩出口直径按下式计算：

$$d=\sqrt{\frac{V}{900\pi v_2}} \tag{10-2}$$

式中 d——排气罩出口直径（m）；

V——淬火油槽排烟量（m^3/h）；

v_2——排气口气流速度（m/s），一般取6~8m/s。

风机出风口穿过房顶，其高度应高出周围直径100m范围内最高建筑物3m。

10.8.3 淬火槽的操作

1）淬火槽与加热炉间的距离应在1~1.5m之间，不宜太远，以免工件出炉后降温太多。但盐水槽与盐浴炉的距离不可太近，以防盐水溅入盐浴中，引起盐浴飞溅伤人。

2）非机械化淬火槽的地面以上高度一般应为500~700mm。置于地面上的小型淬火槽高度应在800mm左右。

3）油淬火槽应设置盖、事故放油孔，并配备灭火器等。

4）经常检查淬火冷却介质的温度，应在工艺要求的使用范围内，或介质的工作温度范围内。

5）水溶性淬火冷却介质应经常检查淬火冷却介质的浓度，并及时调整。

6）淬火冷却介质应保持一定的液面高度。

7）定期检测油中的水分，水的质量分数应为0.5%以下。

8）定期清理淬火槽中的氧化皮、盐渣、油泥及其他杂物。

9）经常检查淬火槽是否漏水、漏油，如发现泄漏应及时修理。

10）经常检查循环冷却系统运行是否正常，如发现泄漏或堵塞，应及时修理。

11）对于机械化淬火槽，应经常检查各种电气装置是否正常，各种气动、液动及机械装置是否良好，是否灵活可靠。如发现故障，应及时修理。

12）操作机械化淬火槽时，应严格遵守设备操作规程。

10.8.4 淬火油的维护

1. 除水处理（含水较多时）

1）关闭淬火油槽的加热及搅动装置，保证淬火油处于静止状态（除水过程中严禁生产）。

2）将淬火油静止沉淀72h。

3）从淬火油槽上部用烧杯提取淬火油样与静止前对比观察其状态。若淬火油澄清，则可做下一步处理；若淬火油依然混浊，则还应静置。

4）静置完毕后，用吸力较小的潜油泵将油从油槽上部抽出，置于干燥无水的容器中。底部油（离油槽底部40cm的油层）废弃。抽油时应注意泵口从油表面轻轻放入，且泵口不宜离油面太深（不应超过5cm），以免底部水再次混入上部油中。

5）将油槽用废布彻底擦拭干净后，将抽出的油加入油槽中。

6）将油温升至90℃，打开循环、搅动装置，保温72h，以便除去剩余水分（切忌增高油温）。

提示：除水前应查明进水原因，防止再次进水。可能进水的原因有：循环冷却系统漏水或其他原因。

2. 除碳（灰分）**剂使用方法**

准备干净的中转油桶或油槽、抽油泵、新油，以及清理淬火槽用的干燥的抹布、铁铲等工具。

1）将油槽油温升至90℃后，关闭油槽加热器。

2）分散、缓慢地加入2%～3%（质量分数）除碳剂（最好将除碳剂用干净塑料桶分散加入），开启循环、搅动装置约8～12h（必须将冷却装置关闭），保证除碳剂完全分散均匀后，将循环、搅动装置关闭，并检查确认。

3）将淬火油静置沉降3～5d，其间不得开动油槽加热器、搅动和循环冷却装置。

4）用潜油泵从油槽上面抽油至干净的贮油槽或桶中，抽油时潜油泵吃油不能太深，以免将沉积下来的炭黑、水分抽出。

5）将油槽底部30～35cm的残油（约1/3）和沉淀物清除掉，并将油槽用铁铲、干燥的棉纱、抹布彻底清理干净。

6）若为网带炉，需将提升机和网带清理干净；若为多用炉，需将升降机清理干净。

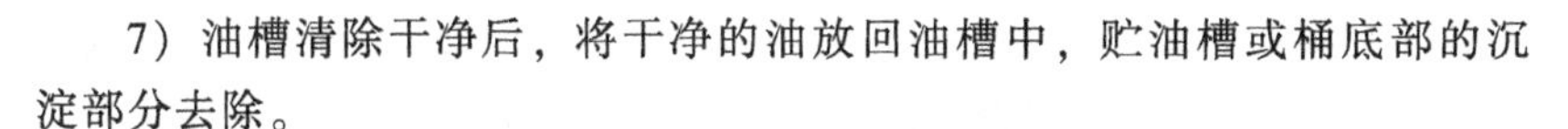

7）油槽清除干净后，将干净的油放回油槽中，贮油槽或桶底部的沉淀部分去除。

8）除碳后槽中的油位会有所下降，及时补充新油至油位。

提示：处理过程中避免使用含水的器具。

3. 脱气处理

1）往淬火槽中加入油，起动油槽搅动和循环装置，接通油槽加热器。将淬火油加热至90℃左右，打开网带炉油槽盖或多用炉的前室门，搅动、循环、保温、脱气12~36h。

2）可以用加热废工件淬火的方法加快油脱气处理过程，缩短脱气处理时间。

3）观察油槽液面的气泡翻腾情况，当无气泡或仅有微量气泡时停止脱气。

4）油槽加热时，必须起动油槽循环搅动装置，以免油的局部过热与老化。

5）生产中，在满足淬火畸变要求的情况下，尽量降低油的使用温度。轴承专用淬火油的推荐使用温度为：网带炉70~90℃，多用炉80~100℃。

4. 油槽清理及使用

旧油、水、空气和沉淀物等会导致新油迅速老化，并影响油的冷却特性。因此，油槽务必清理干净。

1）用油泵将油槽内的旧油抽尽，各管路中的旧油也要排尽（可把接头处打开，放尽旧油）。

2）将油槽中和炉壁上的油污、炭黑和沉淀物等彻底清除干净，人可以下至油槽中用棉纱将污物擦拭干净。

3）用新的全损耗系统用油将油槽清洗一遍，再将油排尽。

4）用少量淬火油将油槽及循环系统等再清洗一遍，排尽即可。

5）检查循环冷却系统是否渗漏，油中严禁进水，否则将大大降低淬火油的使用寿命。

6）再次仔细检查油槽各部位是否有残留的油污及其他杂质，合格后方可加入新油。

10.8.5　有机物水溶性淬火冷却介质质量分数的测定

有机物水溶性淬火介质的质量分数对淬火冷却速度影响很大。在生产中，由于蒸发、工件沾带等原因，有机物水溶性淬火介质的质量分数会发生变化，因而引起介质冷却性能的变化，导致工件产生淬火缺陷，影响淬火质量。因此，生产中对水溶液进行经常性的测试是非常必要的。有机物水溶性淬火冷却介质质量分数的测定方法见表 10-71。

表 10-71　有机物水溶性淬火冷却介质质量分数的测定方法

名称	方　法	特点
外观测定法	目测。在常温下，用 500mL 量筒盛装被测介质，在一般光线下观察介质的颜色、透明度、纯净度，看溶液是否均匀、有无混浊和沉淀等	直观、简便，但准确性差
折光率测定法	用折光率测定仪测量。将一滴经过过滤的溶液放在玻璃镜面上，用折光率测定仪读出折光率数值，然后在质量分数-折光率曲线图上得出质量分数值	速度快，准确度较高，非常适合现场测量水溶液的质量分数
密度（相对密度）测定法	用密度计测量。将水溶液徐徐注入量筒内，尽量避免出现气泡；再将密度计慢慢放入水溶液中，直接从密度计的刻度上读出数值，可在同一温度下测定的质量分数-密度关系曲线上，得出该溶液的质量分数值	仪器简单，使用方便，易于购置，但测量精度和范围有一定的局限性
固体含量测定法（烘干-精密天平称重法）	用天平称重。将有机物水溶液样品烘干后，所剩固体物质的质量与样品烘干前总质量的比值即为固体的质量分数	较准确
黏度测定法	采用涂料黏度测定法。以液体从涂料杯中流出量为 50mL 时所需要的时间计算，其黏度值以 s 计，时间越长，黏度越大	简单易行，但测量范围有一定的局限性，所测黏度值应在 20s 以上方为有效。该方法适于测定有机物水溶性淬火冷却介质的浓缩液
pH 值测定法	测量液体的酸碱度。pH 值小于 7 表示为酸性，pH 值大于 7 表示为碱性	简单易行，但误差较大
电导率测定法	用一对电极插入被测的有机物水溶液中，测量溶液的电导率。由于溶液的质量分数不同，其电导率不同，将测定的电导率在标定的电导率-质量分数关系曲线图上，即可找出其对应的质量分数值	对于质量分数为 0.1%～0.5%的低浓度溶液，由于其电导率变化很小，故测量误差较大

10.8.6 冷处理设备

1. 干冰冷处理装置

直接使用干冰冷处理工件的方法，在生产中较少应用，只用于零星小件的处理。

将干冰溶于乙醇、丙酮、丙烷或汽油中，即可制成干冰冷冻液。配制时，先将块状工业干冰打碎成30~50mm大小的碎块，再将碎块放入盛有乙醇或丙酮的容器中并搅动，温度即逐渐降至-78℃；稍加适量干冰作为储备，使粒状干冰成黏稠状后，即配制完成。使用时，将工件放入盛有于冰冷冻液的容器中，并加盖密封，即可对工件冷处理。

2. 机械制冷的冷处理设备

机械制冷的冷处理设备即冷冻机式冷处理设备，其工作温度为室温至-80℃。

(1) 单级冷冻机式冷处理设备　在压缩机的作用下，将气体制冷剂压缩为液体，同时放出热量，液化气体在冷冻室汽化并吸收其中的热量，使冷冻室及工件的温度降低。制冷剂为R22。单级冷冻机式冷处理设备只用于-40℃以上的冷处理。

(2) 两级冷冻机式冷处理设备　两级式冷冻机的制冷剂为两种低沸点的液化气体。第一级所用的制冷剂为R22，其沸点为-41℃；第二级循环用的制冷剂为R13，其沸点为-81.5℃。两级冷冻机式冷处理设备用于-80℃的冷处理。两级冷冻机式冷处理设备如图10-19所示。

冷冻机式冷处理设备的优点是冷冻室较大，操作安全；缺点是设备复杂，降温速度慢，维修较困难。

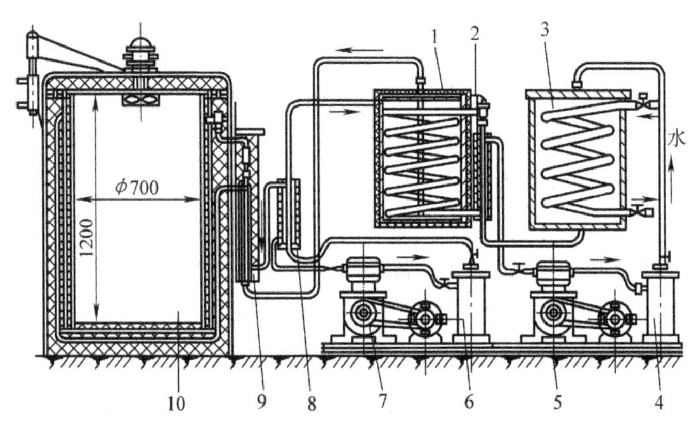

图10-19　两级冷冻机式冷处理设备

1—汽化器　2、9—过冷器　3—冷凝器　4、6—油分离器　5、7—压缩机　8—热交换器　10—冷冻室

3. 低温低压冷处理箱

低温低压冷处理箱的处理温度可达-120~-80℃，其技术参数见表10-72。

表 10-72　低温低压冷处理箱的技术参数

型号	控制温度/℃	工作室		功率/kW	制冷剂	质量/kg
		容积/m^3	尺寸(长×宽×高)/mm			
D60-120	-(60±2.5)～-30	0.12	500×400×600	1.1×2	F22、F13	550
D60/0.6	-(60±2)	0.6	1510×800×500	4	F22、F13	1000
D60/1.0	-(60±2)	1.0	1110×975×975	4	F22、F13	1200
D-8/0.2	-(80±2)	0.2	530×530×700	4	F22、F13	750
D-8/0.4	-(80±2)	0.4	800×715×715	4	F22、F13	910
D-8/25	-(80±2)	0.25	—	4	F22、F13	700
GD5-1	-(50±2)～+70	≈1	1000×950×1000	3×2	F22、F13	1350
GD7-0.4	-(70±2)～+80	≈0.4	700×700×800	6	F22、F13	1000
D02/80	-80±2	≈0.2	600×700×475	4	F22、F13	—
LD-0.1/12	-120～-80	0.1	350×600×450	7	F22、F13、F14	1000

4. 以液化气体为制冷剂的冷处理设备

以液氮制冷的冷处理设备，其工作温度为室温至-196℃，且连续可调。液化气体主要有液氨、液氮、液氧及液态空气等，其中以液氮最为常用。

将液氮通入冷冻室的蛇形管中，或直接喷入冷冻室中，液氮的蒸发吸收了冷冻室和工件的热量，使其温度下降至规定的冷处理温度。风扇可使冷冻室内的气流循环，以加快工件的冷却，并使温度均匀。

5. 冷处理设备操作要点

1）保持冷处理设备及工作场地的清洁。

2）操作人员应严格遵守设备操作规程。

3）被处理工件应仔细清洗，以免损坏设备。

4）在操作过程中，操作人员应穿戴好劳动保护用品。

5）用长柄工具装卸工件，不要用手触摸冷工件及制冷剂，以免冻伤。

6）严禁在工件场地点火、吸烟，以防爆炸，使用液氧时，更应特别注意。

7）工作中应经常检查设备运行状况，发现问题及时处理。

8）设备不用时，应将冷却水放出。

10.9 可控气氛制备装置

10.9.1 吸热式气氛发生装置

吸热式气氛是将可燃气体（如丙烷、丁烷、城市煤气）与空气按一定比例混合后，通入960~1080℃的反应罐内，在触媒（催化剂）的作用下，进行一系列的反应而制成的气体。

吸热式气氛发生装置的工艺流程如图10-20所示。原料气经过滤器11、电磁阀12、减压阀13减压后，经流量计14及零压阀9进入混合器16，与从空气过滤器17经流量计8、恒湿器7来的空气混合。混合后的气体经罗茨泵19加压，通过单向阀20、防回火截止阀21，进入发生炉中的反应管2，在高温下发生反应。反应后的气体经冷却器5冷却至400℃以下，即获得所需的可控气氛。

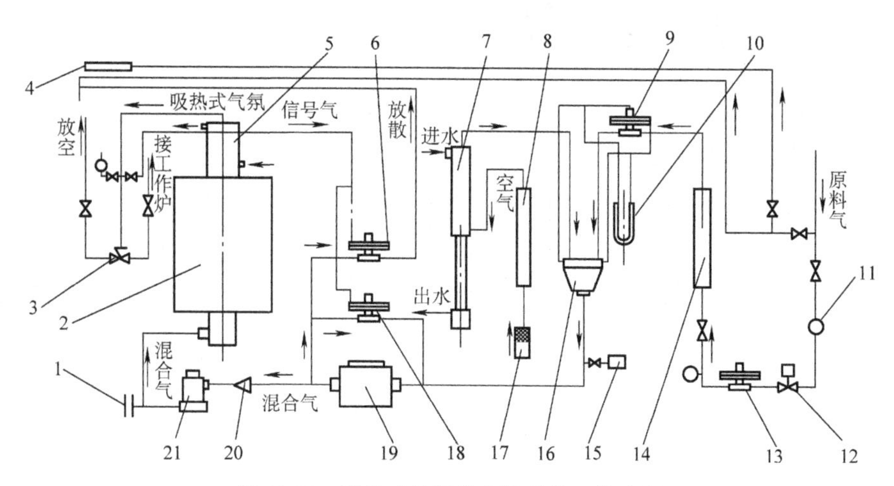

图10-20 吸热式气氛发生装置的工艺流程

1—防爆头 2—反应管 3—三通阀 4—引燃器 5—冷却器 6—放散阀 7—恒湿器 8、14—流量计 9—零压阀 10—U形压力计 11—过滤器 12—电磁阀 13—减压阀 15—二次空气电动阀 16—混合器 17—空气过滤器 18—旁通阀 19—罗茨泵 20—单向阀 21—防回火截止阀

10.9.2 放热式气氛发生装置

放热式可控气氛是由原料气（如天然气、煤气、液化石油气等）与空气按一定比例混合后，进行不完全燃烧（放热反应），并经冷凝、除水

后得到的气体。放热式气氛根据原料气与空气的混合比的大小不同（成分中的 CO 含量也不同），分为浓型放热式气氛和淡型放热式气氛。以丙烷为例，当丙烷与空气的混合比为 12~16 时，形成浓型放热式气氛；当混合比为 16~23 时，则形成淡型放热式气氛。

放热式气氛制备容易，应用较广，常用于低碳钢的光亮退火、正火、回火等。

放热式气体发生装置主要由汽化器、罗茨泵、燃烧室、冷凝器、气水分离器等组成。其工艺流程如图 10-21 所示。

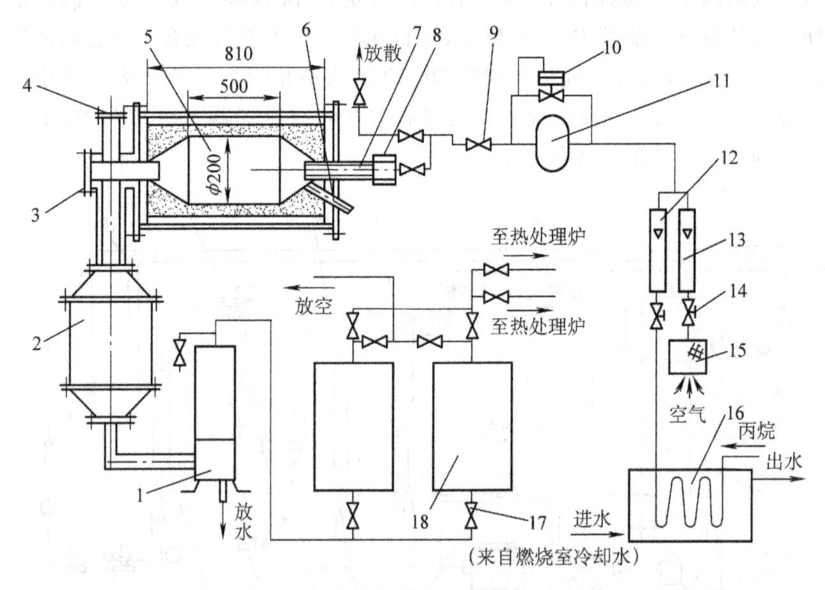

图 10-21 放热式气体发生装置的工艺流程

1—气水分离器 2—冷凝器 3—门 4—防爆头 5—燃烧室 6—点火器 7—烧嘴 8—灭火器 9—单向阀 10—循环阀 11—罗茨鼓风机 12、13—流量计 14—针阀 15—空气过滤器 16—汽化器 17—截止阀 18—干燥器

液化气体（丙烷、丁烷）从储气罐经管道进入汽化器 16 蒸发成气体（使用天然气或煤气时不需要蒸发器），经减压阀使压力降至 3~4kPa，经流量计 12 进入罗茨鼓风机 11；同时，空气经过滤器和流量计也进入罗茨鼓风机，与原料气按一定比例混合、加压后，经单向阀 9、灭火器 8、进入烧嘴 7，由烧嘴喷出后被点火器 6 点燃，在燃烧室 5 中燃烧。燃烧后的气体经冷凝器 2 降温至 400℃以下，最后进入气水分离器 1，除去水分，

即可供工作炉使用。可控气氛中CO的含量由输入的原料气和空气的比例来控制，而它们的输入量则分别由流量计来计量。

10.9.3 氨分解气氛制备设备

氨分解气氛是以液氨为原料，将氨气加热到一定温度，使其分解而获得的气体。氨分解的产物为氢气和氮气，其反应式为

$$2NH_3 \rightarrow 3H_2 + N_2$$

其中，$\varphi(H_2)$ 为75%，$\varphi(N_3)$ 为25%。

氨的分解温度一般为700~980℃。温度高，氨的分解率高，为使氨完全分解，可采用较高的分解温度；在有催化剂的情况下，可采用较低的分解温度，一般为600~800℃。催化剂有镍基催化剂、铁基催化剂及铁镍催化剂。催化剂在使用前应进行还原处理。

氨分解气氛的制备设备比较简单，如图10-22所示，主要由汽化器、反应罐及净化装置等部分组成。在汽化器内设有电加热装置，以便在制备氨分解气的最初阶段对液氨进行加热，使其汽化。待氨分解气制出后，即可利用刚制备的氨分解气的热量，使液氨不断汽化。为降低氨分解的加热温度，反应罐内装有催化剂。氨分解气经净化装置除去其中的水分后，即可通入工作炉使用。

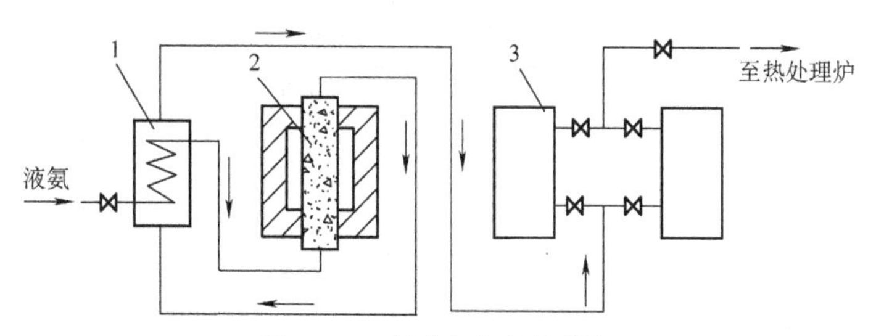

图10-22 氨分解气氛的制备

1—汽化器 2—反应罐 3—净化装置

10.9.4 氮制备装置

氮制备装置通常从空气中分离氮，方法有空气液化分馏法、碳分子筛分离空气法和薄膜分离空气法。

1. 空气液化分馏法制氮

这是一种传统的制氮方法。把空气冷到-196℃以下成为液态，利用液氧和液氮的沸点不同（在1大气压下，前者的沸点为-183℃，后者的

为-196℃)，分馏成氧及氮的液体。一般制氧机生产的氮气纯度为99.5%，高纯制氧机的氮气纯度为99.99%。

空气液化分馏法制氮设备复杂，一次性投资较多，宜于大规模工业制氮。

2. 碳分子筛分离空气法制氮

以碳分子筛作为吸附剂，运用变压吸附原理，利用碳分子筛对氧和氮的选择性吸附而使氮和氧从空气中分离。这种方法的特点是工艺流程简单，自动化程度高，产气快（15~30min），能耗低，产品纯度可在较大范围内根据用户需要进行调节，操作维护方便，运行成本较低，装置适应性较强等，已成为中小型氮气用户的首选方法。

3. 薄膜分离空气法制氮

以空气为原料，在一定压力条件下，利用氧和氮等不同性质的气体在膜中具有不同的渗透速率来使氧和氮分离。和其他制氮设备相比，这种方法的优点是结构更为简单，体积更小，无切换阀门，维护量更少，产气更快（≤3min），增容方便等。它特别适宜于氮气纯度≤98%的中小型氮气用户，有最佳功能价格比。

表10-73为几种制氮方法基本参数的对比。

表10-73 几种制氮方法基本参数的对比

项目	空气液化分馏法	碳分子筛分离空气法	薄膜分离空气法
工艺流程	复杂	一般	简单
分离介质		碳分子筛	中空纤维膜
耗电量/(kW·h/m^3)	>0.62	0.4~0.6(平均)	0.4~0.5(平均)
氮产量/(m^3/h)	>500	<1000	10~5000
氮压力/MPa	14	0.8~1.0	0.8~1.0
露点/℃	<-60	-60~-40	-70~-60
冷却水	很多	很少(小设备没有)	很少(小设备没有)
自动化程度	低	计算机控制	计算机控制
运行费用	较高	一般	较低

10.10 热工测量与控制仪表

测温仪表分为一次仪表和二次仪表。一次仪表是直接接触或直接测量炉温的仪表，如热电偶、辐射温度计等；二次仪表是将一次仪表输出的热电势信号加以放大、指示或记录的仪表，如电子电位差计、动圈式温度指示调节仪表等。

10.10.1 温度传感器与温度计

1. 热电偶

热电偶是一种发电型感温元件，一般用于测量500℃以上的温度。热电偶测温具有精度高、结构简单和用途广泛的特点。

(1) 普通热电偶（简称热电偶） 热电偶的形状有直形和直角形两种。热电偶通常由热电极、绝缘套管、保护套管和接线盒等部分构成。

热电偶偶丝的直径一般为 ϕ0.5～ϕ3.2mm，长度为350～2000mm。热处理常用的热电偶长度一般在1000mm以下。偶丝置于绝缘套管中，绝缘套管材料视热电偶测温温度的高低而定，有氧化铝、陶瓷、石英、玻璃及玻璃纤维。

热电偶的固定形式可以是无固定式、法兰固定式、法兰可调式和螺纹固定式等。

常用热电偶的基本特性见表10-74。

表10-74 常用热电偶的基本特性

名称	型号	偶丝			100℃时电势/mV	使用温度上限/℃		用途
		极性		化学成分（质量分数，%）		长期	短期	
铂铑10-铂（GB/T 1598—2010）	S	+	SP	Pt90,Rh10	0.646	1400	1600	高温下抗氧化性好，宜在中性或氧化气氛中使用，不宜在还原气氛中使用
		−	SN	Pt100				
铂铑13-铂（GB/T 1598—2010）	R	+	RP	Pt87,Rh13	0.647	1400	1600	
		−	RN	Pt100				
铂铑30-铂铑6（GB/T 1598—2010）	B	+	BP	Pt70,Rh30	600℃ 1.792	1600	1700	除上述外，冷端在40℃以下不用修正
		−	BN	Pt94,Rh6				
铁-铜镍（康铜）（GB/T 4994—2015）	J	+	JP	Fe100	5.269	300 400 500 600	400 500 600 750	适用于氧化、还原性气氛、惰性气氛及真空中使用，在氧化性及流化性气氛中不宜超过540℃
		−	JN	Ni45,Cu55				
铜-铜镍（康铜）（GB/T 2903—2015）	T	+	TP	Cu100	4.279	150 200 250 300	200 250 300 350	适用于氧化、还原性气氛、惰性气氛及真空中使用，在氧化性气氛中不宜超过370℃，在-200～0℃稳定性很好
		−	TN	Cu55,Ni45				

（续）

名称	型号	偶丝			100℃时电势/mV	使用温度上限/℃		用途
		极性		化学成分（质量分数，%）		长期	短期	
镍铬-铜镍（康铜）（GB/T 4993—2010）	E	+ -	EP EN	Ni90，Cr10 Ni45，Cu55	6.319	350 450 550 650 750	450 550 650 750 850	适用于-200～800℃的氧化或中性气氛，不适用于还原性气氛
镍铬-镍硅（GB/T 2614—2010）	K	+ -	KP KN	Ni90，Cr10 Ni97，Si3	4.096	700 800 900 900	800 900 1000 1000	宜在氧化、中性气氛及真空中使用
镍铬硅-镍硅镁（GB/T 17615—2015）	N	+ -	NP NN	Cr13.7～14.7，Si1.2～1.6，Mg<0.01，Ni余量 Cr<0.02，Si4.2～4.6，Mg0.5～1.5，Ni余量	2.774	700 800 900 1000 1100 1200	800 900 1000 1100 1200 1300	性能与镍铬-镍硅相近

（2）铠装热电偶　铠装热电偶是将热电偶电极丝包裹在金属保护管中，以MgO等作为绝缘材料，可自由弯曲的一种热电偶。其特点是反应速度快、耐压、耐冲击。

铠装热电偶套管材料：铜（H62）、耐热钢（06Cr18Ni11Ti、06Cr18-Ni11Nb、06Cr25Ni20）、高温合金（CH3030、GH3039）。

铠装热电偶金属套管外径（mm）：ϕ0.5、ϕ1.0、ϕ1.5、ϕ2.0、ϕ3.0、ϕ4.0、ϕ4.5、ϕ5.0、ϕ6.0、ϕ8.0。

铠装热电偶优选的插入长度（mm）：40、50、75、100、150、200、250、300、400、500、750、1000、1500、2000、2500、3000、4000、5000、7500、10000、15000、20000、25000、30000、40000、50000。

（3）热电偶补偿　热电偶的分度表是在热电偶自由端温度为0℃时分度的。一般情况下，热电偶自由端所处的环境温度总是有波动的，因而使测量结果有一定的误差。为了消除由于自由端温度不恒定而产生的测量误差，应采用必要的补偿措施。

1）热电偶补偿导线。与热电偶一样，补偿导线也有正、负极之分。

在与热电偶连接时，要注意正、负极性，不可接错；否则，将会造成更大的测量误差。由于补偿导线所用的材料不同，所以其热电性质也不同，要求补偿导线的电性质应与所连接的热电偶的电性质相同。

2）冷端温度补偿器。在温度变化较大的环境下，温度自动控制仪表与热电偶配套使用时，配用冷端温度补偿器和补偿导线，常选用20℃为平衡点。冷端温度补偿器的型号与所配用的热电偶必须为同一分度号。

（4）使用热电偶注意事项　在使用热电偶时，应注意以下几点：

1）根据被测温度上限正确选用热电偶的偶丝及保护套管，根据被测对象的结构及安装特点选择热电偶的规格及尺寸。

2）热电偶插入炉中的位置，应是炉内有代表性的位置，其温度能代表炉内实际温度。

3）热电偶插入炉膛内的深度不应小于热电偶保护管外径的8~10倍。应尽可能保持垂直安放，以防高温下产生变形。如果必须水平放置，伸出部分大于500mm时，必须对保护管加以支撑。

4）热电偶与炉壁之间的空隙必须用石棉绳或耐火泥堵塞，以防由于空气的对流，影响测量的准确性。

5）热电偶的接线盒与炉壁应有适当距离，一般应不小于200mm；否则，会使热电偶自由端的温度过高。在测量盐浴炉温度时，应采用直角形热电偶。

6）热电偶的安装位置和方向应避开强磁场和强电场的干扰，金属外壳应良好接地，以免影响测量的准确性。例如，在电极盐浴中使用时，不要靠近电极。

7）热电偶正、负热电极工作端的焊接方式可采用对焊或绞缠后再焊的方式，但绞缠圈数不宜超过3圈。

8）正确选用补偿导线。连接补偿导线时，注意不得将导线极性接反。补偿导线最好装入铁管内，并将铁管接地，以免机械损伤和电磁干扰。

9）补偿导线与接线盒出线孔之间的空隙也应用石棉绳堵塞，以免昆虫侵入。

10）装炉或出炉时，不要碰撞热电偶，以免受到损伤。

11）由于热电极在高温下会氧化、腐蚀及再结晶等，使其热电特性发生变化，所以热电偶应定期校验。新热电偶或存放过一段时间的热电偶在使用前，都必须进行校验。

12）在使用中，应经常注意热电偶保护管的状况。如发现保护管表面有麻点、泡沫、腐蚀、变细、开裂等现象，应立即更换。

2. 热电阻

热电阻是接触式温度传感器。它是利用金属材料的电阻随温度的改变而变化的特性制成的，使用温度为200~600℃，用于液体、气体及固体表面温度的测量。热电阻材料主要有铂和铜。

WZ系列热电阻的主要技术参数见表10-75和表10-76。

表10-75　WZ系列铂热电阻的主要技术参数

分度号	0℃时的电阻值/Ω	电阻比 R_{100}/R	允差等级	有效温度范围/℃		允差值/℃
				线绕元件	膜式元件	
Pt10	10.000	1.385	AA	-50~+250	0~+150	$\pm(0.1+0.0017\lvert t\rvert)$
			A	-100~+450	-30~+300	$\pm(0.15+0.002\lvert t\rvert)$
Pt100	100.00		B	-196~+600	-50~+500	$\pm(0.3+0.005\lvert t\rvert)$
			C	-196~+600	-50~+600	$\pm(0.6+0.01\lvert t\rvert)$

注：t为被测温度。

表10-76　WZ系列铜热电阻的主要技术参数

分度号	0℃时的电阻值/Ω	0℃时的电阻值变化量/Ω	电阻比 R_{100}/R	测温范围、精度等级和允许误差		热响应时间/s
				测量范围/℃	精度等级和允许误差	
Cu50	50.000	<0.025	1.385	陶瓷元件 -200~+600 玻璃元件 -200~+500 云母元件 -200~+420	A级，$\pm(0.15℃+0.2\%\lvert t\rvert)$ B级，$\pm(0.3℃+0.5\%\lvert t\rvert)$	12mm和16mm保护管为30~90 锥形不锈钢为90~180
Cu100	100.00	<0.05	1.428	-50~+100	$\pm(0.3℃+0.006\%\lvert t\rvert)$	<180

注：t为被测温度。

热电阻的安装和使用注意事项与热电偶基本相同。热电阻与显示仪表的连接应采用带有屏蔽的铜线，铜线截面积不小于1.5mm²。

3. 辐射感温器

辐射感温器是一种非接触式感温器。辐射感温器是根据受热物体的辐射热能与温度之间的对应关系来测量温度的。被测物体辐射的热能经感温器的物镜聚焦到热电偶的工作端上，将热能转换为热电势，然后将热电势通过显示仪表测量，并显示出被测物体的温度。

（1）辐射感温器的技术参数　WFT-202 型辐射感温器的技术参数见表 10-77。

表 10-77　WFT-202 型辐射感温器的技术参数

<table>
<tr><th>测温范围
/℃</th><th>透镜材料</th><th>温度范围
/℃</th><th>允许误差
/℃</th><th>工作距离
/mm</th><th>工作环境
温度/℃</th><th>配用显示仪表</th></tr>
<tr><td>400~1000
600~1200</td><td>石英玻璃
（分度号 F_1）</td><td rowspan="2">400~1000</td><td rowspan="2">±16</td><td rowspan="3">500~
2000</td><td rowspan="3">10~80</td><td rowspan="3">电子电位差计：EWX2 系列 XWD1 系列、XWJ 系列
数显仪表：XMZA、XMTA 调节仪
毫伏表：XCZ-101</td></tr>
<tr><td>900~1400
1200~1800</td><td rowspan="2">K_9 玻璃
（分度号 F_2）</td></tr>
<tr><td>700~1400
900~1800
1100~2000</td><td>>1000~2000</td><td>±20</td></tr>
</table>

（2）辐射感温器的使用注意事项

1）保持感温器镜头的清洁。

2）感温器与被测物体距离一般为 0.7~1.1m，与被测物体形成的角度为 30°~60°。

3）在使用时，被测物体的影像必须全部充满目镜的整个视场（见图 10-23a），以保证热电偶能充分地吸收来自被测物体辐射的热能，使显示仪表能正确地显示实际温度。如果被测物体较小，或感温器离被测物体太远，就会出现影像太小的现象（见图 10-23b），则会使测量值低于实际温度。当感温器不能正确对准被测物体时，则会出现被测物体影像歪斜的现象（见图 10-23c），所测量的温度也会低于实际温度。特别应注意的是，当感温器偏向补偿光栅一方时，被遮挡的部分不易发现，也会造成测量值偏低的现象。

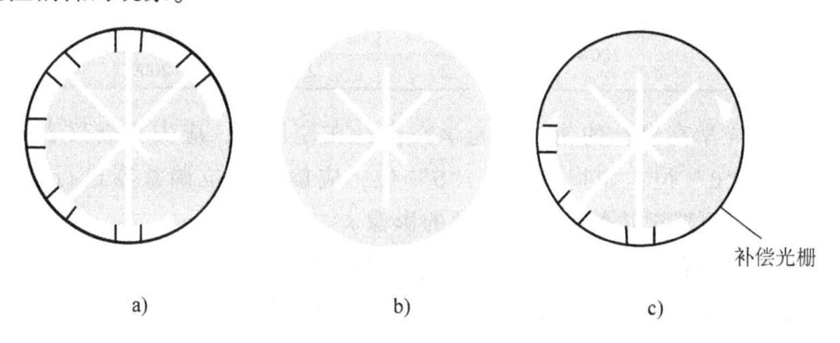

图 10-23　感温器中的影像

a）影像正确　b）影像太小　c）影像歪斜

4）辐射感温器用于盐浴炉的测温时，为保证测温准确，应排除盐浴炉烟雾和浮渣的影响，必须排风良好，浴面不得有浮渣。操作时，工具、工装等不得遮挡感温器的视场。

4. 光学高温计

（1）光学高温计的组成　光学高温计是一种非接触式测温仪表，主要由光学系统和电测系统组成。

光学系统由物镜和目镜组成望远系统，灯泡的灯丝位置恰好在光学系统中物镜成像部分。调节目镜与灯丝的距离，可以从目镜中清楚地看到灯丝的影像；调节物镜的位置可以使被测物体清晰地成像在灯丝所在平面上，以便对二者进行比较。

电测系统由灯泡的灯丝、直流电源、调节电流的滑线电阻、开关及显示仪表组成。调节滑线电阻，可使灯丝亮度与被测物体的亮度均衡。显示仪表可以直接读出被测物体的温度。

光学高温计多用于测量1100℃以上高温（如高温盐浴炉）或感应加热工件表面温度等不宜使用热电偶测温的地方。

光学高温计的技术参数见表10-78。

表10-78　光学高温计的技术参数

型号	测量范围/℃	量程号	吸收玻璃旋钮位置	测温范围/℃	允许误差/℃
WGG2-201 WGG2-201N（数显）	700~2000	1	15	800~900	±33
				900~1500	±22
		2	20	1200~2000	±30
WGG2-202	700~2000	1	15	700~1500	±13
		2	20	1200~2000	±20
WGJ2-202	700~2000	1	1	700~1500	±8
		2	2	1200~2000	±13

（2）光学高温计的使用　光学高温计在使用前，应先检查仪表指针是否指为“0”位；如指针不在“0”位，应旋转零位调整器进行调零；调节目镜的位置至清楚地看到灯丝的影像。

测量物体温度时，调节物镜，使被测物体清晰地成像在灯丝所在平面上，对二者进行比较。将红色滤光片移入视场，如果要测量的物体的温度在1400℃以上（第二量程）时，还要放入吸收玻璃。按下按钮开关，转动滑线电阻，直到灯丝顶部的影像隐灭在被测物体的影像中为止（见

图 10-24a)，从指示仪表盘上读出温度数值。在测量过程中，若出现图 10-24b 所示的情况，灯丝的亮度相对于被测物体的亮度较暗时，说明指示温度比实际温度低，应当顺时针方向调节滑线电阻，使灯丝变亮，直到灯丝亮度与被测物体的亮度一致。当出现图 10-24c 所示的情况，灯丝亮度高于被测物体的亮度时，说明指示温度高于被测温度，应当逆时针方向旋转滑线电阻，使灯丝亮度降低，直到灯丝像隐灭在被测物体的影像之中。

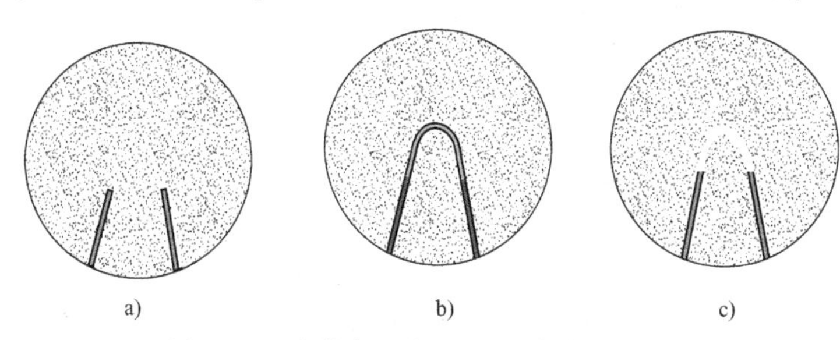

图 10-24 光学高温计调整灯丝亮度时的情形
a) 灯丝隐灭（正确） b) 灯丝暗 c) 灯丝亮

光学高温计与被测物体之间的距离一般为 1~2m，最好不要超过 3m。

光学高温计用完后，应切断电源的，擦净后放入专用包内保存。长期不用时，应将电池取出。

5. 光电高温计

光电高温计是非接触式的测温仪表，采用平衡比较法测量物体辐射能量以确定温度值。光电高温计是利用光敏元件（硅光电池、光敏电阻）对可见光谱（波长为 0.4~0.8μm）和红外光谱（波长为 0.8~40μm）产生的电信号进行检测，经处理后输出给二次仪表，可实现自动控制。光电高温计的技术参数见表 10-79。

表 10-79 光电高温计的技术参数

<table>
<tr><th>型号和名称</th><th>测量范围/℃</th><th>距离系数</th><th>光敏元件</th></tr>
<tr><td rowspan="2">WDL-31 型光电高温计</td><td>150~300、200~400、300~600、400~800</td><td rowspan="2">1/100</td><td>硫化铅光敏电阻</td></tr>
<tr><td>800~1200、1000~1600、1200~2000、1500~2500</td><td>硅光电池</td></tr>
<tr><td>WDL-2 型光电高温计</td><td>700~1300、1100~2000</td><td>1/40</td><td>硅光电池</td></tr>
<tr><td rowspan="2">WDH-1 型光电高温计</td><td>300~600、400~700</td><td rowspan="2">1/30</td><td>硫化铅光敏电阻</td></tr>
<tr><td>700~1000、800~1200、900~1400、1000~1500</td><td>硅光电池</td></tr>
</table>

（续）

型号和名称	测量范围/℃	距离系数	光敏元件
WDH-2型光电高温计	100~250、250~500	1/40	硫化铅光敏电阻
	400~800	1/90	
	700~1100、900~1200	1/70	硅光电池
	1000~1600	1/275	
WDK光电温度控制器	750~1000、900~1200	1/15~1/10	硒化镉光敏电阻
YT-GD-1型光电测温控温仪	700~1200、800~1300、900~1400、700~2000	1/100	硅光电池

6. 红外光电高温计

红外光电高温计是利用物体表面发出的红外光谱（0.8~40μm）辐射线进行测温的。它由保护窗、透镜、光栏、滤色片及检测元件等组成。红外光电高温计的光学系统将发光物体表面某一波段的红外辐射聚焦到检测元件表面，并将其转换成电信号，经放大后输出给显示仪表。红外光电高温计具有测量精度高、响应速度快、性能稳定、测温范围广等特点。红外探测器及配套控制器的主要技术参数见表10-80。

表10-80 红外探测器及配套控制器的主要技术参数

红外探测器型号	配套控制器型号	测温范围/℃	分度号	透镜孔径/mm	聚焦距离/mm	125mm变型的最小目标尺寸/mm
OQM4/7.5C35P4450X	ZM-QM4/7.5C	400~750	Q200C	35	450	10
NQM5/9C35P1200	ZM-QM5/9C	500~900	Q201C	35	1200	4
OQ06/11C35P1200	ZM-Q06/11C	600~1100	Q202C	35	1200	4
OQ07/13C22P1200	ZM-Q07/13C	700~1300	203C	22	1200	2.5
NQ08/15C8P1200X	ZM-Q08/15C	800~1500	Q204C	8	1200	0.8
LQ09/18C6P600	ZM-Q09/18C	900~1800	Q205C	6	600	1.5

注：工作波段0.5~1.1μm，检测精度为0.6%，达到98%时响应时间为5ms。

此外，还有功能更多、性能更先进的红外温度计，如WF-HX-63便携式红外温度计，将红外温度计探头和机身集成于一体，液晶屏数字显示，读数直观，操作简便，便于携带，是一种适合现场测温的高精度非接触式测温仪表。有的红外温度计还具有智能编程测温功能，测温范围为300~3000℃，响应时间为20~200ms，具有视场瞄准聚焦、激光辅助定位等功能。

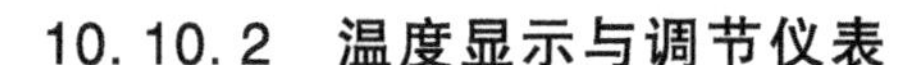

10.10.2　温度显示与调节仪表

热处理生产中常用温度显示与调节仪表的类型和特性见表10-81。

表10-81　常用温度显示与调节仪表的类型和特性

类别		名称	型号	主要功能
模拟量显示仪表	动圈式	指示仪	XCZ	单针指示
		调节仪	XCT	二位调节、三位调节、时间比例调节、电流PID调节、时间程序调节
	自动平衡式	电子电位差计	XW	单针指示或记录、双笔记录或指示、多点打印记录或指示 带电动调节、气动调节、旋转刻度指示、色带指示
		电子平衡电桥	XQ	
		电子差动仪	XD	
数字量显示仪表	数字式	显示仪	XMZ	用数字显示被测温度等
		显示调节仪	XMT	显示、位式调节和报警
	数字式、视频式	显示调节仪		人-机联系装置，图像字符显示

1. 动圈式温度指示调节仪表

动圈式温度指示调节仪表是一种用于测量感温器产生的热电势的仪表，具有结构简单、体积小、使用维修方便、价格便宜的优点。

(1) 仪表的组成及原理　带时间比例、比例积分微分作用的动圈式温度指示调节仪表由测量电路、动圈测量机构和电子调节电路等部分组成。

(2) 主要技术参数　常用动圈式温度指示调节仪表的技术参数见表10-82。

表10-82　常用动圈式温度指示调节仪表的技术参数

型号	测量温度/℃	精度等级	应用
XCZ-101	0～2000	1.0	与热电偶配合使用，指示温度
XCZ-102	-200～500	1.0	与热电阻配合使用，指示温度
XCT-101	-200～2000	1.0	与热电偶配合，测量和调节温度
XCT-102	-200～2000	1.0	与热电阻配合，测量和调节温度
XCT-191	-200～2000	1.0	与热电偶配合使用，能对连续电流的输出进行比例、积分、微分(PID)调节
XCT-192	-200～2000	1.0	与热电阻配合使用，能对连续电流的输出进行比例、积分、微分(PID)调节

（3）动圈式温度指示调节仪表使用注意事项

1）动圈式温度指示调节仪表应与同一分度号的热电偶配套使用；否则，指示出来的数值就会相差很多。

2）在安装过程中，应注意动圈式温度指示调节仪表保持水平位置，补偿导线与动圈式温度指示调节仪表接线端的正、负极不可接反。

3）在测温时，环境温度对热电势及仪表指示值都有影响。为保证测量的准确性，配热电偶用的动圈式指示温度仪表，在使用过程中必须考虑冷端温度补偿和外线路电阻的影响问题。

4）与热电偶配套用的磁电式温度指示仪表的刻度是按照热电偶的分度刻度的，即仪表是按照热电偶冷端温度为0℃的条件下刻度的。在使用时，如果热电偶冷端的温度不是0℃，有一个由于冷端温度变化引起的误差。为了消除这一误差，应采用冷端温度补偿和外路电阻补偿的方法进行补偿。

2. 自动平衡式温度指示调节仪表

自动平衡式温度指示调节仪表测量精度高（0.5级），不但能够指示和控制温度，而且能够自动记录温度的变化。常用的电子自动平衡式温度指示调节仪表有电子电位差计、自动平衡电桥及数字电位差计。

（1）仪表组成及原理　自动平衡式温度指示调节仪表是一个由测量电路、检零放大器、伺服电动机、指示记录机构和滑线电阻组成的闭环控制系统。被测参数经转换后得到的被测量信号（电压或电流）输入仪表后，通过测量电路将被测信号与反映平衡量的反馈信号叠加后产生一个偏差电压，该偏差电压经检零放大器放大后驱动伺服电动机转动。伺服电动机一方面带动指示记录机构移动，另一方面带动滑线电阻改变反馈信号的大小，使偏差电压趋向于零，伺服电动机便停止转动，仪表就指示（记录）出被测参数的大小。

（2）常用型号　自动平衡式仪表常用型号有XWB-100、XQB-101、XWC-300、XWD-200等。

（3）电子电位差计使用注意事项

1）热电偶分度号、补偿导线型号必须与电子电位差计的分度号一致，各连接处应正确连接。

2）补偿导线应单独设置屏蔽，并良好接地，不得与电源线和控制线放在同一铁管中。

3）仪表壳应良好接地。

4）电子电位差计的安装环境应保持干燥、无腐蚀气体，附近无强磁场和强烈振动，环境温度应在50℃以下。

5）定期校检电子电位差计。

3. 数字式温度显示调节仪表

数字式温度显示调节仪表是数字量显示仪表，将模拟信号转化为直观显示的数字信号进行测量和控制，使响应速度和测控精度有了很大提高。

数字式温度显示调节仪表的工作程序：首先采集热电偶、热电阻等温度传感器输入的参数，进行A/D转换，并显示测量值和设定值；然后对测量值与设定值进行比较，根据比较结果发出调节指令，或驱动继电器，或调节输出；还可对报警进行设定。

数字显示调节仪表主要分为数字显示调节仪和智能调节仪两种。

（1）数字显示调节仪　以集成电路为硬件核心，具有测量、数字显示、位式调节、报警等功能，且准确、可靠；但不具备记忆数据和分析处理功能。主要型号有WMNK、XMX、XTM型。XTM型数字显示调节仪是由大规模集成电路组成的全数字式温度测量调节仪。其主要技术参数见表10-83。

表10-83　XTM型数字显示调节仪的主要技术参数

<table>
<tr><td rowspan="5">输入方式</td><td>热电偶</td><td>B,400～1800℃;S,0～1600℃;K,0～1300℃;E,0～800℃;T,200～300℃</td></tr>
<tr><td>热电阻</td><td>Pt100,-200～500℃;Cu50,0～150℃</td></tr>
<tr><td>电流信号</td><td>直流</td></tr>
<tr><td>电阻信号</td><td>电阻差≥20Ω</td></tr>
<tr><td>线性输入</td><td>0～5V　DC,0～10mA　DC
1～5V　DC,4～20mA　DC</td></tr>
<tr><td colspan="2">输出方式</td><td>二位式:继电器触点输出
时间比例:继电器触点输出
二位PID:继电器触点输出
三位PID:反馈作阀位指示,不参与调节
二位PID:逻辑输出24V、20mA,集电极开路输出
三位PID:反馈与调节
4～20mA　DC连续PID输出
0～20mA　DC连续输出</td></tr>
<tr><td colspan="2">报警功能</td><td>无报警,一路报警,二路报警</td></tr>
<tr><td colspan="2">附加功能</td><td>自整定功能,24V直流输出,程序控制,带RS-232通信接口,带RS-422或RS-485通信接口</td></tr>
</table>

(2) 智能调节仪 智能调节仪采用具有运算能力的微处理器，由信号输入、信号处理和信号输出三大基本部分组成，具有测量、运算、存储、显示、调节功能，可实现各种控制方式，因此具有一定的判断能力。XMT 系列智能数字显示调节仪的技术参数见表 10-84。

表 10-84 XMT 系列智能数字显示调节仪的技术参数

输入信号	热电偶	K、E、B、S、N、T、J
	热电阻	Pt100、Pt1000、Cu50
	标准输入	0~10mA、0~5V,4~20mA、1~5V
输出方式	继电器	触点容量 3A/220V(二位式、三位式)
	测量值变送输出	4~20mA、0~20mA
	数字输出	RS232、RS422、RS485
测量精度		满量程的±0.5%+1 个数字
显示方式		四位 LED 显示,显示范围:999~9999 分辨率:0.001~1

10.11 热处理气氛检测与控制仪表

热处理气氛检测与控制的主要对象是渗碳气氛和渗氮气氛。

渗碳气氛和渗氮气氛的测量方法有间接式和直接式两种。间接式有氧探头法、露点法和红外线二氧化碳法等，直接式有钢箔法和电阻法等。

10.11.1 氧探头

氧探头是氧分析仪的核心组成部分。氧探头由氧化锆元件、碳化硅过滤器、恒温室、气体导管等部分组成。过滤器置于氧探头的头部，有过滤灰尘和减缓气体冲击氧化锆元件的作用。氧化锆元件置于恒温室中，以保证在恒定温度下测量氧的成分，通过测定气氛中的氧势来推知气氛的碳势。

氧探头适用于各种炉型，如井式炉、网带炉、箱式多用炉和连续炉等热处理炉，也适用于各种热处理工序，如渗碳、碳氮共渗、光亮淬火、正火、退火、粉末冶金烧结、补碳等，以及各种热处理控制气氛，如吸热式、滴注式（甲醇加煤油或丙酮、乙酸乙酯等）、直生式（空气加煤油、丙酮、甲烷或丙丁烷）和各种氮基气氛等。

图 10-25 所示为 HT999 型氧探头的外形与结构。HT999 系列氧探头的技术参数见表 10-85。OVSE 系列氧探头技术参数见表 10-86。

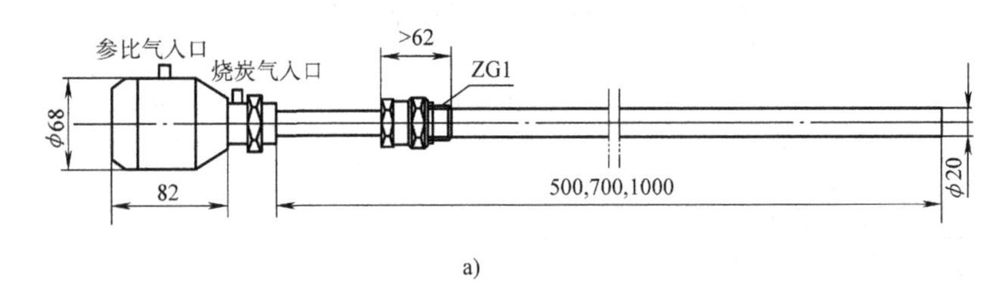

a)

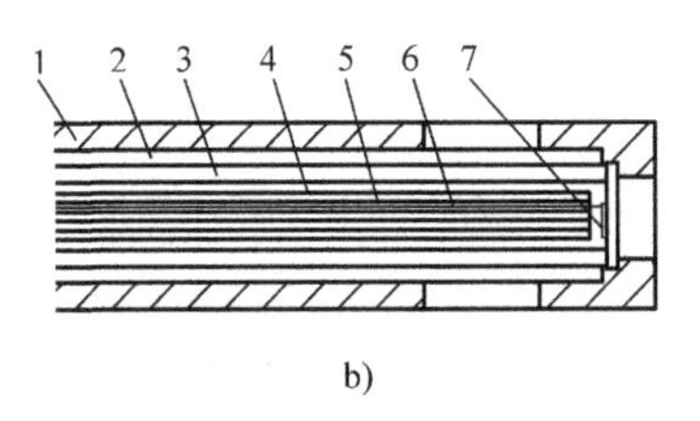

b)

图 10-25 HT999 型氧探头的外形与结构

a）外形 b）结构

1—外套管（负极） 2—烧炭黑空气 3—高铝瓷管 4—参比空气通入孔 5—内多孔瓷管 6—内电极（正极） 7—氧化锆片

表 10-85 HT999 系列氧探头的技术参数

型号		HT999G-A-BC-D-E
氧化锆类型		P—片状,Z—柱状,Q—球状
使用温度/℃		700~1000、700~1200、700~1400
碳势控制范围		0~1.5%
内阻/Ω		<500
响应时间/ms		<100(500~600℃即有电势输出)
输出信号/mV		0~1300
精度/mV		±1
外管直径/mm		φ22、φ25
外管材质		Cr25Ni20、因康镍合金
标称长度/mm	片状和柱状	500、700、1000
	球状氧化锆	500、700、850

注：HT999G-A-BC-D-E 系列氧探头型号意义：G—外形（无—φ68 圆柱接线盒，A—φ82 普通型圆柱接线盒，B—φ82 专用型圆柱接线盒）；A—氧化锆类型；B—外管直径；C—外管材质（无—Cr25Ni20，G—特殊高温合金）；D—标称长度；E—热电偶分度（0—无热电偶，K—K 型热电偶，S—S 型热电偶）。

表 10-86 OVSE 系列氧探头的技术参数

型号	OVSE-600、OVSE-600S、OVSE-600K	OVSE-800、OVSE-800S、OVSE-800K
标称长度/mm	600	800
使用温度/℃	700~1100	
碳势控制范围	0~1.7%	
碳势测量精度/mV	±0.05%	
氧势输出精度/mV	±1	
响应时间/ms	≤1	
热态内阻/kΩ	<5	
外管直径/mm	ϕ25(或 ϕ22)	
参比气流量范围/(mL/min)	80~200	
烧碳气流量范围/(mL/min)	200~300	

注：OVSE-600S、OVSE-800S、OVSE-600K、OVSE-800K 可分别配置 S 型或 K 型热电偶。

10.11.2 红外线气体分析仪

红外线气体分析仪是利用某些气体对红外波段特定红外线辐射的吸收程度取决于被测气体的浓度的原理工作的。将被测气体对红外线辐射的吸收程度与参比气相比较，通过检测室内的薄膜微声器（电容器）产生交流信号，经放大器放大后，由指示器和记录仪表指示和记录下来。红外线气体分析仪的工作原理如图 10-26 所示。

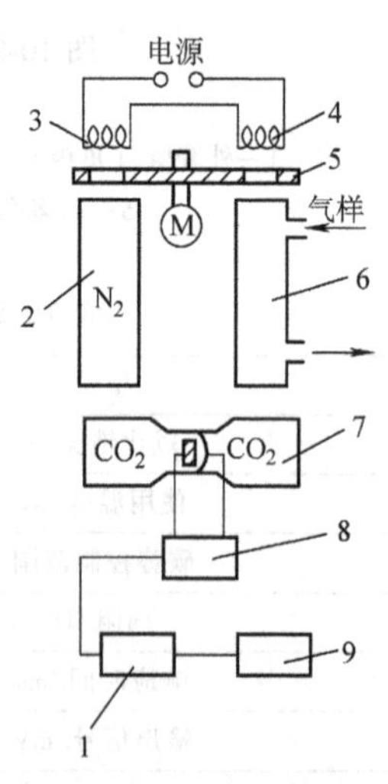

图 10-26 红外线气体分析仪的工作原理

1—主放大器 2—参比室 3、4—红外光源 5—切光片 6—分析室 7—检测室 8—前置放大器 9—记录仪

用红外仪测定炉气中的 CO_2 浓度，即可测定和控制炉气中的碳势。在渗碳和碳氮共渗时，用红外线气体分析仪可测定和控制炉气的碳势，比较准确、可靠，精度可达 φ（CO_2）0.005%，分析周期约为 20s。

NK500 系列不分光红外线 CO_2 气体分析仪的技术参数见表 10-87。

10.11.3 氯化锂露点仪

氯化锂是一种易吸收水分的盐。干燥的氯化锂并不导电，吸湿后导电性增强。氯化锂感湿元件即利用氯化锂的吸湿性和导电性之间的关系制成。其结构如图 10-27 所示。在一端封闭的玻璃管上缠绕一层玻璃布，在玻

表 10-87 NK500 系列不分光红外线 CO_2 气体分析仪的技术参数

项目	技术参数
测量范围	最小量程 $0\sim10\times10^{-4}\%$，最大量程 $0\sim100\times10^{-4}\%$
精度	±2%F.S
重复性	±1%F.S
样气流量	(400±10)mL/min
样气压力	0.05MPa≤入口压力≤0.1MPa(出气口必须为常压)
响应时间	≤15s
预热时间	≤15min
通信接口	RS232、RS485(在线式)
工作环境	-5~45℃
工作电源	AC220V(±10%)，50Hz(±5%)

璃布上平行地绕两条螺旋状的铂丝（或银丝），组成一对电极；然后在玻璃布上浸涂氯化锂溶液，经干燥后置于玻璃气室中；在电极两端加上24V的交流电压，在玻璃管中插入温度计，即制成氯化锂感湿元件。当被测气体通过玻璃气室时，氯化锂因吸收其中的水分，电阻下降并开始导电。潮湿的氯化锂被电流加热，使一部分水分被蒸发掉，于是氯化锂的电阻又升高，电流减小，温度下降，吸湿性又增大。如此反复进行，直到氯化锂吸收和蒸发的水分相等，达到相对平衡为止。当气体中水分含量一定时，达到这种平衡时的测温元件温度也是一定的，称为平衡温度，由装在感湿元件内的温度计测出。氯化锂感湿元件的平衡温度与气氛中的水气露点存在着近似直线关系，根据平衡温度和露点的关系（见表10-88），即可查出所对应的气体露点值。

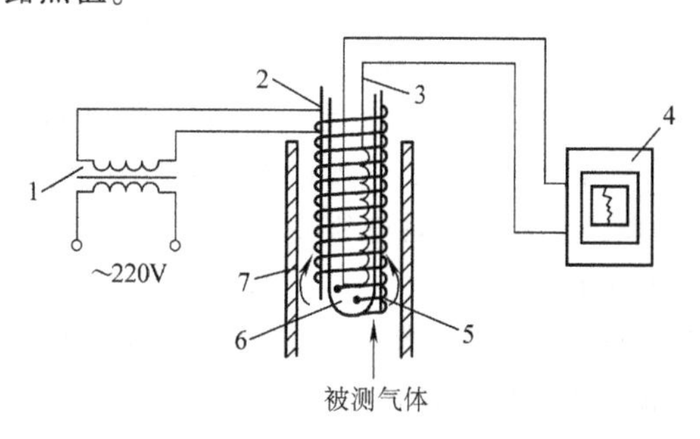

图 10-27 氯化锂感湿元件的结构

1—变压器 2—玻璃布 3—电阻温度计

4—测温仪表 5—银丝 6—玻璃试管 7—玻璃气室

表 10-88 氯化锂感湿元件平衡温度和气体露点的关系

露点/℃	平衡温度/℃	露点/℃	平衡温度/℃
-30	-9.7	-11	18.8
-29	-8.2	-10	20.3
-28	-6.7	-9	21.8
-27	-5.2	-8	23.3
-26	-3.7	-7	24.8
-25	-2.2	-6	26.3
-24	-0.7	-5	27.8
-23	0.8	-4	29.3
-22	2.3	-3	30.8
-21	3.8	-2	32.3
-20	5.3	-1	33.8
-19	6.8	0	35.3
-18	8.3	1	36.6
-17	9.8	2	37.8
-16	11.3	3	39.2
-15	12.8	4	40.4
-14	14.3	5	41.7
-13	15.8	6	43.0
-12	17.3	7	44.4

10.11.4 热丝电阻法测量炉气碳势

热丝电阻法测量炉气碳势是利用铁合金丝在炉气中加热时，由于脱碳或增碳而引起的电阻变化，来测量和调节炉气的碳势。传感器为 ϕ0.1mm 的低碳钢丝或 Fe-Ni 合金丝。低碳钢丝的化学成分：w(C) 为 0.08%，w(Si) 为 0.025%，w(Mn) 为 0.50%，w(P) 为 0.008%，w(S) 为 0.015%、w(Cu) 为 0.12%。低碳钢丝增碳后电阻值的变化率如图 10-28 所示。Fe-Ni 合金丝碳含量和电阻值的关系如图 10-29 所示。其炉气碳势 w(C) 调节范围为 0.15%~1.15%。

热丝电阻法测量炉气碳势主要用于井式气体渗碳炉中的滴注式渗碳。

10.11.5 钢箔测定碳势法

将一定规格的低碳钢钢箔放入需要测量的渗碳气氛中，在渗碳温度下停留一定时间，使钢箔均匀渗透，在渗碳气氛保护下快速冷却后取出，测定其碳含量，即为该区域渗碳气氛的碳势。

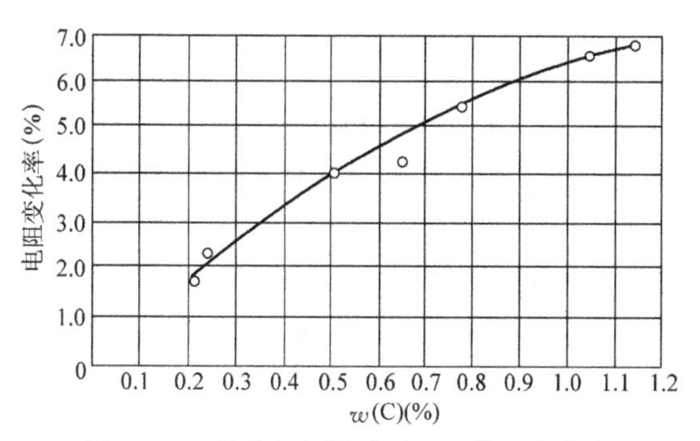

图 10-28　低碳钢丝增碳后电阻值的变化率

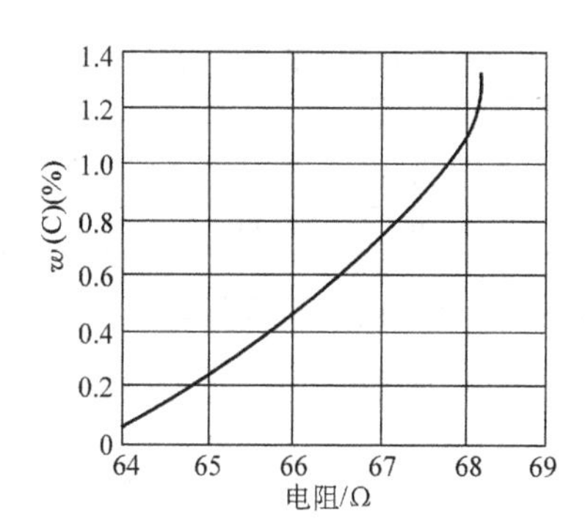

图 10-29　Fe-Ni 合金丝碳含量和电阻值的关系

1. 测试原理

钢箔渗碳后碳含量的计算按下式进行。

$$w(\mathrm{C})=\frac{m_f-m_i}{m_f}\times 100\%+w(\mathrm{C})_0 \tag{10-3}$$

式中　$w(\mathrm{C})$——采用称重法测得的钢箔渗碳后的碳含量（质量分数）；

$w(\mathrm{C})_0$——钢箔渗碳前的原始碳含量（可由供货方给出或用化学分析方法确定）（质量分数）。

m_i、m_f——测得的渗碳前后钢箔的质量（g）。

2. 钢箔的技术要求

钢箔材料选用光亮、无毛边、无氧化、无锈蚀的冷轧态优质碳素钢 08A（或 08F、08Al）。

钢箔厚度为 0.03～0.1mm，厚度偏差小于 0.01mm。

钢箔的形状呈矩形长条，一端有用于吊挂的小孔。钢箔边缘不得有毛边、毛刺。

用10^{-4}g精度的分析天平称量时，要求钢箔质量不小于1g；用10^{-5}g精度的分析天平称量时，要求钢箔质量不小于0.1g。

采用化学分析法时，钢箔质量应满足GB/T 223.69、GB/T 223.71的要求。

3. 钢箔渗碳操作要点

1）在钢箔放入炉内进行渗碳前，必须用分析纯丙酮（或专用清洗剂）清洗钢箔表面。已生锈的钢箔不能直接使用，必要时要用金相砂纸打磨钢箔表面后再清洗。

2）钢箔渗碳时间根据其厚度和渗碳温度从表10-89中选取。

表10-89 钢箔在渗碳气氛中均匀渗透所需时间（JB/T 10312—2011）

钢箔厚度/mm	0.03～0.05			0.05～0.1		
渗碳温度/℃	>1000	1000～930	930～840	>1000	1000～930	930～840
渗碳时间/min	5	5～10	10～30	15	15～30	30～45

3）渗碳结束后将钢箔从炉内拉到冷却套管内，在渗碳气氛保护下冷却3～5min后取出，防止钢箔温度太高产生氧化。一旦发生氧化应换新钢箔重新试验。

4）称出钢箔渗碳前后的质量。同一钢箔渗碳前用分析天平反复称量2～3次，取算术平均值作为钢箔渗碳前质量。用同样方法称出钢箔渗碳后的质量。对于精度为10^{-4}g的分析天平，同一钢箔每次质量相差不得大于0.1mg；对于精度为10^{-5}g的分析天平，同一钢箔每次质量相差不得大于0.01mg。

5）根据式（10-3）算出钢箔渗碳后的碳含量，即为所侧气氛的碳势测量值。

10.11.6 可编程碳势-温度控制仪

信息技术的飞速发展，进一步促使热处理过程的自动化控制向智能化控制发展。通过对热处理工艺参数、工艺规程以及热处理生产线的自动化控制，实现了生产过程的自我跟踪、自我诊断、自我优化等功能。通过对热处理炉温度、碳势气氛和机械动作的自动控制，就能实现热处理渗碳生产线的自动化运行，大幅度提高生产率，降低劳动强度和稳定产品质量。

表10-90所示为HT系列可编程碳势-温度控制仪的性能。

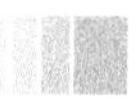

表 10-90 HT 系列可编程碳势-温度控制仪的性能

型号	HT9841	HT6000C
适应气氛	滴注式气氛、吸热式气氛、氮基气氛、空气加煤油、丙酮或丙丁烷气氛	
适用工艺	渗碳、碳氮共渗、保护加热淬火	
适用炉型	各种井式炉、多用炉和连续炉	
可编程功能	同时对温度和碳势统一编程,可储存 100 套工艺,每套工艺可分 6 段	
控制输出	四路,能同时对载气、富化气和稀释气三路介质进行控制	
控制输出类型	脉冲调频、通断和阀位调节等 PID 控制输出方式	脉冲调频、时间比例和阀位调节等 PID 控制输出方式
下级温控仪数量	5 台	6 台
工作模式	三种工作模式,可在线任意切换 1)恒定碳势自动工作模式 2)程序运行自动工作模式 3)手动工作模式。对载气和富化气进行稳定的流量控制(氧探头故障时使用)	
报警输出	一路,用于出炉和碳势异常报警	
通信接口	具有 RS485 通信接口	两路 RS485/422/232 串口通信接口,可上联上级计算机,下接温度表或打印机
碳势记录	模拟量传送,输出 0~5V 或 1~5V 信号,外接记录仪记录碳势	外接记录仪或打印机记录碳势
其他功能	1)简明工艺参数显示:包括氧探头电势、碳势、炉温和工艺时间 2)断电保护,断电后来电能自动接续运行 3)低温自动切断气氛供应的安全保护功能 4)氧探头内阻自动测量并显示 5)氧探头炭黑自动程序清理	

10.11.7 氨分解率测定仪

1. 传统的氨分解率测定仪

传统的氨分解率测定仪为玻璃仪器，如图 10-30 所示，是依据氨（NH_3）溶于水，而其分解产物（H_2 和 N_2）不溶于水的特性进行测量的。使用时，先关闭进水阀 2，在盛水器 1 中加入一定量的水，打开进气阀 3 和出气及排水阀 4，通入炉气 1~2min 后，先关出气及排水阀 4，再关进气阀 3；然后打开进水阀 2，于是盛水器 1 内的水就沿着管流入分解率测定计内。由于氨能溶于水，水占有的体积即可代表未分解氨的体积，水面以上为氨分解产物 H_2 和 N_2 所占有的体积，由刻度即可直接读出氨的分解率。

2. 氨分解率自动测定仪

氨分解率自动测定仪是在传统的氨分解率测定仪的基础上改进而成的。水面上有浮标（或无浮标），盛水器上方分别连接装有电磁阀的进气管和装有电磁阀的进水管，盛水器下方连接装有电磁阀的出水管，在盛水器上装有能将水位高度转变为电信号的装置。与传统氨分解率测定仪相比，氨分解率自动测定仪可通过电路，对氨分解率进行自动的测量与记录，可进行氨分解率的控制，设定最佳的氨分解率工艺参数；通过测定并反馈、调节氨气流量，对氨分解率进行全程控制，从而实现可控渗氮，有效地保证渗氮质量。

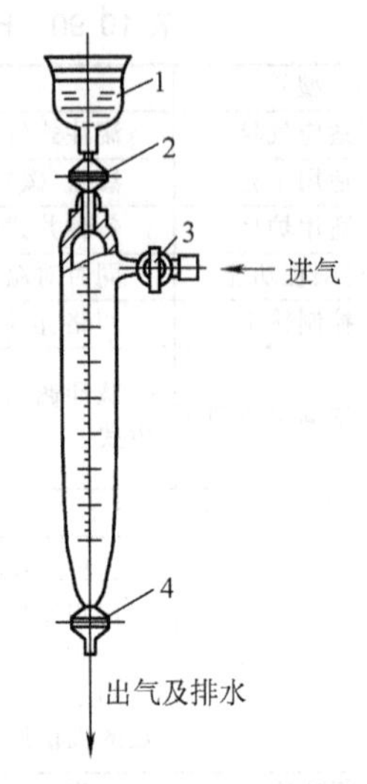

图 10-30 氨分解率测定仪
1—盛水器 2—进水阀
3—进气阀 4—出气及排水阀

氨分解率自动测定仪也有根据氨气极易溶于水的特点，利用可编程控制器 PLC、压力传感器、电磁阀等元件实现了氨分解率的自动测量。该装置与计算机连接，能够实现渗氮过程氮势的自动控制。

3. 热导式氨分解率测定仪

热导式氨分解率测定仪的作用原理：根据对混合气体热导率的测定，来判断气体中特定组分的体积分数；通过测定氨分解后氢气体积分数的变化，从而间接指示出氨分解率，并以电信号方式输出，与计算机连接可进行自动控制。

在标准气压及温度为0℃时，热导率以空气（热导率设为1.0）为参照气，NH_3 及其分解产物的相对热导率：NH_3 为0.89，H_2 为7.15，N_2 为0.996。H_2 的相对热导率最大。因此，测出混合气体的热导率，就可测出氢气的体积分数，进而可算出炉气的氨分解率。

将通电加热的铂丝作为热敏组件置于被分析气体中，当氨分解率变化时，氢气的体积分数也会变化，其热导率随之变化，热敏元件铂丝的电阻值也随之改变，并在电桥中产生不平衡电压，输出0~100mV（DC）电信号。由氨分解方程式 $2NH_3 \rightarrow 3H_2 + N_2$ 可见，氨分解后产生的 H_2 与 N_2 体积之比为3∶1。当氨分解率为0时，氢气的体积分数为0，输出电压为0mV；氨分解率为100%时，氢气的体积分数为75%，输出电压为100mV。

NK-205型氨分解率测定仪采用高性能微流式热导传感器，寿命长，灵敏度高，响应速度快，安全可靠。其技术参数见表10-91。

表10-91　NK-205型氨分解率测定仪的技术参数

项目	技术参数
测量范围	H_2 0～100%(体积分数)
输出信号	0～100mV(DC)
基本误差	2.5%
时间常数	<20s
热平衡时间	<30min
电源	220V、50～60Hz(在线式)，可充电电源(便携式)
通信接口	RS232或RS485

4. 红外线氨分解率测定仪

红外线氨分解率测定仪是根据多原子气体对红外线的选择性吸收原理而制成的。它用红外线测量炉气成分，从而确定氨分解率。它具有数字显示、操作简单、精度高、返修率低的特点。

附　录

附录 A　各种钢的硬度与强度换算表（GB/T 1172—1999）

硬度								抗拉强度 R_m/MPa								
洛氏		表面洛氏			维氏	布氏（$0.012F/D^2=30$）		碳钢	铬钢	铬钒钢	铬镍钢	铬钼钢	铬镍钼钢	铬锰硅钢	超高强度钢	不锈钢
HRC	HRA	HR15N	HR30N	HR45N	HV	HBS[①]	HBW[②]									
20.0	60.2	68.8	40.7	19.2	226	225		774	742	736	782	747		781		740
20.5	60.4	69.0	41.2	19.8	228	227		784	751	744	787	753		788		749
21.0	60.7	69.3	41.7	20.4	230	229		793	760	753	792	760		794		758
21.5	61.0	69.5	42.2	21.0	233	232		803	769	761	797	767		801		767
22.0	61.2	69.8	42.6	21.5	235	234		813	779	770	803	774		809		777
22.5	61.5	70.0	43.1	22.1	238	237		823	788	779	809	781		816		786
23.0	61.7	70.3	43.6	22.7	241	240		833	798	788	815	789		824		796
23.5	62.0	70.6	44.0	23.3	244	242		843	808	797	822	797		832		806
24.0	62.2	70.8	44.5	23.9	247	245		854	818	807	829	805		840		816
24.5	62.5	71.1	45.0	24.5	250	248		864	828	816	836	813		848		826
25.0	62.8	71.4	45.5	25.1	253	251		875	838	826	843	822		856		837
25.5	63.0	71.6	45.9	25.7	256	254		886	848	837	851	831	850	865		847
26.0	63.3	71.9	46.4	26.3	259	257		897	859	847	859	840	859	874		858
26.5	63.5	72.2	46.9	26.9	262	260		908	870	858	867	850	869	883		868
27.0	63.8	72.4	47.3	27.5	266	263		919	880	869	876	860	879	893		879
27.5	64.0	72.7	47.8	28.1	269	266		930	891	880	885	870	890	902		890
28.0	64.3	73.0	48.3	28.7	273	269		942	902	892	894	880	901	912		901
28.5	64.6	73.3	48.7	29.3	276	273		954	914	903	904	891	912	922		913
29.0	64.8	73.5	49.2	29.9	280	276		965	925	915	914	902	923	933		924
29.5	65.1	73.8	49.7	30.5	284	280		977	937	928	924	913	935	943		936
30.0	65.3	74.1	50.2	31.1	288	283		989	948	940	935	924	947	954		947
30.5	65.6	74.4	50.6	31.7	292	287		1002	960	953	946	936	959	965		959

（续）

硬度								抗拉强度 R_m/MPa								
洛氏		表面洛氏			维氏	布氏（$0.012F/D^2=30$）		碳钢	铬钢	铬钒钢	铬镍钢	铬钼钢	铬镍钼钢	铬锰硅钢	超高强度钢	不锈钢
HRC	HRA	HR15N	HR30N	HR45N	HV	HBS[①]	HBW[②]									
31.0	65.8	74.7	51.1	32.3	296	291		1014	972	966	957	948	972	977		971
31.5	66.1	74.9	51.6	32.9	300	294		1027	984	980	969	961	985	989		983
32.0	66.4	75.2	52.0	33.5	304	298		1039	996	993	981	974	999	1001		996
32.5	66.6	75.5	52.5	34.1	308	302		1052	1009	1007	994	987	1012	1013		1008
33.0	66.9	75.8	53.0	34.7	313	306		1065	1022	1022	1007	1001	1027	1026		1021
33.5	67.1	76.1	53.4	35.3	317	310		1078	1034	1036	1020	1015	1041	1039		1034
34.0	67.4	76.4	53.9	35.9	321	314		1092	1048	1051	1034	1029	1056	1052		1047
34.5	67.7	76.7	54.4	36.5	326	318		1105	1061	1067	1048	1043	1071	1066		1060
35.0	67.9	77.0	54.8	37.0	331	323		1119	1074	1082	1063	1058	1087	1079		1074
35.5	68.2	77.2	55.3	37.6	335	327		1133	1088	1098	1078	1074	1103	1094		1087
36.0	68.4	77.5	55.8	38.2	340	332		1147	1102	1114	1093	1090	1119	1108		1101
36.5	68.7	77.8	56.2	38.8	345	336		1162	1116	1131	1109	1106	1136	1123		1116
37.0	69.0	78.1	56.7	39.4	350	341		1177	1131	1148	1125	1122	1153	1139		1130
37.5	69.2	78.4	57.2	40.0	355	345		1192	1146	1165	1142	1139	1171	1155		1145
38.0	69.5	78.7	57.6	40.6	360	350		1207	1161	1183	1159	1157	1189	1171		1161
38.5	69.7	79.0	58.1	41.2	365	355		1222	1176	1201	1177	1174	1207	1187	1170	1176
39.0	70.0	79.3	58.6	41.8	371	360		1238	1192	1219	1195	1192	1226	1206	1195	1193
39.5	70.3	79.6	59.0	42.4	376	365		1254	1208	1238	1214	1211	1245	1222	1219	1209
40.0	70.5	79.9	59.5	43.0	381	370	370	1271	1225	1257	1233	1230	1265	1240	1243	1226
40.5	70.8	80.2	60.0	43.6	387	375	375	1288	1242	1276	1252	1249	1285	1258	1267	1244
41.0	71.1	80.5	60.4	44.2	393	380	381	1305	1260	1296	1273	1269	1306	1277	1290	1262
41.5	71.3	80.8	60.9	44.8	398	385	386	1322	1278	1317	1293	1289	1327	1296	1313	1280
42.0	71.6	81.1	61.3	45.4	404	391	392	1340	1296	1337	1314	1310	1348	1316	1336	1299
42.5	71.8	81.4	61.8	45.9	410	396	397	1359	1315	1358	1336	1331	1370	1336	1359	1319
43.0	72.1	81.7	62.3	46.5	416	401	403	1378	1335	1380	1358	1353	1392	1357	1381	1339
43.5	72.4	82.0	62.7	47.1	422	407	409	1397	1355	1401	1380	1375	1415	1378	1404	1361
44.0	72.6	82.3	63.2	47.7	428	413	415	1417	1376	1424	1404	1397	1439	1400	1427	1383
44.5	72.9	82.6	63.6	48.3	435	418	422	1438	1398	1446	1427	1420	1462	1422	1450	1405
45.0	73.2	82.9	64.1	48.9	441	424	428	1459	1420	1469	1451	1444	1487	1445	1473	1429
45.5	73.4	83.2	64.6	49.5	448	430	435	1481	1444	1493	1476	1468	1512	1469	1496	1453
46.0	73.7	83.5	65.0	50.1	454	436	441	1503	1468	1517	1502	1492	1537	1493	1520	1479
46.5	73.9	83.7	65.5	50.7	461	442	448	1526	1493	1541	1527	1517	1563	1517	1544	1505
47.0	74.2	84.0	65.9	51.2	468	449	455	1550	1519	1566	1554	1542	1589	1543	1569	1533
47.5	74.5	84.3	66.4	51.8	475		463	1575	1546	1591	1581	1568	1616	1569	1594	1562
48.0	74.7	84.6	66.8	52.4	482		470	1600	1574	1617	1608	1595	1643	1595	1620	1592

（续）

硬度								抗拉强度 R_m/MPa								
洛氏		表面洛氏			维氏	布氏（$0.012F/D^2=30$）		碳钢	铬钢	铬钒钢	铬镍钢	铬钼钢	铬镍钼钢	铬锰硅钢	超高强度钢	不锈钢
HRC	HRA	HR15N	HR30N	HR45N	HV	HBS①	HBW②									
48.5	75.0	84.9	67.3	53.0	489		478	1626	1603	1643	1636	1622	1671	1623	1646	1623
49.0	75.3	85.2	67.7	53.6	497		486	1653	1633	1670	1665	1649	1699	1651	1674	1655
49.5	75.5	85.5	68.2	54.2	504		494	1681	1665	1697	1695	1677	1728	1679	1702	1689
50.0	75.8	85.7	68.6	54.7	512		502	1710	1698	1724	1724	1706	1758	1709	1731	1725
50.5	76.1	86.0	69.1	55.3	520		510		1732	1752	1755	1735	1788	1739	1761	
51.0	76.3	86.3	69.5	55.9	527		518		1768	1780	1786	1764	1819	1770	1792	
51.5	76.6	86.6	70.0	56.5	535		527		1806	1809	1818	1794	1850	1801	1824	
52.0	76.9	86.8	70.4	57.1	544		535		1845	1839	1850	1825	1881	1834	1857	
52.5	77.1	87.1	70.9	57.6	552		544			1869	1883	1856	1914	1867	1892	
53.0	77.4	87.4	71.3	58.2	561		552			1899	1917	1888	1947	1901	1929	
53.5	77.7	87.6	71.8	58.8	569		561			1930	1951			1936	1966	
54.0	77.9	87.9	72.2	59.4	578		569			1961	1986			1971	2006	
54.5	78.2	88.1	72.6	59.9	587		577			1993	2022			2008	2047	
55.0	78.5	88.4	73.1	60.5	596		585			2026	2058			2045	2090	
55.5	78.7	88.6	73.5	61.1	606		593								2135	
56.0	79.0	88.9	73.9	61.7	615		601								2181	
56.5	79.3	89.1	74.4	62.2	625		608								2230	
57.0	79.5	89.4	74.8	62.8	635		616								2281	
57.5	79.8	89.6	75.2	63.4	645		622								2334	
58.0	80.1	89.8	75.6	63.9	655		628								2390	
58.5	80.3	90.0	76.1	64.5	666		634								2448	
59.0	80.6	90.2	76.5	65.1	676		639								2509	
59.5	80.9	90.4	76.9	65.6	687		643								2572	
60.0	81.2	90.6	77.3	66.2	698		647								2639	
60.5	81.4	90.8	77.7	66.8	710		650									
61.0	81.7	91.0	78.1	67.3	721											
61.5	82.0	91.2	78.6	67.9	733											
62.0	82.2	91.4	79.0	68.4	745											
62.5	82.5	91.5	79.4	69.0	757											
63.0	82.8	91.7	79.8	69.5	770											
63.5	83.1	91.8	80.2	70.1	782											
64.0	83.3	91.9	80.6	70.6	795											
64.5	83.6	92.1	81.0	71.2	809											
65.0	83.9	92.2	81.3	71.7	822											
65.5	84.1				836											

（续）

硬度								抗拉强度 R_m/MPa								
洛氏		表面洛氏			维氏	布氏（$0.012F/D^2=30$）		碳钢	铬钢	铬钒钢	铬镍钢	铬钼钢	铬镍钼钢	铬锰硅钢	超高强度钢	不锈钢
HRC	HRA	HR15N	HR30N	HR45N	HV	HBS①	HBW②									
66.0	84.4				850											
66.5	84.7				865											
67.0	85.0				879											
67.5	85.2				894											
68.0	85.5				909											

① HBS 为采用钢球压头所测布氏硬度值，在 GB/T 231.1—2009 中已取消了钢球压头。

② HBW 为采用硬质合金球压头所测布氏硬度值。

附录 B　肖氏硬度与洛氏硬度换算表

HRC	HS	HRC	HS
68.0	97	47.1	63
67.5	96	45.7	61
67.0	95	44.5	59
66.4	93	43.1	58
65.9	94	41.8	56
65.3	91	40.4	54
64.7	90	39.1	52
64.0	88	37.9	51
63.3	87	36.6	50
62.5	86	35.5	48
61.7	84	34.3	47
61.0	83	33.1	46
60.0	81	32.1	45
59.2	80	30.9	43
58.7	79	28.8	41
57.3	77	27.6	40
56.0	75	26.6	39
54.7	73	25.4	38
53.5	71	24.2	37
52.1	70	22.8	36
51.0	68	21.7	35
49.6	66	20.5	34
48.5	65		

附录C 工件加工预留余量与热处理变形允差

轴类正火件、调质件径向预留余量见表C-1。平板类工件预留余量与淬火变形允差见表C-2。轴、杆类工件预留余量与淬火变形允差见表C-3。套类工件预留余量与淬火变形允差见表C-4。花键轴淬火（包括渗碳淬火）变形允差见表C-5。蜗杆轴淬火（包括渗碳淬火）变形允差见表C-6。

表C-1 轴类正火件、调质件径向预留余量 （单位：mm）

直径	长度			
	100~500	501~2000	2001~3500	3501~5000
≤50	4~5	5~6	—	—
51~150	4~5	5~6	5~8	6~10
151~200	—	5~6	5~8	6~10
201~250	—	—	6~8	7~10

表C-2 平板类工件预留余量与淬火变形允差 （单位：mm）

长度	宽度					
	≤100			101~200		
	每边预留余量	淬硬前变形允差	淬硬后变形允差	每边预留余量	淬硬前变形允差	淬硬后变形允差
≤300	0.30~0.40	≤0.1	≤0.20	0.40~0.50	≤0.15	≤0.30
301~1000	0.40~0.50	≤0.15	≤0.30	0.50~0.70	≤0.20	≤0.40
1001~2000	0.50~0.70	≤0.20	≤0.40	0.60~0.80	≤0.25	≤0.50

表C-3 轴、杆类工件预留余量与淬火变形允差 （单位：mm）

直径		长度										
		≤50	51~100	101~200	201~300	301~450	451~600	601~800	801~1000	1001~1300	1301~1600	1601~2000
≤5	预留余量	0.35~0.45	0.45~0.55	0.55~0.65	—	—	—	—	—	—	—	—
	变形允差	0.17	0.22	0.27	—	—	—	—	—	—	—	—
6~10	预留余量	0.30~0.40	0.40~0.50	0.50~0.60	0.55~0.65	—	—	—	—	—	—	—
	变形允差	0.15	0.20	0.25	0.27	—	—	—	—	—	—	—

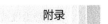

（续）

直径		长度										
		≤50	51~100	101~200	201~300	301~450	451~600	601~800	801~1000	1001~1300	1301~1600	1601~2000
11~20	预留余量	0.25~0.35	0.30~0.40	0.40~0.50	0.50~0.60	0.55~0.65	—	—	—	—	—	—
	变形允差	0.12	0.17	0.22	0.25	0.27	—	—	—	—	—	—
21~30	预留余量	0.25~0.35	0.30~0.40	0.35~0.45	0.40~0.50	0.45~0.55	0.50~0.60	0.55~0.65	—	—	—	—
	变形允差	0.15	0.15	0.17	0.20	0.22	0.25	0.27	—	—	—	—
31~50	预留余量	0.25~0.35	0.35~0.45	0.35~0.45	0.35~0.45	0.40~0.50	0.45~0.55	0.50~0.60	0.60~0.65	0.75~0.80	—	—
	变形允差	0.17	0.17	0.17	0.17	0.20	0.20	0.22	0.25	0.30	—	—
51~80	预留余量	0.30~0.40	0.40~0.50	0.40~0.50	0.40~0.50	0.40~0.50	0.40~0.50	0.50~0.60	0.60~0.65	0.75~0.80	0.80~0.95	0.95~1.20
	变形允差	0.20	0.20	0.20	0.20	0.20	0.20	0.25	0.27	0.30	0.35	0.42
81~120	预留余量	0.50~0.60	0.50~0.60	0.50~0.60	0.50~0.60	0.50~0.60	0.50~0.60	0.60~0.70	0.65~0.75	0.75~0.80	0.85~1.00	1.05~1.03
	变形允差	0.25	0.25	0.25	0.25	0.25	0.25	0.30	0.32	0.32	0.37	0.42
121~180	预留余量	0.60~0.70	0.60~0.70	0.60~0.70	0.60~0.70	0.60~0.70	0.70~0.80	0.70~0.80	0.80~0.95	0.95~1.00	1.00~1.20	1.20~1.40
	变形允差	0.30	0.30	0.30	0.30	0.30	—	—	—	—	—	—
181~260	预留余量	0.70~0.90	0.70~0.90	0.70~0.90	0.70~0.90	—	—	—	—	—	—	—
	变形允差	0.35	0.35	0.35	0.35	—	—	—	—	—	—	—

表 C-4 套类工件预留余量与淬火变形允差 （单位：mm）

内孔直径	壁厚	变形	高度					
			≤100		101~250		251~500	
			内孔	外径	内孔	外径	内孔	外径
≤30	>5	预留余量	0.20~0.30	0.40~0.50	0.30~0.40	0.40~0.50	0.40~0.50	0.50~0.60
		变形允差	0.10	0.20	0.15	0.20	0.20	0.25
	≤5	预留余量	0.30~0.40	0.40~0.50	0.40~0.50	0.50~0.60	0.50~0.60	0.60~0.70
		变形允差	0.15	0.20	0.20	0.25	0.25	0.30
31~50	>5	预留余量	0.30~0.40	0.40~0.50	0.40~0.50	0.50~0.60	0.50~0.60	0.60~0.70
		变形允差	0.15	0.20	0.20	0.25	0.25	0.30
	≤5	预留余量	0.40~0.50	0.50~0.60	0.50~0.60	0.60~0.70	0.60~0.70	0.70~0.80
		变形允差	0.20	0.25	0.25	0.30	0.30	0.35
51~80	>6	预留余量	0.40~0.50	0.50~0.60	0.50~0.60	0.60~0.70	0.50~0.60	0.70~0.80
		变形允差	0.20	0.25	0.25	0.30	0.25	0.35
	≤6	预留余量	0.50~0.60	0.60~0.70	0.50~0.60	0.60~0.70	0.60~0.70	0.70~0.80
		变形允差	0.25	0.30	0.25	0.30	0.30	0.35
81~120	>12	预留余量	0.50~0.70	0.60~0.80	0.50~0.60	0.60~0.80	0.60~0.80	0.70~0.90
		变形允差	0.25	0.30	0.25	0.30	0.30	0.35
	6~12	预留余量	0.60~0.80	0.70~0.90	0.60~0.80	0.70~0.90	0.70~0.90	0.80~1.00
		变形允差	0.30	0.35	0.30	0.35	0.35	0.40
	<6	预留余量	0.70~0.90	0.80~1.00	0.70~0.90	0.80~1.00	0.80~1.00	0.90~1.10
		变形允差	0.35	0.40	0.35	0.40	0.40	0.45
121~180	>14	预留余量	0.60~0.80	0.70~0.90	0.60~0.80	0.70~0.90	0.70~0.90	0.80~1.00
		变形允差	0.30	0.35	0.30	0.35	0.35	0.40
	8~14	预留余量	0.70~0.90	0.80~1.00	0.70~0.90	0.80~1.00	0.80~1.10	0.90~1.00
		变形允差	0.35	0.40	0.35	0.40	0.40	0.45
	<8	预留余量	0.80~1.00	0.90~1.10	0.80~1.00	0.90~1.10	0.90~1.10	1.00~1.20
		变形允差	0.40	0.45	0.40	0.45	0.45	0.50
181~260	>18	预留余量	0.70~0.90	0.80~1.00	0.70~0.90	0.80~1.00	0.90~1.10	1.00~1.20
		变形允差	0.35	0.40	0.35	0.40	0.45	0.50
	10~18	预留余量	0.80~1.00	0.90~1.10	0.80~1.00	0.90~1.10	1.00~1.20	1.10~1.30
		变形允差	0.40	0.45	0.40	0.45	0.50	0.55
	<10	预留余量	0.90~1.10	0.90~1.10	0.90~1.10	1.10~1.20	1.10~1.30	1.20~1.40
		变形允差	0.45	0.50	0.45	0.55	0.55	0.60

注：1. 变形量是指淬火后的最大尺寸与名义尺寸之差。

2. 套的截面变化很大时，应按表中规定适当增加20%~30%。

3. 碳素钢的预留余量应取上限，其变形量也允许随之增大。

4. 套的内孔>80mm的薄壁工件，粗加工后应经正火处理，以消除应力和减小变形。

表 C-5 花键轴淬火（包括渗碳淬火）变形允差

（单位：mm）

变形	直径		
	≤30	31~50	51~90
键双侧面预留余量	0.30	0.40	0.50
淬硬前的振摆	≤0.05	≤0.08	≤0.10
淬硬后的振摆	≤0.10	≤0.15	≤0.20

注：振摆仅指花键部分，其余部分仍按一般轴类工件考虑。

表 C-6 蜗杆轴淬火（包括渗碳淬火）变形允差

（单位：mm）

变形	模数		
	<3	3~4.5	>4.5
蜗杆双面预留余量	0.30~0.40	0.40~0.50	0.50~0.60
淬硬前振摆	≤0.07	≤0.1	≤0.12
淬硬后振摆	≤0.15	≤0.2	≤0.25

附录 D 钢件加热颜色及回火后颜色

钢件加热颜色和温度的关系见表 D-1。封四所示钢件加热温度及颜色图为钢在不同温度时所发出的光的颜色。但必须说明，图中所示颜色是在室内无日光直接照射下所观察到的颜色。在日光直接照射下，在较低温度时，在夜间或从观察孔向炉内观察时，与图示同一加热温度的钢料的颜色会存在一些差别。因此，在使用时应考虑到环境及外来光光色的影响。

表 D-1 钢件加热颜色和温度的关系

加热颜色	加热温度/℃	加热颜色	加热温度/℃
暗褐色	520~580	橘黄微红	830~880
暗红色	580~650	淡橘黄	880~1050
暗樱红	650~750	黄色	1050~1150
樱红色	750~780	淡黄色	1150~1250
淡樱红	780~800	黄白色	1250~1300
淡红色	800~830	亮白色	1300~1350

钢件回火后颜色和回火温度的关系见表 D-2。封四所示钢件回火温度及回火后颜色图为光亮的高碳碳素钢在不同温度回火时产生的氧化薄膜的颜色。这种颜色和薄膜本身的结构和厚度有关，而薄膜的结构和厚度主要决定于回火温度和时间，尤其是回火温度。但应注意，必须先磨去钢件表面上已有的氧化皮，然后再回火，以观察其形成的氧化薄膜的颜色。

表 D-2 钢件回火后颜色和回火温度的关系

回火后颜色	回火温度/℃	回火后颜色	回火温度/℃
浅黄色	200	深蓝色	320
黄白色	220	蓝灰色	340
金黄色	240	蓝灰浅白色	370
黄紫色	260	黑红色	400
深紫色	280	黑色	460
蓝色	300	暗黑色	500

附录 E 拉伸性能指标名称和符号新旧对照

新 标 准		旧 标 准	
性能名称	符号	性能名称	符号
断面收缩率	Z	断面收缩率	ψ
断后延伸率	A $A_{11.3}$	断后伸长率	δ_5 δ_{10}
断裂总延伸率	A_t	—	—
最大力总延伸率	A_{gt}	最大力下的总伸长率	δ_{gt}
最大力塑性延伸率	A_g	最大力下的非比例伸长率	δ_g
屈服点延伸率	A_e	屈服点伸长率	δ_s
屈服强度	—	屈服点	σ_s
上屈服强度	R_{eH}	上屈服点	σ_{sU}
下屈服强度	R_{eL}	下屈服点	σ_{sL}
规定塑性延伸强度	R_p 例如:$R_{p0.2}$	规定非比例伸长应力	σ_p 例如:$\sigma_{p0.2}$
规定总延伸强度	R_t 例如:$R_{t0.2}$	规定总伸长应力	σ_t 例如:$\sigma_{t0.2}$
规定残余延伸强度	R_r 例如:$R_{r0.2}$	规定残余伸长应力	σ_r 例如:$\sigma_{r0.2}$
抗拉强度	R_m	抗拉强度	σ_b

参 考 文 献

[1] 中国机械工程学会热处理学会．热处理手册：1~4卷［M］．4版修订本．北京：机械工业出版社，2013.

[2] 全国热处理标准化技术委员会．金属热处理标准应用手册［M］．3版．北京：机械工业出版社，2016.

[3] 樊东黎，徐跃明，佟晓辉．热处理技术数据手册［M］．2版．北京：机械工业出版社，2006.

[4] 樊东黎，徐跃明，佟晓辉．热处理工程师手册［M］．2版．北京：机械工业出版社，2005.

[5] 樊东黎．热加工工艺规范［M］．北京：机械工业出版社，2003.

[6] 薄鑫涛，郭海祥，袁凤松．实用热处理手册［M］．上海：上海科学技术出版社，2009.

[7] 杨满．热处理工速成与提高［M］．北京：机械工业出版社，2008.

[8] 叶卫平，张覃轶．热处理实用数据速查手册［M］．2版．北京：机械工业出版社，2010.

[9] 雷廷权，傅家骐．金属热处理工艺方法500种［M］．北京：机械工业出版社，1998.

[10] 杨满．热处理工艺参数手册［M］．2版．北京：机械工业出版社，2021.

[11] 樊新民，黄洁雯．热处理工艺与实践［M］．北京：机械工业出版社，2012.

[12] 汪庆华．热处理工程师指南［M］．北京：机械工业出版社，2011.

[13] 马伯龙．实用热处理技术及应用［M］．2版．北京：机械工业出版社，2015.

[14] 沈庆通，梁文林．现代感应热处理技术［M］．2版．北京：机械工业出版社，2015.

[15] 沈庆通，黄志．感应热处理技术300问［M］．北京：机械工业出版社，2013.

[16] 赵步青，等．工具用钢热处理手册［M］．北京：机械工业出版社，2014.

[17] 李泉华．热处理实用技术［M］．2版．北京：机械工业出版社，2007.

[18] 计辉，刘宝石，马党参．7CrMn2Mo钢球化退火行为和碳化物类型［J］．材料热处理学报，2011（9）：115-119.

[19] 周健，马党参，陈再枝．4Cr5Mo2V热作模具钢组织和稀泥的研究［J］．特钢技术，2008（3）：12-16.

[20] 岳喜军，刘英武，徐咏梅．4Cr5MoWVSi剪刃钢的生产试制［J］．大型铸锻件，2008（1）：16-17.

[21] 李国英．表面工程手册［M］．北京：机械工业出版社，2004.

[22] 金荣植．热处理节能减排技术［M］．北京：机械工业出版社，2016.

[23] 纪嘉明，苗润生．热处理设备实用技术［M］．北京：机械工业出版社，2011.

[24] 阎承沛．真空与可控气氛热处理［M］．北京：化学工业出版社，2006.

[25] 包耳，田绍洁，王华琪．热处理加热保温时间的369法则．热处理技术与装备，2008（2）：53-55.

[26] 于瑞芝，刘洪波．Cr8型轧辊用钢热处理工艺参数摸索［J］．特钢技术，2014（2）：25~27，36~41.